(Couverture la Curvature)

TRAITÉ ÉLÉMENTAIRE

DE

CHIMIE BIOLOGIQUE

PATHOLOGIQUE ET CLINIQUE

PAR

R. ENGEL
Professeur à l'École centrale
des Arts et Manufactures
Professeur de Faculté de Médecine.

et

J. MOITESSIER
Professeur agrégé de Chimie
à la Faculté
de Médecine de Montpellier.

AVEC 102 FIGURES INTERCALÉES DANS LE TEXTE ET 2 PLANCHES COLORIÉES

PARIS

LIBRAIRIE J.-B. BAILLIÈRE ET FILS

Rue Hautefeuille, 19, près du Boulevard Saint-Germain.

1897

TRAITÉ ÉLÉMENTAIRE

DE

CHIMIE BIOLOGIQUE

PATHOLOGIQUE ET CLINIQUE

Traité élémentaire de chimie, par R. ENGEL. 1 vol. in-8, 691 p. avec 165 fig. .... 8 fr.

Séparément.

Métalloïdes. 1 vol. in-8 de 336 p., avec 120 fig. .... 4 fr.

Métaux, Chimie organique et Manipulations d'analyses. 1 vol. in-8 de 355 p., avec 45 fig. .... 4 fr.

Traité élémentaire de chimie biologique, pathologique et clinique, par R. ENGEL et MOITESSIER, professeur agrégé de chimie à la Faculté de médecine de Montpellier. 1 vol. in-8 de 616 p., avec 102 fig. et 2 pl. col.

BEAUVISAGE. **Les matières grasses**, caractères, essais et falsifications. 1892, 1 vol. in-16, 324 p., avec 90 fig. cart. .... 4 fr.

BOUANT (E.). **Nouveau dictionnaire de chimie**, *à l'usage des chimistes, des industriels, des fabricants de produits chimiques, des agriculteurs, des médecins, des pharmaciens*. Introduction par M. TROOST. 1 vol. gr. in-8 de 1 200 p., avec 400 fig. .... 25 fr.

CHAPUIS (A.). **Précis de toxicologie**, par le Dr A. CHAPUIS, professeur agrégé de chimie à la Faculté de médecine de Lyon. 3e *édit*. 1897, 1 vol. in-8, 750 p., avec 70 fig. .... 9 fr.

DEBIONNE. **Précis de chimie atomique**, en tableaux schématiques coloriés. 1896, 1 vol. in-16, avec 43 pl. color., cart. .... 5 fr.

DUCLAUX (E.). **Le lait**, études chimiques et microbiologiques, par E. DUCLAUX, membre de l'Institut, professeur à la Faculté des sciences. 2e *édition*. 1894, 1 vol. in-16, 376 p. et fig. .... 3 fr. 50

ÉTAIX. **Manipulations de chimie**, par L. ÉTAIX, chef de travaux pratiques de chimie à la Faculté des sciences de Paris. 1896, 1 vol. in-8 de 300 p., avec 102 fig. .... 5 fr.

GAIN. **Précis de chimie agricole**, 1894, 1 vol. in-18 jésus, avec 120 fig. cart. .... 5 fr.

GARNIER (L.). **Ferments et fermentations**, 1 vol. in-16, avec fig. 3 fr. 50

GUICHARD. **Précis de chimie industrielle** (*Notation atomique*). 1 vol. in-18 jésus de 422 p., avec 64 fig., cart. .... 5 fr.

— **L'eau dans l'industrie**, 1894, 1 vol. in-18 jés., avec 80 fig. cart. 5 fr.

— **Traité de distillerie**, 1895-96, 3 vol. in-18 jés., avec fig. cart. 15 fr.

I. *Chimie du distillateur : matières premières et produits de fabrication* .... 5 fr.

II. *Microbiologie du distillateur : ferments et fermentations*. 5 fr.

III. *Industrie de la distillation : levures et alcools* .... 5 fr.

HALPHEN. **La pratique des essais commerciaux et industriels.** *Matières minérales*, 1 vol. — *Matières organiques*, 1 vol. 1892. Ens. 2 vol. in-18 jés., avec fig. Chaque volume .... 4 fr.

JAMMES. **Aide-mémoire d'analyse chimique et de toxicologie.** 1 vol. in-18 de 282 p., avec 74 fig., cart. .... 3 fr.

JUNGFLEISCH (E.). **Manipulations de chimie.** Guide pour les travaux pratiques de chimie, par E. JUNGFLEISCH, professeur à l'Ecole de pharmacie. 2e *édition*, 1892, 1 vol. gr. in-8, avec 400 fig. cart. 25 fr.

LEFERT (Paul). **Aide-mémoire de chimie médicale et biologique.** 1 vol. in-18, cart. .... 3 fr.

MACÉ (E.). **Traité pratique de bactériologie**, par E. MACÉ, professeur à la Faculté de médecine de Nancy. 2e *édition*, 1892, 1 vol. in-8, de 744 p., avec 201 fig. .... 10 fr.

SAPORTA (A. de). **Les théories et les notations de la chimie moderne.** Préface par M. FRIEDEL, 1 vol. in-16, 320 p., fig. . 3 fr. 50

VILLE (J.). **Manipulations de chimie médicale.** 1893, 1 vol. in-18 jés. de 184 p., avec fig., cart .... 4 fr.

TRAITÉ ÉLÉMENTAIRE

DE

CHIMIE BIOLOGIQUE

PATHOLOGIQUE ET CLINIQUE

PAR

R. ENGEL
Professeur à l'École centrale
des Arts et Manufactures
Professeur de Faculté de Médecine.

et

J. MOITESSIER
Professeur agrégé de Chimie
à la Faculté
de Médecine de Montpellier.

AVEC 102 FIGURES INTERCALÉES DANS LE TEXTE ET 2 PLANCHES COLORIÉES

PARIS
LIBRAIRIE J.-B. BAILLIÈRE ET FILS
Rue Hautefeuille, 19, près du Boulevard Saint-Germain.

1897

PRÉFACE

La chimie biologique et la chimie pathologique ont reçu, dans la nouvelle organisation des études médicales, la place importante qui leur appartient. Désormais l'étudiant, après avoir puisé dans les Facultés des sciences des notions suffisantes de chimie générale, pourra aborder d'emblée, avec fruit, dans les Facultés de médecine, l'étude des applications de la chimie à la physiologie et à la pathologie.

Il nous a semblé qu'à ce programme nouveau répondait le besoin d'un livre nouveau.

Le présent ouvrage est destiné à remplacer les *Nouveaux éléments de chimie médicale et de chimie biologique* dont M. R. Engel a publié quatre éditions. Sans se désintéresser de ce que devenait son œuvre primitive, M. Engel a laissé à M. Moitessier, dont les études et les travaux ont été spécialement dirigés vers la chimie biologique, le soin d'en faire un livre entièrement nouveau, en mettant au courant des progrès de la science les matières communes à l'ancien et au nouveau programme, et en rédigeant les matières spéciales au nouveau programme, qui font l'objet de la 2e et 3e Partie du livre.

Après des notions sommaires de physiologie générale exposées dans une Introduction, on trouvera dans cet ouvrage, divisé en trois parties :

1° L'étude systématique des principes qu'on rencontre dans l'organisme humain à l'état normal et à l'état pathologique;

2° L'étude chimique des tissus, organes et humeurs de l'économie;

3° Les phénomènes chimiques de la respiration et de la digestion et l'étude de l'excrétion urinaire.

Nous avons pensé qu'il était plus rationnel de faire une étude méthodique spéciale des principes constituants de l'organisme, plutôt que de les décrire soit à propos d'un liquide, d'un tissu ou d'un organe dans lequel ils se rencontrent, soit à propos d'une fonction physiologique dans laquelle ils jouent un rôle important. Cette dernière méthode présenterait en effet le double inconvénient de suspendre le cours des idées pendant la description d'un composé de l'économie et de séparer des substances voisines au point de vue de leurs fonctions chimiques ou dérivant les unes des autres d'une manière simple.

L'ordre adopté permet au contraire de ranger les divers principes qu'on rencontre dans l'organisme en groupes chimiques nettement définis, et de faire précéder la description spéciale de chaque corps de notions générales sur le groupe entier.

L'étude de chaque composé est exposée d'après un plan uniforme, avec les mêmes divisions et subdivisions, de manière à permettre au lecteur de retrouver rapidement le point qui l'intéresse ; une table alphabétique très complète facilitera toute recherche au lecteur.

Comme appendice à la première partie figure un aperçu sur les phénomènes chimiques qui s'effectuent dans l'organisme pendant la vie. Nous avons particulièrement insisté sur les phénomènes d'oxydation, dont le mécanisme a, de tout temps, exercé la sagacité des chimistes; ces phénomènes apparaissent, en effet, sous un jour tout à fait nouveau à la suite des découvertes et études récentes sur les ferments solubles d'oxydation.

Dans la seconde partie se trouvent résumées les connaissances les plus importantes et les mieux établies sur la composition des tissus, des organes et des humeurs; on rappelle, dans cette partie, quelques faits d'histologie nécessaires à la compréhension des faits d'ordre chimique. L'étude du sang et celle du lait sont accompagnées de l'exposé des méthodes les plus simples d'analyse de ces liquides.

La troisième partie est consacrée à l'étude des phénomènes chimiques de la respiration, de la digestion et à celle de l'excrétion urinaire; le chapitre relatif à la digestion est précédé de notions générales sur les aliments. Dans cette partie, l'analyse du suc gastrique et celle de l'urine sont exposées avec assez de détails pour que l'étudiant ou le médecin praticien puissent les effectuer sans l'aide d'ouvrages spéciaux. Le chapitre relatif à l'excrétion urinaire se termine par la description des sédiments et des calculs urinaires, et des procédés les plus simples pour déterminer leur nature.

En résumé, nous espérons que l'étudiant en médecine trouvera dans ce livre toutes les connaissances de chimie biologique dont il aura besoin pour ses études théoriques et pratiques, et que le médecin pourra y puiser tous les renseignements nécessaires à la pratique médicale basée sur des données scientifiques précises.

25 octobre 1896.

R. ENGEL. J. MOITESSIER.

TRAITÉ ÉLÉMENTAIRE

DE

CHIMIE BIOLOGIQUE

INTRODUCTION

Le but de la chimie biologique est d'étudier le rôle de la matière dans la production et l'accroissement des êtres organisés, la part qu'elle prend à l'accomplissement des phénomènes de leur existence journalière, les altérations qu'elle éprouve après leur mort. Dans cet ouvrage, nous avons spécialement en vue l'étude des métamorphoses chimiques dans l'organisme animal. Il y a lieu toutefois de développer quelques notions de physiologie générale et d'exposer les phénomènes fondamentaux qui président à la vie végétale, indissolublement liée à la vie animale ; c'est le but de cette introduction.

Tout être vivant, pour si simple qu'il soit, provient d'un être vivant ; sa forme, sa composition et son évolution sont semblables à celles de l'être qui lui a donné naissance. Tous les êtres doués de vie présentent dans leur évolution des caractères essentiels communs :

Ils s'accroissent aux dépens de la matière non organisée qu'ils transforment par un travail spécial d'assimilation, avant d'en faire leur propre substance ;

Ils usent et réparent sans cesse leur substance ;

Ils sont aptes à engendrer des êtres semblables à eux-mêmes et à ceux dont ils sont issus ;

L'évolution se termine par la mort, c'est-à-dire par la disparition de tous ces caractères.

La nature organique n'emprunte qu'un petit nombre de corps simples aux nombreux éléments de la chimie moderne. Ce sont : l'hydrogène, l'oxygène, l'azote, le carbone, le soufre, le phosphore, le chlore, le potassium, le sodium, le calcium, le magnésium et le fer. Les combinaisons de ces éléments qu'on rencontre chez les êtres vivants sont extrêmement nombreuses, et plusieurs d'entre elles sont fort complexes. Dans les êtres vivants les plus petits, dans une cellule ne mesurant qu'un millième de millimètre de dimension, se trouvent associées un grand nombre de ces combinaisons. Mais toutes ne présentent pas la même importance.

Les unes sont communes à tous les êtres vivants. Telles sont, par exemple, les matières albuminoïdes ainsi appelées du nom de l'une d'elles, l'albumine du blanc d'œuf. Ces matières, qui constituent la trame même du protoplasma vivant, sont composées de carbone, d'hydrogène, d'oxygène, d'azote et de soufre. Elles présentent un poids moléculaire très élevé et une molécule à fonction fort complexe. En raison des nombreuses fonctions chimiques de leur molécule, les matières albuminoïdes subissent aisément des modifications sous l'influence des agents physiques et chimiques, chacune des fonctions donnant prise, plus particulièrement, à l'action de tel ou tel agent extérieur. Ces propriétés des substances fondamentales du protoplasma, en rapport avec leur structure chimique, permettent d'entrevoir une des causes de la sensibilité de la matière vivante vis-à-vis des agents les plus variés. D'autres combinaisons communes à toute matière vivante renferment, outre les éléments précédents, du phosphore; ce sont les nucléines et les nucléo-albumines, qu'on rencontre surtout dans les noyaux des cellules. Citons encore parmi les combinaisons essentielles à la vie, l'eau et certains sels, tels que les chlorures et les phosphates de sodium, de potassium, de calcium, de magnésium. — Ces combinaisons sont toutefois relativement peu nombreuses, et la physiologie générale n'emprunte guère plus d'une vingtaine d'espèces chimiques aux matières minérales ou organiques, maintenant multipliées à l'infini.

Les autres composés qu'on rencontre dans les êtres vivants proviennent des transformations que subissent les combinaisons précédentes dans les phénomènes de la vie. Ces composés, secondaires en quelque sorte, sont souvent communs à un grand nombre d'êtres vivants; c'est ainsi que l'urée et l'acide urique, produits de désassimilation des matières albuminoïdes, se trouvent dans les excrétions de presque tous les vertébrés. Mais d'autres de ces composés ne se rencontrent que tout à fait exceptionnellement dans les êtres vivants ; c'est ainsi que telle essence, tel alcaloïde, tel glucoside ne sont produits que par un petit nombre d'espèces végétales et quelquefois même par une seule.

On avait cru jusqu'au commencement de ce siècle que les composés organiques ne pouvaient être produits, à partir des éléments, que par les êtres vivants. Wœhler montra le premier, en 1829, que l'urée peut s'obtenir *in vitro* par synthèse totale, à l'aide des éléments qui la composent, c'est-à-dire en partant du carbone, de l'hydrogène, de l'oxygène et de l'azote. Depuis cette époque, on est arrivé à faire synthétiquement un grand nombre de composés organiques qu'on trouve tout formés dans l'organisme animal ou végétal et un plus grand nombre encore de composés chimiques se rapprochant des premiers par leurs propriétés générales. Les progrès incessants de la chimie organique permettent de prévoir la synthèse des matières albuminoïdes. — Ces synthèses toutefois n'éclairent que d'une manière encore bien incomplète le mécanisme des transformations de la matière chez les êtres vivants, car les conditions dans lesquelles elles peuvent être opérées dans le laboratoire sont très différentes de celles qui président à leur production dans l'organisme vivant.

L'observation nous montre, par des faits de toute évidence, que les animaux ne forment pas à l'aide des éléments ou des substances minérales, les matières organiques qui composent leurs tissus. Les herbivores trouvent ces matières toutes formées dans les végétaux qui leur servent de nourriture ; ils en détruisent une partie et accumulent le reste dans leurs tissus. Des animaux herbivores, ces matières organiques passent dans les animaux carnivores, qui en détruisent ou en conservent selon leurs besoins.

Pendant leur vie, les animaux constituent au point de vue chimique de véritables appareils de combustion. Ils empruntent de l'oxygène à l'air et brûlent la matière organique qui ne fait que traverser leur organisme, pour produire à son aide de la chaleur et du mouvement. Du carbone est sans cesse versé dans l'atmosphère sous forme d'anhydride carbonique, de l'hydrogène engendre continuellement de l'eau en se combinant avec l'oxygène, de l'azote est éliminé par les excrétions des animaux, sous forme de substances organiques non complètement oxydées, mais de composition relativement simple, telles que l'urée. L'oxydation de ces substances organiques se poursuit en dehors de l'économie des animaux supérieurs, pour aboutir finalement à des produits complètement oxydés, l'eau, l'anhydride carbonique et l'acide azotique.

Cette transformation ultime de la matière organique est, elle aussi, un phénomène corrélatif de la vie. Elle s'effectue par l'action des fonctions physiologiques de micro-organismes ne mesurant parfois qu'un millième de millimètre de diamètre et qu'on désigne sous les noms de ferments ou de microbes. Ces ferments président aux métamorphoses les plus remarquables de la chimie organique; les réactions chimiques qu'ils déterminent portent le nom de fermentations. C'est ainsi que l'urée éliminée par les animaux éprouve à l'air une fermentation, qui fixe sur elle de l'eau et la transforme en anhydride carbonique et en ammoniaque; l'ammoniaque subit à son tour, dans les terres arables, des fermentations qui la transforment en acides azoteux et azotique.

Si les animaux produisen sans cesse de l'anhydride carbonique, de l'eau et, par l'intermédiaire des micro-organismes, de l'ammoniaque et de l'acide azotique, les plantes consomment sans cesse de l'eau, de l'anhydride carbonique, de l'azote ou ses composés, l'ammoniaque et l'acide azotique. Ce que les uns abandonnent à l'air ou au sol, les autres le reprennent. Les plantes, dans leur vie normale, décomposent l'anhydride carbonique pour en fixer le carbone et en dégager l'oxygène; décomposent l'eau pour s'emparer de son hydrogène et pour en dégager aussi l'oxygène ; enfin empruntent de l'azote soit directement à l'air, soit à l'ammoniaque ou à l'acide nitrique. Elles fonctionnent donc d'une manière inverse de celle qui préside à la vie animale. Si le règne animal constitue un immense appareil de combustion, le règne végétal constitue un immense appareil de réduction et de synthèse, où l'anhydride carbonique laisse son carbone; où l'eau laisse son hydrogène; où l'acide azotique laisse son azote. Les sulfates, les phosphates sont également réduits par le règne végétal qui retient le soufre et le phosphore de ces composés. A l'aide de ces divers éléments, les plantes élaborent les matières organiques qui servent d'aliments aux animaux; elles n'en détruisent elles-mêmes que fort peu dans les conditions ordinaires de leur vie. Les animaux à leur tour reproduisent à l'aide de ces matières organiques l'anhydride carbonique, l'eau, l'acide azotique, l'acide sulfurique, l'acide phosphorique; ces composés retournent à l'air et au sol pour reproduire de nouveau et à travers les siècles les mêmes phénomènes.

Mais cet immense appareil n'est mis en mouvement que sous l'influence de la lumière et de la chaleur que le soleil verse constamment à la surface du globe.

L'idée de considérer la chaleur comme un mode de mouvement est extrêmement ancienne, mais ce n'est que depuis un demi-siècle, grâce à la perspicacité de Robert Mayer, et aux travaux de Colding, Joule, Helmholtz, etc., que cette notion s'est précisée et qu'elle a conduit à une conception nouvelle, entièrement différente des conjectures hasardées antérieurement. Cette conception, basée sur des preuves expérimentales irréfragables, est la suivante :

Lorsque la chaleur se perd en apparence, il se manifeste une autre force physique, ou bien il s'effectue un travail mécanique, et il y a un rapport constant entre la quantité de chaleur perdue et les quantités de travail produit ou de forces physiques engendrées. De même que la matière ne peut être ni créée, ni détruite, l'énergie ne peut être ni créée, ni détruite.

La chaleur et la lumière émises par le soleil jouent un rôle capital dans la nature ; elles constituent directement ou indirectement la source de toutes les sortes d'énergie que l'homme sait mettre en œuvre. C'est aux dépens de l'énergie fournie par les radiations lumineuses que les plantes fonctionnent, qu'elles réduisent l'anhydride carbonique, l'eau, l'acide azotique et qu'elles produisent cette immense quantité de matière organique destinée à la consommation du règne animal. L'énergie absorbée par la plante y est pour ainsi dire emmagasinée sous forme de composés organiques; elle s'est transformée en énergie potentielle ou latente.

Si l'on brûle la plante, on reconstitue l'eau et l'anhydride carbonique que les radiations solaires avaient réduits et transformés en substances organiques ; l'énergie potentielle reparaît à l'état d'énergie actuelle, sous la forme de chaleur et de lumière, et la chaleur ainsi produite peut être transformée en travail mécanique dans nos machines motrices.

De même, les animaux qui consomment de la matière organique élaborée par les végétaux, font subir à cette matière une combustion lente et produisent à son aide la chaleur et les diverses forces que leurs mouvements mettent à profit.

Le règne végétal constitue donc un immense dépôt de combustible, qui s'y accumule sous l'influence de la lumière et de la chaleur solaires ; ce dépôt est destiné à être consommé par le règne animal qui y trouve la chaleur et le mouvement.

Avant d'aborder dans ses nombreux détails l'étude didactique de la chimie biologique dans l'organisme animal, il convient de prendre une idée plus complète des transformations de la matière et de l'énergie dans la vie végétale, et de développer le rôle que jouent les ferments dans les phénomènes de physiologie générale.

I

Les plantes puisent dans le sol par leurs racines de l'eau et des sels. Les sels sont essentiellement des combinaisons des acides azotique, phosphorique, sulfurique, chlorhydrique et carbonique avec la chaux, la potasse, la magnésie, l'oxyde de fer et la soude. — De plus, les plantes absorbent par leurs feuilles l'anhydride carbonique de l'air. Boussingault a observé que des feuilles de vigne enfermées dans un ballon et exposées à la lumière, absorbent tout l'anhydride carbonique de l'air qu'on dirige au travers de ce vase, quelque rapide que soit le courant.

C'est aussi dans les feuilles que se passent les phénomènes de réduction et de synthèse qui aboutissent à la formation des matières organiques. Lorsque l'anhydride carbonique est absorbé sous l'influence de la lumière solaire, des bulles d'oxygène se développent sur tous les points de la feuille, et le carbone se fixe dans les tissus de la plante. Ce dégagement d'oxygène et la réduction de l'anhydride carbonique dont il est la conséquence, n'ont pas lieu dans l'obscurité et on observe, sur les feuilles des plantes aquatiques, que le nombre des bulles d'oxygène dégagées pendant un temps donné augmente avec l'intensité de la lumière reçue. Les plantes rendent donc à l'atmosphère l'oxygène que les animaux lui empruntent pour brûler les matières organiques de leurs aliments.

En pénétrant plus intimement dans l'analyse du phénomène de la décomposition de l'anhydride carbonique par les plantes, on observe que le volume d'oxygène dégagé est sensiblement égal au volume d'anhydride carbonique absorbé, comme si l'anhydride carbonique perdait tout son oxygène, conformément à l'équation :

$$\underset{\text{(2 volumes).}}{CO^2} = C + \underset{\text{(2 volumes).}}{O^2}$$

Toutefois le carbone ne devient pas libre, mais reste uni aux éléments de l'eau sous la forme de ces composés qu'on a appelés hydrates de carbone, parce que leur composition répond à l'union de carbone avec plusieurs molécules d'eau ; tels sont le glucose $C^6H^{12}O^6 = C^6 + 6\,H^2O$, la cellulose et l'amidon $C^6H^{10}O^5 = C^6 + 5\,H^2O$. C'est surtout la formation de cette dernière substance qu'il est facile de constater dans les feuilles.

On peut interpréter les résultats qui viennent d'être exposés, en admettant que l'eau est décomposée (1) en même temps que l'anhydride carbonique, conformément à l'équation :

$$\underset{\text{(2 volumes).}}{CO^2} + H^2O = (CO + H^2) + \underset{\text{(2 volumes).}}{O^2}$$

Le système $(CO + H^2)$ représente la formule de l'aldéhyde méthylique CH^2O, dont le glucose est un polymère :

$$\underbrace{C^6H^{12}O^6}_{\text{Glucose.}} = \underbrace{6(CH^2O)}_{\text{Aldéhyde méthylique.}}$$

On n'a pas trouvé, il est vrai, d'aldéhyde méthylique dans les feuilles ; mais on a pu y déceler, pour certaines espèces végétales, de l'alcool méthylique ou de l'acide formique, substances qui dérivent de l'aldéhyde méthylique respectivement par réduction et par oxydation. D'autre part, des travaux récents de M. Fisher ont montré qu'on peut obtenir *in vitro* du glucose, en partant de l'aldéhyde méthylique. L'origine du glucose ou de ses anhydrides condensés, la cellulose et l'amidon, par la réduction simultanée de l'anhydride carbonique et de l'eau dans les feuilles, s'explique donc aisément soit par l'intermédiaire de

(1) La décomposition de l'eau par les végétaux ressort d'expériences de Boussingault sur la végétation des pois en vases clos. Elle ressort aussi de la production des huiles volatiles, si riches en hydrogène, dans certaines parties des plantes. Cet hydrogène ne peut venir que de l'eau, seul produit hydrogéné que la plante reçoit d'une manière constante.

l'aldéhyde méthylique qui prendrait effectivement naissance dans les feuilles et s'y polymériserait rapidement, soit par l'union directe de l'oxyde de carbone et de l'hydrogène au moment où ils sortent de leurs combinaisons avec l'oxygène. L'équation qui représente cette synthèse serait, dans ce dernier cas, la suivante :

$$\underbrace{6CO^2}_{\text{Anhydride carbonique.}} + \underbrace{6H^2O}_{\text{Eau.}} = \underbrace{C^6H^{12}O^6}_{\text{Glucose.}} + \underbrace{6O^2}_{\text{Oxygène.}}$$

La réaction formulée ci-dessus est endothermique et s'effectue, comme nous l'avons dit, aux dépens de l'énergie fournie par la radiation solaire. Cette transformation de l'énergie a lieu par l'intermédiaire d'un pigment spécial, la chlorophylle, contenue dans les parties vertes des plantes.

La chlorophylle est une substance cristallisable, insoluble dans l'eau, soluble dans l'alcool et dans la benzine, ne renfermant pas de fer, ainsi que l'a démontré M. A. Gautier. D'après ce savant, il existe plusieurs variétés de chlorophylle; celle d'épinards répond à la formule $C^{40}H^{64}Az^2O^4$. En solution dans la benzine ou dans l'alcool, la chlorophylle possède un spectre d'absorption composé de sept bandes dont la première, la plus intense, est située dans le rouge.

Ce sont précisément les radiations lumineuses correspondant aux bandes d'absorption, radiations éteintes par la chlorophylle, qui fournissent l'énergie nécessaire aux réductions endothermiques s'effectuant dans la feuille. Les deux expériences suivantes, dues à M. Timiriazeff, le démontrent d'une manière très élégante.

En plaçant successivement dans les diverses régions d'un spectre solaire une feuille de bambou, disposée dans un tube de verre avec de l'eau contenant un peu d'anhydride carbonique, on observe que la quantité d'oxygène dégagée, c'est-à-dire l'intensité de la réduction, varie avec les régions; elle est plus grande dans les régions du spectre qui correspondent aux bandes d'absorption de la chlorophylle les plus sombres.

L'autre expérience consiste à projeter pendant un certain temps un spectre solaire sur une feuille verte vivante et à rechercher ensuite quelles sont les parties de la feuille, par rapport au spectre solaire, où s'est formé l'amidon. Pour cela, après l'expérience, on enlève à la feuille sa chlorophylle par l'alcool et on la traite ensuite par de la teinture d'iode diluée, qui donne à l'amidon une coloration bleue. On constate alors sur la feuille, l'apparition de bandes bleues, aux places qui correspondent aux bandes d'absorption de la chlorophylle, c'est-à-dire aux endroits où les radiations lumineuses ont été éteintes par la chlorophylle. Les radiations correspondantes du spectre ont donc seules été absorbées par la plante, et l'amidon ne s'est formé qu'aux endroits de la feuille soumis à l'action de ces radiations.

Ainsi, c'est grâce à la chlorophylle que les végétaux opèrent la réduction de l'anhydride carbonique et de l'eau pour effectuer des synthèses de composés organiques, et qu'ils restituent à l'air l'oxygène que les animaux lui empruntent.

De ces deux services que les plantes rendent aux animaux, le premier est incomparablement le plus important. Si pendant une seule année les végétaux venaient à manquer, la terre seraient dépeuplée, faute d'aliments. La quantité totale d'oxygène dans l'atmosphère terrestre est au contraire si grande, que la nécessité de l'intervention des plantes pour la purification de l'air, ne se ferait sentir qu'au bout de quelques siècles. Dumas a calculé, en exagérant toutes les données, qu'il ne faudrait pas moins de 800.000 années aux animaux vivant à la surface de la terre, pour faire disparaître tout l'oxygène.

C'est encore aux plantes qu'est dévolu exclusivement le rôle de fixer l'azote nécessaire à la production de la matière organisée. Mais le règne végétal ne fixe l'azote libre de l'air que d'une manière exceptionnelle et dans des conditions spéciales qui seront développées plus loin (**9**.*b*).

Le grand réservoir d'azote où puisent les plantes, est constitué par la matière organique du sol, dans laquelle l'azote est combiné avec le carbone, l'hydrogène et souvent encore avec le soufre; l'azote ainsi combiné est désigné sous le nom d'azote organique. Cet azote lui aussi n'est pourtant pas directement apte à l'assimilation. Certains sols, par exemple, les sols tourbeux et les terres de défrichement, où la richesse en azote est exceptionnellement élevée, sont pourtant impuissants à produire des récoltes. C'est seulement l'azote en combinaison avec l'hydrogène ou avec l'hydrogène et l'oxygène, l'azote qu'on appelle azote ammoniacal et azote nitrique, que les plantes peuvent s'assimiler; l'azote organique doit donc subir une décomposition préalable qui le ramène à l'une ou à l'autre de ces dernières formes pour servir à la nutrition de la plante.

Pendant longtemps, on a cru que l'azote était absorbé exclusivement par les racines à l'état d'ammoniaque; puis un autre ordre d'idées fit admettre que les plantes n'absorbaient que l'azote nitrique. Des expériences décisives de M. Müntz ont établi que les plantes peuvent fixer l'azote ammoniacal, mais que l'azote nitrique est l'aliment azoté par excellence des végétaux. Dans un travail récent, MM. Berthelot et André ont établi la présence universelle des azotates dans le règne végétal : « Presque tous les végétaux, disent ces savants, contiennent des azotates, au moins pendant une certaine période de leur végétation, aussi bien les dicotylédones que les monocotylédones et les plantes des autres familles (mousses, fougères, équisétacées, etc.), aussi bien les plantes terrestres que les plantes aquatiques, aussi bien les plantes annuelles que les plantes vivaces et les arbres mêmes. »

Comme l'anhydride carbonique et l'eau, l'azote nitrique est réduit dans l'organisme végétal. Cette réduction exige une dépense d'énergie beaucoup moindre que celle de l'eau ou de l'anhydride carbonique; elle se conçoit donc aisément. Mais on connait encore moins bien que pour les substances hydrocarbonées, le processus chimique en vertu duquel l'azote nitrique se transforme par réduction et synthèse en ces substances organiques azotées qui constituent le protoplasma vivant. Nous reviendrons sur ce sujet à propos des substances albuminoïdes (**313**).

Si, sous l'influence de la lumière solaire, les parties vertes des plantes fonctionnent comme des appareils réducteurs, il est certaines circonstances, certains organes où la plante revêt un rôle tout opposé.

Quand on fait germer de l'orge ou du blé, on observe facilement, si les graines sont en tas comme dans les malteries, une notable élévation de température et un dégagement d'anhydride carbonique; l'amidon des graines se transforme d'abord en sucre, puis ce sucre disparaît en produisant de l'anhydride carbonique et de l'eau et en dégageant de la chaleur. Dans cette circonstance, la plante s'approprie donc d'une façon bien manifeste les principaux caractères de l'animalité.

La floraison et la fécondation sont toujours accompagnées de chaleur; l'élévation de la température peut dépasser 10° au-dessus de la température ambiante, pour certaines plantes telles que l'arum maculatum. Les fleurs respirent en produisant de l'anhydride carbonique ; la source où le carbone est puisé se révèle avec évidence. On voit par exemple, que dans la canne à sucre, le sucre accumulé dans la tige a disparu en entier quand la floraison et la fructification sont accomplies. Dans la betterave, le sucre va de même en augmentant dans la racine jusqu'à la floraison, diminue à partir de ce moment, pour disparaître quand la plante a formé ses graines.

Ainsi donc, à certaines époques, dans certains organes, la plante devient, comme l'animal, un appareil de combustion. A ces mêmes époques, elle détruit en abondance des matières féculentes ou sucrées qu'elle avait lentement accumulées et emmagasinées. — Si l'on remarque avec quel instinct les animaux vont précisément choisir pour leur nourriture cette partie du végétal où celui-ci avait accumulé le sucre et l'amidon qui lui servent à développer de la chaleur, on peut prévoir que, dans l'économie animale, le sucre et l'amidon sont aussi destinés à jouer le même rôle, c'est-à-dire à développer par leur combustion la chaleur qui accompagne le phénomène de la respiration. Nous voyons donc les végétaux et les animaux réaliser exactement les mêmes phénomènes.

Une observation plus approfondie nous apprend que ces phénomènes biologiques communs aux végétaux et aux animaux ne sont pas particuliers à certains organes ou à certaines époques de la vie du végétal. Ils sont continus et se produisent dans toutes les parties de la plante ; mais, dans les conditions ordinaires, ils sont peu intenses et ne peuvent plus être perçus aussi facilement que dans les circonstances précédentes. Les oxydations se manifestent dans les plantes aussi bien le jour que la nuit sur les parties dépourvues de chlorophylle. Elles sont masquées, pendant le jour, dans les parties vertes des plantes par le dégagement d'oxygène qui résulte du phénomène inverse de décomposition de l'anhydride carbonique ; mais pendant la nuit, où ce dernier phénomène cesse, on peut observer que les parties vertes des plantes sont aussi le siège d'oxydations, comme les autres parties de la plante et comme les animaux, car elles absorbent de l'oxygène et dégagent de l'anhydride carbonique.

On peut donc considérer la plante comme étant le siège d'une sorte de vie animale, doublée d'une fonction physiologique spéciale, la fonction chlorophyllienne. Cette dernière, dans les circonstances ordinaires, l'emporte de beaucoup sur les phénomènes d'oxydation. Le caractère essentiel des plantes reste donc d'emprunter de l'énergie au soleil et de l'accumuler dans des composés organiques qu'elles produisent par réduction et par synthèse aux dépens de l'anhydride carbonique, de l'eau, de l'acide azotique, de l'acide sulfurique, etc.; elles ne consomment elles-mêmes qu'une partie souvent très faible des composés organiques qu'elles élaborent.

II

Les ferments sont des êtres microscopiques, formés d'une seule cellule, qui, au point de vue des transformations qu'ils font subir à la matière, sont intermédiaires entre les végétaux et les animaux. Dépourvus de chlorophylle, ils ne peuvent pas comme les végétaux, assimiler le carbone de l'anhydride carbonique ; mais si le carbone leur est offert sous forme de composés organiques relativement simples, tels que le sucre, l'alcool, l'acide tartrique, ils deviennent aptes à assimiler l'azote ammoniacal et l'azote nitrique. Ils se développent et se reproduisent alors à l'aide de substances minérales, chlorures, azotates, phosphates d'ammonium, de potassium, de calcium et de magnésium, élaborant, par synthèse partielle, les matières albuminoïdes si complexes, constitutives de tout être vivant. Si les micro-organismes ont à leur disposition des matières albuminoïdes toutes faites, ils se développent, comme les animaux, aux dépens de ces substances au lieu de les fabriquer eux-mêmes.

Ce n'est pas sous forme de lumière, comme les végétaux, qu'ils reçoivent l'énergie nécessaire aux synthèses qu'ils opèrent; la lumière est au contraire pour eux un agent plus nuisible qu'utile. Comme les animaux, les micro-organismes transforment en énergie actuelle l'énergie potentielle des aliments organiques dont ils se nourrissent. Une partie de cette énergie est employée aux synthèses qu'ils effectuent, une autre partie élève, d'une manière souvent considérable, la température du milieu où ils se développent.

L'histoire des micro-organismes, à laquelle les mémorables travaux de Pasteur servent de base, nous intéresse à un double point de vue. Les ferments sont en effet des êtres simples, réduits à une seule cellule, dont l'étude jette un grand jour sur le fonctionnement des cellules variées, tributaires les unes des autres, dont se composent les organismes supérieurs. En second lieu, un grand nombre de nos maladies sont dues à la pullulation de certains micro-organismes dans les tissus ou dans les humeurs de l'économie, et à l'action de substances extrêmement toxiques qu'ils élaborent; on a donné à ces substances le nom générique de toxines.

Il existe plusieurs groupes de micro-organismes présentant entre eux certaines différences morphologiques; ce sont les moisissures (1), les levûres, les microcoques, les bactéries, les bacilles, les vibrions. Chaque groupe compte un très grand nombre d'espèces. Les divers microbes se distinguent surtout les uns des autres par la nature de la substance chimique qui leur sert d'aliment, par les termes de décomposition de cette substance et par les conditions nécessaires à leur développement. Les uns ne peuvent vivre qu'à l'abri de l'air et puisent l'oxygène dans les substances organiques qu'ils transforment; on les dit anaérobies. D'autres au contraire ont besoin d'oxygène libre; ils sont aérobies. Parmi ces derniers, il en est qui fixent de l'oxygène sur la substance dont ils se nourrissent.

Beaucoup de ferments peuvent vivre indifféremment aux dépens d'oxygène libre ou d'oxygène combiné, tout en se nourrissant de la même substance; mais alors les produits de décomposition de cette substance varient suivant que le ferment vit aérobiquement ou anaérobiquement. Tel est le cas de la levûre de bière, par exemple. Dans sa vie anaérobie, elle dédouble le glucose en alcool et en anhydride carbonique; au contraire en présence de grandes quantités d'oxygène, la levûre de bière oxyde complètement le glucose en anhydride carbonique et en eau.

Lorsqu'un composé chimique a subi sous l'influence d'un micro-organisme une décomposition en termes plus simples, ceux-ci peuvent à leur tour servir d'aliments à d'autres variétés de micro-organismes, et ainsi de suite, jusqu'à ce que le composé initial soit réduit à l'état de substances minérales (2) et ait perdu toute énergie chimique. Le glucose, par exemple, est transformé

(1) Les moisissures sont en réalité formées de plusieurs cellules, mais leur manière de vivre est celle des êtres unicellulaires.

(2) On définit aujourd'hui la ch ie organique : l'histoire des composés du carbone. D'après cette définition l'anhydride carbonique serait aussi un composé organique ; mais, suivant l'usage, nous rangeons ce composé, dernier terme d'oxydations du carbone, parmi les composés minéraux.

à l'abri de l'air par les levûres en anhydride carbonique et en alcool, d'après l'équation suivante :

$$\underbrace{C^6H^{12}O^6}_{\text{Glucose.}} = \underbrace{2\,CO^2}_{\text{Anhydride carbonique.}} + \underbrace{2\,C^2H^6O}_{\text{Alcool.}}$$

L'alcool, substance organique renfermant encore de l'énergie de tension peut, à son tour, servir de nourriture à un autre micro-organisme, le mycoderma vini, qui le détruit par oxydation complète en anhydride carbonique et en eau.

$$\underbrace{C^2H^6O}_{\text{Alcool.}} + \underbrace{3\,O^2}_{\text{Oxygène.}} = \underbrace{2\,CO^2}_{\text{Anhydride carbonique.}} + \underbrace{3\,H^2O}_{\text{Eau.}}$$

Le rôle des micro-organismes est très important dans l'évolution de la matière à travers les êtres vivants. Grâce à eux, les matières organiques provenant, soit des excrétions des animaux, soit des restes des animaux et des végétaux après leur mort, retournent à l'état de substances minérales qui peuvent de nouveau être reprises par les plantes.

Parmi les diverses substances qui peuvent servir à la nutrition d'un même micro-organisme, il en est que cet être préfère, c'est-à-dire qu'il consommera d'abord, si on lui en offre plusieurs à la fois. Ces préférences sont basées parfois sur des différences légères dans la constitution chimique ou dans les propriétés physiques (1).

Ainsi, dans le mélange de glucose et de fructose qui constitue le sucre interverti, la levûre de bière consomme plus rapidement le glucose ordinaire, qui possède la fonction aldéhyde, que le fructose de même composition, mais qui présente la fonction acétone. De même, l'acide tartrique dextrogyre et l'acide tartrique lévogyre, qui constituent par leur union l'acide racémique inactif sur la lumière polarisée, ne sont pas détruits avec la même rapidité par certaines moisissures, qui consomment de préférence la variété droite.

Les transformations chimiques effectuées par un même ferment peuvent avoir lieu en deux phases essentiellement dis-

(1) De même, les divers isomères d'une substance chimique antiseptique présentent souvent des différences d'action très marquées.

tinctes ; c'est ainsi que la levûre de bière ne transforme les solutions de sucre de canne en alcool et en anhydride carbonique qu'après avoir préalablement dédoublé ce sucre en glucose et en fructose, par hydratation.

$$\underbrace{C^{12}H^{22}O^{11}}_{\text{Sucre de canne.}} + \underbrace{H^2O}_{\text{Eau.}} = \underbrace{C^6H^{12}O^6}_{\text{Glucose.}} + \underbrace{C^6H^{12}O^6}_{\text{Fructose.}}$$

Or cette hydratation a lieu en dehors des cellules de levûre, par l'intervention d'une substance spéciale qu'elles élaborent et qu'elles déversent dans le liquide qui les baigne. Cette substance, désignée sous le nom de ferment soluble ou de diastase, n'est pas organisée ; elle exerce son action hydratante sur le sucre de canne, même en présence d'agents, comme le fluorure de sodium à 1 p. 100, qui arrêtent la vie de tout être organisé.

De même, lorsque le lait fermente à l'air sous l'influence d'un microbe appelé tyrothrix tenuis, la caséine, matière albuminoïde du lait, est d'abord transformée en peptone par hydratation, grâce à un ferment soluble déversé dans le lait par le micro-organisme.

On trouve chez les êtres supérieurs et notamment chez l'homme, des cellules chargées de sécréter des diastases analogues à celles que les micro-organismes élaborent, et destinées comme elles à préparer les aliments pour des transformations ultérieures. Les ferments solubles transforment des quantités de matière extrêmement considérables relativement à leur masse. — Injectés sous la peau et dans le sang, ils sont en général très toxiques.

Parmi les toxines sécrétées par les microbes pathogènes, il en est qui se rapprochent par leurs propriétés générales des ferments solubles, d'autres présentent des analogies plus ou moins grandes avec les matières albuminoïdes ou leurs dérivés immédiats, d'autres enfin, qu'on désigne sous le nom de ptomaïnes, possèdent les caractères généraux des alcaloïdes végétaux.

En résumé, les micro-organismes peuvent effectuer la synthèse de matières albuminoïdes, comme les plantes, mais pour cela ils ne peuvent pas utiliser comme elles, des matières exclusivement minérales; une partie au moins de leurs aliments doit être sous forme organique. — Comme les animaux, les micro-organismes transforment en énergie actuelle l'énergie potentielle accumulée dans ces aliments organiques, en les décomposant.

Dans ce double phénomène opposé, la décomposition l'emporte de beaucoup sur la synthèse ; les micro-organismes décomposent, en effet, des quantités énormes de matières organiques, relativement à leur masse.

Le rôle essentiel des ferments, au point de vue de la physiologie générale, reste donc de détruire la matière organique, d'achever les oxydations qui n'ont été que partielles dans le passage de la matière à travers l'économie animale, en un mot, de rendre la matière sous la forme minérale à l'atmosphère et au sol d'où elle était sortie.

PREMIÈRE PARTIE

PRINCIPES CONSTITUANTS DE L'ORGANISME

CHAPITRE PREMIER

ÉLÉMENTS ET SUBSTANCES MINÉRALES

HYDROGÈNE

1. Combinaisons hydrogénées. — L'hydrogène entre dans la composition de presque toutes les substances organiques et dans celle de quelques substances minérales (ammoniaque, eau) constitutives des êtres vivants. L'eau est le grand réservoir d'hydrogène où viennent puiser les végétaux pour élaborer les combinaisons organiques hydrogénées, qui servent d'aliments à l'homme et aux animaux; une partie de l'hydrogène de ces combinaisons est également empruntée à l'ammoniaque.

Les animaux absorbent constamment de l'oxygène, transforment et oxydent les combinaisons chimiques qui entrent dans la composition de leurs aliments et rejettent l'hydrogène à l'état d'eau et de composés organiques plus simples, pour la plupart azotés (urée, acide urique, etc.). Ces composés subissent, à leur tour, hors de l'économie et sous l'influence de microorganismes, une série de transformations à la suite desquelles leur hydrogène passe à l'état d'eau. Les composés excrémentitiels azotés, comme l'urée, donnent de l'ammoniaque comme terme intermédiaire des transformations qu'ils subissent.

2. Hydrogène libre. — A. Origine. — On trouve souvent dans les gaz intestinaux de l'hydrogène libre. On doit attribuer sa formation à la fermentation butyrique des matières sucrées de l'alimentation ou à des fermentations anaérobies ana ogues.

On trouve, en effet, dans l'intestin grêle les trois produits de la décomposition du glucose par le ferment butyrique : acide butyrique, anhydride carbonique et hydrogène.

B. Élimination. — La majeure partie de l'hydrogène est éliminée par l'anus avec les gaz intestinaux ; une petite quantité passe par diffusion dans le sang. En effet, lorsque les gaz séjournent dans l'intestin pendant un certain temps, leur volume diminue ; on a pu d'ailleurs déceler des traces d'hydrogène libre dans le sang veineux. Cet hydrogène peut s'oxyder dans le sang et passer à l'état d'eau ou s'éliminer par les poumons et par la peau. De fait, on trouve souvent de petites quantités d'hydrogène dans les gaz de la respiration et dans ceux de la perspiration cutanée.

3. Caractères. — L'hydrogène est un gaz incolore, inodore, sans saveur, très peu soluble dans l'eau, très léger.

1. *Il brûle avec une flamme non éclairante en donnant de l'eau.*

2. *Il n'est absorbé par aucun réactif à froid.*

3. Si on ajoute à de l'hydrogène un volume égal d'oxygène et qu'on fasse éclater dans le mélange une étincelle électrique, tout l'hydrogène passe à l'état d'eau, en se combinant à la moitié de son volume d'oxygène ; les deux tiers du volume disparu représentent donc l'hydrogène qui était contenu dans le mélange gazeux. C'est sur ce fait qu'est basé le dosage de l'hydrogène dans les mélanges gazeux.

OXYGÈNE

4. Combinaisons oxygénées. — La plupart des substances chimiques qui entrent dans la constitution de l'organisme contiennent de l'oxygène au nombre de leurs éléments. D'autre part, les animaux introduisent dans leur corps des aliments composés de principes organiques très divers, mais tous oxygénés à un degré plus ou moins avancé ; ces principes subissent dans l'économie une combustion lente sous l'influence de l'oxygène emprunté à l'air. Cette combustion, source de chaleur et d'énergie pour l'animal, aboutit à la formation d'eau, d'anhydride carbonique et d'urée, produits qui sont destinés à être éliminés. Mais comme les oxydations n'ont lieu que par métamorphoses successives, on trouve dans l'économie et dans les excrétions une série de produits d'oxydation intermédiaires.

La vie animale tend donc à appauvrir l'air en oxygène et à l'enrichir en anhydride carbonique. Nous avons déjà vu (V. *Introduction*) que les plantes oxydent aussi une partie des substances organiques qu'elles élaborent, en absorbant de l'oxygène de l'air et dégageant de l'anhydride carbonique. Mais la grandeur de cet échange gazeux est faible relativement à l'échange inverse qui s'établit à la lumière, grâce à la fonction chlorophyllienne. Aussi la vie végétale constitue-t-elle le facteur essentiel qui assure la constance de la proportion d'oxygène dans l'air atmosphérique.

5. Oxygène libre. — L'oxygène de l'air pénètre dans le poumon pendant l'inspiration ; une petite quantité d'air passe également dans le tube digestif avec les aliments pendant la déglutition.

Du poumon, l'oxygène est transporté aux tissus par l'intermédiaire du sang ; une petite quantité d'oxygène se trouve simplement en solution dans le plasma sanguin, la plus grande partie est en combinaison faible, provisoire pour ainsi dire, avec l'hémoglobine, matière colorante des globules rouges.

6. Caractères. — L'oxygène est un gaz incolore, inodore, sans saveur, peu soluble dans l'eau.

1. *Il est absorbé rapidement par les solutions alcalines d'acide pyrogallique.*

2. *Il est absorbé lentement à froid par le phosphore, lorsqu'il est mélangé avec un gaz inerte.*

On emploie généralement l'un ou l'autre de ces procédés d'absorption pour doser l'oxygène dans un mélange de gaz.

3. *L'hydrosulfite de sodium fixe l'oxygène libre, à l'état gazeux ou en solution dans l'eau.* Ce composé est de plus un agent réducteur susceptible de s'emparer de l'oxygène combiné ; il réduit notamment, avec la plus grande facilité, la combinaison que forme l'oxygène avec l'hémoglobine. Aussi l'hydrosulfite est-il employé pour doser l'oxygène du sang (V. *Sang*).

EAU H^2O

7. Physiologie. — La proportion d'eau contenue dans le corps humain est d'environ 60 p. 100 ; elle atteint 66 p. 100 chez le nouveau-né et diminue peu à peu à mesure que l'âge augmente.

Les divers organes et les divers liquides de l'économie contiennent des quantités d'eau très différentes, ainsi que l'indique le tableau suivant :

	Eau p. 100.
Émail des dents	0,2
Squelette	48,6
Foie	69,3
Cerveau	75,0
Reins	82,7
Sang	79,1
Lymphe	95,8
Sueur	99,5

La proportion d'eau est plus forte chez les animaux maigres que chez les animaux gras; cela provient de ce que le tissu adipeux contient peu d'eau.

A. Origine. — L'eau du corps humain provient principalement de l'eau absorbée en nature avec les boissons et les aliments (2 litres environ) ; une certaine quantité d'eau (300 à 400 grammes) se forme dans l'intimité des tissus par l'oxydation des combinaisons organiques hydrogénées de nos aliments.

B. Élimination. — L'eau s'élimine par l'urine et les fèces et, à l'état de vapeur, par les poumons et la surface cutanée. La quantité d'eau éliminée quotidiennement représente le vingtième environ de l'eau contenue dans tout le corps ; elle se répartit de la façon suivante, d'après Pettenkofer et Voit, pour l'homme au repos.

Urine	1212	grammes
Fèces	110	—
Poumons et peau	931	—
	2.253	—

Pendant le jeûne, la perte d'eau subie par l'organisme est sensiblement proportionnelle à la perte de matériaux solides; aussi les animaux supportent-ils mieux, en général, la privation d'eau, quand ils ne prennent aucune nourriture solide.

C. Rôle physiologique. — Le rôle physiologique de l'eau est très important. Même chez les êtres inférieurs, la vie est arrêtée par la dessiccation complète. Des grenouilles placées dans des atmosphères rendues desséchantes par la présence de chlorure de calcium, meurent quand elles ont perdu 35 p. 100 de leur poids. L'eau intervient comme agent chimique dans les phénomènes d'hydratation et comme agent physique dans les phénomènes d'osmose qui se passent au niveau des cellules. Celles-ci reçoivent leurs matériaux nutritifs à l'état de solution et rejettent leurs déchets sous cette même forme.

Enfin, par son évaporation au niveau des surfaces pulmonaire et cutanée et par le froid qui en résulte, l'eau intervient puissamment, dans la régulation de la chaleur animale, pour lutter contre l'élévation de température.

AZOTE

8. Combinaisons azotées. — L'azote entre dans la constitution d'un grand nombre de substances de l'organisme. A part quelques sels ammoniacaux, qu'on ne trouve qu'en petite quantité, toutes les substances azotées de l'économie sont des composés organiques, c'est-à-dire renfermant également du carbone (1). Les unes, comme les matières protéiques, possèdent un poids moléculaire très élevé et, par suite, une constitution extrêmement complexe; elles renferment de l'hydrogène, de l'oxygène, du soufre et parfois du phosphore. Ces substances qui constituent la partie essentielle de nos tissus proviennent de l'assimilation de substances analogues contenues dans nos aliments. Les autres, de constitution plus simple, proviennent des précédentes par des phénomènes de dédoublement accompagnés souvent d'oxydation; la plupart d'entre elles ne contiennent plus ni phosphore ni soufre. Le terme le plus simple provenant de ces phénomènes successifs de dédoublement et d'oxydation est l'urée, forme sous laquelle la majeure partie de l'azote est éliminée de l'organisme par l'urine. La trentième partie environ de l'azote de cette excrétion se trouve à l'état de composés plus complexes que l'urée, tels que l'acide urique, la créatinine, la xanthine, etc...

9. Origine de l'azote des êtres vivants. — L'homme et les animaux ne peuvent utiliser, pour former leurs tissus, les combinaisons azotées minérales (azotates, ammoniaque) et encore moins l'azote libre; ils s'adressent toujours en dernière analyse aux matières protéiques élaborées par les plantes. Il est donc intéressant de savoir comment les végétaux eux-mêmes fixent l'azote.

a) Ce sont les combinaisons azotées minérales du sol qui sont

(1) Certains auteurs ont également signalé des traces de nitrates dans l'organisme animal.

les principales sources d'azote pour les végétaux. Le sol renferme généralement l'azote sous trois formes : azote organique, azote ammoniacal et azote nitrique.

L'*azote organique*, provient des débris animaux et végétaux. Il n'est pas directement assimilable par la plante; mais, sous l'influence des microorganismes contenus dans le sol, il se transforme peu à peu en ammoniaque.

L'azote ammoniacal ainsi formé, s'ajoute à l'ammoniaque que le sol fixe directement de l'air atmosphérique, ou qui lui est apporté par les eaux de pluie. L'azote ammoniacal est directement assimilé par les plantes (1). On ne le trouve jamais qu'en minime proportion dans le sol, à cause de la facilité avec laquelle il se transforme en azote nitrique.

L'azote nitrique est la forme sous laquelle l'azote est le plus facilement absorbé par les végétaux. Il résulte de l'oxydation de l'azote organique et ammoniacal par l'oxygène de l'air diffusé dans le sol. Cette oxydation a lieu par l'intervention de microorganismes spécifiques (ferments nitriques), découverts par MM. Schlœsing et Müntz et contenus dans la plupart des terres arables. Une partie de l'azote nitrique du sol provient également des composés nitriques de l'air entraînés avec la pluie.

b) Les plantes peuvent également fixer l'azote libre. Il est probable qu'une petite quantité d'azote s'unit directement aux composés organiques constituants des végétaux, sous l'influence de l'électricité atmosphérique. M. Berthelot a constaté en effet que l'azote libre est absorbé directement, à la température ordinaire, par la cellulose, le glucose et par un grand nombre de substances organiques, sous l'influence de l'effluve électrique, c'est-à-dire de l'électricité sous faible tension. Cette fixation d'azote a déjà lieu sous l'influence de tensions plus faibles que celles de l'électricité atmosphérique.

Dans certaines conditions, les végétaux supérieurs fixent beaucoup plus d'azote qu'il ne s'en trouvait à l'état de combinaison dans la terre et paraissent emprunter par leurs racines de l'azote libre à l'air diffusé dans le sol. Il est aujourd'hui démontré que les agents de cette fixation d'azote libre sont des êtres organisés inférieurs, tels que certaines algues qu'on trouve à la surface du sol et certaines bactéries qui vivent dans l'intimité du sol même. Dans les plantes de la famille

(1) Les plantes fixent également par leurs feuilles des traces d'ammoniaque.

des légumineuses (haricots, luzernes, trèfles, lupin), des microorganismes fixateurs d'azote sont supportés par les racines; ils y déterminent la formation de petites nodosités ou tubercules (Fig. 1) (Helriegel et Wilfarth). Ces microorganismes cèdent à la plante l'azote qu'ils ont fixé et reçoivent d'elle en retour les hydrates de carbone nécessaires à leur développement. On désigne généralement sous le nom de *symbiose* cette collaboration de la plante et des bactéries pour la vie commune.

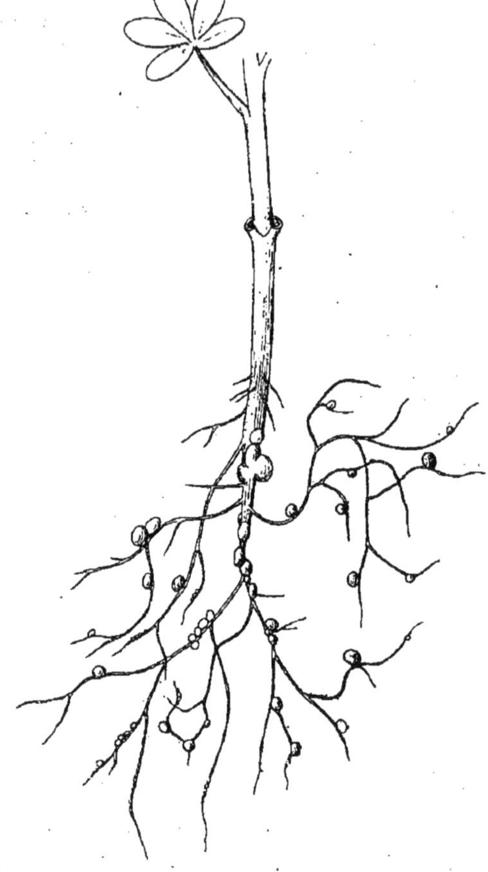

Fig. 1. — Racines de lupin portant des nodosités à bactéroïdes.

10. Recherche de l'azote dans les matières organiques. — 1. Les substances qui contiennent une forte proportion d'azote répandent, lorsqu'on les chauffe, *une odeur caractéristique de corne brûlée et dégagent de l'ammoniaque.*

2. *Chauffées dans un tube à essai avec un excès de chaux sodée, les matières organiques azotées donnent lieu à un dégagement d'ammoniaque*, reconnaissable à son odeur et à la propriété qu'il possède de bleuir le papier rouge de tournesol.

3. *Les substances organiques azotées chauffées avec un fragment de potassium donnent du cyanure de potassium.* Il faut avoir soin d'opérer sur la matière organique parfaitement desséchée et dans un tube sec à cause de l'action du potassium sur l'eau. Pour reconnaître la présence du cyanure formé, on reprend, après refroidissement, le résidu de la réaction par un peu

d'eau et on traite par quelques gouttes de sulfate ferroso-ferrique, puis par un peu d'acide chlorhydrique ; il se forme une coloration bleue ou un précipité de bleu de Prusse.

11. Azote libre. — A. Origine. — État. — On trouve de l'azote libre dans les poumons où il pénètre pendant la respiration, et dans le tube digestif où il est entraîné avec les aliments pendant la déglutition.

Le sang renferme en solution de l'azote qu'il a absorbé lors de son passage dans les capillaires pulmonaires. Cet azote est transporté par le sang dans tout l'organisme ; aussi en trouve-t-on de petites quantités dans tous les liquides de l'économie.

B. Élimination. — L'azote qui pénètre dans le poumon pendant l'inspiration en sort pendant l'expiration. De petites quantités de ce gaz sont éliminées par la peau. Enfin l'azote qui se trouve dans les gaz intestinaux est éliminé avec ceux-ci par l'anus.

Les quantités d'azote absorbées et éliminées sont très sensiblement les mêmes. Pourtant, dans certaines conditions anormales (jeûne prolongé), les animaux semblent emprunter de l'azote à l'atmosphère. A l'état normal, au contraire, d'après la plupart des auteurs, les animaux exhalent un peu plus d'azote qu'ils n'en absorbent. M. A. Gautier considère cette formation d'azote libre par les animaux comme la conséquence de la vie anaérobie de certaines de leurs cellules. Ce savant a établi en effet que, dans la fermentation bactérienne des matières albuminoïdes à l'abri de l'air, il y a mise en liberté d'azote.

C. Rôle physiologique de l'azote atmosphérique. — Dans les phénomènes de la respiration le rôle de l'azote de l'air est surtout passif ; il semble n'intervenir que pour diluer l'oxygène. On peut, en effet, sans inconvénient pour la vie des animaux, remplacer dans l'air atmosphérique l'azote par l'hydrogène. Les animaux plongés dans une atmosphère d'azote pur périssent par défaut d'oxygène ; ils sont asphyxiés.

12. Caractères. — On reconnaît l'azote surtout à ses caractères négatifs.

1. *Il éteint les corps en combustion, mais ne brûle pas lui-même.* (Caractère distinctif d'avec l'hydrogène.)

2. *Il ne trouble pas l'eau de chaux.* (Caractère distinctif d'avec l'anhydride carbonique.)

3. *Il n'est absorbé par aucun réactif à froid.* Dans la plupart des mélanges gazeux retirés de l'économie on peut doser l'azote

par reste, après avoir absorbé successivement les autres gaz (oxygène, anhydride carbonique) par des réactifs appropriés.

CARBONE

13. Matières organiques. — Toutes les substances qui contiennent du carbone au nombre de leurs éléments sont dites *matières organiques*, à l'exception de l'anhydride carbonique et des carbonates qu'on a l'habitude d'envisager comme des combinaisons minérales. Certaines matières organiques de l'économie ne renferment que de l'hydrogène et de l'oxygène, c'est-à-dire les éléments de l'eau, en combinaison avec le carbone. On les appelle souvent *combinaisons hydrocarbonées*; telles sont les matières grasses, les matières sucrées et amylacées. On réserve aux matières sucrées et amylacées le nom d'*hydrates de carbone* parce que l'hydrogène et l'oxygène s'y trouvent dans le même rapport que dans l'eau. Le glucose, par exemple, a pour formule $C^6H^{12}O^6$ qu'on peut écrire $C^6(H^2O)^6$.

Les *matières albuminoïdes* renferment, outre les éléments précédents, de l'azote et du soufre; bien qu'elles contiennent cinq éléments, les physiologistes les désignent souvent, mais à tort, sous le nom de combinaisons *quaternaires*.

Les matières organiques que nous venons de mentionner renferment des proportions de carbone très différentes; ainsi, les matières grasses en contiennent environ 85 p. 100, les matières albuminoïdes 50 p. 100, les hydrates de carbone 40 p. 100.

C'est aux substances albuminoïdes et hydrocarbonées contenues dans leurs aliments que l'homme et les animaux empruntent tout le carbone de leurs tissus; la désassimilation de ces substances par dédoublement, oxydation, etc., donne naissance à cette multitude de substances organiques qu'on rencontre dans l'économie animale. Finalement, le carbone des matières hydrocarbonées est à peu près entièrement converti en anhydride carbonique et éliminé sous cette forme. La plus grande partie du carbone des substances protéiques est également transformée en anhydride carbonique; un sixième environ est éliminé sous forme d'urée, qui se transforme à son tour facilement en anhydride carbonique et en ammoniaque hors de l'organisme. Enfin on retrouve près d'un quinzième du carbone des albuminoïdes dans l'urine sous la forme d'autres produits (créatinine, acide urique, etc.).

14. Origine du carbone chez les êtres vivants. — Tout le carbone des êtres vivants a pour origine première l'anhydride carbonique. Ce composé est excessivement répandu dans la nature ; il se trouve à l'état gazeux dans l'air, à l'état dissous dans l'eau, à l'état de combinaison dans les carbonates du sol. Les végétaux seuls, parmi les êtres vivants, sont aptes à décomposer l'anhydride carbonique. Ils en dégagent l'oxygène et fixent le carbone, avec lequel ils élaborent les substances organiques dont se nourrissent les animaux. Ceux-ci oxydent ces substances organiques et rendent à la nature minérale le carbone sous forme d'anhydride carbonique.

Cette décomposition et cette régénération continuelles de l'anhydride carbonique assurent la circulation du carbone dans les êtres vivants et maintiennent l'intégrité de la composition de l'air atmosphérique.

15. Recherche du carbone dans les matières organiques. — 1. *Presque toutes les matières organiques non volatiles se décomposent sous l'influence de la chaleur avec formation de charbon*, qui peu à peu brûle à l'air et finit par disparaître.

2. *Les matières organiques chauffées avec un corps oxydant, comme l'oxyde de cuivre, donnent lieu à un dégagement d'anhydride carbonique.* L'opération se fait dans un petit tube en verre peu fusible fermé par un bout. L'anhydride carbonique se reconnaît au précipité blanc qu'il donne avec l'eau de chaux.

ANHYDRIDE CARBONIQUE CO^2.

16. Physiologie. — L'anhydride carbonique, qu'on désigne souvent sous le nom d'acide carbonique est, comme nous l'avons vu, un produit d'oxydation des composés organiques, destiné à être éliminé. La production de ce corps a lieu dans tous les tissus, aussi trouve-t-on de l'anhydride carbonique en solution dans presque tous les liquides de l'économie, notamment dans le sang, qui transporte l'anhydride carbonique des tissus aux poumons, comme il transporte l'oxygène des poumons aux tissus. En étudiant le liquide sanguin, nous verrons qu'il renferme également des carbonates qui, dans le poumon, laissent dégager une partie de leur anhydride carbonique.

L'anhydride carbonique se rencontre aussi parmi les gaz de l'intestin. Il y provient en partie du sang, en partie de la fermentation des substances alimentaires, sous l'influence des microorganismes.

C'est avec les gaz de l'expiration que presque tout l'anhydride carbonique formé dans les tissus est éliminé (1 kilogr. environ par jour pour l'homme). De petites quantités d'anhydride carbonique sont également rejetées par la peau, par l'urine et avec les gaz intestinaux.

17. Action sur l'économie. — L'anhydride carbonique est irrespirable et détermine rapidement la mort par asphyxie. On a vu (**11.** C), que l'hydrogène, qui lui aussi est irrespirable, peut entrer dans la composition d'atmosphères artificielles d'oxygène et d'hydrogène, renfermant autant d'oxygène que l'air ordinaire, sans altérer en rien la respiration des animaux qu'on fait vivre dans de pareilles atmosphères. Il n'en est plus de même de l'anhydride carbonique. Claude Bernard a démontré que les animaux meurent dans des atmosphères plus riches en oxygène que l'air ordinaire, mais renfermant 13 p. 100 d'anhydride carbonique. Les animaux ne meurent donc pas par privation d'oxygène, mais par suite de l'accumulation de l'anhydride carbonique dans le sang.

18. Caractères. — 1. *L'anhydride carbonique éteint les corps en combustion.*

2. *Il trouble l'eau de chaux*, par suite de la formation de carbonate de calcium insoluble. Le carbonate de calcium, en suspension dans beaucoup d'eau, se redissout sous l'influence d'un excès d'anhydride carbonique.

3. *Il est absorbé par la potasse humide*, avec formation de carbonate de potassium. On utilise cette propriété pour le dosage de l'anhydride carbonique dans les mélanges de gaz.

Carbonates.

19. État naturel. — L'anhydride carbonique, en présence de l'eau, se comporte comme un acide bimétallique CO^3H^2, c'est-à-dire qu'il donne avec les bases deux sortes de sels, des carbonates acides ou bicarbonates CO^3HM' et des carbonates neutres CO^3M^2.

Ces deux sortes de sels se rencontrent dans divers liquides de l'économie, en particulier dans le plasma sanguin. On trouve également des carbonates dans les cendres des divers organes de l'homme et des animaux; mais ils proviennent surtout, dans ce cas, de la calcination des sels à acides organiques.

20. Caractères des carbonates. — 1. *Les carbonates, traités par l'acide sulfurique ou par tout autre acide fort, donnent* *lieu à un dégagement d'anhydride carbonique, facile à reconnaître.*

2. *Les carbonates solubles précipitent en blanc les sels de baryum. Le précipité est soluble avec effervescence dans les acides.*

3. *On distingue les carbonates neutres solubles des carbonates acides en ce que les premiers précipitent la solution de sulfate de magnésium, et que les seconds ne la précipitent pas immédiatement.* Dans ce dernier cas, en effet, le carbonate de magnésium reste en solution dans l'eau, à la faveur de l'excès d'anhydride carbonique.

SOUFRE

21. Combinaisons sulfurées. — Le soufre, comme tous les éléments du corps humain qu'il nous reste à étudier, ne se rencontre qu'à l'état de combinaison dans l'organisme.

Parmi les substances de l'économie renfermant du soufre, les unes sont organiques, les autres minérales.

a) Les substances organiques sulfurées les plus importantes sont les matières albuminoïdes, qui peuvent renfermer jusqu'à 2 pour 100 de soufre. C'est principalement sous cette forme que le soufre pénètre dans l'économie animale avec les aliments. Les végétaux élaborent ces matières, en empruntant le soufre aux sulfates du sol. La désassimilation des substances albuminoïdes par les animaux donne naissance à un certain nombre de produits organiques sulfurés plus simples, tels que la taurine, la cystine, le sulfocyanure de potassium et des substances encore peu étudiées, qu'on rencontre dans l'urine et qui y constituent ce qu'on appelle *le soufre incomplètement oxydé*. Un quart environ du soufre des albuminoïdes est éliminé sous ces diverses formes; le reste subit une oxydation complète et est rejeté à l'état de sulfates.

b) Les formes minérales du soufre sont surtout représentées dans l'organisme par des dérivés de l'acide sulfurique, tels que les sulfates métalliques SO^4M^2. On rencontre aussi des traces d'hydrogène sulfuré dans l'intestin, et parfois dans l'urine.

22. Recherche du soufre dans les composés organiques. — 1. *La plupart des combinaisons organiques sulfurées donnent, par l'ébullition avec une solution de potasse, du sulfure de potassium*, qu'on caractérise par son action sur les solutions des sels de plomb (précipité noir) et sur les solutions de nitroprussiate de sodium (coloration violacée).

2. *Le procédé général pour déceler le soufre dans les matières organiques consiste à oxyder la substance, soit en la fondant avec un mélange de potasse et d'azotate de potassium, soit en la chauffant avec de l'acide azotique et du chlorate de potassium. Le soufre passe à l'état de sulfate de potassium*, qu'on reconnaît facilement à la propriété qu'il a de donner avec le chlorure de baryum un précipité blanc, insoluble dans l'acide azotique.

Sulfates.

23. Existence dans l'organisme. — Les sulfates se trouvent en petite quantité dans le sang et dans tous les liquides de l'économie, à l'exception du lait, du suc gastrique et de la bile. Ils sont relativement abondants dans l'urine, où l'on constate parfois, à l'état pathologique, des sédiments de sulfate de calcium. Certains tissus renferment également des sulfates. Il importe de faire observer que l'on ne peut pas conclure, de la présence des sulfates dans les cendres d'un tissu, à la préexistence de ces sels dans le tissu; car l'incinération des matières organiques sulfurées, en présence d'autres sels comme les carbonates et les chlorures, donne naissance à des sulfates.

Une partie des sulfates de l'économie y est introduite en nature par l'alimentation. Le reste est dû à l'oxydation dans l'organisme du soufre des matières protéiques.

Les sulfates sont éliminés par l'urine; les deux tiers environ des sulfates de l'urine proviennent de la désassimilation des matières albuminoïdes.

24. Caractères. — 1. *L'acide sulfurique concentré est sans action sur les sulfates.*

2. *Les sulfates précipitent en blanc le chlorure de baryum. Le précipité est insoluble dans beaucoup d'eau et dans l'acide azotique.*

3. *Les sulfates, calcinés avec du charbon et un peu de carbonate de sodium, sont réduits à l'état de sulfures alcalins.* On fait l'essai en introduisant le mélange de sulfate, de charbon et de carbonate de sodium dans une petite cavité creusée dans un morceau de charbon et chauffant le tout à l'aide du chalumeau. On fait intervenir le carbonate de sodium, parce que tous les sulfates se trouvent réduits dans ce cas à l'état de sulfure alcalin soluble, facilement reconnaissable (**22**. 1).

ACIDE SULFHYDRIQUE.

25. Existence dans l'organisme. — 1. L'acide sulfhydrique, ou *hydrogène sulfuré*, se rencontre souvent, en petite quantité, dans les gaz intestinaux de l'homme et des animaux; il provient des phénomènes de putréfaction qui se passent dans l'intestin, sous l'influence des ferments apportés par l'air et par les aliments. Il résulte, en effet, des expériences de Hüfner et de Nencki, qu'en l'absence de ces ferments de putréfaction, le suc pancréatique en agissant sur la fibrine, les matières albuminoïdes et les matières alimentaires en général, ne détermine pas la formation d'hydrogène sulfuré.

2. Dans certaines circonstances exceptionnelles, on trouve dans l'urine de l'hydrogène sulfuré, dont l'origine reste le plus souvent obscure. On ne peut en effet attribuer, dans tous les cas, la présence de l'hydrogène sulfuré dans l'urine à la résorption de l'hydrogène sulfuré intestinal, car ce gaz est rapidement détruit dans le sang lorsqu'il ne s'y trouve qu'en petite quantité, et d'autre part l'hydrogène sulfuré se trouve constamment, à l'état normal, dans les gaz intestinaux sans qu'on puisse en déceler de traces dans l'urine. Dans un certain nombre de cas, des perforations intestinales ou des abcès stercoreux dans le voisinage des reins, ont permis d'expliquer la présence de l'hydrogène sulfuré dans l'urine par une résorption considérable de ce gaz, résorption qui s'est d'ailleurs manifestée par des symptômes d'empoisonnement et par l'élimination d'hydrogène sulfuré avec l'air expiré. On peut aussi admettre que l'hydrogène sulfuré, qui environne le rein dans les conditions indiquées ci-dessus, passe directement dans cet organe pour être éliminé par l'urine.

26. Caractères. — L'hydrogène sulfuré se reconnaît aux caractères suivants :

1. *C'est un gaz ayant une odeur d'œufs pourris.*
2. *Il brûle avec une flamme bleue.*
3. *Il noircit le papier plombique* (papier trempé dans la solution d'un sel de plomb), par suite de la formation de sulfure de plomb noir.

PHOSPHORE

27. Combinaisons phosphorées. — Le phosphore se trouve dans l'organisme à l'état de phosphates et à l'état de combinaisons organiques. La plupart de ces combinaisons sont elles-mêmes des dérivés de l'acide phosphorique. Elles se décomposent, en effet, en donnant de l'acide phosphorique, sous la seule influence de l'ébullition avec des acides minéraux étendus.

Les combinaisons organiques phosphorées les plus importantes sont les nucléines et les nucléoalbumines, la lécithine, l'acide phosphoglycérique. Elles sont disséminées dans l'économie toute entière, mais en faible quantité. Leur proportion est relativement forte dans le tissu nerveux, le sperme, les muscles, les globules sanguins. Il est probable que ces substances organiques proviennent, au moins en partie, de celles qui sont contenues dans nos aliments, et qui ont été élaborées par les végétaux à l'aide des phosphates puisés dans le sol. Quant aux phosphates qu'on trouve dans l'économie, une partie y a été introduite en nature par l'alimentation, le reste résulte de la désassimilation des matières organiques phosphorées.

Le phosphore est éliminé par l'urine et les fèces, surtout à l'état de phosphates; une faible quantité seulement est excrétée par l'urine sous forme de combinaisons organiques et constitue ce qu'on appelle le *phosphore incomplètement oxydé* de l'urine (1 à 2 p. 100 du phosphore urinaire total).

28. Recherche du phosphore dans les substances organiques. — On oxyde la substance par les procédés que nous avons indiqués à propos de la recherche du soufre (**22**. 2). Le phosphore est transformé en phosphate, qu'on caractérise par les réactions de ce sel (**30**).

Phosphates.

29. Existence dans l'organisme. — On ne trouve dans l'organisme que des sels de l'acide phosphorique ordinaire, c'est-à-dire, des orthophosphates. L'acide orthophosphorique PhO^4H^3 étant trimétallique forme avec les bases trois sortes de sels : des phosphates monométalliques, dimétalliques et trimétalliques. Le tableau suivant mentionne les phosphates principaux de l'économie :

	Mono-métalliques.	Bi-métalliques.	Tri-métalliques.
Phosphates de sodium	PhO^4H^2Na	PhO^4HNa^2	
— de potassium ..	PhO^4H^2K	PhO^4HK^2	
— de calcium.....	$(PhO^4H^2)^2Ca$	$(PhO^4H)^2Ca^2$	$(PhO^4)^2Ca^3$
— de magnésium.	$(PhO^4H^2)^2Mg$		$(PhO^4)^2Mg^3$
Phosphate ammoniaco-magnésien			$PhO^4Mg(AzH^4)$

Nous reviendrons sur chacun de ces sels en particulier.

D'une manière générale, tous les phosphates monométalliques sont solubles; les phosphates bi et trimétalliques sont insolubles, à l'exception des phosphates alcalins (potassium, sodium, ammonium).

Les phosphates sont répartis dans presque tous les liquides et les tissus de l'organisme ; il sont surtout abondants dans les os, les muscles, les nerfs, les cellules en voie de formation.

Les os renferment des dépôts abondants de phosphate tricalcique, auxquels ils doivent en grande partie leur solidité. Chez l'homme, le système osseux renferme environ 1.400 grammes d'acide phosphorique, les muscles 130 grammes, le système nerveux 12 grammes.

L'homme élimine en moyenne $2^{gr},5$ d'acide phosphorique par l'urine dans les 24 heures.

30. Caractères. — 1. *Traités par l'acide sulfurique, les phosphates secs ne donnent lieu à aucun phénomène visible.* L'acide phosphorique est en effet un acide fixe.

2. *Les phosphates solubles précipitent l'azotate d'argent en jaune; le précipité est soluble dans l'ammoniaque et dans l'acide azotique.*

3. *Ils précipitent en blanc l'azotate de baryum; le précipité est soluble dans l'acide azotique et même dans l'acide acétique.*

4. *Ils donnent avec les solutions ammoniacales des sels de magnésium, un précipité blanc de phosphate ammoniaco-magnésien.*

5. *Lorsqu'on acidule un phosphate par de l'acide azotique et qu'on traite la solution ainsi obtenue par du molybdate d'ammonium en excès, il se forme, à une douce chaleur, un précipité jaune de phospho-molybdate d'ammoniun, insoluble dans l'acide azotique, soluble dans l'ammoniaque.*

6. *Enfin, les solutions acétiques des phosphates donnent avec l'acétate d'uranyle un précipité blanc de phosphate d'uranyle.*

CHLORE

31. Existence dans l'organisme. — Le chlore n'existe dans l'organisme que sous la forme de chlorures de sodium et de potassium (1) et sous celle d'acide chlorhydrique. Les chlorures sont en solution dans tous les liquides de l'économie ou dans les plasmas qui imprègnent les tissus. L'économie humaine renferme plus de 200 grammes de chlorures dont la majeure partie est du chlorure de sodium. Ces chlorures proviennent de nos aliments.

L'acide chlorhydrique ne se trouve que dans le suc gastrique et en faible quantité (2 p. 1000 environ). Il s'y trouve soit à l'état libre en solution, soit en combinaison faible avec des substances organiques (corps amidés). Il est sécrété par les glandes de l'estomac qui empruntent le chlore aux chlorures du sang. Après avoir contribué à la digestion gastrique des albuminoïdes, l'acide chlorhydrique est entraîné avec le chyme dans l'intestin où il repasse peu à peu à l'état de chlorure.

Le chlore est éliminé de l'organisme par l'urine sous forme de chlorures. L'urine des 24 heures renferme environ 12 grammes de chlorures.

32. Caractères. — 1. *L'azotate d'argent donne, dans une dissolution d'acide chlorhydrique ou d'un chlorure, un précipité blanc caillebotté de chlorure d'argent, insoluble dans l'acide azotique, soluble dans l'ammoniaque.*

2. *Chauffés avec du bioxyde de manganèse et de l'acide sulfurique étendu, les chlorures dégagent du chlore,* reconnaissable à son odeur et à l'action décolorante qu'il exerce sur le papier de tournesol.

3. *Les chlorures alcalins solides, traités par l'acide sulfurique concentré, donnent des fumées blanches d'acide chlorhydrique.*

FLUOR — SILICIUM

33. Existence dans l'organisme. — Outre les métalloïdes dont nous venons de parler, on trouve encore dans l'organisme

(1) Le chlorure d'ammonium a été également signalé dans le suc gastrique du mouton et du chien.

des traces de fluor sous forme de fluorures et des traces de silicium à l'état de silice.

1. Le *fluorure de calcium* $CaFl^2$ se trouve en petite quantité, a l'état de dépôt, dans les os et dans les dents. On a pu aussi déceler des traces de fluorures dans le sang et dans l'urine, ainsi que dans l'œuf de poule, le lait de vache, la cervelle de veau.

Le rôle physiologique des fluorures est inconnu. L'ingestion de petites quantités de fluorure de potassium augmenterait, d'après M. Waddel, la production et l'élimination de l'urée chez l'homme. L'ingestion prolongée (18 mois) de fluorure de sodium, à la dose de $0^{gr},75$ par jour en moyenne, n'a pas produit chez un chien d'accidents sensibles; à la fin de l'expérience, 72 grammes de fluorure sur 400 grammes ingérés, s'étaient déposés dans l'organisme, surtout dans le squelette.

2. La *silice* SiO^2 se trouve en faible quantité dans les cendres de la plupart des tissus et des liquides de l'organisme (sang, bile, salive, urine, os). On en trouve surtout dans les productions épidermiques. Les matières fécales renferment également une quantité notable de silice; celle-ci provient du sable siliceux ingéré avec les aliments, et de la silice que certains aliments végétaux renferment en proportion relativement élevée.

POTASSIUM

34. Sels de potassium dans l'organisme. — *a*) Les sels de potassium se rencontrent dans l'économie animale et dans l'économie végétale. Ils y existent surtout à l'état de chlorures et de phosphates, à côté des sels de sodium. La quantité de sels de potassium qu'on trouve dans les différents organes est très variable. Ainsi le globule sanguin contient environ dix fois plus de sels de potassium que le plasma. Les muscles sont beaucoup plus riches en sels de potassium qu'en sels de sodium. Le jaune d'œuf, le lait, le cerveau, le foie, la salive, fournissent également par incinération des cendres plus riches en sels de potassium qu'en sels de sodium.

Les sels de potassium sont indispensables à la vie des animaux et des végétaux. Tous nos aliments en renferment.

Certains auteurs attribuent l'action stimulante du bouillon et de l'extrait de viande aux sels de potassium que ces substances contiennent.

b) L'ingestion d'une trop grande quantité de sels de potassium est toutefois très dangereuse. Les sels de potassium sont toxiques, alors que les sels de sodium correspondants, ingérés à la même dose, sont absolument inoffensifs.

c) Les sels de potassium sont éliminés par l'urine. Dans les maladies fébriles, la quantité de potassium augmente dans l'urine et dépasse celle du sodium éliminé; l'inverse a lieu pendant la convalescence. De là l'idée qui avait porté Liebig à prescrire du chlorure de potassium aux convalescents.

35. Caractères. — Les sels de potassium sont presque tous solubles dans l'eau ; leurs solutions sont incolores.

A. Réactifs généraux. — Les réactifs généraux *sont tous sans action sur les sels de potassium* (1).

B. Réactions spéciales. — 1. *Le tétrachlorure de platine* $PtCl^4$ *donne, dans les solutions des sels de potassium, un précipité jaune de chloroplatinate de potassium;* la composition de ce sel est représentée par la formule $PtCl^4.2KCl$. Il est peu soluble dans l'eau, presque insoluble dans l'alcool. Dans le cas où la liqueur dans laquelle on veut constater la présence du potassium est alcaline, on la neutralise par un peu d'acide chlorhydrique, dont un léger excès ne nuit pas. — Les sels ammoniques sont également précipités en jaune par le chlorure de platine; nous verrons plus loin comment on les distingue des sels potassiques.

2. *L'acide tartrique produit dans les sels de potassium un précipité blanc de tartrate acide de potassium, lorsque les solutions ne sont pas trop étendues*; l'agitation accélère la formation du précipité. Les acides redissolvent le précipité de tartrate acide de potassium. Il vaut mieux, par suite, employer, au lieu d'acide tartrique, le tartrate acide de sodium qui est très soluble et qui détermine la précipitation de tartrate acide de potassium, sans mettre l'acide du sel en liberté.

3. *Les acides perchlorique, picrique et le sulfate d'aluminium précipitent également les sels de potassium.*

4. *Les sels potassiques colorent la flamme en violet.* Pour faire l'essai, on fixe un peu de sel de potassium sur la boucle d'un fil de platine et on le porte dans la partie la plus chaude de la flamme, qui se colore en violet au-dessus du point où se fait l'essai. Lorsque le sel de potassium est souillé par une certaine quantité de sels de sodium, la coloration violette du potassium est complètement masquée par la coloration jaune du sodium. On constate, dans ce cas, la coloration violette, en regardant la

(1) Voir pour la recherche systématique des métaux et l'emploi des réactifs généraux : Engel, *Traité élémentaire de chimie.*

flamme à travers un prisme de verre creux renfermant une solution d'indigo, ou à travers un verre coloré en bleu par l'oxyde de cobalt. On arrête ainsi les rayons jaunes, tandis que les rayons violets passent un peu affaiblis.

SODIUM

36. Sels de sodium dans l'organisme. — Les sels de sodium sont très répandus dans l'économie, surtout à l'état de chlorure et de phosphate. Le sulfate de sodium est également disséminé dans l'organisme, mais en faible quantité. Enfin, la bile de l'homme renferme deux sels de sodium à acides organiques, le glycocholate et le taurocholate de sodium. Sauf les exceptions citées (**34**), les sels de sodium sont, plus abondamment répandus que les sels de potassium, dans les différentes parties de l'économie. D'une façon générale, les sels de sodium prédominent dans les liquides de l'organisme et les sels de potassium dans les cellules.

D'après les déterminations de M. Bunge sur des animaux (lapin, chien, chat), le rapport entre les sels de sodium et de potassium contenus dans l'organisme varie avec l'âge : la proportion de sodium diminue de l'état embryonnaire à l'état adulte.

Chlorure de sodium

37. Existence dans l'organisme. — Le chlorure de sodium est, de tous les sels inorganiques, le plus répandu dans l'organisme. Tous les liquides, tous les organes de l'économie en renferment des quantités plus ou moins fortes. Le plasma sanguin est très riche en chlorure de sodium, tandis que les globules qui y nagent en sont presque totalement dépourvus. La salive, le suc gastrique, le mucus, le pus, les exsudations séreuses, tiennent également en dissolution des proportions assez élevées de chlorure de sodium.

Fig. 2. — Chlorure de sodium.

38. Propriétés. — Le chlorure de sodium NaCl est un sel blanc, soluble dans l'eau et qui cristallise en cubes. Ces cubes s'accolent fréquemment de façon à former de petites pyramides creusées à l'intérieur (trémies). Quand on examine au microscope les divers liquides de l'économie, on observe souvent la formation de cristaux cubiques de chlorure de sodium, par suite de l'évaporation du liquide.

39. Physiologie. — A. Origine. — Le chlorure de sodium pénètre dans l'économie animale avec les aliments et les boissons. Mais comment les végétaux trouvent-ils du chlorure de sodium dans la nature ? Cette question a été résolue par M. A. Müntz (1). Le sel est apporté de la mer aux continents ; les poussières d'eaux marines, entraînées par les vents, sont ramenées par les pluies au sol, où les plantes puisent le chlorure de sodium.

La proportion de chlorures dans l'eau de pluie, assez élevée au voisinage de la mer, diminue à mesure qu'on s'en éloigne ; mais elle reste plus que suffisante pour fournir aux récoltes le sel marin qu'elles renferment. Le sel ne paraît pas indispensable à la production végétale. Les animaux qui consomment les fourrages très pauvres en sel, souffrent seuls de cette insuffisance.

Les eaux météoriques recueillies à une grande altitude contiennent moins de chlorures que celles qu'on recueille dans les plaines. Aussi les eaux des torrents alpestres sont-elles moins riches en sel que les eaux coulant dans les plaines.

Les plantes de la montagne sont aussi sensiblement moins riches en chlorure de sodium que celles des plaines, mais la différence est moins grande qu'on eût pu le penser ; les premières utilisent donc à un plus haut degré le sel, que les agents naturels mettent à leur disposition avec plus de parcimonie.

La rareté du sel marin dans les plantes fourragères des montagnes et dans les eaux des torrents explique l'avidité bien connue que montrent les animaux des pâturages alpestres pour le sel marin et fait penser que c'est un besoin réel qu'ils cherchent à satisfaire. On sait que les bergers de la montagne en donnent régulièrement à leurs troupeaux, qui souffrent quand ils en sont privés.

Les liquides de l'organisme des animaux vivant dans les pâturages élevés contiennent moins de chlorure de sodium que ceux des animaux paissant dans les plaines.

Ex. : Lait de vaches paissant aux cabanes de Toue (2.200 mètres d'altitude) : 1gr,054 de chlorure de sodium par litre.

Lait de vaches paissant dans les plaines : 1gr,350 de chlorure de sodium par litre.

(1) A. Müntz, *Ann. de chimie*, XXIV, 143, 1891.

B. État. — Le chlorure de sodium se trouve en dissolution dans les liquides de l'organisme. Celui qu'on rencontre dans les os, dans les dents, etc., provient très probablement des liquides qui imprègnent ces tissus.

C. Rôle physiologique. — Un grand nombre de faits prouvent l'importance du rôle que joue le chlorure de sodium dans l'économie. Sa répartition dans l'organisme n'est pas quelconque. Certains liquides, certains organes en renferment plus que d'autres ; le plasma sanguin, riche en chlorure de sodium, tient en suspension le globule sanguin qui est presque totalement dépourvu de sel marin. La quantité de chlorure de sodium contenue dans le plasma est, chose remarquable, assez constante et indépendante de la quantité de sel que renferment les aliments. Enfin, l'avidité avec laquelle certains animaux, surtout les herbivores, dont les aliments renferment beaucoup de sels de potassium, recherchent le sel marin, montre également l'importance de ce sel dans les actes physiologiques.

a) Au point de vue physique, le sel marin joue un rôle important dans les phénomènes de diffusion. Dans l'économie, le sel marin accélère le passage des liquides de cellule à cellule ; il constitue, suivant l'expression de Voit, l'un des principaux moteurs de l'économie. Aussi l'ingestion de chlorure de sodium avec les aliments *favorise-t-elle l'assimilation et détermine-t-elle une augmentation de la quantité d'urée excrétée, une élévation de la température animale et un engraissement plus rapide des animaux.* L'albumine, injectée en solution dans le rectum de l'homme ou des animaux, est absorbée par la muqueuse de l'intestin en quantité bien plus considérable, si la solution administrée contient en même temps du chlorure de sodium. C'est aussi, en tant que sel facilement dialysable, que le chlorure de sodium agit comme purgatif. Lorsqu'on boit une eau moins riche en sels que le sang, cette eau passe dans le torrent de la circulation et est éliminée par les reins. Il n'en est plus de même si l'eau est plus riche en sels que ne l'est le sang ; dans ce cas l'élimination du liquide ne se fait plus par les reins, mais par le tube digestif. C'est là l'explication du mode d'action du sel marin, à doses purgatives, et des purgatifs salins en général.

Lorsque la quantité de chlorure de sodium devient insuffisante dans le sang, l'hémoglobine tend à s'extravaser du globule dans le plasma, la fibrine qu'on peut extraire de ce liquide diminue et le sang fixe moins facilement l'oxygène. Une expérience très simple rend palpable l'action du chlorure de sodium sur le sang. Si on dépose sur la surface du caillot d'une saignée des cristaux de chlorure de sodium, ces cristaux déterminent, au point qu'ils ont touché, une coloration rouge vif, se dissolvent, et le liquide, en se répandant le long des parties déclives du caillot noirâtre, laisse derrière lui des traînées écarlates. La coloration rouge vif témoigne d'une fixation plus abondante d'oxygène par l'hémoglobine, sous l'influence du chlorure de sodium. Ce sel détermine très probablement, dans cette circonstance, d'abord une action physique qui se manifeste au microscope par la rétraction du globule sanguin, et l'action chimique ultérieure (fixation plus abondante d'oxygène) en serait la conséquence.

b) Le rôle chimique du chlorure de sodium est très peu connu. Il est certain pourtant que des doubles décompositions ont lieu dans l'organisme entre le chlorure de sodium et d'autres sels. Le potassium est ingéré surtout à l'état de phosphate par les animaux herbivores. Or Braconnot et Daurier ont observé ce fait remarquable, que des moutons, à la nourriture desquels on ajoutait journellement 15 grammes de chlorure de sodium, excrétaient par les urines le potassium exclusivement à l'état de chlorure. La double décomposition qui s'est effectuée dans l'organisme est ici manifeste. — L'acide chlorhydrique du suc gastrique, le sodium qui sature les acides biliaires, paraissent également provenir du chlorure de sodium.

D. Élimination. — Le chlorure de sodium est en majeure partie éliminé par les urines. Un homme de moyenne taille en élimine par cette voie environ 12 grammes en 24 heures. Les fèces, le mucus nasal, la salive, la sueur, les larmes renferment également du chlorure de sodium et contribuent à son élimination.

Phosphates de sodium

40. Physiologie. — A. Existence dans l'organisme. — Les phosphates de sodium et de potassium se trouvent dans l'économie animale. Tous les liquides de l'économie, tous les organes paraissent en renfermer. Dans les globules sanguins, il y a du phosphate de potassium ; dans le plasma, le phosphate de sodium prédomine. Le sang doit en partie son alcalinité aux phosphates alcalins, surtout au phosphate disodique PhO^4HNa^2. Les cendres du sang des herbivores sont plus pauvres en phosphates alcalins que celles du sang des carnivores. Il importe de remarquer que tout l'acide phosphorique trouvé dans ces cendres n'était pas combiné aux métaux alcalins dans le sang. Le sang des herbivores et celui des carnivores renferment, en effet, des substances organiques phosphorées, dont la décomposition donne, entre autres produits, de l'acide phosphorique; cet acide phosphorique décompose les autres sels alcalins et se transforme en phosphates.

B. Origine. — Les phosphates alcalins, se trouvant en petite quantité dans les végétaux, pénètrent par conséquent dans l'économie des herbivores et par suite dans celle des carnivores. C'est surtout du phosphate de potassium que contiennent les aliments végétaux; or, c'est le phosphate de sodium qui prédomine dans le sang, même des herbivores. Il est donc probable qu'il s'établit une double décomposition entre le phosphate de potassium ingéré et le chlorure de sodium du sang (**39**. C. *b*.).

C. État. — Les phosphates alcalins sont évidemment en solution dans les liquides de l'organisme. Le phosphate disodique est le plus répandu; toutefois, comme on trouve des phosphates dans les liquides acides (suc gastrique, urine), on doit admettre la présence de phosphate monosodique PhO^4H^2Na dans ces liquides.

D. Élimination. — Les phosphates alcalins sont éliminés par les urines. Les fèces renferment également des phosphates, mais surtout des phosphates alcalino-terreux (phosphates de calcium, de magnésium).

Carbonate de sodium.

41. Physiologie. — A. Origine. — Le carbonate de sodium qui existe dans le corps de l'homme et des animaux, ne provient qu'en partie de celui des aliments et des boissons. Une autre partie se forme dans l'économie par la combustion des sels de sodium à acides organiques, qui se trouvent dans les aliments ou qui se forment dans l'organisme. On sait depuis longtemps qu'après l'ingestion de fruits tels que cerises, fraises, pommes, etc., l'urine de l'homme, ordinairement acide, devient alcaline et renferme des carbonates de sodium ou de potassium. Les fruits renferment, en effet, des citrates, malates, tartrates alcalins, et l'expérience directe a démontré la transformation des sels de ces acides en carbonates dans l'organisme. D'autre part, c'est précisément chez les herbivores que le sang et même l'urine sont riches en carbonates alcalins; le sang des carnivores doit son alcalinité principalement au phosphate de sodium.

B. État. — Le sang paraît tenir en dissolution plutôt du carbonate acide de sodium que du carbonate neutre.

C. Élimination. — Le carbonate de sodium, qui a pénétré ou qui s'est formé en excès dans l'économie, en est éliminé par les urines. Une partie de ce carbonate de sodium se décompose dans l'organisme, sous l'influence des acides libres qui se forment dans l'organisme ou qui y pénètrent tout formés avec les aliments. Ces acides fixent le métal et mettent l'anhydride carbonique en liberté; celui-ci est alors éliminé avec les gaz de l'intestin ou avec ceux de l'expiration.

D. Rôle physiologique. — Le rôle du carbonate de sodium dans l'économie est important. On sait que les sucs qui baignent nos tissus sont alcalins. Cette alcalinité qui est due, en partie du moins, au carbonate de sodium a une influence considérable sur les oxydations qui ont lieu dans l'intimité des tissus. On sait, en effet, qu'un grand nombre de matières organiques s'oxydent plus ou moins rapidement en présence de substances alcalines, alors que ces matières, en solution non alcaline, ne sont pas altérées par l'oxygène. Ainsi, par exemple, les acides gallique et pyrogallique sont rapidement oxydés, en solution alcaline, par l'oxygène de l'air et ne s'altèrent au contraire que très lentement en l'absence d'alcalis. L'oxydation des acides organiques et des corps gras par l'ozone est surtout marquée en présence des alcalis. Des corps neutres tels que le glucose, la glycérine, l'alcool, etc., sont aussi rapidement détruits par oxydation en liqueur alcaline. Le carbonate de sodium favorise donc l'oxydation des matières destinées à être brûlées.

En outre, il neutralise les acides libres que l'alimentation introduit dans l'organisme et ceux qui se forment dans l'intimité des tissus. Enfin, il faut attribuer aux carbonates alcalins une influence considérable sur le maintien en dissolution de certaines matières albuminoïdes dans les liquides de l'économie.

42. Caractères des sels de sodium. — Les sels de sodium sont presque tous solubles dans l'eau. Leurs solutions sont incolores, comme les solutions des sels de potassium.

A. Réactifs généraux. — Les réactifs généraux *sont tous sans action sur les sels de sodium.*

B. Réactions spéciales. — 1. *Le chlorure de platine, l'acide tartrique, l'acide perchlorique et l'acide picrique ne les précipi-*

tent pas. (Caractères distinctifs d'avec les sels de potassium.)

2. *Le pyroantimoniate acide de potassium précipite les sels de sodium en blanc.*

3. *Ces sels communiquent à la flamme une couleur jaune intense.*

SELS D'AMMONIUM

43. Constitution ; Existence dans l'organisme. — *a*) On sait que le gaz ammoniac AzH^3 forme avec les acides des produits d'addition absolument comparables aux sels de potassium ou de sodium. Ex. :

$$\underbrace{AzH^3.HCl \text{ ou } AzH^4,Cl}_{\text{Chlorure d'ammonium.}} \qquad \underbrace{SO^4H^2.2AzH^3 \text{ ou } SO^4(AzH^4)^2}_{\text{Sulfate d'ammonium.}}$$

Dans ces composés le radical AzH^4, auquel on a donné le nom d'*ammonium*, joue le rôle d'un métal; aussi les appelle-t-on *sels d'ammonium.*

b) On trouve des sels d'ammonium dans l'économie, notamment dans l'urine et dans les excréments.

Le carbonate d'ammonium, dont certains auteurs ont signalé des traces dans le sang normal, se rencontre, lors de certains états pathologiques (agonie, choléra), dans l'urine, les excréments, le sang et dans l'air expiré. Ce sel apparaît également, mais dans l'urine seule, dans la plupart des maladies de vessie. Dans tous ces cas pathologiques, le carbonate d'ammonium résulte de l'hydratation de l'urée.

$$\underbrace{CO(AzH^2)^2}_{\text{Urée.}} + \underbrace{2\,H^2O}_{\text{Eau.}} = \underbrace{CO^3(AzH^4)^2}_{\text{Carbonate d'ammonium.}}$$

44. Caractères des sels d'ammonium. — Les sels ammoniacaux en solution aqueuse sont incolores.

A. Réactifs généraux. — Tous les réactifs généraux *sont sans action sur les sels ammoniacaux.*

B. Réactions spéciales. — 1. *Le chlorure de platine détermine dans les sels d'ammonium, comme dans les sels de potassium, un précipité jaune.* Ce précipité est un chlorure double de platine et d'ammonium $PtCl^4.2AzH^4Cl$, analogue au chlorure double de platine et de potassium; on le désigne sous le nom de *chloroplatinate d'ammonium.* Sous l'influence de la chaleur, ce corps se décompose et ne laisse qu'un résidu de platine.

2. *Le tartrate acide de sodium ou l'acide tartrique, l'acide picrique et le sulfate d'alumine précipitent les sels d'ammonium en blanc*, de même qu'ils précipitent les sels de potassium (**35**).

3. *Chauffés avec une base, potasse ou chaux éteinte, les sels ammoniacaux dégagent de l'ammoniaque*, reconnaissable à son odeur et à la propriété qu'il a de bleuir le papier rouge de tournesol. Ce caractère des sels ammoniacaux permet de les distinguer facilement des sels de potassium.

Un très grand nombre de substances organiques azotées se comportent avec les bases à chaud, et même avec la potasse à froid, comme les sels ammoniacaux; aussi quand on veut rechercher un sel d'ammonium dans un liquide contenant des matières organiques azotées, faut-il opérer à froid avec la chaux éteinte. Dans ce cas, le dégagement d'ammoniaque est plus lent, mais il ne peut être attribué à l'action de la base sur les combinaisons organiques azotées. On dispose le liquide mélangé de chaux dans un matras et on suspend dans le col du matras une bande mouillée de papier rouge de tournesol.

4. Enfin les sels d'ammonium précipitent en brun le *réactif de Nessler*. Ce réactif s'obtient en dissolvant jusqu'à refus de l'iodure mercurique dans une dissolution d'iodure de potassium et en ajoutant au mélange une dissolution de potasse caustique. Il se forme ainsi un iodure double de mercure et de potassium très soluble, dans lequel la potasse ne détermine plus de précipité d'oxyde mercurique. L'ammoniaque y produit un précipité d'iodoamidure de mercure insoluble.

CALCIUM

45. Sels de calcium dans l'organisme. — *a*) Les sels de calcium sont abondamment répandus dans l'organisme animal. Les deux sels de beaucoup les plus importants sont le phosphate tricalcique et le carbonate neutre de calcium. On les rencontre dans la plupart des tissus et des liquides, mais surtout dans les os, auxquels ils donnent leur dureté et leur résistance. Dans certains états pathologiques, ces sels forment des concrétions dans les parois des vaisseaux sanguins (fig. 3), des calculs dans la vessie, des sédiments dans l'urine. On trouve également des dépôts d'urate, d'oxalate de calcium dans certaines urines pathologiques. Le chlorure de calcium a été signalé par Braconnot dans le suc gastrique ; enfin le fluorure de calcium existe en très petite quantité dans les os, les dents, etc...

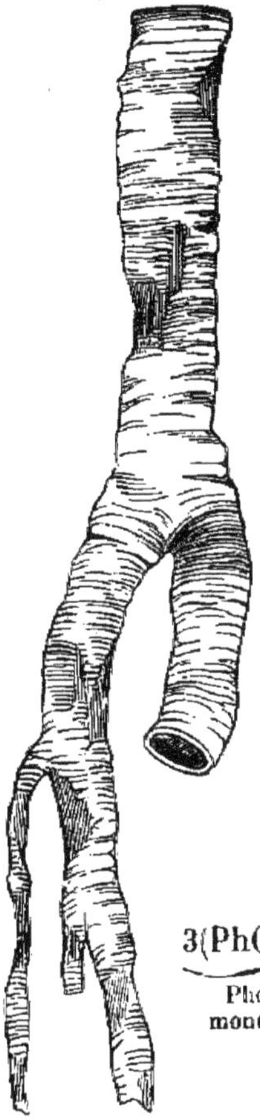

b) Le calcium pénètre dans l'organisme de l'homme sous forme de sels contenus dans nos aliments et dans l'eau de boisson. Il en est éliminé par les fèces à l'état de phosphate et de carbonate de calcium et surtout par les urines à l'état de phosphate monocalcique. Une partie des sels de calcium éliminés dans les conditions normales provient directement de ceux de l'alimentation, une autre partie provient de la désassimilation des tissus, surtout du tissu osseux. En effet, on observe que l'homme et les animaux continuent à excréter des sels de calcium, quand ils sont privés de toute nourriture.

Fig. 3. — Dégénérescence calcaire de la tunique moyenne de l'artère fémorale et de ses branches (Grandeur naturelle).

Phosphates de calcium.

46. Propriétés. — 1. *Le phosphate monocalcique* $(PhO^4)^2H^4Ca$ est soluble dans l'eau; mais, en présence des alcalis il se transforme, suivant la quantité d'alcali, en phosphate bi ou tricalcique insoluble.

$$\underbrace{3(PhO^4)^2H^4Ca}_{\text{Phosphate monocalcique.}} + \underbrace{12AzH^3}_{\text{Ammoniaque.}} = \underbrace{(PhO^4)^2Ca^3}_{\text{Phosphate tricalcique.}} + \underbrace{4PhO^4(AzH^4)^3}_{\text{Phosphate d'ammonium.}}$$

On remarquera que dans cette réaction tout le calcium est précipité, mais que les deux tiers de l'acide phosphorique restent en solution sous forme de phosphate alcalin.

L'urine normale qui est acide, contient du phosphate monocalcique en solution; lorsqu'elle devient alcaline elle dépose du phosphate bi ou tricalcique.

2. *Le phosphate bicalcique* $(PhO^4)^2H^2Ca^2$, qui est insoluble dans l'eau, forme parfois dans l'urine des sédiments cristallisés, répondant à la formule $(PhO^4)^2H^2Ca^2.4H^2O$.

3. *Le phosphate tricalcique* $(PhO^4)^2Ca^3$ est un sel blanc, amor-

phe, insoluble dans l'eau, légèrement soluble dans les dissolutions de sels ammoniacaux, de chlorure de sodium et de gélatine. Les acides minéraux et organiques le dissolvent facilement, en lui enlevant une certaine quantité de calcium et le transformant en phosphate monocalcique soluble. L'anhydride carbonique lui-même peut en dissoudre de petites quantités.

$$4\,HCl + (PhO^4)^2Ca^3 = 2\,CaCl^2 + (PhO^4)^2H^4Ca$$

$$2\,CO^2 + 2\,H^2O + \underbrace{(PhO^4)^2Ca^3}_{\text{Phosphate tricalcique.}} = 2\,CO^3Ca + \underbrace{(PhO^4)^2H^4Ca}_{\text{Phosphate monocalcique.}}$$

L'assimilation par les plantes du phosphate tricalcique insoluble peut s'expliquer par ce mécanisme ; grâce à l'anhydride carbonique et à certains acides organiques sécrétés par les radicelles, le phosphate tricalcique est transformé en phosphate monocalcique, qui pénètre alors dans l'économie végétale.

47. Existence dans l'organisme. — *a*) Dans l'économie animale le phosphate tricalcique est très abondant ; il représente les trois quarts environ des matières minérales de l'organisme. Il se trouve à l'état insoluble dans les os et les dents, qui, à l'état sec, en renferment plus de 60 p. 100. On trouve également de petites quantités de phosphate tricalcique en solution dans les liquides de l'économie, bien que ce sel soit insoluble dans l'eau. Pour comprendre ce fait, il faut se rappeler que le phosphate tricalcique est légèrement soluble à la faveur du chlorure de sodium, et que, d'autre part, il paraît former des combinaisons solubles avec les matières albuminoïdes. En effet, les matières albuminoïdes solubles, qu'on peut extraire de l'organisme, donnent toujours par incinération des cendres renfermant du phosphate de calcium.

b) Le phosphate de calcium pénètre dans l'économie avec les aliments, qui en contiennent toujours. Ce sel ne semble pas toutefois provenir exclusivement de l'extérieur. Il peut se former dans l'économie même. Certains aliments sont, en effet, riches en phosphates alcalins ; ces phosphates pénètrent dans l'économie, où ils rencontrent du carbonate de calcium. Dès lors, une double décomposition a lieu, par suite de laquelle du phosphate de calcium et un carbonate alcalin prennent naissance. Ainsi, les herbivores, dont la nourriture contient surtout des phosphates alcalins, n'éliminent que fort peu de ces phosphates, par l'urine. Il est important aussi de remarquer que les os des jeunes animaux renferment plus de carbonate de calcium et que, peu à peu, la proportion de phosphate de calcium y augmente.

Carbonate de calcium.

48. Physiologie. — A. Existence dans l'organisme ; État. — Le carbonate de calcium est un sel blanc, insoluble dans l'eau, mais soluble dans l'eau chargée d'anhydride carbonique.

Il est extrêmement répandu dans le règne animal. On le trouve, à l'état de dépôts amorphes, dans les os et les dents, qui à l'état sec en contiennent près de 10 p. 100, dans un grand nombre de concrétions pathologiques et dans les sédiments de l'urine alcaline. A l'état cristallisé, on le rencontre dans l'oreille

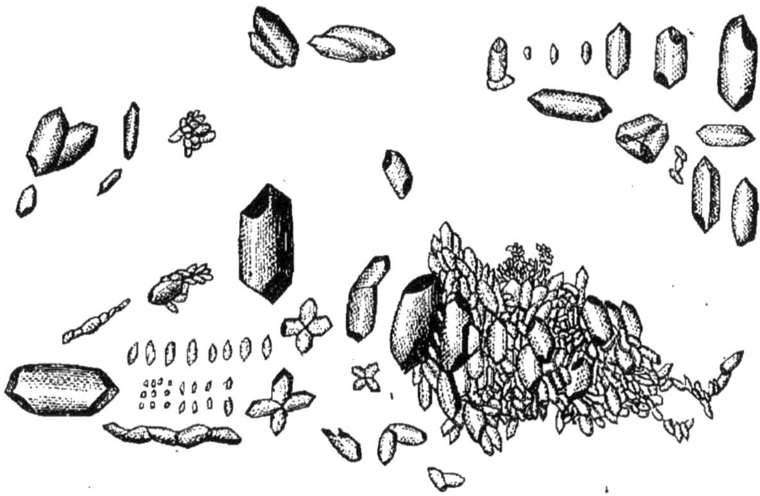

Fig. 4. — Otolithes formés par du carbonate de calcium.

interne, où il forme les concrétions connues sous le nom d'*otolithes* (fig. 4). Enfin, certains liquides de l'organisme, notamment la salive, contiennent du carbonate de calcium, dissous à la faveur de l'anhydride carbonique.

B. Origine. — Le carbonate de calcium de l'économie est en partie absorbé en nature avec les aliments et les boissons, en partie formé dans l'organisme même par suite de la décomposition des sels de calcium à acides organiques.

C. Élimination. — Quant à l'élimination du carbonate de calcium, elle a lieu par les fèces et quelquefois par les urines. Nous avons vu qu'une partie du carbonate de calcium qui pénètre dans l'économie, subit, au contact des phosphates alcalins, une double décomposition par suite de laquelle prennent naissance du phosphate de calcium et des carbonates alcalins qui sont éliminés par les urines (**47.** *b*).

49. Caractères des sels de calcium. — Les solutions des sels de calcium sont incolores.

A. Réactifs généraux. — 1. L'hydrogène sulfuré et le sulfure ammonique *ne précipitent pas les sels de calcium.*

2. La potasse caustique *précipite les sels de calcium ; le précipité est soluble dans beaucoup d'eau.*

3. L'ammoniaque *ne les précipite pas.*

4. Le carbonate de sodium et le carbonate d'ammonium *donnent un précipité blanc de carbonate de calcium*, même en présence de chlorure ammonique (Cf. **52**).

B. Réactions spéciales. — 1. *Les sulfates alcalins précipitent les sels de calcium; le précipité de sulfate de calcium est soluble dans beaucoup d'eau. — Le sulfate de calcium ne précipite pas les sels de calcium.* (Caractère distinctif d'avec les sels de strontium et de baryum.)

2. *Les oxalates alcalins donnent dans les sels de calcium un précipité blanc d'oxalate de calcium, soluble dans les acides chlorhydrique et azotique, insoluble dans l'acide acétique.*

3. *L'acide fluosilicique, le chromate et le dichromate de potassium sont sans action.* (Caractères distinctifs d'avec les sels de baryum.)

MAGNÉSIUM

50. Sels de magnésium dans l'organisme. — Les sels de magnésium (phosphates, carbonate, etc.), sont disséminés dans tout l'organisme en petite quantité, à côté des sels de calcium. Le tissu osseux contient environ 80 fois moins de magnésium que de calcium ; au contraire, dans les muscles, le cerveau, les nerfs, le thymus, les sels de magnésium sont en plus forte quantité que les sels de calcium.

Les sels de magnésium pénètrent dans l'économie avec les aliments et sont éliminés en partie par l'urine à l'état de phosphate monomagnésien, en partie par les fèces à l'état de phosphate trimagnésien, de phosphate ammoniaco-magnésien, de stéarate et de palmitate de magnésium.

Tout ce qui a été dit de l'origine, de l'état et de l'élimination des phosphates de calcium s'applique aux phosphates de magnésium.

Le carbonate de magnésium accompagne souvent le carbonate de calcium dans l'économie; il se trouve quelquefois avec ce sel dans les concrétions qui se forment dans l'organisme.

Phosphate ammoniaco-magnésien.

51. Propriétés. — *a*) Le phosphate ammoniaco-magnésien est un phosphate mixte de magnésium et d'ammonium; on l'obtient en ajoutant du phosphate de sodium PhO^4HNa^2 à une solution d'un sel de magnésium en présence de sels ammoniacaux et d'ammoniaque en excès. Ce sel est en petits cristaux répondant à la composition $PhO^4MgAzH^4 . 6H^2O$; il est presque complètement insoluble dans l'eau, soluble en présence des acides étendus.

b) Le phosphate ammoniaco-magnésien, souvent désigné sous le nom de *triple phosphate* ne semble pas exister à l'état normal dans l'économie. Il s'y produit chaque fois qu'il se forme de l'ammoniaque dans l'organisme sous l'influence d'une cause quelconque. L'ammoniaque se combine alors avec le phosphate de magnésium répandu dans toute l'économie, pour donner naissance à du phosphate ammoniaco-magnésien. Ce sel se dépose souvent, comme sédiment, des urines alcalines et de presque toutes les urines qui entrent en putréfaction. Les fèces en renferment fréquemment, surtout dans la fièvre typhoïde. Enfin, on rencontre le phosphate ammoniaco-magnésien dans certains calculs urinaires.

Le phosphate ammoniaco-magnésien est, le plus souvent, facile à reconnaître dans les sédiments. Il est en cristaux prismatiques, taillés obliquement aux extrémités d'une même arête et présentant, vus de face, l'aspect de pierres tombales (fig. 5). Ces cristaux, facilement visibles au microscope, sont insolubles dans l'eau bouillante, mais se dissolvent dans les acides, même dans l'acide acétique, ce qui permet de les distinguer des cristaux d'oxalate de calcium, avec lesquels on pourrait les confondre. Les alcalis sont sans action sur les cristaux de phosphate ammoniaco-magnésien, ce qui les distingue des sédiments d'acide urique.

52. Caractères des sels de magnésium. — Les sels de magnésium ont une saveur très amère ; ils donnent des solutions incolores. Ces sels ont une tendance remarquable à former des sels doubles de magnésium et d'ammonium solubles. Aussi la plupart des réactifs ne produisent-ils pas de précipités dans les

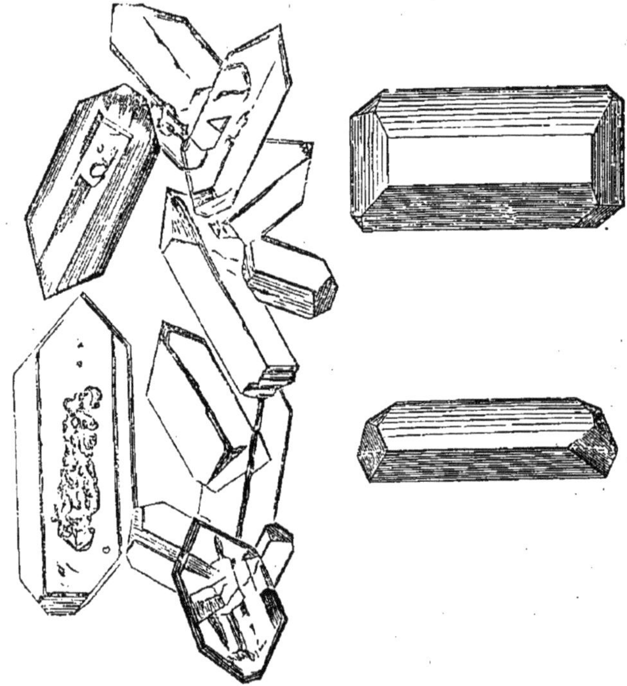

Fig. 5. — Phosphate ammoniaco-magnésien.

sels magnésiens, en présence de sels ammoniacaux ; les phosphates alcalins font exception, le phosphate ammoniaco-magnésien étant presque totalement insoluble.

A. Réactifs généraux. — 1. L'hydrogène sulfuré et le sulfure ammoniaque *ne précipitent pas les sels de magnésium.*

2. La potasse *donne un précipité blanc d'hydrate de magnésium.*

3. L'ammoniaque *les précipite, mais incomplètement, par suite de la formation de sels ammoniacaux dans la double décomposition.*

4. Le carbonate de sodium *donne un précipité blanc de carbonate de magnésium.*

B. Réactions spéciales. — 1. *Aucune des précipitations indiquées ci-dessus n'a plus lieu en présence du chlorure d'ammonium.* (Caractère distinctif d'avec les métaux alcalino-terreux.)

2. *Les sulfates alcalins ne précipitent pas les sels de magnésium.* (Caractère distinctif d'avec les alcalino-terreux.)

3. *Le phosphate de sodium précipite en blanc les solutions magnésiennes concentrées.* Le précipité est du phosphate de magnésium.

4. *En présence de chlorure ammonique et d'un excès d'ammoniaque, le phosphate de sodium donne, dans les sels de magnésium, un précipité blanc cristallin de phosphate ammoniaco-magnésien.*

FER

53. Existence dans l'organisme. — Le fer est répandu dans tout l'organisme ; on peut évaluer à 3 grammes environ la quantité de fer contenue dans le corps humain. La majeure partie se trouve dans le sang sous forme d'hémoglobine, matière colorante des globules rouges, qui contient 0gr,4 p. 100 de fer. On rencontre aussi des proportions relativement élevées de combinaisons ferrugineuses dans le foie, la rate, la moelle des os, les muscles, l'épithélium du tube digestif. La proportion de fer peut varier, pour un même organe, aux divers âges ; ainsi le foie du fœtus contient proportionnellement plus de fer que celui de l'adulte, tandis que l'inverse a lieu pour la rate. Enfin de petites quantités de fer existent dans les principaux liquides de l'économie, lymphe, chyle, lait, bile, suc gastrique, urine, ainsi que dans les pigments de la peau, des cheveux, de l'œil, et dans celui du sarcome mélanique.

54. Physiologie. — A. État. — Les substances qui contiennent du fer appartiennent à deux groupes distincts.

1. Les unes sont de véritables sels de fer ; on peut y déceler directement le fer par ses réactifs ordinaires (sulfure ammonique, ferrocyanure de potassium, etc...) On doit ranger parmi ces substances certains albuminates de fer, combinaisons dans lesquelles l'albumine joue le rôle d'un acide faible.

2. Les autres combinaisons ferrugineuses de l'économie animale, qui sont toutes de nature organique (hémoglobine, hématogène, etc...) ne donnent aucune des réactions des sels de fer ; on dit que le fer y est *dissimulé*. Mais par leur incinération elles laissent un résidu d'oxyde ferrique, facile à

caractériser. Ces substances sont également décomposées par l'action des acides minéraux, avec formation d'un sel de fer. Mais les unes, comme l'hémoglobine, n'abandonnent leur fer qu'aux acides minéraux concentrés ; les autres cèdent déjà leur fer aux acides minéraux étendus, et aux acides organiques. On peut citer parmi ces dernières substances la nucléoalbumine ferrugineuse, que M. Bunge a extraite du jaune d'œuf et à laquelle il a donné le nom d'*hématogène*, pour indiquer qu'elle est la matière première de l'hémoglobine du poulet ; c'est en effet la seule combinaison ferrugineuse contenue dans l'œuf. L'hématogène abandonne également son fer lentement au sulfure ammonique, avec formation de sulfure de fer. C'est principalement sous forme de combinaisons analogues à l'hématogène que le fer est contenu dans les divers tissus.

B. Origine. — Le fer de l'organisme provient de nos aliments qui en renferment tous de petites quantités, ainsi que le montre le tableau suivant :

Fer, exprimé en milligrammes, contenu dans 100 gr. de substance sèche.

Blanc d'œuf de poule......	traces.	Bunge.
Lait de vache..............	2,3	
Lait de femme	2,7	
Froment..................	5,5	
Haricots blancs............	8,3	Boussingault.
Lentilles	9,5	
Jaune d'œuf.............	10,4 à 23,9.	
Orge......................	20,3	P. Petit.
Viande de bœuf............	16,6	Bunge.
Hématogène.............	290,0	

Dans tous nos aliments, le fer est à l'état de combinaisons organiques, analogues probablement à l'hématogène. L'assimilation de ces substances (1) fournit à l'organisme animal le fer qui participe à la formation des diverses combinaisons ferrugineuses de l'économie, en particulier à celle de l'hémoglobine. Le fait est absolument évident pour les herbivores ; mais on peut se demander si les carnivores et les omnivores n'utilisent pas aussi l'hémoglobine qu'ils trouvent toute formée dans leurs aliments. La chose est peu probable ; car dans les voies digestives le fer de l'hémoglobine se sépare à l'état d'hématine, substance qui ne parait pas être absorbée. On rencontre en effet une

(1) Les composés minéraux de fer ne paraissent pas être assimilables, au moins à l'état normal.

grande quantité d'hématine dans les fèces, quand les aliments renferment beaucoup d'hémoglobine ou lorsque, à la suite d'une hémorragie, du sang se déverse dans l'intestin.

C. Origine du fer chez les nouveau-nés. — On remarquera dans le tableau ci-dessus que, de tous les aliments, le lait est un des plus pauvres en fer. Or, pour un grand nombre d'espèces animales, le lait constitue l'unique aliment du nouveau-né ; il est donc surprenant de voir que l'animal qui se développe trouve dans sa nourriture moins de fer que l'animal adulte, qui n'a qu'à réparer les pertes minimes de fer qu'il subit chaque jour. M. Bunge, qui a attiré l'attention sur ce fait, fait remarquer en outre que, dans le lait, toutes les matières minérales sont contenues dans les proportions nécessaires à la croissance de l'animal, c'est-à-dire, dans les mêmes proportions que dans l'animal lui-même ; seule la proportion de fer est cinq à six fois moindre.

Il semblerait, d'après ces faits, que le jeune animal est exposé, au début de sa vie, à manquer du fer nécessaire à son développement. Il n'en est rien ; M. Bunge a montré, en effet, que les animaux contiennent à leur naissance une réserve de fer. Cette réserve leur est fournie par la mère (1) pendant la gestation et se trouve emmagasinée principalement dans le foie. L'importance de ce dépôt de fer est en rapport, dans les diverses espèces animales, avec la durée de la lactation. Ainsi le lapin, qui ne commence à se nourrir de végétaux que quinze jours environ après sa naissance, apporte une réserve de fer plus abondante que le cobaye qui, dès sa naissance, se nourrit de végétaux, au moins en partie. C'est au moment où le jeune animal a épuisé pour se développer sa réserve de fer, qu'il remplace dans son alimentation le lait par d'autres aliments plus riches en fer. Autrement dit, depuis sa naissance jusqu'à son sevrage, le jeune animal, bien qu'il augmente de poids, contient sensiblement la même quantité totale de fer ; à partir du moment où il consomme des aliments relativement riches en fer, la quantité de fer contenue dans ses tissus augmente proportionnellement à l'augmentation de poids de l'animal. Pour le lapin, c'est à l'âge de quatre semaines environ que l'alimentation devient

(1) M. Bunge ne pense pas que toute la réserve de fer des nouveau-nés puisse être fournie aux dépens du fer qu'assimile la mère pendant la gestation. Il est porté à croire que dans l'organisme et plus particulièrement dans le foie des mammifères femelles, il doit se former des dépôts de fer avant la conception, dès la puberté par exemple. Cette hypothèse expliquerait l'apparition fréquente de la chlorose et de l'anémie chez les jeunes filles.

exclusivement végétale, c'est-à-dire riche en fer; c'est aussi à ce moment que, d'après les dosages effectués par M. Bunge, la provision de fer se trouve épuisée.

Ces faits expliquent pourquoi un jeune animal ne peut être nourri exclusivement avec du lait, que pendant un temps limité. Le lait, à cause de sa pauvreté en fer, ne doit pas constituer la base de l'alimentation des enfants ayant dépassé l'âge habituel du sevrage, ni de celle des anémiques, à moins de lui adjoindre des substances, comme le jaune d'œuf, contenant une proportion relativement élevée de combinaisons de fer assimilables.

D. Élimination. — *a*) Le fer est éliminé de l'organisme par l'urine et surtout par les fèces. L'urine ne contient, à l'état normal, que des traces de fer, sous forme de combinaisons organiques, non décelables par les réactifs des sels de fer. Dans les fèces, on trouve une quantité relativement abondante de fer, à l'état de sulfure. Il provient en partie de la désassimilation des combinaisons ferrugineuses de l'économie, en partie de l'excès de fer contenu dans les aliments. En opérant sur un animal à jeun (chat), Biddert et Schmidt ont montré qu'il s'élimine encore par le tube digestif six à dix fois plus de fer que par l'urine.

b) Par quelle voie le fer est-il rejeté dans l'intestin pour être éliminé par les fèces? On a tout d'abord pensé à la bile qui contient, en même temps que du fer, des pigments biliaires provenant de la destruction de l'hémoglobine dans le foie. Mais la quantité de fer qu'on trouve dans la bile est toujours très faible; elle n'est pas en rapport avec la quantité de pigments biliaires et par conséquent avec la quantité d'hémoglobine détruite dans le foie. De plus, dans certains états pathologiques, par exemple dans les intoxications par l'arsenic, où la transformation de l'hémoglobine en pigments biliaires est considérablement augmentée, la quantité de fer contenue dans la bile reste sensiblement constante. Il est probable qu'une partie du fer éliminé provient aussi du suc gastrique, qui est plus riche en fer que la bile; mais c'est surtout avec les produits de la desquamation de l'épithélium intestinal que le fer est déversé dans l'intestin. En effet, M. C. Schmidt a trouvé dans l'épithélium intestinal desséché 0,46 p. 100 de fer, c'est-à-dire plus que dans l'hémoglobine elle-même. D'autre part, le fer injecté sous forme de sels dans les veines s'élimine en grande partie par la muqueuse intestinale.

E. Rôle physiologique. — Le rôle que joue le fer dans la constitution des cellules et des tissus est jusqu'ici inconnu. Nous avons vu que ce métal entre dans la composition de l'hémoglobine, pigment qui se combine avec l'oxygène, et qui a une si grande importance dans les actes respiratoires des vertébrés. Il est à remarquer qu'un certain nombre d'autres pigments respiratoires rencontrés chez les invertébrés contiennent un métal lourd au nombre de leurs éléments : l'hermérythrine, la chlorocruorine, l'échinochrome renferment du fer, la pinnaglobine du manganèse, et l'hémocyanine du cuivre.

On peut se demander si la fixation d'oxygène par ces pigments est due à la présence du métal lourd (fer, manganèse, cuivre). On sait en effet que les composés ferreux, par exemple, se combinent à l'oxygène en donnant des combinaisons ferriques réductibles.

$$\underbrace{2FeO}_{\text{Oxyde ferreux.}} + O = \underbrace{Fe^2O^3}_{\text{Oxyde ferrique.}}$$

Mais l'hémoglobine fixe environ quatre fois plus d'oxygène que n'en exigerait une simple combinaison ferreuse pour passer à l'état de composé ferrique. Par conséquent, en admettant que le fer participe dans la molécule d'hémoglobine à la fixation d'oxygène, il n'est pas la seule cause de cette fixation. D'ailleurs, M. Griffiths a retiré du sang de certains animaux des substances albuminoïdes (globulines), capables de former avec l'oxygène une combinaison faible ; ces globulines respiratoires ne contiennent aucun métal.

Le fer est aussi indispensable aux végétaux qu'aux animaux. Les plantes sont susceptibles d'engager le fer des combinaisons minérales du sol dans des combinaisons organiques, assimilables par l'animal. Bien que le fer n'entre pas dans la constitution de la chlorophylle, il est indispensable aux végétaux pour sa formation. Dans un sol exempt de fer, une plante donne des feuilles sans couleur, qui verdissent bientôt si on arrose cette plante avec une solution très étendue de sulfate de fer.

55. Recherche du fer. — Pour rechercher le fer dans un tissu ou dans un liquide de l'économie, la méthode générale consiste à incinérer la substance, après dessiccation préalable ; le fer se retrouve dans les cendres à l'état d'oxyde ou de phosphate ferrique, insoluble dans l'eau, soluble dans l'acide chlorhydrique. On reconnaît les composés ferriques, dans la solution chlorhydrique, aux caractères suivants :

A. Réactifs généraux. — 1. L'hydrogène sulfuré *les réduit à l'état de composés ferreux, en même temps qu'il se précipite du soufre.*

$$Fe^2Cl^6 + H^2S = 2FeCl^2 + 2HCl + S.$$

2. Le sulfure ammonique *donne dans les dissolutions des sels ferriques un précipité noir de sulfure ferreux, mêlé de soufre.*

3. La potasse et la soude, *en excès, donnent dans la solution chlorhydrique des sels ferriques un précipité brun d'hydrate ferrique.*

B. Réactions spéciales. — 1. *Le ferrocyanure de potassium précipite les sels ferriques en bleu* (bleu de Prusse).

2. *Le sulfocyanate de potassium les colore en rouge sang.*

3. *Le tanin les précipite en noir.*

CUIVRE — MANGANÈSE — ZINC — PLOMB

56. Existence dans l'organisme. — On trouve des traces de cuivre, de manganèse, de zinc, de plomb dans diverses parties de l'économie. Les sels de ces métaux ne font pas partie intégrante de l'organisme ; ils y pénètrent avec les aliments, soit qu'ils préexistent dans les aliments eux-mêmes, soit qu'ils proviennent des ustensiles de cuisine servant à la préparation de ces aliments.

1. Le *cuivre* se trouve presque constamment en petite quantité dans le sang et surtout dans la bile et dans le foie de l'homme. Ce cuivre, dit *normal*, a la double origine que nous venons d'indiquer. La plupart de nos aliments renferment quelques milligrammes de cuivre par kilogramme. D'après M. Gautier, on peut évaluer de 1 à 7 milligrammes la dose moyenne de cuivre absorbée chaque jour par un adulte. Même à des doses quotidiennes plus élevées (doses de plusieurs centigrammes), l'ingestion de sels de cuivre ne détermine aucun accident (Galippe, Gautier).

Chez quelques animaux inférieurs, le cuivre paraît jouer un rôle analogue à celui du fer chez les vertébrés. Le sang de poulpe renferme une substance albuminoïde cristallisable contenant du cuivre, l'*hémocyanine*. Cette substance forme avec l'oxygène une combinaison qui est dissociable, à la façon de l'oxyhémoglobine. Le sang du poulpe est bleu ou incolore, selon que son hémocyanine est combinée ou non à de l'oxygène (Fredericq).

2. Le *manganèse* se rencontre à l'état de traces, d'après M. Maumené, dans le sang, la bile, le lait, l'urine, les os, les cheveux.

3. Le *zinc* a été trouvé en très petite quantité dans les muscles, le sang, le foie (1) et la bile. Les végétaux utilisés dans l'alimentation contiennent presque toujours des traces de zinc, empruntées au sol.

4. Le *plomb*, dont on a pu souvent déceler des traces dans diverses parties de l'économie et notamment dans le foie, pénètre accidentellement dans l'organisme, dans une foule de circonstances qui passent souvent inaperçues. Les aliments préparés dans des récipients métalliques étamés avec de l'étain plombifère ou dans des poteries communes vernies au silicate de plomb, contiennent fréquemment de petites quantités de plomb en solution. Il en est de même des aliments en conserves, à cause du plomb qui entre souvent en quantité trop forte dans l'étamage ou dans les soudures de ces conserves. L'eau potable, surtout l'eau de pluie, qui a circulé avec de l'air dans des tuyaux de plomb ou qui a séjourné dans des réservoirs peints soit au minium Pb^3O^4, soit à la céruse CO^3Pb, renferme souvent aussi de petites quantités de plomb en solution. L'absorption longtemps répétée de doses, même très faibles, de plomb produit à la longue des accidents dits *saturnins*. Les ouvriers qui fabriquent ou qui manient les composés plombiques sont particulièrement exposés à l'intoxication lente par le plomb.

CHAPITRE II

SUBSTANCES ORGANIQUES

57. Notions générales. — L'étude des substances organiques de l'économie sera faite suivant l'ordre chimique, c'est-à-dire que nous étudierons successivement les substances ayant même fonction chimique, appartenant par conséquent à une même famille. Rappelons quelques notions fondamentales.

(1) MM. Raoult et Breton ont trouvé dans le foie de l'homme de 10 à 76 milligrammes de zinc, et environ 10 milligrammes de cuivre.

a) Les *carbures d'hydrogène* ou hydrocarbures sont des corps formés exclusivement de carbone et d'hydrogène. A chacun de ces carbures correspondent de nombreux composés qui en dérivent, soit par addition, soit par la substitution de radicaux simples ou composés à un ou plusieurs atomes d'hydrogène. Les corps qui dérivent de la même manière des divers hydrocarbures, présentent, par suite de leur analogie de constitution, un certain nombre de propriétés chimiques communes ; ils ont même *fonction chimique*.

b) Lorsque le radical substitué à l'hydrogène d'un hydrocarbure est l'oxhydryle, le produit obtenu est un *alcool*, ou un *phénol* lorsque la substitution a lieu dans le noyau d'un carbure aromatique. Ex. :

$$\underbrace{C^2H^6}_{\text{Éthane.}} \qquad \underbrace{C^2H^5,OH}_{\text{Alcool éthylique.}}$$

On désigne sous le nom de *radicaux alcooliques* les radicaux, comme C^2H^5, qui dérivent des hydrocarbures par perte d'hydrogène, et qui entrent dans la composition des alcools. Certains alcools donnent par oxydation des acides. Ex. :

$$\underbrace{C^2H^5,OH}_{\text{Alcool éthylique.}} + O^2 = H^2O + \underbrace{C^2H^3O,OH}_{\text{Acide acétique.}}$$

Cette formule exprime que deux atomes d'hydrogène ont été remplacés par un atome d'oxygène dans le radical alcoolique ; on a donné aux radicaux ainsi transformés le nom de *radicaux d'acides*.

c) On peut envisager presque tous les composés organiques comme dérivant de l'union de radicaux d'alcools et de radicaux d'acides, soit entre eux, soit avec d'autres radicaux simples ou composés.

1. Les *hydrocarbures* sont des hydrures de radicaux d'alcools. Ex. : C^2H^5,H ou C^2H^6.

2. Les *alcools* sont des hydrates de radicaux d'alcools. Ex. : C^2H^5,OH.

3. Les *acides* sont des hydrates de radicaux d'acides. Ex. : C^2H^3O,OH. L'hydrogène fonctionnel des acides est remplaçable par un métal avec formation d'un sel. Ex. : C^2H^3O,ONa.

4. Les *aldéhydes* sont des combinaisons de radicaux d'acides avec l'hydrogène. Ex. : C^2H^3O,H.

5. Les *acétones* sont des combinaisons de radicaux d'acides avec des radicaux alcooliques. Ex. : C^2H^3O,C^2H^5.

6. Les *éthers* sont comparables aux sels. Ils dérivent de la substitution d'un radical alcoolique à l'hydrogène fonctionnel des acides. Ex. : $C^2H^3O,O(C^2H^5)$.

7. On appelle *amines* des corps qui dérivent de l'ammoniaque par la substitution de radicaux alcooliques à un ou plusieurs atomes d'hydrogène de l'ammoniaque. Ex. : AzH^2,C^2H^5.

8. Les *amides* sont des corps qui dérivent de l'ammoniaque par la substitution de radicaux d'acides à un ou plusieurs atomes d'hydrogène de l'ammoniaque. Ex. : AzH^2,C^2H^3O.

Un grand nombre de composés possèdent à la fois plusieurs fonctions; ce sont des *corps à fonction complexe*.

d) Rappelons enfin qu'on distingue parmi les corps organiques des *composés gras* et des *composés aromatiques*, les composés aromatiques comprenant tous les corps qui dérivent du benzène C^6H^6, carbure d'une constitution cyclique spéciale.

Les corps qui ne diffèrent entre eux que par le groupement (CH^2), intercalé entre deux atomes de carbone, sont appelés *corps homologues*.

Les substances de même composition quantitative, mais de propriétés chimiques et par suite de constitution différentes, sont des *isomères chimiques*.

HYDROCARBURES

MÉTHANE CH^4

Synonymie : Hydrure de méthyle, protocarbure d'hydrogène, formène, gaz des marais.

58. Propriétés. — Le méthane est un gaz incolore, sans odeur et sans saveur, peu soluble dans l'eau. Il brûle à l'air avec une flamme peu éclairante, en donnant de l'eau et de l'anhydride carbonique.

59. Physiologie. — A. État. — Le méthane est le seul hydrocarbure qu'on rencontre dans l'économie; on le trouve à l'état de liberté dans les gaz intestinaux, qui en renferment généralement de 6 à 12 p. 100. Cette proportion diminue par le régime lacté; elle peut au contraire s'élever jusqu'à 56 p. 100 dans l'alimentation par les légumes secs.

B. Origine. — Le méthane se forme dans l'intestin des animaux, surtout des herbivores, par la fermentation bactérienne de la cellulose contenue dans les aliments. Il peut aussi prendre naissance par la fermentation des matières albuminoïdes sous l'influence des micro-organismes de l'intestin. En effet, les gaz qui se dégagent dans une telle fermentation, *in vitro*, peuvent renfermer jusqu'à 19 p. 100 de méthane; d'autre part, on a observé le méthane dans les gaz intestinaux de l'homme et des animaux, nourris exclusivement avec de la viande.

C. Élimination. — Le méthane est éliminé en majeure partie par l'anus avec les gaz intestinaux. Une portion pénètre par diffusion dans le sang et s'élimine par le poumon ; on a pu, en effet, déceler des traces de méthane dans le sang et dans les gaz de l'expiration. Remarquons que ce gaz, bien qu'il soit combustible, n'est pas oxydé dans l'économie.

ALCOOLS

60. Notions générales. — *a*) Nous avons vu qu'un alcool dérive d'un hydrocarbure par substitution de l'oxhydryle à l'hydrogène, Ex. : C^3H^7,OH alcool propylique. Lorsque cette substitution a lieu plusieurs fois, le corps obtenu est un corps à *fonction multiple;* il possède plusieurs fois la fonction alcool. Ex. : $C^3H^5,(OH)^3$ glycérine.

b) Les alcools jouissent tous de la propriété de donner des éthers avec les acides; il y a en même temps formation d'eau. Ex. :

$$\underbrace{C^2H^5,OH}_{\text{Alcool.}} + \underbrace{C^2H^3O,OH}_{\text{Acide acétique.}} = \underbrace{C^2H^5,OC^2H^3O}_{\text{Éther acétique.}} + \underbrace{H^2O}_{\text{Eau.}}$$

Les alcools à fonction multiple se combinent successivement à autant de molécules d'un acide monobasique qu'ils contiennent de fois la fonction alcool ; on les dit *polyacides*.

c) Les alcools se divisent en alcools *primaires*, *secondaires*, *tertiaires*.

1. Les *alcools primaires* contiennent le goupement fonctionnel caractéristique monovalent $-CH^2,OH$. Ex. :

$$\underbrace{CH^3-CH^2,OH}_{\text{Alcool éthylique.}} \qquad \underbrace{C^2H^5-CH^2,OH}_{\text{Alcool propylique.}}$$

Sous l'influence des agents d'oxydation, ils donnent d'abord des aldéhydes, puis des acides. Ex. :

$$CH^3-CH^2,OH + O = H^2O + CH^3-CHO \text{ (Aldéhyde)}$$
$$CH^3-CH^2,OH + O^2 = H^2O + CH^3-CO,OH \text{ (Acide)}$$

L'oxydation ne porte que sur le groupement caractéristique $-CH^2,OH$ des alcools primaires, qui devient successivement $-CHO$, groupement caractéristique des aldéhydes, puis $-CO,OH$, groupement caractéristique des acides.

2. Les *alcools secondaires* contiennent dans leur molécule le groupement caractéristique bivalent $=CH,OH$. Les agents d'oxydation les transforment en acétones dont le groupement fonctionnel est $=CO$. Ex. :

$$\begin{matrix} CH^3 \\ CH^3 \end{matrix} > CH,OH \quad + \quad O \quad = \quad H^2O \quad + \quad \begin{matrix} CH^3 \\ CH^3 \end{matrix} > CO$$

Alc. propylique secondaire. Acétone.

3. Les *alcools tertiaires* sont ceux dans la molécule desquels entre le groupement trivalent $\equiv C,OH$. Ex. :

$$\begin{matrix} CH^3 \\ CH^3 \\ CH^3 \end{matrix} - C,OH \text{ (Alcool butylique tertiaire.)}$$

Ils ne donnent pas, comme les alcools primaires et secondaires, de produits réguliers d'oxydation renfermant le même nombre d'atomes de carbone que l'alcool.

d) Les alcools polyacides peuvent être à la fois primaires, secondaires et tertiaires. La glycérine, par exemple, est deux fois alcool primaire, une fois alcool secondaire.

ALCOOL ÉTHYLIQUE ou ALCOOL ORDINAIRE C^2H^5,OH

61. Propriétés. — L'alcool ordinaire, qui se forme dans la fermentation du glucose sous l'influence des levûres, est, à l'état de pureté, un liquide incolore, d'une odeur agréable, d'une saveur brûlante. Il est soluble en toute proportion dans l'eau.

62. Recherche et caractères. — Il est difficile de caractériser nettement de petites quantités d'alcool. Pour cela, on distille les matières dans lesquelles on veut démontrer la présence de l'alcool, on rectifie le produit sur du carbonate de potassium, et on le soumet aux essais suivants :

1. On traite une portion du liquide distillé par un mélange de dichromate de potassium et d'acide sulfurique. En chauffant légèrement, on obtient une coloration verte provenant de la réduction de l'acide chromique en sel de chrome. Ce caractère est loin de suffire, car beaucoup d'autres substances réduisent

également le mélange de dichromate de potassium et d'acide sulfurique.

2. On ajoute à une deuxième portion du liquide distillé un peu de potasse et une quantité d'iode suffisante pour communiquer au liquide une teinte jaunâtre. Après quelque temps, on obtient un précipité jaune cristallin qui, examiné au microscope, se compose de lamelles hexagonales; c'est de l'iodoforme. Cette réaction a lieu également avec d'autres corps que l'alcool.

3. Enfin, on traite une dernière portion de la liqueur à caractériser par un peu d'acide sulfurique concentré et une ou deux gouttes d'acide butyrique. Même à froid, il se produit du butyrate d'éthyle, reconnaissable à son odeur d'ananas. Cette odeur devient surtout nette par l'addition d'un peu d'eau qui sépare l'éther formé.

63. Physiologie. — L'alcool, suivant M. Béchamp, existe normalement dans l'économie, et en particulier dans l'urine, même chez les personnes qui ne font usage d'aucune boisson alcoolique. Ce savant a également trouvé de l'alcool dans le cerveau et dans le foie de certains animaux, ainsi que dans l'urine et dans le lait des herbivores (1).

M. Jakowski a signalé récemment la présence d'alcool dans le flux intestinal, rejeté par un sujet atteint d'un anus contre nature. Comme le sujet n'ingérait aucune boisson alcoolique, l'alcool trouvé devait s'être formé dans l'intestin, par suite de l'action de certains microorganismes sur les hydrates de carbone de l'alimentation. On a pu, en effet, retirer du contenu de l'intestin grêle un certain nombre de bactéries capables de décomposer les hydrates de carbone avec formation, entre autres produits, d'alcool éthylique.

L'alcool ingéré avec les boissons se diffuse rapidement dans tout l'organisme, où il est en partie brûlé; une partie est éliminée en nature, par l'urine, les poumons, la peau.

CHOLESTÉRINE $C^{26}H^{44}O$

64. Etat naturel. — *a*) A l'état physiologique, la cholestérine se trouve en solution dans la bile de l'homme et dans celle de presque tous les animaux. Elle existe également dans le plasma sanguin et dans presque tous les autres liquides de l'organisme. Les globules sanguins, le cerveau, les nerfs, les sécrétions cuta-

(1) Il est vrai que, d'après des recherches de M. Müntz, l'alcool se trouve à l'état de traces dans les végétaux.

nées en renferment aussi. On ne la trouve pas normalement dans les urines ; mais les fèces en contiennent, ainsi que le méconium.

b) A l'état pathologique, on trouve de la cholestérine dans les vieux épanchements, dans les liquides des kystes (hydrocèle, kystes de l'ovaire, etc.), dans les tuniques des artères athéromateuses, dans le pus, dans les masses tuberculeuses, le cancer. Des cristaux de cholestérine dans l'humeur vitrée sont la cause de la maladie connue sous le nom de *synchisis étincelant*. Dans certains cas pathologiques, notamment dans la dégénérescence graisseuse des reins, l'urine en renferme ; on a même trouvé exceptionnellement des calculs urinaires de cholestérine. Mais c'est surtout dans les calculs biliaires que la cholestérine existe en grande quantité. Quelques-uns de ces calculs sont presque exclusivement formés par de la cholestérine.

c) Jusque dans ces derniers temps on croyait que l'organisme animal seul renfermait de la cholestérine ; il n'en est rien. L'huile d'olive, le maïs, les pois, les haricots, les lentilles en contiennent aussi.

65. Extraction. — On extrait la cholestérine des calculs biliaires. Pour cela, on pulvérise ces calculs et on les traite par l'alcool bouillant, qui dissout la cholestérine. On filtre à chaud et on laisse cristalliser par le refroidissement. On reprend alors la masse cristallisée par une solution alcoolique de potasse et on fait bouillir pour dissoudre les acides gras qui peuvent la souiller. On fait de nouveau cristalliser, puis on lave la masse à l'alcool froid et à l'eau. Enfin, on la redissout dans l'alcool éthéré et on abandonne à cristallisation par évaporation spontanée.

66. Propriétés. — A. Physiques. — La cholestérine est un corps solide, blanc, inodore, gras au toucher. Elle cristallise en lames rhomboïdales très minces, dont les angles sont souvent brisés irrégulièrement (fig. 6). Ces cristaux renferment une molécule d'eau de cristallisation. Lorsqu'on dissout la cholestérine dans l'éther, le chloroforme ou la benzine exempts d'eau, on obtient des aiguilles anhydres, fines et brillantes. La cholestérine fond à 148°,5 ; elle distille dans le vide à 360°. Elle est insoluble dans l'eau, les acides étendus, les alcalis même concentrés. L'alcool froid ne la dissout pas ; mais l'alcool bouillant, l'éther, le chloroforme, la benzine et les huiles la dissolvent aisément. Elle est encore soluble, mais moins que dans les liquides précédents, dans la solution des sels des acides biliaires et dans une dissolution de savon. La cholestérine dévie à gauche le plan de la lumière polarisée ; son pouvoir rotatoire est de 32°.

B. Chimiques. — *a*) La cholestérine se comporte comme un alcool, ainsi que l'a montré M. Berthelot. En effet, les agents de déshydratation, l'acide sulfurique par exemple, enlèvent à la cholestérine, comme aux alcools en général, une molécule d'eau, et il se forme plusieurs carbures isomères ayant pour formule $C^{26}H^{42}$, auxquels on a donné le nom de *cholestérilènes*.

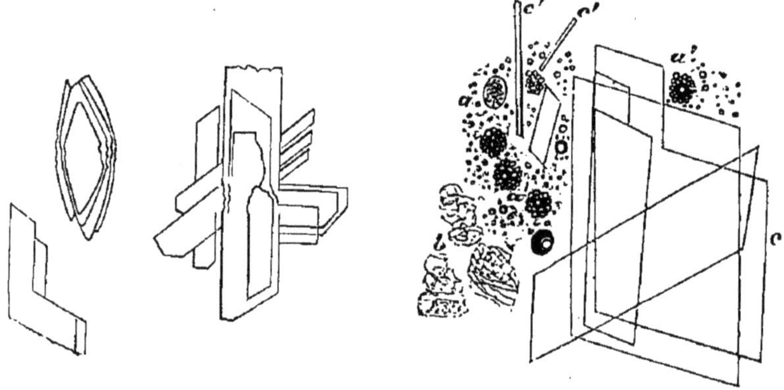

Fig. 6. — Cristaux de cholestérine.

D'autre part, en chauffant la cholestérine avec des acides dans des tubes scellés, ainsi que l'a fait M. Berthelot, on obtient des éthers. Ces éthers régénèrent par saponification l'acide et la cholestérine, qui leur avaient donné naissance (1).

b) Les agents d'oxydation ne donnent pas, par leur action sur la cholestérine, l'acide $C^{26}H^{42}O^2$. L'acide azotique, par exemple, oxyde la cholestérine et donne naissance à de l'acide acétique, à des homologues de cet acide et à un acide $C^8H^{10}O^5$, auquel on a donné le nom d'*acide cholestérique*. La cholestérine semble donc être un alcool tertiaire.

On connaît un certain nombre d'isomères de la cholestérine, entre autres la *paracholestérine* et l'*isocholestérine*, différant par leur pouvoir rotatoire et leur point de fusion. La stercorine, substance qu'on extrait des excréments, présente avec la cholestérine les plus grandes analogies.

(1) Les éthers formés par la cholestérine avec les acides gras peuvent être rapprochés des graisses (éthers de la glycérine et des acides gras). On les trouve en grande quantité dans le suint ; Liebreich les désigne sous le nom de lanoline.

67. Recherche et caractères. — Pour démontrer dans un tissu ou dans un liquide la présence de la cholestérine, on traite ce tissu ou ce liquide par l'éther, qui en extrait la cholestérine, en même temps que les graisses. On filtre la solution éthérée et on l'évapore. On fait bouillir le résidu avec une solution alcoolique de potasse, afin de saponifier les graisses; on évapore à nouveau. La masse est alors additionnée d'eau et agitée avec de l'éther qui enlève la cholestérine à l'eau et laisse en solution dans ce liquide les produits de la saponification des graisses. On décante l'éther et on évapore. On obtient ainsi la cholestérine, qu'on caractérise par les procédés suivants :

1. On dissout un peu de cholestérine dans de l'alcool à chaud et on laisse évaporer l'alcool spontanément ; les cristaux obtenus, examinés au microscope, présentent les formes caractéristiques de la cholestérine (fig. 6).

2. On traite ces cristaux, sur la lamelle porte-objet même, par une goutte d'un mélange composé de cinq parties d'acide sulfurique et d'une partie d'eau, et on chauffe légèrement. On voit au microscope les cristaux se colorer en rouge carmin et fondre en partie.

3. On triture dans un verre à expérience bien sec quelques fragments de cholestérine avec un ou deux centimètres cubes d'acide sulfurique concentré et on agite avec un volume égal de chloroforme. Par le repos, le chloroforme se sépare et présente une coloration rouge. Si on décante la couche de chloroforme et qu'on l'expose à l'air, elle se décolore peu à peu sous l'influence de la vapeur d'eau, après avoir fait apparaître des teintes fugaces roses, violettes, bleues ; l'addition d'eau détermine une décoloration rapide.

4. Lorsqu'on ajoute à un peu de cholestérine une goutte d'acide azotique et qu'on évapore à siccité à une douce chaleur dans une petite capsule de porcelaine, on obtient un résidu jaune (acide cholestérique), qui devient rouge par l'addition d'un peu d'ammoniaque.

5. En dissolvant de la cholestérine à chaud dans de l'anhydride acétique, et ajoutant après refroidissement de l'acide sulfurique concentré, on obtient une coloration rose qui devient rouge, puis bleue (Liebermann). Cette réaction s'applique également aux éthers de la cholestérine ; elle est très sensible.

68. Physiologie. — A. Origine. — On ne sait pas encore d'une manière précise aux dépens de quelle substance et dans quelle partie de l'économie se forme la cholestérine.

a) D'après Austin Flint, la cholestérine serait un produit de désassimilation de la substance cérébrale et dériverait de la lécithine. Flint base cette manière de voir sur la comparaison des quantités de cholestérine qu'il a trouvées dans le sang de la carotide et de la jugulaire interne; mais comme il ne s'est pas placé dans les mêmes conditions pour doser la cholestérine dans le sang veineux et dans le sang artériel, les résultats de ses analyses ne sont pas comparables et ses conclusions sont par conséquent très contestables. D'ailleurs, la quantité de cholestérine formée dans n'importe quel organe, pendant le peu de temps que le sang met à le traverser, est vraisemblablement beaucoup trop faible pour qu'on puisse trouver, entre les quantités de cholestérine du sang artériel et du sang veineux, des différences appréciables.

b) Pour Mialhe, la cholestérine dérive des matières albuminoïdes par oxydation incomplète. Mais cet auteur ne cite pas de preuve directe à l'appui de son hypothèse. L'observation montre seulement que, *chaque fois que les phénomènes d'oxydation sont ralentis, soit dans l'organisme tout entier, soit dans un organe, il y a accumulation de cholestérine dans l'organisme ou dans cet organe.*

Ainsi, les calculs de cholestérine sont fréquents chez les vieillards, les femmes, les personnes dont la vie est sédentaire. L'emprisonnement est également une cause prédisposante des calculs biliaires. Il y a augmentation de cholestérine dans les fèces pendant l'hibernation des animaux, la respiration étant alors très peu énergique. Enfin, on sait depuis longtemps qu'il y a coïncidence entre la goutte et les calculs biliaires.

B. État. — La cholestérine est en solution dans le sang et dans la bile. Nous savons, en effet, que ce corps est légèrement soluble dans les solutions de savon et les solutions des sels des acides biliaires.

C. Élimination. — L'élimination de la cholestérine se fait par le foie. La cholestérine se déverse avec la bile dans l'intestin et de là est rejetée hors de l'organisme avec les fèces.

GLYCÉRINE $C^3H^5,(OH)^3$

69. État naturel. — La glycérine, à l'état de liberté, n'existe que transitoirement dans l'organisme. Il s'en forme de petites quantités dans l'intestin grêle, par l'action du suc pancréatique sur les corps gras, qui sont des éthers de la glycérine. Elle pénètre également dans l'économie avec les boissons fermentées, dans lesquelles elle s'est formée, en même temps que l'alcool, pendant la fermentation alcoolique. La bière renferme environ deux grammes de glycérine par litre et le vin six grammes. La saveur sucrée du vin est due en partie à la glycérine.

70. Propriétés. — A. PHYSIQUES. — La glycérine, qui s'obtient par la saponification des corps gras, est un liquide épais, incolore, inodore, d'une saveur sucrée, soluble dans l'eau et dans l'alcool. Elle est neutre aux papiers réactifs ; elle distille dans le vide vers 290°.

B. CHIMIQUES. — *a*) La glycérine, alcool trivalent, donne avec un acide monobasique, comme l'acide stéarique, trois sortes d'éthers, suivant qu'elle se combine avec une, deux ou trois molécules d'acide. On appelle les éthers de la glycérine des *glycérides* ; on désigne les divers glycérides par le nom de l'acide, en y remplaçant la désinence *ique* par la désinence *ine*.

$$C^3H^5\begin{cases}OH\\OH\\OH\end{cases} \qquad C^3H^5\begin{cases}O(C^{18}H^{35}O)\\OH\\OH\end{cases} \qquad C^3H^5\begin{cases}O(C^{18}H^{35}O)\\O(C^{18}H^{35}O)\\OH\end{cases} \qquad C^3H^5\begin{cases}O(C^{18}H^{35}O)\\O(C^{18}H^{35}O)\\O(C^{18}H^{35}O)\end{cases}$$

Glycérine. (Monoglycéride). Monostéarine. (Diglycéride). Distéarine. (Triglycéride). Tristéarine.

b) Les déshydratants, tels que l'anhydride phosphorique, le disulfate de potassium, la transforment en une aldéhyde, *l'acroléine*. Ce corps est l'aldéhyde correspondant à l'alcool allylique et à l'acide acrylique.

$$\underbrace{C^3H^5,(OH)^3}_{\text{Glycérine.}} - \underbrace{2\,H^2O}_{\text{Eau.}} = \underbrace{C^3H^3O,H}_{\text{Acroléine.}}$$

L'acroléine est un liquide très volatil, d'une odeur forte et suffocante ; elle provoque le larmoiement. C'est ce corps qui prend naissance toutes les fois que l'on chauffe fortement la glycérine ou bien des corps gras.

71. Caractères. — 1. La glycérine pure ou en solution concentrée, bien mélangée avec du disulfate de potassium en poudre, donne, sous l'influence de la chaleur, des vapeurs âcres d'acroléine (**70.** *b*). Ce caractère est commun aux éthers de la glycérine (corps gras).

2. Lorsqu'on ajoute à une solution étendue de glycérine quelques gouttes de sulfate de cuivre, puis de la soude, le précipité d'hydrate cuivrique, qui se forme au début, se dissout par l'agitation en donnant un liquide d'un beau bleu. Ce liquide ne

donne pas, par l'ébullition, de dépôt d'oxyde cuivreux. (Caractère distinctif d'avec le glucose.)

SUCRES ET MATIÈRES AMYLACÉES

72. Définitions. — On trouve dans la nature un certain nombre de corps, à saveur douce, ayant des propriétés voisines, que l'on a depuis longtemps groupés sous le nom générique de *sucres*. Ils répondent aux formules $C^6H^{12}O^6$ et $C^{12}H^{22}O^{11}$. Le mot de sucres ne désigne pas toutefois un groupe de corps nettement défini au point de vue fonctionnel.

On appelle *matières amylacées* ou encore *amyloses*, des substances comme l'amidon, le glucogène, etc., qui existent aussi dans l'économie végétale ou animale et qui sont susceptibles de donner, en s'hydratant, des sucres.

Les sucres et les matières amylacées présentent cette particularité que l'hydrogène et l'oxygène s'y trouvent dans le même rapport que dans l'eau. Exemple :

Sucres......	$C^6H^{12}O^6$	ou	$C^6(H^2O)^6$
	$C^{12}H^{22}O^{11}$	ou	$C^{12}(H^2O)^{11}$
Amidon.....	$C^6H^{10}O^5$	ou	$C^6(H^2O)^5$

La composition de ces corps répond donc à l'union de carbone avec plusieurs molécules d'eau ; d'où le nom d'*hydrates de carbone*, qu'on donne souvent aux sucres et aux matières amylacées.

73. Sucres. — On a divisé les sucres en trois groupes :

A. Glucoses. — Les glucoses sont des corps à fonction complexe, possédant cinq fois la fonction alcool et une fonction aldéhyde ou une fonction acétone. On appelle *aldoses* les glucoses à fonction aldéhyde et *cétoses* les glucoses à fonction acétone. Les formules suivantes expriment leur constitution

```
  H
C=O          CH²,OH
|            |
CH,OH        CO
|            |
CH,OH        CH,OH
|            |
CH,OH        CH,OH
|            |
CH,OH        CH,OH
|            |
CH²,OH       CH²,OH
```

Aldose (Glucose). Cétose (Fructose).

Ils possèdent un certain nombre de propriétés communes :

1. Ils jouissent de propriétés réductrices puissantes ; ils réduisent notamment la liqueur de Fehling (**79**. 2).

2. Chauffés avec de la phénylhydrazine en solution acétique, ils donnent des combinaisons cristallisées, peu solubles dans l'eau, qu'on appelle des *osazones* (1).

3. Ils subissent directement la fermentation alcoolique sous l'influence de la levure de bière.

B. Inosites. — D'autres corps de formule $C^6H^{12}O^6$, ne possèdent plus de fonction cétonique ou aldéhydique. L'inosite est le type des composés de ce groupe. M. Maquenne a montré que l'inosite est un composé, à chaîne fermée, six fois alcool secondaire :

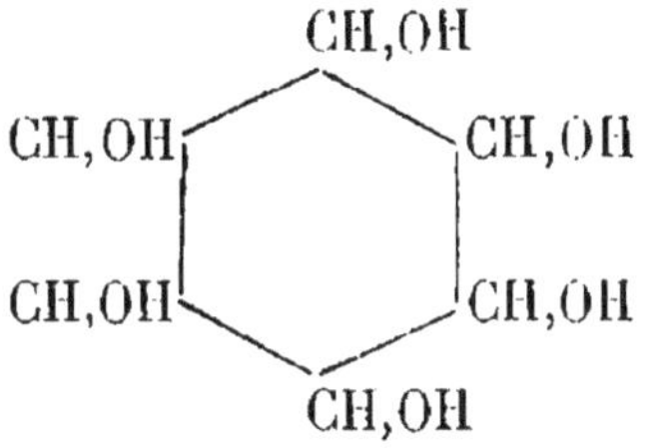

```
              CH,OH
             /     \
      CH,OH         CH,OH
        |             |
      CH,OH         CH,OH
             \     /
              CH,OH
```

C. Saccharoses. — On peut considérer les saccharoses comme

(1) La réaction a lieu en deux phases : dans la première, une molécule de phénylhydrazine $H^2Az{-}AzH(C^6H^5)$ perd deux atomes d'hydrogène qui forment de l'eau avec l'oxygène des groupements aldéhydique ou cétonique d'une molécule de glucose ; le radical bivalent $=Az{-}AzH(C^6H^5)$ vient prendre la place de l'oxygène enlevé au glucose, en formant une *hydrazone*.

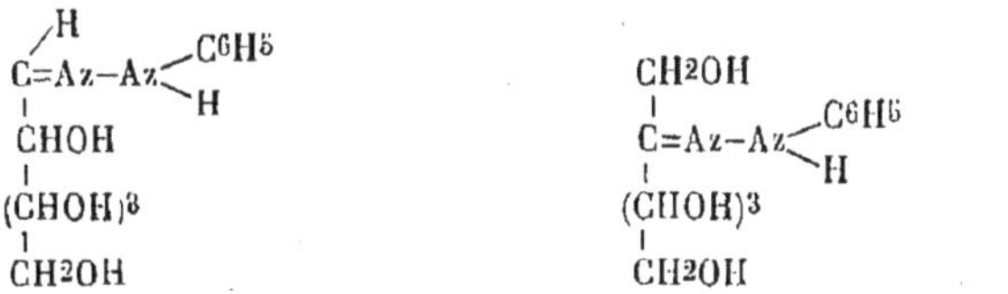

```
  /H                                    CH2OH
 C=Az–Az<C6H5                           |
 |       \H                             C=Az–Az<C6H5
 CHOH                                   |        \H
 |                                      (CHOH)3
 (CHOH)3                                |
 |                                      CH2OH
 CH2OH
```

Hydrazone fournie par une aldose. Hydrazone fournie par une cétose.

Dans une seconde phase, sous l'influence de la chaleur et en présence d'un excès de phénylhydrazine, l'hydrazone perd de l'hydrogène aux dépens de la fonction alcool voisine du carbone aldéhydique ou cétonique ; dans le dernier cas, c'est l'hydrogène de la fonction alcool primaire — CH^2,OH qui s'élimine. Une nouvelle molécule de phénylhydrazine entre alors en réaction, avec formation d'eau comme dans la première phase. Les osazones obtenus dans les deux cas sont donc identiques et répondent à la formule de constitution :

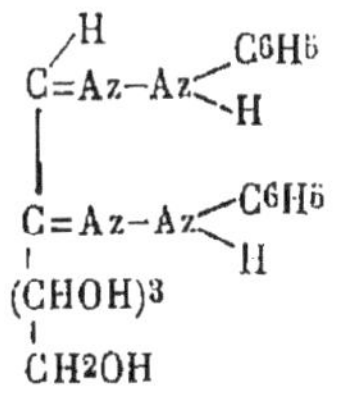

```
  /H
 C=Az–Az<C6H5
 |       \H
 |
 C=Az–Az<C6H5
 |       \H
 (CHOH)3
 |
 CH2OH
```

provenant de la condensation de plusieurs molécules de glucose avec élimination d'eau. Ceux que nous avons à étudier dérivent tous de deux molécules de glucose (identiques ou différentes).

Sous l'influence des acides étendus et de certains ferments solubles, les saccharoses fixent de l'eau et se dédoublent en glucoses. Ce phénomène porte le nom d'*inversion*.

Les saccharoses, sauf le maltose, ne subissent pas directement la fermentation alcoolique. Ils fermentent alcooliquement, après avoir été préalablement intervertis.

Quelques saccharoses seulement, comme le lactose et le maltose, possèdent encore la fonction aldéhydique; aussi réduisent-ils la liqueur de Fehling et donnent-ils avec la phénylhydrazine des osazones cristallisés.

74. Matières amylacées. — Les matières amylacées paraissent être des anhydrides de saccharoses. Elles se transforment en plusieurs molécules de glucoses sous l'influence des agents d'hydratation, notamment par l'action des acides minéraux étendus et bouillants. Cette hydratation des matières amylacées porte le nom de *saccharification*. Souvent, dans la saccharification d'une matière amylacée, on peut saisir la formation de termes intermédiaires qui dénotent la complexité de la molécule de ces composés. Ainsi l'amidon donne de la dextrine $C^6H^{10}O^5$ et un saccharose, le maltose $C^{12}H^{22}O^{11}$. L'un et l'autre de ces corps, par une hydratation plus complète, donnent du glucose.

Dans le tableau suivant sont énumérés les hydrates de carbone que nous allons étudier, avec l'indication des groupes auxquels ils appartiennent.

Glucose ordinaire	Aldoses.	Glucoses. $C^6H^{12}O^6$	Sucres.	Hydrates de carbone.
Galactose				
Fructose	Cétoses.			
Inosite		$C^6H^{12}O^6$		
Saccharose ordinaire : donne par hydratation du glucose et du fructose		Saccharoses. $C^{12}H^{22}O^{11}$		
Lactose: donne par hydratation du glucose et du galactose				
Maltose: donne par hydratation exclusivement du glucose				
Amidon		Matières amylacées. $(C^6H^{10}O^5)^n$		
Dextrine				
Glucogène				
Cellulose				

GLUCOSE $C^6H^{12}O^6$

Synonymie : Sucre de diabète, sucre de raisin, dextrose.

75. Existence dans l'organisme. — Le glucose se trouve normalement, en petite quantité, dans un grand nombre de tissus et d'organes (muscles, thymus, foie, etc.), ainsi que dans le sang et dans la lymphe. Après l'ingestion d'aliments sucrés ou amylacés, le glucose se rencontre dans le contenu de l'intestin grêle et dans le chyle. Il existe normalement dans l'urine du fœtus pendant toute la vie intra-utérine. On a aussi signalé l'existence de petites quantités de glucose dans l'urine des femmes enceintes, des femmes en couches, des nourrices, surtout immédiatement après le sevrage. Enfin, d'après certains auteurs, l'urine normale renferme presque toujours de petites quantités de glucose.

Mais ce n'est que dans des cas pathologiques (diabète), que le sucre apparaît en grande quantité dans les urines (glucosurie); alors la salive, la sueur et presque tous les liquides de l'organisme en renferment.

76. Modes de production et extraction. — 1. Le glucose se produit par l'hydratation des saccharoses et des matières amylacées sous l'influence de certains ferments solubles ou des acides minéraux étendus et bouillants.

2. Pour extraire le glucose de l'urine des diabétiques, on concentre l'urine au bain-marie jusqu'à consistance sirupeuse ; puis on l'abandonne à la cristallisation. Après quelques jours, quelquefois seulement après plusieurs semaines, le tout se prend en une masse cristalline. On lave alors ces cristaux à l'alcool froid pour enlever l'urée et les matières extractives, puis on les dissout dans l'alcool bouillant, on filtre à chaud et on abandonne le liquide filtré. Par le refroidissement, le glucose cristallise. On répète cette opération plusieurs fois pour avoir le glucose pur. Lorsque le glucose existe en petite quantité dans l'urine, il se combine avec le chlorure de sodium, et, au lieu de glucose, il se dépose, après l'évaporation, des cristaux d'une combinaison de glucose et de chlorure de sodium (**77**. B. *e*). Le glucose de l'urine des diabétiques est identique avec celui que l'industrie prépare par saccharification de l'amidon.

77. Propriétés. — A. Physiques. — Le glucose est un corps blanc, inodore, d'une saveur sucrée; il est soluble dans l'eau, qui en dissout à peu près son poids à la température de 17°. Sa solubilité dans l'eau est trois fois moindre que celle du sucre de canne; il en est de même de sa saveur sucrée.

Le glucose est assez soluble dans l'alcool faible bouillant; il est moins soluble dans l'acool froid, et est complètement insoluble dans l'éther. L'alcool absolu n'en dissout que de très petites quantités.

Le glucose cristallise, au bout d'un certain temps, de ses solutions aqueuses sous forme de petites masses constituées par la

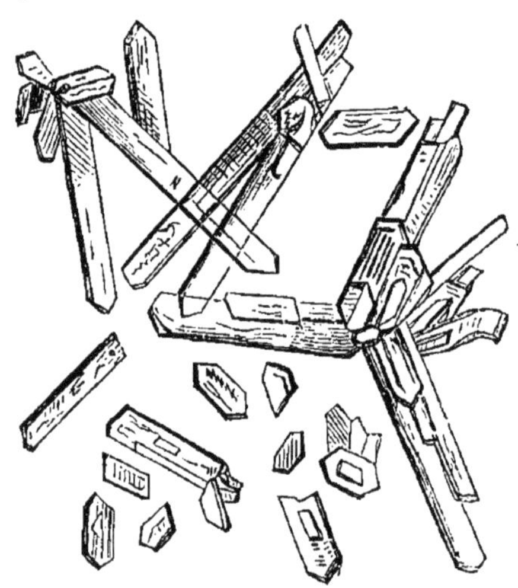

Fig. 7. — Glucose cristallisé.

réunion de lamelles rhomboïdales (fig. 7). Ces cristaux renferment une molécule d'eau de cristallisation qu'ils perdent à 80° ou 90°, après avoir subi la fusion aqueuse. Le glucose anhydre ainsi obtenu constitue une masse sirupeuse. — On obtient aussi le glucose en cristaux anhydres lorsqu'on le dissout dans de l'alcool à 95° bouillant et qu'on laisse refroidir. Ces cristaux se présentent sous forme d'aiguilles.

Le glucose est dextrogyre; son pouvoir rotatoire spécifique $(\alpha)_D = + 56°$. Une solution récemment préparée de glucose possède un ppouvoir rotatoire beaucoup lus considérable (+ 104° au début); mais ce pouvoir diminue peu à peu, jusqu'au chiffre normal qui est atteint au bout de 24 heures environ à froid et de 1/4 d'heure à chaud.

B. Chimiques. — *a*) Lorsqu'on chauffe le glucose à 180° environ, il perd une molécule d'eau et se transforme en glucosane $C^6H^{10}O^5$. A une température plus élevée, il se convertit en caramel et enfin se décompose.

b) L'acide azotique étendu, sous l'influence de la chaleur, oxyde le glucose et le transforme en acide saccharique et en acide oxalique.

c) Les acides butyrique, acétique, etc., chauffés avec le glucose, s'y combinent avec élimination d'eau, et forment des éthers du glucose ou *glucosides*.

d) La solution de glucose dissout certaines bases, par exemple, la potasse, la chaux, la baryte, l'oxyde de cuivre en formant de véritables combinaisons.

Le glucosate de potassium est soluble dans l'eau, insoluble dans l'alcool. On le prépare en mélangeant une solution alcoolique de glucose avec une solution alcoolique de potasse. La combinaison se précipite en flocons blancs.

Le glucosate de plomb est insoluble dans l'eau. On l'obtient en traitant le glucose par de l'acétate basique de plomb, puis par l'ammoniaque. L'acétate basique de plomb ne précipite pas le glucose sans addition d'ammoniaque.

La plupart de ces glucosates sont altérables à l'air et décomposables par l'eau, soit à l'ébullition, soit même, à la longue, à froid.

e) Le glucose forme une combinaison cristallisée avec le chlorure de sodium. La composition de ce corps est représentée par la formule $C^6H^{12}O^6.NaCl.H^2O$.

f) Le glucose jouit de propriétés réductrices puissantes. Il réduit l'azotate d'argent ammoniacal, le chlorure d'or, etc.; ce sont surtout ses propriétes réductrices qui permettent de le caractériser facilement.

g) En solution dans l'eau et additionné de levure de bière, il subit la *fermentation alcoolique*, c'est-à-dire se dédouble en alcool et anhydride carbonique. La formule suivante, due à Gay-Lussac, exprime ce dédoublement :

$$\underbrace{C^6H^{12}O^6}_{\text{Glucose.}} = \underbrace{2\,C^2H^5,OH}_{\text{Alcool.}} + \underbrace{2\,CO^2}_{\text{Anhydride carbonique.}}$$

Cette équation, toutefois, n'est vraie que pour 95 p. 100 environ du glucose employé. Pasteur, le premier, constata que la quantité d'alcool produite par la fermentation était un peu inférieure à celle qu'indique la formule de Gay-Lussac, et la quantité d'anhydride carbonique un peu supérieure; que, de plus, le déficit en alcool n'était pas compensé par l'anhydride carbonique en excès. On trouve en effet dans les produits de la fermentation des quantités notables de glycérine et d'acide succinique, ainsi que des traces d'alcools propylique, butylique, amylique et d'autres corps encore.

Sous l'influence du ferment lactique, le glucose se transforme en acide lactique; le ferment butyrique, le bacillus amylobacter lui font éprouver la fermentation butyrique (**121**. *Note*).

78. Caractères. — 1. Le glucose est dextrogyre.

2. *Réaction de Moore.* — Lorsqu'on traite une solution de glucose par une lessive de potasse ou par un peu de chaux éteinte, et qu'on chauffe, la liqueur se colore en jaune, puis en rouge brun, par suite de l'altération du glucosate formé.

3. *Réaction de Trommer.* — En ajoutant à une solution de glucose un peu de soude, puis quelques gouttes de sulfate de cuivre, on obtient d'abord un précipité bleu d'oxyde cuivrique hydraté, qui se dissout par l'agitation, grâce à la présence du glucose, en donnant une liqueur bleue. Cette liqueur donne à l'ébullition un précipité rouge d'oxyde cuivreux, par suite de l'oxydation du glucose aux dépens de l'oxyde cuivrique, qui perd la moitié de son oxygène.

$$\underbrace{2\,CuO}_{\text{Oxyde cuivrique.}} = \underbrace{Cu^2O}_{\text{Oxyde cuivreux.}} + O$$

4. *Réaction de Barreswill et de Fehling.* — Cette réaction, basée sur le même phénomène que la précédente, s'effectue en chauffant la solution de glucose avec une solution alcaline d'oxyde cuivrique préparée à l'avance. Pour obtenir cette solution, on ajoute du sulfate de cuivre à de la potasse en excès, il se forme un précipité bleu d'oxyde de cuivre hydraté, qu'on dissout en ajoutant du tartrate de potassium (Liqueur de Barreswill ou réactif cupro-potassique). Il faut conserver ce réactif à l'abri de la lumière solaire, car, sous l'influence des rayons chimiques du spectre solaire, il se fait une réduction spontanée.

Pour se servir du *tartrate cupro-potassique*, on le chauffe d'abord dans un tube à essai pour s'assurer qu'il ne se fait pas de réduction spontanée, puis on ajoute quelques gouttes d'une solution de glucose et on ne tarde pas à voir l'oxyde cuivreux se précipiter.

Fehling a substitué la soude à la potasse dans le réactif de

Barreswill et a obtenu ainsi un réactif moins altérable. On verra, à propos du dosage du glucose, comment on le prépare.

5. *Réaction de Böttger.* — Une solution de glucose chauffée avec de la soude et un peu de sous-nitrate de bismuth donne un précipité noir de bismuth (par réduction du sous-nitrate). Cette réaction peut également s'effectuer en chauffant la solution de glucose avec une solution alcaline de sous-nitrate de bismuth (réactif d'Almen) (1).

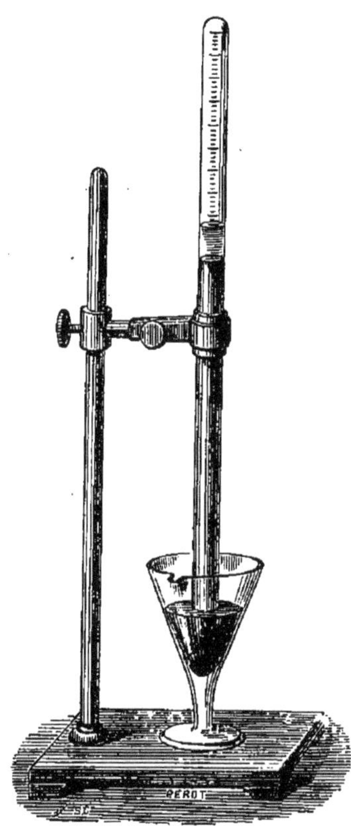

Fig. 8. — Appareil pour caractériser le glucose par la fermentation.

6. *Réaction de Mülder.* — Lorsqu'on verse dans une solution de glucose un peu d'une solution d'indigo rendue alcaline par du carbonate de sodium et qu'on chauffe, la liqueur devient d'abord pourpre, puis jaune, par suite de la réduction de l'indigo bleu à l'état d'indigo blanc. Par agitation au contact de l'air, le liquide redevient bleu (oxydation de l'indigo blanc) et, par le repos, repasse de nouveau au jaune (nouvelle réduction de l'indigo bleu).

7. Une solution de glucose chauffée au bain-marie pendant trois quarts d'heure avec du chlorhydrate de phénylhydrazine et de l'acétate de sodium, donne par refroidissement des aiguilles jaunes de phénylglucosazone, fusibles à 204° (**73**. A).

8. La fermentation enfin peut servir à caractériser le glucose. Pour cela, on fait passer, à l'aide d'une pipette recourbée, la solution de glucose additionnée d'un peu de levure de bière bien lavée, dans un tube à essai rempli

(1) Le réactif d'Almen s'obtient en dissolvant 4 parties de sel de Seignette (tartrate double de sodium et de potassium) dans 100 parties d'une solution de soude à 10 p. 100. On fait digérer au bain-marie avec 2 parties de sous-nitrate de bismuth, jusqu'à ce que la plus grande partie soit dissoute ; on décante le liquide et on le conserve à l'abri de la lumière.

de mercure et retourné dans une petite cuve à mercure (fig. 8). On abandonne le tout à une température d'environ 30°. Il se fait alors un dégagement de gaz. Lorsque tout dégagement a cessé, on fait passer dans l'éprouvette un peu de potasse caustique qui absorbe le gaz formé. On constate ainsi que ce gaz est bien de l'anhydride carbonique.

79. Dosage. — Le dosage du glucose peut se faire : 1° par fermentation ; 2° par réduction à l'aide de la liqueur de Fehling ; 3° par la méthode optique.

1. On détermine la fermentation dans le petit appareil représenté par la figure 9. Dans le ballon A, on introduit un poids donné de la solution dans laquelle on veut doser le glucose. On y ajoute un peu de levure de bière lavée et on abandonne le tout pendant vingt-quatre ou quarante-huit heures dans un endroit chaud. L'opération est terminée lorsqu'il n'y a plus de dégagement de gaz. Le gaz qui se dégage est obligé de traverser le ballon B, où il se dessèche en barbottant dans de l'acide sulfurique. On pèse l'appareil au début et à la fin de l'opération, après avoir aspiré un peu d'air par le tube *d* de manière à déplacer l'anhydride carbonique qui se trouvait emprisonné dans l'appareil. La perte de poids indique la quantité d'anhydride carbonique qui s'est dégagée. Or, d'après la formule de Gay-Lussac (**77**. B. *g*), à 48,49 d'anhydride carbonique correspondent 100 de glucose. Le procédé qui vient d'être décrit sommairement n'est pas très rigoureux. On sait en effet que la formule de Gay-Lussac n'est pas exacte ; d'autres produits se forment toujours en même temps que l'anhydride carbonique et l'alcool. On n'obtient environ que 47 d'anhydride carbonique pour 100 de glucose.

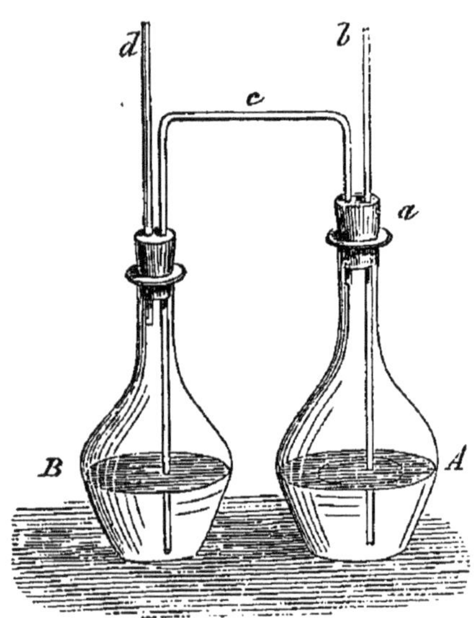

Fig. 9. — Appareil pour le dosage du glucose par fermentation.

2. La méthode de dosage du glucose par la liqueur de Fehling

repose sur ce fait, qu'une molécule de glucose réduit 10 molécules de sulfate de cuivre. On prépare une liqueur cupro-potassique titrée, en dissolvant d'une part, 34 gr,65 de sulfate de cuivre cristallisé, parfaitement pur, dans environ 200 grammes d'eau, d'autre part, 173 grammes de tartrate de potassium également pur dans 500 ou 600 grammes de lessive de soude caustique d'un poids spécifique de 1,12 ; on ajoute la solution de sulfate de cuivre à la solution de tartrate de potassium et on étend à un litre avec de l'eau distillée : 10 centimètres cubes de cette solution sont exactement réduits par 0 gr,05 de glucose (1).

Fig. 10. — Appareil de dosage du sucre par la liqueur cupro-potassique.

Pour effectuer le dosage, on introduit 10 centimètres cubes de la liqueur cupro-potassique titrée dans un petit ballon, on y ajoute environ 40 centimètres cubes d'eau et on porte le tout à l'ébullition, puis on y verse, jusqu'à disparition de la teinte bleue, le liquide dans lequel on veut doser le glucose et qu'on a préalablement mis dans une burette graduée (fig. 10). (Si ce liquide est trop riche en glucose, on l'étend préalablement à un titre connu.) Pour bien saisir la fin de la réaction, il convient de laisser déposer l'oxyde cuivreux, ce qui se fait d'autant plus vite qu'on est plus près de

(1) Comme la liqueur de Fehling ne se conserve pas longtemps, il est plus pratique de préparer à l'avance deux solutions A et B qu'on mélange au moment de s'en servir.

A	Sulfate de cuivre	34 gr,65
	Eau .... jusqu'à	200 cc
	Acide sulfurique	III gouttes.
B	Tartrate de potassium pur	173 grammes.
	Soude (de densité 1,12)	500 à 600 —
	Eau .... jusqu'à	800 cc

Ces solutions sont inaltérables ; pour obtenir de la liqueur de Fehling, on mêle 1 partie de la solution A avec 4 parties de la solution B.

la décoloration complète. On saisit alors facilement la moindre coloration bleue du liquide surnageant. Pendant toute l'opération, il faut maintenir le liquide contenu dans le ballon, près de son point d'ébullition.

A la fin de l'opération, on pourra s'assurer que tout le cuivre a été précipité en filtrant à chaud (pour éviter que, par l'accès de l'air, un peu d'oyde cuivreux ne se redissolve) une partie du liquide contenu dans le ballon, acidulant le liquide filtré par un peu d'acide chlorhydrique, et le traitant par l'hydrogène sulfuré qui ne devra pas noircir la liqueur. En chauffant une seconde portion de la liqueur filtrée avec un peu de liqueur de Fehling, on s'assurera qu'on n'a pas ajouté un trop grand excès de glucose.

Le nombre de centimètres cubes de la liqueur sucrée qu'il a fallu employer pour arriver à la précipitation complète de la liqueur de Fehling, renfermait 0gr,05 de glucose; on calculera aisément combien 100 centimètres cubes de solution renferment de glucose.

Dans le procédé que nous venons d'indiquer, au lieu d'étendre les 10 centimètres cubes de liqueur de Fehling avec de l'eau, on peut ajouter 30 à 40 centimètres cubes d'ammoniaque; l'oxyde cuivreux formé reste alors en solution, en donnant une liqueur incolore (Pavy). La disparition de la teinte bleue du mélange est ainsi plus facile à saisir; mais, en présence de l'ammoniaque, l'oxyde cuivreux est plus oxydable et se transforme rapidement en oxyde cuivrique, si le liquide subit le contact de l'air.

3. Le dosage du glucose par la méthode optique est décrit en physique ; nous n'en exposerons que le principe.

On sait que le pouvoir rotatoire spécifique d'un corps, du glucose, par exemple, est l'angle de rotation α imprimé au plan de la lumière polarisée (1) par une solution renfermant 1 gramme de ce corps dans 10cc et examinée sous une épaisseur de 10 centimètres. On peut donc déterminer le poids de glucose contenu dans 10 centimètres cubes d'une solution quelconque en déterminant (2) la rotation α' imprimée à la lumière polarisée par

(1) Comme l'angle de rotation est différent pour les lumières de couleurs différentes, on a adopté la couleur jaune (monochromatique) du sodium, qui correspond à la raie D du spectre solaire. C'est pour cela qu'on écrit : pouvoir rotatoire du glucose $(\alpha)_D = +56°$; pouvoir rotatoire du fructose $(\alpha)_D = -106°$. Les signes + ou — signifient que le corps est dextrogyre ou lévogyre.

(2) Cette détermination se fait à l'aide d'appareils de physique appelés *polarimètres* ou *saccharimètres*.

cette solution examinée sous une épaisseur de 10 centimètres. On a en effet entre ces données la relation suivante :

$$\frac{\alpha}{1^{gr}} = \frac{\alpha'}{x} \qquad \text{D'où} \qquad x = \frac{\alpha'}{\alpha}.$$

80. Physiologie. — A. ORIGINE. — L'origine du glucose dans l'organisme est double, comme l'a démontré Claude Bernard ; l'une de ces origines est extrinsèque et intermittente, l'autre intrinsèque et constante. Le glucose, en effet, provient d'une part de l'alimentation, soit directement, soit par la digestion des matières amylacées et sucrées (amidon, saccharose, lactose, etc.). D'autre part, il se produit du glucose dans l'organisme et principalement dans le foie.

Nous verrons plus loin que le glucose n'est pas produit directement par le foie, mais qu'il s'y forme par l'hydratation d'une matière amylacée, le glucogène.

$$\underbrace{C^6H^{10}O^5}_{\text{Glucogène.}} + H^2O = \underbrace{C^6H^{12}O^6}_{\text{Glucose.}}$$

Le glucose, qui prend naissance dans le foie est déversé dans le sang, au fur et à mesure de sa formation ; aussi le foie de l'animal vivant ne contient-il que de très petites quantités de glucose, à côté du glucogène. Après la mort, la proportion de glucose augmente dans le foie (**113**. C).

B. GLUCOSE DU SANG. — La proportion du glucose dissous dans le sang varie très peu, à l'état normal, du moins dans le sang de la circulation générale ; cette proportion est voisine de 1 p. 1000 ; elle est un peu plus faible dans le sang veineux que dans le sang artériel. Lorsque cette proportion s'élève au-dessus de 3 à 4 p. 1000 (états pathologiques, injection de glucose dans le sang), le glucose passe dans les urines.

Le foie est le régulateur de la distribution du glucose dans le sang. Après un repas riche en matières sucrées ou amylacées, de grandes quantités de glucose sont absorbées ; malgré cela le glucose n'apparaît pas dans l'urine (1). C'est que le sang provenant de l'intestin, avant de rentrer dans la circulation générale, passe à travers le foie, où il abandonne l'excès de son glucose qui s'y transforme en glucogène.

(1) Ce n'est que lorsque les quantités de glucose ingérées en une seule fois sont considérables (100 grammes de glucose ou 200 grammes de miel) qu'on trouve, même chez les sujets sains, du glucose dans l'urine.

Au contraire, lorsque dans l'intervalle des repas la quantité de sucre tend à baisser dans le sang, par suite de sa consommation dans les tissus, le foie abandonne au sang qui le traverse du glucose, formé par hydratation du glucogène.

Tel est le mécanisme essentiel, en vertu duquel la quantité de glucose reste sensiblement constante, dans le sang de la circulation générale, malgré l'irrégularité de l'apport par les voies digestives. De plus, comme le glucogène peut se former dans le foie aux dépens des matières albuminoïdes de l'alimentation et peut-être même aux dépens des matières grasses, la constance de la proportion de glucose dans le sang est également assurée, dans une certaine mesure, alors même que les aliments ne contiennent pas d'hydrates de carbone.

C. Destruction du glucose dans l'organisme. — Le glucose n'est pas éliminé en nature, à l'état normal. Le glucose provenant des aliments passe en grande partie dans le sang ; une partie se transforme dans l'intestin, par fermentation, en acides lactique et butyrique. Après l'ingestion de matières féculentes, le duodénum et l'iléon ont en effet une réaction acide et on y trouve de l'acide lactique ; dans le cæcum et le gros intestin on trouve encore de l'acide lactique mais surtout de l'acide butyrique.

Quant au glucose du sang, il est oxydé dans l'organisme ; ses produits ultimes sont l'eau et l'anhydride carbonique. Une petite quantité de glucose paraît se détruire déjà pendant la circulation du sang dans les artères ; mais c'est surtout au niveau des capillaires ou dans les tissus que se fait la destruction du glucose, car le sang veineux en contient moins que le sang artériel

Glucose pour 1.000

Artère carotide....	1,10	(Cl. Bernard).	0,80	Chauveau).
Veine jugulaire....	0,83		0,66	
Artère fémorale...	1,25	(Cl. Bernard).		
Veine crurale.....	0,99			

La consommation du sucre par les organes est plus forte pendant l'activité que pendant le repos. Elle varie suivant les organes et les tissus ; d'après MM. Chauveau et Kaufmann, le muscle masséter consomme plus de glucose que la glande parotide.

Dans certains états pathologiques (diabète), soit que la consommation du glucose soit ralentie, soit qu'il y ait hyperproduction de ce corps, la proportion de glucose dans le sang s'élève au-dessus de 3 à 4 p. 1000 ; le glucose apparaît alors dans l'urine.

Dans le sang extrait des vaisseaux, on observe que la proportion de sucre diminue rapidement, surtout à 40°. MM. Lépine et Barral ont démontré que la destruction du glucose, qu'on désigne généralement sous le nom de *glycolyse*, a lieu, dans ce cas, sous l'influence d'un ferment soluble, le *ferment glycolytique*, secrété par les globules blancs.

D. Rôle physiologique du glucose. — Le rôle essentiel du glucose dans l'organisme est de fournir par sa combustion l'énergie nécessaire à la production de chaleur et de travail mécanique. La transformation de 100 grammes de glucose en eau et anhydride carbonique dégage 394 calories, correspondant à un travail de 167.400 kilogrammètres. Si on songe qu'à l'état normal, le foie déverse dans le sang une quantité de glucose qu'on peut évaluer approximativement à 400 grammes par jour, on peut se faire une idée de l'importance du sucre dans la production de la chaleur et du mouvement chez les animaux. On a calculé que la combustion du glucose représente à elle seule près des trois quarts de la chaleur produite par l'animal.

Enfin, nous verrons que le glucose peut également servir à former de la graisse dans l'organisme (**166** A. *b*).

GALACTOSE $C^6H^{12}O^6$

81. Mode de formation; Propriétés. — Le galactose se forme, en même temps que du glucose, par l'action des acides minéraux étendus et bouillants ou de certaines diastases sur le lactose ou sucre de lait.

Le galactose est soluble dans l'eau, surtout dans l'eau chaude, très peu soluble dans l'alcool. Son pouvoir rotatoire est $(\alpha)_D = +83°3$, c'est-à-dire, plus fort que celui du glucose ordinaire.

Le galactose possède les mêmes propriétés chimiques et les mêmes réactions que le glucose ordinaire. Il réduit la liqueur de Fehling et subit la fermentation alcoolique sous l'influence de la levure de bière; mais, par oxydation, il donne de l'acide mucique au lieu d'acide saccharique (**96**. B. *c*).

82. Physiologie. — Le galactose se forme dans l'intestin, après l'ingestion de lactose, par l'action d'un ferment soluble; il passe dans le sang où il est peu à peu oxydé.

Dans certaines maladies nerveuses, Thudicum a rencontré le galactose dans l'urine.

Chez l'homme sain, on observe le passage du galactose dans l'urine après l'ingestion d'une quantité de ce sucre relativement faible par rapport à la quantité de glucose qui est nécessaire pour déterminer la glucosurie. Chez les diabétiques, même après l'ingestion de quantités considérables de galactose (100 gr.), on ne trouve dans l'urine d'autre sucre que le glucose ordinaire.

FRUCTOSE $C^6H^{12}O^6$

Synonymie : Lévulose.

83. Modes de formation. — *a*) Le fructose ordinaire, lévogyre (1), se forme en même temps que du glucose dans l'hydratation du sucre de canne par l'ébullition avec les acides minéraux étendus ou par l'action de certaines diastases (invertine). On peut isoler le fructose du glucose avec lequel il est mélangé par les procédés suivants :

1. On fait subir la fermentation alcoolique au mélange de glucose et de fructose ; le glucose est détruit en premier lieu et l'on obtient le fructose en arrêtant à temps l'opération.

2. On peut aussi triturer le mélange de glucose et de fructose avec de l'eau et une certaine quantité de chaux éteinte. La masse devient bientôt pâteuse par suite de la formation de fructosate de calcium peu soluble. Le glucosate de calcium reste au contraire en dissolution. On exprime fortement le mélange avec une bonne presse et l'on décompose la partie solide, mise en suspension dans l'eau, par de l'acide oxalique qui précipite le calcium à l'état d'oxalate de calcium insoluble. On filtre la solution et l'on évapore.

b) On obtient encore du fructose pur en traitant à chaud, par l'acide sulfurique étendu, de *l'inuline* (**105**), qui est au fructose ce que l'amidon est au glucose.

84. Propriétés. — Le fructose est sirupeux, difficilement cristallisable, soluble dans l'eau et dans l'alcool. Son pouvoir rotatoire est égal à — 106° à 15° ; il diminue par l'élévation de la température et n'est plus à 90° que de — 53°.

Le fructose est plus altérable que le glucose sous l'influence des acides et de la chaleur, mais résiste mieux à l'action des ferments et des alcalis.

(1) On avait donné au fructose le nom de lévulose, quand on ne connaissait que la variété lévogyre de ce corps ; depuis que la synthèse a permis d'obtenir l'isomère dextrogyre et l'isomère inactif par compensation, on a substitué au nom de lévulose celui de fructose, qui rappelle que dans la nature ce sucre se trouve dans un grand nombre de fruits.

Le fructose présente toutes les réactions du glucose ordinaire.

85. Fructose dans l'organisme. — Le fructose qu'on trouve dans l'organisme (tube digestif, sang) provient exclusivement de l'alimentation, soit qu'il ait été absorbé en nature (avec certains fruits ou avec le miel), soit qu'il provienne de l'hydratation du sucre de canne par l'action du *ferment inversif*, ferment soluble de l'intestin. Lorsque la quantité de fructose contenue dans le sang s'élève au-dessus d'une certaine limite, il passe dans l'urine ; c'est ce qui arrive après l'ingestion d'une forte quantité de sucre de canne.

M. Kulz a montré que l'organisme du diabétique, qui a perdu la propriété de brûler le glucose, peut cependant oxyder le fructose. En effet, dans le diabète à forme grave, après l'ingestion de sucre de canne, on observe dans l'urine une augmentation du sucre réducteur, qui ne correspond qu'à la moitié environ du sucre ingéré ; cela est dû à ce que le sucre de canne se dédouble dans l'intestin en parties égales de glucose et de fructose, et que le fructose seul est oxydé dans l'organisme. Un individu atteint de diabète chronique peut assimiler environ 50 grammes de fructose en 24 heures (M. Haycrafts).

INOSITE $C^6H^{12}O^6$

86. État naturel. — *a*) L'inosite ordinaire, inactive sur la lumière polarisée et non dédoublable en isomères actifs, se trouve normalement dans l'organisme. Elle existe dans les muscles, notamment dans le cœur, ainsi que dans le foie, la rate, les poumons, le pancréas, le cerveau. Le rein en renferme une quantité relativement élevée.

b) On a rencontré l'inosite dans l'urine, dans un grand nombre de cas pathologiques, notamment dans le diabète, où quelquefois elle se substitue au glucose (*inosurie*), dans l'albuminurie, et plus souvent encore dans la polyurie. Mais il s'en faut que l'inosite existe constamment dans l'urine des malades atteints de l'une ou l'autre de ces affections. Gallois ne l'a trouvée que cinq fois seulement chez trente diabétiques, deux fois dans quinze cas d'albuminurie. Il est des états pathologiques dans lesquels on n'a trouvé l'inosite qu'une ou deux fois. Dans ces cas, il est possible qu'il n'y ait que coïncidence entre la présence de l'inosite et l'état pathologique. On l'a rencontrée quelquefois dans les urines, chez les animaux, après la lésion du plancher du quatrième ventricule, lésion qui produit la glucosurie, comme l'a montré Cl. Bernard. Enfin, les muscles striés des alcooliques semblent en renfermer de notables quantités.

c) L'inosite se trouve également dans l'organisme végétal ; Vohl l'a retirée des haricots verts et l'avait nommée *phaséomannite.* On l'a également trouvée dans les pois avant la maturité, dans les lentilles vertes, le jus de raisin, le vin, les feuilles de noyer, etc.

87. Extraction. — 1. On l'extrait, en même temps que plusieurs autres substances, de la viande et du tissu des glandes (V. *Créatine* **267.2**).

2. Pour l'extraire de l'urine, on traite plusieurs litres de ce liquide par de l'acétate neutre de plomb et on filtre. Le filtratum est additionné de sous-acétate de plomb, qui précipite l'inosite ; on recueille le précipité obtenu. Ce précipité, mis en suspension dans l'eau, est décomposé par l'hydrogène sulfuré. L'inosite mise en liberté se dissout ; on filtre et on évapore à consistance sirupeuse. On détermine la cristallisation de l'inosite par l'addition d'alcool et d'éther.

88. Propriétés. — A. Physiques. — L'inosite est un corps solide blanc, d'une saveur sucrée. Elle cristallise en tables rhomboïdales (fig. 11) contenant deux molécules d'eau de cristallisation. Ces cristaux s'effleurissent dans l'air sec, et perdent leur eau à 100°. A 210°, l'inosite entre en fusion, et, par le refroidissement, se prend en une masse de petits cristaux en aiguilles. Elle est soluble dans l'eau froide, peu soluble dans l'alcool fort, surtout à froid, insoluble dans l'alcool absolu et l'éther.

Fig. 11. — Cristaux d'inosite.

B. Chimiques. — L'acide nitrique transforme l'inosite en un éther, l'inosite hexanitrique. Les acides chlorhydrique et sulfurique étendus sont sans action sur l'inosite, même à l'ébullition.

L'acétate neutre de plomb ne précipite pas l'inosite ; mais le sous-acétate la précipite.

Enfin, l'inosite ne subit pas la fermentation alcoolique, mais, sous l'influence de ferments spéciaux, elle éprouve les fermentations lactique et butyrique.

89. Caractères. — 1. *L'inosite ne jouit pas des propriétés réductrices du glucose.* Elle ne brunit pas par la potasse, ne précipite pas d'oxyde cuivreux de la liqueur de Fehling.

2. *Réaction de Schérer.* — En évaporant un peu d'inosite avec

quelques gouttes d'acide azotique, traitant le résidu par de l'ammoniaque et un peu de chlorure de calcium, et évaporant de nouveau, on voit se produire une belle coloration rose ou violette.

3. *Réaction de Gallois.* — En ajoutant à un peu d'inosite en solution, contenue dans une capsule de porcelaine, quelques gouttes d'azotate mercurique, on obtient un précipité jaunâtre. Ce précipité, étalé sur les parois de la capsule et chauffé avec précaution, prend une coloration rouge, qui disparaît par le refroidissement.

90. Physiologie. — Le mécanisme de la formation et de la destruction de l'inosite dans l'économie est inconnu. De petites quantités d'inosite peuvent pénétrer dans l'organisme avec certains aliments (pois, haricots verts, raisins). L'inosite n'est pas éliminée en nature à l'état normal ; ce n'est qu'après l'ingestion de fortes doses d'inosite, que ce corps apparaît en petite quantité dans l'urine.

SUCRE DE CANNE $C^{12}H^{22}O^{11}$

Synonymie : Saccharose ordinaire.

91. État naturel. — Le sucre de canne ne se forme pas dans l'organisme animal, mais il se trouve dans l'organisme végétal, dans la canne à sucre, dans un grand nombre de fruits, dans la betterave, la carotte, etc. C'est un aliment important.

92. Propriétés. — A. Physiques. — Le sucre de canne se retire soit de la canne à sucre, soit de la betterave. C'est un corps blanc, inodore, d'une saveur très sucrée. Il cristallise en gros prismes rhomboïdaux (*sucre candi*). L'eau dissout trois fois son poids de sucre à froid et le dissout presque en toute proportion à chaud. L'éther et l'alcool absolu ne le dissolvent pas. Le sucre est dextrogyre ; son pouvoir rotatoire est + 66°,5 et ne varie pas avec la température.

B. Chimiques. — *a*) Sous l'influence de la chaleur, le sucre de canne fond (160°), donne ensuite du caramel (200°), puis brûle à l'air à une température plus élevée, en répandant une odeur caractéristique de sucre brûlé et en laissant un résidu de charbon.

b) L'acide azotique oxyde le sucre en donnant naissance à de l'acide saccharique et à de l'acide oxalique.

c) Les acides minéraux étendus et bouillants le transforment en un mélange de parties égales de glucose et de lévulose. C'est ce mélange qui constitue le *sucre interverti*, ainsi appelé parce que le sens de son pouvoir rotatoire est inverse de celui du sucre de canne. En effet, comme le pouvoir rotatoire du fructose (lévogyre) est plus fort que celui du glucose (dextrogyre), le sucre interverti est lévogyre. Mais si l'on chauffe une solution de sucre interverti, il arrive un moment où elle dévie à droite le plan de la lumière polarisée, car le pouvoir rotatoire du fructose diminue avec la température, ainsi que nous l'avons vu, et finit par devenir inférieur au pouvoir rotatoire du glucose.

La levûre de bière sécrète un ferment soluble, l'*invertine*, qui a la propriété d'intervertir le sucre de canne ; l'inversion est surtout rapide entre 30° et 40°. La plupart des fruits sucrés et le suc intestinal renferment un ferment soluble analogue à l'invertine.

d) Le sucre de canne, comme le glucose, dissout certains oxydes, la chaux par exemple, en se combinant avec eux.

e) Il ne réduit pas la liqueur de Fehling et ne brunit pas par les alcalis. Enfin, le sucre de canne ne fermente pas directement ; il ne subit la fermentation qu'après avoir été préalablement interverti.

93. Physiologie. — Le sucre de canne n'est pas directement assimilable. En effet, Claude Bernard a démontré que ce corps, injecté dans les veines d'un animal, est éliminé par l'urine après avoir traversé l'organisme comme un corps inerte. Au contraire, lorsque le sucre de canne pénètre dans l'économie par les voies digestives, il est assimilé. Cela est dû à ce que le sucre de canne, quoique soluble, ne passe pas en nature dans le sang, mais qu'il subit dans le tube digestif une transformation qui le rend assimilable.

Cette transformation consiste en son dédoublement en glucose et en fructose. On a vu que cette inversion du sucre de canne se fait, *in vitro*, sous l'influence des acides minéraux étendus ; mais, à la température du corps, la transformation est insignifiante. Cl. Bernard a montré que le suc gastrique, malgré son acidité, n'intervertit en effet que très faiblement le sucre de canne ; que la salive, la bile, le suc pancréatique, le sang sont sans action sur lui ; enfin, qu'au contraire, le suc intestinal transforme très rapidement le sucre de canne en un mélange de glucose et de fructose. Cette action du suc intestinal est due à la présence d'un ferment soluble, que Claude

Bernard a isolé par l'alcool, comme on isole les autres ferments analogues, et qu'il a nommé *ferment inversif*.

Le glucose et le fructose, formés aux dépens du saccharose, sont alors absorbés et oxydés dans l'organisme.

Les mêmes phénomènes se passent dans l'organisme végétal. Là aussi, le saccharose n'est pas directement assimilable, mais, avant de servir à la nutrition de la plante, il est interverti. Cette inversion dans l'organisme végétal comme dans l'organisme animal ne se fait pas sous l'influence des acides qui peuvent exister dans ces organismes, mais grâce à des ferments particuliers, ainsi que l'ont prouvé des expériences de MM. Berthelot et Buignet.

LACTOSE $C^{12}H^{22}O^{11}$

Synonymie : Sucre de lait, lactine ; retiré du petit-lait par Bartholetti en 1619.

94. État naturel. — Le lactose ou sucre de lait se trouve presque exclusivement dans le lait des mammifères. On l'a pourtant rencontré dans l'économie végétale (suc de sapotillier, haricots).

95. Préparation. — On coagule le lait écrémé, par un peu d'acide acétique, on chauffe, puis on filtre pour séparer le coagulum. Le liquide filtré est concentré par évaporation, puis abandonné à lui-même. Le sucre de lait ne tarde pas à cristalliser. Pour le purifier, on redissout les cristaux dans l'eau, on décolore la solution par le noir animal et on fait recristalliser.

96. Propriétés. — A. Physiques. — Le sucre de lait est un corps blanc, inodore, craquant sous la dent et d'une saveur faiblement sucrée. Il cristallise en prismes orthorhombiques. Les cristaux sont hémiédriques et renferment une molécule d'eau de cristallisation. Le sucre de lait est soluble dans 6 parties d'eau froide et dans 2,5 parties d'eau bouillante. Il est insoluble dans l'alcool et dans l'éther. Son pouvoir rotatoire est égal à $+ 59°,3$. Il est un peu plus élevé avec une solution récente de lactose, mais il diminue rapidement, surtout à chaud, pour s'arrêter au chiffre indiqué plus haut.

B. Chimiques. — *a*) Sous l'influence de la chaleur, à 140°, le sucre de lait perd son eau de cristallisation. A une température plus élevée, il dégage une odeur de caramel et finit par se décomposer.

b) Par l'ébullition avec les acides minéraux étendus, le lactose fixe de l'eau et se dédouble en glucose et galactose.

$$\underbrace{C^{12}H^{22}O^{11}}_{\text{Lactose.}} + H^2O = \underbrace{C^6H^{12}O^6}_{\text{Glucose.}} + \underbrace{C^6H^{12}O^6}_{\text{Galactose.}}$$

Ce dédoublement est analogue à l'inversion du sucre de canne; on dit souvent, par analogie, que le lactose a été interverti, bien que le mélange de glucose et de galactose ait un pouvoir rotatoire de même sens et plus fort que celui du lactose.

c) L'acide azotique transforme à chaud le lactose en un mélange d'acide saccharique et d'un isomère de cet acide, l'*acide mucique*. Le premier de ces corps dérive du glucose, le second du galactose. L'action prolongée de l'acide azotique sur le sucre de lait fournit de l'acide oxalique.

d) Il se combine avec les bases. Ces combinaisons, comme les glucosates, se détruisent à l'ébullition.

e) Le lactose réduit la liqueur de Fehling, comme le glucose; mais les quantités de lactose et de glucose nécessaires pour réduire une même quantité de ce réactif ne sont pas égales; elles sont dans le rapport de 10 à 7.

f) Le sucre de lait ne subit la fermentation alcoolique qu'après avoir été interverti. Mais il résiste à l'action inversive du ferment soluble sécrété par la levûre de bière; aussi ne fermente-t-il pas, ou du moins ne fermente-t-il que très lentement et très incomplètement sous l'influence de la levûre de bière. D'autres ferments, au contraire, intervertissent facilement le lactose et lui font subir la fermentation alcoolique en même temps que la fermentation lactique; tels sont ceux à l'aide desquels on prépare avec du lait les boissons fermentées connues sous le nom de *kéfir* et de *koumis*.

Lorsque le lait est abandonné à lui-même, il *s'aigrit;* dans ce cas, le sucre de lait est transformé surtout en acide lactique.

97. Caractères. — 1. Le lactose possède tous les caractères que nous avons indiqués à propos du glucose, sauf celui de fermenter alcooliquement par la levûre de bière.

2. Le pouvoir rotatoire d'une solution de lactose est augmenté après son inversion. — Il en est de même de son action réductrice sur la liqueur de Fehling.

98. Physiologie. — Le lactose n'existe dans l'organisme animal que dans le lait des mammifères; on ne l'a jamais trouvé dans d'autres liquides de l'économie. Sa formation dans la mamelle est donc incontestable. Quelques physiologistes inclinent à penser que le lactose se forme aux dépens du glucose de l'organisme. Ils citent à l'appui de leur idée une expérience de Cl. Bernard. Ce savant a constaté que lorsqu'on injecte du glucose dans le sang d'une chienne ayant du lait, ou lorsqu'on la rend diabétique par la piqûre du plancher du quatrième ventricule, jamais le glucose ne passe dans le lait, alors qu'il se trouve dans tous les autres liquides de l'organisme, ce qui, d'après les physiologistes dont nous venons de citer l'opinion, prouverait la transformation du glucose en lactose dans la mamelle. Mais d'autres physiologistes n'admettent pas la formation exclusive du sucre de lait aux dépens du glucose, à cause de la difficulté qu'il y aurait à concevoir que le sang puisse apporter à la glande mammaire assez de glucose pour élaborer tout le sucre de lait sécrété dans un temps donné.

Le lactose est le seul hydrate de carbone de l'alimentation du nourrisson. M. Dastre a montré que, comme le sucre de canne, il n'est pas directement assimilable. Sous l'influence du ferment inversif, ou d'un ferment soluble analogue, il se dédouble dans l'intestin en glucose et galactose. Cette transformation paraît être plus lente que pour le sucre de canne. En effet, après l'ingestion en une seule fois d'une quantité relativement faible de lactose, ce sucre apparaît inaltéré dans l'urine chez l'homme sain.

Chez le diabétique au contraire, MM. Bourquelot et Troisier ont montré qu'après l'ingestion de lactose, ce n'est pas du sucre de lait, mais un excédent de glucose qu'on trouve dans l'urine (1).

MALTOSE $C^{12}H^{22}O^{11}$

Découvert en 1847, par Dubrunfaut, dans le produit formé par l'action du *malt* sur l'amidon.

99. Modes de formation. — Le maltose se forme lorsqu'on fait agir sur l'empois d'amidon certains ferments solubles, tels que la diastase du malt, la ptyaline de la salive, l'amylopsine du suc pancréatique. Par l'action des acides minéraux étendus et bouillants sur l'amidon, il se forme aussi

(1) D'après M. de Jong, lorsque la quantité de lactose ingérée est par trop considérable (100 à 200 grammes), on constate également dans l'urine du diabétique l'apparition du lactose, et dans celle de l'homme sain l'apparition du glucose ordinaire.

du maltose, comme produit intermédiaire de la transformation en glucose.

100. Propriétés. — A. Physiques. — Le maltose est soluble dans l'eau, peu soluble dans l'alcool, insoluble dans l'éther. Il cristallise en fines aiguilles, avec une molécule d'eau de cristallisation. Il est fortement dextrogyre, environ trois fois plus que le glucose : $(\alpha)_D = +139°,2$.

B. Chimiques. — *a*) Lorsqu'on fait bouillir du maltose avec les acides minéraux étendus, il s'hydrate en donnant deux molécules de glucose ordinaire ; certains ferments solubles déterminent la même transformation. Le pouvoir rotatoire d'une solution de maltose est diminué après ce dédoublement.

b) Le maltose possède les propriétés réductrices et par conséquent les caractères du glucose. Il réduit la liqueur de Fehling ; mais son pouvoir réducteur n'est que les deux tiers de celui du glucose, aussi augmente-t-il après l'inversion.

c) Le maltose fermente directement par la levûre de bière ; le ferment lactique le transforme en acide lactique.

101. Physiologie. — A. Origine. — Le maltose se rencontre dans l'intestin ; il provient de l'action de la salive et du suc pancréatique sur les matières amylacées (amidon, dextrine, etc.).

B. Transformation dans l'organisme. — Le maltose se dédouble dans l'intestin, sous l'influence d'un ferment soluble, en donnant du glucose (1). MM. Musculus et von Mering ont signalé cependant, dans certains cas, le passage de petites quantités de maltose dans le sang.

Le maltose injecté dans les veines est en grande partie assimilé. En effet, MM. Dastre et Bourquelot, en opérant sur des chiens, n'ont retrouvé dans l'urine que le quart environ du maltose qu'ils avaient injecté dans le sang. D'ailleurs, la plupart des organes peuvent *in vitro* transformer de petites quantités de maltose en glucose.

AMIDON $(C^6H^{10}O^5)^n$

102. État naturel ; Extraction. — L'amidon est très répandu dans l'organisme végétal. On le trouve surtout dans les graines des céréales et dans les pommes de terre (*fécule de pommes de terre*). C'est un aliment important.

On extrait l'amidon mécaniquement, en l'entraînant au

(1) D'après M. Bourquelot, le ferment soluble qui détermine cette transformation serait analogue, mais non identique, au ferment inversif.

moyen d'un filet d'eau que l'on fait tomber sur de la pulpe de pomme de terre placée sur un tamis, ou bien sur un pâton fait avec de la farine, selon la matière amylacée que l'on veut obtenir. Dans le dernier cas, il reste, après l'action de l'eau, une substance azotée élastique, le *gluten*. L'amidon que l'eau a entraîné se dépose rapidement au fond du vase.

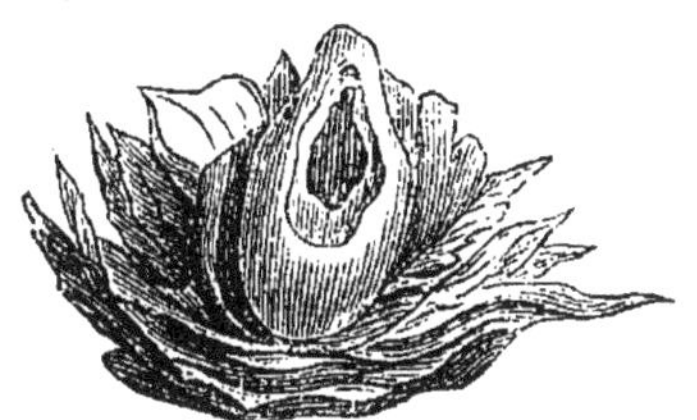

Fig. 12. — Grain d'amidon gonflé par l'eau.

103. Propriétés. — A. PHYSIQUES. — L'amidon est un corps blanc, encore organisé. Au microscope, il apparaît sous forme de grains composés de couches concentriques disposées autour d'un point de la circonférence, *le hile*. On rend cette structure évidente en désagrégeant l'amidon par de l'eau chaude (fig. 12).

Examinés à la lumière polarisée, les grains de fécule présentent une croix noire, dont les branches partent du hile (A. Moitessier) (fig. 13). L'amidon du blé ne présente ce phénomène qu'à un faible degré.

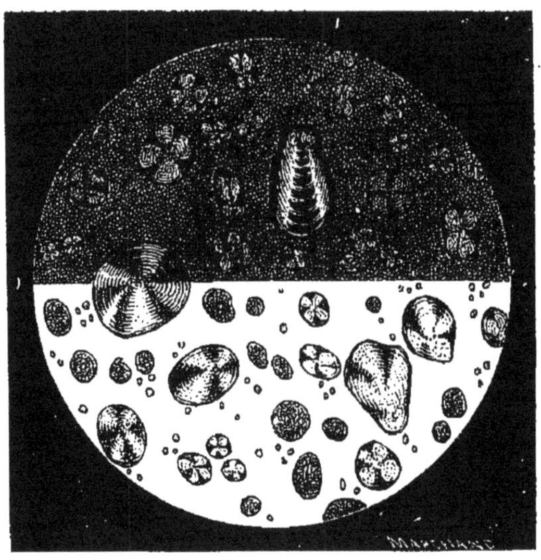

Fig. 13. — Grains de fécule vus à la lumière polarisée.

L'amidon est insoluble dans l'eau, l'alcool et l'éther. L'eau bouillante le convertit en une masse gélatineuse (empois), mais ne le dissout pas.

B. Chimiques. — *a*) Lorsqu'on chauffe l'amidon vers 200°, il se transforme en dextrine.

b) Traité par les acides minéraux étendus et bouillants, par la diastase (ferment soluble de l'orge germé), ou par la ptyaline (ferment soluble de la salive), l'amidon se transforme d'abord en une modification isomérique, soluble dans l'eau et précipitable par l'alcool de sa solution aqueuse. Cette modification de l'amidon porte le nom d'*amidon soluble* (M. Béchamp). Lorsqu'on prolonge l'action des mêmes agents (acides étendus et ferments solubles) la transformation produite dépend de l'agent employé :

1. La diastase transforme l'amidon soluble en un mélange de dextrine et de maltose; son action s'arrête là.

2. Par l'action de la ptyaline, il se produit également du maltose et des dextrines ; mais la dextrine qui se forme d'abord se dédouble par des hydratations successives en dextrines plus simples et en maltose, de telle sorte que le produit final de l'action de la ptyaline sur l'amidon est constitué uniquement par du maltose.

3. Les acides étendus et bouillants déterminent d'abord la formation de dextrines et de maltose puis la transformation de ces composés eux-mêmes en glucose ordinaire.

104. Caractères. — *L'iode colore en bleu l'empois d'amidon, ainsi que l'amidon soluble* (1).

La coloration bleue disparaît sous l'influence de la chaleur et reparaît par le refroidissement. La liqueur bleue obtenue par l'action de l'iode sur l'empois d'amidon est précipitée, par le chlorure de calcium, en flocons bleus. On a donné à la matière qui se précipite le nom d'*iodure d'amidon*.

105. Physiologie. — L'amidon qui pénètre dans le tube digestif, se transforme en maltose, avec formation intermédiaire de dextrines, par l'action de la ptyaline de la salive et de l'amylopsine, ferment analogue contenu dans le suc pancréatique. Le suc gastrique, malgré son acidité, n'a pas d'action sur l'amidon ; les acides minéraux étendus n'agissent en effet qu'à chaud.

(1) L'iode absolument pur ne colore pas l'amidon. Il faut qu'il y ait en présence un peu d'acide iodhydrique ou une trace d'iodure ; le composé bleu qui se forme renferme en effet de l'acide iodhydrique. En pratique, l'eau iodée et la teinture d'iode renferment toujours un peu d'acide iodhydrique ou une trace d'iodure et bleuissent immédiatement l'amidon.

L'*inuline* ou amidon lévogyre est une matière amylacée qu'on trouve dans certains végétaux (racine de chicorée, bulbe de topinambour). C'est une substance cristallisable, qui donne du fructose par l'ébullition avec les acides étendus.

DEXTRINES $(C^6H^{10}O^5)^n$

106. Modes de formation ; Propriétés. — Nous avons vu (**103.**B) dans quelles conditions se forment les dextrines aux dépens de l'amidon. — On distingue un certain nombre de dextrines, qui répondent à des états différents de condensation. Ce sont toutes des substances amorphes, solubles dans l'eau, insolubles dans l'alcool, dextrogyres (d'où leur nom), mais à pouvoir rotatoire différent. Toutes se transforment en glucose par l'ébullition avec les acides minéraux étendus. Les dextrines les plus importantes sont, par ordre de condensation décroissante :

a) L'*érythrodextrine*, qui se colore en brun rouge par l'iode et qui ne réduit pas la liqueur de Fehling.

b) Les *achroodextrines* α, β et γ, qui ne se colorent plus par l'iode ; elles réduisent faiblement la liqueur de Fehling ; leur pouvoir rotatoire diminue de l'une à l'autre.

Pendant la saccharification de l'amidon par la ptyaline, on observe la formation successive de ces dextrines, à mesure que la production de maltose augmente. Aussi peut-on schématiser cette saccharification de la façon suivante :

Amidon { Amidon soluble { Maltose / Erythro-dextrine { Maltose / Achroo-dextrine α { Maltose / Achroo-dextrine β { Maltose / Achroo-dextrine γ { Maltose. / Maltose.

On désigne souvent sous le nom de *dextrine* des mélanges de dextrines les plus divers. La dextrine du commerce, obtenue par grillage de l'amidon, renferme surtout de l'érythrodextrine.

107. Physiologie. — La dextrine a été trouvée dans le sang des herbivores et dans la viande de cheval. D'après Poiseuille et Lefort, elle ne se trouve pas dans le sang des chiens nourris avec de la viande. On a trouvé de la dextrine dans certaines urines diabétiques. — On verra plus loin (**108**) qu'il existe dans l'organisme un corps analogue à la dextrine, le glucogène. L'existence du glucogène et de la dextrine dans l'organisme sont deux faits complètement indépendants. A l'existence du premier de ces corps, se rattache une fonction physiologique constante; la dextrine, au contraire, ne se trouve qu'accidentellement dans l'organisme.

Poiseuille et Lefort ont montré que le sang des animaux nourris exclusivement avec de la viande ne renferme pas de dextrine. Cl. Bernard a fait voir que, même chez les herbivores, la présence de la dextrine n'est pas constante; si l'on trouve aisément de la dextrine dans le sang d'un lapin nourri avec du blé, on n'en trouve pas dans celui d'un lapin nourri avec des carottes. La dextrine, qui est un produit intermédiaire de la saccharification de l'amidon dans le tube digestif, est absorbée en partie à la suite de l'ingestion de grandes quantités de substances amylacées. C'est là l'origine de la dextrine dans le sang de certains animaux, surtout dans celui des chevaux nourris avec de l'avoine.

Le glucogène est tellement altérable qu'il ne subsiste, au contact du sang, que pendant un temps fort court. La dextrine, au contraire, ne se transforme que très lentement dans le sang en glucose. Des muscles renfermant de la dextrine peuvent être conservés pendant un temps assez long avant que toute la dextrine ait disparu.

GLUCOGÈNE $(C^6H^{10}O^5)^n$

Synonymie : Amidon animal, matière glucogène.

108. Existence dans l'organisme. — Le glucogène a été découvert par Cl. Bernard dans le foie des animaux et dans celui de l'homme. Il se trouve d'une façon constante dans cet organe, tant que les animaux sont en bonne santé. Le glucogène est uniformément réparti dans le foie (1); sa proportion peut varier à l'état normal de 1,5 à 5 p. 100. Il n'en disparaît que dans certaines maladies, dans les états fébriles, dans les souffrances prolongées et par l'inanition. On trouve également du glucogène dans les muscles (0,5 à 1 p. 100) et, à l'état de traces, dans presque tous les tissus. On peut approximativement évaluer de 150 à 300 grammes la quantité de glucogène contenue dans

(1) M. Lambling a cependant trouvé dans le foie d'un supplicié, une heure après la mort, 1,85 p. 100 de glucogène dans un lobe et 2 p. 100 dans l'autre.

l'économie humaine, le tiers environ de cette quantité se trouvant dans le foie et presque tout le reste dans les muscles.

Claude Bernard a également trouvé du glucogène chez le fœtus, avant que le foie ne fonctionne, dans les muscles, les muqueuses, la peau, le poumon. Le glucogène est plus répandu et relativement plus abondant dans les tissus embryonnaires. Pendant la gestation, on trouve aussi du glucogène, chez les mammifères, dans le placenta et l'amnios, et chez les oiseaux, dans la membrane ombilicale, qui représente le placenta des mammifères.

109. Extraction. — On choisit un animal en bonne santé, bien nourri, et on le tue brusquement. On extrait immédiatement le foie, on le coupe en morceaux grossiers qu'on jette dans de l'eau bouillante, de façon à arrêter la transformation du glucogène en sucre (**113.** C). Puis on retire les morceaux, on les triture dans un mortier avec du sable ou du verre pilé, et on fait bouillir avec de l'eau la pulpe ainsi obtenue. Au bout d'un certain temps, on filtre ; le liquide opalescent obtenu contient le glucogène, ainsi que des matières albuminoïdes. On précipite ces matières albuminoïdes en ajoutant successivement, par petites quantités à la fois, de l'acide chlorhydrique et de l'iodure double de mercure et de potassium (réactif de Brücke). On filtre ; on concentre le liquide par évaporation et on précipite le glucogène en ajoutant à la solution ainsi concentrée 3 à 4 fois son volume d'alcool à 95°. Au bout de quelques heures, on recueille le glucogène sur un filtre, on le lave successivement à l'alcool, puis à l'éther anhydre et on le dessèche dans un exsiccateur à acide sulfurique. Si on ne lavait pas à l'éther, le produit, au lieu d'être pulvérulent, se présenterait sous forme d'une masse gommeuse (1).

110. Dosage. — Pour doser le glucogène dans le foie ou dans les muscles, on traite un poids connu de substance de la même manière que pour l'extraction ; mais on épuise la pulpe obtenue, à plusieurs reprises, par l'eau bouillante, de façon à en extraire tout le glucogène. On recueille le glucogène sur un filtre taré et on le pèse. — On peut également transformer ce glucogène en glucose par l'ébullition avec de l'acide chlorhy-

(1) Une méthode plus simple a été indiquée dans ces derniers temps par M. Fränkel ; elle consiste à broyer le foie, à froid, avec 2 ou 3 fois son poids d'une solution d'acide trichloracétique à 3 p. 100 ; les matières albuminoïdes sont coagulées, le glucogène se dissout. On le précipite par l'alcool de la solution filtrée ; on le lave et on le sèche, comme précédemment

drique étendu (3 p. 100) et, après neutralisation, doser le glucose par la liqueur de Fehling ou à l'aide du saccharimètre (1 gramme de glucose correspond à 0gr,888 de glucogène).

M. Külz recommande, pour extraire complètement le glucogène, d'ajouter un peu de potasse à l'eau dans laquelle on fait bouillir la substance réduite en pulpe. Dans ce cas, la pulpe de l'organe se dissout au bout de quelques heures d'ébullition; on obtient un liquide, qu'on débarrasse des matières albuminoïdes et dont on précipite le glucogène, par les procédés déjà indiqués (**109**).

111. Propriétés. — A. Physiques. — Le glucogène est un corps blanc, pulvérulent, inodore, très soluble dans l'eau, insoluble dans l'alcool, l'éther et l'acide acétique concentré. Sa solution est laiteuse, opalescente. Le glucogène n'est pas dialysable. Son pouvoir rotatoire $(\alpha)_D = +211°$.

B. Chimiques. — Les acides minéraux dilués transforment à 100° le glucogène en glucose. La diastase, le ferment salivaire et divers autres ferments solubles dédoublent le glucogène en dextrines et en maltose. Ces dédoublements sont, on le voit, tout à fait semblables à ceux qu'éprouve l'amidon dans les mêmes conditions.

La potasse étendue n'altère pas le glucogène, même à l'ébullition, mais fait disparaître l'opalescence de sa solution.

112. Caractères. — 1. *L'iode colore le glucogène en rouge brun* (caractère distinctif d'avec l'amidon). La coloration disparaît par la chaleur et reparaît par le refroidissement. Le glucogène en excès, la soude font également disparaître la coloration. — La réaction par l'iode permet de déceler, au microscope, le glucogène dans les tissus.

2. Les solutions de glucogène dissolvent l'oxyde cuivrique, mais ne le réduisent pas à l'ébullition; elles ne réduisent pas non plus la liqueur de Fehling.

3. Le glucogène donne du glucose par l'ébullition avec les acides minéraux étendus.

113. Physiologie. — A. Origine. — *a) Glucogène du foie.* — 1. D'après Claude Bernard, le glucogène prend directement naissance dans le foie par la simple déshydratation du glucose (1) que le sang lui apporte de l'intestin.

$$\underbrace{C^6H^{12}O^6}_{\text{Glucose.}} - H^2O = \underbrace{C^6H^{10}O^5}_{\text{Glucogène.}}$$

(1) Nous avons vu précédemment que les hydrates de carbone de l'alimentation

En effet, après une alimentation riche en sucres ou en matières amylacées, la matière glucogène augmente dans le foie, sans que le glucose s'accumule dans le sang. D'autre part, le sang qui arrive au foie par la veine porte, venant de l'intestin, renferme au moment de la digestion plus de glucose que le sang qui sort du foie par les veines sus-hépatiques. Le glucose semble donc arrêté dans le foie, emmagasiné selon l'expression de Claude Bernard, pour être distribué ultérieurement à l'organisme suivant ses besoins. En oblitérant la veine porte et forçant ainsi le sang de l'intestin à passer directement par les anastomoses dans la veine cave sans traverser le foie, Cl. Bernard a constaté que le glucose introduit par les voies digestives passait plus facilement dans les urines.

Certains physiologistes interprètent différemment l'accumulation du glucogène dans le foie, après une alimentation riche en sucre. D'après leur théorie, dite *de l'épargne*, les sucres, substances facilement oxydables, préserveraient de l'oxydation le glucogène, formé dans le foie aux dépens d'autres substances que les sucres. On peut objecter à cette théorie que des substances facilement oxydables, autres que les sucres, ne produisent pas l'accumulation du glucogène. D'ailleurs, la formation directe du glucogène aux dépens des hydrates de carbone de l'alimentation ressort nettement de l'expérience suivante de M. E. Voit. Après avoir fait jeûner un animal (oie) pour le débarrasser du glucogène, il le nourrit avec du riz pendant quelques jours et détermina la quantité de matières albuminoïdes désassimilées pendant ce temps par l'animal (1). Au bout de ce temps l'animal fut sacrifié ; la quantité de glucogène qui s'était formée dans ses tissus était bien supérieure à celle qui pouvait résulter de la désassimilation des matières albuminoïdes ; une partie au moins du glucogène s'était donc formée aux dépens des hydrates de carbone de l'alimentation.

2. Le glucogène peut également se former dans le foie aux dépens des matières albuminoïdes de l'alimentation ; en effet le glucogène persiste dans le foie d'animaux (chien, poule, etc.), nourris exclusivement avec de la viande pendant plusieurs semaines.

D'autre part, MM. Böck et Hoffman ont montré que le glu-

(sucres et matières amylacées) sont convertis par les sucs digestifs en glucoses qui passent ensuite dans le sang.

(1) Pour cela, la quantité d'azote fut dosée dans les urines et les fèces et on en déduisit par le calcul la quantité de matières albuminoïdes correspondante.

cogène augmente dans le foie après l'ingestion d'albumine et même de gélatine (1).

Enfin, M. von Méring a constaté que le glucogène, qui disparait du foie par un jeûne prolongé, reparait à la suite de l'ingestion d'une substance albuminoïde. Ce physiologiste fit jeûner deux chiens pendant trois semaines; l'un d'eux fut sacrifié au bout de ce temps, l'autre fut nourri pendant 4 jours avec de la fibrine. Le foie du premier ne contenait que 0gr,48 de glucogène, celui du second en renfermait plus de 16 grammes.

D'ailleurs, la formation d'un hydrate de carbone aux dépens des matières albuminoïdes est absolument manifeste dans certains états pathologiques. Les diabétiques, à forme grave, continuent à éliminer du sucre, alors même que leur alimentation est exclusivement carnée.

3. La plupart des physiologistes n'admettent pas la formation de glucogène dans l'organisme aux dépens de la graisse. Cependant la glycérine, qui entre dans la constitution des corps gras, pour une petite part il est vrai, est une des substances dont l'ingestion augmente le glucogène hépatique.

b) Glucogène des muscles. — Le glucogène, dont la production dans le foie est manifeste, se forme également dans d'autres tissus et en particulier dans les muscles. Le sang renferme en effet trop peu de glucogène et la quantité de cette substance dans la musculature est trop considérable, pour qu'on puisse admettre le transport du glucogène en nature, du foie au muscle.

Il est probable que c'est aux dépens du glucose du sang que se forme le glucogène musculaire (2). En effet, MM. Morat et Dufourt ont montré que les muscles consomment plus de glucose après une période d'activité qu'avant; ils attribuent cette consommation exagérée de glucose à la reformation du glucogène, disparu du muscle pendant la période de travail. D'autre part, M. E. Kulz a pu, dans certains cas, constater une augmentation de glucogène dans des muscles où il faisait circuler artificiellement du sang additionné d'un peu de glucose.

B. État. — La matière glucogène n'est pas en dissolution; elle se trouve, sous forme de dépôts, dans les cellules. Cl. Bernard

(1) D'autres substances azotées telles que l'asparagine, le glycocolle, l'ammoniaque, absorbées par les voies digestives, déterminent une augmentation du glucogène du foie.

(2) Dans cette hypothèse, la formation du glucogène musculaire serait sous la dépendance de la fonction glucogénique du foie. M. Minkowski a montré que le glucogène diminue en effet dans les muscles après l'extirpation du foie.

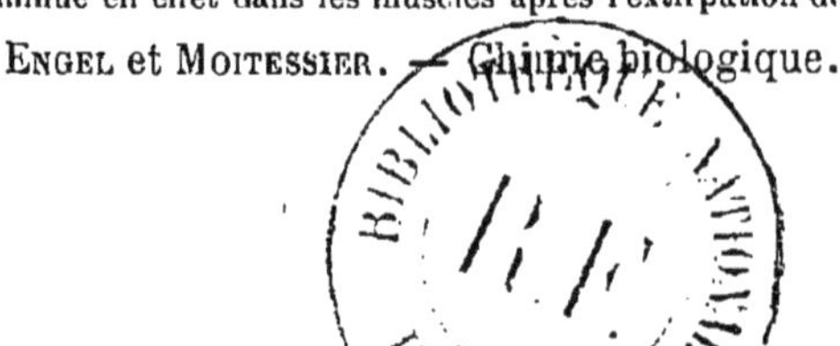

a constaté en effet que le glucogène existe dans les cellules épithéliales chez le fœtus (fig. 14); dans le placenta, le glucogène se trouve également dans les cellules. M. Rouget a constaté le même fait pour le foie (fig. 15), et pour d'autres organes. Enfin, Hoppe-Seyler a trouvé le glucogène dans les globules blancs et, d'une manière générale, dans les jeunes cellules.

Fig. 14. — Plaques glucogéniques de l'amnios du fœtus de veau dans leur plein développement.

Le glucogène n'est pas à l'état de liberté dans l'économie; il est uni à une matière albuminoïde, sous forme d'une combinaison peu soluble, instable (Fränkel). En effet, le glucogène, quoique soluble, n'entre pas facilement en solution lorsqu'on traite le foie par l'eau froide.

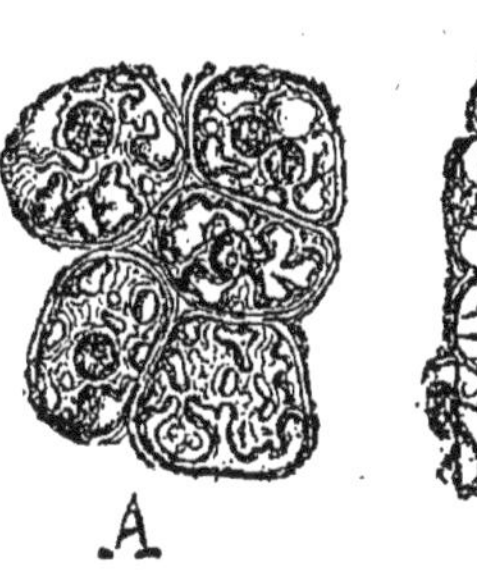

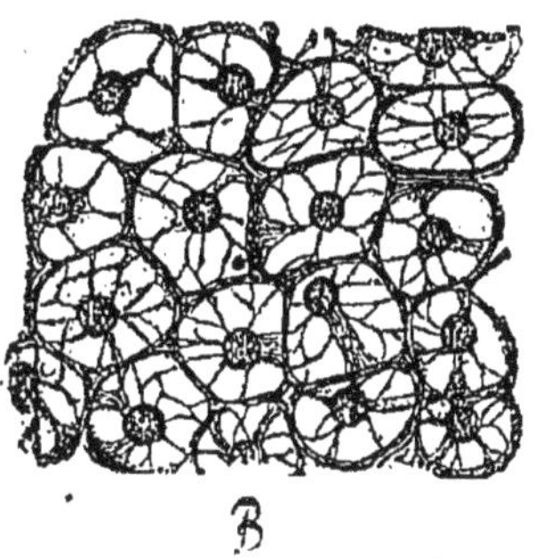

Fig. 15. — A, cellules du foie avec dépôts de glucogène (chien tué 14 heures après un repas copieux). — B, les mêmes cellules après dissolution du glucogène.

L'eau chaude, au contraire, coagule la matière albuminoïde et met en liberté le glucogène du foie, qui se dissout alors facilement; c'est ce qui a lieu dans le procédé classique d'extraction du glucogène.

C. Transformations du glucogène dans l'organisme. — *a)* Lorsque le foie est extrait de l'organisme, le glucogène qu'il renferme se transforme peu à peu en glucose à la température ordinaire, plus rapidement à 37°. Claude Bernard, qui a découvert ce fait, a montré que la quantité de glucose qui se forme correspond à la quantité de glucogène qui disparaît. Cette transformation du glucogène en glucose est due à l'action d'un ferment soluble analogue à la ptyaline (1). En effet, elle s'effectue encore en présence d'une solution de fluorure de sodium à 1 p. 100, qui tue tous les éléments organisés ; mais elle est arrêtée par la température de l'ébullition.

D'après Claude Bernard et la plupart des physiologistes, le foie renferme également pendant la vie le ferment soluble capable de transformer le glucogène en glucose ; le glucose formé est entraîné par le sang au fur et à mesure de sa production. Ainsi s'explique le fait observé par Claude Bernard avant la découverte du glucogène, à savoir que le sang des veines sus-hépatiques est habituellement plus riche en glucose que le sang de la veine porte (2).

A l'appui de cette théorie, on peut citer les faits suivants : On a observé que pendant l'hiver, le foie des grenouilles ne renferme pas le ferment capable de transformer le glucogène en glucose. Le glucogène s'accumule par suite dans le foie, pendant l'hiver. Mais, au printemps, le ferment prend naissance et transforme rapidement en glucose le glucogène accumulé, de telle sorte que bientôt le foie ne contient plus que la proportion de glucogène qu'il renferme pendant l'été. — Dans les végétaux, on a de nombreux exemples de faits analogues. Ainsi, dans la pomme de terre, il se développe au printemps un ferment capable de transformer l'amidon en glucose. L'amidon des céréales passe également à l'état de glucose, au printemps, au moment de la germination.

Il est à remarquer que, de même que l'amidon contenu dans les graines, en se transformant en glucose, fournit un aliment à la jeune plante, de même le glucogène contenu dans le placenta sert, en se transformant en glucose, à la nutrition du fœtus.

b) Le glucogène des muscles diminue pendant le travail musculaire ; il est probablement, comme celui du foie, transformé en glucose, étant donné que tous les organes et les muscles en

(1) Il faut cependant faire observer que le terme ultime de l'action de la ptyaline est le maltose, tandis que la transformation du glucogène dans le foie est plus avancée et aboutit au glucose. Il est possible que dans le foie, à côté d'un ferment analogue à la ptyaline, se trouve un ferment analogue à l'invertine, qui dédouble le maltose en glucose.

(2) La différence devient beaucoup plus marquée, lorsqu'on ralentit la circulation du sang dans le foie.

particulier renferment un ferment saccharifiant. Mais comme le glucose est consommé lui-même dans le muscle pendant la contraction, on ne peut observer d'une façon bien manifeste sa formation aux dépens du glucogène qui disparaît. D'après certains auteurs, le glucogène des muscles participerait également à la formation de l'acide lactique pendant la contraction musculaire et pendant la rigidité cadavérique. Après la mort, le glucogène disparaît peu à peu dans les muscles, comme dans le foie, mais beaucoup plus lentement.

D. Rôle physiologique. — Les dépôts de glucogène dans l'économie constituent des réserves destinées à fournir régulièrement à l'animal le glucose au fur et à mesure de ses besoins, quelle que soit la manière dont il se nourrisse.

Ces réserves s'épuisent peu à peu, plus vite dans le foie que dans les muscles, lorsque les animaux sont soumis au jeûne; au bout d'un certain temps, variable avec les espèces (1 semaine pour les lapins, 3 semaines pour les chiens), le glucogène disparaît presque complètement de l'organisme. La disparition est bien plus rapide si les animaux ont à se mouvoir ou à lutter contre le refroidissement, ce qui démontre l'importance du glucogène et des hydrates de carbone en général, comme source d'énergie et de chaleur.

CELLULOSE $(C^6H^{10}O^5)^n$

114. État naturel. — La cellulose est très répandue dans l'organisme végétal; elle pénètre dans l'organisme des omnivores et des herbivores avec les aliments, mais elle ne fait pas partie constituante du corps de l'homme et des animaux supérieurs.

Dans l'organisme d'animaux inférieurs, notamment dans l'enveloppe des tuniciers, on a trouvé un corps, la *tunicine*, ayant la formule et les propriétés de la cellulose. Certains bacilles, notamment le bacille de la tuberculose, élaborent également des substances cellulosiques; aussi la cellulose se rencontre-t-elle dans les masses tuberculeuses et dans le sang des phtisiques (E. Freund).

115. Propriétés. — A. Physiques. — La cellulose est un corps blanc, sans odeur et sans saveur, insoluble dans tous les dissolvants, sauf dans la solution ammoniacale d'oxyde de cuivre (réactif de Schweizer) ou d'oxyde de zinc.

B. Chimiques. — Si l'on plonge, pendant peu de temps, du

papier dans de l'acide sulfurique, puis qu'on le lave à grande eau, on obtient un papier plus résistant que le papier ordinaire et qui remplace le parchemin animal. On lui a donné le nom de *papier parchemin*. En prolongeant l'action de l'acide sulfurique, on convertit successivement la cellulose en amidon, en dextrine et enfin en une matière sucrée. Par l'ébullition avec l'acide sulfurique étendu, la cellulose se convertit en glucose.

116. Physiologie. — La cellulose n'est ni transformée, ni dissoute par les ferments solubles du tube digestif. Il est cependant hors de doute que les herbivores utilisent pour leur nutrition plus de la moitié de la cellulose qui se trouve normalement dans leurs aliments; ils peuvent même utiliser 30 à 80 p. 100 de la cellulose de sciure de bois ou de papier ajoutée à du foin (expériences faites sur des moutons). Weiske a montré que chez l'homme également une partie de la cellulose des légumes frais (carottes, choux, salades, etc...) est absorbée ; cette sorte de digestion spéciale de la cellulose, si manifeste chez les ruminants, est due à l'action des microorganismes des voies digestives ; elle est arrêtée par les antiseptiques.

La cellulose non absorbée joue un rôle mécanique dans la digestion chez les herbivores, en favorisant les mouvements péristaltiques de l'intestin. La suppression de la cellulose dans l'alimentation de ces animaux entraîne des accidents graves ; accidents qui ne se produisent pas, si on remplace la cellulose par un corps inerte, comme de la raclure de corne. — Il est probable que chez l'homme la cellulose des aliments végétaux facilite aussi la progression des aliments et de leurs résidus dans l'intestin.

ACIDES

117. Exposé général. — *a*) Nous avons défini les acides organiques des hydrates de radicaux d'acides. Nous rappelons qu'ils proviennent par oxydation des alcools primaires et qu'ils renferment le groupement fonctionnel —CO,OH, dans lequel l'hydrogène est remplaçable par un métal avec formation d'un sel ou par un radical alcoolique avec formation d'un éther. Les corps qui renferment une, deux, trois fois le groupement —CO,OH sont des acides mono, bi, tribasiques. Ceux qui, en même temps que la fonction acide, possèdent une ou plusieurs autres fonctions sont des acides à fonction complexe. Ex. :

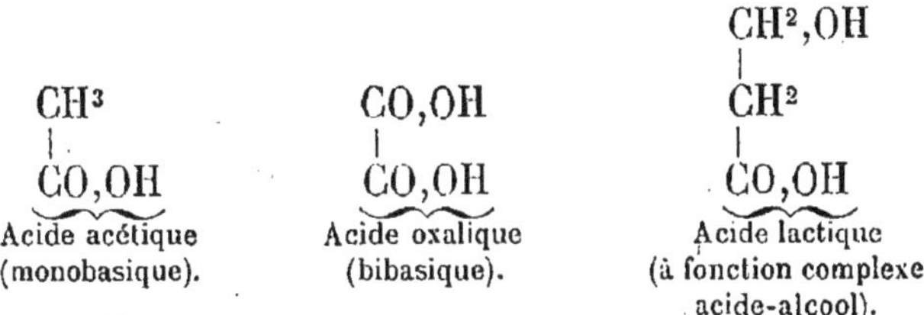

b) Les acides homologues de l'acide acétique $C^2H^4O^2$ répondent à la formule générale $C^nH^{2n}O^2$; ils correspondent aux alcools primaires dérivés des carbures saturés de la première série C^nH^{2n+2} ; on leur a donné le nom d'acides gras, parce que les termes supérieurs entrent dans la constitution des corps gras. Le point d'ébullition de ces acides s'élève progressivement à mesure qu'on monte dans la série ; les 10 premiers termes sont seuls volatils sans décomposition, on les désigne sous le nom d'acides gras volatils.

c) D'une manière générale, un acide gras peut donner naissance par oxydation à ses homologues inférieurs. Ex. :

$$\underbrace{C^3H^6O^2}_{\text{Acide propionique.}} + 3O = \underbrace{C^2H^4O^2}_{\text{Acide acétique.}} + CO^2 + H^2O$$

ACIDES MONOBASIQUES.

ACIDES GRAS VOLATILS $C^nH^{2n}O^2$

118. Acide formique. — CHO,OH. — L'acide formique existe dans l'organisme animal, soit à l'état libre, soit à l'état de sels. Les fourmis rouges, certains insectes, les chenilles processionnaires, sécrètent de l'acide formique ; chez l'homme, on a trouvé cet acide dans le sang, la sueur, les urines, le suc musculaire, la rate, le pancréas, le thymus, le cerveau. — L'acide formique se trouve aussi dans l'organisme végétal, notamment dans les orties, dont il constitue le liquide irritant, dans les tamarins, le fruit de la saponaire, etc.

L'acide formique est un liquide incolore, à odeur piquante, bouillant à 100°, soluble dans l'eau. Il est très corrosif ; déposé sur la peau, il y détermine une ampoule.

119. Acide acétique. — C^2H^3O,OH. — On trouve l'acide acétique, soit à l'état de liberté, soit à l'état de sels, mais toujours en petite quantité, dans la sueur, le suc musculaire, la rate, etc., c'est-à-dire dans les liquides et dans les organes où se trouve aussi l'acide formique.

Dans les troubles de la digestion, le contenu de l'estomac (vomissements) renferme souvent de l'acide acétique ; cet acide provient de la fermentation des matières sucrées ou amylacées introduites dans le tube digestif par l'alimentation. C'est principalement chez les enfants à la mamelle que les matières vomies renferment souvent de l'acide acétique, en même temps que de l'acide lactique.

L'acide acétique est un liquide incolore, d'une odeur caractéristique, soluble dans l'eau, bouillant à 119°, cristallisant en grandes lames fusibles à 17°.

120. Acide propionique. — C^3H^5O,OH. — L'existence de l'acide propionique dans l'organisme animal, quoique probable, n'est pas démontrée. Quelques auteurs prétendent l'avoir trouvé dans la sueur, le suc gastrique, la bile. On l'a également signalé dans le sang des leucémiques, dans les vomissements des cholériques.

C'est un liquide oléagineux, soluble, qui bout à 140°.

121. Acide butyrique. — C^4H^7O,OH. — L'acide butyrique normal se trouve à l'état d'éther glycérique dans le beurre et dans un grand nombre de graisses. Il existe en notables proportions dans la sueur, le contenu du gros intestin, les fèces ; on l'a aussi trouvé dans le sang (?), les urines (rarement), le suc musculaire, la rate, le contenu de l'estomac (dans les troubles de la digestion).

Cet acide se rencontre également dans l'économie végétale. Le fruit du caroubier, le fruit de la saponaire et celui du tamarinier en renferment.

L'acide butyrique normal, celui qu'on rencontre dans l'économie, s'obtient dans les laboratoires par fermentation du glucose (1). C'est un liquide incolore, d'une odeur de beurre rance. Il est soluble dans l'eau, mais moins que l'acide propionique.

(1) On prépare l'acide butyrique en abandonnant à la fermentation une solution de glucose, ou de l'empois d'amidon, avec du fromage blanc. On ajoute à la masse de la craie pulvérisée, pour saturer l'acide au fur et à mesure de sa formation. Au bout d'un certain temps, le tout se prend en une masse de lactate de calcium. La fermentation continuant, la masse redevient liquide, par suite de la formation de butyrate de calcium. On traite le butyrate de calcium formé par du carbonate de sodium ; il se précipite du carbonate de calcium, et du butyrate de sodium reste en solution. On filtre, on évapore, on décompose le butyrate de sodium par l'acide sulfurique et on soumet le mélange à la distillation.

La fermentation butyrique suit, comme on le voit, la fermentation lactique ; elle a

Les sels avides d'eau, comme le chlorure de calcium, le séparent de sa dissolution dans l'eau. L'acide butyrique vient alors surnager.

122. Acide valérique. — C^5H^9,OH. — L'acide valérique se trouve dans les excréments. L'urine en renferme dans certaines maladies, surtout dans le typhus, la variole, l'atrophie aiguë du foie. Cet acide existe aussi dans la racine de valériane.

L'acide valérique est un liquide oléagineux, d'une odeur forte, rappellant la valériane. Il est moins soluble dans l'eau que l'acide butyrique.

123. Acides caproïque, caprylique, caprique. — Ces acides, qui sont respectivement les 6e, 8e et 10e termes de la série, ont été signalés dans les fèces, dans la sueur et dans le sang. Ils existent également à l'état de glycérides dans le beurre.

Ils ont tous les trois une odeur désagréable, rappelant celle du bouc.

124. Physiologie. — A. ORIGINE. — Les acides gras volatils dont nous venons de parler se forment dans l'organisme. Certains d'entre eux peuvent cependant y être introduits avec les aliments; par exemple l'acide acétique avec le vinaigre, l'acide butyrique avec le beurre, sous forme de glycéride. D'après les modes de production des acides gras volatils en dehors de l'économie, on peut assigner à ces acides deux origines possibles dans l'organisme :

a) Ils peuvent provenir de l'oxydation des matières albuminoïdes, des corps gras neutres ou des acides gras plus élevés dans la série, et des hydrates de carbone.

b) Ces acides peuvent prendre naissance par la fermentation des hydrates de carbone et par celle des matières albuminoïdes, sous l'influence des microorganismes de l'intestin.

B. ÉLIMINATION. — On a déjà mentionné l'existence dans l'urine normale et dans la sueur de petites quantités d'acide formique ; dans les fèces se trouvent également des acides gras

lieu sous l'influence d'un ferment anaérobie, le *ferment butyrique*, et peut se représenter, d'une façon un peu schématique il est vrai, par la formule :

$$\underbrace{2\,C^3H^6O^3}_{\text{Acide lactique.}} = \underbrace{C^4H^8O^2}_{\text{Acide butyrique.}} + \underbrace{2\,CO^2}_{\text{Anhydride carbonique.}} + \underbrace{2\,H^2}_{\text{Hydrogène.}}$$

D'autres ferments, tels que le *bacillus amylobacter*, sont aussi susceptibles de transformer le glucose, l'amidon et même la cellulose en acide butyrique, anhydride carbonique et hydrogène.

(acétique, butyrique, valérique) sous forme de sels. Mais l'élimination en nature de ces acides n'est pas la seule cause de leur disparition de l'économie ; ils y subissent des oxydations qui les transforment, en dernière analyse, en eau et en anhydride carbonique.

ACIDES PALMITIQUE et STÉARIQUE. — ACIDE OLÉIQUE

$C^{16}H^{31}O,OH$ $C^{18}H^{35}O,OH$ $C^{18}H^{33}O,OH$

125. Existence dans l'organisme. — Les acides palmitique et stéarique se rencontrent à l'état de glycérides dans toutes les graisses des animaux, ainsi que l'acide oléique, qu'on range d'ordinaire avec les acides gras mais qui appartient à la série des acides en $C^nH^{2n-2}O^2$. (L'acide oléique est surtout abondant dans les huiles.) Ces acides existent normalement dans l'intestin et, à l'état pathologique, dans le pus en décomposition, dans les masses tuberculeuses et dans les crachats de la gangrène pulmonaire, où les acides palmitique et stéarique sont souvent en assez gros cristaux. Ils se trouvent à l'état de sels de sodium dans le sang, à l'état de sels de calcium dans les fèces et dans le gras de cadavre.

126. Préparation et séparation. — Pour retirer les acides palmitique, stéarique et oléique de la graisse, on peut opérer de la manière suivante :

On chauffe la graisse avec une solution alcoolique de potasse, ce qui la transforme en un mélange de glycérine et de sels de potassium des acides gras.

$$\underbrace{C^3H^5(O,C^{18}H^{35}O)^3}_{\text{Glycéride de l'acide stéarique.}} + 3\,KOH = \underbrace{C^3H^5(OH)^3}_{\text{Glycérine.}} + \underbrace{3(C^{18}H^{35}O,OK)}_{\text{Stéarate de potassium.}}$$

On verse la solution alcoolique obtenue dans de l'acide sulfurique étendu : les acides gras sont mis en liberté et se séparent, par suite de leur insolubilité.

$$\underbrace{2\,C^{18}H^{35}O,OK}_{\text{Stéarate de potassium.}} + SO^4H^2 = \underbrace{2\,C^{18}H^{35}O,OH}_{\text{Acide stéarique.}} + SO^4K^2$$

On les recueille et on les dissout à chaud dans de l'alcool à 70 p. 100. Par refroidissement on obtient une masse cristalline **a**, mélange d'acide palmitique et d'acide stéarique, et un liquide alcoolique **b** contenant surtout de l'acide oléique.

On lave le magma cristallin **a** à l'alcool froid à 70 p. 100, puis on le dessèche. On sépare l'acide palmitique et l'acide stéarique par distillation fractionnée, sous pression réduite (100^{mm} de mercure). L'acide palmitique distille vers 268°, l'acide stéarique vers 287° (1).

La solution alcoolique **b** donne par évaporation de l'acide oléique mélangé à une petite quantité des autres acides. Pour isoler l'acide oléique on se base sur ce que l'oléate de plomb est soluble dans l'éther, tandis que le palmitate et le stéarate de plomb y sont insolubles. On transforme les acides en sels de sodium en chauffant le mélange avec une solution de carbonate de sodium; on les précipite ensuite à l'état de sels de plomb en traitant la solution des sels de sodium par de l'acétate de plomb. Le précipité est épuisé par l'éther, qui dissout seulement l'oléate de plomb. On décompose la solution éthérée d'oléate de plomb par l'acide chlorhydrique. Il se précipite du chlorure de plomb, tandis que l'acide oléique reste en solution dans l'éther. On évapore l'éther; l'acide oléique reste comme résidu.

127. Propriétés. — Les acides palmitique, stéarique et oléique sont insolubles dans l'eau, solubles dans l'alcool chaud, l'éther, le chloroforme. Les deux premiers acides sont solides à la température ordinaire, blancs, gras au toucher; l'acide oléique est liquide.

a) L'*acide palmitique* fond à 62°. Une solution alcoolique bouillante de cet acide le laisse déposer par le refroidissement, en aiguilles réunies en touffes.

b) L'*acide stéarique* fond à 70°. Il cristallise, par le refroidissement de sa dissolution dans l'alcool bouillant, en paillettes nacrées qui, vues au microscope, se présentent sous la forme de losanges dont les angles obtus sont arrondis.

(1) On peut encore séparer l'acide palmitique de l'acide stéarique par la méthode des précipitations fractionnées : on dissout le mélange des acides dans l'alcool à 95°; à cette solution on ajoute, en 5 fois par exemple, la quantité d'acétate neutre de plomb (en solution alcoolique) nécessaire pour précipiter les acides gras à l'état de sels de plomb, et on recueille séparément les précipités formés par chaque addition d'acétate de plomb. L'acide stéarique prédomine dans les premiers précipités, l'acide palmitique dans les derniers. On décompose chaque précipité en l'agitant avec de l'acide chlorhydrique et de l'éther; l'évaporation de la solution éthérée donne l'un ou l'autre acide, plus ou moins pur. On le purifie en le soumettant à une nouvelle précipitation fractionnée, etc.

L'examen microscopique des cristaux de ces deux acides permet, avec leur point de fusion et l'analyse de leur sel de baryum, de les caractériser.

c) L'*acide oléique* est un liquide huileux, incolore, sans saveur, cristallisable à 14°. Sa solution dans l'alcool ne rougit pas le tournesol. Exposé à l'air, il absorbe rapidement l'oxygène, jaunit et finit par prendre une odeur de rance ; il est alors fortement acide au tournesol.

L'acide azoteux transforme l'acide oléique en un isomère, l'acide *élaïdique*, qui ne fond qu'à 45°. Aussi sous l'influence des vapeurs rutilantes, même en petite quantité, l'acide oléique se prend-il en masse.

128. Savons. — Les savons sont des mélanges de palmitates, stéarates et oléates alcalins, qu'on obtient dans la décomposition des corps gras par les bases. Par extension, on appelle aussi savons les sels purs des acides gras.

Les palmitates, stéarates et oléates alcalins sont solubles dans l'eau. Les autres sels de ces trois acides sont insolubles et peuvent s'obtenir, par double décomposition, au moyen des savons alcalins. Ceux-ci sont décomposés par une grande quantité d'eau en alcali libre et en un sel acide, combinaison d'une molécule de sel avec une molécule d'acide ; les palmitates, stéarates et oléates acides sont insolubles et se précipitent. Le chlorure de sodium précipite les savons de leur solution dans l'eau. Enfin, les acides en précipitent les acides gras.

129. Caractères des acides gras. — 1. *A l'état liquide, ils tachent le papier*, en le rendant transparent, de même que les graisses.

2. *Ils possèdent une réaction acide*, qu'on peut mettre en évidence, en versant leur solution alcoolique ou éthérée dans une solution alcoolique de phénol-phtaléine (1), colorée en rouge par l'addition d'une trace de soude : la coloration disparaît immédiatement.

3. *Ils se dissolvent rapidement à chaud, dans une dissolution concentrée de carbonate de sodium*, avec formation d'un savon de sodium et dégagement d'anhydride carbonique. On reconnaît aisément le savon dans la solution : précipité d'acide gras par l'acide chlorhydrique.

(1) La phénol-phtaléine, qui s'obtient par l'action de l'anhydride phtalique sur le phénol en présence d'acide sulfurique, est soluble dans l'alcool et l'éther ; sa solution est incolore, elle devient rouge violacé en présence des alcalis. Les acides font disparaître cette coloration.

4. Quand on les chauffe avec du bisulfate de potassium, *ils ne donnent pas d'acroléine.*

Ces trois dernières réactions permettent de différencier nettement les acides gras des graisses ou corps gras neutres.

130. Physiologie. — Les acides gras qu'on trouve dans l'intestin proviennent de la décomposition des graisses en glycérine et acides gras. Cette décomposition est due en grande partie à l'action du suc pancréatique ; il est probable qu'elle se produit aussi sous l'influence des microorganismes du tube digestif, car la saponification des graisses dans les voies digestives a lieu même lorsqu'on empêche l'écoulement du suc pancréatique et de la bile dans l'intestin (MM. Ville et Hédon). D'ailleurs, on trouve aussi des acides gras, à l'état de liberté, dans les liquides ou organes qui ont subi un commencement de putréfaction, soit dans l'organisme, soit en dehors de l'économie.

ACIDES BIBASIQUES

ACIDE OXALIQUE $C^2O^4H^2$

131. État naturel. — On n'a trouvé l'acide oxalique dans l'économie qu'à l'état d'oxalate de calcium. Ce sel existe normalement, mais en très petite quantité, dans l'urine de l'homme. Les aliments végétaux, les vins mousseux, la bière, les carbonates acides, augmentent la proportion d'oxalate de calcium dans l'urine.

L'oxalate de calcium se trouve souvent dans les sédiments urinaires et dans les calculs des reins et de la vessie (calculs mûraux). On le rencontre aussi, mais plus rarement, dans les concrétions de la vésicule biliaire, les calculs intestinaux, les fèces. Enfin la muqueuse de l'utérus, pendant la grossesse, renferme également de l'oxalate de calcium.

L'acide oxalique est très répandu dans le règne végétal, sous la forme de sels neutres et de sels acides. Les diverses variétés de *Rumex* et d'*Oxalis* renferment de l'oxalate acide de potassium, d'où le nom de *sel d'oseille* donné à ce sel.

132. Propriétés. — L'acide oxalique se forme dans l'oxydation d'un grand nombre de substances organiques. C'est un corps blanc, d'une saveur très acide, soluble dans l'eau et dans l'alcool. Il cristallise sous forme de prismes, avec deux molécules d'eau de cristallisation.

L'acide oxalique fond à 98° dans son eau de cristallisation. Il se sublime en partie vers 160°, en même temps qu'une autre partie se décompose en anhydride carbonique, oxyde de carbone, acide formique et eau.

L'acide oxalique est un acide bibasique; il donne des oxalates acides et des oxalates neutres. L'oxalate acide de potassium peut se combiner avec une molécule d'acide oxalique et former ainsi un sel appelé *quadroxalate de potassium.*

133. Oxalates. — Les oxalates alcalins sont seuls solubles dans l'eau. On transforme aisément les oxalates insolubles, tels que l'oxalate de calcium, en oxalates solubles, en les faisant bouillir avec du carbonate de sodium et filtrant. Le liquide filtré tient en dissolution de l'oxalate de sodium, tandis qu'il reste sur le filtre le carbonate ou l'oxyde du métal dont on avait l'oxalate insoluble.

Oxalate de calcium. — C'est un corps blanc, insoluble dans l'eau, dans les alcalis et dans l'acide acétique, légèrement soluble

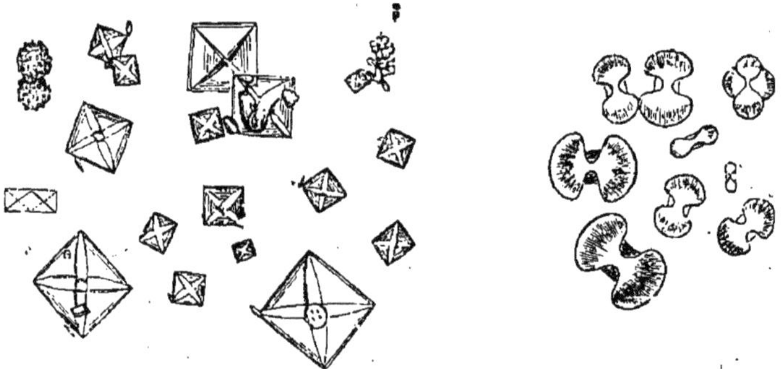

Fig. 16. — Oxalate de calcium.

Fig. 17. — Oxalate de calcium.

dans le phosphate acide de sodium, soluble dans les acides chlorhydrique, azotique. L'oxalate de calcium est amorphe quand il a été obtenu par précipitation au moyen d'un sel de calcium et d'oxalate d'ammonium. Lorsqu'il se sépare de l'urine comme sédiment, il cristallise en octaèdres. Ces cristaux, facilement reconnaissables au microscope, apparaissent sous la forme d'enveloppes de lettres (fig. 16). On ne peut les confondre qu'avec les cristaux de phosphate ammoniaco-magnésien, dont les distingue leur insolubilité dans l'acide acétique.

On a décrit aussi des cristaux d'oxalate de calcium en forme de sabliers (fig. 17). Ces cristaux, qui se rencontrent plus rarement, ressemblent beaucoup aux cristaux de phosphate de calcium, dont les distingue également leur insolubilité dans l'acide acétique.

134. Caractères de l'acide oxalique et des oxalates. — 1. *Lorsqu'on chauffe de l'acide oxalique sec, ou un oxalate avec de l'acide sulfurique concentré, il se dégage un mélange d'anhydride carbonique et d'oxyde de carbone.* L'acide sulfurique, dans ce cas, détermine la formation d'eau aux dépens de l'acide oxalique.

$$\underbrace{C^2O^4H^2}_{\text{Acide oxalique.}} = \underbrace{CO^2}_{\text{Anhydride carbonique.}} + \underbrace{CO}_{\text{Oxyde de carbone.}} + \underbrace{H^2O}_{\text{Eau.}}$$

2. *L'acide oxalique et les oxalates alcalins donnent, avec le chlorure de baryum, un précipité blanc d'oxalate de baryum, soluble dans les acides chlorhydrique et azotique, insoluble dans l'acide acétique.* (Caractère distinctif d'avec les phosphates.)

L'acide oxalique précipite aussi tous les sels solubles de calcium, y compris le sulfate. Le précipité d'oxalate de calcium est également soluble dans les acides chlorhydrique et azotique, insoluble dans l'acide acétique. Il se transforme par la calcination en carbonate de calcium ou en chaux, suivant la température.

3. *Les oxalates alcalins donnent un précipité blanc avec l'azotate d'argent.*

4. *L'acide oxalique réduit à chaud le chlorure d'or, transforme le sublimé corrosif en calomel, décolore la solution de permanganate de potassium acidulée par un peu d'acide sulfurique, etc.* — Ces réactions sont dues à l'oxydation de l'acide oxalique sous l'influence des divers réactifs.

135. Physiologie. — A. Origine. — *a*) Une partie de l'acide oxalique qui se trouve dans l'organisme humain provient de l'alimentation. L'expérience prouve, en effet, que la quantité d'oxalate de calcium qui se trouve dans l'urine augmente notablement après l'ingestion d'aliments riches en acide oxalique, d'oseille et de tomates, par exemple.

b) D'un autre côté, l'acide oxalique étant l'un des produits les plus communs de l'oxydation des substances organiques, il est extrêmement probable qu'il s'en produit dans l'organisme. Parmi les corps qui, dans l'économie, peuvent donner naissance à de l'acide oxalique, il faut citer l'acide urique. Sous l'influence d'une oxydation ménagée *in vitro*, l'acide urique donne naissance, entre autres corps, à de l'acide oxalique. On comprend donc que dans l'économie, où les oxydations sont généralement lentes et progressives, l'acide oxalique puisse se former par l'oxydation de l'acide urique. Cette production est rendue excessivement probable par les faits suivants :

C'est précisément dans les troubles de la respiration, alors que les oxydations se font mal, qu'on trouve, en même temps qu'une augmentation d'acide urique, une plus grande quantité d'oxalate de calcium dans les urines. L'oxalate de calcium se trouve, du reste, le plus souvent à côté de l'acide urique dans les calculs urinaires.

Des expériences directes ont établi d'autre part qu'après l'ingestion d'acide urique ou d'urates alcalins, la quantité d'oxalate de calcium contenue dans les urines augmente sensiblement.

c) L'acide oxalique semble encore se former dans l'économie par réduction de l'anhydride carbonique. C'est du moins l'interprétation la plus simple que l'on puisse donner de ce fait, que l'oxalate de calcium augmente notablement dans les urines après l'ingestion de boissons riches en anhydride carbonique ou de bicarbonates alcalins.

On a d'ailleurs obtenu synthétiquement l'acide oxalique par réduction de l'anhydride carbonique en faisant réagir avec ménagement le sodium sur cet anhydride.

$$\underbrace{2\,CO^2}_{\text{Anhydride carbonique.}} + \underbrace{Na^2}_{\text{Sodium.}} = \underbrace{C^2O^4Na^2}_{\text{Oxalate de sodium.}}$$

B. État. — L'acide oxalique ne se trouve dans l'économie qu'à l'état d'oxalate de calcium. Ce sel, malgré son insolubilité complète dans l'eau, peut se trouver en dissolution dans l'urine, à la faveur du phosphate acide de sodium, ainsi que l'a montré Neubauer.

C. Élimination. — Quant à l'élimination de l'acide oxalique, elle se fait par les urines à l'état d'oxalate de calcium. De ce que ce sel ne se trouve pas d'une façon constante dans les urines, et de ce qu'après l'ingestion de petites quantités d'oxalates les urines deviennent fréquemment alcalines et renferment des carbonates, il faut conclure qu'une partie de l'acide oxalique est brûlée dans l'économie. Les produits de la combustion sont l'eau et l'anhydride carbonique.

ACIDE SUCCINIQUE

$$C^2H^4\begin{array}{l}\nearrow CO,OH \\ \searrow CO,OH\end{array} \text{ (Éthyléno-succinique)}$$

136. État naturel. — Cet acide se trouve normalement, en petite quantité, dans les sucs de la rate, du thymus, du corps thyroïde, dans le sang et dans l'urine. Il augmente dans l'urine après l'ingestion de quantités un peu fortes de malate de calcium, d'asparagine ou d'aliments qui renferment ces corps. On rencontre également l'acide succinique dans le liquide de l'hydrocèle et dans la sérosité des échinocoques.

L'acide succinique a été signalé aussi dans certains végétaux (laitue vireuse, absinthe).

137. Modes de formation. — 1. On trouve de l'acide succinique parmi les produits de l'oxydation des corps gras. Cette oxydation donne naissance à des acides de la série acétique et de la série oxalique, parmi lesquels les acides oxalique, succinique, pimélique $C^7H^{12}O^4$, subérique $C^8H^{14}O^4$ et sébacique $C^{10}H^{18}O^4$.

2. L'acide succinique se produit dans la fermentation de l'acide malique (1) et de l'asparagine (2).

3. Enfin, il se forme de l'acide succinique dans la fermentation alcoolique et dans la fermentation bactérienne des matières albuminoïdes (MM. Gautier et Etard).

138. Propriétés. — L'acide succinique est un corps blanc, d'une saveur un peu aigre. Il cristallise en prismes ou en lames hexagonales, incolores, facilement reconnaissables au microscope (fig. 18). Il est soluble dans l'eau, dans l'alcool chaud, peu soluble dans l'alcool froid et dans l'éther. Il fond vers 180° et distille vers 235°. A cette température, il se décompose partiellement en anhydride succinique et en eau.

Les succinates alcalins sont solubles dans l'eau ; ceux de calcium et de baryum sont peu solubles. Les succinates alcalins, ainsi que ceux de baryum et de calcium, sont insolubles dans l'alcool.

139. Caractères. — L'acide succinique et les succinates se reconnaissent aux caractères suivants :

(1) L'acide malique est un acide oxysuccinique provenant de la substitution d'oxhydryle à un atome d'hydrogène du groupement C^2H^4 de l'acide succinique.

(2) L'asparagine est un corps à fonction complexe (acide, amine et amide) dérivé de l'acide malique.

1. L'acide succinique peut être sublimé dans un tube à essai. Les cristaux, obtenus par évaporation d'une solution de cet acide, sont reconnaissables au microscope (fig. 18).

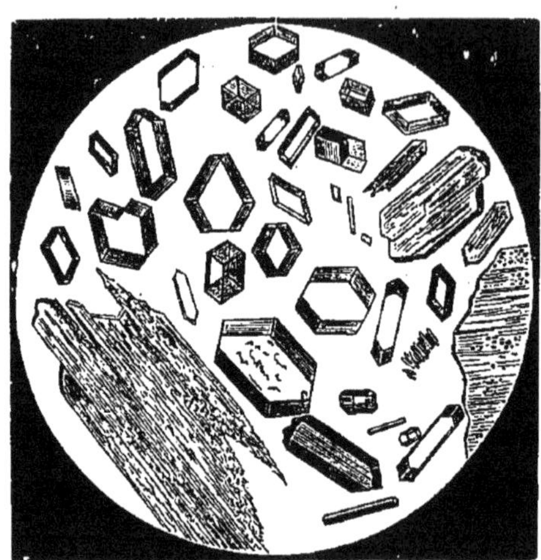

Fig. 18. — Acide succinique.

2. *Un mélange de chlorure de baryum, d'ammoniaque et d'alcool donne, par l'addition d'acide succinique ou d'un succinate alcalin, un précipité blanc de succinate de baryum.* (Caractère distinctif d'avec l'acide benzoïque.)

3. *Chauffé avec un excès de chaux éteinte, l'acide succinique ne dégage pas d'ammoniaque.* (Caractère distinctif d'avec l'acide hippurique.)

Les acides benzoïque, hippurique et succinique se trouvent souvent mélangés dans les liquides de l'économie. Il est facile de séparer l'acide succinique des deux autres acides en neutralisant le mélange par la potasse, évaporant à siccité et reprenant le résidu par l'alcool absolu, qui dissout le benzoate et l'hippurate de potassium et ne dissout pas le succinate.

140. Physiologie. — *a*) Meissner et Koch ont constaté une augmentation d'acide succinique dans l'urine après l'ingestion d'acide malique et d'asparagine. Cette transformation se fait probablement dans le tube digestif; sous l'influence du suc gastrique, et même de la pepsine seule, l'acide malique et l'asparagine se transforment, en effet, en acide succinique en dehors de l'organisme. Comme on a trouvé l'asparagine et l'acide aspartique parmi les produits de dédoublement des matières albuminoïdes, on peut admettre, avec quelque degré certitude, que l'acide succinique se forme dans l'économie aux dépens de l'asparagine et doit être envisagé par suite comme un produit de la métamorphose régressive des matières albuminoïdes. — On a indiqué plus haut qu'il se forme de l'acide succinique dans la fermentation bactérienne des matières albuminoïdes.

b) L'acide succinique formé est absorbé et en partie brûlé dans le sang, en partie éliminé par l'urine. On remarque, en effet, que la quantité d'acide succinique qu'on trouve dans l'urine après l'ingestion d'acide malique n'est pas du tout en rapport avec la quantité d'acide malique ingéré. Du reste, la combustion partielle de l'acide succinique est prouvée par ce fait que ce corps, pris à l'intérieur, ne passe dans l'urine que si les doses sont un peu fortes.

ACIDES A FONCTION COMPLEXE

ACIDES LACTIQUES $C^3H^6O^3$

141. Isomérie. — *a*). On connaît deux acides lactiques ayant des propriétés chimiques bien différentes. Outre la fonction acide, l'un possède une fonction alcool primaire, l'autre une fonction alcool secondaire. Les formules suivantes rendent compte de la différence de constitution de ces acides :

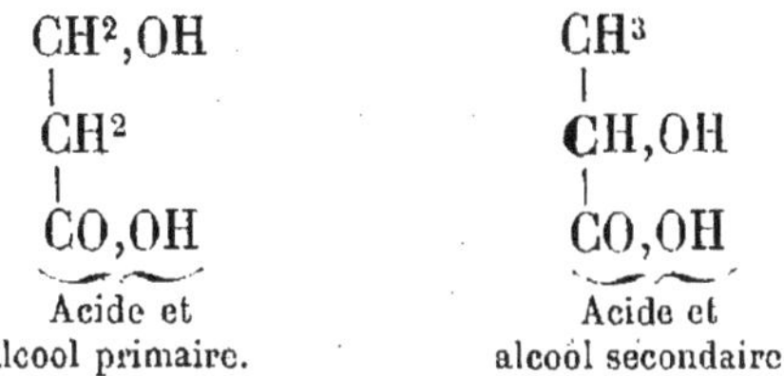

Acide et alcool primaire. — Acide et alcool secondaire.

b) Le premier de ces acides, l'*acide lactique normal*, a encore été appelé *éthyléno-lactique* et *hydracrylique*. D'après les formules ci-dessus, on voit en effet que cet acide renferme le radical *éthylène* $(CH^2\text{-}CH^2)''$.

c) Le second acide lactique porte le nom d'acide *éthylidéno-actique ;* il renferme, en effet, le radical éthylidène $(CH^3\text{—}CH)''$. L'acide éthylidéno-lactique contient un atome de carbone asymétrique qui est indiqué dans la formule par un caractère gras (1). Aussi existe-t-il trois isomères physiques de cet acide : un acide

(1) Voir pour « l'Isomérie physique » : Engel, *Traité élémentaire de chimie.*

dextrogyre, un acide lévogyre et un acide inactif par compensation, ou racémique.

1. La variété racémique n'est autre chose que l'*acide lactique de fermentation* ou *acide lactique ordinaire*. On trouve cet acide dans l'estomac et dans l'intestin.

2. L'acide dextrogyre, appelé aussi *acide paralactique*, peut s'obtenir par l'action du *penicillium glaucum* sur l'acide lactique de fermentation; cette moisissure consomme la variété lévogyre et laisse l'acide dextrogyre. Il se trouve, mélangé à un peu d'acide lactique normal, dans les muscles, le suc des glandes, le cerveau, dans l'urine et les os des ostéomalaciques, etc. On avait autrefois donné le nom d'*acide sarcolactique* à un mélange d'acide paralactique et d'acide lactique normal, qu'on retire de la chair des animaux. Aujourd'hui le nom de sarcolactique tend à devenir le synonyme de paralactique.

3. L'acide lévogyre peut être isolé de la variété racémique en combinant l'acide lactique ordinaire à la strychnine ; on obtient un mélange de cristaux de lactate droit et de lactate gauche, qu'on peut séparer par cristallisations fractionnées, et dont on peut retirer les acides lactiques correspondants. Enfin l'acide lactique lévogyre peut être obtenu directement en faisant fermenter le sucre de canne sous l'influence de certains bacilles.

142. Préparation. — A. Acide lactique ordinaire. — On prépare l'acide lactique en faisant subir la fermentation lactique au sucre de lait, au sucre de canne, au glucose ou même à l'amidon. Pour cela, on ajoute à une solution de glucose du lait écrémé, un peu de fromage, et du carbonate de calcium pour neutraliser l'acide au fur et à mesure de sa formation ; on abandonne le tout à une température d'environ 30° à 35°. Si l'on n'avait pas soin d'ajouter du carbonate de calcium, la fermentation ne tarderait pas à s'arrêter, le ferment lactique ne pouvant vivre dans les liqueurs acides. Au bout de quelques jours, le tout se prend en une masse de lactate de calcium. On dissout ce sel dans l'eau bouillante et on précipite le calcium par l'acide sulfurique. On filtre, on neutralise la liqueur filtrée par du carbonate de zinc et on purifie par cristallisation le lactate de zinc formé. Pour extraire l'acide lactique du lactate de zinc, il suffit de dissoudre ce sel dans l'eau et de le traiter par l'hydrogène sulfuré. Il se précipite du sulfure de zinc et l'acide lactique est mis en liberté. On filtre, on évapore au bain-marie ; on dissout le résidu dans l'éther, et, par l'évaporation de la solution éthérée, on obtient l'acide lactique pur.

B. Acide paralactique. — On prépare l'acide paralactique en épuisant par l'eau froide de la viande finement hachée. On acidule par un peu d'acide sulfurique le liquide obtenu et on fait bouillir de manière à coaguler l'albumine. Après filtration, on précipite l'acide phosphorique par la baryte et l'excès de baryte par un courant d'anhydride carbonique à chaud. Le liquide filtré est évaporé, puis traité par l'acide sulfurique qui met l'acide lactique en liberté. On épuise la masse sirupeuse par l'éther; la solution éthérée abandonne par évaporation l'acide lactique souillé d'acide sulfurique. Pour le purifier, on transforme ces acides en sels de calcium en les étendant d'eau et les faisant bouillir avec du carbonate de calcium. On filtre à chaud pour séparer l'excès de carbonate de calcium et le sulfate de calcium, et on purifie le lactate de calcium par plusieurs cristallisations et un traitement au noir animal. On extrait l'acide lactique de son sel de calcium en précipitant le calcium par l'acide oxalique.

L'acide lactique ainsi obtenu (sarcolactique) est un mélange d'acide paralactique et d'un peu d'acide lactique normal. On sépare ces acides en les transformant en sels de zinc et séparant ces sels par l'alcool; le paralactate de zinc est à peu près insoluble dans ce liquide, tandis que le sel de l'acide normal s'y dissout facilement.

143. Propriétés. — A. Physiques. — Les divers acides lactiques constituent des liquides sirupeux, incolores ou quelquefois légèrement colorés en jaune, inodores, d'une saveur acide, incristallisables, solubles en toute proportion dans l'eau, dans l'alcool et dans l'éther.

B. Chimiques. — Chauffés avec de l'acide sulfurique concentré, ils dégagent de l'oxyde de carbone.

L'acide lactique ordinaire se transforme aisément en acide butyrique sous l'influence de certains ferments (**121**. *Note*).

Tous les lactates sont solubles dans l'eau; la plupart sont solubles dans l'alcool et dans l'éther.

144. Recherche et caractères. — Pour reconnaître avec certitude la présence de l'acide lactique dans un liquide ou dans un organe, il faut isoler cet acide. On y arrive par la méthode qui permet d'extraire l'acide lactique des muscles.

On ne connaît pas de réactions caractéristiques de l'acide lactique; on parvient pourtant à reconnaître facilement la présence de cet acide, en se basant sur les caractères microscopiques de deux de ses sels, celui de calcium et celui de zinc. Ces caractères appartiennent aux sels de l'acide lactique ordinaire et à ceux de son isomère physique, l'acide paralactique.

Fig. 19. — Lactate de calcium.

Le lactate de calcium cristallise en fines aiguilles groupées sous forme de touffes (fig. 19).

Le lactate de zinc se présente sous forme d'aiguilles groupées

Fig. 20. — Lactate de zinc.

en amas globuleux, quand la cristallisation s'est faite rapidement. Lorsque la formation des cristaux est plus lente, on obtient des prismes droits (fig. 20). Ces prismes s'amincissent souvent à leurs extrémités, tandis que le milieu grossit; ils apparaissent alors sous forme de *massues tronquées* ou de *tonneaux*. Quelques cristaux en forme de massue sont représentés dans la figure 20. Ce mode de cristallisation est caractéristique pour le lactate de zinc.

145. Physiologie. — A. Origine. — L'acide lactique qui se trouve dans l'estomac et dans l'intestin, prend naissance par la fermentation des matières sucrées et amylacées de l'alimentation. On sait d'ailleurs que cet acide lactique est identique avec l'acide lactique de fermentation.

L'acide lactique des muscles et des tissus a une origine plus obscure. La plupart des physiologistes le considèrent comme un produit de désassimilation des matières albuminoïdes; à l'appui de cette manière de voir, on peut citer ce fait que la quantité d'acide lactique qui se forme dans le muscle après la mort est supérieure à celle qui pourrait se former aux dépens du glucogène musculaire.

B. État. — L'acide lactique libre et les lactates sont en simple dissolution dans l'économie animale. — Les muscles en repos renferment toujours des lactates, mais pas d'acide lactique libre. Ce n'est qu'après la mort, ou après un travail musculaire considérable, que l'acidité s'y manifeste.

C. Élimination. — De nombreuses expériences ont établi que l'acide lactique est brûlé dans l'organisme. Les produits ultimes de la combustion de cet acide sont, comme pour toutes les matières organiques non azotées, l'anhydride carbonique et l'eau. Lehmann a constaté que, déjà un quart d'heure après l'ingestion de lactate de sodium, ses urines devenaient alcalines, par suite de la formation de carbonate de sodium. Aussi ne trouve-t-on que rarement l'acide lactique dans les urines à l'état normal.

Cet acide se rencontre dans les urines après l'ingestion de grandes quantités de lactates ou d'aliments qui peuvent donner naissance à de l'acide lactique, surtout lorsque les oxydations sont ralenties dans l'organisme, par exemple, dans les troubles de la respiration, de la nutrition, dans l'empoisonnement par le phosphore, etc.

D'après M. O. Minkowski, le foie joue un rôle important dans la destruction de l'acide lactique, tout au moins chez les oiseaux; ce savant a en effet observé sur des oies que, lorsqu'on extirpe le foie ou qu'on lie tous les vaisseaux de cet organe, l'acide lactique apparaît dans l'urine. Ce fait expérimental est à rapprocher des faits observés en clinique ; dans l'atrophie jaune aiguë du foie, on constate également la présence de l'acide lactique dans les urines.

ACIDE β-OXYBUTYRIQUE $C^4H^7O^3$

146. Existence dans l'organisme. — L'acide β-oxybutyrique se rencontre dans certaines urines diabétiques, à côté de l'acide crotonique, de l'acide acétyl-acétique et de l'acétone. Sa présence a été signalée également dans le sang des diabétiques par M. Hugounenq. L'urine renferme encore parfois de l'acide β-oxybutyrique dans la scarlatine et dans la rougeole.

147. Propriétés. — L'acide β-oxybutyrique est un acide-alcool secondaire, homologue de l'acide éthylidénolactique. Il contient, comme lui, un atome de carbone asymétrique ; aussi présente-t-il trois isomères physiques.

L'acide qu'on rencontre dans l'économie est lévogyre $(\alpha)_D = -23°,4$; son sel d'ammonium, qui a été aussi rencontré dans l'urine, a un pouvoir rotatoire de $-16°,3$.

Par oxydation ménagée, l'acide β-oxybutyrique se transforme en acide acétyl-acétique (acide-acétone) ; l'acide acétyl-acétique se décompose à son tour facilement en acétone et anhydride carbonique. — Sous l'influence des déshydratants, l'acide β-oxybutyrique perd une molécule d'eau et donne de l'acide crotonique $C^4H^6O^2$, acide de la série oléique. Les formules de constitution suivantes font ressortir les relations qui existent entre ces divers corps :

CH^3	CH^3	CH^3	CH^3
|	|	|	|
CH,OH	CO	CO	CH
|	|	|	‖
CH^2	CH^2	CH^3	CH
|	|		|
CO,OH	CO,OH		CO,OH
Acide β-oxybutyrique.	Acide acétyl-acétique.	Acétone.	Acide crotonique.

148. Recherche. — Pour rechercher l'acide β-oxybutyrique dans l'urine des diabétiques, on détruit le glucose par fermentation. L'urine, décolorée ensuite par l'acétate de plomb, est examinée au polarimètre : déviation à gauche ; une autre portion de l'urine est évaporée à consistance sirupeuse, puis distillée avec de l'acide sulfurique concentré : on recueille, par condensation des vapeurs, de petits cristaux d'acide crotonique fusibles à 72°.

149. Formation dans l'économie. — L'acide β-oxybutyrique est un produit pathologique, provenant de l'oxydation incomplète des matières albuminoïdes. On ne le trouve dans l'urine que dans certains cas de diabète, et notamment dans les formes graves. Il est probable qu'il donne naissance à l'acide acétyl-acétique, à l'acétone et à l'acide crotonique, qui l'accompagnent le plus souvent.

L'acide β-oxybutyrique est toxique; après son ingestion, on trouve de l'acétone dans l'urine.

D'après MM. Stadelmann et Minkowski, le coma diabétique, qui survient parfois dans les formes graves du diabète, doit être attribué, en partie au moins, à la saturation des alcalis du sang par des acides formés dans l'économie, notamment par l'acide β-oxybutyrique. En effet, les symptômes observés présentent de l'analogie avec ceux que détermine chez les animaux l'intoxication par les acides dilués. On observe, en outre, que pendant le coma diabétique, comme dans l'intoxication expérimentale par les acides, l'alcalinité du sang diminue considérablement et qu'il s'élimine par l'urine une quantité anormale d'ammoniaque. Enfin, la proportion d'acide β-oxybutyrique augmente dans le sang et on constate souvent dans l'urine émise une augmentation de l'acide β-oxybutyrique et une diminution de l'acétone, variations qui peuvent s'interpréter par une hyperproduction d'acide et un arrêt dans ses transformations.

ACIDES NON SÉRIÉS

ACIDE CHOLALIQUE $C^{24}H^{40}O^{5}$

Étymologie : de χόλη, « bile ».

150. État naturel. — L'acide cholalique ne se trouve pas dans la bile fraîche; mais, d'après Hoppe-Seyler, cet acide existe, en petite quantité, dans le contenu du gros intestin et dans les fèces. On le trouve dans l'urine, dans certains cas d'ictère.

151. Préparation. — L'acide cholalique est un produit du dédoublement, sous l'influence des acides, des bases ou des ferments, des acides glycocholique (**283**) et taurocholique (**287**) qui se rencontrent dans la bile. Ce fait permet de comprendre l'existence de l'acide cholalique dans l'intestin et dans les fèces.

On le prépare en faisant bouillir, pendant douze à vingt-quatre heures, de la bile avec une solution saturée à chaud de baryte. On sursature ensuite le liquide par de l'acide chlorhydrique, qui précipite l'acide cholalique à l'état impur; on le lave à l'eau, on le redissout dans de la soude et on le précipite une seconde fois par l'acide chlorhydrique. Le précipité est lavé et mis pendant quelques jours en contact avec de l'éther, qui rend la masse cristalline. On décante l'éther, on exprime la masse, on la dissout dans l'alcool chaud et l'on ajoute de l'eau jusqu'à ce qu'un léger trouble commence à se former. On abandonne alors la liqueur au refroidissement; l'acide cholalique se dépose en cristaux.

152. Propriétés. — A. Physiques. — L'acide cholalique est un corps blanc, d'une saveur très amère avec un arrière-goût sucré. Il existe à l'état amorphe et à l'état cristallisé.

A l'état amorphe, il est cireux, plastique, légèrement soluble dans l'eau, assez soluble dans l'éther et soluble en toute proportion dans l'alcool.

En abandonnant à elle-même une solution d'acide cholalique amorphe dans l'éther aqueux, on obtient des prismes à quatre pans terminés par des pyramides à chaque extrémité. Ces cristaux renferment une molécule d'eau de cristallisation.

Les cristaux d'acide cholalique sont transparents, insolubles dans l'eau, solubles seulement dans 27 parties d'éther; ils se dissolvent facilement dans l'alcool, mais pas en toute proportion, comme l'acide amorphe.

L'acide cholalique dévie à droite le plan de la lumière polarisée.

B. Chimiques. — *a*) Lorsqu'on chauffe l'acide cholalique vers 200°, ou lorsqu'on le fait bouillir longtemps avec des acides, il se transforme, en perdant deux molécules d'eau, en un corps résineux, la *dyslysine* $C^{24}H^{36}O^{3}$. Cette substance se trouve, en petite quantité, dans le contenu de l'intestin et dans les fèces. Elle est insoluble dans l'alcool, très peu soluble dans l'éther, mais elle se dissout dans les solutions d'acide cholalique et de cholalates. En la faisant bouillir avec une solution alcoolique de potasse, elle fixe deux molécules d'eau et régénère l'acide cholalique.

b) L'acide cholalique est un acide monobasique; sa solution alcoolique rougit le tournesol. Il se dissout dans les alcalis et décompose à chaud les carbonates en déplaçant l'anhydride carbonique.

Les cholalates alcalins sont solubles en toute proportion dans l'eau. Ces sels sont également solubles dans l'alcool et cristallisent par évaporation de leur solution dans ce liquide. Les cholalates de plomb, d'argent et de calcium sont insolubles dans l'eau, solubles dans l'alcool bouillant.

On trouve quelquefois le dernier de ces sels dans les concrétions du tube digestif des ruminants. Il constitue souvent des couches terreuses formées de fines aiguilles enchevêtrées. Par évaporation de sa solution alcoolique, le cholalate de calcium se dépose en aiguilles, tantôt effilées à leurs deux extrémités, tantôt obtuses (fig. 21).

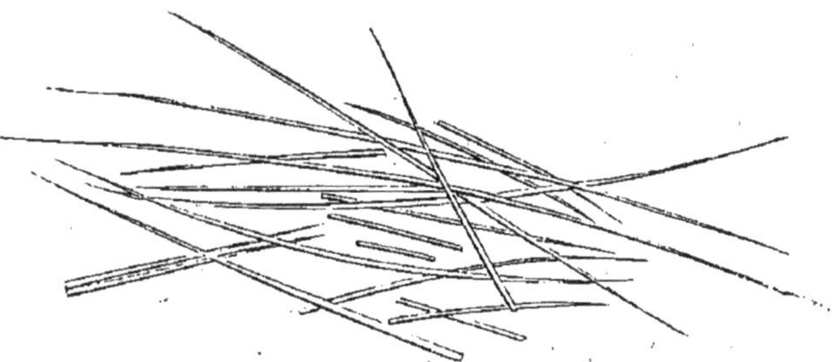

Fig. 21. — Cholalate de calcium.

153. Caractères. — *Lorsqu'on ajoute à la solution aqueuse d'acide cholalique quelques gouttes d'une solution de sucre de canne et de l'acide sulfurique concentré, jusqu'à ce que la température se soit élevée vers 60°, le liquide se colore en rouge pourpre* (Réaction de Pettenkofer). Tous les acides biliaires donnent la réaction de Pettenkofer; il en est de même de la dyslysine.

Les matières albuminoïdes, l'acide oléique, l'alcool amylique, sont préjudiciables à la réaction, car ces corps donnent eux-mêmes une coloration, en présence de l'acide sulfurique, dans les conditions de l'expérience.

On ne confondra pas l'acide cholalique avec les acides glycocholique et taurocholique, qui sont des substances azotées.

154. Acides congénères. — On trouve dans la bile du porc deux acides biliaires analogues aux acides glycocholique et taurocholique ; ces acides portent les noms d'acides *hyocholique* et *hyotaurocholique*. Ils diffèrent des acides de la bile de l'homme en ce que, par dédoublement, ils donnent non de l'acide cholalique mais un acide analogue, l'acide *hyocholalique* $C^{25}H^{40}O^4$.

Dans la bile d'oie se trouve un acide, auquel on a donné le nom d'acide *chénotaurocholique ;* ce corps se dédouble en taurine et en acide *chénocholalique* $C^{27}H^{44}O^4$, homologue de l'acide hyocholalique.

A ces acides hyocholalique et chénocholalique correspondent des anhydrides analogues à la dyslysine. La dyslysine qui correspond au premier de ces acides, a pour formule $C^{25}H^{38}O^3$ et celle qui correspond à l'acide chénocholalique $C^{27}H^{42}O^3$.

Tous ces acides donnent la réaction de Pettenkofer.

ACÉTONES

155. Notions sommaires. — Rappelons que les acétones proviennent de l'union d'un radical d'acide et d'un radical d'alcool, et qu'elles ont pour groupement caractéristique le radical $=CO$. Elles dérivent par oxydation des alcools secondaires et régénèrent ces alcools sous l'influence de l'hydrogène naissant. Par oxydation, leur molécule se dédouble, en donnant un mélange de deux acides.

Nous avons déjà parlé de corps possédant la fonction acétone en même temps que la fonction alcool (fructose) ou la fonction acide (acide acétylacétique).

ACÉTONE $CH^3-CO-CH^3$

Synonymie : diméthylacétone, acétone ordinaire.

156. Existence dans l'organisme. — M. Markownikoff a constaté chez les diabétiques la présence de l'acétone dans l'urine (*acétonurie*) et dans le sang. L'acétonurie n'est pas spéciale au diabète, elle a été signalée dans d'autres états pathologiques (fièvres infectieuses, cancer, etc.). D'après certains auteurs, on trouverait, même dans l'urine normale, des traces d'acétone ; mais les réactions de l'acétone ne sont pas assez caractéristiques, pour qu'on puisse considérer le fait comme certain. Enfin dans certains états pathologiques, l'acétone a été signalée dans la sueur, dans le contenu du tube digestif.

M. Lustig a pu produire expérimentalement l'acétonurie (en

même temps que la glucosurie et l'albuminurie), par l'extirpation du plexus solaire et par différentes lésions du système nerveux central.

157. Propriétés. — L'acétone est un liquide incolore, d'une odeur éthérée, bouillant à 56°, d'une densité de 0,814. Elle se dissout en toute proportion dans l'eau, l'alcool et l'éther.

158. Recherche et caractères. — Pour rechercher de petites quantités d'acétone dans un liquide, dans l'urine par exemple, on distille 250 centimètres cubes de ce liquide, après l'avoir acidulé par quelques gouttes d'acide chlorhydrique; on recueille 50 centimètres cubes environ de liquide, et on y décèle la présence de l'acétone par les réactions suivantes :

1. Le liquide, additionné de soude et d'un peu d'iode en solution dans l'iodure de potassium, donne naissance à de l'iodoforme, qu'on reconnaît à son odeur, et qui se dépose au bout de quelque temps en petits cristaux jaunes (Réaction de Lieben). — L'alcool donne également cette réaction (**62**. 2).

2. Lorsqu'on ajoute à un liquide contenant de l'acétone une solution récente de nitroprussiate de sodium, en quantité suffisante pour colorer franchement le liquide, puis quelques gouttes de soude, on obtient une coloration rouge rubis, virant au pourpre et au violet par l'acide acétique (Réaction de Legal).

3. L'acétone dissout l'oxyde de mercure. Quand on ajoute à un liquide contenant de l'acétone quelques gouttes de bichlorure de mercure et de la soude (pour former de l'oxyde de mercure), et qu'on filtre après avoir bien agité, on obtient un liquide limpide dans lequel on peut déceler la présence du mercure par le sulfure ammonique : précipité noir. — L'aldéhyde donne aussi cette réaction.

159. Formation dans l'économie. — D'après M. Markownikoff, l'acétone proviendrait du glucose; mais la plupart des auteurs considèrent, avec M. Rosenfeld, l'acétone comme un produit de régression des matières albuminoïdes. En effet, l'acétonurie se produit dans la plupart des états pathologiques accompagnés d'une dénutrition exagérée. Dans le diabète, par exemple, on l'observe surtout dans les formes graves. En outre, la quantité d'acétone de l'urine ne dépend ni de la quantité des hydrates de carbone ingérés, ni de celle du glucose éliminé; elle augmente au contraire par une alimentation exclusivement carnée et suit à peu près les variations de l'azote de l'urine. Enfin, d'après M. F. Hirschfeld, l'acétonurie surviendrait au bout de quelques jours chez l'homme sain, lorsqu'on le nourrit exclusivement de viande et de graisse.

L'acétone introduite dans l'économie y est en partie oxydée. Des doses relativement élevées ne déterminent aucun accident; par conséquent, la présence d'acétone dans l'organisme à l'état pathologique n'est pas la cause de tel ou tel symptôme, elle est seulement l'indice d'un trouble dans la nutrition.

L'acétone est éliminée en partie par l'urine à l'état dissous, en partie par les poumons à l'état de vapeur.

ÉTHERS

160. Notions générales. — *a*) Les *éthers-sels*, les seuls dont nous ayons à nous occuper, résultent de la combinaison d'un acide et d'un alcool avec élimination d'eau. Ex.:

$$\underbrace{C^2H^3O,OH}_{\text{Acide acétique.}} + \underbrace{C^2H^5O,OH}_{\text{Alcool.}} = \underbrace{C^2H^3O,OC^2H^5}_{\text{Éther.}} + H^2O$$

b) Les éthers-sels ont pour propriété essentielle de se dédoubler, dans certaines circonstances, en fixant de l'eau, en leur acide et en leur alcool. On donne le nom de *saponification* à ce dédoublement des éthers, parce que les savons résultent d'une semblable décomposition des éthers glycériques des acides gras, par les bases.

c) On peut, dans les formules, envisager les éthers-sels ou bien comme des acides dont l'hydrogène basique a été remplacé par un radical d'alcool, ou bien comme des alcools dont l'hydrogène fonctionnel a été remplacé par un radical d'acide. Ex. :

$$\underbrace{C^2H^3O,OH}_{\text{Acide acétique.}} \qquad \underbrace{C^2H^5,OH}_{\text{Alcool.}}$$

$$\underbrace{C^2H^3O,O(C^2H^5) \quad \text{ou} \quad C^2H^5,O(C^2H^3O)}_{\text{Acétate d'éthyle.}}$$

d) Les acides monobasiques ne peuvent donner avec un alcool monoacide qu'un seul éther ; il y a dans ce cas élimination d'une seule molécule d'eau. Les acides polybasiques donnent avec un alcool monoacide plusieurs éthers. Ainsi, à l'acide sulfurique correspondent deux éthers, qui ont respectivement pour formule générale SO^4RH et SO^4R^2, R désignant un radical alcoolique monovalent. Les premiers sont des *éthers acides*, car ils renferment encore un hydrogène basique, c'est-à-dire remplaçable par un métal ou par un autre radical d'alcool ; les seconds SO^4R^2 sont des *éthers neutres*. Les éthers acides et les éthers neutres sont comparables aux sels acides et aux sels neutres. A l'acide phosphorique tribasique correspondent trois éthers, etc.

Les alcools polyacides donnent de même plusieurs éthers avec les acides monobasiques. On connait, par exemple, un éther monoacétique et un éther diacétique du glycol; la glycérine donne naissance à trois éthers, etc.

Par l'action des acides polybasiques sur des alcools polyacides, on obtient un plus grand nombre encore d'éthers. Quelques-uns de ces éthers possèdent à la fois les fonctions éther, alcool et acide. Si l'on fait agir, par exemple, une molécule d'acide phosphorique sur une molécule de glycérine, on obtient un éther qui est encore alcool biacide et acide bibasique, comme le fait comprendre la formule suivante :

$$\underbrace{PhO\begin{cases}OH\\OH\\OH\end{cases}}_{\text{Acide phosphorique.}} + \underbrace{OH-C^3H^5\begin{cases}OH\\OH\end{cases}}_{\text{Glycérine.}} = \underbrace{PhO\begin{cases}OC^3H^5\begin{cases}OH\\OH\end{cases}\\OH\\OH\end{cases}}_{\text{Acide phosphoglycérique.}} + \underbrace{H^2O}_{\text{Eau.}}$$

CORPS GRAS

161. Composition. — Les corps gras naturels sont des mélanges d'éthers trisubstitués de la glycérine. Les acides qui entrent dans la constitution de ces éthers sont les acides palmitique, stéarique (1) et oléique, ainsi que quelques acides gras volatils, (acide butyrique dans le beurre).

On désigne les glycérides naturels en remplaçant dans le nom de l'acide le suffixe *ique* par le suffixe *ine*. Ex : stéarine, palmitine, oléine (2).

En faisant réagir, en vase clos, à des températures plus ou moins élevées, les acides gras sur la glycérine, M. Berthelot a pu obtenir artificiellement les corps gras fournis par la nature.

162. État naturel. — Les corps gras se trouvent normalement dans tous les organes et dans tous les liquides de l'éco-

(1) L'acide margarique $C^{17}H^{34}O^2$, intermédiaire entre les acides palmitique et stéarique, n'entre pas dans la constitution des corps gras naturels.

(2) Le corps qu'on vend comme graisse alimentaire sous le nom de *margarine* est un mélange d'oléine, de palmitine et de stéarine, fusible à basse température ; on le prépare avec la graisse de bœuf.

nomie, excepté dans l'urine. On les trouve en grande quantité dans certaines parties du corps, dans des cellules dites graisseuses.

Les corps gras se rencontrent non seulement dans l'économie animale, mais aussi chez les végétaux.

163. Propriétés. — A. Physiques. — Les corps gras présentent un ensemble de propriétés communes. Ils sont inodores et sans saveur, plus légers que l'eau, liquides ou solides à la température ordinaire, fusibles à une température peu élevée; ils sont insolubles dans l'eau, généralement insolubles dans l'alcool froid, solubles dans l'éther, le chloroforme et les huiles essentielles. Les solutions de savon et d'albumine dissolvent de petites quantités de corps gras.

Les corps gras liquides dissolvent des graisses solides à la température ordinaire. C'est ainsi que les huiles, qui renferment surtout de l'oléine, contiennent aussi de la palmitine ou de la stéarine en solution dans l'oléine ; il suffit de refroidir de l'huile d'olive pour constater la cristallisation de stéarine, moins soluble à froid dans l'oléine. Les corps gras ne passent pas à la distillation avec la vapeur d'eau.

Lorsqu'on agite les corps gras liquides avec des solutions d'albumine ou avec des mucilages, ils se divisent en gouttelettes très fines qui ne se réunissent qu'après un temps très long ; on donne le nom d'*émulsion* à cet état particulier des corps gras en suspension dans un liquide. On peut aussi émulsionner les corps gras en les agitant avec une solution de savon, ou même avec une solution de carbonate de soude, pour peu qu'ils soient souillés par des acides gras (graisses rances); il se forme en effet dans ce dernier cas un savon alcalin.

B. Chimiques. — *a*) Les corps gras s'altèrent peu à peu, au contact de l'air, avec formation d'acides gras volatils; on dit qu'ils *rancissent*.

b) Lorsqu'on les chauffe fortement, ils se décomposent en donnant naissance à de l'*acroléine* (**70.** *b*), facilement reconnaissable à son odeur irritante. Les vapeurs d'acroléine provoquent le larmoiement.

c) A une température élevée, la vapeur d'eau saponifie les corps gras.

$$\underbrace{C^3H^5\begin{cases}O,C^{18}H^{35}O\\O,C^{18}H^{35}O\\O,C^{18}H^{35}O\end{cases}}_{\text{Corps gras neutre (stéarine).}} + \underbrace{\begin{matrix}H,OH\\H,OH\\H,OH\end{matrix}}_{\text{Eau.}} = \underbrace{C^3H^5\begin{cases}OH\\OH\\OH\end{cases}}_{\text{Glycérine.}} + \underbrace{\begin{matrix}C^{18}H^{35}O,OH\\C^{18}H^{35}O,OH\\C^{18}H^{35}O,OH\end{matrix}}_{\text{Acide gras (acide stéarique).}}$$

La saponification des corps gras est très rapide sous l'influence des bases, surtout en solution alcoolique.

164. Corps gras en particulier. — Les corps gras les plus importants sont : la *palmitine*, la *stéarine* et *l'oléine*.

Palmitine. $C^3H^5O^3(C^{16}H^{31}O)^3$. Le point de fusion de la palmitine est de 45°. Un mélange de palmitine et de stéarine cristallise par le refroidissement de ses solutions saturées à chaud en masses sphériques constituées par de fines aiguilles (fig. 22). On envisageait autrefois ces dépôts cristallins, que l'on trouve souvent dans l'économie, comme des cristaux de margarine. On rencontre fréquemment ces cristaux dans les tissus gangrenés.

Fig. 22. — Cristaux de stéarine et de palmitine.

Stéarine. $C^3H^5O^3(C^{18}H^{35}O)^3$. La stéarine fond à 63°. Elle est moins soluble dans l'alcool bouillant et dans l'éther que la palmitine; son insolubilité à peu près complète dans l'éther froid permet de la séparer de la palmitine et de l'oléine.

Oléine. $C^3H^5O^3(C^{18}H^{33}O)^3$. L'oléine est liquide à la température ordinaire. Elle s'oxyde facilement à l'air avec absorption d'oxygène et élimination d'anhydride carbonique. L'oléine dissout facilement la palmitine et la stéarine.

Les graisses solides renferment de la palmitine, de la stéarine et de petites quantités seulement d'oléine. Le beurre renferme en outre de la butyrine, de la capryline et d'autres glycérides encore.

Dans les huiles, c'est l'oléine qui prédomine. Certaines huiles renferment des glycérides spéciaux. Parmi les huiles, les unes rancissent au contact de l'air sans se solidifier ; d'autres au contraire, absorbent de l'oxygène et s'épaississent. On appelle ces dernières : huiles *siccatives* (huiles de lin, de noix, de ricin).

165. Recherche et caractères. — On extrait les corps gras en suspension dans les liquides de l'organisme, en agitant ces liquides avec de l'éther. Si les corps gras sont emprisonnés dans les tissus, on dessèche les matières au bain-marie, on pulvérise le résidu sec et on l'épuise par l'éther. La solution éthérée est ensuite traitée par l'eau bouillante. L'éther s'évapore et la graisse surnage. On la décante, on la dessèche et on la caractérise de la manière suivante :

1. *Les corps gras tachent le papier en le rendant transparent.*
2. *Ils ont une réaction neutre;* leur solution éthérée ne décolore

pas une solution alcoolique de phénol-phtaléine rougie par la soude. (Caractère distinctif d'avec les acides gras.)

3. *Les corps gras, chauffés avec du sulfate acide de potassium, et même sous l'influence seule d'une température élevée, dégagent de l'acroléine*, reconnaissable à son odeur irritante. (Caractère distinctif d'avec la cholestérine et les acides gras.) — La glycérine donne également cette réaction.

4. *Les corps gras sont insolubles dans les solutions chaudes de carbonate de sodium ou de potassium.* (Caractère distinctif d'avec les acides gras.) Ils se dissolvent rapidement à chaud dans une solution alcoolique de potasse, en se saponifiant.

166. Physiologie. — Les graisses de l'économie animale sont des mélanges de palmitine, de stéarine et d'oléine dans des proportions variables avec les animaux et, pour un même animal, variables aussi avec l'âge et avec les régions où elle est déposée. Dans la graisse de l'homme, c'est l'oléine qui prédomine, surtout chez l'adulte; les graisses de mouton, de bœuf, de porc au contraire sont principalement constituées par de la palmitine et de la stéarine. Cette diversité de composition se manifeste par des différences dans le point de fusion, ainsi que le montre le tableau suivant :

	Liquéfaction complète.
Homme (tissu cellulaire sous-cutané)....	15° à 22°
— (région du rein)................	25°
Chien..................................	22°,5
Mouton................................	27° à 43°
Bœuf..................................	39°
Porc..................................	40°

La quantité totale de graisse contenue dans l'économie humaine est très variable. On peut l'évaluer chez l'homme sain, de complexion moyenne, à 10 p. 100 du poids du corps. La répartition de la graisse dans les divers tissus ou liquides de l'organisme est très inégale ; voici, d'après Gorup-Besanez, les quantités de graisse contenues dans 100 parties de substance :

Sang..........................	0,4
Os............................	1,4
Foie..........................	2,4
Muscles.......................	3,3
Lait..........................	4,3
Cerveau.......................	8,0
Tissu graisseux...............	82,7
Moelle osseuse................	96,0

Dans certains états pathologiques, la graisse s'accumule dans les tissus et dans les organes, notamment dans les muscles et dans le foie (dégénérescence graisseuse).

A. Origine. — Les graisses de l'organisme ont une triple origine ; elles peuvent en effet provenir des corps gras de l'alimentation et se former aux dépens des hydrates de carbone ou aux dépens des matières albuminoïdes.

a) *Les corps gras des organes et des tissus proviennent, en partie du moins, de la graisse que renferment nos aliments.* — En effet, M. Franz Hofmann a nourri des chiens, préalablement maintenus à jeun pendant trente jours, de manière à faire complètement disparaître la graisse de leurs tissus, avec un mélange de beaucoup de graisse et de peu d'albuminoïdes, le tout exactement pesé. Après un certain temps, il a sacrifié les animaux et comparé le poids de graisse assimilé au poids d'albumine ingéré. Dans une expérience, par exemple, le poids de graisse trouvé a été de 1.353 grammes et celui des matières albuminoïdes ingérées de 254 grammes seulement. Il est donc évident qu'une partie au moins de la matière grasse déposée dans les tissus provenait des graisses ingérées.

Les expériences de MM. I. Munk et Lebedeff ont montré que la nature de la graisse déposée dans l'organisme dépend, *dans une certaine mesure*, de la nature des corps gras de l'alimentation.

D'après les expériences de M. Munk, les acides gras peuvent jouer dans l'alimentation le même rôle que les corps gras; ils se transforment rapidement dans l'organisme en graisses neutres (1).

b) *Les graisses se forment aux dépens des hydrates de carbone de l'alimentation.* — C'est un fait d'expérience bien connu que les animaux engraissent rapidement lorsqu'on augmente la quantité des féculents dans leur alimentation. Ce fait à lui seul, ne prouve pas que la graisse se forme aux dépens des matières féculentes ou sucrées, car ces matières, étant très oxydables, s'oxydent plus facilement que les graisses et préservent ainsi de l'oxydation les matières grasses provenant des aliments ou formées par le dédoublement des albuminoïdes; d'où l'engraissement. Mais il résulte des expériences d'un grand nombre de physiologistes sur l'engraissement des animaux, que les matières

(1) On ignore le mode de production de la glycérine nécessaire à cette transformation, ainsi que le lieu où s'effectue la transformation ; on sait seulement qu'après l'ingestion d'acides gras, on trouve déjà dans le chyle une forte proportion de corps gras neutres.

sucrées et amylacées peuvent se transformer directement en graisse dans l'organisme.

En expérimentant sur un jeune porc qu'il nourrissait avec de l'orge, M. Tscherwinsky a montré que la quantité de graisse déposée pendant quatre mois dans l'organisme, est beaucoup trop forte pour qu'elle puisse provenir entièrement des corps gras ou des matières albuminoïdes de l'alimentation. Ce physiologiste évalue la quantité de graisse, qui dans son expérience s'était formée aux dépens des hydrates de carbone, à 5 kilogrammes (environ 60 p. 100 de la graisse totale déposée).

Les expériences de M. Hanriot ont également montré que le glucose introduit dans l'organisme, ne subit pas toujours une simple combustion, mais peut aussi se transformer en acide carbonique, eau et graisses. En effet, si on fait ingérer à un homme, à jeun depuis quelques heures et maintenu au repos, des quantités élevées de glucose en solution dans l'eau, on observe, pendant les heures qui suivent, que les volumes d'anhydride carbonique exhalé et d'oxygène absorbé par les poumons augmentent; mais l'augmentation de l'anhydride carbonique est supérieure à celle de l'oxygène. Or, comme l'anhydride carbonique renferme son volume d'oxygène, une partie de l'anhydride carbonique s'est donc formée par le dédoublement du glucose ingéré ; cette quantité est sensiblement proportionnelle à la quantité de glucose absorbée, si on admet que le glucose s'est dédoublé suivant l'équation :

$$\underbrace{13\ C^6H^{12}O^6}_{\text{Glucose.}} = \underbrace{C^{55}H^{104}O^6}_{\text{Oléo-stéaro-palmitine.}} + 23\ CO^2 + 26\ H^2O$$

c) *Les graisses peuvent également se former dans l'organisme aux dépens des matières albuminoïdes.* — Voici les principaux faits qui parlent en faveur de ce mode de formation des graisses.

1. Pettenkofer et Voit ont démontré, par des expériences sur les animaux, que dans l'alimentation par la viande, tout l'azote se retrouve dans les excrétions, tandis qu'il n'en est pas de même du carbone, qui reste en partie dans l'organisme; de plus ce carbone n'est pas totalement converti en glucogène. Dans une expérience, sur 313 grammes de carbone absorbés, 271 grammes seulement ont été éliminés; il restait donc dans l'économie 42 grammes de carbone, qui correspondent à 94 grammes de glucogène, quantité supérieure à celle qui pouvait se former, dans les conditions de l'expérience, chez un chien du poids de celui qui avait été employé (34 kilogrammes). — M. Tcherinoff

a d'ailleurs pu engraisser des poulets, en les gavant de viande entièrement débarrassée de graisse par l'éther.

2. De nombreuses expériences ont démontré bue, chez les animaux en lactation, l'alimentation par les matières albuminoïdes augmente la quantité de graisse du lait.

3. Dans certains états pathologiques, et notamment dans l'empoisonnement par le phosphore, on constate aussi le dédoublement des matières albuminoïdes en matières grasses qui infiltrent tous les organes, en même temps qu'il se produit une élimination plus abondante de substances excrémentitielles azotées par l'urine.

4. Nous avons vu (**113**. A. *a*. 2) que les matières albuminoïdes sont susceptibles de former du glucogène dans l'organisme; or nous venons de voir que la formation de la graisse aux dépens des hydrates de carbone est une chose certaine.

5. On observe dans diverses circonstances, la transformation des matières albuminoïdes en corps gras ou plutôt en sels d'acides gras. Le *gras de cadavre* ou *adipocire*, qui se forme dans les organes et plus particulièrement dans les muscles des cadavres inhumés dans une terre humide, est en effet un mélange composé de stéarates et surtout de palmitates d'ammonium et de calcium. — MM. Gautier et Étard ont montré d'autre part que, dans la fermentation bactérienne des matières albuminoïdes, il se forme des palmitates.

6. Le fait suivant démontre enfin la production de graisse aux dépens des matières albuminoïdes par les animaux inférieurs : des œufs de mouches développés sur du sang donnent des larves contenant une quantité de graisse bien supérieure
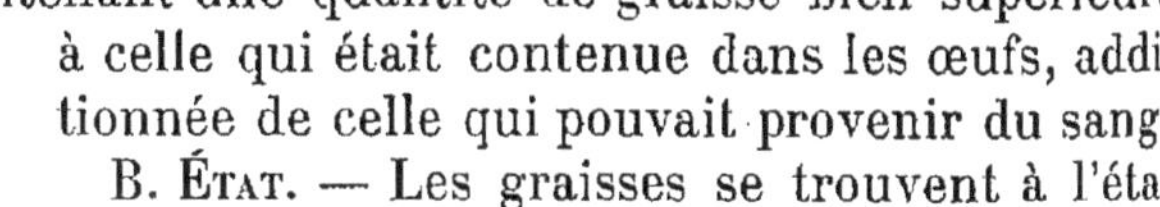
à celle qui était contenue dans les œufs, additionnée de celle qui pouvait provenir du sang.

Fig. 23. — Cellules adipeuses avec cristaux.

B. État. — Les graisses se trouvent à l'état d'émulsion dans certains liquides de l'économie. Une petite quantité de corps gras peut se trouver en dissolution ; on sait, en effet, que les solutions de savons alcalins (sels des acides gras) et d'albumine dissolvent de petites quantités de corps gras. Dans les tissus, les graisses se trouvent dans le protoplasma des cellules à l'etat de fines granulations. Dans le tissu adipeux, les cellules contiennent une gouttelette de graisse qui occupe presque toute la cavité des cellules ; on y observe parfois des cristaux d'un mélange de palmitine et de stéarine (fig. 23).

C. Digestion et absorption. — Le suc pancréatique saponifie partiellement les graisses de l'alimentation; les acides gras formés donnent avec les alcalis de la bile et du suc pancréatique des savons solubles qui, en émulsionnant le reste de la graisse, permettent son absorption en nature.

D. Élimination. — La graisse n'est excrétée en nature qu'en très petite quantité, à l'état normal, avec la matière sébacée, la sueur, les fèces. Presque toute la graisse des aliments est détruite dans l'organisme. Les produits ultimes de son oxydation, sont, comme ceux de tous les produits non azotés, l'eau et l'anhydride carbonique; comme termes intermédiaires, il faut citer les acides gras volatils : formique, acétique, propionique, butyrique, etc.

E. Rôle physiologique. — Le rôle de la graisse dans l'organisme est double.

1. C'est une substance de remplissage légère et molle, qui amortit les pressions exercées à la surface du corps, et qui, en tant que substance mauvaise conductrice de la chaleur, préserve les animaux contre le refroidissement.

2. L'oxydation des graisses dans l'économie est une source de chaleur et d'énergie. En effet la combustion complète de 100 grammes de graisses dégage environ 940 Calories, soit plus du double de la chaleur dégagée par un même poids de glucose (Cf. **80**. D); aussi les habitants des pays froids, qui ont à lutter contre le refroidissement, et les individus qui ont à fournir un travail musculaire considérable font-ils une consommation abondante de corps gras. — Les corps gras jouent également un rôle de protection vis-à-vis des matières albuminoïdes. Dans l'inanition, ce n'est qu'après l'oxydation des hydrocarbonés et des graisses de l'économie que la désassimilation des matières albuminoïdes devient intense; elle se manifeste par une augmentation brusque de l'azote urinaire.

ACIDE PHOSPHOGLYCÉRIQUE $C^3H^9O^6Ph$

167. État naturel; propriétés. — L'acide phosphoglycérique se rencontre à l'état de sels dans le sang, la masse cérébrale, les nerfs, les muscles, le pus; il provient du dédoublement de la lécithine. Il se trouve également en petite quantité dans l'urine.

On obtient l'acide phosphoglycérique par la décomposition de la lécithine et, par synthèse, en faisant agir la glycérine sur l'anhydride phosphorique.

L'acide phosphoglycérique est un liquide sirupeux, incristallisable. C'est un acide bibasique (**160**. *d*). Les phosphoglycérates de calcium et de baryum sont solubles dans l'eau, insolubles dans l'alcool. Le phosphoglycérate de plomb est insoluble dans l'eau ; aussi l'acétate de plomb précipite-t-il les solutions des phosphoglycérates solubles.

L'acide phosphoglycérique ne donne pas les réactions de l'acide phosphorique, mais lorsqu'on le chauffe avec de l'eau, il se dédouble en acide phosphorique et en glycérine.

PHÉNYLSULFATES — CRÉSYLSULFATES

168. Constitution; état naturel. — L'acide sulfurique, acide bibasique, peut former avec l'alcool un éther à fonction acide $SO^4H(C^2H^5)$ l'acide éthylsulfurique; les sels de cet acide sont les éthylsulfates. M. Baumann a démontré que l'urine de certains animaux renferme des sels analogues, dans lesquels le radical alcoolique C^2H^5 est remplacé par C^6H^5, radical aromatique dont l'hydrate constitue le phénol; ces sels sont des phénylsulfates.

$$SO^4 \begin{cases} K \\ C^2H^5 \end{cases} \qquad SO^4 \begin{cases} K \\ C^6H^5 \end{cases}$$

Éthylsulfate de potassium. Phénylsulfate de potassium.

On a pu préparer synthétiquement le phénylsulfate de potassium en faisant bouillir du sulfate acide de potassium avec un excès de phénate de potassium en solution concentrée, additionnant d'alcool et filtrant à chaud; le phénylsulfate de potassium se dépose, par le refroidissement, en lamelles nacrées. Ce composé, chauffé avec des acides étendus, se dédouble en sulfate acide de potassium et en phénol.

$$\underbrace{SO^4 \begin{cases} K \\ C^6H^5 \end{cases}}_{\text{Phénylsulfate de potassium.}} + \underbrace{HOH}_{\text{Eau.}} = \underbrace{SO^4 \begin{cases} K \\ H \end{cases}}_{\text{Sulfate acide de potassium.}} + \underbrace{C^6H^5,OH}_{\text{Phénol.}}$$

Cette décomposition explique la présence du phénol parmi les produits de la distillation, en présence d'acide sulfurique ou d'acide chlorhydrique, de l'urine de certains animaux.

L'urine humaine contient, en même temps qu'un peu de phénylsulfates, d'autres composés analogues, notamment : des *crésylsulfates* $C^6H^4(CH^3),SO^4K$, donnant, par distillation avec les acides étendus, du crésol $C^6H^4(CH^3),OH$, homologue supérieur du phénol ordinaire, des *indoxylsulfates* C^8H^6Az,SO^4K et des *scatoxylsulfates*, sur lesquels nous reviendrons à propos des dérivés de l'indigo.

Le phénol ordinaire et la plupart des composés qui possèdent la fonction phénol sont transformés dans l'organisme en phénylsulfate de potassium ou en composés analogues ; ils perdent ainsi leur toxicité et sont éliminés par l'urine.

Le phénol est aussi éliminé en partie sous forme d'une combinaison avec un acide dérivant du glucose par oxydation, l'*acide glycuronique* $C^6H^{10}O^7$.

AMINES

AMINES EN GÉNÉRAL

169. Définition ; division. — On donne le nom d'*amines* à des composés qui dérivent de l'ammoniaque AzH^3, par la substitution de radicaux alcooliques à un ou plusieurs atomes d'hydrogène.

a) Les amines ont été divisées en *monamines*, *diamines*, *triamines*, etc.

1. Les *monamines* dérivent d'une seule molécule d'ammoniaque. Ces amines sont dites *primaires*, *secondaires* ou *tertiaires*, suivant que un, deux ou trois atomes d'hydrogène ont été remplacés par des radicaux alcooliques. Ex. :

Monamine primaire	Monamine secondaire	Monamine tertiaire
$Az\begin{cases}H\\H\\CH^3\end{cases}$	$Az\begin{cases}H\\CH^3\\CH^3\end{cases}$	$Az\begin{cases}CH^3\\CH^3\\CH^3\end{cases}$
Méthylamine.	Diméthylamine.	Triméthylamine.

2. Les *diamines* proviennent de deux molécules d'ammoniaque par la substitution d'un radical alcoolique bivalent à deux atomes d'hydrogène, pris chacun dans une molécule différente d'ammoniaque. Ex. :

$$Az\begin{cases}H\\H\end{cases} \quad (C^2H^4)'' \quad Az\begin{cases}H\\H\end{cases}$$

Éthylène-diamine.

$$Az\begin{cases}H\\H\end{cases} \quad (C^5H^{10})'' \quad Az\begin{cases}H\\H\end{cases}$$

Pentaméthylène-diamine (cadavérine).

Les diamines se subdivisent également en diamines primaires, secondaires et tertiaires.

3. On conçoit de même l'existence de *triamines*, de *tétramines*, etc., résultant de la substitution de radicaux trivalents, tétravalents, etc., à l'hydrogène dans trois, quatre, etc., molécules d'ammoniaque.

b) Les ammoniums substitués, formés par l'union de quatre radicaux alcooliques monovalents avec un atome d'azote, ne sont pas plus isolables que l'ammonium ordinaire ; mais les hydrates d'ammoniums quaternaires, qui portent encore le nom de *bases ammoniées*, ont pu être isolés. On connaît également des sels des ammoniums substitués. Ex. :

Hydrate de tétréthyl-ammonium. — Chlorure de tétréthyl-ammonium.

c) La diversité des radicaux qu'on peut introduire dans une molécule d'ammoniaque entraîne de nombreux cas d'isomérie dans la famille des amines. Ainsi, par exemple, la triméthylamine, la méthyl-éthylamine et la propylamine sont trois *isomères par compensation*, comme le font comprendre les formules suivantes :

Triméthylamine. — Méthyl-éthylamine. — Propylamine.

d) Enfin, la fonction amine se rencontre dans un grand nombre de composés à fonction complexe.

En traitant, par exemple, l'ammoniaque par la monochlorhydrine du glycol, on obtient une monamine primaire, qui dérive de l'ammoniaque par la substitution à un atome d'hydrogène du radical monovalent (CH^2-CH^2,OH), auquel on a donné le nom d'*oxéthylène*. Ce radical possède encore les propriétés d'un alcool monoacide. L'*oxéthylènamine* ou *hydroxéthylènamine* est, par suite, un composé à fonction complexe, amine-alcool, comme le fait comprendre la formule suivante :

$$\underbrace{Az\begin{cases}H\\H\\H\end{cases}}_{\text{Ammoniaque.}} + \underbrace{\begin{matrix}CH^2,Cl\\|\\CH^2,OH\end{matrix}}_{\substack{\text{Monochlorhydrine}\\\text{du glycol.}}} = \underbrace{HCl}_{\substack{\text{Acide}\\\text{chlorhydrique.}}} + \underbrace{Az\begin{cases}CH^2-CH^2,OH\\H\\H\end{cases}}_{\text{Hydroxéthylénamine.}}$$

Si dans l'hydroxéthylénamine on remplace deux atomes d'hydrogène du groupement alcoolique $(CH^2,OH)'$ par un atome d'oxygène, on obtient une amine-acide, l'acide *amido-acétique* ou *glycocolle* $AzH^2,CH^2{-}CO,OH$.

On prépare cette amine-acide en traitant l'acide monochloracétique par l'ammoniaque. La formule suivante fait ressortir l'analogie qu'il y a entre le mode de production du glycocolle et celui de l'hydroxéthylénamine :

$$\underbrace{Az\begin{cases}H\\H\\H\end{cases}}_{\text{Ammoniaque.}} + \underbrace{\begin{matrix}CH^2,Cl\\|\\CO,OH\end{matrix}}_{\text{Acide monochloracétique.}} = \underbrace{HCl}_{\text{Acide chlorhydrique.}} + \underbrace{Az\begin{cases}CH^2{-}CO,OH\\H\\H\end{cases}}_{\text{Glycocolle.}}$$

En traitant de même par l'ammoniaque les acides monochlorés homologues de l'acide acétique, on obtient une série de composés homologues du glycocolle, tels que :

L'alanine........	$AzH^2{-}C^2H^4{-}CO,OH$
La butalanine....	$AzH^2{-}C^4H^8{-}CO,OH$
La leucine.......	$AzH^2{-}C^5H^{10}{-}CO,OH$

La taurine et la tyrosine sont également des composés analogues au glycocolle.

170. Propriétés. — *a*) Les amines s'unissent directement aux acides, sans élimination d'eau, comme l'ammoniaque, et donnent ainsi des sels qui correspondent aux sels ammoniacaux. Cette propriété, absolument générale, caractérise la fonction amine.

b) L'acide azoteux les décompose en alcool, eau et azote.

$$\underbrace{C^2H^5,AzH^2}_{\text{Éthylamine.}} + \underbrace{AzO^2H}_{\text{Acide azoteux.}} = \underbrace{C^2H^5,OH}_{\text{Alcool.}} + \underbrace{H^2O}_{\text{Eau.}} + \underbrace{Az^2}_{\text{Azote.}}$$

c) Les chlorures des ammoniums composés forment avec le chlorure de platine des chlorures doubles, analogues au chlorure double de platine et de potassium (**35. B**).

TRIMÉTHYLAMINE $Az(CH^3)^3$

171. État naturel. — La triméthylamine a été trouvée parmi les produits de la distillation du sang et de l'urine. Elle provient probablement, dans le cas du sang, de la décomposition de la lécithine ; elle est presque toujours accompagnée de son isomère la propylamine $AzH^2(C^3H^7)$, avec laquelle elle a été souvent confondue. Ces deux substances constituent des liquides huileux, fortement alcalins, et ayant une odeur désagréable de poisson.

Un certain nombre de monamines et de diamines se forment dans la putréfaction des matières albuminoïdes ; nous en parlerons à propos des ptomaïnes (**301**).

CHOLINE $Az(CH^3)^3(C^2H^4,OH)OH$

Synonymie : Névrine, Sinkaline.

172. État naturel ; constitution. — La choline, qui est aussi désignée fréquemment sous le nom de névrine, a été retirée de la bile de porc et de celle de bœuf par Strecker. D'après certains auteurs, la choline se rencontre dans le cerveau, les nerfs, le foie, etc., à côté de la lécithine dont elle représente un produit de décomposition. On a également rencontré la choline dans le règne végétal.

La choline est une base ammoniée : l'*hydrate de triméthylhydroxéthylène-ammonium*. Sa synthèse a été réalisée par Wurtz, en faisant réagir la monochlorhydrine du glycol sur la triméthylamine ; il se forme le chlorure de la base.

$$\underbrace{Az(CH^3)^3}_{\text{Triméthylamine.}} + \underbrace{\begin{matrix} CH^2,Cl \\ | \\ CH^2,OH \end{matrix}}_{\text{Monochlorhydrine du glycol.}} = \underbrace{Az(CH^3)^3(C^2H^4,OH)Cl}_{\text{Chlorure de triméthylhydroxéthylène-ammonium.}}$$

173. Préparation. — On prépare plus facilement la choline en décomposant, par l'eau de baryte, la lécithine qui se trouve dans le cerveau ou dans le jaune d'œuf. Pour cela, on prend des cerveaux de bœuf, on les broie et on passe à travers un tamis fin. On épuise la pulpe ainsi obtenue par l'éther qui dissout la lécithine ; on distille la solution éthérée, et on fait bouillir le résidu avec l'eau de baryte. On décompose ainsi la lécithine et de la choline prend naissance. On purifie cette base, en faisant son chloroplatinate, qui est insoluble dans l'alcool, puis on décompose le chloroplatinate par l'hydrogène sulfuré qui précipite le platine à l'état de sulfure. Le liquide filtré renferme du chlorure de choline, qu'on peut faire cristalliser par évaporation dans le vide. On retire la choline de son chlorure en le décomposant par l'oxyde d'argent.

174. Propriétés. — A. Physiques. — La choline est un liquide sirupeux, très alcalin, soluble en toute proportion dans l'eau.

B. Chimiques. — *a*) Par l'ébullition de sa solution aqueuse avec des alcalis, la choline se décompose en dégageant de la triméthylamine. — Elle empêche la coagulation de l'albumine par la chaleur et dissout l'albumine coagulée.

b) La choline se combine avec les acides pour former des sels. Son chlorure est en prismes incolores, déliquescents, très solubles dans l'alcool. Il se combine avec le chlorure de platine; le chloroplatinate formé est soluble dans l'eau, insoluble dans l'alcool.

c) L'acide azotique étendu transforme la choline en *bétaïne*, base

$$Az\begin{cases}\equiv(CH^3)^3\\-CH^2-CO\\ \diagdown O \diagup\end{cases}$$

déliquescente, à saveur sucrée, qu'on trouve dans la betterave, dans les moules et en très petite quantité dans l'urine normale.

d) Sous l'influence de l'acide azotique fumant, la choline fixe un atome d'oxygène en donnant une substance isomère de la *muscarine* $C^5H^{15}AzO^3$, poison violent qu'on trouve dans certains champignons (fausse oronge).

e) La choline, sous l'influence des bactéries de la putréfaction, perd de l'eau et se transforme en *neurine* (1) ou hydrate de triméthyl-vinyl-ammonium, substance très toxique.

$$\underbrace{Az\begin{cases}\equiv(CH^3)^3\\-CH^2-CH^2,OH\\ \diagdown OH\end{cases}}_{\text{Choline.}} = H^2O + \underbrace{Az\begin{cases}\equiv(CH^3)^3\\-CH=CH^2\\ \diagdown OH\end{cases}}_{\text{Neurine.}}$$

On n'a pas réussi à effectuer cette transformation, par les moyens chimiques.

LÉCITHINE $C^{44}H^{90}AzPhO^9$

Étymologie : de λεκιθός, « jaune d'œuf ».

175. État naturel ; constitution. — La lécithine se rencontre en quantité assez abondante dans le cerveau, les nerfs,

(1) Certains auteurs donnent à la *neurine* le nom de névrine, au lieu de considérer ce nom comme le synonyme de choline.

le sperme, le pus, le sang, la bile, ainsi que dans le jaune d'œuf, les œufs de poisson (caviar). On en trouve de petites quantités dans tous les organes et dans presque tous les liquides de l'économie. La lécithine est également très répandue dans les tissus végétaux.

La lécithine résulte de la combinaison, avec élimination d'eau, de la choline et de l'acide distéarophosphoglycérique. Cet acide est lui-même de l'acide phosphoglycérique (**160.** *d*), dans lequel les deux atomes d'hydrogène alcoolique ont été remplacés par le radical de l'acide stéarique. La lécithine est donc un sel ou un éther de la choline. Les formules suivantes feront comprendre la constitution de l'acide distéarophosphoglycérique et celle de la lécithine.

$$C^3H^5 \begin{cases} O-(PhO)\begin{cases}OH\\OH\end{cases} \\ OH \\ OH \end{cases}$$
Acide phosphoglycérique.

$$C^3H^5 \begin{cases} O-(PhO)\begin{cases}OH\\OH\end{cases} \\ O(C^{18}H^{35}O) \\ O(C^{18}H^{35}O) \end{cases}$$
Acide distéarophosphoglycérique.

$$C^3H^5 \begin{cases} O-(PhO)\begin{cases}OAz(CH^3)^3(C^2H^4,OH)\\OH\end{cases} \\ O(C^{18}H^{35}O) \\ O(C^{18}H^{35}O) \end{cases}$$
Lécithine.

On conçoit d'ailleurs qu'il peut exister plusieurs lécithines suivant la nature des radicaux d'acides gras (palmitique, oléique, etc.), qui sont substitués aux deux atomes d'hydrogène alcoolique dans l'acide phosphoglycérique. De fait, d'après des recherches récentes, on pourrait retirer plusieurs lécithines du jaune d'œuf.

176. Préparation. — On extrait la lécithine du jaune d'œuf en épuisant celui-ci par l'éther ou l'alcool bouillant. Par le refroidissement, il se sépare une huile et une substance visqueuse. On reprend le dépôt par un peu d'alcool chaud, on filtre et on soumet la solution à un froid de —5° à —20° dans un flacon couvert. La lécithine ne tarde pas à se déposer sous forme de petits grumeaux sphériques.

177. Propriétés. — A. Physiques. — La lécithine est blanche, à cristallisation confuse, insoluble dans l'eau, soluble dans l'alcool bouillant et dans l'éther. L'eau la gonfle et la transforme en une espèce d'empois.

B. Chimiques. — *a*) La propriété fondamentale de la lécithine est de se décomposer sous l'influence des acides et des bases en choline et en acide distéarophosphoglycérique. Ce dernier corps subit lui-même facilement la saponification, en donnant de l'acide stéarique, de l'acide phosphorique et de la glycérine.

b) Sous l'influence de la chaleur, la lécithine brûle à l'air et laisse un résidu d'acide métaphosphorique.

c) La lécithine forme avec l'acide chlorhydrique un chlorure, qui donne avec le chlorure de platine un chloroplatinate cristallisé $(C^{44}H^{80}AzPhO^{8}Cl)^{2}.PtCl^{4}$.

178. Physiologie. — Les lécithines de nos aliments sont décomposées par le suc pancréatique comme par les acides étendus; mais on ignore si la totalité des lécithines subit cette décomposition et si les produits qui en résultent régénèrent les lécithines après leur absorption. L'absorption des lécithines, soit en nature, soit après leur décomposition, est complète, car on ne trouve dans les fèces ni lécithines, ni produits de leur dédoublement. Nous avons vu au contraire que l'acide phosphoglycérique a été signalé dans l'urine.

On admet que les lécithines peuvent aussi se former dans l'organisme animal aux dépens des phosphates et des matières albuminoïdes. A l'appui de cette maniere de voir, on peut citer le fait suivant : lorsque le saumon remonte les cours d'eau, il ne prend aucune nourriture pendant tout le trajet, qui dure plusieurs mois; or, on constate qu'au bout de ce temps les muscles ont beaucoup diminué et que par contre, chez les femelles, l'ovaire se charge d'une quantité de lécithine et de nucléine telle, qu'on ne peut vraisemblablement l'attribuer qu'à la formation de ces substances aux dépens des matières albuminoïdes et des phosphates.

La dissémination des lécithines dans toute l'économie, et leur abondance relative dans les cellules où la vie est plus active doivent faire attribuer à ces substances un rôle physiologique important.

Les lécithines de l'œuf se transforment peu à peu en phosphates pendant l'incubation. C'est l'inverse qui a lieu dans les graines pendant la germination.

On a extrait du cerveau une substance cristallisée, le *protagon*, qui paraît résulter de la combinaison de la lécithine avec des substances non phosphorées, qu'on désigne sous le nom de *cérébrines*.

Pour extraire le protagon, on traite la substance cérébrale, réduite en pulpe, par de l'alcool à 85 p. 100, à une température de 45°; par le refroidissement à 0° de la solution alcoolique, le protagon se dépose en cristaux microscopiques. Le protagon à l'état sec se présente sous la forme d'une poudre blanche, non hygroscopique, légèrement soluble dans l'éther surtout a chaud. L'eau le gonfle et finit par donner une sorte de solution opaque. Il se décomposé très facilement, en donnant de la lécithine et de la cérébrine ou leurs produits de dédoublement. Cette décomposition s'effectue déjà lorsqu'on chauffe la solution alcoolique de protagon au-dessus de 48° ; elle est plus rapide sous l'influence de l'ébullition avec l'eau de baryte.

Les cérébrines peuvent s'obtenir sans extraire préalablement le protagon ; on fait bouillir directement la pulpe cérébrale avec de la baryte. On épuise à froid la partie insoluble par un mélange d'alcool et d'éther, puis par de l'alcool chaud, qui dissout les cérébrines et les laisse déposer par le refroidissement. Il paraît exister plusieurs variétés de cérébrine :

La cérébrine ou phrénosine........	$C^{70}H^{140}Az^{2}O^{13}$	?
L'homocérébrine ou kérasine.......	$C^{70}H^{138}Az^{2}O^{12}$	?
L'encéphaline.....................	$C^{102}H^{206}Az^{4}O^{19}$	?

Toutes ces substances, chauffées avec de l'acide sulfurique étendu, se décomposent et donnent, entre autres produits, des acides gras et un sucre réducteur, qui a été identifié avec le galactose.

GLYCOCOLLE $CH^2,AzH^2\text{-}CO,OH$

Synonymie : Sucre de gélatine, acide acétamique.

179. État naturel. — Le glycocolle paraît se former en petite quantité dans la digestion pancréatique des matières albuminoïdes. Ce corps, type des amines-acides, se forme aussi par hydratation des acides hippurique et glycocholique.

180. Modes de production. — Le glycocolle s'obtient :

1. Par synthèse, en traitant l'acide monochloracétique par l'ammoniaque (**169**. *d*);

2. En décomposant les acides glycocholique et hippurique par l'acide chlorhydrique étendu et bouillant.

$$\underbrace{\begin{matrix}CH^2,AzH(C^7H^5O)\\ |\\ CO,OH\end{matrix}}_{\text{Acide hippurique.}} + \underbrace{H^2O}_{\text{Eau.}} = \underbrace{\begin{matrix}CH^2,AzH^2\\ |\\ CO,OH\end{matrix}}_{\text{Glycocolle.}} + \underbrace{C^7H^5O,OH}_{\text{Acide benzoïque}}$$

On voit que l'acide hippurique est du glycocolle, dont un atome d'hydrogène du groupement amidogène AzH^2 est remplacé par le radical de l'acide benzoïque.

3. On peut encore obtenir du glycocolle en chauffant vers 160°, en tube scellé, de l'acide urique avec une solution concentrée d'acide iodhydrique.

$$\underbrace{C^5H^4Az^4O^3}_{\text{Acide urique.}} + \underbrace{3\,HI}_{\text{Acide iodhydrique.}} + 5\,H^2O = \underbrace{C^2H^3O^2,AzH^2}_{\text{Glycocolle.}} + \underbrace{3\,AzH^4I}_{\text{Iodure d'ammonium.}} + 3\,CO^2$$

4. On prépare facilement le glycocolle en soumettant la gélatine à l'ébullition, pendant plusieurs heures, avec de l'acide sulfurique. On neutralise la liqueur avec du carbonate de baryum, on filtre et on évapore. Le liquide sirupeux dépose, au bout de quelques jours, des cristaux de glycocolle.

181. Propriétés. — A. Physiques. — Le glycocolle est en gros cristaux clinorhombiques incolores (fig. 24). Sa saveur est sucrée. Il est soluble dans l'eau, insoluble dans l'alcool et l'éther.

B. Chimiques. — *a*) Le glycocolle étant à la fois une amine et un acide se combine, d'une part avec les acides, d'autre part avec les bases, en formant dans les deux cas des sels.

$$\underbrace{\begin{array}{l}CH^2,AzH^2\\ |\\ CO,OH\end{array}}_{\text{Glycocolle.}} + \underbrace{KOH}_{\text{Potasse.}} = \underbrace{H^2O}_{\text{Eau.}} + \underbrace{\begin{array}{l}CH^2,AzH^2\\ |\\ CO,OK\end{array}}_{\text{Glycocollate de potassium.}}$$

$$\underbrace{\begin{array}{l}CH^2,AzH^2\\ |\\ CO,OH\end{array}}_{\text{Glycocolle.}} + \underbrace{HCl}_{\text{Acide chlorhydrique.}} = \underbrace{\begin{array}{l}CH^2,AzH^2.HCl\\ |\\ CO,OH\end{array}}_{\text{Chlorhydrate de glycocolle.}}$$

b) Sous l'influence des agents d'oxydation (permanganate de potassium), le glycocolle se transforme en acide oxamique (R. Engel).

$$\underbrace{\begin{array}{l}CH^2,AzH^2\\ |\\ CO,OH\end{array}}_{\text{Glycocolle.}} + \underbrace{O^2}_{\text{Oxygène.}} = \underbrace{H^2O}_{\text{Eau.}} + \underbrace{\begin{array}{l}CO,AzH^2\\ |\\ CO,OH\end{array}}_{\text{Acide oxamique.}}$$

182. Caractères. — 1. Le glycocolle donne avec le perchlorure de fer une coloration rouge intense, qui ne disparaît pas à l'ébullition. Les acétates alcalins donnent également une coloration rouge avec le perchlorure de fer; mais, à l'ébullition, il se forme un précipité d'hydrate ferrique et le liquide qui surnage est décoloré.

2. Le glycocolle traité par une solution de sulfate de cuivre, puis par la potasse, se colore en bleu foncé. Il se forme dans

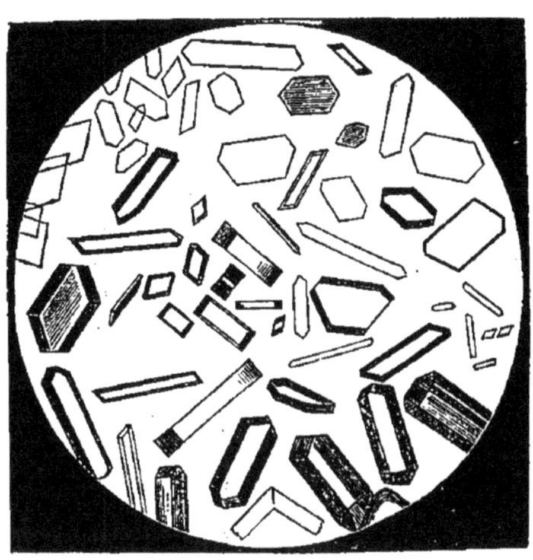

Fig. 24. — Cristaux de glycocolle.

ce cas du glycocollate de cuivre, qui se précipite en aiguilles lorsqu'on ajoute de l'alcool à sa solution aqueuse.

183. Physiologie. — Le glycocolle est un produit de régression des matières albuminoïdes ; on a vu en effet qu'on peut l'obtenir *in vitro* aux dépens de la gélatine et de l'acide urique, corps qui dérivent eux-mêmes des substances albuminoïdes. On ne trouve pas dans les excrétions de l'homme de quantités notables de glycocolle ou de ses dérivés ; ce corps subit donc des transformations dans l'organisme. D'après certains physiologistes, il serait transformé en urée ; on observe en effet lorsqu'on administre du glycocolle à un chien, en équilibre de nutrition, que la quantité d'urée augmente dans ses urines, en même temps qu'y apparaît de l'acide hydantoïque [urée composée (**228**)].

184. Homologues du glycocolle. — L'*alanine* ou acide amido-propionique $CH^2,AzH^2\text{-}CH^2\text{-}CO,OH$ n'a pas encore été rencontrée dans l'organisme animal.

La *sarcosine* ou méthylglycocolle, isomère de l'alanine, dérive du glycocolle par la substitution du radical méthyle à un atome d'hydrogène du groupement amidogène AzH^2 ; sa formule est donc $CH^2,AzH(CH^3)\text{-}CO,OH$. La sarcosine est un produit de dédoublement de la créatine.

La *butalanine* ou acide amido-valérique a été trouvée dans la rate et dans le pancréas. La butalanine est peu soluble dans l'eau et dans l'alcool. Sous l'influence de la chaleur, elle se sublime sans décomposition.

La *leucine* est l'acide amido-caproïque ; nous allons en faire une étude plus détaillée à cause de son importance.

LEUCINE $CH^2,AzH^2-(CH^2)^4-CO,OH$

Anciennes dénominations : Oxyde caséeux (Proust), aposépédine (Fourcroy), thymine (Gorup-Besanez).

185. État naturel. — La leucine est très répandue dans le règne animal, où elle est généralement accompagnée de tyrosine. Elle existe normalement dans le pancréas (en grande quantité) et dans la plupart des organes (rate, thymus, glande thyroïde, foie, glandes salivaires, reins, capsules surrénales, cerveau, glandes lymphatiques). On trouve également de la leucine dans les enduits sébacés.

Dans certains états pathologiques, la leucine se rencontre dans l'urine (typhus, variole, atrophie du foie), et dans le sang (leucémie). Le pus en renferme fréquemment.

186. Préparation. — La leucine se forme, en même temps que la tyrosine, dans la putréfaction des matières albuminoïdes. On l'obtient, en grande quantité, en décomposant à chaud ces substances par les alcalis concentrés ou par les acides étendus.

La méthode la plus simple pour préparer la leucine consiste à faire bouillir 2 parties de rognures de corne de bœuf avec 5 parties d'acide sulfurique étendu de 13 fois son poids d'eau. On prolonge l'ébullition pendant trente-six heures environ, en remplaçant constamment l'eau qui s'évapore. On sursature par un lait de chaux et on fait encore bouillir pendant plusieurs heures. On passe à travers un linge et on précipite l'excès de chaux par l'acide sulfurique. On filtre et on évapore. Il se dépose d'abord de la tyrosine, beaucoup moins soluble dans l'eau que la leucine. On recueille les cristaux de tyrosine et on évapore de nouveau ; la leucine se dépose. On la purifie par cristallisation, en rejetant les premiers produits qui renferment encore de la tyrosine.

187. Propriétés. — A. Physiques. — La leucine est un corps blanc, sans odeur et sans saveur ; elle cristallise en lamelles nacrées douces au toucher, souvent en petites masses sphériques, à cristallisation radiée parfois assez confuse (fig. 25). Elle est soluble dans 27 parties d'eau froide, plus soluble dans l'eau chaude. L'alcool et l'éther n'en dissolvent que des traces. Elle se sublime à 170°, sans fondre et sans se décomposer.

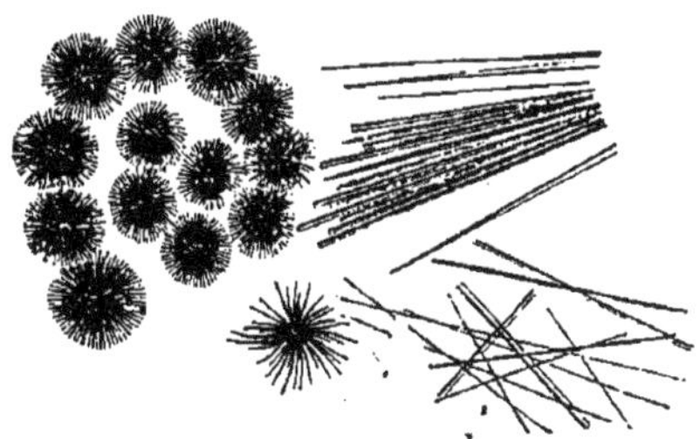

Fig. 25. — Cristaux de leucine.

B. Chimiques. — *a*) Les alcalis et les acides étendus dissolvent facilement la leucine. La leucine se comporte en effet comme le glycocolle vis-à-vis des bases et des acides (**181**. B. *a*).

b) Chauffée brusquement au-dessus de 170°, la leucine se décompose en amylamine et en anhydride carbonique, d'après l'équation :

$$\underbrace{C^6H^{11}O^2,AzH^2}_{\text{Leucine.}} = \underbrace{C^5H^{11},AzH^2}_{\text{Amylamine.}} + CO^2$$

c) Sous l'influence de l'ozone, la leucine, en solution alcaline, donne de l'acide valérique et de l'ammoniaque, et ultérieurement des acides gras inférieurs. La leucine présente de nombreux cas d'isomérie; les leucines obtenues aux dépens des différentes matières albuminoïdes ne sont pas toutes identiques.

188. Caractères. — 1. *Réaction de Schérer.* — On évapore avec précaution de la leucine sur une lame de platine avec de l'acide azotique; il reste un résidu incolore, presque invisible. Chauffé avec quelques gouttes d'une solution de soude, le résidu se colore en jaune. Si l'on concentre avec précaution, le liquide se réunit, au bout de peu de temps, en une goutte oléagineuse ne mouillant pas la lame de platine et roulant sur elle.

2. On chauffe fortement la leucine dans un tube à essai. Une partie se sublime, une autre se décompose et développe l'odeur caractéristique d'amylamine.

189. Physiologie. — A. Origine. — La leucine se forme dans l'organisme aux dépens des matières albuminoïdes. Elle est un des produits de leur désassimilation, de même que le glycocolle et les autres amines-acides dont nous avons parlé. Tous ces composés s'obtiennent d'ailleurs facilement, en dehors de l'organisme, en traitant les matières protéiques par les alcalis ou par les acides. Dans l'intestin, la leucine se forme par l'action du suc pancréatique sur les substances albuminoïdes des aliments.

B. Élimination. — La leucine se trouve rarement dans les urines et dans les fèces. Elle se transforme probablement, dans l'économie, en acide valérique, anhydride carbonique et ammoniaque ; on a remarqué en effet que l'acide valérique se trouve, en général, dans les organes où l'on rencontre la leucine. Il est possible également que la leucine se transforme en urée dans l'organisme à l'état normal ; en effet, d'après Schultzen et Nenki, l'administration de leucine à des chiens détermine une augmentation correspondante d'urée dans les urines. Mais on n'a pas pu transformer *in vitro* la leucine en urée.

TYROSINE $C^9H^{11}AzO^3$

190. État naturel ; formation. — La tyrosine se rencontre dans le corps de l'homme à côté de la leucine, qu'elle accompagne presque toujours. Comme la leucine, la tyrosine se forme dans la putréfaction des matières albuminoïdes et dans leur décomposition sous l'influence des acides et des bases, ou du suc pancréatique ; aussi trouve-t-on de la tyrosine dans l'intestin.

La tyrosine apparaît dans l'urine lors de certains états pathologiques (fièvre typhoïde, variole, atrophie du foie).

191. Constitution. — La tyrosine est un corps à fonction complexe, à la fois amine, acide et phénol ; c'est un dérivé bisubstitué du benzène, l'acide oxyphényl-amido-propionique de la série *para* (1). La formule de constitution suivante fait ressortir

(1) On sait que pour les dérivés bisubstitués du benzène, il existe trois isomères selon les hydrogènes sur lesquels a porté la substitution. Considérons la formule hexagonale du benzène :

```
          H
          |
   H     C     H
    \  /  1 \\ /
     C       2C
     ||       |
     C   4   3C
    /  \   //  \
   H     C      H
         |
         H
```

Lorsque la substitution a lieu dans deux carbones voisins, par exemple les carbones 1 et 2, le produit appartient à la série *ortho ;* lorsqu elle a lieu dans les carbones 1 et 3, le dérivé est de la série *méta ;* il est enfin de la série *para,* quand la substitution s'effectue dans deux atomes de carbone opposés comme 1 et 4.

les diverses fonctions que possède ce composé et ses relations avec l'acide amido-propionique ou alanine.

$$\underbrace{CH^3-CH(AzH^2)-CO,OH}_{\text{Acide amido-propionique (alanine).}} \qquad \underbrace{C^6H^4\begin{matrix}\nearrow CH^2-CH(AzH^2)-CO,OH\ (1)\\ \searrow OH\ (4)\end{matrix}}_{\text{Acide oxyphényl-amido-propionique (tyrosine).}}$$

M. Ladenburg a obtenu synthétiquement la tyrosine en chauffant l'acide para-amidobenzoïque avec l'oxyde d'éthylène.

192. Propriétés. — La tyrosine est une substance blanche, soyeuse, inodore et sans saveur. Elle cristallise en aiguilles fines,

Fig. 26. — Cristaux de tyrosine.

souvent groupées en étoiles (fig. 26). Elle est presque complètement insoluble dans l'eau froide, un peu plus soluble dans l'eau bouillante. L'alcool et l'éther ne la dissolvent pas. La tyrosine se dissout facilement dans l'ammoniaque, la potasse, les acides étendus. Elle n'est pas sublimable; elle se décompose, sous l'influence de la chaleur, en répandant une odeur de corne brûlée.

193. Recherche et caractères. — Pour rechercher la tyrosine dans un liquide, par exemple dans les produits de la digestion pancréatique des albuminoïdes, on chauffe à l'ébullition le liquide légèrement acidulé par de l'acide acétique; on sépare par le filtre le coagulum qui s'est formé et on évapore le liquide jusqu'à consistance d'un sirop peu épais; par le refroidissement la tyrosine se dépose peu à peu à l'état cristallisé (1).

Pour caractériser la tyrosine, on examine au microscope les cristaux obtenus, et on fait les essais suivants :

1. On chauffe la tyrosine sur une lame de platine; on perçoit facilement l'odeur de corne brûlée.

2. *Réaction de Piria.* — La tyrosine, chauffée avec un peu d'acide sulfurique concentré, se dissout en prenant une teinte rouge passagère. Il se forme, dans ce cas, un acide sulfoconjugué. On neutralise par du carbonate de calcium et on filtre; la liqueur filtrée donne avec les sels ferriques une belle coloration violette.

3. *Réaction de Hoffmann.* — On traite la tyrosine, mise en suspension dans un peu d'eau, par quelques gouttes d'un mélange d'azotate mercurique et d'azotate mercureux et on fait bouillir pendant quelques instants. On obtient une belle coloration rose qui se transforme peu à peu en un précipité rouge. — Les matières albuminoïdes donnent également cette réaction (réaction de Millon).

194. Physiologie. — La tyrosine formée dans l'organisme, notamment dans l'intestin par l'action du suc pancréatique ou des bactéries sur les matières albuminoïdes, ne se retrouve pas dans les excrétions. Elle donne probablement naissance aux composés phénoliques qu'on trouve dans l'urine ; on observe en effet que la quantité de ces composés augmente après l'ingestion de tyrosine.

D'après M. Baumann, les produits successifs de transformation de la tyrosine en phénol dans l'économie seraient les suivants :

Tyrosine	$(C^6H^4,OH)-CH^2-CH(AzH^2)-CO,OH$
Acide hydroparacoumarique..	$(C^6H^4,OH)-CH^2-CH^2-CO,OH$
Paraéthylphénol	$(C^6H^4,OH)-CH^2-CH^3$
Acide paraoxyphénylacétique.	$(C^6H^4,OH)-CH^2-CO,OH$
Paracrésol	$(C^6H^4,OH)-CH^3$
Acide paraoxybenzoïque	$(C^6H^4,OH)-CO,OH$
Phénol	C^6H^5,OH

De fait, on a pu extraire de l'urine tous ces composés, à l'exception du para-éthylphénol.

(1) Dans les eaux mères on peut rechercher la leucine ; pour cela on les additionne d'un peu d'eau, puis d'acétate basique de plomb ; on filtre et on débarrasse le liquide de l'excès d'acétate de plomb par un courant d'hydrogène sulfuré. On filtre de nouveau pour séparer le sulfure de plomb formé et on évapore le liquide à consistance sirupeuse. L'extrait obtenu est épuisé par l'alcool chaud ; la solution alcoolique laisse par évaporation la leucine.

TAURINE $C^2H^7AzSO^3$

195. État naturel. — La taurine existe dans les muscles de plusieurs espèces d'animaux, surtout dans ceux des animaux à sang froid, dans les reins et dans les poumons des mammifères. Elle se trouve, comme produit de décomposition de l'un des acides de la bile, dans l'intestin et les fèces de l'homme. Dans certains états pathologiques, on la rencontre dans le sang, dans les transsudats et même dans l'urine.

196. Constitution; préparation. — La taurine, comme le glycocolle, est une amine-acide. Elle dérive d'un acide à fonction mixte, l'*acide iséthionique*. Cet acide est de l'acide *oxéthylène-sulfureux*, c'est-à-dire de l'acide sulfureux SO^3H^2 dans lequel un atome d'hydrogène est remplacé par l'oxéthylène (CH^2-CH^2,OH); il se forme lorsqu'on traite l'alcool éthylique par l'anhydride sulfurique.

$$\underbrace{\begin{matrix} CH^2,OH \\ | \\ CH^3 \end{matrix}}_{\text{Alcool.}} + \underbrace{SO^3}_{\text{Anhydride sulfurique.}} = \underbrace{\begin{matrix} CH^2,OH \\ | \\ CH^2,SO^3H \end{matrix}}_{\text{Acide iséthionique.}}$$

1. La taurine s'obtient en traitant l'acide chloréthyl-sulfureux par l'ammoniaque.

$$\underbrace{\begin{matrix} CH^2,Cl \\ | \\ CH^2,SO^3H \end{matrix}}_{\text{Acide chloréthyl-sulfureux.}} + \underbrace{AzH^3}_{\text{Ammoniaque.}} = \underbrace{\begin{matrix} CH^2,AzH^2 \\ | \\ CH^2,SO^3H \end{matrix}}_{\text{Taurine.}} + \underbrace{HCl}_{\text{Acide chlorhydrique.}}$$

Cette synthèse établit la constitution de la taurine et ses relations avec l'acide iséthionique.

2. La taurine se forme, en même temps que l'acide cholalique, par le dédoublement de l'acide taurocholique, l'un des acides de la bile, sous l'influence des agents d'hydratation.

On prépare la taurine en faisant bouillir, pendant plusieurs heures, de la bile de bœuf avec de l'acide chlorhydrique étendu; on décante le liquide, pour le séparer de l'acide cholalique insoluble qui se forme en même temps, et on le concentre. Le liquide est abandonné à lui-même jusqu'à ce que le chlorure de sodium, très peu soluble en présence de l'acide chlorhydrique, se soit déposé; on évapore de nouveau l'eau mère et l'on précipite la taurine par l'alcool absolu, ajouté en assez grande quantité. On la purifie par cristallisation dans l'eau.

197. Propriétés. — La taurine cristallise en beaux prismes transparents, quadrangulaires ou hexagonaux, terminés aux deux extrémités par des pyramides à quatre faces (fig. 27). Elle

Fig. 27. — Cristaux de taurine.

se dissout dans 15 à 16 parties d'eau froide ; elle est beaucoup plus soluble dans l'eau bouillante. L'alcool absolu et l'éther ne la dissolvent pas.

Sa solution dans l'eau est neutre aux papiers réactifs. Les solutions des divers sels métalliques ne la précipitent pas. On peut faire bouillir la taurine sans l'altérer, soit avec des acides étendus, soit avec une solution étendue de potasse. La chaleur ne la décompose qu'au-dessus de 240°.

Comme les amines en général (**170**. *b*), la taurine est décomposée par l'acide azoteux ; les produits de la décomposition sont de l'acide iséthionique, de l'eau et de l'azote. La taurine forme avec les oxydes métalliques de véritables sels (R. Engel).

198. Caractères. — La stabilité de la taurine, sa non-précipitation par l'acétate de plomb et les solutions métalliques en général, permettent de l'isoler facilement. Pour rechercher la présence de la taurine dans un liquide de l'économie, on opère comme pour sa préparation et sa purification (**196**. 2). On caractérise la taurine :

1. *Par l'examen microscopique de ses cristaux* (fig. 27).

2. Lorsqu'on chauffe la taurine sur une lame de platine, elle se gonfle et finit par fondre en dégageant de l'*anhydride sulfureux* et des vapeurs épaisses. Il reste un charbon difficilement combustible.

3. *On fond la taurine avec un mélange de soude et de nitrate de potassium.* Il se forme du sulfate de potassium qu'on peut déceler facilement par le chlorure de baryum. Pour caractériser la taurine avec plus de précision, on peut opérer sur une quantité déterminée de substance et doser l'acide sulfurique formé.

4. Fondue avec du carbonate de sodium sec sur une lame de platine, la taurine donne du *sulfure de sodium*, qu'on caractérise par les procédés connus (**22**.1).

199. Physiologie. — La présence de la taurine dans le contenu de l'intestin de l'homme s'explique par la facile décomposition de l'acide taurocholique. Le dédoublement de l'acide taurocholique est, en effet, beaucoup plus facile que celui de l'acide glycocholique. Dans l'urine ictérique, on trouve quelquefois les acides glycocholique et cholalique, mais pas d'acide taurocholique.

La taurine formée dans l'intestin est en grande partie absorbée, puis transformée dans l'économie, car on ne trouve ordinairement dans l'urine ni la taurine, ni son dérivé l'acide taurocarbamique, forme sous laquelle s'élimine, en partie au moins, la taurine administrée aux animaux (M. Salkowski). L'acide taurocarbamique résulte de la fixation par la taurine des éléments de l'acide cyanique COAzH.

$$\underbrace{CO{=}AzH}_{\text{Acide cyanique.}} + \underbrace{AzH^2,CH^2{-}CH^2,SO^3H}_{\text{Taurine.}} = \underbrace{CO\begin{matrix}\diagup AzH^2 \\ \diagdown AzH,CH^2{-}CH^2,SO^3H\end{matrix}}_{\text{Acide taurocarbamique.}}$$

CYSTINE $(C^3H^6AzSO^2)^2$

200. État naturel; constitution. — Certains calculs urinaires rares sont presque entièrement constitués par de la cystine. On trouve aussi quelquefois la cystine dans les sédiments de l'urine. On observe parfois plusieurs cas de cystinurie dans une même famille. D'après MM. Goldmann et Baumann, l'urine normale contiendrait des traces de cystine ou d'un corps très voisin, la *cystéine*.

M. Baumann considère la cystine comme provenant de l'union de deux molécules de *cystéine* par la perte de deux atomes d'hydrogène, la cystéine étant elle-même de l'acide amido-thiolactique, c'est-à-dire de l'acide lactique dans lequel un oxhydryle OH est remplacé par AzH^2 et un hydrogène par SH.

Acide lactique.	Cystéine.	Cystine.	
CH^3	CH^3	CH^3	CH^3
$C \begin{cases} OH \\ H \end{cases}$	$C \begin{cases} AzH^2 \\ SH \end{cases}$	$C \begin{cases} AzH^2 \\ S — \end{cases}$	$— S \, C \, AzH^2$
CO,OH	CO,OH	CO,OH	CO,OH

201. Préparation. — On retire la cystine des calculs de la vessie ou des sédiments de l'urine en les traitant par l'ammoniaque, qui dissout ce corps. Par évaporation de l'ammoniaque, la cystine se dépose.

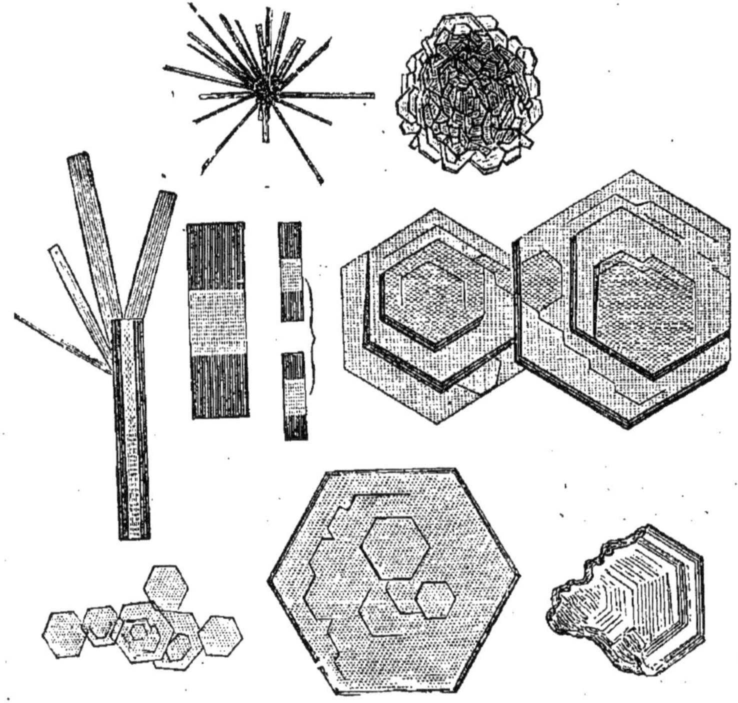

Fig. 28. — Cystine (*).

202. Propriétés. — A. Physiques. — La cystine est un corps blanc, sans odeur et sans saveur. Elle est insoluble dans

(*) Cristaux lamelleux de la poussière qu'on obtient en grattant les calculs de cystine (Robin et Verdeil).

l'eau, dans l'alcool et dans l'éther. Elle cristallise en prismes à six pans (fig. 28).

B. CHIMIQUES. — *a*) Elle se dissout dans l'eau sous l'influence de l'ammoniaque, des alcalis fixes ou de leurs carbonates; le carbonate d'ammonium ne la dissout pas. Les acides minéraux dissolvent également la cystine. L'acide acétique ne la dissout pas ; aussi lorsqu'on veut précipiter la cystine d'une solution alcaline, se sert-on d'acide acétique.

b) Sous l'influence de l'hydrogène naissant, la cystine fixe deux atomes d'hydrogène et se dédouble en deux molécules de cystéine.

c) La cystine, dissoute dans de la soude et agitée avec du chlorure de benzoyle C^7H^5O,Cl, donne de la benzoylcystine $[C^3H^5(C^7H^5O)AzSO^2]^2$ insoluble qui, par l'ébullition avec de l'acide chlorhydrique, régénère la cystine. Ces réactions permettent d'isoler la cystine.

203. Caractères. — Les cristaux de cystine sont faciles à reconnaître au microscope. L'acide urique toutefois cristallise quelquefois aussi en prismes à six pans.

Les deux réactions suivantes sont caractéristiques :

1. *Lorsqu'on chauffe légèrement la cystine dans un tube à essai avec de l'oxyde de plomb dissous dans la potasse caustique, il se forme un précipité noir de sulfure de plomb.* La cystine renferme, en effet, une forte proportion de soufre qui, sous l'influence de la potasse, passe à l'état de sulfure.

2. *La cystine ne donne pas la réaction de la murexide.* (Caractère distinctif d'avec l'acide urique.)

204. Formation dans l'économie. — La cystine, substance azotée et sulfurée, provient de la désassimilation des matières albuminoïdes. On ne sait pas si elle se forme dans l'organisme exclusivement à l'état pathologique, ou si c'est un terme normal et transitoire de la régression des albuminoïdes, qui n'apparaît dans l'urine que lorsqu'il échappe à ses transformations ultérieures, par suite d'un trouble dans les processus de régression. A l'appui de cette dernière manière de voir, mentionnons que chez le chien l'ingestion de benzine bromée C^6H^5,Br fait apparaître dans l'urine des produits de substitution de la cystéine. Mais le fait n'a pas lieu chez l'homme.

Dans les cas de cystinurie, MM. Baumann et Udransky ont observé d'une façon constante la présence dans l'urine et dans les fèces de diamines (cadavérine, putrescine) (**301**. *b*). Comme ces substances se forment dans la putréfaction des matières albuminoïdes, on est porté à considérer la cystinurie comme le symptôme d'un état infectieux de l'intestin. Il faut cependant faire remarquer que l'antisepsie de l'intestin n'a aucune action sur la cystinurie, et qu'on ne trouve jamais de cystine dans les fèces.

COMPOSÉS DU GROUPE DE L'INDIGO

205. Exposé général. — Diverses plantes du genre *indigofera* renferment un principe spécial, incolore, l'*indican*, principe susceptible de se décomposer, sous l'influence des agents d'hydratation, en une matière sucrée, l'*indiglucine*, et en *indigotine*. L'indican est donc un composé analogue aux glucosides. L'indiglucine est un composé encore mal connu. L'indigotine, belle matière colorante bleue, a été au contraire obtenue synthétiquement par M. Bæyer; elle a pour formule $C^{16}H^{10}Az^2O^2$.

a) L'indigotine, sous l'influence des agents d'oxydation, se dédouble en deux molécules d'un corps rose, l'*isatine* $C^8H^5AzO^2$, qui, en s'hydratant par l'ébullition avec une solution de potasse, donne le sel de potassium d'un acide, l'*acide isatique* $C^8H^7AzO^3$.

b) L'isatine peut être convertie en *indol* C^8H^7Az par hydrogénation à l'aide de l'amalgame de sodium. Dans cette réaction il se forme d'abord du *dioxindol* $C^8H^7AzO^2$, par fixation de 2 atomes d'hydrogène; le dioxindol subit ensuite une réduction partielle, perd un atome d'oxygène et se convertit en *oxindol* C^8H^7AzO; enfin, l'oxindol perd le dernier atome d'oxygène et se transforme en indol C^8H^7Az.

c) L'indigotine, sous l'influence des réducteurs et en présence de l'eau, donne de l'*indigo blanc*, substance renfermant deux atomes d'hydrogène de plus que l'indigotine, soit $C^{16}H^{12}Az^2O^2$. L'hydrogène, qui se fixe dans cette réaction sur l'indigotine, provient de la décomposition de l'eau dont l'oxygène se porte sur la substance réductrice. L'indigo blanc se retransforme en indigotine ou indigo bleu au contact de l'air.

d) Sous l'influence du zinc au rouge sombre, l'indigotine et l'indigo blanc perdent leur oxygène et se transforment en indol. Inversement, l'ozone oxyde l'indol en indigotine.

Le tableau suivant mentionne les principaux corps du groupe de l'indigo, et indique la manière dont ils dérivent les uns des autres.

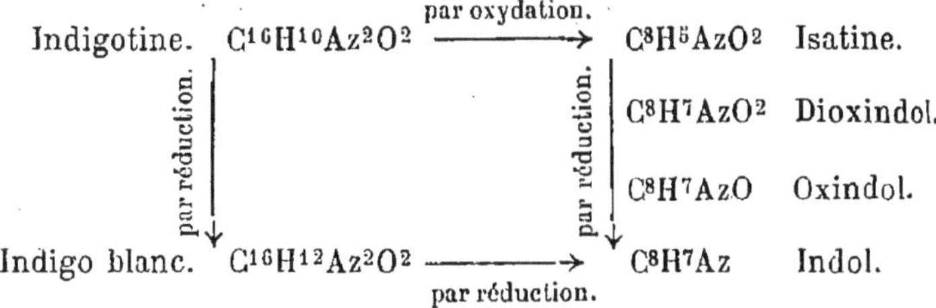

Il convient d'y ajouter l'*indirubine*, isomère de l'indigotine, l'*indoxyle*, isomère de l'oxindol, et le *scatol*, homologue supérieur de l'indol. Un certain nombre de ces corps ou de leurs dérivés se rencontrent dans l'organisme.

206. Constitution. — MM. Bæyer et Emmerling ont réalisé la synthèse de l'indol, en fondant l'acide nitrocinnamique avec de la potasse caustique, et projetant dans le mélange de la limaille de fer, pour enlever l'oxygène du groupe AzO^2. La réaction peut être exprimée par la formule suivante :

$$\underbrace{C^6H^4\begin{cases} CH=CH-CO,OH \\ AzO^2 \end{cases}}_{\text{Acide nitrocinnamique.}} = \underbrace{CO^2}_{\substack{\text{Anhydride} \\ \text{carbonique.}}} + \underbrace{O^2}_{\text{Oxygène.}} + \underbrace{C^6H^4\begin{cases} CH=CH \\ AzH \end{cases}}_{\text{Indol.}}$$

L'oxindol a été obtenu par la déshydratation de l'acide amidophénylacétique.

$$\underbrace{C^6H^4\begin{cases} CH^2-CO,OH \\ AzH^2 \end{cases}}_{\substack{\text{Acide amido-phényl-} \\ \text{acétique.}}} - \underbrace{H^2O}_{\text{Eau.}} = \underbrace{C^6H^4\begin{cases} CH^2-CO \\ AzH \end{cases}}_{\text{Oxindol.}}$$

Ces deux synthèses rendent extrêmement probables les formules de constitution ci-dessus pour l'indol et l'oxindol et conduisent aux formules de constitution suivantes pour le dioxindol, l'isatine et l'acide isatique :

$$\underbrace{C^6H^4\begin{cases} CH,OH-CO \\ AzH \end{cases}}_{\text{Dioxindol.}} \qquad \underbrace{C^6H^4\begin{cases} CO-CO \\ AzH \end{cases}}_{\text{Isatine.}} \qquad \underbrace{C^6H^4\begin{cases} CO-CO,OH \\ AzH^2 \end{cases}}_{\text{Acide isatique.}}$$

Enfin l'indigotine et l'indigo blanc peuvent être représentés par les formules de constitution :

$$C^6H^4\left\langle\begin{array}{c}CO-C=C-CO\\ \diagup \quad \diagdown \\ AzH \qquad AzH\end{array}\right\rangle C^6H^4 \qquad C^6H^4\left\langle\begin{array}{c}C(OH)=C-C=C(OH)\\ \diagup \quad \diagdown \\ AzH \qquad AzH\end{array}\right\rangle C^6H^4$$

Indigotine. Indigo blanc.

Cette formule de l'indigotine rend très bien compte de la transformation de l'indigotine en deux molécules d'isatine par oxydation, et en deux molécules d'indol par réduction.

INDIGOTINE $C^{16}H^{10}Az^2O^2$

Synonymie : Indigo, bleu d'indigo.

207. Modes de formation. — 1. L'indigotine s'obtient par sublimation de l'indigo du commerce, produit obtenu en faisant fermenter les tiges et les feuilles fraîches de plusieurs plantes du genre *indigofera* (1).

2. L'indigotine se forme également par l'oxydation d'une substance indigogène incolore (2), l'indoxylsulfate de potassium, que les urines renferment en petite quantité à l'état normal, et souvent en quantité relativement considérable dans certains états pathologiques.

Dans quelques cas rares, on a rencontré de l'indigotine toute formée, comme sédiment urinaire.

208. Propriétés. — A. Physiques. — L'indigotine sublimée est en cristaux microscopiques (fig. 29), d'un bleu foncé avec des reflets cuivrés. Beale a examiné au microscope un dépôt cristallin d'indigotine formé dans une urine riche en indigo; la figure 30 montre les formes affectées par les cristaux.

L'indigotine est sans odeur et sans saveur, insoluble dans l'eau, très peu soluble dans l'alcool et dans l'éther, soluble en bleu dans le chloroforme. Lorsqu'on la chauffe fortement dans un tube à essai, l'indigotine se sublime sous forme de vapeurs violettes, analogues par leur couleur à celles de l'iode.

B. Chimiques. — L'acide sulfurique concentré dissout l'indi-

(1) L'indigo du commerce est un mélange de plusieurs substances. L'indigotine est une substance définie ; on la désigne aussi quelquefois sous le nom impropre d'indigo.

(2) On désigne sous le nom générique de *chromogènes* des substances incolores, telles que l'indigogène, susceptibles de donner naissance, par une transformation simple, à des produits colorés.

gotine en donnant des acides sulfoconjugués, notamment de l'*acide sulfindigotique.* En neutralisant, par un carbonate alcalin, la dissolution d'indigotine dans l'acide sulfurique, on obtient

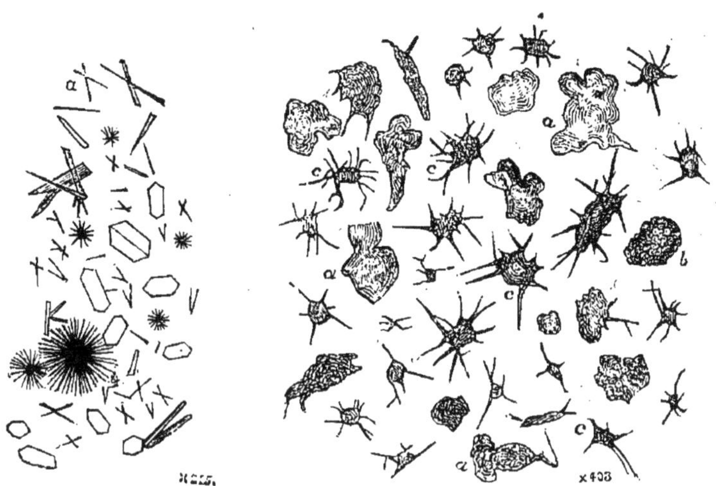

Fig. 29. — Cristaux d'indigotine obtenus par sublimation.

Fig. 30. — Dépôt d'indigotine dans une urine.

un sulfindigotate alcalin, dont la constitution est exprimée par la formule suivante :

$$C^6H^3(SO^3Na)\Big\langle\begin{matrix}CO-C=C-CO \\ \diagup \quad\quad \diagdown \\ AzH \quad\quad AzH\end{matrix}\Big\rangle C^6H^3(SO^3Na)$$

En présence d'un excès d'alcali, ce sulfindigotate qui est bleu se décolore facilement par les agents réducteurs, en passant à l'état de sulfindigotate blanc. Les solutions d'indigo blanc, exposées à l'air, absorbent de l'oxygène et régénèrent l'indigo bleu.

209. Caractères. — 1. L'indigotine donne des vapeurs violettes sous l'influence de la chaleur.

2. La solution sulfurique d'indigotine est bleue et présente un spectre d'absorption composé de deux bandes, l'une entre les lignes C et D, l'autre après D.

3. La solution sulfurique d'indigotine, neutralisée par un carbonate alcalin et chauffée avec une solution alcaline de glucose, passe du bleu au jaune ; la solution ainsi décolorée repasse au bleu par l'agitation à l'air.

4. La solution d'indigotine dans l'acide sulfurique est déco-

lorée par l'acide azotique et par l'eau de chlore avec formation d'isatine (**205**.*a*).

INDIRUBINE

Synonymie : Rouge d'indigo, indigo-purpurine, urrhodine (Heller), urorubine (Plosz).

210. Modes de formation; propriétés. — L'indirubine ou rouge d'indigo est un isomère de l'indigotine (1), qui se forme, en très petite quantité, par l'action de la chaleur sur l'indigotine.

Certaines urines pathologiques contiennent, à côté du chromogène de l'indigotine, celui de l'indirubine. Ce dernier est également une combinaison d'indoxyle, donnant l'indirubine sous l'influence des agents d'oxydation.

L'indirubine est une substance cristallisée, sublimable, soluble dans le chloroforme, dans l'alcool et dans l'éther; ses solutions sont rouge brun. — Sa solubilité dans l'alcool et l'éther permet de la séparer de l'indigotine.

INDOL C^8H^7Az

211. Modes de formation; propriétés. — L'indol se produit aux dépens des matières albuminoïdes, soit par leur oxydation à l'aide de la potasse en fusion, soit par leur putréfaction; aussi se forme-t-il dans l'intestin par l'action des bactéries sur les produits de la digestion des albuminoïdes (2). On trouve dans l'urine un dérivé de l'indol, l'indoxylsulfate de potassium.

L'indol est une base faible, d'une odeur fécaloïde. Il se présente sous forme de cristaux incolores, fusibles à 52°, assez solubles dans l'eau chaude, peu solubles dans l'eau froide. Il passe à la distillation avec la vapeur d'eau. L'alcool et l'éther le dissolvent facilement.

L'acide azoteux ou un mélange d'azotite et d'acide sulfurique donne dans les solutions aqueuses d'indol un volumineux pré-

(1) M. Bæyer, qui a fait la synthèse de l'indirubine, lui attribue la formule de constitution suivante :

```
     _CO—C=C—C(OH)_
C6H4<      /   \      >Az
     \AzH      C6H4  /
```

On trouve un peu d'indirubine dans l'indigo du commerce.

(2) Une substance analogue à l'indol, le *tryptophane*, se forme par l'action du suc pancréatique sur les matières albuminoïdes, même à l'abri des bactéries.

cipité rouge (1), formé de fines aiguilles d'azotate de nitroso-indol. Cette réaction est caractéristique.

212. Physiologie. — A. ORIGINE. — L'indol formé dans l'économie est un produit de la fermentation bactérienne des albuminoïdes dans l'intestin. M. Baumann a montré en effet, sur des chiens, que lorsqu'on pratique la désinfection intestinale par l'administration d'antiseptiques (calomel), l'indol, ou plutôt l'indoxylsulfate de potassium, disparaît de l'urine, ainsi que les phénylsulfates et autres composés analogues (2). Au contraire, les causes qui favorisent les fermentations dans l'intestin, telles que la neutralisation du suc gastrique, la stase des matières alimentaires dans l'intestin, augmentent la quantité des sulfates conjugués de l'urine.

B. ÉLIMINATION. — L'indol formé dans l'intestin est en partie éliminé par les fèces, en partie absorbé et oxydé dans l'économie en *indoxyle*. L'indoxyle est lui-même transformé, probablement dans le foie, en *indoxylsulfate de potassium* (**168**), et éliminé sous cette forme par l'urine (3). L'injection sous-cutanée d'indol chez les animaux augmente la quantité d'indoxylsulfate de potassium éliminé. Les formules suivantes rendent compte des transformations subies par l'indol :

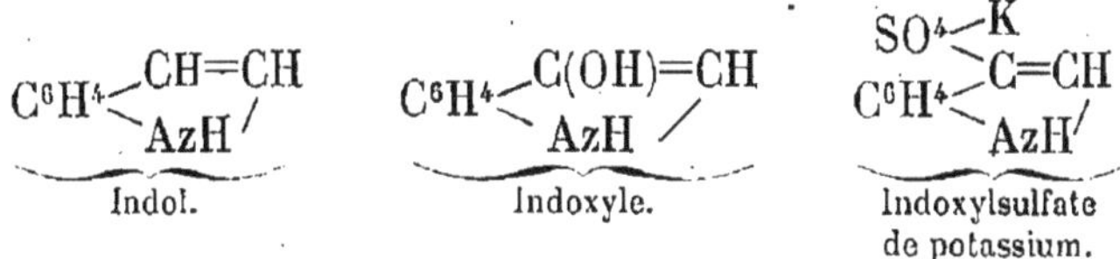

Indol. Indoxyle. Indoxylsulfate de potassium.

L'indoxylsulfate de potassium constitue la matière indigogène de l'urine; on le désigne quelquefois sous le nom d'*indican*, pour rapprocher ce corps de la matière indigogène végétale, bien qu'il s'en distingue par ses fonctions et par ses propriétés chimiques.

L'indoxylsulfate de potassium s'hydrate sous l'influence de l'ébullition avec les acides et se dédouble en sulfate acide de potassium et en indoxyle qui, sous l'influence des agents d'oxydation, se transforme en indigotine.

(1) Les cultures du bacille du choléra donnent par l'addition d'acide sulfurique et d'un nitrite une coloration rouge (rouge du choléra), parce qu'elles renferment de l'indol.

(2) Dans certains états pathologiques (suppurations), l'indoxysulfate de potassium persiste dans les urines, malgré la désinfection du tube intestinal; ce fait indique que l'indol peut se former ailleurs que dans l'intestin par la décomposition des matières albuminoïdes.

(3) L'indol est encore éliminé par l'urine sous forme d'une combinaison avec l'*acide glycuronique* $C^6H^{10}O^7$, surtout lorsqu'il est introduit artificiellement dans l'économie.

$$\underbrace{2(SO^4K,C^8H^6Az)}_{\text{Indoxylsulfate de potassium.}} + 2H^2O = \underbrace{2(C^8H^7AzO)}_{\text{Indoxyle.}} + 2SO^4KH$$

$$\underbrace{2(C^8H^7AzO)}_{\text{Indoxyle.}} + O^2 = \underbrace{C^{16}H^{10}Az^2O^2}_{\text{Indigotine.}} + 2H^2O$$

L'urine normale renferme une quantité d'indigogène correspondant à 6 ou 7 milligrammes d'indigotine par litre. Cette quantité augmente considérablement lorsque les fonctions digestives de l'intestin sont altérées; on dit alors qu'il y a *indicanurie*. La recherche de l'indican dans les urines fournit donc des indications utiles sur la manière dont s'effectue la digestion dans l'intestin.

SCATOL C^9H^9Az

213. Constitution; physiologie. — Le scatol est l'homologue supérieur de l'indol, le méthylindol :

$$C^6H^4 \begin{array}{l} \diagup C(CH^3)=CH \\ \diagdown\ AzH \diagup \end{array}$$

Il se forme, en même temps que l'indol, dans la putréfaction des matières albuminoïdes et dans leur décomposition par les alcalis. Il prend aussi naissance dans l'intestin et se trouve en petite quantité dans les excréments. Il est éliminé par l'urine sous forme de scatoxylsulfate de potassium SO^4K,C^9H^8Az. L'urine n'en contient que de très petites quantités à l'état normal.

D'après M. Brieger, le scatol se forme surtout dans les affections du gros intestin, et l'indol dans celles de l'intestin grêle.

Le scatol cristallise en feuillets brillants, fusibles à 97°. Il est moins soluble dans l'eau que l'indol; il se dissout facilement dans l'alcool, l'éther et le chloroforme.

AMIDES

AMIDES EN GÉNÉRAL

214. Définition; division. — On appelle *amides* des corps qui dérivent de l'ammoniaque par la substitution de radicaux d'acides à un ou plusieurs atomes d'hydrogène de l'ammoniaque. Les amides sont donc aux acides ce que les amines sont aux alcools.

a) Les amides, de même que les amines, se divisent en *monamides*, *diamides*, *triamides*, etc., qui, à leur tour, se subdivisent en amides *primaires* et *secondaires*. Les composés qui correspondent aux amines tertiaires et aux bases ammoniées sont inconnus.

Les *monamides primaires* dérivent d'une seule molécule d'ammoniaque par la substitution d'un radical d'acide monovalent à un atome d'hydrogène. Ex. : $AzH^2(C^2H^3O)$ acétamide. On peut aussi, dans les formules, envisager les monamides primaires comme des acides dont l'oxhydryle a été remplacé par le groupement amidogène (AzH^2). Ex. : C^2H^3O,AzH^2.

Les *diamides primaires* dérivent de deux molécules d'ammoniaque par la substitution du radical d'un acide bibasique à deux atomes d'hydrogène, pris chacun dans une molécule différente d'ammoniaque. Ex. :

$$\underbrace{\begin{matrix}CO,OH\\ |\\ CO,OH\end{matrix}}_{\text{Acide oxalique.}}\qquad \underbrace{\begin{matrix}CO,AzH^2\\ |\\ CO,AzH^2\end{matrix}}_{\text{Oxamide.}}\qquad \underbrace{CO{<}\begin{matrix}OH\\ OH\end{matrix}}_{\text{Acide carbonique.}}\qquad \underbrace{CO{<}\begin{matrix}AzH^2\\ AzH^2\end{matrix}}_{\text{Carbodiamide (urée).}}$$

On connaît un grand nombre d'amides à fonction complexe, notamment les amides-acides.

b) Les *amides-acides* dérivent de l'ammoniaque par la substitution à l'hydrogène de radicaux d'acides polybasiques possédant encore une ou plusieurs fois la fonction acide. On les dénomme en remplaçant la terminaison *ique* du nom de l'acide par la désinence *amique*.

$$\underbrace{\begin{matrix}CO,OH\\ |\\ CO,OH\end{matrix}}_{\text{Acide oxalique.}}\qquad \underbrace{\begin{matrix}CO,AzH^2\\ |\\ CO,OH\end{matrix}}_{\text{Acide oxamique.}}\qquad \underbrace{CO{<}\begin{matrix}OH\\ ONa\end{matrix}}_{\text{Bicarbonate de sodium.}}\qquad \underbrace{CO{<}\begin{matrix}AzH^2\\ ONa\end{matrix}}_{\text{Carbamate de sodium.}}$$

L'*asparagine*, qui se trouve dans les asperges et dans d'autres végétaux, est une amide-acide-amine dérivée de l'acide malique.

$$\underbrace{\begin{matrix}CO,OH\\ |\\ CH,OH\\ |\\ CH^2\\ |\\ CO,OH\end{matrix}}_{\text{Acide malique.}}\qquad \underbrace{\begin{matrix}CO,AzH^2 \text{ (amide)}\\ |\\ CH,AzH^2 \text{ (amine)}\\ |\\ CH^2\\ |\\ CO,OH \text{ (acide)}\end{matrix}}_{\text{Asparagine.}}\qquad \underbrace{\begin{matrix}CO,OH\\ |\\ CH,AzH^2\\ |\\ CH^2\\ |\\ CO,OH\end{matrix}}_{\text{Acide aspartique.}}$$

Lorsqu'on fait agir les bases sur l'asparagine, on obtient de l'*acide aspartique*. Cet acide est une amine-acide bibasique comme l'indique la formule ci-dessus. Il se trouve, ainsi que son homologue supérieur, l'*acide glutamique*, parmi les produits de décomposition des matières albuminoïdes, et se forme dans la digestion pancréatique de ces matières.

c) On désigne sous le nom d'*imides* des monamides qui renferment un radical bivalent; les imides résultent donc de la substitution d'un radical d'acide bibasique à deux atomes d'hydrogène d'une seule molécule d'ammoniaque. Ex. :

$$\underbrace{\begin{matrix}CO,OH\\ |\\ C^2H^4\\ |\\ CO,OH\end{matrix}}_{\text{Acide succinique.}} \qquad \underbrace{\begin{matrix}CO\\ |\\ C^2H^4\\ |\\ CO\end{matrix}\!\!>AzH}_{\text{Succinimide.}} \qquad \underbrace{CO{<}{\begin{matrix}OH\\ OH\end{matrix}}}_{\text{Acide carbonique.}} \qquad \underbrace{CO{=}AzH}_{\text{Carbimide (acide cyanique).}}$$

215. Procédés généraux de préparation. — Les amides peuvent être obtenues :

1. *Par la déshydratation des sels ammoniacaux*, sous l'influence de la chaleur.

$$\underbrace{C^2H^3O,OAzH^4}_{\text{Acétate d'ammonium.}} = \underbrace{C^2H^3O,AzH^2}_{\text{Acétamide.}} + H^2O$$

Ce procédé est général; les sels ammoniacaux neutres des acides bibasiques donnent sous l'influence de la chaleur des diamides, tandis que les sels ammoniacaux acides se transforment en acides « amiques ».

2. *Par l'action de l'ammoniaque sur un éther composé.*

$$\underbrace{C^2H^3O,OC^2H^5}_{\text{Acétate d'éthyle.}} + \underbrace{AzH^3}_{\text{Ammoniaque.}} = \underbrace{C^2H^3O,AzH^2}_{\text{Acétamide.}} + \underbrace{C^2H^5,OH}_{\text{Alcool éthylique.}}$$

$$\underbrace{CO{<}{\begin{matrix}OC^2H^5\\ OC^2H^5\end{matrix}}}_{\text{Carbonate d'éthyle.}} + \underbrace{2\,AzH^3}_{\text{Ammoniaque.}} = \underbrace{CO{<}{\begin{matrix}AzH^2\\ AzH^2\end{matrix}}}_{\text{Carbodiamide (urée).}} + \underbrace{2\,C^2H^5,OH}_{\text{Alcool éthylique.}}$$

3. *En traitant le gaz ammoniac par un chlorure de radical d'acide.*

$$\underbrace{C^2H^3O,Cl}_{\text{Chlorure d'acétyle.}} + \underbrace{2AzH^3}_{\text{Ammoniaque.}} = \underbrace{C^2H^3O,AzH^2}_{\text{Acétamide.}} + \underbrace{AzH^4Cl}_{\text{Chlorure ammonique.}}$$

$$\underbrace{CO\begin{matrix}\diagup Cl\\ \diagdown Cl\end{matrix}}_{\text{Chlorure de carbonyle.}} + \underbrace{4AzH^3}_{\text{Ammoniaque.}} = \underbrace{CO\begin{matrix}\diagup AzH^2\\ \diagdown AzH^2\end{matrix}}_{\text{Urée.}} + \underbrace{2AzH^4Cl}_{\text{Chlorure ammonique.}}$$

216. Propriétés. — *a*) Lorsqu'on chauffe les amides avec de l'eau, elles se transforment en sel ammoniacal de l'acide dont elles dérivent.

$$\underbrace{C^2H^3O,AzH^2}_{\text{Acétamide.}} + H^2O = \underbrace{C^2H^3O,OAzH^4}_{\text{Acétate d'ammonium.}}$$

La réaction se fait mieux lorsqu'on chauffe les amides avec des agents d'hydratation, comme une solution de potasse, par exemple. Dans ce cas, l'ammoniaque se dégage et on obtient, par réaction secondaire, un sel de potassium.

b) L'acide azoteux décompose les amides. Il se forme l'acide dont l'amide renferme le radical, de l'eau et de l'azote (Cf. **170**. *b*).

$$\underbrace{C^2H^3O,AzH^2}_{\text{Acétamide.}} + \underbrace{AzO,OH}_{\text{Acide azoteux.}} = \underbrace{C^2H^3O,OH}_{\text{Acide acétique.}} + \underbrace{H^2O}_{\text{Eau.}} + \underbrace{Az^2}_{\text{Azote.}}$$

c) Les monamides primaires, lorsqu'on les chauffe avec des corps déshydratants (anhydride phosphorique), perdent une molécule d'eau et donnent des corps auxquels on a assigné le nom de *nitriles*.

$$\underbrace{CH^3{-}CO,AzH^2}_{\text{Acétamide.}} = H^2O + \underbrace{CH^3{-}CAz}_{\text{Acétonitrile (Cyanure de méthyle).}}$$

Dans les mêmes conditions, les monamides-acides donnent des imides.

$$\underbrace{\begin{matrix}CO,AzH^2\\ |\\ C^2H^4\\ |\\ CO,OH\end{matrix}}_{\text{Acide succinamique.}} = H^2O + \underbrace{\begin{matrix}CO\\ |\\ C^2H^4\\ |\\ CO\end{matrix}\!\!>\!AzH}_{\text{Succinimide.}}$$

En fixant une molécule d'eau, les imides régénèrent les monamides-acides.

d) Enfin, les diamides perdent de l'ammoniaque sous l'influence de la chaleur et se transforment en imides.

$$\underbrace{\begin{matrix} CO,AzH^2 \\ | \\ C^2H^4 \\ | \\ CO,AzH^2 \end{matrix}}_{\text{Succinamide.}} = \underbrace{\begin{matrix} CO \\ | \\ C^2H^4 \\ | \\ CO \end{matrix}\Big\rangle AzH}_{\text{Succinimide.}} + \underbrace{AzH^3}_{\text{Ammoniaque.}}$$

Inversement, les imides, dans certaines conditions, fixent de l'ammoniaque et se transforment en diamides. C'est ainsi que l'imide carbonique (acide cyanique), en fixant de l'ammoniaque, se transforme en diamide carbonique (urée).

$$\underbrace{CO{=}AzH}_{\text{Acide cyanique.}} + \underbrace{AzH^3}_{\text{Ammoniaque.}} = \underbrace{CO{<}\begin{matrix} AzH^2 \\ AzH^2 \end{matrix}}_{\text{Urée.}}$$

Le cyanate d'ammonium, qui se forme d'abord dans cette réaction, est très instable et se convertit en urée, sous l'influence d'une légère élévation de température.

Les amides que nous allons étudier dérivent de l'acide carbonique ; nous groupons ci-dessous leurs formules en les rapprochant de celle de l'acide carbonique.

$$\underbrace{CO{<}\begin{matrix} OH \\ OH \end{matrix}}_{\substack{\text{Acide carbonique} \\ \text{(hypothétique).}}} \qquad \underbrace{CO{=}AzH}_{\substack{\text{Carbimide} \\ \text{(acide cyanique).}}} \qquad \underbrace{CO{<}\begin{matrix} AzH^2 \\ OH \end{matrix}}_{\text{Acide carbamique}} \qquad \underbrace{CO{<}\begin{matrix} AzH^2 \\ AzH^2 \end{matrix}}_{\substack{\text{Carbodiamide} \\ \text{(urée).}}}$$

ACIDES CYANIQUE et SULFOCYANIQUE

$$CO{=}AzH \qquad CS{=}AzH$$

217. Notions générales. — *a*) On donne généralement le nom d'*acide cyanique* à la *carbimide*, parce que ses dérivés métalliques, qu'on appelle des *cyanates*, ressemblent à des sels. L'acide cyanique est très instable; il se polymérise rapidement en donnant de l'acide tricyanique ou *acide cyanurique*.

L'acide cyanique ne se rencontre pas dans l'organisme, mais certaines substances, comme la taurine et les amines-acides en général, administrées aux animaux, s'éliminent sous forme d'une combinaison avec l'acide cyanique (**199**).

b) On trouve dans l'organisme, notamment dans la salive et dans l'urine, le dérivé potassique d'un acide, l'*acide sulfocyanique*, qu'on peut envisager comme de l'acide cyanique dans lequel l'oxygène a été remplacé par du soufre, c'est-à-dire, comme de la sulfocarbimide. Les dérivés métalliques de l'acide sulfocyanique sont appelés *sulfocyanates* et quelquefois, improprement, sulfocyanures.

Le *sulfocyanate de potassium* paraît se former exclusivement dans les glandes salivaires. Il n'en existe que des traces dans la salive et dans l'urine. Sa présence dans l'urine est due à la résorption de la salive dans le tube digestif ; en effet, lorsque, chez les animaux, on détourne la salive des voies digestives, le sulfocyanate disparaît de l'urine. — Le sulfocyanate de potassium cristallise en longs prismes striés très solubles dans l'eau ; il est très toxique. Sa solution est colorée en rouge intense par les sels ferriques (réaction très sensible) : il se forme un sulfocyanate double de fer et de potassium.

Le *sulfocyanate d'ammonium* se convertit isomériquement, sous l'influence de la chaleur, en *sulfurée*, urée dont l'oxygène est remplacé par du soufre ; cette transformation est comparable à celle du cyanate d'ammonium en urée.

$$\underbrace{CS{=}Az,AzH^4}_{\text{Sulfocyanate d'ammonium.}} = \underbrace{CS{<}^{AzH^2}_{AzH^2}}_{\text{Sulfurée.}}$$

La sulfurée, sous l'influence de l'oxyde mercurique, perd de l'hydrogène sulfuré et donne de la *cyanamide* ou *carbodiimide* :

$$\underbrace{CS{<}^{AzH^2}_{AzH^2}}_{\text{Sulfurée.}} + \underbrace{HgO}_{\text{Oxyde mercurique.}} = \underbrace{C{<}^{AzH}_{AzH}}_{\text{Cyanamide.}} + \underbrace{HgS}_{\text{Sulfure mercurique.}} + H^2O$$

La cyanamide est un corps blanc, cristallisé, fusible à 40°. Sous l'influence des agents d'hydratation, elle se convertit en urée.

ACIDE CARBAMIQUE

218. Sels ; éthers. — L'acide carbamique n'est pas connu à l'état de liberté, mais on connaît des carbamates, ainsi que des éthers correspondant à cet acide, éthers auxquels on a donné le nom générique d'*uréthanes*.

Le *carbamate d'ammonium* se forme par l'action de l'anhydride carbonique sec sur le gaz ammoniac.

$$\underbrace{CO^2}_{\text{Anhydride carbonique.}} + \underbrace{2\,AzH^3}_{\text{Ammoniaque.}} = \underbrace{CO{<}^{AzH^2}_{OAzH^4}}_{\text{Carbamate d'ammonium.}}$$

Le *carbamate de calcium* est assez soluble dans l'eau ; sa solution se décompose par la chaleur en donnant du carbonate d'ammonium et du carbonate de calcium.

219. Physiologie. — Les carbamates ont été trouvés dans l'urine alcaline des herbivores, dans l'urine et dans le sang du chien. On a également signalé leur présence dans l'urine humaine, où leur proportion augmente après l'ingestion de chaux.

L'acide carbamique est considéré comme l'une des substances aux dépens desquelles se forme l'urée dans l'organisme.

$$\underbrace{CO{<}^{AzH^2}_{OAzH^4}}_{\text{Carbamate d'ammonium.}} - H^2O = \underbrace{CO{<}^{AzH^2}_{AzH^2}}_{\text{Urée.}}$$

M. Drechsel a pu en effet obtenir *in vitro* de petites quantités d'urée en faisant passer des courants électriques alternatifs dans une solution de carbamate d'ammonium. Si la quantité d'acide carbamique rencontrée dans l'organisme est très faible à l'état normal, c'est qu'au fur et à mesure de sa formation il se transformerait en urée dans l'économie, notamment dans le foie. Schrœder a montré en effet, par des circulations artificielles, que le foie est susceptible de transformer le carbamate d'ammonium en urée.

D'autre part, MM. Hahn, Nencki, Massen et Pawlow, en expérimentant sur des chiens, ont établi que, lorsqu'on isole le foie de l'organisme en abouchant la veine porte dans la veine cave (fistule d'Eck), l'urée diminue et le carbamate d'ammonium augmente dans les urines; en même temps se produisent des troubles graves du système nerveux, surtout avec une alimentation carnée. Ces savants attribuent ces troubles à l'accumulation dans l'organisme du carbamate d'ammonium, qui ne peut plus être transformé en urée par le foie. Les carbamates sont en effet toxiques : en injectant dans les veines d'un chien sain 0gr,25 de carbamate de sodium par kilo d'animal, on détermine des troubles analogues à ceux observés après l'établissement de la fistule d'Eck. L'ingestion de ce sel par les animaux ne détermine pas les accidents en question, parce que le carbamate de sodium, avant d'être versé dans la circulation générale, traverse le foie et s'y transforme en urée.

URÉE $CO(AzH^2)^2$

Synonymie : Carbodiamide, carbonyldiamide, carbamide.
Découverte dans l'urine en 1773, par Rouelle le Cadet.

220. État naturel. — L'urée se trouve constamment, en grande quantité, dans l'urine des mammifères et, en quantité moindre, dans celle des oiseaux et des reptiles. On rencontre normalement de petites quantités d'urée, dans le sang, le chyle, la lymphe, le liquide amniotique, les humeurs aqueuse et vitrée de l'œil, et dans la plupart des organes. Dans certains cas pathologiques (urémie, maladie de Bright), la proportion d'urée augmente considérablement dans le sang, et l'on trouve alors cette substance dans presque tous les liquides normaux ou pathologiques de l'économie. Dans ces cas, on a aussi trouvé l'urée dans les muscles de l'homme, qui normalement n'en renferment pas.

221. Modes de production ; extraction ; préparation. — 1. L'urée a été obtenue synthétiquement par les procédés généraux d'obtention des amides, en faisant agir l'ammoniaque soit sur le carbonate d'éthyle, soit sur le chlorure de carbonyle (**215**), soit enfin sur l'acide cyanique (**216**. *d*).

2. On obtient aussi de l'urée par l'oxydation de l'acide urique, de l'allantoïne, de la guanine et de l'albumine (1) (M. Béchamp).

3. Par l'hydratation des matières albuminoïdes (ébullition avec une solution d'acide chlorhydrique et de chlorure de zinc), M. Drechsel a obtenu entre autres produits deux bases, la *lysatine* et la *lysatinine*, qui par l'ébullition avec la baryte donnent de l'urée. De même, sous l'influence des bases, la créatine se dédouble en urée et en sarcosine.

4. On extrait l'urée de l'urine en évaporant celle-ci au bain-marie jusqu'à consistance sirupeuse, refroidissant à 0°, et traitant par l'acide azotique. On recueille les cristaux d'azotate

(1) Dans l'oxydation artificielle des matières albuminoïdes, la quantité d'urée obtenue est toujours très faible relativement au poids de substance employée. La formation de l'urée par oxydation des matières albuminoïdes a même été niée par des chimistes allemands, mais Ritter a confirmé les expériences de M. Béchamp.

d'urée qui ne tardent pas à se former; on les lave avec un peu d'eau froide, puis on les dissout dans de l'eau bouillante chargée de noir animal lavé; on filtre la solution, qui cristallise par le refroidissement. On traite l'azotate d'urée ainsi obtenu par du carbonate de potassium. Il se dégage de l'anhydride carbonique et il se forme de l'azotate de potassium, en même temps que l'urée est mise liberté. On évapore à siccité et on reprend le résidu par l'alcool bouillant, qui ne dissout que l'urée et l'abandonne par évaporation.

5. Le cyanate d'ammonium $COAz,AzH^4$ se transforme en son isomère l'urée, lorsqu'on chauffe sa solution (**216.** *d*).

Aussi obtient-on très facilement de l'urée par le procédé suivant, indiqué par Wœhler. On chauffe au rouge sombre, sur une plaque de tôle, un mélange intime de 2 parties de ferrocyanure de potassium bien sec et de 1 partie de peroxyde de manganèse, en remuant constamment la masse, qui entre bientôt dans un état de demi-fusion. Le ferrocyanure de potassium s'oxyde et se transforme en peroxyde de fer et en cyanate de potassium (1), que l'on dissout en lavant à l'eau la masse refroidie. On ajoute à la solution de cyanate de potassium du sulfate d'ammonium. Par double décomposition, il se forme du sulfate de potassium, qui se dépose en partie, et du cyanate d'ammonium, qui reste en solution. On évapore à siccité et l'on reprend le résidu par l'alcool. L'urée qui s'est formée pendant l'évaporation, par suite de la transformation du cyanate d'ammonium, se dissout dans l'alcool, qui laisse le sulfate de potassium.

222. Propriétés. — A. Physiques. — L'urée cristallise en prismes anhydres à quatre pans, striés, transparents, incolores et terminés par une ou deux facettes obliques (fig. 31). Elle a une saveur fraîche analogue à celle du salpêtre; elle se dissout facilement dans l'eau, dans l'alcool bouillant, mais très peu dans l'éther. Sa solution est neutre aux papiers réactifs. L'urée fond à 130°, en se sublimant partiellement, surtout dans le vide. Elle est inaltérable à l'air et n'est pas déliquescente; pourtant lorsqu'on mélange l'urée avec certains sels qui renferment

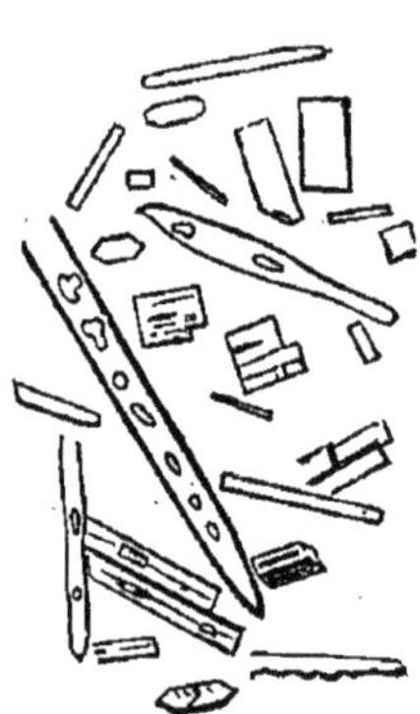
Fig. 31. — Urée.

(1) On peut également obtenir du cyanate de potassium en oxydant à froid le cyanure de potassium par le permanganate de potassium en présence de la potasse.

de l'eau de cristallisation, elle enlève l'eau à ces sels et s'y dissout en rendant la masse pâteuse. L'urée enlève aussi l'eau à l'éther aqueux et s'y dissout.

B. CHIMIQUES. — *a*) Lorsqu'on chauffe rapidement l'urée à une température un peu élevée, on obtient un résidu d'acide cyanurique $(COAzH)^3$, polymère de l'acide cyanique. On sait en effet que, sous l'influence de la chaleur, les diamides perdent, en général, de l'ammoniaque et donnent des imides (**216.** *d*); avec l'urée, on obtient un polymère de l'imide correspondant. — Lorsque la température à laquelle on chauffe l'urée dépasse peu le point de fusion de cette substance, on obtient en même temps un produit de condensation de l'urée, le *biuret*.

$$\underbrace{2\,CO{<}^{AzH^2}_{AzH^2}}_{\text{Urée.}} = \underbrace{\begin{matrix} CO{<}^{AzH^2}_{AzH} \\ CO{<}_{AzH^2} \end{matrix}}_{\text{Biuret.}} + \underbrace{AzH^3}_{\text{Ammoniaque.}}$$

b) L'urée est susceptible de fixer deux molécules d'eau, en se transformant en carbonate d'ammonium (**216.** *a*). Cette transformation se fait rapidement lorsqu'on chauffe de l'urée avec de l'eau en vase clos à 140°, ou bien lorsqu'on chauffe sa dissolution avec des acides minéraux forts ou avec des bases alcalines. Dans les deux derniers cas, le carbonate d'ammonium formé est évidemment décomposé par l'acide ou par la base qui a servi à déterminer l'hydratation.

Fig. 32. — Micrococcus ureæ.

La transformation de l'urée en carbonate d'ammonium se fait aussi sous l'influence d'un ferment qui, d'après Pasteur et M. Van Tieghem, est une torulacée (*torula urinæ* ou *micrococcus ureæ*). Au microscope, ce ferment se présente sous forme de chapelets de petits globules sphériques ayant $0^{mm},0015$ de diamètre (fig. 32). On le rencontre dans les urines qu'on abandonne à l'air; aussi l'urine émise depuis un certain temps devient-elle ammoniacale. D'autres microorganismes peuvent aussi hydrater l'urée.

Enfin, en précipitant une urine en pleine fermentation ammoniacale par de l'alcool, on peut en extraire un ferment soluble, l'*urase*, capable aussi de transformer l'urée en carbonate d'ammonium (Musculus). — L'urase paraît ne s'extravaser des ferments organisés qu'après qu'ils ont été tués par l'alcool ; car l'urine, débarrassée des microorganismes par filtration, n'a pas d'action sur l'urée.

c) L'acide azoteux, l'acide azotique ou l'azotate mercureux chargé de vapeurs rutilantes, décomposent l'urée en eau, anhydride carbonique et azote (**216**. *b*).

$$\underbrace{COAz^2H^4}_{\text{Urée.}} + \underbrace{2\,AzO^2H}_{\text{Acide azoteux.}} = \underbrace{3\,H^2O}_{\text{Eau.}} + \underbrace{CO^2}_{\text{Anhydride carbonique.}} + \underbrace{2\,Az^2}_{\text{Azote.}}$$

On a utilisé cette réaction dans un procédé de dosage de l'urée (Procédé de Millon).

d) Les hypochlorites et hypobromites alcalins oxydent l'urée en donnant de l'azote, de l'anhydride carbonique et de l'eau.

$$\underbrace{COAz^2H^4}_{\text{Urée.}} + \underbrace{3\,BrONa}_{\text{Hypobromite de sodium.}} = \underbrace{Az^2}_{\text{Azote.}} + \underbrace{CO^2}_{\text{Anhydride carbonique.}} + \underbrace{2\,H^2O}_{\text{Eau.}} + \underbrace{3\,NaBr}_{\text{Bromure de sodium.}}$$

Les procédés de Lecomte et d'Esbach pour le dosage de l'urée sont basés sur ces réactions.

e) L'urée se combine avec certains oxydes métalliques. Avec l'oxyde mercurique, par exemple, elle forme les combinaisons suivantes:

$$(COAz^2H^4).(HgO) \qquad (COAz^2H^4)^2.(HgO)^3 \qquad (COAz^2H^4).(HgO)^2$$

Lorsqu'on verse dans une solution étendue d'urée une solution également étendue d'azotate mercurique et que l'on neutralise de temps en temps l'acide libre par du carbonate de sodium, on obtient un précipité blanc floconneux dont la composition est variable. Mais si l'on continue à ajouter de l'azotate mercurique et du carbonate de sodium jusqu'à ce qu'un léger excès de ce dernier réactif détermine dans la masse la formation d'une coloration jaune (hydrate mercurique ou sel basique), le précipité, qui contient toute l'urée de la solution, a alors une composition fixe, représentée par la formule $(COAz^2H^4).(HgO)^2$ (Procédé de Liebig pour le dosage de l'urée).

f) L'urée s'unit aussi à certains sels. On connait une combinaison d'urée et de chlorure de sodium, ayant pour formule $COAz^2H^4.NaCl.H^2O$.

g) Les acides minéraux et organiques forts se combinent avec l'urée. Mais il n'en est pas de même des acides faibles, tels que les acides carbonique, acétique, lactique, hippurique, urique, qui peuvent ainsi se trouver en présence de l'urée, dans les liquides de l'organisme, sans se combiner avec elle. Les combinaisons les plus importantes que l'urée forme avec les acides sont l'azotate et l'oxalate d'urée.

1. L'*azotate d'urée* s'obtient en traitant une solution concentrée et froide d'urée par de l'acide azotique. Le mélange ne tarde pas à se prendre en une masse de cristaux d'azotate d'urée $COAz^2H^4.AzO^3H$. Ces cristaux se présentent sous forme de prismes rhomboïdaux ou de tables hexagonales blanches et brillantes (fig. 33). Ils sont inaltérables à l'air, solubles dans l'eau, mais peu solubles dans l'eau chargée d'acide azotique, et insolubles dans l'éther.

2. L'*oxalate d'urée* s'obtient en précipitant par de l'acide oxalique une solution concentrée d'azotate d'urée, ou encore en traitant par de l'acide oxalique une solution saturée d'urée. Les cristaux d'oxalate d'urée ressemblent à ceux d'azotate (fig. 34). Ils sont moins solubles dans l'eau que ces derniers et peu solubles dans l'alcool.

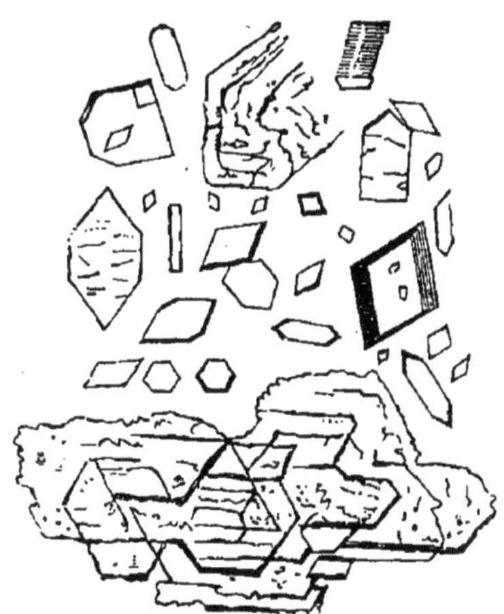

Fig. 33. — Azotate d'urée.

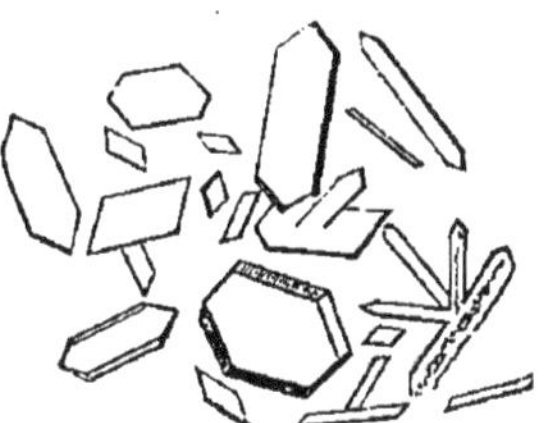

Fig. 34. — Oxalate d'urée.

223. Recherche et caractères. — On peut employer, pour rechercher la présence de l'urée dans un liquide quelconque, le procédé d'extraction de l'urée de l'urine. Si le liquide renfermait de l'albumine, on l'acidulerait avec un peu d'acide acétique, puis on le porterait à l'ébullition, de manière à coaguler l'albumine. On opérerait alors sur le liquide filtré, comme il a été dit à la préparation de l'urée (**221**. 4).

Lorsqu'un liquide ne renferme que des traces d'urée, le meilleur procédé pour en extraire ce corps est le suivant : On traite le liquide par deux ou trois fois son volume d'alcool et on attend quelque temps ; les matières albuminoïdes sont précipitées. On filtre et l'on évapore au bain-marie le liquide filtré. On reprend ensuite le résidu par un peu d'alcool absolu qui dissout l'urée, et l'on évapore de nouveau le liquide filtré. On dissout le résidu dans une très petite quantité d'eau chaude, et on divise la solution en deux parties; l'une est traitée par un peu d'acide azotique, l'autre par un peu d'acide oxalique et toutes deux sont abandonnées à la cristallisation. Les cristaux d'azotate et d'oxalate d'urée obtenus sont facilement reconnaissables au microscope (fig. 33 et 34).

Quand on a assez de matière, on extrait l'urée de son azotate en traitant celui-ci par du carbonate de sodium ou par du carbonate de baryum.

On caractérise l'urée par les procédés suivants :

1. *On examine sa forme cristalline.*

2. *On forme l'azotate et l'oxalate d'urée et on examine, au microscope, les formes cristallines de ces combinaisons.*

3. *On précipite l'urée par l'azotate mercurique et le carbonate de sodium.*

4. *On la décompose par les vapeurs rutilantes ou les hypochlorites alcalins :* dégagement d'azote et d'anhydride carbonique.

5. *On la chauffe avec une solution concentrée de soude :* dégagement d'ammoniaque.

6. *Quand on chauffe l'urée solide vers 160°, il se forme du biuret*, qu'on reconnaît à la réaction suivante : on dissout la substance, après refroidissement, dans de la soude étendue et on ajoute goutte à goutte un peu de sulfate de cuivre à 1 p. 100; il se forme une coloration rose, puis violette. (Réaction du biuret.)

224. Physiologie. — A. Origine. — L'urée provient de la désassimilation des substances albuminoïdes dans l'économie. L'expérience montre, en effet, que la quantité d'urée excrétée par l'urine augmente après une alimentation riche en matières albuminoïdes, qu'elle diminue sous l'influence de la diète ou d'une nourriture pauvre en azote. Lehmann a vu la quantité d'urée émise par lui en vingt-quatre heures s'élever jusqu'à 58 grammes avec une alimentation exclusivement animale et tomber au-dessous de 15 grammes avec une nourriture pauvre en azote. L'urée ne disparaît pas de l'urine même après un jeûne prolongé, ce qui indique que, à l'état normal, elle dérive non seulement des matières albuminoïdes de l'alimentation mais aussi de celles de nos tissus. L'urée peut se former dans l'économie par plusieurs mécanismes.

a) Nous avons vu que, d'après M. Béchamp, l'oxydation *in vitro* des matières albuminoïdes donne, entre autres produits, de l'urée. On a admis pendant longtemps, en se basant sur ce fait, que l'urée provenait exclusivement dans l'organisme de l'oxydation des substances albuminoïdes.

b) La plupart des physiologistes admettent aujourd'hui que l'urée se forme dans l'organisme, au moins en partie, par le dédoublement et l'hydratation des matières albuminoïdes. Nous avons vu en effet que l'urée a été obtenue *in vitro* par ce mécanisme (**221**.3). D'autre part, M. Schützenberger en hydratant les matières albuminoïdes par la baryte a obtenu, sinon de l'urée, du moins ses produits de décomposition (**310**).

Enfin, d'après M. Richet, le foie isolé de l'organisme continue à fabriquer de l'urée, même lorsqu'on le maintient à l'abri de l'air en le recouvrant d'une couche de paraffine ; la formation d'urée a donc lieu, dans ces conditions, par un processus chimique autre que l'oxydation.

M. A. Gautier a proposé la formule suivante pour exprimer la formation de l'urée dans l'économie, par hydratation :

$$\underbrace{4\,C^{72}H^{112}Az^{18}SO^{22}}_{\text{Albumine.}} + 68\,H^2O = \underbrace{36\,COAz^2H^4}_{\text{Urée.}} + \underbrace{3\,C^{55}H^{104}O^6}_{\text{Graisse.}} + \underbrace{12\,C^6H^{10}O^5}_{\text{Glucogène.}} + 4\,SO^3H^2 + 15\,CO^2$$

Toutefois, il est probable que la désassimilation des albuminoïdes, qu'elle ait lieu par voie d'oxydation ou par voie d'hydratation, ne donne pas directement naissance à de l'urée.

On trouve en effet dans l'économie des substances, qui se transforment aisément en urée *in vitro*, et qu'on est amené à considérer comme des termes intermédiaires de la désassimilation des matières albuminoïdes dans l'organisme. Ces substances sont : la créatine, la créatinine, l'allantoïne, la guanine, la sarcosine, la xanthine et l'acide urique. L'ingestion de la plupart de ces substances détermine une augmentation de l'urée éliminée par l'urine.

c) Un certain nombre de physiologistes, surtout en Allemagne, admettent que l'urée peut aussi se former dans l'organisme aux dépens des substances telles que l'acide cyanique,

(1) A. Gautier, *Chimie de la cellule vivante*, p. 94. Cette formule exprime en même temps, comme on le voit, la formation des graisses et des hydrates de carbone aux dépens des matières albuminoïdes.

l'ammoniaque, les acides amidés, provenant d'une désassimilation plus avancée des matières albuminoïdes.

La transformation de ces substances en urée est nécessairement le résultat d'une synthèse, car elles ne contiennent qu'un atome d'azote, tandis que l'urée en contient deux.

1. La formation d'urée aux dépens de l'acide cyanique, admise par Hoppe-Seyler et M. Salkowski, est basée sur ce fait que, *in vitro*, l'acide cyanique se convertit facilement en urée en présence de l'ammoniaque (**216.** *d*) ou même en présence de l'eau. On a vu, d'autre part (**217.** *a*), qu'on est amené à admettre la formation d'acide cyanique dans l'économie, d'après les transformations subies par tout un groupe de substances azotées.

2. L'hypothèse de la formation d'urée aux dépens des acides amidés (glycocolle, leucine, etc.) repose sur les faits suivants : ces corps se forment dans l'organisme et ne se retrouvent pas dans les excrétions à l'état normal ; d'autre part, à la suite de leur ingestion, la proportion d'urée augmente dans l'urine. La transformation de ces substances en urée dans l'économie peut résulter de leur réaction sur l'acide cyanique avec formation d'un acide uramique (**225**), l'acide hydantoïque dans le cas du glycocolle ; cet acide se dédoublerait ultérieurement en donnant de l'urée et de l'acide glycolique.

$$\underbrace{\mathrm{COAzH}}_{\text{Acide cyanique.}} + \underbrace{\mathrm{AzH^2,CH^2{-}CO,OH}}_{\text{Glycocolle.}} = \underbrace{\mathrm{CO}\begin{cases}\mathrm{AzH^2}\\ \mathrm{AzH,CH^2{-}CO,OH}\end{cases}}_{\text{Acide hydantoïque.}}$$

$$\underbrace{\mathrm{CO}\begin{cases}\mathrm{AzH^2}\\ \mathrm{AzH,CH^2{-}CO,OH}\end{cases}}_{\text{Acide hydantoïque.}} + \mathrm{H^2O} = \underbrace{\mathrm{CO}\begin{cases}\mathrm{AzH^2}\\ \mathrm{AzH^2}\end{cases}}_{\text{Urée.}} + \underbrace{\begin{matrix}\mathrm{CH^2,OH}\\ |\\ \mathrm{CO,OH}\end{matrix}}_{\text{Acide glycolique.}}$$

d) Enfin, l'urée peut aussi se former dans l'organisme, à l'état normal, aux dépens des sels ammoniacaux et notamment par la déshydratation du carbamate (**219**) ou du carbonate d'ammonium, que ces sels se forment directement aux dépens des matières albuminoïdes ou qu'ils dérivent de leurs produits de décomposition, des acides amidés par exemple. Les expériences de M. Knieriem et de M. Salkowski ont montré en effet que les sels ammoniacaux se transforment en urée dans leur passage à travers l'économie animale. Schrœder a observé aussi que si l'on fait circuler dans le foie d'un animal du sang additionné de carbonate d'ammonium, la proportion d'urée augmente dans le sang.

$$\underbrace{CO\begin{matrix}\nearrow OAzH^4\\ \searrow OAzH^4\end{matrix}}_{\text{Carbonate d'ammonium.}} - 2H^2O = \underbrace{CO\begin{matrix}\nearrow AzH^2\\ \searrow AzH^2\end{matrix}}_{\text{Urée.}}$$

Les sels ammoniacaux autres que le carbonate sont transformés en carbonate, soit par leur oxydation si ce sont des sels à acides organiques, soit par double décomposition avec les carbonates de potassium ou de sodium de l'organisme, si ce sont des sels à acides minéraux (1).

En résumé, l'urée paraît se former aux dépens des substances albuminoïdes : 1° par voie de décomposition avec oxydation, hydratation ou dédoublement, 2° par voie de synthèse, à l'aide de produits plus avancés de leur décomposition.

B. Lieu de formation. — L'urée ne se forme pas dans le rein. Les expériences de M. Gréhant ont montré en effet que l'urée se trouve en plus grande proportion dans le sang qui se rend au rein (artère rénale) que dans celui qui en revient (veine rénale) et que le déficit, pendant un temps donné, correspond à la quantité d'urée éliminée pendant le même temps par l'urine. Le sang apporte donc l'urée toute formée au rein qui l'élimine. L'urée paraît se former dans l'intimité même des tissus. La plupart des auteurs ont trouvé en effet dans les tissus et dans les organes plus d'urée que dans le sang ; les muscles cependant font exception.

Les dosages comparatifs d'urée dans le sang artériel et dans le sang veineux des divers organes, en vue d'établir quels sont ceux où la production d'urée est le plus active, n'ont pas donné de résultats concordants, sans doute parce que la quantité d'urée formée dans un organe, pendant le peu de temps que le sang met à le traverser, est trop faible pour pouvoir être dosée avec certitude.

(1) Il est à remarquer que la transformation en urée des sels ammoniacaux à acides minéraux, très nette chez les herbivores, est presque insignifiante chez les carnivores. Cela tient à ce que le sang des carnivores ne contient pas assez de carbonates alcalins pour assurer la transformation du sel ammoniacal en carbonate d'ammonium. Le sang des herbivores est beaucoup plus riche en carbonates alcalins, qui proviennent de la combustion des sels de potassium à acides organiques, contenus dans les aliments végétaux. En soumettant les carnivores à un régime végétal, on les rend capables de convertir en urée les sels ammoniacaux à acides minéraux.

On attribue généralement au foie un rôle prépondérant dans la formation de l'urée. Nous avons déjà indiqué (**219**) et (**224**. A. *b* et *d*) des faits à l'appui de cette manière de voir. Nous avons vu notamment qu'en isolant le foie de l'organisme, l'urée diminue dans l'urine, tandis que l'ammoniaque y augmente. Il en est de même, chez l'homme, dans certaines maladies du foie.

C. État. — L'urée se trouve à l'état de simple dissolution dans le sang et dans les divers liquides qui en renferment.

D. Élimination. — A l'état normal, l'urée ne subit pas de transformation ultérieure dans l'organisme, mais est éliminée en nature par les urines, au fur et à mesure de sa formation. Aussi, bien que la quantité d'urée excrétée par l'urine dans vingt-quatre heures s'élève en moyenne à 30 grammes, la masse totale du sang n'en renferme pas plus de 2 grammes.

Dans certains cas pathologiques, l'urée se transforme en carbonate d'ammonium. Cette transformation peut se faire dans la vessie et même dans le sang (choléra). Après l'ablation des reins, l'urée qui s'accumule dans le sang s'élimine par les muqueuses gastro-intestinales à l'état de carbonate d'ammonium.

Une très petite quantité d'urée est éliminée à l'état normal par la sueur. Dans certains états pathologiques (urémie), cette quantité augmente, tandis que la quantité d'urée de l'urine diminue.

URÉES COMPOSÉES

225. Définition. — On appelle *urées composées* des corps qui résultent de la substitution de radicaux d'alcools ou de radicaux d'acides à l'hydrogène de l'urée. Ex.:

$$\underbrace{CO{<}^{AzH^2}_{AzH^2}}_{\text{Urée.}} \qquad \underbrace{CO{<}^{AzH(C^2H^5)}_{AzH^2}}_{\text{Éthyl-urée (aminurée).}} \qquad \underbrace{CO{<}^{AzH(C^2H^3O)}_{AzH^2}}_{\text{Acétyl-urée (amidurée).}}$$

On appelle plus spécialement urées composées ou *aminurées* les dérivés de l'urée à radicaux alcooliques ; lorsque dans le radical alcoolique se trouve déjà une fonction acide, on donne à l'urée composée le nom générique d'*acide uramique*.

On réserve le nom d'*uréides* ou d'*amidurées* aux dérivés de l'urée dans lesquels l'hydrogène est substitué par des radicaux d'acides. Les uréides seront étudiées dans un chapitre spécial.

226. Préparation. — On prépare les aminurées, en faisant agir l'ammoniaque sur les éthers cyaniques, ou l'acide cyanique sur les amines. Ces procédés de préparation sont analogues, au point de vue théorique, à la préparation de l'urée elle-même. On a, en effet :

$$\underbrace{CO{=}AzH}_{\text{Acide cyanique.}} + \underbrace{AzH^3}_{\text{Ammoniaque.}} = \underbrace{CO{<}{AzH^2 \atop AzH^2}}_{\text{Urée.}}$$

$$\underbrace{CO{=}Az(C^2H^5)}_{\text{Cyanate d'éthyle.}} + \underbrace{AzH^3}_{\text{Ammoniaque.}} = \underbrace{CO{<}{AzH(C^2H^5) \atop AzH^2}}_{\text{Éthylurée.}}$$

$$\underbrace{CO{=}AzH}_{\text{Acide cyanique.}} + \underbrace{AzH^2(C^2H^5)}_{\text{Éthylamine.}} = \underbrace{CO{<}{AzH(C^2H^5) \atop AzH^2}}_{\text{Éthylurée.}}$$

De même, par l'action de l'acide cyanique sur une amine-acide, on obtient un acide uramique.

$$\underbrace{CO{=}AzH}_{\text{Acide cyanique.}} + \underbrace{AzH^2(CH^2{-}CO,OH)}_{\text{Glycocolle.}} = \underbrace{CO{<}{AzH(CH^2{-}CO,OH) \atop AzH^2}}_{\text{Acide hydantoïque (acide uramique).}}$$

L'acide cyanique étant très instable, l'expérience ne peut être réalisée qu'indirectement, en chauffant du sulfate de glycocolle avec du cyanate de potassium.

227. Propriétés. — Les urées composées ont pour propriété essentielle de se décomposer, sous l'influence des bases, en carbonate et en amines, de même que l'urée se décompose en carbonate et en ammoniaque.

$$\underbrace{CO{<}{AzH^2 \atop AzH^2}}_{\text{Urée.}} + \underbrace{2\,KOH}_{\text{Potasse.}} = \underbrace{CO^3K^2}_{\text{Carbonate de potassium.}} + \underbrace{2\,AzH^3}_{\text{Ammoniaque.}}$$

$$\underbrace{CO{<}{AzH(C^2H^5) \atop AzH^2}}_{\text{Éthylurée (Urée composée).}} + \underbrace{2\,KOH}_{\text{Potasse.}} = \underbrace{CO^3K^2}_{\text{Carbonate de potassium.}} + \underbrace{AzH^2,C^2H^5}_{\text{Éthylamine.}} + \underbrace{AzH^3}_{\text{Ammoniaque.}}$$

228. Formation dans l'économie. — Un fait physiologique

remarquable, c'est que la formation d'aminurées, par fixation des éléments de l'acide cyanique sur les amines, a lieu dans l'organisme, d'une manière très générale.

Les amines-acides, notamment, sont partiellement transformées, dans leur passage à travers l'économie, en acides uramiques par fixation d'acide cyanique. Ainsi, la sarcosine ou méthylglycocolle fournit l'acide méthylhydantoïque.

$$\underbrace{COAzH}_{\text{Acide cyanique.}} + \underbrace{AzH^2[CH(CH^3)-CO,OH]}_{\text{Sarcosine.}} = \underbrace{CO<\begin{matrix}AzH[CH(CH^3)-CO,OH]\\AzH^2\end{matrix}}_{\text{Acide méthylhydantoïque.}}$$

De même, la taurine est transformée, dans l'économie, en acide taurocarbamique (Salkowski), l'acide sulfanilique en acide sulfanilocarbamique (J. Ville).

$$\underbrace{COAzH}_{\text{Acide cyanique.}} + \underbrace{AzH^2(C^2H^4,SO^3H)}_{\text{Taurine.}} = \underbrace{CO<\begin{matrix}AzH(C^2H^4,SO^3H)\\AzH^2\end{matrix}}_{\text{Acide taurocarbamique.}}$$

$$\underbrace{COAzH}_{\text{Acide cyanique.}} + \underbrace{AzH^2(C^6H^4,SO^3H)}_{\text{Acide sulfanilique.}} = \underbrace{CO<\begin{matrix}AzH(C^6H^4,SO^3H)\\AzH^2\end{matrix}}_{\text{Acide sulfanilocarbamique.}}$$

URÉIDES

229. Définition. — Les *mono-uréides* proviennent de la substitution de radicaux d'acides organiques à un ou plusieurs atomes d'hydrogène d'une molécule d'urée. Lorsque le radical d'un acide polybasique est substitué à des atomes d'hydrogène pris dans deux molécules d'urée, les composés formés sont appelés des *diuréides*.

Les uréides sont à l'urée ce que les amides sont à l'ammoniaque. Les uréides peuvent, en effet, être envisagées comme des sels d'urées ayant perdu de l'eau, de même que les amides représentent des sels ammoniacaux moins de l'eau.

230. Préparation. — On obtient les uréides par la déshydratation d'un mélange d'urée et d'acide, de même qu'on prépare les amides par la déshydratation des sels ammoniacaux. Cette déshydratation s'effectue quelquefois par la chaleur seule, d'autres fois il faut ajouter au mélange un corps avide d'eau.

231. Propriétés. — Les uréides, sous l'influence des agents d'hydratation, régénèrent l'urée et l'acide dont elles dérivent, de même que les amides se transforment, en fixant de l'eau, en ammoniaque et en un acide.

$$\underbrace{CO{<}^{AzH,C^2H^3O}_{AzH^2}}_{\text{Acétylurée.}} + \underbrace{H^2O}_{\text{Eau.}} = \underbrace{CO{<}^{AzH^2}_{AzH^2}}_{\text{Urée.}} + \underbrace{C^2H^4O^2}_{\text{Acide acétique.}}$$

L'acide urique est l'uréide la plus importante. Avant d'en faire l'étude, nous allons passer en revue diverses uréides, qui ont avec l'acide urique des relations étroites et dont certaines se rencontrent dans l'économie ; leur constitution et leurs modes de formation jettent un grand jour sur la constitution et sur les propriétés de l'acide urique.

MONO-URÉIDES

ACIDES OXALURIQUE et PARABANIQUE

$C^3H^4Az^2O^4$ $\qquad$ $C^3H^2Az^2O^3$

232. Constitution. — Les acides oxalurique et parabanique sont les uréides de l'acide oxalique. Cet acide étant bibasique peut, en effet, donner avec une molécule d'urée deux composés différents. L'un, formé avec élimination d'une molécule d'eau, renfermera encore le groupement carboxyle — CO,OH ; c'est l'*acide oxalurique*. L'autre, formé avec élimination de deux molécules d'eau, constitue l'*acide parabanique* ou *oxalylurée*. Les formules suivantes expriment la constitution de ces composés :

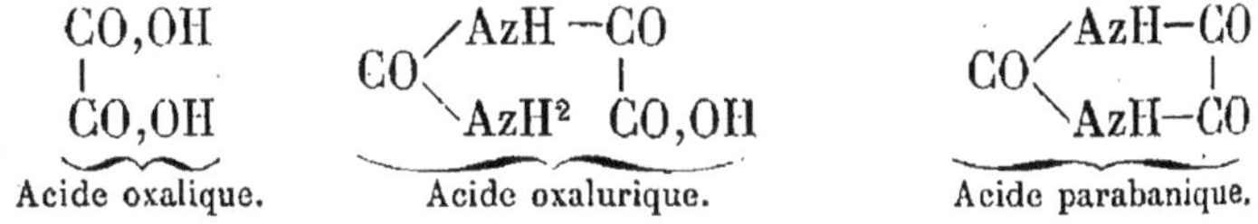

Acide oxalique. — Acide oxalurique. — Acide parabanique.

233. État naturel ; propriétés. — 1. L'*acide oxalurique* a été trouvé, en très faible quantité, dans l'urine normale de l'homme. C'est un corps blanc, en poudre cristalline, très peu soluble dans l'eau. Sous l'influence des agents d'hydratation, il se dédouble en acide oxalique et urée.

L'acide oxalurique est monobasique, comme l'indique sa

formule. Il donne des sels et des éthers : l'oxalurate de calcium est soluble dans l'eau ; l'oxalurate d'éthyle, traité par l'ammoniaque, donne l'*oxaluramide* $CO\begin{array}{l}\diagup AzH-CO\\ \\ \diagdown AzH^2\ \ CO,AzH^2\end{array}$, corps blanc insoluble, qu'on a rencontré dans l'urine de l'homme.

2. L'*acide parabanique* est un produit d'oxydation de l'alloxane (**235**. *c*) et de l'acide urique (**244**. B. *c*). Il cristallise en prismes incolores, solubles dans l'eau et dans l'alcool, insolubles dans l'éther. Chauffé avec des solutions alcalines, il fixe une molécule d'eau et donne de l'acide oxalurique.

L'acide parabanique n'est pas, en réalité, un acide. Il ne renferme plus le groupement fonctionnel — CO,OH des acides et ne donne pas de sels alcalins stables en présence de l'eau. Mais l'hydrogène fixé à l'azote peut être remplacé par des métaux lourds, notamment par de l'argent, en donnant des composés insolubles ; c'est cette propriété qui a fait donner à l'oxalylurée le nom d'*acide* parabanique.

L'uréide formée par l'acide malonique, homologue supérieur de l'acide oxalique, porte le nom d'*acide barbiturique*. Il a pour formule :

$$CO\begin{array}{l}\diagup AzH,CO\diagdown\\ \diagdown AzH,CO\diagup\end{array}CH^2$$

M. Grimaux l'a obtenu synthétiquement en déshydratant un mélange d'acide malonique et d'urée.

ACIDE ALLOXANIQUE et ALLOXANE

$C^4H^4Az^2O^5$ $C^4H^2Az^2O^4$

234. Constitution. — Ces deux corps sont les uréides de l'acide mésoxalique, qui a pour formule CO,OH—CO—CO,OH ; ils présentent entre eux les mêmes relations que l'acide oxalurique et l'oxalylurée, comme le font ressortir les formules suivantes :

$$\underbrace{CO\begin{array}{l}\diagup AzH-CO-CO\\ \qquad\qquad\qquad |\\ \diagdown AzH^2\qquad CO,OH\end{array}}_{\text{Acide alloxanique.}}\qquad\qquad \underbrace{CO\begin{array}{l}\diagup AzH-CO\diagdown\\ \diagdown AzH-CO\diagup\end{array}CO}_{\text{Alloxane.}}$$

235. Préparation ; propriétés. — *a*) L'alloxane s'obtient par l'oxydation ménagée de l'acide urique. C'est un corps blanc, cristallisé, très soluble dans l'eau ; l'alcool le précipite de ses solutions aqueuses.

b) Par hydratation, l'alloxane donne d'abord de l'acide alloxanique qui, fixant lui-même une nouvelle molécule d'eau, se dédouble en acide mésoxalique et urée.

c) Sous l'influence des agents d'oxydation, l'alloxane dégage de l'anhydride carbonique et donne de l'acide parabanique ou oxalylurée.

$$\underbrace{CO\begin{matrix}\diagup AzH-CO \diagdown \\ \diagdown AzH-CO \diagup\end{matrix}CO}_{\text{Alloxane.}} + O = CO^2 + \underbrace{CO\begin{matrix}\diagup AzH-CO \\ \quad\quad | \\ \diagdown AzH-CO\end{matrix}}_{\text{Oxalylurée.}}$$

d) Par l'action des réducteurs, l'alloxane se transforme successivement en *acide dialurique* et en acide barbiturique.

$$\underbrace{CO\begin{matrix}\diagup AzH-CO \\ \quad\quad\quad CO \\ \diagdown AzH-CO\end{matrix}}_{\text{Alloxane.}} \qquad \underbrace{CO\begin{matrix}\diagup AzH-CO \\ \quad\quad\quad CHOH \\ \diagdown AzH-CO\end{matrix}}_{\text{Acide dialurique.}} \qquad \underbrace{CO\begin{matrix}\diagup AzH-CO \\ \quad\quad\quad CH^2 \\ \diagdown AzH-CO\end{matrix}}_{\text{Acide barbiturique.}}$$

L'*acide dialurique* est l'uréide dérivée de l'acide tartronique CO,OH–CHOH–CO,OH. C'est un corps soluble dans l'eau chaude, cristallisant en aiguilles incolores.

DIURÉIDES

ALLOXANTINE et MUREXIDE

$C^8H^4Az^4O^7 \qquad C^8H^8Az^6O^6$

236. Modes de formation ; propriétés. — *a*) L'alloxane peut se combiner à l'acide dialurique, avec perte d'une molécule d'eau, pour donner un composé qui porte le nom d'*alloxantine* et dont la constitution est représentée par la formule :

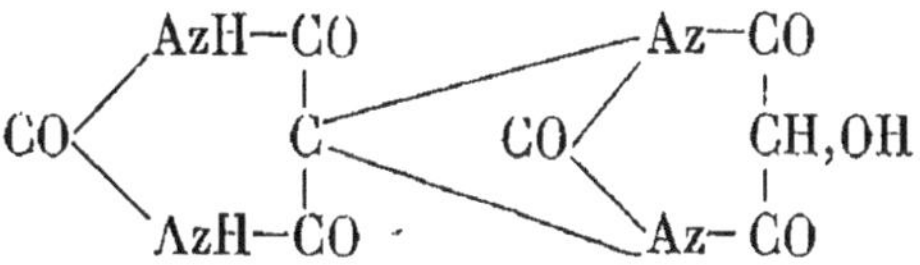

L'alloxantine se forme dans la réduction partielle de l'alloxane par l'acide sulfhydrique à froid. On l'obtient également par oxydation ménagée de l'acide urique ; sa formation dans ce cas précède celle de l'alloxane.

L'alloxantine est une substance cristallisée, peu soluble dans l'eau froide ; sa solution rougit le tournesol.

b) Un mélange d'alloxane et d'alloxantine, en solution, traité à chaud par du carbonate d'ammonium donne, par refroidissement, une matière colorante d'un beau pourpre à laquelle on a donné le nom de *murexide* ou *purpurate d'ammonium*. On lui attribue la formule de constitution suivante :

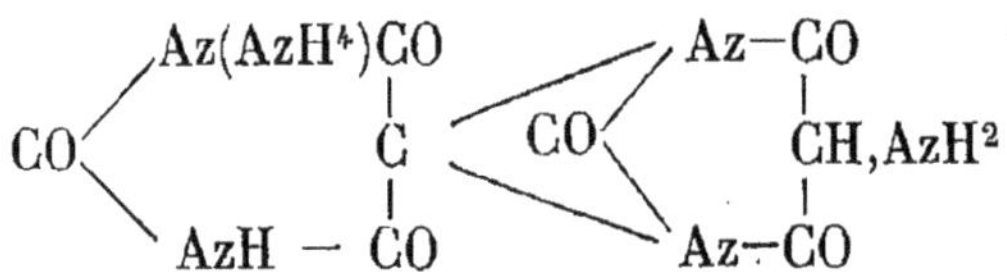

La murexide se forme également quand on fait agir l'ammoniaque sur le produit obtenu en oxydant l'acide urique par l'acide azotique à chaud (**247**. 2).

La murexide cristallise en prismes de couleur grenat par transmission et vert doré par réflexion ; elle est peu soluble dans l'eau froide, insoluble dans l'alcool et dans l'éther.

ACIDE ALLANTOÏQUE et ALLANTOÏNE

$C^4H^8Az^4O^4$ $\qquad$ $C^4H^6Az^4O^3$

237. Constitution. — L'acide allantoïque et l'allantoïne sont deux diuréides dérivées de l'*acide glyoxylique*. Cet acide est un corps à fonction complexe, à la fois aldéhyde et acide, intermédiaire entre l'acide glycolique et l'acide oxalique.

$$\underbrace{\begin{array}{c} CH^2,OH \\ | \\ CO,OH \end{array}}_{\text{Acide glycolique.}} \qquad \underbrace{\begin{array}{c} CO,H \\ | \\ CO,OH \end{array}}_{\text{Acide glyoxylique.}} \qquad \underbrace{\begin{array}{c} CO,OH \\ | \\ CO,OH \end{array}}_{\text{Acide oxalique.}}$$

En chauffant l'acide glyoxylique avec l'urée, M. Grimaux a pu faire la synthèse de l'allantoïne et fixer ainsi sa constitution. Dans cette réaction, il se dégage deux molécules d'eau formées l'une aux dépens de l'oxygène aldéhydique de l'acide glyoxylique, l'autre aux dépens de l'oxhydryle de cet acide, comme le fait comprendre la formule suivante :

$$\underbrace{CO\begin{matrix}\diagup AzH^2\\ \diagdown AzH^2\end{matrix}}_{\text{Urée.}} + \underbrace{\begin{matrix}CO,H\\ |\\ CO,OH\end{matrix}}_{\text{Acide glyoxylique.}} + \underbrace{\begin{matrix}H^2Az\diagdown\\ H^2Az\diagup\end{matrix}CO}_{\text{Urée.}} = \underbrace{CO\begin{matrix}\diagup AzH-CH-HAz\diagdown\\ \quad\quad |\\ \diagdown AzH^2\ CO-HAz\diagup\end{matrix}CO}_{\text{Allantoïne.}} + 2H^2O$$

L'acide allantoïque s'obtient par hydratation de l'allantoïne sous l'influence de la potasse à froid. Sa constitution est représentée par la formule :

$$CO\begin{matrix}\diagup AzH--CH——HAz\diagdown\\ \quad\quad |\\ \diagdown AzH^2\ CO,OH\ H^2Az\diagup\end{matrix}CO$$

238. État naturel. — L'allantoïne a été découverte dans le liquide allantoïdien et dans l'urine des jeunes veaux. On a aussi constaté sa présence dans l'urine des nouveau-nés pendant le premier septénaire et dans les eaux de l'amnios.

239. Préparation. — On prépare facilement l'allantoïne en oxydant l'acide urique, en suspension dans l'eau bouillante, par du peroxyde de plomb (**244**. B. *c*). Lorsque la coloration brune du peroxyde de plomb ne disparaît plus, on filtre le liquide chaud ; l'allantoïne se sépare à l'état cristallisé par le refroidissement.

240. Propriétés. — L'allantoïne cristallise en petits prismes transparents. Elle est inodore, sans saveur, neutre aux couleurs végétales, soluble dans l'eau chaude, peu soluble dans l'eau froide, insoluble dans l'alcool et dans l'éther.

L'allantoïne ne se combine pas avec les acides ; mais, de même que pour l'oxalylurée, on connaît des dérivés métalliques de ce corps. C'est ainsi que l'azotate d'argent ammoniacal donne, dans les solutions d'allantoïne, un précipité blanc d'allantoate d'argent. Ce précipité renferme 40,75 p. 100 d'argent; chauffé à 100°, il est réduit et de l'argent métallique se dépose. Ces propriétés permettent de caractériser l'allantoïne.

ACIDE URIQUE $C^5H^4Az^4O^3$

Découvert dans les calculs urinaires par Scheele en 1775.

241. État naturel. — L'acide urique se trouve dans l'urine de tous les animaux. Il existe en abondance dans l'urine des oiseaux et des reptiles, en petite quantité dans l'urine de l'homme et des mammifères. Sous l'influence d'une alimentation copieuse, la proportion d'acide urique augmente dans l'urine.

Dans les affections arthritiques, la goutte, la leucémie, on a également trouvé des quantités notables d'acide urique dans le sang et dans les exsudats de l'homme. On le rencontre souvent, sous forme de dépôts, dans les articulations d'individus atteints de rhumatisme articulaire chronique. Les calculs de la vessie et des reins sont souvent formés, presque exclusivement, d'acide urique et d'urates.

242. Synthèse. — M. Horbaczewski a réalisé la synthèse de l'acide urique de deux manières différentes :

1° En fondant vers 200-230° un mélange de glycocolle et d'urée.

$$\underbrace{CH^2,AzH^2{-}CO,OH}_{\text{Glycocolle.}} + 3\underbrace{COAz^2H^4}_{\text{Urée.}} = \underbrace{C^5H^4Az^4O^3}_{\text{Acide urique.}} + 3\,AzH^3 + 2\,H^2O$$

Cette synthèse est basée sur une expérience de Strecker qui, en chauffant l'acide urique avec de l'acide chlorhydrique en tube scellé, obtint du glycocolle et les produits de décomposition de l'urée (**180**. 3).

2° On obtient aussi de l'acide urique en fondant de l'urée avec de l'amide trichlorolactique.

$$\underbrace{CO,AzH^2{-}CHOH{-}CCl^3}_{\text{Amide trichlorolactique.}} + 2\underbrace{COAz^2H^4}_{\text{Urée.}} = \underbrace{C^5H^4Az^4O^3}_{\text{Acide urique.}} + 2AzH^4Cl + 2HCl + H^2O$$

243. Préparation. — On extrait l'acide urique des excréments d'oiseaux, en faisant bouillir ces matières avec de la potasse étendue. Il se forme de l'urate neutre de potassium soluble. On filtre et, dans le liquide filtré, on fait passer un courant d'anhydride carbonique. Il se précipite de l'urate acide de potassium peu soluble. On lave les cristaux, on les dissout dans la potasse étendue et on précipite l'acide urique par l'acide chlorhydrique.

244. Propriétés. — A. Physiques. — L'acide urique est un corps blanc, sans odeur et sans saveur. Il cristallise en cristaux microscopiques, lorsqu'on traite par un acide la solution étendue d'un urate alcalin. Ces cristaux contiennent deux molécules d'eau de cristallisation qu'ils perdent peu à peu à froid, rapidement à chaud. Les sédiments de l'urine de l'homme renferment souvent des cristaux d'acide urique disposés en tables lisses, transparentes, rhomboïdales, dont les angles obtus sont fréquemment arrondis ; les cristaux ont alors la forme de pierre à aiguiser. Ces cristaux se groupent fréquemment en amas ayant la forme de rosaces (fig. 35). Enfin, on rencontre quelquefois l'acide urique cristallisé en lames

Fig. 35. — Acide urique.

hexagonales, qui rappellent les formes cristallines de la cystine (**202**).

L'acide urique est très peu soluble dans l'eau : 0,71 p. 1 000 à froid (1) et 0,55 à l'ébullition. Il est insoluble dans l'alcool et dans l'éther. L'acide sulfurique concentré dissout l'acide urique, mais l'eau le précipite de cette dissolution. L'acide chlorhydrique étendu (4 p. 1 000) n'en dissout que 0,04 p. 1 000. L'acide urique est un peu plus soluble dans les solutions d'urée que dans l'eau pure.

B. Chimiques. — *a*) L'acide urique se décompose quand on le chauffe, sans fondre et sans se volatiliser. Les produits essen-

(1) L'acide urique en solution aqueuse s'altère à l'air au bout de quelques jours, sous l'influence des microorganismes.

tiels de la décomposition sont de l'urée, de l'acide cyanique, du carbonate d'ammonium, de l'acide cyanhydrique et du charbon.

b) Par l'ébullition prolongée, l'acide urique en solution fixe deux molécules d'eau et se dédouble en urée et acide dialurique (**235.** *d*) (Magnier de la Source).

c) Sous l'influence des agents d'oxydation, l'acide urique donne, suivant les conditions, des composés différents :

1. Lorsqu'on fait bouillir l'acide urique avec du peroxyde de plomb, il se forme de l'allantoïne (**237**).

$$\underbrace{C^5H^4Az^4O^3}_{\text{Acide urique.}} + \underbrace{PbO^2}_{\text{Peroxyde de plomb.}} + \underbrace{H^2O}_{\text{Eau.}} = \underbrace{CO^3Pb}_{\text{Carbonate de plomb.}} + \underbrace{C^4H^6Az^4O^3}_{\text{Allantoïne.}}$$

2. Sous l'influence de l'acide azotique concentré et froid, l'acide urique se convertit en urée et en alloxane (**234**).

$$\underbrace{C^5H^4Az^4O^3}_{\text{Acide urique.}} + \underbrace{O}_{\text{Oxygène.}} + \underbrace{H^2O}_{\text{Eau.}} = \underbrace{COAz^2H^4}_{\text{Urée.}} + \underbrace{C^4H^2Az^2O^4}_{\text{Alloxane.}}$$

3. Sous l'influence de l'acide azotique bouillant, l'acide urique donne de l'acide parabanique (**232**), par oxydation du premier produit de la réaction, l'alloxane.

d) Lorsqu'on traite l'acide urique à froid par l'hypobromite de sodium, la moitié de son azote se dégage à l'état de liberté.

e) Sous l'influence de l'hydrogène produit par l'amalgame de sodium et l'eau, l'acide urique est réduit en donnant successivement de la xanthine et de l'hypoxanthine.

$$\underbrace{C^5H^4Az^4O^3}_{\text{Acide urique.}} + H^2 = \underbrace{C^5H^4Az^4O^2}_{\text{Xanthine.}} + H^2O$$

245. Constitution. — La constitution de l'acide urique n'est pas encore parfaitement connue. On a essayé de la représenter par diverses formules développées, en se basant sur les procédés de synthèse de l'acide urique et sur les produits obtenus dans la décomposition de cet acide soit par les agents d'hydratation, soit par les agents d'oxydation (**244.** B. *c*). Les formules suivantes ont été proposées l'une par MM. Médicus et E. Fischer, l'autre par M. Gautier :

```
      AzH—CO
     /     |
  CO<      C—AzH\
     \     ||     CO
      AzH—C—AzH/
```

D'après MM. Médicus et E. Fischer.

```
      AzH—CO
     /     |
  CO<      CH—AzH\
     \     |       C
      AzH—CO    Az//
```

D'après M. Gautier.

Urates.

246. Principaux sels. — L'acide urique se comporte comme un acide bibasique ; il donne des sels acides $C^5H^2Az^4O^3,HM$ et des sels neutres $C^5H^2Az^4O^3,M^2$. Les sels acides ou *biurates* forment avec l'acide urique des combinaisons qu'on désigne sous le nom de quadrurates $C^5H^2Az^4O^3,HM \,.\, C^5H^4Az^4O^3$.

Les urates neutres de sodium et de potassium s'obtiennent en traitant l'acide urique par une solution de soude ou de potasse.

Pour obtenir les urates acides, on fait passer un courant d'anhydride carbonique dans la solution des urates neutres (1). Les urates acides de sodium et de potassium se forment également par l'action de l'acide urique sur le carbonate neutre ou le phosphate dimétallique correspondants ; ces sels passent à l'état de sels monométalliques.

$$\underbrace{C^5H^4Az^4O^3}_{\text{Acide urique.}} + \underbrace{PhO^4HNa^2}_{\substack{\text{Phosphate}\\ \text{disodique.}}} = \underbrace{C^5H^3NaAz^4O^3}_{\substack{\text{Urate acide}\\ \text{de sodium.}}} + \underbrace{PhO^4H^2Na}_{\substack{\text{Phosphate}\\ \text{monosodique.}}}$$

$$\underbrace{C^5H^4Az^4O^3}_{\text{Acide urique.}} + \underbrace{CO^3Na^2}_{\substack{\text{Carbonate}\\ \text{neutre de sodium.}}} = \underbrace{C^5H^3NaAz^4O^3}_{\substack{\text{Urate acide}\\ \text{de sodium.}}} + \underbrace{CO^3HNa}_{\substack{\text{Carbonate acide}\\ \text{de sodium.}}}$$

Les urates neutres de sodium et de potassium sont plus solubles que les urates acides ; c'est l'inverse qui a lieu pour les urates alcalino-terreux.

1. L'*urate acide de sodium* constitue la majeure partie des dépôts rougeâtres de l'urine. Il apparaît ordinairement au microscope sous forme de grains amorphes irréguliers. Quelquefois il est en cristaux prismatiques réunis en étoiles (fig. 36) ; ces formes sont assez analogues aux formes cristallines de la leucine.

2. L'*urate acide de potassium* ressemble beaucoup à l'urate acide de sodium.

3. L'*urate acide d'ammonium* se rencontre souvent dans les sédiments de l'urine, surtout de l'urine alcaline. Il est alors mé-

(1) La deuxième fonction acide de l'acide urique est très faible ; aussi les urates neutres sont-ils transformés en urates acides par les acides faibles tels que l'acide carbonique. L'acide carbonique sous pression déplace complètement l'acide urique des urates (d'Arsonval).

langé avec des phosphates terreux et difficile à caractériser.

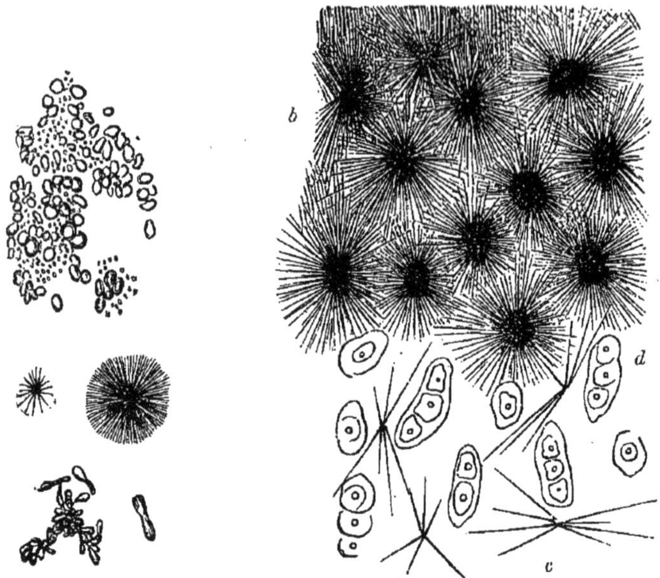

Fig. 36. — Urate acide de sodium. Fig. 37. — Urate acide de calcium (*).

Lorsqu'on dissout ce sel dans l'eau bouillante, on l'obtient, par

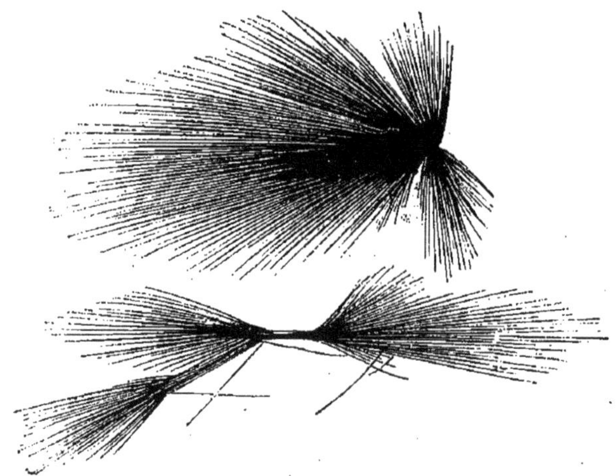

Fig. 38. — Urate acide d'ammonium.

refroidissement, en fines aiguilles (fig. 38). — L'urate neutre d'ammonium n'est pas connu.

(*) *b*, faisceaux de cristaux. — *c*, aiguilles cristallines isolées. — *d*, cellules cartilagineuses non infiltrées.

4. L'*urate acide de calcium* se trouve souvent, sous forme de dépôt, dans les articulations et dans la substance unissante des cartilages, chez les goutteux. On voit, au microscope, des groupes étoilés de cristaux disséminés dans le cartilage; ces formes sont très caractéristiques (fig. 37). L'urate de calcium peut aussi, dans certaines circonstances, se déposer de l'urine.

Le tableau suivant indique la solubilité des principaux urates dans l'eau froide.

URATES.	SOLUBILITÉ dans 1000 parties d'eau.	EAU NÉCESSAIRE pour dissoudre 1 p. d'urate.
Urate acide de sodium	0,83	1200
— neutre de sodium	13,00	77
Urate acide de potassium	1,25	800
— neutre de potassium	22,70	44
Urate acide d'ammonium	0,62	1600
Urate acide de lithium	16,66	60
Urate acide de calcium	1,66	600
— neutre de calcium	0,66	1500
Acide urique	*0,71*	*14000*

Les urates acides sont les seuls qui se forment dans l'organisme. On voit, d'après ce tableau, que l'urate acide de lithium est bien plus soluble que l'acide urique et que tous les autres urates acides; c'est en se basant sur ce fait qu'on a essayé le carbonate de lithium à l'intérieur, dans la diathèse urique, pour dissoudre les dépôts d'acide urique, ou pour empêcher leur formation. Son action est assez problématique, car le carbonate de lithium, à peine ingéré, se transforme sous l'influence de l'acide chlorhydrique du suc gastrique en chlorure de lithium, et l'acide urique, acide faible, ne peut plus déplacer l'acide chlorhydrique de ce sel, pour former de l'urate de lithium.

247. Recherche et caractères. — Pour rechercher l'acide urique dans une urine, on y ajoute un peu d'acide chlorhydrique. Au bout de vingt-quatre heures, les cristaux d'acide urique se sont déposés sur les parois et au fond du vase (1), et peuvent être caractérisés.

(1) L'acide urique obtenu dans ces conditions est souillé par une matière colorante, l'*uroérythrine;* on peut l'en débarrasser en le dissolvant dans l'acide sulfurique concentré et en le précipitant de la solution par l'addition d'eau.

On caractérise l'acide urique :

1. *Par l'examen microscopique de ses cristaux.*

2. *On traite, dans une capsule de porcelaine, un peu d'acide urique par quelques gouttes d'acide azotique et on chauffe à une douce température jusqu'à siccité. On obtient ainsi un résidu jaune, puis rougeâtre. En ajoutant, après refroidissement, une goutte d'ammoniaque, il se développe une magnifique couleur rouge pourpre, par suite de la formation de murexide ou purpurate d'ammonium* (**236**).

Quand on remplace l'ammoniaque par la potasse ou la soude, on obtient une teinte bleu violacée (*Purpurate de potassium* ou *de sodium*).

3. *L'acide urique dissous dans la soude, traité par une solution ammoniacale de chlorure de magnésium et de nitrate d'argent, donne un précipité gélatineux d'urate double de magnésium et d'argent.* Cette réaction est utilisée dans certains procédés de dosage de l'acide urique.

4. *L'acide urique en solution alcaline précipite à chaud la liqueur de Fehling, en donnant un précipité blanc d'urate cuivreux, ou un précipité rouge d'oxyde cuivreux si la liqueur de Fehling est en grand excès.* Cette propriété de l'acide urique peut être une cause d'erreur dans la recherche du glucose dans l'urine.

248. Physiologie. — A. ORIGINE. — On admet généralement que l'acide urique est un produit de désassimilation des matières albuminoïdes et qu'il constitue un des termes intermédiaires entre ces substances et l'urée. Nous avons vu en effet que, *in vitro*, l'acide urique peut donner par oxydation et hydratation successives de l'urée et de l'acide oxalique ; or l'acide oxalique accompagne parfois l'acide urique dans l'urine. D'autre part, l'ingestion d'acide urique augmente la quantité d'urée éliminée. Enfin, l'acide urique augmente dans l'urine des individus soumis à une alimentation carnée, ainsi que dans celle des fiévreux, qui désassimilent leurs propres tissus.

L'élimination exagérée d'acide urique à l'état pathologique serait, d'après cette manière de voir, le résultat d'un ralentissement dans les oxydations intraorganiques, par suite de l'augmentation des matériaux azotés à brûler, par rapport à l'oxygène disponible.

D'après M. Horbaczewski, l'acide urique se formerait dans l'organisme aux dépens des nucléines, substances azotées et phosphorées, contenues dans les noyaux des cellules et notamment des leucocytes. Les nucléines des noyaux cellulaires se dédoublent en effet *in vitro* en donnant, entre autres produits, de la xanthine et de l'hypoxanthine (**249**), dont les formules ne diffèrent de celle de l'acide urique que par de l'oxygène en moins. Dans l'organisme, l'acide urique se formerait donc par l'oxydation des produits xanthiques provenant du dédoublement des nucléines. — M. Horbaczewski base cette manière de voir sur les faits suivants : Quand on fait digérer avec de l'eau à 50° de la pulpe de rate, organe riche en leucocytes et par suite en nucléine, et qu'on filtre au bout de 10 heures, on obtient un liquide qui, après précipitation par l'acétate basique de plomb, ne contient ni bases xanthiques, ni acide urique. Si on fait bouillir ce liquide, il se charge immédiatement de xanthine et d'hypoxanthine. Si, au lieu de le faire bouillir, on l'abandonne à 40° avec du sang artériel, ou de l'eau oxygénée, ou même au contact de l'oxygène, on constate qu'il se forme au bout de très peu de temps des quantités notables d'acide urique. De même, en faisant digérer de la nucléine avec du sang artériel à 40°, il se forme de l'acide urique. D'autre part dans la leucémie, maladie où la formation et par suite la destruction des globules blancs est exagérée, la quantité d'acide urique éliminée peut devenir dix fois plus abondante qu'à l'état normal. De même, dans les divers états physiologiques (digestion) ou pathologiques (maladies fébriles aiguës, cirrhose du foie, empoisonnement par le phosphore) où l'élimination de l'acide urique est augmentée, on constate parallèlement une augmentation du nombre des globules blancs dans le sang. Il faut rapprocher de ces faits que l'acide urique diminue dans l'urine après l'ingestion de substances, comme la quinine, qui suspendent les mouvements amiboïdes des leucocytes et qui par conséquent paraissent ralentir leur évolution. — La désassimilation des nucléines paraît donc constituer une source importante de l'acide urique, du moins chez les mammifères, qui n'éliminent que très peu d'azote sous forme d'acide urique.

Chez les oiseaux au contraire, ce mode de formation de l'acide urique n'est qu'accessoire. En effet, cet acide constitue la majeure partie des composés azotés de l'urine de ces animaux; l'urée ne s'y trouve qu'en faible proportion ; en outre, les composés azotés les plus divers, et même l'urée, administrés aux oiseaux s'éliminent sous forme d'acide urique. Dans les phénomènes de désassimilation des substances azotées en général, l'acide urique représente donc chez les oiseaux ce que l'urée représente chez les mammifères. Le foie, qui joue un rôle important dans la production de l'urée chez ces derniers animaux, est aussi un centre de production de l'acide urique chez les oiseaux, ainsi que l'ont montré les expériences de M. Minkowski. En effet, si on extirpe le foie à des oiseaux (oies), l'acide urique diminue considérablement dans l'urine; on constate en même temps que la quantité d'ammoniaque éliminée par l'urine augmente et que de l'acide sarcolactique y apparaît en quantité notable, comme si, à l'état normal, l'acide urique se formait par synthèse dans le foie des oiseaux aux dépens de ces substances.

B. Élimination. — L'acide urique et les urates formés dans l'organisme sont en partie excrétés par le rein et éliminés par l'urine. Une autre partie est décomposée dans l'économie en donnant naissance à des uréides de plus en plus simples et finalement à de l'urée et à des acides organiques, qui se convertissent à leur tour en eau et anhydride carbonique.

BASES XANTHIQUES

Synonymie: Bases nucléiques, leucomaïnes xanthiques.

249. Exposé général. — *a*) A l'acide urique se rattachent quatre corps : l'hypoxanthine et la xanthine d'une part, l'adénine et la guanine d'autre part. Ces quatre substances accompagnent l'acide urique dans les divers tissus, et présentent avec lui des relations étroites au point de vue de leur composition.

Hypoxanthine.	$C^5H^4Az^4O$	$C^5H^5Az^5$.....	Adénine.
Xanthine	$C^5H^4Az^4O^2$	$C^5H^5Az^5O$....	Guanine.
Acide urique.	$C^5H^4Az^4O^3$		

b) L'hypoxanthine et la xanthine ne diffèrent respectivement de l'acide urique que par un ou par deux atomes d'oxygène en moins; aussi ces deux bases se forment-elles par la réduction de l'acide urique sous l'influence de l'hydrogène dégagé par l'amalgame de sodium en présence de l'eau.

$$\underbrace{C^5H^4Az^4O^3}_{\text{Acide urique.}} + H^2 = \underbrace{C^5H^4Az^4O^2}_{\text{Xanthine.}} + H^2O$$

$$\underbrace{C^5H^4Az^4O^3}_{\text{Acide urique.}} + 2\,H^2 = \underbrace{C^5H^4Az^4O}_{\text{Hypoxanthine.}} + 2\,H^2O$$

c) Entre l'adénine et l'hypoxanthine d'une part, la guanine et la xanthine d'autre part, on observe une relation analogue à celle qui existe entre une amine et un alcool, c'est-à-dire, le remplacement d'un oxhydryle par le radical amidogène AzH^2.

$$\underbrace{C^5H^4Az^4O^2}_{\text{Xanthine.}} - (OH) + (AzH^2) = \underbrace{C^5H^5Az^5O}_{\text{Guanine.}}$$

De fait, en traitant l'adénine et la guanine par l'acide azoteux, on obtient respectivement l'hypoxanthine et la xanthine, de même qu'en traitant une amine par l'acide azoteux, on obtient un alcool (**170.** b).

$$\underbrace{C^5H^5Az^5O}_{\text{Guanine.}} + \underbrace{AzO^2H}_{\text{Acide azoteux.}} = \underbrace{C^5H^4Az^4O^2}_{\text{Xanthine.}} + Az^2 + H^2O$$

$$\underbrace{C^5H^5Az^5}_{\text{Adénine.}} + \underbrace{AzO^2H}_{\text{Acide azoteux.}} = \underbrace{C^5H^4Az^4O}_{\text{Hypoxanthine.}} + Az^2 + H^2O$$

d) Les quatre substances dont il est question possèdent des propriétés basiques, d'où leur dénomination de *bases xanthiques*, du nom de l'une d'elles. D'après M. Kossel, ces bases proviendraient dans l'organisme de la décomposition des nucléines proprement dites (**3362**); elles se forment, en effet, *in vitro* par l'ébullition de ces nucléines avec les acides. Aussi les désigne-t-il sous le nom de *bases nucléiques*.

Les composés xanthiques possèdent certaines propriétés communes :

1. Ils donnent des chlorhydrates et des chloroplatinates cristallisés, assez stables.

2. Ils précipitent à chaud par l'acétate de cuivre en liqueur acide, et à froid par l'azotate d'argent en solution ammoniacale.

3. En les chauffant en tubes scellés avec de l'acide chlorhydrique, ils s'hydratent et donnent, comme l'acide urique, du glycocolle, de l'ammoniaque et de l'anhydride carbonique et, de plus, de l'acide formique.

4. Les composés xanthiques donnent de l'urée par oxydation et hydratation.

5. Enfin, lorsqu'on chauffe l'hypoxanthine, la xanthine ou la guanine avec quelques gouttes d'acide azotique jusqu'à siccité, on obtient un résidu jaune, qui se colore en rouge ou en orangé par l'addition de soude. On a donné à cette réaction le nom de *réaction xanthique*.

HYPOXANTHINE $C^5H^4Az^4O$

Synonymie : Sarcine.

250. État naturel. — On a trouvé l'hypoxanthine dans les sucs des muscles, de la rate, du foie, des capsules surrénales. On ne l'a pas trouvée dans le pancréas, où elle est remplacée par la guanine. Enfin, l'hypoxanthine existe dans le sang et dans l'urine des leucémiques, accompagnée généralement de xanthine.

251. Extraction. — On retire l'hypoxanthine, en même temps que la xanthine, de l'extrait aqueux des muscles (**267**). On la sépare de la xanthine en traitant le mélange par de l'acide chlorhydrique concentré et ajoutant ensuite de l'eau. Le chlorhydrate de xanthine, presque insoluble dans l'eau, se dépose, tandis que le chlorhydrate d'hypoxanthine reste en solution. On isole l'hypoxanthine et la xanthine de leur chlorhydrate en le décomposant par l'ammoniaque, évaporant à siccité et enlevant, par des lavages à l'eau froide, le chlorure d'ammonium formé.

252. Propriétés. — *a*) L'hypoxanthine est une poudre blanche, formée d'aiguilles microscopiques très fines. Elle est soluble dans 300 parties d'eau froide et dans 78 parties d'eau bouillante, presque insoluble dans l'alcool. Elle ne se décompose qu'au-dessus de 150°.

b) L'hypoxanthine est à la fois susceptible de s'unir avec les acides et avec les bases.

Avec l'acide chlorhydrique, elle donne un chlorhydrate cristallisé en aiguilles nacrées $C^5H^4Az^4O.HCl$, qui forme avec le chlorure de platine un chloroplatinate cristallisé :

$$(C^5H^4Az^4O.HCl)^2.\ PtCl^4.$$

Avec les bases alcalines, l'hypoxanthine forme des combinaisons solubles ; aussi se dissout-elle dans la soude, la potasse et l'ammoniaque. Elle est précipitée de ces solutions par l'anhydride carbonique et par l'acide acétique.

c) Oxydée par le permanganate de potassium, elle se transforme en xanthine.

253. Caractères. — L'hypoxanthine donne la réaction xanthique (**249**. 5) lorsqu'on emploie pour l'effectuer l'acide azotique concentré ou fumant ; avec un acide azotique de densité 1,2 on n'obtient plus de coloration. (Caractère distinctif d'avec la xanthine et la guanine.)

L'*épisarcine* $C^4H^6Az^3O$ est un corps voisin de l'hypoxanthine, qui a été isolé par M. Balke dans la purification de ce corps. L'urine humaine en renferme des traces.

La *carnine* $C^7H^8Az^4O^3$ a des relations étroites avec l'hypoxanthine dont elle diffère par les éléments de l'acide acétique. Elle a été trouvée par M. Weidel dans l'extrait de viande de Liebig. La carnine est en petites masses blanches ; elle est soluble dans l'eau chaude, peu soluble dans l'eau froide, insoluble dans l'alcool et l'éther. Sa solution aqueuse est neutre.

L'eau de brome décompose une solution chaude de carnine en donnant naissance à du bromhydrate d'hypoxanthine.

$$\underbrace{C^7H^8Az^4O^3}_{\text{Carnine.}} + \underbrace{Br^2}_{\text{Brome.}} = \underbrace{C^5H^4Az^4O.HBr}_{\text{Bromhydrate d'hypoxanthine.}} + \underbrace{CH^3Br}_{\text{Bromure de méthyle.}} + CO^2$$

XANTHINE $C^5H^4Az^4O^2$

254. État naturel. — La xanthine se rencontre dans certains calculs vésicaux très rares, où M. Marcet l'a découverte. Elle se trouve en petite quantité dans l'urine normale de l'homme (1). Le foie, la rate, le pancréas, le thymus, les muscles, le cerveau en renferment également. Elle est presque toujours accompagnée de sarcine ou de guanine.

255. Extraction ; préparation ; synthèse. — On sait qu'on extrait la xanthine des muscles et on a vu (**251**) comment on la sépare de l'hypoxanthine.

On prépare facilement la xanthine, en faisant agir l'acide azoteux sur la guanine.

M. A. Gautier a réalisé la synthèse de la xanthine, en même temps que celle de la méthylxanthine, en chauffant à 145° de l'acide cyanhydrique avec de l'eau et un excès d'acide acétique.

$$\underbrace{11\,CAzH}_{\text{Acide cyanhydrique.}} + 4\,H^2O = \underbrace{C^5H^4Az^4O^2}_{\text{Xanthine.}} + \underbrace{C^6H^6Az^4O^2}_{\text{Méthylxanthine.}} + 3\,AzH^3$$

256. Propriétés. — La xanthine est une poudre blanche, qui prend l'éclat cireux par le frottement. Elle est presque complètement insoluble dans l'eau froide et peu soluble dans l'eau bouillante. L'alcool et l'éther ne la dissolvent pas.

Comme l'hypoxanthine, la xanthine se dissout dans les solutions alcalines, même dans l'ammoniaque, et dans les acides étendus.

(1) 300 kilogrammes d'urine ne donnent guère que 1 gramme de xanthine.

257. Caractères. — 1. La xanthine donne la réaction xanthique (**249.** 5).

2. *Réaction de Weydel.* — On dissout la xanthine dans l'eau de brome et on évapore dans une capsule au bain-marie. Le résidu se colore en rouge par l'action de vapeurs ammoniacales. — Les autres composés xanthiques ne donnent cette réaction que lorsqu'on ajoute à l'eau de brome une trace d'acide azotique.

258. Homologues et congénères de la xanthine. — Deux bases faibles extraites du règne végétal, la *théobromine* et la *caféine*, sont des dérivés substitués de la xanthine.

La *théobromine*, qu'on extrait du cacao, est de la diméthylxanthine. On a, en effet, obtenu artificiellement ce corps en traitant le dérivé plombique de la xanthine par l'iodure de méthyle. La théobromine cristallise en fines aiguilles peu solubles dans l'eau.

La *caféine*, qu'on extrait du café vert et du thé, est de la triméthylxanthine ; elle a été obtenue artificiellement en traitant la théobromine argentique par l'iodure de méthyle. La caféine cristallise en longues aiguilles contenant une molécule d'eau de cristallisation; elle est assez soluble dans l'eau. On l'emploie en médecine comme médicament cardiaque.

L'*hétéroxanthine* $C^6H^6Az^4O^2$, isomère de la monométhylxanthine, a été signalée en petite quantité dans l'urine du chien.

La *paraxanthine* $C^7H^8Az^4O^2$, isomère de la théobromine, a été découverte par M. Salomon, qui l'a retirée de l'urine normale de l'homme. Elle cristallise en aiguilles anhydres, qui se subliment à 190°.

La *pseudoxanthine* $C^4H^5Az^5O$ a été découverte par M. A. Gautier dans les muscles. Ses propriétés sont analogues à celles de la xanthine.

GUANINE $C^5H^5Az^5O$

259. Extraction. — La guanine se trouve en quantité notable dans le guano du Pérou. On la rencontre, en faible proportion, dans le foie et le pancréas de l'homme. L'extrait de viande de Liebig en renferme aussi.

La guanine s'extrait du guano ; elle est souvent mêlée de xanthine ou d'hypoxanthine.

On sépare la guanine de la xanthine à l'aide de l'acide chlorhydrique ; le chlorhydrate de xanthine est très peu soluble, tandis que le chlorhydrate de guanine est facilement soluble dans l'eau. On précipite la guanine de son chlorhydrate par l'ammoniaque. — Pour séparer la guanine de l'hypoxanthine, on traite le mélange par l'eau bouillante, qui dissout l'hypoxanthine.

260. Propriétés. — A. PHYSIQUES. — La guanine est une poudre blanche, amorphe, insoluble dans l'eau, l'alcool et l'éther.

B. CHIMIQUES. — *a*) La guanine se combine avec les acides et avec les bases, comme la xanthine et l'hypoxanthine.

b) L'acide azoteux transforme la guanine en xanthine. — Dans cette réaction, il se forme toujours en même temps de la xanthine nitrée, qui se convertit en xanthine sous l'influence des agents de réduction.

c) Lorsqu'on fait agir sur la guanine un mélange d'acide chlorhydrique et de chlorate de potassium, on obtient une base connue sous le nom de *guanidine* (**264**) et les produits de décomposition de l'alloxane : acide parabanique et acide carbonique. — La xanthine et l'acide urique se décomposent d'une manière analogue, par les agents d'oxydation, en donnant de l'urée (au lieu de guanidine) et de l'alloxane.

$$\underbrace{C^5H^5Az^5O}_{\text{Guanine.}} + H^2O + 3\,O = \underbrace{CH^5Az^3}_{\text{Guanidine.}} + \underbrace{C^3H^2Az^2O^3}_{\text{Acide parabanique.}} + CO^2$$

$$\underbrace{C^5H^4Az^4O^2}_{\text{Xanthine.}} + H^2O + 2\,O = \underbrace{COAz^2H^4}_{\text{Urée.}} + \underbrace{C^4H^2Az^2O^4}_{\text{Alloxane.}}$$

$$\underbrace{C^5H^4Az^4O^3}_{\text{Acide urique.}} + H^2O + O = \underbrace{COAz^2H^4}_{\text{Urée.}} + \underbrace{C^4H^2Az^2O^4}_{\text{Alloxane.}}$$

261. Caractères. — 1. La guanine donne la réaction xanthique.

2. La guanine, dissoute dans l'acide chlorhydrique et additionnée d'une solution saturée d'acide picrique, donne peu à peu un précipité cristallin.

ADÉNINE $C^5H^5Az^5$

262. État naturel. — L'adénine a été découverte dans le pancréas par M. Kossel qui l'a également obtenue *in vitro* en décomposant certaines nucléines par les acides étendus. On peut extraire l'adénine de presque toutes les glandes, mais non des muscles. Cette base se rencontre aussi dans les ganglions lymphatiques et dans l'urine des leucémiques. On la trouve enfin dans le règne végétal, notamment dans les feuilles de thé.

263. Propriétés. — L'adénine cristallise en longues aiguilles hexagonales renfermant trois molécules d'eau de cristallisation ; elle est légèrement soluble dans l'eau et dans l'alcool, insoluble dans l'éther.

Elle forme, avec les alcalis et avec les acides, des combinaisons assez solubles.

GUANIDINES ET BASES CRÉATINIQUES

264. Constitution. — On sait que l'acide cyanique, en présence de l'ammoniaque, donne de l'urée ; de même, la cyanamide (**217.** *b*) fixe de l'ammoniaque pour donner de la *guanidine*.

$$\underbrace{C\begin{smallmatrix}\nearrow AzH \\ \searrow O\end{smallmatrix}}_{\text{Acide cyanique.}} + \underbrace{AzH^3}_{\text{Ammoniaque.}} = \underbrace{CO\begin{smallmatrix}\nearrow AzH^2 \\ \searrow AzH^2\end{smallmatrix}}_{\text{Urée.}}$$

$$\underbrace{C\begin{smallmatrix}\nearrow AzH \\ \searrow AzH\end{smallmatrix}}_{\text{Cyanamide.}} + \underbrace{AzH^3}_{\text{Ammoniaque.}} = \underbrace{C\begin{smallmatrix}\nearrow AzH^2 \\ =AzH \\ \searrow AzH^2\end{smallmatrix}}_{\text{Guanidine.}}$$

La guanidine nous apparaît donc comme de l'urée dont l'oxygène a été remplacé par le radical bivalent (AzH).

La guanidine a été découverte par Strecker, en oxydant la guanine (**260.** B. *c*). Elle se forme aussi dans l'oxydation des matières albuminoïdes par le permanganate de potassium. C'est une substance cristallisée, déliquescente, de saveur brûlante, fortement alcaline.

On conçoit facilement l'existence de guanidines substituées, c'est-à-dire, de composés qui dérivent de la guanidine par la substitution de radicaux alcooliques à l'hydrogène de la guanidine. De fait, la cyanamide s'unit aux amines comme elle s'unit à l'ammoniaque. Ex. :

$$\underbrace{C\begin{smallmatrix}\nearrow AzH \\ \searrow AzH\end{smallmatrix}}_{\text{Cyanamide.}} + \underbrace{AzH^2,C^6H^5}_{\text{Phénylamine.}} = \underbrace{C\begin{smallmatrix}\nearrow AzH,C^6H^5 \\ =AzH \\ \searrow AzH^2\end{smallmatrix}}_{\text{Phénylguanidine.}}$$

Le glycocolle, qui est une amine-acide, s'unit de même à la cyanamide ; la guanidine substituée ainsi formée a reçu le nom de *glycocyamine*.

$$\underbrace{C\begin{smallmatrix}\nearrow AzH \\ \searrow AzH\end{smallmatrix}}_{\text{Cyanamide.}} + \underbrace{AzH^2,CH^2-CO,OH}_{\text{Glycocolle.}} = \underbrace{C\begin{smallmatrix}\nearrow AzH,CH^2-CO,OH \\ =AzH \\ \searrow AzH^2\end{smallmatrix}}_{\text{Glycocyamine.}}$$

De même, le méthylglycocolle ou sarcosine se combine à la cyanamide en donnant la *méthylglycocyamine* ou *créatine*, substance très répandue dans l'économie animale.

$$\underbrace{C\begin{smallmatrix}\nearrow AzH \\ \searrow AzH\end{smallmatrix}}_{\text{Cyanamide.}} + \underbrace{AzH(CH^3),CH^2{-}CO,OH}_{\text{Méthylglycocolle.}} = \underbrace{C\begin{smallmatrix}\diagup Az(CH^3),CH^2{-}CO,OH \\ {=}AzH \\ \diagdown AzH^2\end{smallmatrix}}_{\text{Créatine.}}$$

D'autres amines-acides s'unissent également à la cyanamide et donnent des composés analogues à la glycocyamine et à la créatine. L'alanine fournit l'*alacréatine* (Baumann), la taurine donne la *taurocyamine* (R. Engel) et l'acide sulfanilique la *sulfanilocyamine* (J. Ville).

265. Propriétés. — *a*) Les guanidines, sous l'influence des agents d'hydratation, se décomposent en urée et régénèrent la base, qui s'était unie à la cyanamide pour donner la guanidine.

$$\underbrace{C\begin{smallmatrix}\diagup AzH^2 \\ {=}AzH \\ \diagdown AzH^2\end{smallmatrix}}_{\text{Guanidine.}} + \underbrace{HOH}_{\text{Eau.}} = \underbrace{AzH^3}_{\text{Ammoniaque.}} + \underbrace{CO\begin{smallmatrix}\diagup AzH^2 \\ \diagdown AzH^2\end{smallmatrix}}_{\text{Urée.}}$$

$$\underbrace{C\begin{smallmatrix}\diagup AzH,CH^2{-}CO,OH \\ {=}AzH \\ \diagdown AzH^2\end{smallmatrix}}_{\text{Glycocyamine.}} + \underbrace{HOH}_{\text{Eau.}} = \underbrace{AzH^2,CH^2{-}CO,OH}_{\text{Glycocolle.}} + \underbrace{CO\begin{smallmatrix}\diagup AzH^2 \\ \diagdown AzH^2\end{smallmatrix}}_{\text{Urée.}}$$

b) Les guanidines substituées présentent, comme la guanidine elle-même, des propriétés basiques très nettes ; elles forment avec les acides des sels bien définis.

CRÉATINE $C^4H^9Az^3O^2$

266. État naturel. — La créatine se trouve d'une manière constante dans les muscles des animaux. On la rencontre aussi dans le cerveau, dans le sang, dans le lait, dans le liquide amniotique et dans les exsudats. On a pu en retirer de l'urine ; mais la créatine n'y préexiste pas, elle s'y forme par l'hydratation d'une autre substance, la créatinine (**273.** B. *c*), dont la présence dans l'urine est constante.

267. Préparation. — Un grand nombre de procédés ont été indiqués pour extraire la créatine des muscles. Nous donnerons ici le procédé de Liebig et celui de Stœdeler. Ces procédés ont, en effet, servi de base aux autres procédés qui ont pour but l'extraction spéciale ou le dosage des diverses matières extractives des muscles.

1. *Procédé de Liebig.* — On traite de la viande finement hachée par son volume d'eau froide. Au bout de vingt-quatre heures, on exprime et on reprend le résidu par de l'eau à 55°. On réunit les liquides et on porte à l'ébullition pour coaguler l'albumine. On filtre et on ajoute de l'eau de baryte, tant que le trouble augmente ; on précipite ainsi l'acide phosphorique à l'état de phosphate de baryum insoluble. On filtre et, dans le liquide filtré et chauffé, on dirige un courant d'anhydride carbonique pour précipiter l'excès de baryte ; on filtre de nouveau et on concentre. Au bout de quelques jours, la majeure partie de la créatine se dépose ; on recueille les cristaux sur un filtre. — Pour isoler les autres matières extractives, on ajoute de l'alcool aux eaux mères ; la taurine, l'hypoxanthine et la xanthine se déposent, tandis que les lactates alcalins restent en dissolution.

2. *Procédé de Stœdeler.* — La viande hachée menu est délayée dans l'alcool. On chauffe modérément et on exprime. Le résidu est traité par de l'eau à 50° pendant plusieurs heures. On exprime une seconde fois et on réunit les liquides des deux opérations. On chasse l'alcool par distillation, on filtre pour séparer l'albumine, on concentre les liqueurs, puis on y verse de l'acétate neutre de plomb, jusqu'à cessation de précipité. On filtre et on ajoute du sous-acétate de plomb. Après douze heures, on recueille ce deuxième précipité plombique sur un filtre. Au liquide filtré, on ajoute de l'acétate mercurique, et, après un repos prolongé, on recueille le précipité sur un filtre. On traite la liqueur filtrée par un courant d'hydrogène sulfuré ; on se débarrasse, par filtration, des sulfures précipités et on concentre entre 40° et 50°. La créatine se dépose en cristaux.

Le précipité obtenu par le sous-acétate de plomb est mis en suspension dans l'eau et traité par un courant d'hydrogène sulfuré. On filtre, et, par des cristallisations successives, on obtient la xanthine et l'inosite.

On traite de même le précipité obtenu par l'acétate mercurique. On obtient, par cristallisation, encore un peu de xanthine et de l'hypoxanthine.

268. Propriétés. — A. Physiques. — La créatine, purifiée par cristallisation, est un corps blanc, inodore, à saveur amère. Elle cristallise en prismes rhomboïdaux, avec une molécule d'eau de cristallisation (fig. 39); ces cristaux perdent leur eau à 100°. La créatine se dissout dans 74 parties d'eau froide; elle est beaucoup plus soluble dans l'eau bouillante. L'alcool n'en dissout que des traces.

Fig. 39. — Cristaux de créatine.

B. Chimiques. — *a*) Chauffée au-dessus de 100°, la créatine se décompose facilement.

b) La créatine est un corps à fonction mixte, à la fois amine et acide. Aussi a-t-on obtenu des combinaisons salines de créatine avec les acides (Dessaignes) et avec les oxydes métalliques (R. Engel).

c) Les acides concentrés font perdre une molécule d'eau à la créatine et la transforment en un anhydride interne, la *créatinine*.

$$\underbrace{C\begin{array}{l}\diagup Az(CH^3)CH^2 \\ =AzH \qquad\quad | \\ \diagdown AzH^2 \quad\; CO,OH\end{array}}_{\text{Créatine.}} - \underbrace{H^2O}_{\text{Eau.}} = \underbrace{C\begin{array}{l}\diagup Az(CH^3)CH^2 \\ =AzH \qquad\quad | \\ \diagdown AzH - CO\end{array}}_{\text{Créatinine.}}$$

La transformation de la créatine en créatinine a aussi lieu par l'ébullition prolongée de sa solution aqueuse.

d) Maintenue en ébullition avec de l'eau de baryte, la créatine fixe les éléments d'une molécule d'eau et se dédouble en urée et en *sarcosine* ou méthylglycocolle (**184**).

$$\underbrace{C\begin{array}{l}\diagup Az(CH^3)-CH^2 \\ =AzH \qquad\quad | \\ \diagdown AzH^2 \quad\; CO,OH\end{array}}_{\text{Créatine.}} + \underbrace{H^2O}_{\text{Eau.}} = \underbrace{CO\begin{array}{l}\diagup AzH^2 \\ \diagdown AzH^2\end{array}}_{\text{Urée.}} + \underbrace{\begin{array}{r}AzH(CH^3)-CH^2 \\ | \\ CO,OH\end{array}}_{\text{Sarcosine.}}$$

e) La créatine en solution abandonne tout son azote sous l'influence de l'hypobromite de sodium et seulement la moitié par l'action de l'acide azoteux.

269. Caractères. — On caractérise la créatine:

1. En la transformant en créatinine (**272**) et caractérisant cette dernière substance.

2. En formant le composé argentique de la créatine. La créatine n'est précipitée ni par l'azotate d'argent, ni par l'azotate d'argent ammoniacal. Mais si l'on ajoute à de la créatine en solution concentrée de l'azotate d'argent d'abord, puis un peu de potasse étendue, on obtient un précipité blanc. Si l'on con-

tinue l'addition de la potasse, le précipité blanc se redissout, on obtient alors un liquide citrin qui, au bout de quelques instants, se prend en une masse gélatineuse, assez consistante pour qu'il soit possible de renverser le verre dans lequel s'est faite l'expérience. Si l'on abandonne à elle-même cette gelée, elle brunit rapidement et, au bout de quelques heures, devient complètement noire; cette réduction s'opère instantanément à chaud (R. Engel).

3. En ajoutant du sublimé corrosif à une solution saturée de créatine en excès et en traitant le mélange par un peu de potasse, on obtient un précipité blanc qui noircit lorsqu'on le chauffe au sein de la liqueur mère (R. Engel).

270. Physiologie. — La créatine est un produit de désassimilation des matières albuminoïdes. Elle se produit surtout dans les muscles; on peut évaluer à 90 grammes environ la quantité de créatine contenue dans la musculature de l'homme.

Une partie de la créatine est transformée en créatinine et éliminée sous cette forme par l'urine.

D'autre part, la facile décomposition de la créatine, *in vitro*, en sarcosine et urée rend très probable la transformation en urée d'une partie de la créatine formée dans l'organisme; il est à remarquer en outre, que dans l'économie la créatine est très abondante par rapport à l'urée et que la proportion de ces substances dans l'urine est renversée. Néanmoins, l'ingestion de créatine ne détermine pas d'une façon nette l'augmentation de l'urée dans l'urine; il se produit surtout une augmentation de la créatinine.

L'*amphicréatine* $C^9H^{19}Az^7O^4$ est une base, que M. A. Gautier a retirée de la viande, et dont les propriétés sont analogues à celles de la créatine.

CRÉATININE $C^4H^7Az^3O$

271. État naturel. — La créatinine se trouve normalement et d'une manière constante dans l'urine de l'homme et dans celle de quelques mammifères. On a signalé sa présence dans la sueur et dans le lait; mais d'après plusieurs auteurs, la créatinine se serait formée, dans ces cas, aux dépens de la créatine, pendant la préparation.

272. Préparation. — 1. On obtient la créatinine en faisant bouillir une solution de créatine avec de l'acide sulfurique étendu au 1/5e et saturant l'acide par du carbonate de baryum. On filtre, on fait bouillir et on évapore jusqu'à cristallisation.

2. Neubauer a indiqué la méthode suivante pour extraire la créatinine de l'urine. On traite celle-ci par un lait de chaux jusqu'à neutralisation, et on ajoute du chlorure de calcium; on précipite ainsi les phosphates. On évapore le liquide filtré jusqu'à consistance sirupeuse et on épuise le résidu par de l'alcool absolu, qui dissout la créatinine. On laisse reposer, on filtre et on mélange le liquide clair avec une solution concentrée et neutre de chlorure de zinc. Il se forme une combinaison cristallisée de chlorure de zinc et de créatinine, dont la séparation n'est complète qu'au bout de quarante-huit heures environ. On délaye cette combinaison dans de l'eau et on y ajoute de l'hydrate de plomb. Il se sépare du chlorure de plomb et de l'oxyde de zinc, et la créatinine reste en solution. On fait cristalliser.

273. Propriétés. — A. Physiques. — La créatinine est en prismes brillants (fig. 40), incolores, d'une saveur alcaline pro-

Fig. 40. — Créatinine.

noncée. Elle est soluble dans l'eau froide (9 p. 100), plus soluble dans l'eau bouillante. Elle se dissout aussi dans l'alcool froid (1 p. 100) et plus abondamment dans l'alcool bouillant; elle est presque insoluble dans l'éther. La créatinine n'est pas volatile.

B. Chimiques. — *a*) La créatinine est une base, bleuissant le papier rouge de tournesol; elle déplace en partie l'ammoniaque des sels ammoniacaux et forme avec les acides des sels neutres, parfaitement cristallisés.

b) La créatinine se combine avec certains sels. La combinaison avec le chlorure de zinc $(C^4H^7Az^3O)^2.ZnCl^2$ est la plus importante ; on la désigne souvent sous le nom impropre de chlorure double de zinc et de créatinine (1).

On l'obtient en ajoutant à une solution de créatinine une solution concentrée de chlorure de zinc parfaitement neutre. Il se produit immédiatement un précipité cristallin de la combinaison de créatinine et de chlorure de zinc. Ce composé cristallise ordinairement en fines aiguilles disposées en étoiles, quelquefois en prismes isolés et plus volumineux (fig. 41).

Fig. 41. — Chlorure double de zinc et de créatinine.

c) La créatinine, abandonnée pendant un certain temps en présence des alcalis, fixe de l'eau et passe à l'état de créatine.

d) Chauffée avec de la baryte en tube scellé, la créatinine donne de la *méthylhydantoïne*, anhydride interne de l'acide méthylhydantoïque.

$$\underbrace{AzH{=}C\begin{cases} Az(CH^3)CH^2 \\ \quad\quad\quad\;\; | \\ AzH - CO \end{cases}}_{\text{Créatinine.}} + H^2O = \underbrace{CO\begin{cases} Az(CH^3)CH^2 \\ \quad\quad\quad\;\; | \\ AzH - CO \end{cases}}_{\text{Méthylhydantoïne.}} + AzH^3$$

(1) Le véritable chlorure double de zinc et de créatinine $C^4H^7Az^3O.HCl.ZnCl^2$ s'obtient en dissolvant la combinaison de créatinine et de chlorure de zinc dans l'acide chlorhydrique et précipitant par l'acétate de sodium.

e) La créatinine se détruit complètement à froid sous l'influence de l'hypobromite de sodium ; tout son azote se dégage à l'état de liberté.

f) La créatinine réduit à chaud et au bout de quelque temps la liqueur de Fehling (**78**. 4).

274. Caractères. — On caractérise la créatinine de la manière suivante :

1. On précipite sa solution aqueuse concentrée par le chlorure de zinc, et on examine le précipité au microscope.

2. *Réaction de Weyl.* — On ajoute à la solution de créatinine quelques gouttes d'une solution fraîchement préparée de nitroprussiate de sodium, puis, goutte à goutte, une solution étendue de soude caustique. Le liquide prend une belle couleur rouge rubis, qui s'altère au bout de quelques minutes en passant au jaune. Cette réaction permet de déceler la créatinine dans une solution qui n'en contient que 0,2 p. 1.000.

Dans les mêmes conditions, l'acétone donne une coloration analogue (**158**. 2).

3. *Réaction de Jaffé.* — On ajoute à une solution de créatinine quelques gouttes d'acide picrique, puis un peu de potasse. On obtient une coloration variant du rouge orangé au rouge vif, selon que la solution est plus ou moins riche en créatinine.

Les réactions de Weyl et de Jaffé permettent de déceler directement la créatinine dans l'urine.

275. Physiologie. — A. Origine. — La créatinine de l'urine provient de la déshydratation de la créatine de l'organisme. Il est peu probable que cette déshydratation s'effectue dans le sang, car en milieu alcalin, la transformation inverse tend à se produire ; la formation de la créatinine a plutôt lieu dans le rein où un liquide acide, l'urine, prend naissance aux dépens du plasma alcalin du sang.

B. Élimination. — La créatinine est éliminée presque exclusivement par l'urine ($0^g,6$ à $1^g,4$ par jour à l'état normal). M. Hoffmann a également trouvé de la créatinine dans les fèces, après une alimentation riche en azote. Enfin, on a pu déceler de la créatinine dans la sueur et, dans certains états pathologiques (oligurie, anurie), dans les vomissements.

M. A. Gautier a retiré des muscles deux bases, qui présentent avec la créatinine des analogies très marquées :

La *crusocréatinine* $C^5H^8Az^4O$ ne diffère de la créatinine que par les éléments de l'acide cyanhydrique CAzH; c'est une base cristallisée, bleuissant légèrement le tournesol, qui forme des sels bien cristallisés et qui précipite par le chlorure de zinc.

La *xanthocréatinine* $C^5H^{10}Az^4O$ cristallise en paillettes brillantes de couleur jaune soufre, solubles dans l'eau et dans l'alcool bouillant; elle précipite également par le chlorure de zinc.

AMINES-AMIDES

276. Définition; préparation. — *a*) Les *amines-amides* sont des composés possédant à la fois la fonction amine et la fonction amide; ils dérivent de l'ammoniaque par la substitution à l'hydrogène de plusieurs radicaux, dont les uns sont des radicaux d'alcools et les autres des radicaux d'acides. Ex :

$$\underbrace{Az\begin{cases}H\\CH^3\\C^2H^3O\end{cases}}_{\text{Méthylacétamide.}}\qquad \underbrace{Az\begin{cases}H\\C^6H^5\\C^2H^3O\end{cases}}_{\text{Phénylacétamide (antifébrine).}}\qquad \underbrace{Az\begin{cases}CH^3\\C^6H^5\\C^2H^3O\end{cases}}_{\text{Méthylphénylacétamide (exalgine).}}$$

Ces corps se préparent par des procédés analogues à ceux qui fournissent les amines et les amides. Ainsi, par exemple, en traitant une monamine primaire par le chlorure d'un radical d'acide, on obtient une amine-amide.

$$\underbrace{AzH^2,CH^3}_{\text{Méthylamine.}} + \underbrace{C^2H^3O,Cl}_{\text{Chlorure d'acétyle.}} = \underbrace{HCl}_{\text{Acide chlorhydrique.}} + \underbrace{AzH,C^2H^3O,CH^3}_{\text{Méthylacétamide.}}$$

b) Le glycocolle (**179**) est un corps à fonction amine. On peut donc, comme dans la méthylamine, remplacer un atome d'hydrogène du groupement AzH^2 du glycocolle par un radical d'acide. On obtient ainsi une amine-amide qui, comme le glycocolle lui-même, possède encore la fonction acide. Deux amines-amides dérivées du glycocolle existent dans l'économie animale.

L'une, l'*acide hippurique*, est du glycocolle dans lequel un atome d'hydrogène du groupement AzH^2 est remplacé par le radical benzoyle.

$$\underbrace{Az\begin{cases}H\\H\\CH^2-CO,OH\end{cases}}_{\text{Glycocolle.}} + \underbrace{C^7H^5O,Cl}_{\text{Chlorure de benzoyle.}} = \underbrace{HCl}_{\text{Acide chlorhydrique.}} + \underbrace{Az\begin{cases}H\\(C^7H^5O)\\CH^2-CO,OH\end{cases}}_{\text{Acide hippurique.}}$$

L'autre, l'*acide glycocholique*, est du glycocolle dans lequel un atome d'hydrogène du groupement AzH^2 est remplacé par le radical $(C^{24}H^{39}O^4)$ de l'acide cholalique.

L'*acide taurocholique*, qu'on trouve dans la bile de l'homme, est un composé du même ordre. Il dérive de la taurine par la substitution du radical de l'acide cholalique à un atome d'hydrogène du groupement amidogène AzH^2.

$$Az\begin{cases}H\\(C^{24}H^{39}O^4)\\CH^2-CO,OH\end{cases}\qquad Az\begin{cases}H\\(C^{24}H^{39}O^4)\\CH^2-CH^2,SO^3H\end{cases}$$

Acide glycocholique. Acide taurocholique.

277. Propriétés. — *Les amines-amides secondaires se dédoublent sous l'influence des agents d'hydratation (ébullition avec les acides ou les alcalis étendus), en un acide et en une amine.*

$$\underbrace{Az\begin{cases}H\\(C^7H^5O)\\CH^2-CO,OH\end{cases}}_{\text{Acide hippurique.}} + \underbrace{H,OH}_{\text{Eau.}} = \underbrace{C^7H^5O,OH}_{\text{Acide benzoïque.}} + \underbrace{Az\begin{cases}H\\H\\CH^2-CO,OH\end{cases}}_{\text{Glycocolle.}}$$

ACIDE HIPPURIQUE $C^9H^9AzO^3$

278. État naturel. — L'acide hippurique existe normalement dans l'urine des herbivores. Il ne se trouve qu'en petite quantité et quelquefois manque complètement dans l'urine de l'homme. Il y augmente dans certaines maladies, la chorée, le diabète, les fièvres intenses. Il en est de même après l'ingestion d'acide ou d'aldéhyde benzoïque, d'acide cinnamique, d'acide quinique ou de certains fruits qui renferment des dérivés benzoïques ou cinnamiques.

279. Préparation. — On prépare l'acide hippurique en concentrant au dixième environ de l'urine de cheval fraîchement émise et ajoutant un fort excès d'acide chlorhydrique. L'acide hippurique se sépare par cristallisation ; la séparation est complète au bout de douze heures. Les cristaux obtenus ne sont pas purs ; ils sont colorés en brun ou en jaune. Pour les purifier, on les dissout dans la soude, on filtre et on reprécipite, dans le liquide filtré et concentré, l'acide hippurique par un excès d'acide chlorhydrique. On recueille les cristaux, on les fait dissoudre dans l'eau bouillante, et on décolore la solution par du noir animal. Par le refroidissement, il se dépose de beaux cristaux peu colorés d'acide hippurique. La concentration des eaux mères en fournit une nouvelle quantité.

On obtient des cristaux d'acide hippurique tout à fait blancs, en additionnant leur solution bouillante de quelques gouttes d'acide chlorhydrique et d'un cristal de chlorate de potassium et faisant recristalliser.

280. Propriétés. — A. PHYSIQUES. — L'acide hippurique cris-

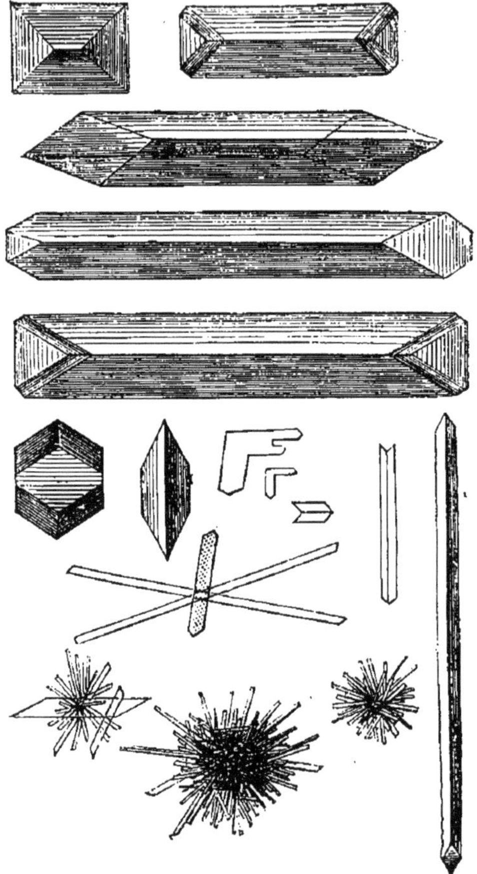

Fig. 42. — Acide hippurique.

tallise en beaux prismes quadrangulaires (fig. 42), qui sont quelquefois assez semblables aux cristaux de phosphate ammoniaco-magnésien (**52**). Cet acide est incolore, d'une saveur légèrement amère ; il se dissout aisément dans l'eau bouillante, peu dans l'eau froide (0,3 p. 100). L'alcool le dissout aussi, mais l'éther n'en dissout que très peu. Sa solution rougit fortement le tournesol. Il fond vers 130°.

B. Chimiques. — *a*) Vers 250°, l'acide hippurique se décompose en acide benzoïque, benzonitrile, et répand en même temps une odeur assez forte d'acide prussiqne.

b) Par l'ébullition prolongée avec les bases et les acides étendus, et sous l'influence de certains ferments, l'acide hippurique se dédouble en acide benzoïque et en glycocolle (**180**.2). Inversement, l'acide benzoïque et le glycocolle chauffés en tube scellé donnent de l'acide hippurique.

c) L'acide hippurique est un acide monobasique. Ses sels cristallisent facilement. Les hippurates alcalins et alcalino-terreux sont solubles dans l'eau; les hippurates alcalins sont également solubles dans l'alcool.

281. Recherche et caractères.—Lorsqu'on veut constater la présence de l'acide hippurique dans une urine, on opère comme pour la préparation de cet acide.

Les caractères de l'acide hippurique sont les suivants :

1. *Chauffé dans un tube à essai, il fond en un liquide huileux, se sublime en partie et se décompose en dégageant une odeur d'acide prussique.*

2. *Chauffé avec de la chaux hydratée, l'acide hippurique donne de la benzine et de l'ammoniaque.* (Caractère distinctif d'avec l'acide benzoïque et l'acide succinique.)

3. *Les hippurates alcalins donnent avec le perchlorure de fer un précipité brun, d'hippurate de fer.* (Ce caractère est commun aux acides hippurique, benzoïque et succinique.)

4. *Lorsqu'on traite la solution concentrée d'un hippurate par l'acide chlorhydrique, l'acide hippurique se sépare à l'état cristallisé.*

A ces caractères, il faut ajouter l'examen microscopique des cristaux d'acide hippurique.

282. Physiologie. — A. Origine. — *a*) L'acide hippurique se forme dans l'organisme aux dépens du glycocolle et de l'acide benzoïque. L'acide benzoïque, et par suite l'acide hippurique, a une origine double.

1. Il se forme aux dépens de substances contenues dans quelques-uns de nos aliments. L'acide hippurique apparaît en effet, en quantité souvent fort grande, dans les urines de l'homme et des animaux, après l'ingestion d'acide benzoïque, d'acide quinique et de différents autres corps pouvant facilement se transformer en acide benzoïque. Si on rapproche de ces faits

que l'acide hippurique se trouve surtout dans l'urine des herbivores et que, chez l'homme, il augmente après une alimentation végétale, on est conduit à admettre que des corps pouvant se transformer dans l'organisme en acide benzoïque se trouvent dans les aliments végétaux. De fait, on a constaté la présence de l'acide quinique dans les myrtilles, mais il a été impossible de démontrer la présence de l'acide benzoïque dans les fourrages ordinaires des herbivores.

2. D'un autre côté, on sait que l'oxydation des matières albuminoïdes donne naissance *in vitro* à de l'acide benzoïque. Il est donc probable que l'acide hippurique provient, en partie, de l'oxydation des matières albuminoïdes. L'augmentation de la quantité d'acide hippurique éliminée par les urines dans les fièvres intenses, se comprendrait facilement dans ce cas.

b) La formation de l'acide hippurique dans l'organisme aux dépens du glycocolle et de l'acide benzoïque est un phénomène de synthèse par déshydratation. Certains auteurs placent la formation de l'acide hippurique dans l'intestin, où du glycocolle est mis en liberté par suite de la décomposition, avec fixation d'eau, de l'acide glycocholique. Il est difficile de comprendre que, de deux composés du même genre, comme l'acide hippurique et l'acide glycocholique, l'un se forme avec élimination d'eau et l'autre se décompose avec fixation d'eau dans les mêmes conditions et au même endroit.

MM. Bunge et Schmiedeberg ont démontré que, *chez le chien*, la synthèse de l'acide hippurique a lieu exclusivement dans les reins. En effet quand, après avoir lié les vaisseaux des reins, on injecte dans le sang de cet animal un mélange de glycocolle et d'acide benzoïque et qu'on le sacrifie trois heures après, on ne peut déceler d'acide hippurique ni dans le sang, ni dans les muscles, ni dans le foie. Par contre si, dans un rein récemment extirpé, on pratique la circulation artificielle avec du sang défibriné additionné de glycocolle et d'acide benzoïque, on constate la formation d'acide hippurique.

B. État ; Élimination. — L'acide hippurique se trouve en dissolution dans les liquides de l'économie, soit à l'état de liberté, soit à l'état de sel. Il est éliminé par les urines.

De même que l'acide benzoïque $C^6H^5—CO,OH$ se transforme dans l'économie en acide hippurique, en fixant les éléments du glycocolle, de même les acides nitro-benzoïque, salicylique (oxybenzoïque), toluique (méthylbenzoïque), etc., passent dans les urines à l'état d'acides nitro-hippurique, salicylurique, toluylurique, etc.

$$Az\begin{cases}H\\ [C^6H^5-CO]\\ CH^2-CO,OH\end{cases} \qquad Az\begin{cases}H\\ [C^6H^4(AzO^2)-CO]\\ CH^2-CO,OH\end{cases} \qquad Az\begin{cases}H\\ [C^6H^4(OH)-CO]\\ CH^2-CO,OH\end{cases}$$

Acide hippurique. Acide nitrohippurique. Acide salicylurique.

ACIDE GLYCOCHOLIQUE $C^{26}H^{43}AzO^6$

Synonymie : Acide cholique.

283. État naturel. — L'acide glycocholique existe en même temps que l'acide taurocholique (**287**), à l'état de sel de sodium, dans la bile de l'homme et des herbivores ; il paraît manquer dans celle des carnivores.

Dans les cas d'ictère, on trouve quelquefois l'acide glycocholique dans le sang et dans l'urine de l'homme.

284. Préparation. — On concentre fortement de la bile de bœuf fraîche et on la traite par de l'alcool, qui précipite le mucus et les pigments, tandis que le glycocholate et le taurocholate de sodium restent en solution ; on agite avec du noir animal et on filtre. On évapore le liquide filtré, on reprend le résidu par l'alcool et on traite la solution alcoolique par un excès d'éther. Il se forme un précipité de glycocholate et de taurocholate de sodium, qui devient cristallin au bout de quelque temps (*bile cristallisée de Platner*).

On dissout ces cristaux dans un peu d'eau et on traite la solution par de l'acide sulfurique étendu, jusqu'à ce qu'il se produise un trouble persistant. L'acide glycocholique, beaucoup moins soluble que l'acide taurocholique, ne tarde pas à cristalliser. On lave les cristaux à l'eau et on les fait recristalliser dans l'alcool.

285. Propriétés. — A. Physiques. — L'acide glycocholique cristallise en fines aiguilles soyeuses (fig. 43), qui ne s'altèrent pas à l'air humide comme les cristaux d'acide taurocholique. Il est très peu soluble dans l'eau froide, plus soluble dans l'eau chaude d'où il cristallise par le refroidissement. L'alcool dissout aisément l'acide glycocholique ; mais l'éther n'en dissout que des traces. Les solutions d'acide glycocholique ont une saveur sucrée et un peu amère ; elles rougissent le tournesol. L'acide glycocholique dévie à droite le plan de la lumière polarisée.

B. Chimiques. — Par une ébullition prolongée avec une solution saturée de baryte caustique ou avec de l'acide chlorhydri-

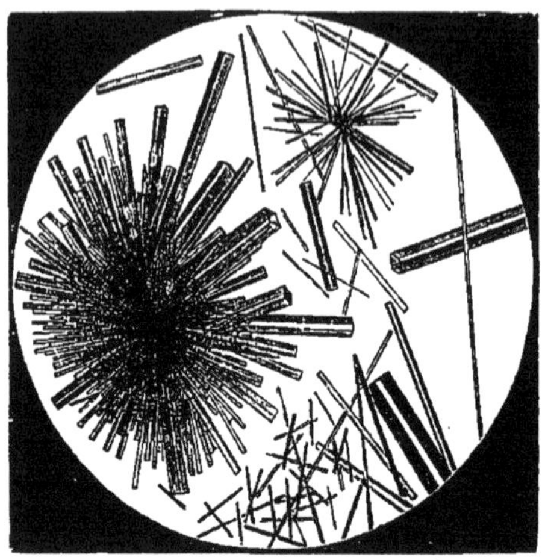

Fig. 43. — Acide glycocholique.

que, l'acide glycocholique se dédouble en acide cholalique et en glycocolle. (Dans le cas de l'acide chlorhydrique il peut se for-

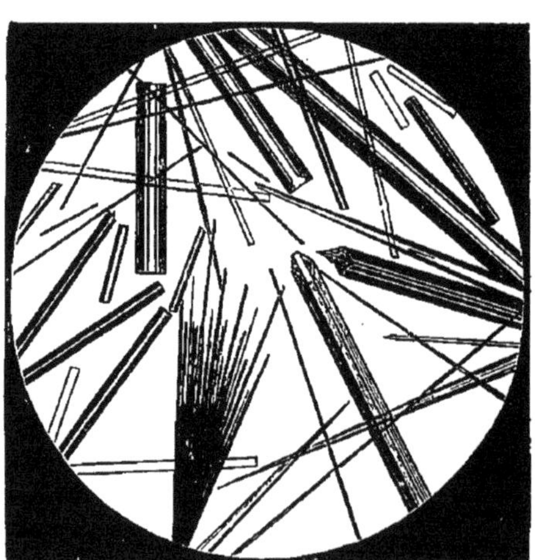

Fig. 44. — Glycocholate de sodium.

mer secondairement de la dyslysine (**152**.B), par déshydratation de l'acide cholalique.) A froid, les acides sulfurique, chlorhydrique, acétique, n'altèrent pas l'acide glycocholique.

L'acide glycocholique, acide monobasique, se dissout aisément dans les alcalis ; il se forme alors des glycocholates alcalins, solubles dans l'eau et dans l'alcool, insolubles dans l'éther. Les glycocholates de baryum et d'argent sont solubles aussi dans l'eau ; les autres glycocholates sont insolubles. Lorsqu'on traite par l'éther une solution alcoolique de glycocholate de sodium, ce sel se dépose en petits cristaux qui, au microscope, apparaissent sous forme de pinceaux ou de groupes étoilés de fines aiguilles (fig. 44).

286. Caractères. — 1. *L'acide glycocholique donne la réaction de Pettenkofer* (**153**).

2. *La facilité avec laquelle l'acide glycocholique cristallise, sa précipitation par l'acétate neutre de plomb, l'absence de soufre dans sa molécule, le distinguent de l'acide taurocholique.*

ACIDE TAUROCHOLIQUE $C^{26}H^{45}AzSO^{7}$

Synonymie : Acide choléique.

287. État naturel. — L'acide taurocholique existe, à l'état de sel, dans la bile de l'homme et d'un grand nombre d'animaux, à côté de l'acide glycocholique. La bile humaine contient environ deux fois moins d'acide taurocholique que d'acide glycocholique ; la bile de chien ne renferme que de l'acide taurocholique.

288. Préparation. — 1. On extrait l'acide taurocholique de la bile de chien. Pour cela, on traite la bile par le procédé indiqué à propos de l'acide glycocholique (**284**) pour obtenir la « bile cristallisée ». Les cristaux obtenus sont constitués dans ce cas par du taurocholate de sodium ; on les dissout dans l'eau, et on précipite l'acide taurocholique par l'addition d'acétate de plomb et d'ammoniaque. On lave le précipité, puis on le met en suspension dans l'alcool et on fait passer un courant d'hydrogène sulfuré. Le plomb se précipite à l'état de sulfure et l'acide taurocholique se dissout dans l'alcool ; on filtre et l'on évapore le liquide à une douce chaleur, jusqu'à consistance sirupeuse. Enfin, on précipite l'acide taurocholique par un grand excès d'éther. Le précipité, laissé pendant quelque temps en contact avec l'éther, devient cristallin.

2. On peut également extraire l'acide taurocholique de la bile humaine et de la bile de bœuf ; pour cela, on en extrait la « bile cristallisée ». On dissout les cristaux dans l'eau et on

traite la solution, d'abord par de l'acétate neutre de plomb pour précipiter l'acide glycocholique, puis par le sous-acétate de plomb additionné d'ammoniaque qui précipite du taurocholate de plomb ; on retire l'acide taurocholique de son sel de plomb comme dans le premier procédé.

289. Propriétés. — A. Physiques. — L'acide taurocholique cristallise en aiguilles fines et soyeuses, qui se transforment rapidement à l'air humide en un liquide sirupeux. Il est très soluble dans l'eau et dans l'alcool, insoluble dans l'éther. Ses solutions ont une saveur amère et sont fortement acides. L'acide taurocholique, comme l'acide glycocholique, est dextrogyre.

Les solutions de taurocholates et de glycocholates alcalins dissolvent de petites quantités de cholestérine et émulsionnent les graisses. Elles jouissent, en outre, de la propriété de détruire les globules sanguins.

B. Chimiques. — L'acide taurocholique se dédouble très facilement en taurine et en acide cholalique. Ce dédoublement a lieu par l'ébullition de l'acide taurocholique, soit avec des acides, soit avec des bases étendues. La même décomposition se produit pendant la putréfaction de la bile ; elle se fait aussi dans le tube digestif et probablement même dans le sang, car on ne trouve jamais d'acide taurocholique dans les urines ictériques, tandis qu'on y trouve quelquefois les acides glycocholique et cholalique. Une solution alcoolique d'acide taurocholique laisse déposer, après un certain temps, des cristaux de taurine.

Les taurocholates alcalins sont solubles dans l'eau et dans l'alcool, insolubles dans l'éther. Le taurocholate de baryum et la plupart des taurocholates sont solubles dans l'eau.

290. Caractères. — 1. *L'acide taurocholique donne la réaction de Pettenkofer* (**153**).

2. *L'acide taurocholique et le taurocholate de sodium ne sont pas précipités par l'acétate neutre de plomb, qui précipite les acides glycocholique et cholalique.* On peut ainsi facilement séparer ces deux derniers acides de l'acide taurocholique ; celui-ci est précipité par le sous-acétate de plomb additionné d'un peu d'ammoniaque.

3. *La présence du soufre et la production de taurine, sous l'influence de l'ébullition avec les acides étendus, donneront les dernières preuves de la présence de l'acide taurocholique.*

291. Physiologie. — A. Origine. — Les acides glycocholique et taurocholique se forment dans le foie, mais on ignore encore par quel mécanisme. Des expériences récentes ont cependant montré que, *in vitro*, le tissu hépatique frais, même réduit en bouillie, pouvait former des acides biliaires aux dépens de l'hémoglobine, en présence de glucose ou de glucogène.

B. État. — L'acide taurocholique et l'acide glycocholique se trouvent à l'état de sels de sodium, dans la bile des animaux terrestres; dans la bile des poissons de mer, ces acides se trouvent à l'état de sels de potassium. Ces sels, étant solubles, sont en dissolution dans le liquide biliaire.

C. Élimination. — Les acides taurocholique et glycocholique se décomposent dans le gros intestin, par hydratation, en acide cholalique et respectivement en taurine et en glycocolle. L'acide glycocholique est plus difficilement décomposable que l'acide taurocholique. Aussi trouve-t-on de petites quantités d'acide glycocholique dans les excréments des herbivores, tandis qu'on ne trouve jamais d'acide taurocholique dans les excréments des animaux, à l'état normal. Dans les fortes diarrhées, on trouve les acides biliaires non décomposés dans les évacuations.

Dans certains cas d'ictère, les acides biliaires sont résorbés dans le foie; ils passent dans le sang où ils subissent une décomposition plus ou moins complète. On peut alors trouver dans l'urine de l'acide glycocholique et de l'acide cholalique, produit de dédoublement des acides biliaires, mais pas d'acide taurocholique. D'après certains auteurs, les urines normales renfermeraient toujours des traces d'acides biliaires.

D. Action sur l'organisme. — Les sels des acides biliaires sont toxiques; d'après M. Rivosch, c'est surtout à eux que la bile doit sa toxicité. A doses modérées, leur injection dans le sang ou sous la peau provoque la destruction des globules rouges et consécutivement le passage de l'hémoglobine ou de ses dérivés dans l'urine.

PRODUITS DE DÉSASSIMILATION NON SÉRIÉS.

EXCRÉTINE — SÉROLINE — STERCORINE

292. Excrétine. — M. Marcet a retiré des excréments de l'homme un composé cristallisable, auquel il assigne la formule $C^{78}H^{156}O^2S$ et qu'il a nommé excrétine.

Il obtient ce composé en préparant avec les fèces un extrait alcoolique. Cette solution alcoolique dépose un acide gras fusible à 25°, auquel M. Marcet a donné le nom d'*acide excrétoléique;* cet acide n'est probablement qu'un mélange d'acides gras. La solution, débarrassée par filtration de cet acide excrétoléique, est traitée par un lait de chaux. Il se forme un précipité brun qui, séché, cède à l'éther une matière cristallisable, fusible à 95° ; c'est l'excrétine.

M. Hinterberger a assigné à l'excrétine la formule $C^{20}H^{36}O$. Les formules proposées par M. Marcet d'une part, par M. Hinterberger d'autre part, font assez comprendre combien on est peu fixé sur la composition de l'excrétine. Peut-être le composé de M. Hinterberger n'est-il que de la cholestérine impure.

293. Séroline. — M. Boudet a extrait du sérum sanguin une autre substance à laquelle il a donné le nom de séroline. Elle est en filaments microscopiques renflés de distance en distance. Pour certains auteurs, la séroline n'est qu'un mélange (cholestérine impure). D'après M. Flint, la séroline serait identique à la stercorine.

294. Stercorine. — La stercorine a été extraite des matières fécales par Flint. La stercorine serait un produit de transformation de la cholestérine. Celle-ci ne se rencontre pas dans les fèces des herbivores, quoiqu'elle soit sans cesse versée par la bile dans la partie supérieure de l'intestin. Elle se transformerait, dans son passage à travers l'intestin, en stercorine.

La stercorine cristallise en fines aiguilles microscopiques. Elle est neutre. L'acide sulfurique la colore en rouge, comme il le fait pour la cholestérine.

Les composés décrits sous les noms d'excrétine, de séroline et de stercorine, sont peut-être un seul et même corps (cholestérine ?), obtenu à un état plus ou moins grand de pureté.

ACIDE INOSIQUE $C^{10}H^{14}Az^{4}O^{11}$?

295. État naturel ; extraction. — L'acide inosique se trouve, à l'état de sel de potassium, dans la chair du poulet, de l'oie, des poissons.

Pour extraire ce composé, on opère comme pour l'extraction de la créatine par le procédé de Liebig (**267**). Après la cristallisation de la créatine, on traite les eaux mères par de l'alcool, jusqu'à formation d'un trouble laiteux. Après quelques jours de repos, il se dépose des cristaux d'inosate de potassium et de baryum, mélangés de créatine. On dissout ces cristaux dans l'eau bouillante et on ajoute du chlorure de baryum à la solution. Il se forme de l'inosate de baryum, qui cristallise par le refroidissement. On purifie l'inosate de baryum par cristallisation et on isole l'acide inosique en précipitant le baryum par l'acide sulfurique.

296. Propriétés. — L'acide inosique est un liquide sirupeux, dont la saveur rappelle celle du bouillon de bœuf. Il est soluble dans l'eau ; l'alcool précipite l'acide inosique de sa solution aqueuse. Les inosates alcalins sont solubles dans l'eau et cristallisables. L'inosate de baryum est soluble dans l'eau bouillante, peu soluble dans l'eau froide. Les inosates sont, en général, insolubles dans l'alcool et l'éther.

PTOMAÏNES ET LEUCOMAÏNES

297. Définition. — On a cru pendant longtemps que les alcaloïdes, substances azotées toxiques, susceptibles comme l'ammoniaque et les amines de se combiner directement avec les acides pour former des sels, se rencontraient exclusivement dans le règne végétal. M. A. Gautier a observé en 1872 que la fibrine pure et l'albumine de l'œuf, soumises à la fermentation bactérienne, donnent naissance à des alcaloïdes. Vers la même époque, M. Selmi retirait des cadavres des substances analogues aux alcaloïdes végétaux. Plus tard, en 1881, M. A. Gautier observa que la salive, les venins, les matières extractives de nos cellules normales contiennent toujours des substances azotées basiques de nature alcaloïdique.

On désigne sous le nom de *ptomaïnes* (de πτωμα, cadavre) les alcaloïdes qui se produisent pendant la décomposition bactérienne des matières albuminoïdes et, par extension, tous les alcaloïdes élaborés par les microorganismes. Les alcaloïdes élaborés par les cellules des tissus animaux, dans la régression des matières albuminoïdes, ont été appelés *leucomaïnes* (de λευκωμα, albumen de l'œuf).

D'après ces définitions, les bases xanthiques et créatiniques rentrent dans le groupe des leucomaïnes ; ces divers corps, dont la constitution est connue, ont été déjà décrits. Plusieurs ptomaïnes ont également une constitution connue : certaines sont des amines ; d'autres sont, comme nous le verrons, des dérivés de la pyridine.

Les noms de ptomaïnes et de leucomaïnes ne désignent donc pas un groupe de corps ayant une fonction chimique spéciale, mais simplement des substances azotées, basiques, se formant dans des conditions déterminées.

PTOMAÏNES

298. Extraction. — *a*) La méthode d'extraction employée par M. Gautier est la suivante : on épuise par l'eau bouillante les matières putréfiées, préalablement divisées, et on précipite la liqueur par l'acétate de plomb. Au liquide filtré on ajoute un léger excès d'acide oxalique, qui convertit les ptomaïnes en oxalates et précipite l'excès de plomb. On filtre de nouveau et on chauffe pour éliminer les acides gras volatils ; on neutralise ensuite par un lait de chaux la majeure partie de l'excès d'acide oxalique employé, on concentre à consistance sirupeuse, et on reprend par l'alcool à 98°, qui dissout les oxalates des ptomaïnes. On évapore la solution alcoolique et on traite le résidu vers 40° par un mélange de chaux et de carbonate de calcium : les ptomaïnes sont mises en liberté. Les ptomaïnes volatiles à cette température se dégagent, en même temps qu'un peu d'ammoniaque; on les recueille par condensation. Les ptomaïnes fixes sont extraites du résidu par l'alcool à 83° bouillant. Cette solution alcoolique, saturée d'acide chlorhydrique, laisse par évaporation les ptomaïnes à l'état de chlorhydrates. — On retire les ptomaïnes de leurs chlorhydrates en traitant ces sels par de la chaux et reprenant par l'alcool.

b) M. Brieger emploie une méthode différente, qui peut se résumer ainsi : on fait bouillir les matières pendant quelques minutes avec de l'eau légèrement acidulée d'acide chlorhydrique. Le liquide obtenu, qui renferme les ptomaïnes à l'état de chlorhydrates, est évaporé à consistance sirupeuse. Le résidu est repris par l'alcool, qui dissout les chlorhydrates; la solution alcoolique est précipitée par l'acétate de plomb, filtrée et débarrassée de l'excès de plomb par l'hydrogène sulfuré. On filtre de nouveau et, après avoir chassé l'hydrogène sulfuré par la chaleur, on traite la solution par une solution alcoolique de chlorure mercurique. Le précipité obtenu contient les chlorhydrates de ptomaïnes à l'état de combinaisons avec le chlorure mercurique. On extrait ces combinaisons du précipité en le traitant par l'eau chaude; la solution, débarrassée du chlorure de mercure par l'hydrogène sulfuré, est évaporée. On reprend le résidu par l'alcool; la solution alcoolique donne les chlorhydrates des ptomaïnes par évaporation.

299. Séparation. — La séparation des ptomaïnes est basée sur la différence de solubilité, soit des sels qu'elles donnent avec l'acide picrique, soit des chlorures doubles facilement cristallisables, que leurs chlorhydrates forment avec le chlorure d'or ou le chlorure de platine. Une fois les combinaisons séparées, on en retire les ptomaïnes, à l'état de chlorhydrates, soit en déplaçant l'acide picrique de sa combinaison par de l'acide chlorhydrique et agitant la solution avec de l'éther, pour enlever l'acide picrique, soit en traitant les chlorures doubles par l'hydrogène sulfuré qui précipite l'or ou le platine.

300. Propriétés. — Les ptomaïnes sont des substances solubles dans l'eau, à réaction alcaline, s'unissant aux acides pour former des sels le plus souvent bien cristallisés. Leurs chlorhydrates forment des sels doubles avec le chlorure de platine (chloroplatinates) et avec le chlorure d'or (chloraurates). Leurs chloroplatinates sont en général peu solubles dans l'eau.

Les ptomaïnes sont très facilement altérables, surtout à chaud, par suite de leur grande oxydabilité. Aussi réduisent-elles l'acide iodique, l'azotate d'argent, les sels ferriques. Elles précipitent par le réactif de Nessler (**44**.4), par l'iodure double de potassium et de mercure, l'iodure de potassium ioduré, le phosphomolybdate et le phosphotungstate de sodium, etc. Toutes ces réactions générales sont communes aux ptomaïnes et aux alcaloïdes. Aussi la présence des ptomaïnes dans les cadavres rend-elle particulièrement délicate la recherche des alcaloïdes végétaux, dans les expertises médico-légales.

La plupart des ptomaïnes sont toxiques (1) ; leur action sur l'économie s'exerce presque immédiatement après leur ingestion ou leur injection soit dans le sang, soit dans le tissu sous-cutané. Les symptômes les plus fréquents sont la dilatation de la pupille suivie de rétrécissement, le ralentissement du cœur, la somnolence, la violence de la respiration, les convulsions, etc.

On divise généralement les ptomaïnes en : 1° ptomaïnes à chaîne ouverte non oxygénées ; 2° ptomaïnes à chaîne ouverte oxygénées ; 3° ptomaïnes à chaîne fermée ; on range dans un 4e groupe les ptomaïnes encore trop peu connues pour qu'on puisse les ranger dans l'un des trois premiers groupes.

1. Ptomaïnes à chaîne ouverte non oxygénées.

301. Principaux composés. — *a)* Dans ce groupe rentrent *diverses monamines*, notamment les *mono*, *bi* et *tri-méthylamines*

(1) On désigne quelquefois, surtout en Allemagne, sous le nom générique de toxines les ptomaïnes toxiques. En France, on désigne généralement sous ce nom tous les produits solubles toxiques, élaborés par les microorganismes.

(cette dernière se rencontrant principalement dans la saumure de poisson); les *mono*, *bi* et *tri-éthylamines;* la *butylamine* C^4H^9,AzH^2; l'*amylamine* C^5H^{11},AzH^2; l'*hexylamine* C^6H^{13},AzH^2; ces trois dernières bases ont été trouvées par MM. A. Gautier et Mourgues dans l'huile de foie de morue.

b) *Putrescine* $C^4H^{12}Az^2$ et *Cadavérine* $C^5H^{14}Az^2$. — Ces deux ptomaïnes ont été retirées par M. Brieger de la viande putréfiée. Elles apparaissent dans les premiers jours de la putréfaction et ne disparaissent que longtemps après (1). MM. Baumann et von Udranski ont identifié la putrescine avec la tétraméthylène-diamine et M. Ladenburg a montré que la cadavérine est identique à la pentaméthylène-dianine.

$$\underbrace{\begin{array}{l} CH^2-CH^2,AzH^2 \\ | \\ CH^2-CH^2,AzH^2 \end{array}}_{\text{Tétraméthylène-diamine. (Putrescine.)}} \qquad \underbrace{\begin{array}{l} CH^2-CH^2,AzH^2 \\ | \\ CH^2 \\ | \\ CH^2-CH^2,AzH^2 \end{array}}_{\text{Pentaméthylène-diamine. (Cadavérine.)}}$$

D'après les deux premiers auteurs, ces deux bases, et les diamines en général, paraissent résulter de l'oxydation des monamines formées dans les premières phases de la putréfaction. Ex. :

$$\underbrace{2\,C^2H^5,AzH^2}_{\text{Éthylamine.}} + O = H^2O + \underbrace{\begin{array}{l} C^2H^4,AzH^2 \\ | \\ C^2H^4,AzH^2 \end{array}}_{\text{Putrescine.}}$$

La putrescine et la cadavérine sont des liquides incolores, épais, solubles dans l'eau, d'une odeur spermatique. La première bout vers 118°, la seconde vers 138°. Elles forment des sels bien cristallisés avec les acides, même avec l'acide carbonique ; aussi se transforment-elles peu à peu à l'air en masses blanchâtres de carbonates. Ces ptomaïnes en solution, additionnées de soude et agitées avec du chlorure de benzoyle forment des combinaisons insolubles (benzoyle-diamines), ce qui permet de les isoler facilement des liquides qui les renferment (2).

(1) On rencontre également ces deux ptomaïnes dans les cultures du bacille du choléra, qui leur doivent une odeur spermatique caractéristique, ainsi que dans les urines et les fèces des cystinuriques (jusqu'à 0gr,50 dans les fèces des 24 heures). — Les selles riziformes et l'haleine des cholériques doivent aussi très probablement leur odeur de sperme à la présence de ces diamines.

(2) La combinaison benzoylée de la putrescine est insoluble dans l'éther, tandis que celle de la cadavérine est soluble ; on peut donc, à l'aide de l'éther, séparer ces combi-

La putrescine et la cadavérine ne sont pas toxiques quand elles sont ingérées à faible dose. Injectée sous la peau, la cadavérine provoque, en l'absence de tout microorganisme, de l'inflammation, de la suppuration et même des nécroses; aussi, M. Brieger attribue-t-il à cette ptomaïne la nécrose des couches superficielles de la muqueuse intestinale, qu'on observe dans les cas graves de choléra.

d) *Neuridine* $C^5H^{14}Az^2$ et *Saprine*. — Ces ptomaïnes sont aussi des diamines, que M. Brieger a trouvées dans les cadavres, à côté des deux ptomaïnes précédentes, après un certain temps de putréfaction. Elles sont très peu toxiques. La neuridine est un isomère de la cadavérine.

d) *Hexaméthylène-diamine* $C^6H^{16}Az^2$. — Cette ptomaïne a été trouvée par M. Garcia, à côté de la putrescine et de la cadavérine, dans la viande de cheval mise à putréfier avec du pancréas ; elle constitue des lamelles fusibles à 125°.

e) *Ethylène-diamine* $C^2H^8Az^2$. — Cette ptomaïne a été retirée par M. Brieger de la morue putréfiée; elle est assez toxique.

f) *Mydaléine* (de μυδαλεος, putride). — Cette base se produit dans les cadavres après quelque temps de putréfaction. M Brieger a pu en obtenir quelques grammes en faisant putréfier pendant trois semaines 12 rates et 15 foies humains. Elle est extrêmement toxique : 5 milligrammes suffisent pour tuer un chat en peu de temps.

g) *Méthylguanidine* $C^2H^7Az^3$. — Cette ptomaïne a été retirée de la viande de cheval abandonnée pendant un mois à la putréfaction, et des cultures du bacille du choléra. — Dans la putréfaction de la viande, elle se forme probablement par oxydation de la créatine, guanidine substituée qui se trouve à l'état normal dans les muscles (**266**).

$$\underbrace{C\begin{cases}Az(CH^3)-CH^2 \\ =AzH \qquad\quad | \\ AzH^2 \qquad CO,OH\end{cases}}_{\text{Créatine.}} + 3\,O = \underbrace{C\begin{cases}Az(CH^3)H \\ =AzH \\ AzH^2\end{cases}}_{\text{Méthylguanidine.}} + 2\,CO^2 + H^2O$$

La méthylguanidine est toxique, mais moins que la mydaléine ; 20 centigrammes tuent un cobaye en 20 minutes.

naisons l'une de l'autre. Pour en retirer les diamines, on traite ces combinaisons en solution alcoolique par l'acide chlorhydrique et on décompose par la potasse les chlorhydrates formés.

2. Ptomaïnes à chaîne ouverte oxygénées.

302. Principaux composés. — *a*) *Choline* $C^5H^{15}AzO^2$. — Cette base, déjà étudiée (**172**), se forme dans la putréfaction des cadavres par la décomposition des lécithines. Elle est elle-même presque dépourvue de toxicité; mais elle donne naissance à d'autres ptomaïnes très toxiques, telles que la neurine.

b) *Neurine* $C^5H^{13}AzO$. — La neurine, dont la constitution a déjà été indiquée (**174**.B.*c*), ne diffère de la choline que par une molécule d'eau en moins. Elle apparaît dans les cadavres trois ou quatre jours après la mort.

Elle constitue un liquide sirupeux, très alcalin, soluble dans l'eau. Son chlorhydrate cristallise sous forme de fines aiguilles; le sel double qu'il forme avec le chlorure de platine est peu soluble dans l'eau, à l'inverse du sel double correspondant formé par la choline.

c) *Muscarine* $C^5H^{15}AzO^3$. — Cette ptomaïne a été retirée par M. Brieger de la morue putréfiée; sa composition et ses propriétés toxiques sont les mêmes que celle de la muscarine qu'on retire de certains champignons (fausse oronge).

La muscarine se présente sous forme de cristaux déliquescents; elle est très alcaline et s'unit aux acides, même à l'acide carbonique, pour former des sels. Dans la putréfaction, elle se forme par oxydation de la choline sous l'influence des bactéries. Nous avons vu (**174**.B.*d*) qu'on peut obtenir, *in vitro*, une substance isomère de la muscarine et très toxique comme elle.

d) *Mydatoxine* $C^6H^{13}AzO^2$ et *Mydine* $C^8H^{11}AzO$. — Ces bases retirées des cadavres par M. Brieger sont peu toxiques.

e) *Gadinine* $C^7H^{16}AzO^2$. — C'est une ptomaïne dépourvue de toxicité, retirée des morues putréfiées. Son homologue supérieur, la *méthylgadinine* se forme dans la putréfaction de la viande de cheval.

f) *Mytilotoxine* $C^6H^{15}AzO^2$. — Cette substance se trouve dans certaines moules (mytilus edulis), même pendant leur vie; elle est la cause de leur toxicité. La mytilotoxine y est accompagnée d'une base inoffensive, la bétaïne (**174**.B.*c*). Les principaux symptômes de l'empoisonnement par les moules sont d'abord l'absence de réaction pupillaire, puis, comme dans l'empoisonnement par le curare, des paralysies graves; la mort peut survenir au bout de quelques heures.

g) *Alcaloïdes des eaux-de-vie communes.* — M. Morin a retiré des eaux-de-vie de pommes de terre, de grains, de marc, plusieurs bases qui proviennent sans doute des levûres de la fermentation et auxquelles ces eaux-de-vie doivent une partie de leur toxicité.

3. Ptomaïnes à chaîne fermée.

303. Principaux composés. — La plupart de ces ptomaïnes sont des dérivés de la *pyridine* C^5H^5Az. La pyridine est une base qu'on retire de l'*huile animale de Dippel* (**311**.B.*a*). Sa formule brute ne diffère de celle de la benzine que par la substitution d'un atome d'azote à un groupement ≡CH, comme le font ressortir les formules de constitution suivantes :

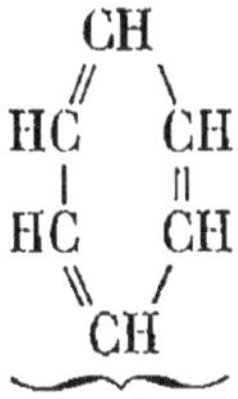

```
      CH               CH               CH²
     //  \            //  \             /  \
   HC     CH        HC     CH       H²C     CH²
    |     ||         |     ||        |       |
   HC     CH        HC     CH       H²C     CH²
     \\  /            \\  /             \  /
      CH               Az               Az
```

Benzine. 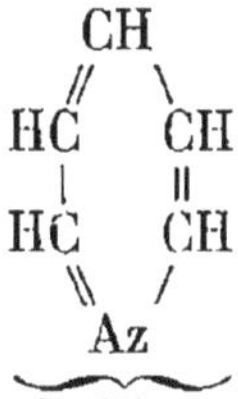 — Pyridine. 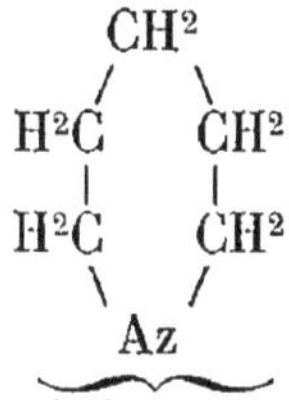 — Hexahydropyridine. (Pipéridine).

Les homologues de la pyridine en dérivent par la substitution de radicaux alcooliques CH^3,C^2H^5, etc., à un ou plusieurs atomes d'hydrogène. Ces homologues sont :

Les *picolines*, C^6H^7Az.

Les *lutidines*, C^7H^9Az.

Les *collidines*, $C^8H^{11}Az$.

Les *parvolines* $C^9H^{13}Az$.

Les *corindines* $C^{10}H^{15}Az$, etc.

Les bases pyridiques peuvent fixer 2, 4 ou 6 atomes d'hydrogène en donnant des *bases hydropyridiques*, telles que la *dihydro*collidine, la *tétrahydro*collidine, l'*hexahydro*pyridine ou *pipéridine*, dont nous avons donné plus haut la formule de constitution.

Les bases de la série de la pyridine, surtout les bases hydropyridiques, sont vénéneuses.

a) *Dihydrolutidine* $C^7H^{11}Az$. — Cette base a été retirée par MM. Gautier et Mourgues de l'huile de foie de morue. Elle constitue un liquide incolore, peu soluble dans l'eau, bouillant vers 200°. Elle est assez toxique : elle provoque un tremblement généralisé avec des alternances d'excitation et de dépression, et la mort dans le collapsus.

b) *Collidine* $C^8H^{11}Az$. — M. Nencki a retiré une collidine de la gélatine abandonnée à la putréfaction avec du pancréas ; cette base a été retrouvée plus tard dans les poulpes putréfiés.

c) *Dihydrocollidine* $C^8H^{13}Az$. — Cette base a été extraite par MM. Gautier et Etard des produits de la putréfaction prolongée du scombre. Elle constitue un liquide incolore, bouillant vers 210°, possédant une odeur d'aubépine très tenace. Elle est très toxique : elle détermine des tremblements, des convulsions et la mort, le cœur en diastole.

d) *Parvoline* $C^9H^{13}Az$. — Cette base, peu soluble dans l'eau, soluble dans l'alcool et dans l'éther, à odeur d'aubépine, se trouve à côté de la précédente, dans le scombre putréfié, ainsi que dans les produits de putréfaction de la viande de cheval. Elle est très toxique.

e) *Corindine* $C^{10}H^{15}Az$. — MM. Guareschi et Mosso ont retiré la corindine de la fibrine putréfiée. M. Œchsner de Coninck l'a trouvée plus tard dans les produits de la putréfaction des poulpes.

f) *Dihydrocorindine* $C^{10}H^{17}Az$. — Elle se forme dans la putréfaction du scombre, en même temps que l'hydrocollidine, la parvoline et une autre base, la *scombrine* $C^{17}H^{38}Az^4$ (A. Gautier et Etard).

4. Ptomaïnes à constitution inconnue.

304. Principaux composés. — *a*) *Typhotoxine* $C^7H^{17}AzO^2$. — Cette ptomaïne a été trouvée par M. Brieger, à côté d'une trace de neuridine, dans les cultures du bacille de la fièvre typhoïde sur du bouillon de viande, huit à quinze jours après l'ensemencement. Elle produit sur le cobaye de la stupeur, de la léthargie, une diarrhée abondante et la mort au bout d'un ou de deux jours.

b) *Tétanine* $C^{13}H^{30}Az^2O^4$; *Tétanotoxine* $C^5H^{11}Az$; *Spasmotoxine*. — M. Brieger a retiré ces ptomaïnes des bouillons de culture du bacille du tétanos (1) ; il a aussi trouvé de la tétanine dans le bras amputé à un malade atteint du tétanos ; mais il n'a pu déceler aucune de ces bases dans les urines des tétaniques.

(1) M. Brieger a reconnu plus tard que ses cultures n'étaient pas pures, ce qui diminue la portée de ses recherches.

La tétanine cristallise bien; son chlorhydrate est très déliquescent. Elle est très toxique et provoque les accidents caractéristiques du tétanos : contractions toniques et cloniques; elle détermine parfois l'opisthotonos chez les cobayes.

La tétanotoxine bout à 100°; on l'extrait par distillation des bouillons de culture du bacille du tétanos. Elle détermine des frissons, des paralysies, puis des convulsions et la mort.

La spasmotoxine ne bout qu'à 210°; son chlorhydrate est très soluble. Elle est vénéneuse et convulsivante.

c) *Pyocyanine.* — Cette substance est produite par le *bacillus pyocyaneus;* elle constitue la matière colorante du pus bleu, d'où elle a été retirée par Fordos. On peut la considérer comme une ptomaïne, car elle est azotée et possède des propriétés basiques.

On l'obtient en agitant le pus bleu avec du chloroforme, qui la dissout en se colorant en bleu. La solution chloroformique agitée avec de l'eau acidulée lui cède la matière colorante. On agite de nouveau la solution aqueuse, préalablement neutralisée par du carbonate de baryum, avec du chloroforme; la matière colorante passe à l'état de pureté dans ce dissolvant, d'où elle cristallise par évaporation.

La pyocyanine est soluble dans l'eau, l'alcool, le chloroforme; ses solutions aqueuses s'altèrent rapidement. Elle forme, avec les acides chlorhydrique et sulfurique, des combinaisons rouges. Les alcalis détruisent ces combinaisons et mettent en liberté la pyocyanine avec sa coloration bleue.

d) Dans les cultures du bacille du choléra et dans les déjections alvines des cholériques, M. G. Pouchet a trouvé une ptomaïne extrêmement toxique, très volatile, dont les vapeurs déterminèrent sur lui-même un commencement d'intoxication (1).

e) D'autres ptomaïnes encore peu étudiées ont été trouvées dans divers organes d'enfants morts de la rougeole (M. Villiers), dans le cerveau d'animaux morts de la rage (von Aurep).

D'après M. Griffiths, l'urine renfermerait, dans certaines maladies et notamment dans les maladies infectieuses, des ptomaïnes spéciales, dont quelques-unes se retrouveraient également dans les bouillons de culture du microbe pathogène. Nous nous bornons à donner la formule des bases isolées par M. Griffiths. Elles fournissent presque toutes des chlorhydrates, des chloroplatinates et des chloraurates cristallisés; elles préci-

(1) Cette intoxication se manifesta par des symptômes analogues à ceux qu'on observe dans le choléra.

pitent par les acides picrique, tannique et phosphomolybdique et sont vénéneuses.

COMPOSITION.	NOM DE LA MALADIE.	PARTICULARITÉS.
$C^3H^5Az^3O$	Rougeole.	
$C^5H^{10}Az^2O^6$	Morve.	Trouvée aussi dans les cultures du bacille de la morve.
$C^5H^{12}AzO^4$	Scarlatine.	Trouvée aussi dans les cultures du micrococcus scarlatinæ.
$C^5H^{19}AzO^2$	Coqueluche.	Extraites aussi des cultures d'un bacille trouvé par M. Afanasieff dans les crachats des coquelucheux.
$C^6H^{13}Az^3O^2$	Oreillons.	Cette base, très toxique, serait identique à la propylglycocyamine, homologue supérieur de la créatine.
$C^7H^{15}AzO$	Eczéma.	
$C^8H^5AzO^5$	Cancer.	
$C^9H^9AzO^4$	Grippe.	Très toxique.
$C^{11}H^{13}AzO^3$	Érysipèle.	
$C^{12}H^{16}Az^5O^7$	Epilepsie.	
$C^{14}H^{17}Az^2O^6$	Diphtérie.	Trouvée aussi dans les cultures du bacille de la diphtérie (bacille de Löffler).
$C^{20}H^{26}Az^2O^3$	Pneumonie.	
$C^{22}H^{19}AzO^2$	Fièvre puerpérale.	

MM. Boinet et Silbert ont également mentionné la présence de ptomaïnes dans l'urine des malades atteints de goitre exophtalmique (maladie de Basedow).

LEUCOMAÏNES.

305. Principaux composés. — Les leucomaïnes, autres que les composés xanthiques et créatiniques déjà étudiés, sont encore assez mal connues jusqu'ici.

a) La *salamandrine* $C^{34}H^{60}Az^2O^5$ a été découverte par M. Zalesky dans le venin de la salamandre terrestre. C'est une base fixe, altérable en présence de l'eau, donnant des sels cristallisés. Elle est toxique et détermine les mêmes accidents que le venin lui-même.

b) Le venin de crapaud contient une leucomaïne (Cloëz), très soluble dans l'alcool, toxique, qui détermine d'abord de l'excitation, puis des paralysies et des contractures.

c) Dans le venin du *cobra capello*, serpent de l'Inde, M. A. Gautier a découvert deux leucomaïnes qui ne s'y trouvent qu'en petite quantité et qui sont peu toxiques. L'une produit de l'essoufflement, de la stupeur et active la défécation ; l'autre est simplement hypnotique. La toxicité du venin est surtout due à la présence de toxalbumines (**366**).

d) La *spermine* C^2H^5Az existe dans le sperme à l'état de phosphate qui cristallise par évaporation (cristaux de Charcot) ; on la trouve aussi dans le sang des leucémiques et dans les cultures du bacille de la tuberculose.

La spermine possède l'odeur caractéristique du sperme ; c'est une base qui donne des sels bien cristallisés. MM. Ladenburg et Abel l'ont identifiée avec l'éthylène-imine, qu'on peut obtenir artificiellement à l'aide de l'éthylène-diamine. Par polymérisation, elle se transforme, surtout à chaud, en *pipérazine* ou diéthylène-diamine.

$$\underbrace{\begin{matrix} CH^2 \\ | \\ CH^2 \end{matrix} \!\! > AzH}_{\text{Spermine.}} \qquad \underbrace{C^2H^4 \begin{matrix} \diagup AzH \diagdown \\ \diagdown AzH \diagup \end{matrix} C^2H^4}_{\text{Pipérazine.}}$$

e) On a également signalé, chez l'homme, la présence de leucomaïnes diverses, plus ou moins vénéneuses, dans certains organes, foie, rate (Morelle), dans les eaux de l'amnios (Mourson et Schlagdenhaufen), dans le sang et dans l'urine (G. Pouchet, A. Gautier, Bouchard, Lépine et Guérin). Les deux bases retirées de l'urine par M. G. Pouchet répondent aux formules $C^7H^{12}Az^4O^2$ et $C^7H^{14}Az^4O^2$.

306. Formation dans l'économie. — D'après M. A. Gautier, la production des leucomaïnes dans l'économie serait due à ce que les cellules de nos tissus fonctionnent, en partie, à la façon des êtres anaérobies. De même que les ptomaïnes sont des produits normaux de la vie des microorganismes anaérobies de la putréfaction, de même les leucomaïnes sont des termes normaux de la désassimilation des substances azotées dans les cellules de nos tissus où l'oxygène n'arrive pas en quantité suffisante ou fait complètement défaut.

A l'état pathologique, soit par suite d'une formation plus abondante de leucomaïnes, soit par suite d'une destruction insuffisante, les leucomaïnes peuvent s'accumuler dans le sang et devenir, grâce à la toxicité de certaines d'entre elles, des agents pathogènes directs. Les accidents qu'elles déterminent alors contribuent, pour une part plus ou moins grande, à constituer le tableau symptomatique de la maladie.

SUBSTANCES ALBUMINOÏDES ou MATIÈRES PROTÉIQUES

SUBSTANCES ALBUMINOÏDES EN GÉNÉRAL

307. État naturel. — On trouve, abondamment distribuées dans l'économie animale et dans l'économie végétale, des substances azotées qui se rapprochent par leurs propriétés de l'albumine du blanc d'œuf et auxquelles on a, par suite, donné le nom de *substances albuminoïdes*. Quelques liquides seulement de l'organisme de l'homme (urines, larmes, bile) ne renferment pas de matières albuminoïdes à l'état normal.

308. Composition. — Les matières albuminoïdes renferment de l'hydrogène, de l'oxygène, de l'azote, du carbone et du soufre dans des proportions qui varient un peu, suivant les substances. Les limites de ces variations sont représentées par les nombres suivants :

	Variations dans la composition des albuminoïdes.	Composition moyenne.
Carbone	50 à 55 p. 100	52 p. 100
Hydrogène	6,5 à 7,3 —	7 —
Azote	15 à 17,6 —	16 —
Oxygène	19 à 24 —	23 —
Soufre	0,3 à 2,4 —	2 —

Certaines substances albuminoïdes renferment en outre d'autres éléments; telles sont la caséine, qui contient du phosphore, et l'hémoglobine, qui contient du fer. Ces substances proviennent de la combinaison d'une matière albuminoïde plus simple avec une substance phosphorée ou ferrugineuse.

309. Poids moléculaire. — Le poids de la molécule des matières protéiques varie suivant les substances, mais il est toujours extrêmement élevé. Lieberkühn, admettant que la molécule d'albumine contenait la plus petite quantité possible de soufre, soit un atome, avait attribué à cette substance la formule $C^{72}H^{112}Az^{18}O^{22}S$, qui correspond à un poids moléculaire de 1612. Les recherches de M. Diakonow et de M. Gautier sur les combinaisons formées par l'albumine de l'œuf avec les bases ou avec les sels métalliques, et celles de M. Schützenberger sur les produits de l'hydratation de l'albumine, ont montré que ce chiffre était beaucoup trop faible, et que le poids moléculaire de l'albumine de l'œuf était voisin de 6.000.

L'hémoglobine a un poids moléculaire encore plus élevé. En admettant en effet que la molécule renferme la plus petite quantité possible de fer, soit un atome, la formule de l'hémoglobine du chien est, d'après M. Jaquet, $C^{758}H^{1203}Az^{195}O^{218}S^{3}Fe$, ce qui donne 16.699 pour le poids moléculaire.

Les matières albuminoïdes naturelles donnent par dédoublements successifs de leur molécule, des substances de poids moléculaire de moins en moins élevé. Les premiers termes de ces dédoublements (syntonines, propeptones, peptones), présentent encore les caractères des substances albuminoïdes.

310. Constitution. — La constitution des matières albuminoïdes est extrêmement complexe. De remarquables études analytiques, dues à M. Schützenberger, ont montré qu'on peut envisager les matières albuminoïdes comme des dérivés de substitution de l'urée et de l'oxamide. En effet, l'albumine chauffée en tube scellé avec de l'eau et de la baryte, fixe de l'eau et se décompose en donnant les produits suivants :

1. De l'ammoniaque, de l'anhydride carbonique et de l'acide oxalique, dans les proportions qui résultent de l'hydratation d'un mélange d'urée et d'oxamide molécule à molécule, c'est-à-dire, 4 molécules d'ammoniaque pour une molécule d'anhydride carbonique et une molécule d'acide oxalique.

$$\underbrace{CO\begin{matrix} AzH^2 \\ AzH^2 \end{matrix}}_{\text{Urée.}} + \underbrace{\begin{matrix} CO-AzH^2 \\ | \\ CO-AzH^2 \end{matrix}}_{\text{Oxamide.}} + 3\,H^2O = \underbrace{4\,AzH^3}_{\text{Ammoniaque.}} + \underbrace{CO^2}_{\text{Anhydride carbonique.}} + \underbrace{\begin{matrix} CO,OH \\ | \\ CO,OH \end{matrix}}_{\text{Acide oxalique.}}$$

2. De l'acide acétique et des substances fixes, qui représentent les produits d'hydratation des radicaux substitués à l'hydrogène de l'urée et de l'oxamide dans la molécule d'albumine.

Lorsque l'hydratation de l'albumine est effectuée à 100°, les substances fixes sont représentées : 1° par des corps de saveur sucrée, de formule générale $C^nH^{2n}Az^2O^4$, auxquels M. Schützenberger a donné le nom de *glucoprotéines* α ; 2° par des substances très solubles dans l'eau et dans l'alcool froid, de formule générale $C^nH^{2n-2}Az^2O^4$, désignées sous le nom de *dileucéines* (1).

M. Schützenberger a donc été amené à admettre dans la molécule d'albumine, la présence de groupements tels que

```
            /Az<R1
        CO<     R2
            \   H
             Az<
(G)             R3
        CO—Az<R4
        |
        CO—Az<R5
              R6
```

dans lesquels les lettres R représentent les radicaux des substances qui se forment par l'hydratation de ces groupements.

3. Enfin, il se forme par l'hydratation des matières albuminoïdes par la baryte, de petites quantités de tyrosine et un peu d'hydrogène libre.

Si on admet pour poids moléculaire de l'albumine, un chiffre de 5.700 environ (**309**), on peut traduire cette décomposition de l'*albumine ordinaire* par une équation qui montre que, pour une molécule d'albumine, il se forme une seule molécule de tyrosine, et les produits d'hydratation de quatre groupements tels que (**G**). Il semble donc que dans la molécule d'albumine, les quatre groupements (**G**) sont fixés sur la molécule de tyrosine et s'en détachent par un phénomène d'hydratation avec mise en liberté d'hydrogène, comme le fait comprendre la formule suivante :

```
      C²H³<CO,OH                       C²H³<CO,OH
       |    AzH²                        |    AzH²
  H   CH   H                       H    C    H
   \ /  \ /                         \  / \\ /
G—C      C—G                          C    C
  |      |       + 4H²O    =          ||   |   + 4 G,OH  + 6H
G—C      C—G                          C    C
 / \  /  \                           / \  // \
H   CH    H                         H    C    H
     |                                   |
     OH                                  OH
   Albumine.                         Tyrosine.
```

(1) Lorsque l'hydratation de l'albumine par la baryte est effectuée à 180°, les glucoprotéines α et les dileucéines se dédoublent à leur tour.

Les glucoprotéines α donnent : des substances *homologues de la leucine* (**185**) de formule $C^nH^{2n+1}AzO^2$; des substances appelées *leucéines*, dont la composition répond

Quant au soufre des matières albuminoïdes, il se trouve sous deux formes différentes, car une portion seulement est transformée en sulfure par l'action des alcalis à l'ébullition.

M. Schützenberger a appliqué à un certain nombre de matières albuminoïdes les procédés analytiques que nous venons d'indiquer pour l'albumine ordinaire. Il résulte de ces recherches que toutes les substances albuminoïdes présentent une grande analogie de constitution (1).

Les résultats obtenus par M. Schützenberger dans l'analyse des matières albuminoïdes ont permis à ce savant d'effectuer la synthèse d'un corps analogue aux peptones. Ce corps a été obtenu en déshydratant par l'anhydride phosphorique, vers 125°, un mélange d'urée, de leucine et de leucéine, substances obtenues elles-mêmes par synthèse.

311. Propriétés. — A. Physiques. — *a*) Les matières albuminoïdes sont des substances solides, inodores, sans saveur, généralement amorphes. Quelques-unes pourtant ont été obtenues à l'état cristallisé, par exemple l'hémoglobine ; on a aussi signalé l'existence de caséine cristallisée dans la noix de para, de cristaux cubiques de protéine dans la partie corticale des tubercules de pommes de terre, etc.

b) Les matières albuminoïdes sont, les unes solubles dans l'eau, les autres insolubles. La solubilité ou l'insolubilité d'une substance albuminoïde naturelle résulte souvent de la présence de traces d'alcalis ou de sels minéraux.

Les sels neutres, notamment ceux de sodium, de potassium, d'ammonium, de magnésium, exercent une influence considérable sur la solubilité des matières albuminoïdes, influence qui dépend de la matière albuminoïde considérée, ainsi que de la nature et de la proportion du sel employé. La globuline, par exemple, qui est insoluble dans l'eau, se dissout si on ajoute à l'eau 10 p. 100 de chlorure de sodium et se précipite

à la formule générale $C^nH^{2n-1}AzO^2$; des corps de formule $C^nH^{2n}Az^2O^5$, se comportant comme des acides faibles, appelés *acides hydroprotéiques*.

Les dileucéines se dédoublent en donnant : des corps de formule $C^nH^{2n-2}Az^2O^5$, se comportant comme des acides faibles, désignés sous le nom d'*acides protéiques ;* des substances de même formule générale que les glucoprotéines α $C^nH^{2n}Az^2O^4$, mais non dédoublables et appelées *glucoprotéines* β ou *glucoprotéines non dédoublables*.

(1) La quantité de tyrosine obtenue par l'hydratation des diverses substances albuminoïdes est variable, mais elle est toujours minime ; il y a même certaines substances, telles que la gélatine, qui n'en donnent pas. Mais si la gélatine ne contient pas de tyrosine, elle contient cependant un noyau aromatique, car si on l'oxyde par le permanganate de potassium à froid, avant de la soumettre à l'action hydratante de la baryte, elle donne de l'acide benzoïque.

de nouveau par l'addition d'une plus grande quantité de ce sel. Toutes les matières albuminoïdes sont précipitées quand on sature leur solution de sulfate d'ammonium. On utilise l'action des sels pour classer les matières albuminoïdes et pour les séparer dans un mélange.

Les substances albuminoïdes sont insolubles dans l'alcool, dans l'éther et dans tous les autres dissolvants neutres.

c) Toutes les matières albuminoïdes en solution sont lévogyres; chacune possède un pouvoir rotatoire spécifique.

d) Les substances albuminoïdes ne sont pas dialysables, c'est-à-dire que, lorsqu'on place leur solution aqueuse dans des récipients faits de membranes animales ou de papier parchemin (*dialyseurs*) et plongés eux-mêmes dans l'eau pure (fig. 45), les substances albuminoïdes ne traversent pas les membranes pour se diffuser dans l'eau pure. On sait que, dans les mêmes conditions, les sels et un certain nombre d'autres substances susceptibles de cristalliser, comme les sels, passent au contraire assez rapidement à travers les membranes, jusqu'à ce que la proportion de sel soit la même à l'extérieur et à l'intérieur du dialyseur. Graham a désigné sous le nom générique de *cristalloïdes* les substances dialysables; il a appelé *colloïdes* les substances non dialysables, comme l'albumine.

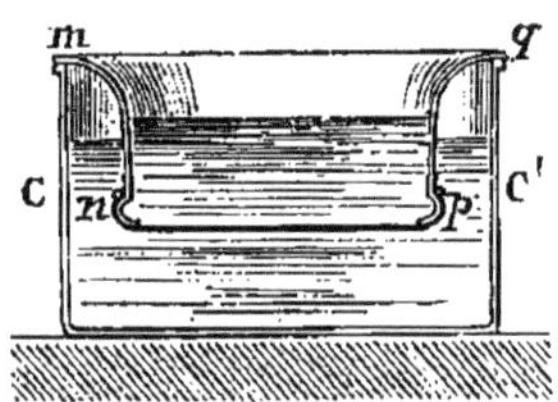

Fig. 45. — Dialyseur*.

La dialyse permet d'enlever facilement aux solutions de matières albuminoïdes les substances cristalloïdes, et notamment les sels, qu'elles peuvent contenir. Il suffit pour cela de renouveler fréquemment l'eau dans laquelle plonge le dialyseur ou de se servir de dialyseurs à eau courante (fig. 46 et 47).

e) Certaines matières protéiques, qui ne se dissolvent dans l'eau qu'à la faveur de certains sels, sont précipitées quand on enlève ces sels à la solution par la dialyse. Nous avons vu que l'addition de certains sels à la solution d'une matière albuminoïde en détermine aussi la précipitation. Dans tous ces cas, la matière albuminoïde précipitée conserve toutes les propriétés qu'elle possédait avant sa dissolution, et notamment celle de se redissoudre dans les mêmes dissolvants; il y a donc eu simplement *précipitation*.

* La solution qu'on veut soumettre à la dialyse est placée dans le vase intérieur *mnpq* dont le fond *np* est constitué par du papier parchemin. Le vase extérieur CC' contient de l'eau pure.

f) Les solutions aqueuses neutres ou légèrement acides des substances albuminoïdes précipitent aussi par la chaleur à des températures variables, selon la substance (1). Mais la matière albuminoïde, précipitée dans ces conditions, a subi des modifications dans ses propriétés et probablement dans sa constitution; elle n'est plus soluble dans l'eau, ni dans les solutions de sels neutres. On dit qu'elle est passée à l'état *coagulé*, et la transformation s'appelle *coagulation*.

L'addition d'un excès d'alcool aux solutions aqueuses des

Fig. 46. — Dialyseur à eau courante de M. A. Gautier (*).

substances albuminoïdes détermine d'abord leur précipitation et peu à peu leur coagulation, si on laisse le précipité au contact de l'alcool pendant un temps suffisamment prolongé.

B. Chimiques. — *a) Action de la chaleur.* — A une température élevée, les matières albuminoïdes fondent, se gonflent et se décomposent en dégageant une odeur de corne brûlée. Les produits volatils formés sont de l'eau, de l'anhydride carbonique, de l'hydrogène sulfuré, de l'ammoniaque, diverses amines, des carbures d'hydrogène; il reste un charbon volumineux contenant toujours des traces de substances minérales.

Lorsqu'on opère la calcination des matières albuminoïdes dans un appareil distillatoire, la condensation des produits

(1) La température varie aussi pour une même matière albuminoïde avec la concentration de la solution, ainsi qu'avec la nature et la proportion des sels qu'elle peut renfermer. Pour la globuline du sérum sanguin, ces variations de température sont comprises entre 68° et 80°, d'après Hoppe-Seyler.

(*) Les dialyseurs sont constitués dans cet appareil par des filtres plissés en papier parchemin; on y met la solution à dialyser et on fait circuler un courant d'eau dans l'espace compris entre les filtres et les entonnoirs de verre. Les entonnoirs portent des rainures en spirales qui facilitent le renouvellement de l'eau autour des filtres.

liquides de la décomposition se sépare en deux couches, l'une aqueuse et alcaline, l'autre oléagineuse, brune, qu'on désignait autrefois sous le nom d'*huile animale de Dippel* (1).

b) *Action des acides.* — L'acide sulfurique étendu au millième transforme, très lentement à froid, rapidement à chaud, la plupart des matières albuminoïdes naturelles en des corps très voisins, *syntonines* ou *acidalbumines;* ces corps sont solubles dans les bases et les acides étendus et précipitent de leur solution quand on neutralise la base ou l'acide.

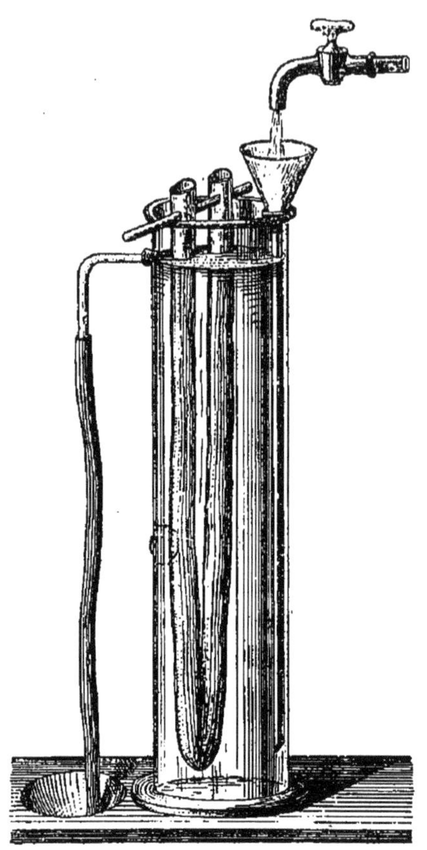

Fig. 47. — Dialyseur à eau courante de M. Kühne (*).

L'acide sulfurique en solution plus concentrée (3 p. 100), dédouble les albuminoïdes, surtout à chaud, en *hémiprotéine* substance gélatineuse, insoluble, présentant encore certaines analogies avec les matières albuminoïdes, et, en *hémialbumine*, substance amidée faiblement acide ; il se forme en même temps de petites quantités de composés analogues à l'hypoxanthine.

Enfin, par l'ébullition avec l'acide sulfurique à 40 p. 100, la molécule des albuminoïdes est complètement détruite ; on obtient, parmi les termes de décomposition, de la leucine et de la tyrosine.

L'acide chlorhydrique et la plupart des acides minéraux se comportent comme l'acide sulfurique.

c) *Action des bases.* — Les alcalis étendus (1 p. 1000) exercent

(1) L'huile animale de Dippel est un mélange extrêmement complexe ; il contient en particulier un grand nombre de bases aromatiques telles que l'aniline ou phénylamine, des bases pyridiques (**303**), des bases quinoléiques, etc.

(*) La solution à dialyser est disposée dans le tube en U, qui est en papier parchemin.

une action analogue à celle des acides étendus. Il se forme, lentement à froid, rapidement à chaud, des *alcali-albumines*, substances très voisines des matières albuminoïdes naturelles, solubles dans les bases et les acides étendus, insolubles dans l'eau; aussi précipitent-elles, quand on neutralise leur solution.

Les matières albuminoïdes se décomposent quand on les traite par les solutions alcalines même peu concentrées (soude à 3 p. 100), surtout à chaud; une partie de l'azote se dégage à l'état d'ammoniaque, une partie du soufre se transforme en sulfure. — On a vu, à propos de la constitution des matières albuminoïdes, comment se comportent ces substances sous l'influence des solutions concentrées de baryte à 100° et à 180°.

d) Action des agents d'oxydation. — L'oxydation ménagée des matières protéiques par le permanganate de potassium donne, d'après Maly, un acide polybasique, qui contient plus d'oxygène que les substances dont il dérive, mais qui présente encore un certain nombre de leurs propriétés chimiques et de leurs caractères. Cet acide ne donne plus de sulfure par l'ébullition avec les alcalis, comme si le soufre de la molécule albuminoïde s'était converti en radicaux sulfonés, d'où le nom d'acide *oxyprotéine-sulfonique* donné par Maly à cet acide. — M. Béchamp, par une oxydation plus avancée des matières albuminoïdes, à l'aide de permanganate de potassium, a obtenu de petites quantités d'urée en même temps que des acides gras, des acides oxalique, succinique, benzoïque, etc.

Les matières albuminoïdes traitées par un mélange de dichromate de potassium et d'acide sulfurique fournissent à la distillation des acides gras volatils.

L'acide azotique concentré dissout les matières albuminoïdes en donnant un liquide jaune qui, par addition d'eau, donne un précipité jaune d'*acide xanthoprotéique;* cet acide est ainsi appelé parce qu'il se rapproche par certaines de ses propriétés des corps de la série de la xanthine. Il se dissout dans les alcalis en donnant un liquide brun orangé.

e) Action des microorganismes. — Lorsqu'on abandonne les matières albuminoïdes à l'air humide, elles se putréfient rapidement; les produits qui se forment sont les suivants :

1. *Des gaz :* de l'anhydride carbonique; de l'azote et de l'hydrogène, surtout dans les premières semaines; de l'ammoniaque; de l'hydrogène sulfuré, de l'hydrogène phosphoré et des carbures d'hydrogène en très petite quantité.

2. *Des ptomaïnes :* de la putrescine, de la cadavérine, etc...

3. *Des substances volatiles :* des acides gras (depuis l'acide acétique jusqu'à l'acide caproïque); du phénol, de l'indol et du scatol.

4. *Des substances fixes :* de la leucine, de la butalanine et du glycocolle ; de la tyrosine ; des acides gras non volatils ; de petites quantités de xanthine et d'hypoxanthine, de guanidine, d'acides oxalique, succinique, phénylacétique et phénylpropionique:

312. Caractères. — A. Réactions de précipitation. — Dans ces réactions, le précipité est constitué par la matière albuminoïde elle-même, ou par une combinaison de cette substance avec les éléments du réactif précipitant.

1. Les acides minéraux moyennement concentrés (acides chlorhydrique, sulfurique, azotique, métaphosphorique, etc.) précipitent généralement les matières albuminoïdes de leur solution. En pratique, on emploie l'acide nitrique, dont un léger excès ne dissout pas le précipité formé, et qui donne encore un louche dans les solutions d'albumine à 1 p. 20.000. — Les acides acétique (1), lactique, et parmi les acides minéraux, l'acide orthophosphorique ne précipitent pas les solutions neutres de matières albuminoïdes.

2. Les solutions des sels des métaux lourds donnent un précipité formé par une combinaison de matière albuminoïde avec ces métaux. Ce précipité est en général soluble dans les chlorures alcalins, les alcalis ou dans un excès d'albumine. Dans le cas du sulfate de cuivre et du perchlorure de fer, il est soluble aussi dans un excès de réactif.

3. Les matières albuminoïdes sont entièrement précipitées quand on sature leur solution de sulfate d'ammonium, ou qu'on les traite par une solution acétique de ferrocyanure de potassium.

4. L'alcool, le phénol, surtout en présence d'acide acétique, précipitent les matières albuminoïdes. — Le réactif de Méhu est un mélange de ces trois substances.

5. Les substances albuminoïdes sont précipitées de leurs solutions par une série de réactifs, qui précipitent également les alcaloïdes ; les plus importants sont :

Le tannin ;

L'acide picrique en solution additionnée d'acide acétique ou d'acide citrique (Réactif picrocitrique d'Esbach) ;

L'iodure double de mercure et de potassium en solution acétique (Réactif de Tanret), ou en solution chlorhydrique (Réactif de Brücke) ;

(1) L'acide trichloracétique en solution (2 à 5 p. 100) précipite les matières albuminoïdes.

L'acide phosphomolybdique (Réactif de Sonnenschein);
L'acide phosphotungstique (Réactif de Scheibler).

Ces trois derniers réactifs précipitent les albuminoïdes d'une façon complète; ils donnent encore un louche dans les solutions d'albumine à 1 p. 100.000.

B. Réactions de coloration. — Ces réactions présentent l'avantage de s'appliquer également aux matières albuminoïdes solides et permettent par conséquent de caractériser les matières albuminoïdes coagulées ou naturellement insolubles.

1. *Réaction xanthoprotéique.* — Par l'ébullition avec l'acide azotique, les matières albuminoïdes solides ou en solution se colorent en jaune serin, par suite de la formation d'acide xanthoprotéique (**311**. B. *d*). La coloration passe au jaune orangé lorsque, après refroidissement, on ajoute un excès de soude ou d'ammoniaque. Quand on opère sur des substances albuminoïdes en solution, elles sont généralement précipitées, à moins que l'on n'ait ajouté un grand excès d'acide; dans ce dernier cas les colorations s'observent sur le liquide.

2. *Réaction du biuret.* — Lorsqu'on ajoute à la solution d'une matière albuminoïde quelques gouttes de potasse, puis, goutte à goutte et en agitant, un peu de sulfate de cuivre étendu (1 p. 100), on obtient une coloration rose, puis violette et enfin bleue. Pour effectuer la réaction avec les matières albuminoïdes solides, on les soumet pendant quelques instants à l'action du sulfate de cuivre étendu, on les lave ensuite à l'eau et on les plonge dans la solution de potasse; les colorations indiquées apparaissent à la surface de la matière albuminoïde. — Le biuret donne la même réaction (**223**. 6).

3. *Réaction de Millon.* — Les solutions de matières albuminoïdes donnent avec une solution d'azotate mercureux contenant de l'acide azotique (réactif de Millon) un précipité blanc, qui à l'ébullition se réunit en un coagulum rose ou rouge. Les substances albuminoïdes solides se colorent de même par l'ébullition avec ce réactif.

4. *Réaction d'Axenfeld.* — Quand on chauffe les matières albuminoïdes en solution avec de l'acide formique et qu'on ajoute goutte à goutte du chlorure d'or à 1 p. 1000, on obtient successivement des colorations rose, rouge, pourpre, violacée et finalement des flocons bleus avec décoloration du liquide.

5. Les matières albuminoïdes se dissolvent dans l'acide chlorhydrique concentré. Sous l'influence de la chaleur, la solution se colore en bleu, puis en violet et en brun.

6. Lorsqu'on ajoute à une matière albuminoïde de l'acide acétique et de l'acide sulfurique, le liquide prend une teinte violette et présente une bande d'absorption entre E et F, analogue à celle de l'urobiline.

7. Les matières albuminoïdes se dissolvent plus ou moins facilement dans les alcalis. Lorsqu'on fait bouillir ces dissolutions, il se dégage de l'ammoniaque et il reste en solution un sulfure alcalin, dont on reconnaît la présence à l'aide d'un sel de plomb.

313. Physiologie. — A. ORIGINE. — Les matières albuminoïdes pénètrent toutes formées dans l'organisme animal; elles sont successivement transformées par les sucs digestifs en propeptones et peptones, et absorbées sous cette dernière forme. Ces produits, une fois absorbés, régénèrent des matières albuminoïdes proprement dites, qui sont alors transportées par le sang à travers tout l'organisme. C'est aux dépens de cette albumine, dite *de circulation*, que les cellules des divers tissus élaborent la matière albuminoïde de leur protoplasma, c'est-à-dire de l'albumine d'organisation. La matière albuminoïde du protoplasma vivant ou *albumine vivante* n'est pas absolument identique à l'albumine morte, obtenue par les divers procédés de préparation qui entraînent forcément la mort des cellules. Ainsi l'albumine vivante est très oxydable; elle réduit les solutions alcalines d'azotate d'argent, à la manière des aldéhydes, tandis que l'albumine morte ne les réduit pas. M. Löw admet pour expliquer cette différence que dans l'albumine vivante se trouvent des groupements aldéhydiques et amidés voisins, qui passent à l'état de groupements alcooliques et imidés dans l'albumine morte.

Groupements de l'albumine vivante.	$\begin{array}{l} -CH-AzH^2 \\ \;\;\vert \\ =C-CO,H \end{array}$	=	$\begin{array}{l} -CH-AzH \\ \;\;\vert \;\;\; / \\ =C-CH,OH \end{array}$	Groupements de l'albumine morte.

Quant à l'origine première des matières albuminoïdes chez les êtres vivants, nous avons vu, au commencement de ce livre, que les végétaux seuls peuvent en réaliser la formation synthétique (1).

Nous savons que la plante reçoit l'azote par ses racines, surtout sous forme de nitrates, et que d'autre part la feuille assimile, grâce à sa fonction chlorophyllienne, le carbone de l'anhydride carbonique de l'air et élabore des corps réducteurs, tels que l'aldéhyde formique et le glucose. — Le mécanisme de la for-

(1) Les végétaux inférieurs, dépourvus de chlorophylle, peuvent aussi élaborer des matières albuminoïdes par synthèse, mais sans décomposer l'anhydride carbonique; ils utilisent le carbone des matières hydrocarbonées.

mation des matières albuminoïdes dans le règne végétal pourrait, d'après M. Gautier, s'expliquer de la manière suivante:

Par l'action de l'acide nitrique sur les corps réducteurs ayant pris naissance dans la feuille il se formerait de l'acide cyanhydrique. D'autre part, une partie de l'aldéhyde formique des feuilles donnerait naissance, en présence de l'eau, à de l'acide formique et à de l'hydrogène. — L'albumine se formerait aux dépens de l'acide cyanhydrique et de l'aldéhyde formique, par synthèse et par réduction, sous l'influence de l'hydrogène.

B. État. — Dans l'organisme, les matières albuminoïdes sont plus ou moins intimement unies à des matières minérales. Les unes, telles que les matières albuminoïdes du plasma sanguin, sont en dissolution; d'autres, comme la substance protoplasmique des cellules, se trouvent à l'état semi-liquide; d'autres enfin, telles que l'osséine et l'élastine, sont à l'état solide.

C. Désassimilation. — Les matières albuminoïdes ne sont pas éliminées en nature à l'état normal. Elles subissent des hydratations et des oxydations, qui décomposent progressivement leur molécule en donnant naissance d'une part à des composés azotés dont nous avons déjà parlé (urée, acide urique, bases xanthiques, créatiniques, etc.), d'autre part à des produits exempts d'azote (hydrates de carbone, corps gras); quant au soufre, il est converti en sulfates. Les termes ultimes de la régression des matières albuminoïdes chez les mammifères sont : l'urée, l'anhydride carbonique, l'eau et l'acide sulfurique. 100 grammes d'albumine donnent les quantités suivantes de chacun de ces termes, en dégageant 500 Calories environ :

Urée	39gr,0
Anhydride carbonique	165gr,4
Eau	41gr,4
Acide sulfurique	4gr,5
	250gr,3

Une certaine quantité d'azote échappe à cette désassimilation complète et s'élimine par l'urine sous forme d'acide urique, de créatinine, etc., à côté de l'urée.

En dosant l'azote total dans l'urine des 24 heures, on peut calculer approximativement la quantité de matières albuminoïdes désassimilée par jour; on sait en effet que ces matières renferment 16 p. 100 environ d'azote, et que tout leur azote est éliminé par l'urine. — La quantité des sulfates de l'urine est de même en rapport avec la désassimilation des matières protéiques.

314. Classification des matières albuminoïdes. — La constitution des diverses matières albuminoïdes est trop peu connue pour qu'il soit possible d'établir une classification rationnelle de ces substances. En se basant sur leur solubilité ou leur insolubilité dans l'eau et dans les solutions salines, sur leur précipitation par les sels neutres ou leur coagulation par la chaleur, sur leurs produits de dédoublement, etc., on peut ranger les matières albuminoïdes naturelles en cinq groupes principaux.

1. Albumines. — Ces substances sont solubles dans l'eau distillée, dans les solutions étendues des sels neutres alcalins ou alcalino-terreux (chlorure de sodium, sulfate de sodium, sulfate d'ammonium, sulfate de magnésium). Les albumines en solution sont coagulées par la chaleur ; elles ne sont pas précipitées à froid quand on sature leur solution de chlorure de sodium ou de sulfate de magnésium, à moins d'avoir été préalablement acidulées d'acide acétique. — Ce groupe comprend : l'*albumine de l'œuf* ou *ovalbumine*, la *sérine du sang* ou *sérum-albumine*, la *musculo-albumine* et la *lactalbumine*.

2. Globulines et fibrines. — Ces substances sont insolubles dans l'eau pure, solubles dans les solutions étendues de chlorure de sodium et de quelques autres sels neutres. Leurs solutions se coagulent par la chaleur ; elles précipitent quand on les traite par l'acide acétique, quand on les soumet à la dialyse, et lorsqu'on les sature à froid de sulfate de magnésium ou de chlorure de sodium. — On range dans ce groupe : *la globuline* du sérum, *la myosine, la vitelline, le fibrinogène* et *la fibrine*. La fibrine se distingue des autres substances du même groupe en ce qu'elle se dissout difficilement et incomplètement dans les solutions étendues de chlorure de sodium. La vitelline présente la particularité de ne pas précipiter quand on sature sa solution de chlorure de sodium.

Les matières albuminoïdes appartenant à ces deux premiers groupes sont souvent désignées sous le nom de *matières albuminoïdes proprement dites*.

3. Protéïdes. — On range dans ce groupe les matières albuminoïdes susceptibles de se dédoubler en une matière albuminoïde moins complexe et en une autre substance. D'après la nature de cette substance, on peut subdiviser ainsi les protéïdes :

Les *nucléo-albumines*, notamment la *caséine*, donnant par dédoublement une substance albuminoïde et de la nucléine, substance phosphorée.

Les *nucléines*, qui peuvent être envisagées à leur tour comme des combinaisons d'albumine et d'acide phosphorique ou d'acide nucléique (**336**).

Les *glucoprotéides* (mucine, mucoïde) dédoublables en donnant des hydrates de carbone et des matières albuminoïdes.

L'*oxyhémoglobine* et la *méthémoglobine*, combinaisons de globuline et d'un pigment ferrugineux l'hématine.

4. Substances collagènes. — Ces substances, dont l'osséine est le type, sont insolubles dans l'eau froide, et se transforment par une ébullition prolongée en substances solubles, telles que la gélatine. Elles sont relativement pauvres en carbone et riches en oxygène, ne fournissent pas comme les composés précédents de tyrosine par hydratation et ne donnent pas la réaction de Millon. Enfin, ces substances, bien qu'elles soient digestibles, ne peuvent pas remplacer complètement les matières albuminoïdes proprement dites dans l'alimentation.

5. Corps albumoïdes. — Ces corps sont insolubles dans l'eau, même par une ébullition prolongée, insolubles dans les sels neutres et même dans les sels à réaction alcaline, inattaquables par les sucs digestifs. On rencontre la plupart de ces corps dans l'épiderme et dans les productions épidermiques; aussi leur donne-t-on quelquefois les noms de *matières épidermiques* et *de matières cornées*. — Ce groupe comprend : la *kératine*, l'*élastine*, la *matière amyloïde* et la *matière colloïde*.

Dérivés immédiats de transformation des matières albuminoïdes naturelles. — Ces corps, fournis surtout par les matières albuminoïdes proprement dites, présentent une composition et des propriétés générales analogues à celles des substances dont ils proviennent. On peut les subdiviser de la façon suivante:

Matières albuminoïdes coagulées, insolubles dans l'eau, les solutions de sels neutres, les acides et les alcalis étendus;

Alcalialbumines ou *albuminates*, produits de transformation des matières albuminoïdes par les alcalis étendus, insolubles dans l'eau, mais solubles dans les acides et les alcalis étendus, dans l'eau de chaux, et même dans l'eau contenant du carbonate de calcium dont elles déplacent l'anhydride carbonique. Leurs solutions ne sont pas coagulées par la chaleur; elles précipitent à froid comme les solutions de globulines, quand on les sature de sulfate de magnésium ou de chlorure de sodium.

Acidalbumines ou *syntonines*; ces substances se forment par l'action des acides étendus sur les matières protéiques; elles possèdent des propriétés analogues à celles des alcalialbumines, mais ne se dissolvent pas dans l'eau en présence de carbonate de calcium.

Propeptones et *peptones;* ces corps résultent de l'action des sucs digestifs ou de l'eau surchauffée sur les matières albuminoïdes; ils sont solubles dans l'eau et dialysables; leurs solutions ne se coagulent pas par la chaleur.

Les propeptones, produits intermédiaires entre les matières albuminoïdes et les peptones, se distinguent de ces dernières par les propriétés suivantes : 1° les solutions de propeptones sont précipitées par le ferrocyanure de potassium et l'acide acétique, et par l'acide azotique (le précipité se dissout à chaud et reparaît par le refroidissement); 2° les propeptones précipitent de leurs solutions quand on sature celles-ci de sulfate d'ammonium.

1er GROUPE : ALBUMINES.

ALBUMINE DE L'ŒUF ou OVALBUMINE

315. Préparation. — Cette matière albuminoïde se trouve dans le blanc de l'œuf des oiseaux, unie à des alcalis et à des sels minéraux. On l'en retire par les procédés suivants :

1. *Procédé de Wurtz.* — On étend d'eau le blanc d'œuf battu, on passe à travers un linge, de manière à retenir les débris des membranes qui renfermaient l'albumine, et on ajoute à la liqueur filtrée du sous-acétate de plomb. Il se forme un abondant précipité d'albuminate de plomb, qu'on lave et qu'on décompose par l'anhydride carbonique, après l'avoir mis en suspension dans l'eau. L'albumine se dissout; on filtre pour séparer le carbonate de plomb formé. Pour débarrasser la solution des dernières traces de plomb, on y fait passer quelques bulles d'hydrogène sulfuré et on chauffe à 60° environ, de manière à déterminer un commencement de coagulation (1); les premiers flocons qui se forment emprisonnent le sulfure de plomb. On filtre et on évapore à 40°.

2. *Procédé de Graham.* — La solution de blanc d'œuf battu est additionnée d'un peu d'acide acétique pour précipiter les globulines; on filtre et on soumet la solution à la dialyse.

L'albumine obtenue par ces procédés n'est pas absolument pure; elle renferme encore 3 à 5 p. 1000 de matières minérales (phosphates de calcium, de fer, chlorure de sodium, etc.).

(1) On peut également, pour enlever le sulfure de plomb, faire digérer la solution à froid avec du noir animal; on évite ainsi la perte d'albumine qu'entraîne nécessairement la coagulation.

316. Propriétés. — L'albumine à l'état sec est une masse amorphe, jaunâtre, transparente, soluble en toute proportion dans l'eau. Son pouvoir rotatoire $(\alpha)_D = -35°,5$. L'alcool la précipite de ses solutions aqueuses et la coagule au bout de très peu de temps de contact. Lorsqu'on agite une solution d'albumine exempte de sels avec de l'éther, l'albumine n'est pas précipitée; elle l'est au contraire lorsque sa solution renferme une quantité notable de sels neutres.

L'albumine est précipitée quand on sature ses solutions aqueuses de sulfate d'ammonium, ou quand on les sature de sulfate de magnésium, de chlorure de sodium, de métaphosphate de sodium etc., en présence d'acide acétique.

L'albumine sèche peut être chauffée à 100° sans perdre sa solubilité dans l'eau. En solution aqueuse, l'albumine ordinaire (souillée par des sels) se trouble vers 60° et se coagule vers 75°; la coagulation s'accompagne de la mise en liberté d'un peu de soude. L'albumine en solution, débarrassée aussi complètement que possible par dialyse des matières minérales qui l'accompagnent, ne se coagule plus à 100°, mais devient seulement opalescente; elle donne un véritable coagulum par l'addition de sels minéraux. Une grande dilution des solutions d'albumine ordinaire produit à peu près le même effet que la dialyse prolongée. Enfin, la filtration des solutions d'albumine ordinaire à travers les corps poreux modifie cette substance et peut en particulier lui faire perdre sa coagulabilité par la chaleur.

L'albumine paraît exister dans le blanc d'œuf à l'état de combinaison avec la soude et la chaux, l'albumine jouant le rôle d'un acide bibasique faible. En effet, par la simple dialyse, l'albumine naturelle perd de la soude et devient acide; acidulées par une très petite quantité d'acide chlorhydrique et dialysées tant qu'il passe du chlore, les solutions d'albumine naturelle perdent de la soude et de la chaux et deviennent deux fois plus acides que dans le cas précédent (A. Gautier).

Ces faits sont à rapprocher de ce que l'on sait sur les combinaisons de l'albumine avec les métaux lourds. L'albumine forme avec le cuivre et avec l'argent deux sortes de combinaisons, les unes renfermant une proportion de métal deux fois plus forte que les autres.

SÉRUM-ALBUMINE

317. État naturel. — La *sérum-albumine* (*sérine* de Denis) se trouve en grande quantité dans le sérum du sang, dans la lymphe, les exsudats ; c'est cette albumine que l'on rencontre dans les urines à la suite d'affections rénales. Il paraît exister dans le sérum, et aussi dans le blanc d'œuf, plusieurs variétés d'albumines, coagulables à des températures un peu différentes.

318. Préparation. — On traite le sérum sanguin par un courant d'anhydride carbonique, de manière à précipiter les globulines ; on arrive au même résultat en saturant le sérum de sulfate de magnésium. On filtre pour séparer le précipité de globulines et on soumet le liquide filtré à la dialyse.

319. Propriétés. — Il existe des différences notables entre l'albumine du sérum et l'albumine de l'œuf. Ainsi le pouvoir rotatoire de la sérine est de —56°, tandis que celui de de l'albumine de l'œuf est de — 35°,5. L'albumine du sérum, contrairement à ce qui se produit pour l'albumine de l'œuf, est précipitée de ses solutions exemptes de sels par l'agitation avec de l'éther, et ne l'est pas de ses solutions salines. L'alcool précipite la sérum-albumine, comme l'ovalbumine, mais ne la coagule que beaucoup plus lentement.

La combinaison plombique obtenue en précipitant la sérine par le sous-acétate de plomb, ne se décompose pas par l'action de l'anhydride carbonique, comme cela a lieu dans le cas de l'ovalbumine (**315.** 1).

Lorsqu'à une solution de sérine, on ajoute goutte à goutte de l'acide azotique jusqu'à formation d'un précipité persistant, ce précipité se dissout en grande partie par l'addition d'un volume d'alcool absolu égal à celui de la solution, ou par l'addition d'un demi volume d'acide azotique. Dans les mêmes conditions, le précipité obtenu avec les solutions d'ovalbumine ne se dissout pas.

La sérine résiste beaucoup mieux que l'ovalbumine à l'action des acides étendus qui les transforment en syntonines, et à l'action des alcalis à l'ébullition qui leur enlèvent du soufre en donnant un sulfure alcalin.

Enfin, l'albumine de l'œuf injectée dans les veines passe dans l'urine, tandis qu'il n'en est pas de même pour l'albumine du sérum (Cl. Bernard).

Outre l'ovalbumine et la sérum-albumine, on connaît encore quelques albumines :

La *musculo-albumine* se trouve dans le sérum musculaire ; lorsqu'on chauffe ce sérum, elle se coagule à 45°.

La *lactalbumine* ou albumine du lait se retrouve en solution dans le petit lait; la chaleur la coagule vers 75°.

Les *albumines végétales* sont des substances encore mal connues, qui se rencontrent dans l'extrait aqueux de la plupart des végétaux, surtout de leurs graines, et qui se coagulent quand on chauffe ces extraits.

2e GROUPE : GLOBULINES ET FIBRINES.

SÉRUM-GLOBULINE

Synonymie : Hydropisine (Gannal), Paraglobuline (Kühne), Substance fibrinoplastique (Schmidt).

320. État naturel; préparation. — La sérum-globuline se trouve dans le sérum sanguin, la lymphe, le chyle, dans les épanchements péritonéaux, péricardiques, pleuraux, etc.

1. On prépare facilement la sérum-globuline en ajoutant à du sérum sanguin la moitié de son volume d'une solution saturée de sulfate d'ammonium, ou en le saturant de chlorure de sodium; la sérum-globuline se précipite. On la purifie en dissolvant le précipité dans une solution étendue de chlorure de sodium et reprécipitant par l'addition d'une plus grande quantité de ce sel ou bien par la dialyse qui enlève le chlorure de sodium à la solution.

2. On peut également extraire la sérum-globuline en faisant passer un courant d'anhydride carbonique dans du sérum sanguin étendu de 15 fois son poids d'eau et acidulé par une trace d'acide acétique; le précipité de sérum-globuline obtenu est lavé à l'eau distillée (A. Schmidt).

321. Propriétés. — La sérum-globuline est en grumeaux blancs, opaques. Elle est insoluble dans l'eau, légèrement soluble quand cette eau est saturée d'oxygène ou d'anhydride carbonique. Elle est soluble dans les solutions étendues de sel marin (2 à 10 p. 100). La solution est coagulée par la chaleur, et précipitée à froid, soit par la dialyse, soit par saturation de chlorure de sodium ou de sulfate de magnésium. Enfin la sérum-globuline est soluble dans les alcalis *très étendus* et dans les sels à réaction alcaline (carbonate, bicarbonate, phosphate de sodium); elle est précipitée par la neutralisation de la solution.

L'*ovoglobuline* est une globuline qui se trouve en petite

quantité, à côté de l'ovalbumine, dans le blanc d'œuf; on peut l'en extraire en saturant par le sulfate de magnésium le blanc d'œuf battu et filtré.

MYOSINE

Synonymie : Musculine.

322. Préparation. — La myosine est la matière albuminoïde du tissu musculaire la plus importante; elle s'y trouve à l'état de solution pendant la vie et se coagule plus ou moins rapidement après la mort, selon les espèces animales.

Chez les animaux à sang froid, on peut assez facilement retirer du muscle, par expression à froid, le plasma musculaire encore liquide; par coagulation spontanée, il donne à la température ordinaire un caillot de myosine, nageant dans un sérum acide.

On peut retirer la myosine déjà coagulée des muscles en traitant de la viande hachée, d'abord par de l'eau pour lui enlever la musculo-albumine, puis par une solution de chlorure de sodium à 10 p. 100, qui dissout la myosine. La dialyse ou une simple dilution précipite la myosine de cette solution.

323. Propriétés. — La myosine se présente sous forme de flocons insolubles dans l'eau et dans les solutions concentrées de chlorure de sodium, solubles dans le chlorure de sodium à 10 p. 100, dans le chlorure ammonique à 15 p. 100, ; la myosine se dissout aussi dans les solutions étendues de carbonate de potassium, ainsi que dans les alcalis et les acides très étendus qui, à la longue, la transforment respectivement en alcalialbumine ou en acidalbumine.

La myosine dissoute dans le sel marin à 10 p. 100 se coagule par la chaleur au-dessous de 60°, en abandonnant des sels de calcium, qu'on peut déceler par l'oxalate d'ammonium dans le liquide séparé du coagulum par filtration. La solution de myosine est également coagulée par l'action d'un ferment soluble qu'on peut retirer du suc musculaire.

VITELLINE

324. État naturel. — La vitelline se rencontre dans le jaune d'œuf, dont elle constitue la substance principale; elle s'y trouve en combinaison faible avec la lécithine et la nucléine. On la trouve sous forme confusément cristalline dans les plaques vitellines des œufs des poissons et de certains amphibies.

325. Préparation; propriétés. — Pour isoler la vitelline, on épuise le jaune d'œuf frais par de l'éther contenant un peu d'eau; le résidu est mis à digérer avec une solution de chlorure de sodium au dixième, qui dissout la vitelline. On précipite ensuite la vitelline de cette solution par l'addition d'un grand excès d'eau, et on la lave à l'eau et à l'alcool.

La vitelline ainsi obtenue est encore unie à de la lécithine et à un peu de nucléine. On peut la considérer comme une *lécithalbumine*, c'est-à-dire comme une matière albuminoïde en combinaison faible avec la lécithine. C'est une substance blanche, insoluble dans l'eau, soluble dans une solution de chlorure de sodium au dixième. Cette solution est coagulée par la chaleur à 75°, en même temps que la lécithine est mise en liberté; elle précipite par la dialyse ou par une grande dilution, mais ne précipite pas quand on la sature de chlorure de sodium. (Caractère distinctif d'avec toutes les autres globulines.) La vitelline est soluble dans les alcalis et les acides très étendus; elle se précipite de ces solutions, quand on les neutralise.

FIBRINOGÈNE

326. État naturel. — Le fibrinogène se trouve dans le plasma sanguin; on le rencontre également dans les sérosités du péricarde, de l'hydrocèle, dans les épanchements pleuraux, etc. Denis avait autrefois donné le nom de *plasmine* à un mélange de fibrinogène et de sérum-globuline.

327. Préparation. — On retire le fibrinogène du plasma sanguin en dissolvant dans ce liquide la moitié du chlorure de sodium nécessaire pour le saturer, ou bien en l'additionnant de son volume d'une solution saturée de chlorure de sodium. Dans ces conditions, on précipite le fibrinogène et non la sérum-globuline (Hammarsten). On purifie le fibrinogène obtenu en le dissolvant dans une solution étendue de chlorure de sodium et le reprécipitant par l'addition d'une plus grande quantité de chlorure de sodium.

328. Propriétés. — Le fibrinogène forme une masse visqueuse, insoluble dans l'eau; en solution dans le chlorure de sodium étendu, il se dédouble à 56° en deux substances albuminoïdes, l'une qui se coagule à cette température, l'autre coagulable à une température plus élevée. Sous l'influence d'un ferment soluble qu'on peut extraire du sang et en présence des sels de calcium, les solutions de fibrinogène donnent un coagulum de fibrine; ce phénomène se produit lors de la coagulation du sang.

FIBRINE

329. Préparation. — La fibrine se forme par la coagulation spontanée du sang après sa sortie des vaisseaux, ainsi que par celle de la lymphe, du chyle et de certaines exsudations séreuses.

On prépare la fibrine en battant le sang immédiatement après sa sortie des vaisseaux avec des baguettes. La fibrine se sépare en filaments élastiques qui s'attachent aux baguettes. Ces filaments emprisonnent quelques globules sanguins qui les colorent légèrement. On les débarrasse de la matière colorante, des globules, mais non des stromas, en les malaxant sous un filet d'eau; on les lave ensuite à l'alcool et à l'éther.

On obtient de la fibrine plus pure en opérant de même sur le plasma sanguin. — Si, au lieu de battre le plasma, on le laisse coaguler spontanément à la température ordinaire, on obtient la fibrine sous forme d'une gelée qui se rétracte peu à peu.

330. Propriétés. — La fibrine préparée par le battage est en filaments blanc grisâtre, mous, élastiques, formés par l'entrelacement de fibrilles microscopiques; elle renferme à l'état frais 80 p. 100 d'eau environ. A l'état sec, la fibrine est dure, cassante, hygrométrique; elle se gonfle de nouveau dans l'eau.

La fibrine est insoluble dans l'eau, soluble dans les solutions de divers sels neutres (chlorure de sodium à 10 p. 100, phosphate de sodium, azotate de potassium, etc.), mais moins rapidement et moins abondamment que les autres globulines, et seulement vers 40°. Le fluorure de sodium à 1 p. 100 dissout cependant de grandes quantités de fibrine, surtout à 40° (M. Arthus). Les solutions salines de fibrine sont précipitées par les acides et lorsqu'on les sature de chlorure de sodium ou de sulfate de magnésium. Quand on les soumet à la dialyse (1), on obtient des solutions qui présentent la plupart des caractères de l'albumine de l'œuf (M. A. Gautier). Les solutions salines de fibrine se coagulent par la chaleur; les filaments de fibrine fraîche passent également à la modification coagulée lorsqu'on les plonge dans l'eau bouillante.

D'après M. Arthus, la fibrine en solution dans le fluorure de

(1) Il se sépare en même temps des sels de calcium provenant de la fibrine qui en contient toujours; nous avons vu en effet que la fibrine ne se forme aux dépens du fibrinogène qu'en présence de sels de calcium.

sodium à 1 p. 100 se dédouble par la chaleur, comme le fibrinogène, en une substance qui se coagule à 56° et en une autre substance coagulable à une température plus élevée (64°-72°).

La fibrine ne se dissout pas dans l'acide chlorhydrique à 2 p. 1000, mais elle s'y gonfle, devient transparente et se transforme à la longue en acidalbumine soluble. De même, les alcalis étendus ne dissolvent la fibrine qu'après l'avoir transformée en alcalialbumine.

Enfin, la fibrine décompose l'eau oxygénée et colore la teinture de gaïac en bleu.

On peut rapprocher des globulines animales un certain nombre de matières albuminoïdes végétales, qu'on a extraites des graines de ricin, de chanvre et de courge, de la noix de Para, etc. Ces globulines végétales se dissolvent cependant d'une façon sensible dans l'eau pure; l'addition progressive de chlorure de sodium à la solution précipite ces matières albuminoïdes, puis les redissout et enfin les reprécipite.

3e GROUPE : PROTÉIDES.

a) Nucléo-albumines.

331. État naturel; propriétés. — Les nucléo-albumines se rencontrent dans le protoplasma cellulaire, dans le lait, le sperme, le mucus, le pus, etc. On peut les envisager comme des combinaisons de matières albuminoïdes avec des substances phosphorées les nucléines, sur lesquelles nous allons revenir. En effet, sous l'influence du suc gastrique elles donnent des peptones, c'est-à-dire les produits de la transformation des matières albuminoïdes par le suc gastrique, et un résidu de nucléine.

Ce sont des substances jouant le rôle d'acides faibles, insolubles dans l'eau et dans la plupart des sels neutres, solubles dans les alcalis étendus et dans les carbonates alcalins, précipitables de leurs solutions par les acides. La caséine, substance albuminoïde principale du lait, est la nucléo-albumine la mieux connue (1); nous allons en faire une étude plus détaillée.

CASÉINE

332. Préparation. — La caséine se trouve dans le lait en combinaison avec la chaux, sous forme de *caséinate de calcium* soluble.

(1) Certains auteurs considèrent encore la caséine comme une simple matière albu-

Pour préparer la caséine, on traite le lait de vache étendu de 4 à 5 volumes d'eau par 2 à 3 millièmes d'acide acétique; la caséine se précipite, entraînant avec elle les globules gras du lait. Pour la purifier on la lave à l'eau, à l'alcool et à l'éther; puis, on la met en suspension dans un volume d'eau égal à celui du lait employé, on la dissout en ajoutant aussi peu de carbonate d'ammonium que possible et on la reprécipite de cette solution par l'acide acétique. On répète plusieurs fois cette dissolution et cette précipitation successives.

333. Propriétés. — La caséine ainsi retirée du lait de vache (1) est en flocons blanc jaunâtre, à peu près insolubles dans l'eau pure, se ramollissant dans l'eau bouillante en éprouvant une sorte de demi-fusion.

Elle se dissout dans l'eau en présence de certains sels neutres tels que le fluorure de sodium, l'oxalate d'ammonium. Ses solutions *ne se coagulent pas* par la chaleur; elles ne précipitent pas quand on les sature de sel marin. Elles précipitent au contraire quand on les sature de sulfate de magnésium, ou quand on les traite par un courant d'anhydride carbonique, après dilution suffisante. La caséine pure, exempte de sels minéraux, contient environ 0,8 p. 100 de phosphore. Elle est relativement pauvre en soufre (1 p. 100); par l'ébullition avec les alcalis en présence d'un sel de plomb, elle ne donne qu'une faible coloration noire, due à la formation de sulfure de plomb.

Caséinates.

334. Propriétés. — La caséine est un véritable acide. En effet, après avoir été entièrement débarrassée de l'acide qui a servi à sa préparation, elle rougit encore le papier bleu de tournesol. Elle se combine avec les bases alcalines et alcalino-terreuses, en donnant des caséinates solubles; elle peut même déplacer, au moins en partie, certains acides de leurs sels. Aussi se dissout-elle dans les bases solubles, dans les phosphates alcalins, dans les carbonates alcalins ou dans l'eau tenant en suspension du carbonate de calcium.

Les solutions de caséinates se rapprochent des solutions de caséine dans les sels neutres en ce qu'elles sont incoagulables

minoïde souillée de nucléine qu'elle aurait entraînée mécaniquement lors de sa précipitation du lait.

(1) Les caséines retirées du lait d'animaux d'espèces différentes ne sont pas toutes identiques.

par la chaleur (1) et qu'elles précipitent quand on les sature à froid de sulfate de magnésium. Elles s'en distinguent en ce qu'elles sont complètement précipitées quand on les sature de sel marin et qu'elles ne précipitent pas par l'anhydride carbonique.

Les acides minéraux et même certains acides organiques (acétique, lactique etc.,) précipitent les solutions de caséinates en mettant la caséine en liberté. Mais si, dans une solution neutre de caséine dans les alcalis, on verse une petite quantité d'acide acétique, insuffisante pour précipiter toute la caséine, le précipité formé se redissout par l'agitation dans le reste du caséinate non altéré. Cette expérience rend probable l'existence de caséinates acides, solubles comme les caséinates neutres.

Sous l'influence d'un ferment soluble, le *labferment* (2), le lait ou les solutions de caséinate de calcium se coagulent, même en milieu légèrement alcalin. Le coagulum est constitué par le sel de calcium d'une caséine modifiée, la *paracaséine*, qui prend naissance en même temps qu'une *caséinalbumine* par l'action du labferment sur la caséine.

On rencontre dans le règne végétal des substances albuminoïdes analogues à la caséine, telles que la légumine et la gluten-caséine.

La *légumine* se retire des légumes secs (pois, haricots, lentilles). Pour cela, on épuise la farine de légumineuses par de l'eau froide, et on traite le résidu par de la potasse très étendue, qui dissout la légumine ; on la précipite de cette solution par l'acide acétique. La légumine est insoluble dans l'eau et dans l'alcool, soluble dans les alcalis, les carbonates et les phosphates alcalins, avec formation de léguminates alcalins. Ces solutions précipitent par les acides par suite de la mise en liberté de légumine. Le léguminate de calcium est insoluble ; il se forme dans les légumes quand on les fait bouillir avec de l'eau calcaire et les empêche de se ramollir par la cuisson.

La *gluten-caséine* est une des matières albuminoïdes du gluten (3), on l'en extrait de la façon suivante : on épuise le gluten

(1) Les caséinates alcalino-terreux sont moins solubles à chaud qu'à froid ; aussi leurs solutions saturées précipitent-elles par la chaleur. Ce précipité se redissout par le refroidissement, il ne doit donc pas être confondu avec une matière albuminoïde coagulée (M. Béchamp).

(2) Le labferment s'obtient en précipitant la présure par l'alcool. La présure se prépare elle-même en faisant macérer dans l'eau à 30° des estomacs de jeunes veaux.

(3) Le gluten est un mélange de matières albuminoïdes qu'on extrait de la farine

successivement par l'alcool à 60°, 70° et 80° centésimaux, et on fait digérer le résidu avec de la potasse étendue (2 p. 100); la gluten-caséine se dissout, on la précipite ensuite par l'acide acétique.

b) Nucléines.

335. État naturel. — Les nucléines se rencontrent, ainsi que leur nom l'indique, dans les noyaux des cellules animales ou végétales, on les trouve également dans les cellules de levure de bière, dans le lait, dans le sperme, dans la substance nerveuse et dans le jaune d'œuf. Les nucléines se trouvent dans l'organisme, surtout à l'état de combinaisons avec les matières albuminoïdes sous forme de nucléo-albumines.

336. Constitution. — Les nucléines sont des substances azotées contenant 2 à 9,6 p. 100 de phosphore; la nucléine du jaune d'œuf ou *hématogène* contient en outre du fer (1).

	Nucléine de la levure.	Hématogène.
Carbone.............	40,81	42,11
Hydrogène..........	5,38	6,08
Azote...............	15,98	14,73
Oxygène............	31,26	31,05
Soufre..............	0,38	0,55
Phosphore..........	6,19	5,19
Fer.................	»	0,29

Au point de vue de leur constitution, on doit considérer deux sortes de nucléines.

1. Les unes, dites *paranucléines*, telles que l'hématogène et la nucléine retirée de la caséine, doivent être envisagées comme des matières protéiques unies à l'acide phosphorique. En effet, par l'ébullition avec les alcalis ou les acides très dilués, elles donnent de l'acide phosphorique et respectivement une alcali-albumine ou une acidalbulmine.

2. D'autres nucléines, les *nucléines proprement dites*, donnent par l'action prolongée des acides et des alcalis étendus, en même temps que de l'acide phosphorique et une matière albuminoïde, des bases xanthiques ou bases nucléiques (xanthine,

de blé, en la malaxant sous un courant d'eau qui entraîne l'amidon; il renferme outre la gluten-caséine de la *gluten-fibrine*, soluble dans l'alcool, dans les alcalis et les acides dilués, insoluble dans l'eau, de la *gliadine* et de la *mucédine*, substances albuminoïdes légèrement solubles dans l'eau et dans l'alcool faible.

(1) M. Zaleski a également signalé des nucléines ferrugineuses dans le foie (hépatine), et M. Petit dans l'embryon de l'orge germé.

hypoxanthine, guanine, adénine). On doit ranger dans ce second groupe de nucléines, celles qu'on retire de la levure de bière, des leucocytes, etc. — M. Altmann a pu extraire des nucléines de ce groupe des composés riches en phosphore et dépourvus de soufre, qui représentent des combinaisons de bases xanthiques avec l'acide phosphorique. Ces composés insolubles forment avec les alcalis des combinaisons solubles, d'où ils sont précipités par l'acide chlorhydrique mais non par l'acide acétique; ils ont été désignés sous le nom d'*acides nucléiques*. Ils se décomposent facilement en donnant de l'acide phosphorique et une ou plusieurs bases xanthiques, en quantités variables selon les nucléines dont ils proviennent. On est donc amené à envisager les nucléines proprement dites comme des combinaisons de matières albuminoïdes avec des acides nucléiques (1).

D'après M. Liebermann, ce serait l'acide métaphosphorique et non l'acide phosphorique ordinaire qui entrerait dans la constitution des nucléines. En effet par l'action de l'acide azotique étendu et froid sur la nucléine de levure, on peut obtenir de l'acide métaphosphorique (2). En outre, par l'action de l'acide métaphosphorique sur des solutions d'albumine, il se forme des précipités analogues aux paranucléines; lorsque la précipitation a lieu en présence de xanthine ou de guanine les précipités sont analogues aux nucléines proprement dites.

337. Préparation. — On réduit en pulpe la substance dont on veut extraire la nucléine et on l'épuise successivement par l'eau froide, par l'alcool et par l'éther. On met ensuite cette pulpe à digérer pendant quelques heures à 40° avec une solution de pepsine dans l'acide chlorhydrique au millième, pour transformer en dérivés solubles les matières albuminoïdes que contient encore la substance ; la nucléine reste comme résidu. On la lave à l'acide chlorhydrique au millième, à l'eau, à l'alcool et à l'éther; on la dessèche dans le vide.

338. Propriétés. — Les nucléines sont des poudres amorphes, légèrement solubles dans l'eau, insolubles dans l'alcool et l'éther (caractère distinctif d'avec la lécithine), ainsi que dans les acides étendus. Elles présentent une réaction franchement acide; elles se dissolvent dans les alcalis étendus et même dans les carbonates alcalins en donnant de véritables

(1) La nucléine de la laitance et celle qu'on retire du tissu nerveux paraissent constituées par ces acides nucléiques eux-mêmes.

(2) L'acide phosphorique ordinaire qu'on obtient en décomposant les nucléines par les acides étendus et bouillants, se formerait par réaction secondaire aux dépens de l'acide métaphosphorique.

sels. L'action prolongée de l'alcool leur fait perdre cette solubilité, en les faisant passer à une sorte d'état coagulé.

Le suc gastrique et le suc pancréatique n'exercent sur les nucléines qu'une action très lente et très incomplète. L'absorption des nucléines de nos aliments est douteuse; dans tous les cas, elle n'est que partielle, car on retrouve de notables quantités de nucléines dans les fèces.

L'hématogène se distingue des autres nucléines en ce qu'elle contient du fer. M. Bunge, qui l'a retirée du jaune d'œuf, admet qu'elle s'y trouve combinée à la vitelline sous forme de nucléo-albumine. Elle abandonne peu à peu son fer aux solutions aqueuses étendues d'acide chlorhydrique, mais non à l'alcool acidulé par cet acide. Dissoute dans l'ammoniaque, elle donne à la longue avec le sulfure ammonique du sulfure de fer.

La *plastine* est une substance phosphorée, analogue aux nucléines, qui constitue les nucléoles et les filaments chromatiques des cellules. Cette substance, qu'on a étudiée par des réactions micro-chimiques, est bien moins soluble que les nucléines dans les alcalis.

c) Glucoprotéides.

MUCINES

339. État naturel. — La mucine proprement dite se rencontre dans les glandes muqueuses et dans le mucus, auquel elle communique la propriété d'être visqueux et filant. On la trouve aussi dans les glandes salivaires et dans la salive, dans la synovie, dans l'urine (en petite quantité), dans le tissu conjonctif, surtout à l'état embryonnaire (gélatine de Warthon). La mucine existe également dans certaines tumeurs (kystes muqueux, myxomes) et dans certains liquides pathologiques.

On trouve en grande quantité dans le corps des limaces une mucine, qui n'est pas absolument identique à celle dont nous venons de parler. — La bile de l'homme et des animaux contient aussi une mucine qui diffère des précédentes.

Les mucines sont des matières albuminoïdes relativement pauvres en carbone et en azote, riches au contraire en oxygène; elles contiennent peu de soufre.

340. Préparation. — 1. La mucine proprement dite s'extrait des glandes salivaires. On broie ces glandes avec du verre pilé, de manière à les réduire en une pulpe fine qu'on traite ensuite par l'eau bouillante. On passe le liquide à travers un linge fin et on en précipite la mucine par l'acide acétique. Pour la purifier, on la dissout dans de l'eau de chaux et on la précipite de nouveau par l'acide acétique; finalement on la lave à l'eau, à l'alcool et à l'éther.

2. La mucine des limaces s'extrait du corps de ces animaux par le même procédé.

3. La mucine de la bile s'obtient en traitant la bile par l'alcool absolu. On centrifuge le mélange pour séparer rapidement la mucine précipitée; on la purifie en la dissolvant dans l'eau, la reprécipitant par l'alcool et ainsi de suite.

341. Propriétés. — 1. La mucine des glandes salivaires, fraîchement précipitée, forme une masse incolore ou légèrement grisâtre. Elle se gonfle énormément dans l'eau, sans se dissoudre. Elle présente une réaction acide et se dissout dans la potasse très diluée, dans l'eau de chaux et dans les carbonates alcalins. Ces solutions sont visqueuses, filantes et moussent par l'agitation; elles ne se coagulent pas par la chaleur. Elles précipitent par les acides; le précipité de mucine est soluble dans un excès d'acide minéral, insoluble dans un excès d'acide acétique. Les solutions de mucine précipitent également par l'alcool.

Par l'ébullition avec les alcalis ou avec les acides minéraux étendus, ou par l'action de l'eau surchauffée, la mucine se dédouble en une matière albuminoïde et en un hydrate de carbone $C^6H^{10}O^5.H^2O$, appelé par M. Landwehr *gomme animale.* Cette substance donne à son tour, par l'ébullition avec les acides étendus, un sucre réducteur, *mais non fermentescible.*

Les solutions de mucine donnent la plupart des réactions des matières albuminoïdes ; mais elles ne précipitent pas par le ferrocyanure de potassium et l'acide acétique, ni par l'acide azotique en excès. Elles précipitent par le tanin, le perchlorure de fer, le sulfate de cuivre, le sublimé, l'acétate neutre et l'acétate basique de plomb.

2. La mucine des limaces se distingue de la mucine des glandes salivaires en ce qu'elle donne par hydratation, au lieu de gomme animale, de l'*achroglucogène*, substance qui se transforme *en glucose ordinaire* par l'ébullition avec les acides étendus, ainsi que par l'action de la ptyaline ou de la diastase.

3. La mucine retirée de la bile, se rapproche par ses propriétés physiques de la mucine proprement dite, avec laquelle on l'a confondue pendant longtemps ; elle s'en distingue par sa constitution. Ce n'est pas un glucoprotéide, car elle ne fournit

pas d'hydrate de carbone comme terme de dédoublement. Elle contient une petite quantité de phosphore et laisse un résidu floconneux lorsqu'on la soumet à l'action du suc gastrique ; aussi certains auteurs rattachent-ils cette substance aux nucléo-albumines. La mucine de la bile présente aussi quelques différences avec la mucine salivaire dans ses réactions : Elle est soluble dans un excès d'acide acétique ; elle précipite par le ferrocyanure de potassium et l'acide acétique, par l'acide azotique en excès. Ses solutions se coagulent par la chaleur en présence d'une quantité minime d'acide acétique, insuffisante pour la précipiter à froid.

SUBSTANCES MUCOÏDES

342. Notions générales. — On trouve dans certains liquides pathologiques (liquides de l'ascite, de la pleurésie, des kystes de l'ovaire) des substances voisines de la mucine, qui rendent ces liquides visqueux et filants et qui, par hydratation à l'aide des acides étendus, donnent une substance réductrice. Elles diffèrent de la mucine proprement dite par leur composition et par quelques-unes de leurs réactions.

1. La *pseudomucine*, qu'on désigne également sous le nom de *métalbumine*, s'extrait du liquide de certains kystes de l'ovaire par précipitation à l'aide de l'alcool. Elle est soluble dans l'eau ; l'acide acétique ne la précipite pas.

2. Le *mucoïde* a été retiré par M. Hammarsten du liquide de l'ascite, qui renferme en outre une autre substance mucoïde, la *mucinalbumose*, possédant les caractères des albumoses ou propeptones.

d) Hémoglobine.

343. — L'hémoglobine est le pigment du globule rouge ; elle donne naissance à un grand nombre de pigments ; nous l'étudierons dans un chapitre spécial, pour ne pas séparer son histoire de celle de tous ses dérivés.

4e GROUPE : SUBSTANCES COLLAGÈNES.

OSSÉINE

344. Préparation ; propriétés. — L'osséine constitue la trame organique des os ; on trouve également de l'osséine, ou tout au moins des substances collagènes complètement analogues, dans les tendons, le tissu conjonctif interstitiel, es muqueuses, le derme, etc.

On l'extrait facilement des os en les laissant séjourner pendant quelques jours dans de l'acide chlorhydrique au dixième, qui dissout la matière minérale. Il reste une masse molle et élastique d'osséine impure, conservant la forme de l'os.

L'osséine est insoluble dans l'eau, dans les alcalis et dans les acides étendus ; l'action prolongée de l'eau bouillante la transforme en une substance isomère soluble, la *gélatine*. Cette transformation est plus rapide lorsqu'on fait bouillir l'oséine avec des acides minéraux étendus. — L'osséine ne renferme que des traces de soufre (Bibra) ; peut-être même sont-elles dues à des impuretés.

On doit considérer l'osséine comme formée dans l'organisme par le dédoublement et par l'oxydation des matières protéiques proprement dites ; en effet sa molécule est plus simple que celle de l'albumine par exemple et contient une plus forte proportion d'oxygène.

GÉLATINE

345. Préparation. — Nous venons de voir que la gélatine se forme par l'action de l'eau bouillante sur l'osséine. On purifie la gélatine du commerce en la laissant digérer pendant quelques jours dans l'eau froide, de manière à la débarrasser de ses sels. On la dissout ensuite dans l'eau bouillante et la solution, filtrée à chaud, est reçue dans de l'alcool, qui précipite la gélatine.

346. Propriétés. — La gélatine, qu'on désigne encore sous le nom de *glutine*, est un corps blanc jaunâtre, vitreux, cassant, inodore, inaltérable à l'air. Elle se gonfle dans l'eau froide et se dissout dans l'eau bouillante. Sa solution se prend en gelée par le refroidissement ; par une ébullition prolongée, elle perd cette propriété. La gélatine n'est pas dialysable (caractère distinctif d'avec les peptones). Ses solutions possèdent la propriété de retenir en suspension les précipités en particules très ténues passant au travers des filtres et peuvent même empêcher la précipitation de certaines substances ; c'est ainsi que l'hydrogène sulfuré ne fait que colorer en noir de l'acétate de plomb additionné de gélatine.

Les solutions de gélatine dissolvent plus de chaux et de phosphate de chaux que l'eau pure et paraissent contracter avec ces substances de véritables combinaisons.

Lorsqu'on fait bouillir la gélatine avec de l'acide sulfurique étendu d'eau ou avec une solution concentrée de potasse, elle donne du glycocolle et de la leucine.

Les solutions de gélatine précipitent par le tanin et par tous les réactifs communs aux albuminoïdes et aux alcaloïdes; elles ne précipitent pas par les acides minéraux, le ferrocyanure de potassium et l'acide acétique, l'acétate neutre de plomb, le sulfate de cuivre, l'alun.

CHONDROGÈNE ET CHONDRINE

347. Notions générales. — On a désigné sous le nom de *chondrogène* ou de *cartilagéine*, le produit qu'on obtient en épuisant le cartilage hyalin successivement par l'acide acétique étendu, l'ammoniaque étendue, l'alcool et l'éther. La cartilagéine présente certaines analogies avec l'osséine; par une longue ébullition avec l'eau, elle se dissout et se transforme en une substance, la *chondrine*, soluble à chaud et se prenant en gelée par le refroidissement, comme la gélatine. Mais la chondrine diffère de la gélatine en ce qu'elle précipite par les acides, l'acétate de plomb, le sulfate de cuivre, l'alun, et qu'elle donne naissance à une substance réductrice, par l'ébullition avec les acides minéraux étendus.

D'après les recherches relativement récentes de MM. Morokowetz, Mörner, Schmiedeberg, la cartilagéine et la chondrine sont constituées respectivement par de l'osséine et par de la gélatine, mélangées ou combinées faiblement à des sels d'un acide répondant à la formule $C^{18}H^{27}AzSO^{17}$ l'*acide chondroïtine-sulfurique*, et à un composé, le *chondromucoïde*, qui est lui-même un dérivé de l'acide chondroïtine-sulfurique. En effet, si on fait macérer pendant huit jours dans de la potasse étendue le cartilage préalablement décalcifié, le chondromucoïde et les chondroïtinesulfates passent dans la solution et il reste une masse d'osséine ordinaire, ayant gardé la forme du cartilage primitif. D'autre part, si on ajoute à une solution de gélatine ordinaire une solution neutre de chondroïtine-sulfate de potassium, le produit obtenu présente la plupart des réactions par lesquelles la chondrine se distingue de la gélatine.

Le *chondromucoïde* est une substance voisine de la mucine et des matières mucoïdes. Pour l'extraire des cartilages, on les épuise par l'eau froide et les acides étendus et on les traite par l'eau de chaux; le chondromucoïde se dissout. On le précipite de cette solution par l'acide acétique étendu. — Les alcalis décomposent le chondromucoïde en alcalialbumine et acide chondroïtine-sulfurique. Inversement, les solutions d'albumine donnent avec les chondroïtine-sulfates en solution acide des précipités qui se comportent comme le chondromucoïde.

L'*acide chondroïtine-sulfurique*, appelé autrefois acide chondroïtique, est un acide sulfoconjugué, qui n'a pas pu être obtenu à l'état de liberté (1). Ses sels, en solution acide, se dédoublent à l'ébullition en acide sulfurique et en chondroïtine.

$$\underbrace{C^{18}H^{27}AzSO^{17}}_{\text{Acide chondroïtine-sulfurique.}} + H^2O = \underbrace{SO^4H^2}_{\text{Acide sulfurique.}} + \underbrace{C^{18}H^{27}AzO^{14}}_{\text{Chondroïtine.}}$$

La *chondroïtine* est un acide azoté monobasique qui, par l'ébullition avec l'acide sulfurique étendu, se dédouble à son tour en chondrosine et en acide acétique, probablement d'après l'équation suivante :

$$\underbrace{C^{18}H^{27}AzO^{14}}_{\text{Chondroïtine.}} + 3\,H^2O = \underbrace{C^{12}H^{21}AzO^{11}}_{\text{Chondrosine.}} + \underbrace{3\,C^2H^4O^2}_{\text{Acide acétique.}}$$

La *chondrosine* est un corps qui, comme les acides amidés, forme des combinaisons avec les acides et avec les bases. Elle dissout l'oxyde de cuivre et le réduit à chaud; chauffée avec de l'eau de baryte, elle se décompose en donnant des dérivés du glucose (acide glycuronique, glucosamine) et un certain nombre d'autres corps peu connus.

$$\underbrace{C^{12}H^{21}AzO^{11}}_{\text{Chondrosine.}} + H^2O = \underbrace{C^6H^{10}O^7}_{\text{Acide glycuronique.}} + \underbrace{C^6H^{11}O^5,AzH^2}_{\text{Glucosamine.}}$$

5e GROUPE : CORPS ALBUMOÏDES.

KÉRATINE

348. État naturel. — La kératine ou *épidermose* se trouve en forte proportion dans toutes les productions épidermiques des animaux : cheveux, poils, ongles, cornes, sabots, laine,

(1) Pour préparer les chondroïtine-sulfates, on soumet le cartilage à la digestion gastrique qui le transforme en grande partie en *peptochondrine*, combinaison de gélatine-peptone et d'acide chondroïtine-sulfurique. On dissout la peptochondrine dans un excès de potasse et on ajoute à la solution 2 à 3 volumes d'alcool ; on obtient un précipité de chondroïtine-sulfate basique de potassium, tandis que la gélatine-peptone reste en dissolution.

plumes. La substance blanche du tissu nerveux renferme aussi de la kératine (neurokératine). Il existe probablement plusieurs kératines, car la composition de la kératine présente des variations notables selon son origine (1). A l'exception de la neurokératine, les diverses kératines sont remarquablement riches en soufre (4 à 5 p. 100).

On rencontre des substances analogues à la kératine dans un grand nombre de membranes animales : capsule du cristallin, membrane de Descemet, sarcolemme des muscles, membranes de la plupart des cellules, membrane coquillière de l'œuf, etc.

349. Préparation; propriétés. — La substance dont on veut extraire la kératine est épuisée successivement par l'eau, l'alcool et l'éther, puis soumise à une digestion gastrique et à une digestion pancréatique artificielles. Le résidu est constitué par de la kératine, souillée par un peu de nucléine; on l'en débarrasse en le traitant par de la potasse très étendue, qui ne dissout que la nucléine.

Les kératines sont des substances insolubles dans l'eau et dans presque tous les réactifs, soluble dans les alcalis moyennement concentrés et en particulier dans l'ammoniaque. A l'état sec, les kératines sont hygroscopiques; l'hygromètre à cheveu de Saussure est basé sur cette propriété.

Par l'ébullition avec l'eau, même en présence d'acide acétique, la kératine ne se dissout pas, mais elle se gonfle et commence à perdre un peu de soufre à l'état d'hydrogène sulfuré. Ce n'est que par l'action de l'eau portée sous pression à 140°-150°, que les kératines se dissolvent ou plutôt se transforment en produits solubles.

Les kératines donnent, entre autres produits, de la leucine et de la tyrosine par une ébullition prolongée avec l'acide sulfurique étendu.

CONJONCTINE

350. Préparation ; propriétés. — La conjonctine a été signalée par M. Müntz dans le tissu conjonctif où elle est associée à une matière collagène, analogue à l'osséine. On l'extrait du derme des mammifères en le faisant bouillir avec de l'eau, pour transformer la matière collagène en gélatine soluble; le résidu est ensuite épuisé par une solution zinco ou cupro-

(1) Il est vrai que le mode d'extraction de la kératine est trop imparfait pour qu'on puisse considérer le produit obtenu comme absolument pur.

ammoniacale (1), qui a la propriété de dissoudre la conjonctine. On précipite la conjonctine de cette solution par l'acide acétique.

La conjonctine est insoluble dans l'eau, même à l'ébullition; elle se dissout dans l'ammoniaque. L'eau surchauffée ne la transforme pas en gélatine. Par l'ébullition avec l'acide sulfurique étendu, elle donne du glycocolle.

La *fibroïne* et la *séricine*, qu'on a extraites de la soie, sont des matières albumoïdes, solubles dans les solutions zinco et cupro-ammoniacales, comme la conjonctine.

ÉLASTINE

351. Préparation ; propriétés. — L'élastine ou *élasticine* constitue la partie essentielle du tissu élastique. On la rencontre dans les ligaments et en particulier dans les ligaments jaunes de la colonne vertébrale, qui en sont presque exclusivement constitués. On trouve aussi l'élastine dans les tendons, les aponévroses, le tissu conjonctif lâche, etc.

Pour préparer de l'élastine, on s'adresse de préférence au ligament cervical du bœuf, que l'on fait bouillir successivement avec de l'eau, de l'alcool, de la potasse à 1 p. 100 et de l'acide acétique à 10 p. 100. On traite ensuite par l'acide chlorhydrique étendu et froid et on épuise de nouveau par l'eau bouillante, l'alcool et l'éther ; le résidu est de l'élastine.

L'élastine ainsi obtenue est une substance jaunâtre, exempte de soufre (2), insoluble dans tous les réactifs. L'ébullition prolongée avec les acides minéraux étendus ou les alcalis concentrés et l'action de l'eau surchauffée la transforment en dérivés solubles.

L'élastine est la seule matière albumoïde qui soit attaquée par les sucs gastrique et pancréatique ; encore ne se transforme-t-elle qu'en propeptones et non en peptones. La digestion de l'élastine est surtout marquée chez le chien. M. Horbaczewski a pu cependant la démontrer pour l'homme, chez un sujet porteur d'une fistule gastrique.

(1) On obtient ces solutions en laissant oxyder à l'air de la tournure de zinc ou de cuivre arrosée d'ammoniaque.

(2) Il se peut que le soufre ait été enlevé à l'élastine pendant sa préparation par l'ébullition avec la potasse au centième ; si on prépare l'élastine en omettant ce traitement, elle contient un peu de soufre (0,3 p. 100), mais qu'on peut alors attribuer à des impuretés (autres matières albuminoïdes).

SUBSTANCE AMYLOÏDE

352. État naturel. — Sous le nom de *substance amyloïde*, M. Virchow a désigné un corps qui se rapproche des matières albuminoïdes par sa composition centésimale et des matières amylacées par la coloration qu'il prend sous l'influence de l'iode. On ne rencontre la substance amyloïde qu'à l'état pathologique, soit en petits grains formés de couches concentriques (fig. 48) dans les enveloppes séreuses du cerveau, à l'origine des filets nerveux et dans les petits vaisseaux, soit

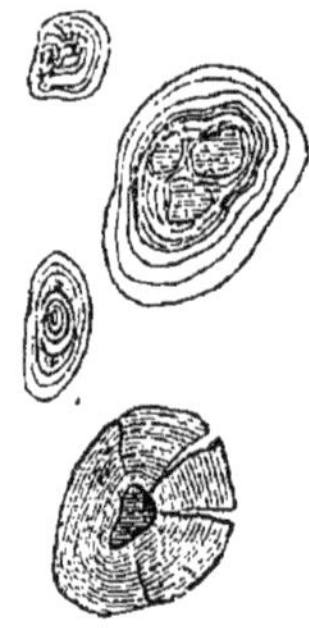

Fig. 48. — Concrétions amyloïdes stratifiées (*).

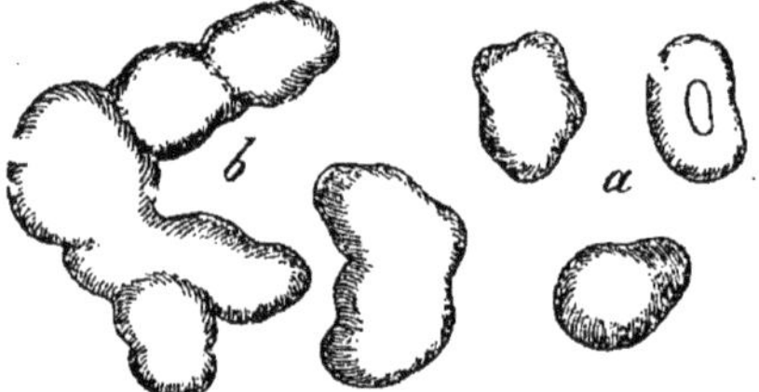

Fig. 49. — Infiltration amyloïde des cellules hépatiques (**).

sous forme de dépôts d'un aspect brillant, gras et cireux (fig. 49) dans les divers organes (foie, poumon, rate, pancréas, rein, etc).

La substance amyloïde paraît être un terme intermédiaire entre les matières protéiques d'une part, la graisse et la cholestérine de l'autre. Sa formation dans un organe (dégénérescence amyloïde, cireuse ou lardacée) est fréquemment provoquée par des ulcérations et des suppurations prolongées.

353. Préparation ; propriétés. — Pour isoler la substance amyloïde des organes ayant subi la dégénérescence amyloïde, on broie ces organes et on les épuise par l'eau froide, l'eau bouillante, l'alcool et l'éther; on les met ensuite à digérer à 40°, pendant quelque temps, avec du suc gastrique artificiel. Le résidu est constitué par de la matière amyloïde à peu près pure.

Cette matière est insoluble dans l'eau, l'alcool, l'éther, les acides étendus et les solutions de carbonates alcalins. L'iode la colore en rouge brun comme le glucogène, quelquefois en

(*) Ces concrétions proviennent des canaux excréteurs de la prostate.

(**) *a*, cellules isolées ; *b*, fragment d'un réseau de cellules hépatiques où les contours des diverses cellules ne se distinguent plus. Grossissement 300 (Rindfleisch).

violet; en présence d'acide sulfurique, il la colore en bleu comme l'amidon. Ces réactions colorées permettent de déceler au microscope la substance amyloïde dans les tissus. La matière amyloïde, qui se rapproche par ces réactions des matières amylacées, s'en distingue en ce que, par l'ébullition avec l'acide sulfurique étendu, elle ne donne pas de glucose, mais une acidalbumine. Elle donne la réaction de Millon et la réaction xanthoprotéique; soumise à la digestion gastrique, la substance amyloïde finit à la longue par se dissoudre.

DÉRIVÉS IMMÉDIATS DE TRANSFORMATION DES MATIÈRES ALBUMINOÏDES NATURELLES.

MATIÈRES ALBUMINOÏDES COAGULÉES

354. Propriétés. — Les matières albuminoïdes proprement dites, coagulées par l'action de la chaleur ou par le contact prolongé de l'alcool, sont insolubles dans l'eau, dans les solutions salines, dans les alcalis et les acides très étendus. L'action prolongée des alcalis et des acides étendus les transforme en dérivés solubles (alcalialbumines, acidalbumines) ; la transformation est plus rapide à l'ébullition.

Les matières albuminoïdes coagulées donnent les réactions par lesquelles on peut caractériser les matières albuminoïdes naturelles solides (réactions du biuret, de Millon, xanthoprotéique, etc.).

ALCALIALBUMINES ou ALBUMINATES

355. Préparation. — Il est probable que chaque matière albuminoïde donne naissance à une alcalialbumine spéciale; nous prendrons comme type celle que fournit l'albumine de l'œuf. On l'obtient de la façon suivante : on extrait l'albumine de 100 centimètres cubes de blanc d'œuf, par le procédé de Graham (**315**). On étend d'eau jusqu'à 1200 centimètres cubes la solution d'albumine obtenue et on ajoute 15 centimètres cubes d'une solution *normale* de soude, c'est-à-dire contenant le poids de la molécule de soude (40 gr. NaOH) par litre. On chauffe le mélange pendant quelques heures au bain-marie et, après refroidissement, on précipite l'alcalialbumine formée, en neutralisant exactement le liquide par une solution normale d'acide chlorhydrique.

356. Propriétés. — L'alcalialbumine ainsi obtenue est en grumeaux blancs, nettement acides au tournesol, à peu près insolubles dans l'eau et dans le chlorure de sodium au dixième, facilement solubles au contraire dans les acides et les alcalis très étendus, dans les solutions de carbonates et de phosphates alcalins.

La solution d'alcalialbumine dans la quantité minima de soude caustique présente encore une réaction légèrement acide; elle précipite quand on la sature de chlorure de sodium. Elle ne se coagule qu'au-dessus de 100°, ou à l'ébullition après addition d'un peu de chlorure de sodium.

La composition de l'alcalialbumine est sensiblement la même que celle de l'albumine. Elle renferme cependant un peu moins de soufre, une partie ayant été transformée en sulfure pendant sa préparation.

Sous le nom de *caséalbumine*, M. A. Gautier a désigné une modification de l'albumine, qu'il a obtenue en traitant *à froid* une solution de blanc d'œuf dans 2 à 3 fois son volume d'eau par de la soude (0gr,15 NaOH pour 100 gr. de mélange); on précipite au bout de 36 heures par l'acide acétique. La caséalbumine, qui se comporte comme un acide tétrabasique, représenterait un terme intermédiaire entre l'albumine et l'alcalialbumine. Elle est insoluble dans l'eau, dans les sels neutres et dans les solutions de phosphate disodique, ce qui la distingue de l'alcalialbumine et de la caséine. Elle se rapproche de la caséine en ce qu'elle se dissout dans les alcalis étendus et que la solution, débarrassée de l'excès d'alcali par la dialyse, n'est pas coagulable par la chaleur.

La substance désignée sous le nom d'*albuminate de Lieberkühn* représente au contraire un produit de transformation plus avancée de l'albumine. On l'obtient en ajoutant à un blanc d'œuf une solution concentrée de potasse, goutte à goutte, jusqu'à ce qu'il se prenne en gelée. On dissout cette gelée dans l'eau et on précipite par l'acide acétique.

Les *protalbines* de Danilewski sont des termes de décomposition encore plus avancés que le précédent. On les obtient en laissant agir pendant 24 heures à froid sur les matières albuminoïdes des solutions de soude à 2 ou 3 p. 100 et précipitant par l'acide acétique le mélange de protalbines formées (1). Ces

(1) Une quantité notable de l'azote de l'albumine se dégage à l'état d'ammoniaque pendant la préparation des protalbines; une partie du soufre passe à l'état de sulfure.

substances sont insolubles dans l'eau, solubles dans les alcalis étendus et dans l'acide chlorhydrique au millième. Elles se dissolvent à chaud dans l'alcool aqueux, d'où elles se déposent par le refroidissement.

ACIDALBUMINES ou SYNTONINES

357. Préparation. — Les acidalbumines se forment par l'action des acides étendus sur les matières albuminoïdes; elles diffèrent entre elles selon la matière albuminoïde qui leur a donné naissance, selon la dilution de l'acide employé à leur préparation et selon la température à laquelle elles ont été obtenues. On les rencontre dans le contenu de l'estomac pendant la digestion ; ce sont en effet les premiers produits de transformation des matières albuminoïdes sous l'influence du suc gastrique.

On prépare les acidalbumines en laissant agirà froid pendant quelques heures l'acide chlorhydrique étendu à 3 p. 1000 sur les matières albuminoïdes; on opère plus rapidement en faisant bouillir ces matières pendant quelques instants avec de l'acide chlorhydrique à 1 p. 1000 ou avec l'acide acétique étendu. L'acidité du mélange diminue à mesure que se forme l'acidalbumine; en neutralisant par la soude étendue l'acide restant, on précipite l'acidalbumine.

358. Propriétés. — Les acidalbumines ainsi obtenues présentent une réaction très faiblement acide. Elles sont à peu près insolubles dans l'eau et dans les solutions de chlorure de sodium. Elle se dissolvent dans les alcalis et les acides dilués et précipitent quand on neutralise ces solutions. Les acidalbumines se rapprochent par ces propriétés des alcalialbumines; elles s'en distinguent en ce qu'elles sont insolubles dans les solutions étendues de phosphate de sodium. En outre, les acidalbumines peuvent se transformer en alcalialbumines par l'action des alcalis, tandis que la transformation inverse des alcalialbumines en acidalbumines par les acides n'est pas possible. Nous avons vu en effet que dans la préparation des alcalialbumines un peu de soufre se détache de la molécule de l'albumine, ce qui n'a pas lieu dans la préparation des acidalbumines.

Les solutions acides d'acidalbumines ne se coagulent qu'au-dessus de 100°, ou à 100° en présence du sulfate de magnésium.

L'alcool aqueux dissout les acidalbumines, d'autant mieux qu'elles ont été obtenues avec des acides plus concentrés et à une température plus élevée.

La *syntonine* proprement dite est l'acidalbumine dérivée de la myosine des muscles. On l'obtient en faisant agir l'acide chlorhydrique étendu et froid sur de la viande maigre hachée et lavée; par neutralisation du liquide, la syntonine se précipite sous forme de masse gélatineuse. La syntonine n'est pas soluble comme la myosine dans les solutions de chlorure de sodium ou de chlorure d'ammonium.

ALBUMOSES ou PROPEPTONES

359. État naturel. — On rencontre des albumoses au moment de la digestion dans le contenu de l'estomac et de l'intestin et, en très petite quantité, dans le sang; on en trouve aussi dans certains organes (pancréas, rate, foie, poumons, reins), dans la moelle des os, dans le sperme et dans le lait. L'urine en renferme dans certains états pathologiques (ostéomalacie, rougeole, spermatorrhée, etc.).

Les albumoses ou propeptones, qu'on désigne aussi quelquefois sous le nom de *protéoses*, se forment au cours de la digestion gastrique et pancréatique des substances albuminoïdes; elles représentent des termes intermédiaires et transitoires entre ces substances et les peptones. Les albumoses prennent aussi naissance aux dépens des matières albuminoïdes par une longue ébullition avec les alcalis ou les acides dilués, ainsi que par l'action prolongée de l'eau chauffée vers 140° dans un autoclave.

Aux diverses matières albuminoïdes correspondent des albumoses différentes : albumoses d'ovalbumine, de fibrine, etc.; on désigne sous le nom de *globuloses*, de *vitelloses*, de *caséoses*, etc. les albumoses dérivées respectivement des globulines, de la vitelline, des caséines, etc.

D'après Maly, Herth, Henninger, il ne se formerait dans la digestion d'une matière albuminoïde déterminée qu'une seule albumose. Mais la plupart des chimistes admettent aujourd'hui, d'après les recherches de MM. Kühne, Chittenden, Neumeister, etc., que la digestion des matières albuminoïdes et en particulier la digestion gastrique donne naissance à plusieurs sortes d'albumoses, qu'on peut classer de la manière suivante :

A. **Hémiabulmoses**, se transformant facilement en peptones et comprenant :...........
- a) Albumoses primaires, dérivant directement des matières albuminoïdes et donnant naissance aux albumoses secondaires.................
  - 1. *Protoalbumose*, soluble dans l'eau.
  - 2. *Hétéroalbumose*, insoluble dans l'eau.
- b) Albumoses secondaires, dérivant des albumoses primaires et donnant naissance aux peptones.
  - 3. *Deutéroalbumose.*

B. **Antialbumoses**, ne se transformant en peptones que par une digestion gastrique excessivement prolongée; les peptones qui en dérivent diffèrent de celles que fournissent les hémialbumoses. Les antialbumoses ont été moins étudiées que les hémialbumoses; il est probable qu'elles comprennent aussi des antialbumoses primaires et secondaires.

360. Propriétés. — *a*) A l'exception de l'hétéroalbumose, les albumoses sont solubles dans l'eau, plus solubles même que les matières albuminoïdes dont elles dérivent ; toutes se dissolvent dans les solutions étendues de chlorure de sodium ainsi que dans les alcalis et les acides étendus. Elles sont légèrement dialysables. Leurs solutions sont incoagulables par la chaleur, même en présence d'acide acétique ; l'alcool fort les précipite, mais ne les coagule pas.

b) Toutes les albumoses précipitent quand on sature leur solution de sulfate d'ammonium. (Caractère distinctif d'avec les peptones.)

c) Les solutions d'albumoses précipitent par l'acide azotique, par un mélange de ferrocyanure de potassium et d'acide acétique, et quand on les sature de chlorure de sodium ; les précipités obtenus se dissolvent à chaud et reparaissent par le refroidissement. (Caractère distinctif d'avec les matières albuminoïdes proprement dites.)

Ces trois dernières réactions sont surtout caractéristiques des albumoses primaires. Les albumoses secondaires ne précipitent en effet par l'acide azotique qu'en présence de chlorure de sodium ; le ferrocyanure de potassium et l'acide acétique ne les précipitent que lentement et si elles sont en solution suffisamment concentrée. Enfin le chlorure de sodium à saturation ne précipite les albumoses secondaires qu'en présence d'acide acétique et encore d'une manière incomplète, tandis que les albumoses primaires sont précipitées partiellement par l'action du chorure de sodium seul, et complètement par l'action simultanée du chlorure de sodium à saturation et de l'acide acétique. La séparation des albumoses primaires d'avec les albumoses secondaires dans un mélange repose sur ces faits.

d) Parmi les albumoses primaires, les hétéroalbumoses se distinguent des protoalbumoses par leur insolubilité dans l'eau. Les solutions d'hétéroalbumoses dans le chlorure de sodium étendu (0,5 à 15 p. 100) ne se coagulent pas par la chaleur, mais précipitent vers 65°. Elles précipitent aussi par la dialyse, qui leur enlève le chlorure de sodium ; cette propriété permet de séparer dans un mélange l'hétéroalbumose de la protoalbumose, qui est soluble dans l'eau pure et dont les solutions salines ne précipitent pas par conséquent par la dialyse.

361. Préparation. — Pour obtenir les albumoses, on met à digérer les matières albuminoïdes diverses, de la fibrine par exemple, avec du suc gastrique artificiel (mélange de pepsine et d'acide chlorhydrique ou sulfurique à 2 p. 1000). Au bout d'un certain temps, de 2 heures pour la fibrine, on arrête la digestion en neutralisant le suc gastrique par du carbonate de sodium. Il se forme un précipité constitué par de l'acidalbumine, de l'antialbumose (1) et un peu d'hémialbumoses. On filtre ; on acidule légèrement par l'acide acétique le liquide filtré et on le porte à l'ébullition, de manière à coaguler les traces de matières albuminoïdes qui ont échappé à la digestion. On filtre et on sature le liquide de sulfate d'ammonium (2) : les albumoses sont précipitées.

Pour isoler les diverses albumoses de ce précipité, on le dissout dans une solution étendue de chlorure de sodium. En saturant cette dissolution par du chlorure de sodium, on obtient un précipité, formé d'albumoses primaires, et dont on retirera la protoalbumose et l'hétéroalbumose par le procédé déjà indiqué (**360.** *d*). Le liquide filtré contient encore un peu d'albumoses primaires et les albumoses secondaires. On l'additionne d'acide acétique : le reste des albumoses primaires se précipite, entraî-

(1) On peut retirer l'antialbumose de ce mélange en le soumettant à trois nouvelles digestions gastriques, la dernière étant prolongée pendant quarante-huit heures. On obtient finalement l'antialbumose en précipitant par un léger excès de soude le dernier liquide de digestion.

(2) Au lieu de saturer par du sulfate d'ammonium, M. Herth sature par du chlorure de sodium et considère le précipité obtenu comme la seule et unique albumose dérivant de la fibrine soumise à la digestion gastrique, ou plutôt comme une combinaison de cette albumose avec de l'acide acétique. On voit que, d'après les recherches de M. Kühne et de ses élèves, on doit considérer l'albumose de M. Herth comme un mélange d'albumoses pimaires.

nant une partie des albumoses secondaires. On filtre et on retire les albumoses secondaires du liquide filtré en le soumettant à la dialyse, pour lui enlever le chlorure de sodium et l'acide acétique, en le concentrant par évaporation au bain-marie et en précipitant les albumoses par l'alcool.

PEPTONES

362. État naturel. — Les peptones se rencontrent à l'état normal, pendant la digestion, dans l'estomac, l'intestin et en très petite quantité dans le sang de la veine porte et dans le chyle. A l'état pathologique, on peut trouver des peptones dans le sang, dans l'urine, dans les crachats; le pus en contient également. Enfin, on a signalé la présence de peptones dans le règne végétal.

363. Constitution. — Les peptones résultent du dédoublement des substances albuminoïdes par voie d'hydratation. En effet, elles possèdent un poids moléculaire moins élevé et sont plus riches en hydrogène et en oxygène. D'après des recherches récentes de M. Schützenberger, la fibrine fixe près de 4 p. 100 d'eau pour se transformer en fibrine-peptone. Cette fibrine-peptone doit être envisagée comme un mélange; car on peut en séparer par l'acide phosphomolybdique une partie précipitable moins oxygénée et une partie non précipitable plus oxygénée, jouant par rapport à la première le rôle d'un alcool. La fibrine elle-même serait donc une sorte d'éther composé; sa peptonisation par le suc gastrique serait le résultat d'une décomposition par saponification.

Inversement, par l'action des déshydratants (anhydride acétique à 80°), Henninger a pu transformer l'albumine-peptone en une substance voisine des matières albuminoïdes naturelles. M. Hofmeister est arrivé à un résultat analogue en chauffant les peptones pendant quelques heures à 140°.

Les peptones diffèrent entre elles selon la matière albuminoïde dont elles dérivent. Les peptones obtenues aux dépens d'une même substance albuminoïde, sous l'influence de la digestion gastrique ou de la digestion pancréatique, présentent entre elles les plus grandes analogies, mais ne sont pas identiques.

D'après M. Kühne, à une même matière albuminoïde correspondent deux sortes de peptones : l'*hémipeptone* qui, sous l'influence d'une digestion pancréatique suffisamment prolongée, se dédouble à son tour en leucine, tyrosine, etc., et l'*anti-*

peptone ou peptone vraie, qui résiste à toute action ultérieure des sucs digestifs.

Dans la digestion gastrique, les hémi-albumoses formées d'abord aux dépens des matières albuminoïdes donnent ensuite naissance à un mélange d'hémipeptone et d'antipeptone, tandis que les antialbumoses se transforment à la longue en antipeptones.

Dans la digestion pancréatique les termes ultimes de la transformation des matières albuminoïdes sont constituées par de l'antipeptone et par les produits de dédoublement de l'hémipeptone (leucine, tyrosine, etc.).

364. Préparation. — A. Les peptones de la digestion gastrique peuvent s'obtenir par les procédés suivants :

1. On fait digérer dans de l'acide sulfurique à 4 p. 1000, additionné de pepsine du commerce, la matière albuminoïde à peptoniser, par exemple, de l'albumine d'œuf coagulée par la chaleur ou des flocons de fibrine préalablement gonflés dans l'acide chlorhydrique à 1 p. 100 et lavés ensuite à l'eau pour les débarrasser des matières minérales. Au bout de 4 à 5 jours pour l'albumine, de 1 à 2 jours seulement pour la fibrine, on précipite l'acide sulfurique en ajoutant la quantité de baryte exactement nécessaire ; on fait bouillir, on filtre et on évapore vers 65° dans des assiettes. Le liquide sirupeux obtenu est additionné à froid d'alcool, jusqu'à formation d'un trouble persistant. Par le repos, une portion des peptones se précipite, entraînant avec elle les impuretés. On décante la liqueur qui surnage et on la verse, en mince filet et en agitant, dans six fois son volume d'alcool à 99° ; les peptones se précipitent. On les purifie en les redissolvant dans l'eau et les reprécipitant par l'alcool fort. Les peptones obtenues par ce procédé, dû à Henninger, renferment toujours des traces d'albumoses.

2. Pour obtenir les peptones complètement pures, on fait digérer comme précédemment les matières albuminoïdes dans un mélange d'acide sulfurique étendu et de pepsine, et on précipite également l'acide sulfurique par la baryte. Le liquide obtenu est alors saturé de sulfate d'ammonium ; toutes les matières albuminoïdes et tous leurs dérivés immédiats de transformation autres que les peptones sont précipitées (1). La solution qui surnage est concentrée, puis additionnée d'une quantité convenable d'alcool ; on précipite ainsi la majeure partie du sul-

(1) D'après les recherches récentes de M. Kühne, pour que la précipitation des albumoses par le sulfate d'ammonium soit absolument complète, il faut opérer la précipitation d'abord en milieu neutre, puis en milieu alcalin, et enfin en milieu acide.

fate d'ammonium que contenait la solution. Le liquide obtenu est ensuite bouilli avec du carbonate de baryum; on transforme ainsi le reste du sulfate d'ammonium en carbonate d'ammonium qui se dégage et en sulfate de baryum qui se précipite. Le liquide filtré est enfin précipité par l'alcool absolu; les peptones ainsi obtenues sont lavées à l'alcool et desséchées dans le vide.

B. Pour obtenir les peptones pancréatiques (antipeptones de M. Kühne), on fait digérer les matières albuminoïdes avec une solution légèrement alcaline de trypsine (1), en présence d'une substance antiseptique, telle que le thymol ou l'acide prussique, pour éviter la putréfaction.

Au bout de deux à trois jours, on concentre le liquide par évaporation; on filtre pour séparer le précipité de tyrosine formé. On précipite ensuite les albumoses par le sulfate d'ammonium, comme nous venons de l'indiquer dans le deuxième procédé. On obtient, après avoir éliminé le sulfate d'ammonium, une solution de peptone contenant encore de la leucine et une trace de tyrosine; on traite la solution par l'acide phosphotungstique, qui forme avec les peptones (2) une combinaison insoluble. En décomposant cette combinaison par un léger excès d'eau de baryte, on obtient une solution de peptone qu'on débarrasse de l'excès de baryte par la quantité voulue d'acide sulfurique.

365. Propriétés. — Les peptones se présentent à l'état sec sous forme de poudres amorphes, jaunâtres, de saveur amère et nauséuse. Elles sont très solubles dans l'eau et hygroscopiques; leur dissolution est accompagnée d'un dégagement de chaleur. Les peptones en solution sont dialysables; leur pouvoir osmotique, quoique supérieur à celui des propeptones, est bien inférieur à celui des cristalloïdes proprement dits; aussi peut-on encore employer la dialyse pour débarrasser une solution de peptone de la majeure partie de ses sels. Les peptones sont, comme les albumoses, incoagulables par la chaleur; l'alcool fort les précipite de leur solution sans les coaguler; l'alcool étendu les dissout partiellement.

Les peptones pures possèdent une réaction nettement acide. Elles s'unissent aux bases et aux acides, à la façon des acides amidés; elles donnent avec les bases des peptonates solubles et déplacent même l'anhydride carbonique du carbonate de calcium. Les combinaisons des peptones avec les acides sont, en

(1) Ferment soluble contenu dans le suc pancréatique.

(2) Les peptones ne sont pas précipitées en totalité par l'acide phosphotungstique.

général, solubles dans l'eau ; elles sont en partie solubles dans l'alcool méthylique pur, ce qui les distingue des peptones libres.

Les solutions de peptones ne précipitent ni par l'acide nitrique, ni par le ferrocyanure de potassium et l'acide acétique, ni par un excès de chlorure de sodium en présence d'acide acétique; elles ne précipitent pas non plus quand on les sature de sulfate d'ammonium. Ces caractères distinguent les peptones de toutes les matières albuminoïdes et des autres dérivés immédiats de leur transformation.

Les peptones donnent la réaction de Millon et la réaction du biuret. En solution légèrement acide, elles précipitent par l'iodure double de potassium et de mercure, par l'iodure de potassium ioduré, par le tanin, par les acides phosphotungstique et phosphomolybdique. — Les alcaloïdes donnent aussi ces dernières réactions; mais ils sont solubles dans l'alcool à 95° acidulé par de l'acide tartrique, tandis que les peptones ne s'y dissolvent pas.

TOXALBUMINES.

366. Notions générales. — On a démontré dans ces dernières années que certains animaux, certaines plantes et la plupart des microorganismes élaborent des substances albuminoïdes, analogues par leur composition et leurs réactions à celles que nous venons d'étudier, mais extrêmement toxiques en injection intravasculaire ou sous-cutanée. On désigne ces matières albuminoïdes sous le nom générique de *toxalbumines;* elles comprennent des matières albuminoïdes proprement dites (albumines, globulines), des albumoses et des peptones. Certaines d'entre elles sont phosphorées et correspondent peut-être aux nucléoalbumines. La toxicité de ces substances diminue le plus souvent quand on les soumet à l'action de la chaleur (60°-100°), et peut même disparaître complètement. Le suc gastrique et le suc pancréatique enlèvent toute leur virulence aux toxalbumines; aussi peuvent-elles être absorbées par les voies digestives, sans déterminer d'accidents, alors que des doses infinitésimales injectées dans le sang suffisent souvent pour amener la mort. Il est à remarquer que, contrairement à ce qui a lieu pour les ptomaïnes, la toxicité des toxalbumines ne se manifeste généralement que quelques heures ou quelques jours après leur injection.

A. Toxalbumines d'origine animale. — C'est dans le venin de

certains serpents (serpent à sonnette, serpent mocassin) que MM. Mitchell et Reichardt découvrirent en 1883 les premières toxalbumines. Quelques années plus tard, M. Wolfenden étudiant le venin du serpent à lunettes et celui de la vipère indienne, montra que le premier contient une albumine, une globuline et une acidalbumine toxiques, le second une albumine, une globuline et une albumose toxiques. La toxicité des venins dont nous venons de parler est due à peu près exclusivement aux toxalbumines; en effet, le mélange des toxalbumines extraites d'un venin déterminé possède les mêmes propriétés toxiques que ce venin. Chaque toxalbumine présente des qualités toxiques spéciales, c'est-à-dire produit des accidents déterminés. Comme la toxicité disparaît complètement par la chaleur pour certaines d'entre elles, tandis qu'elle est seulement atténuée pour d'autres (toxalbumoses, toxopeptones), on conçoit que les venins puissent, quand on les chauffe, perdre telle ou telle qualité toxique.

M. Mosso a depuis démontré la présence de toxalbumines dans le sang de certains poissons (murénides, anguilles). En effet ce sang, injecté en très petite quantité à des chiens, détermine une intoxication rapide, avec des symptômes analogues à ceux produits par les venins de serpent; administré au contraire par la bouche, il ne provoque aucun accident. De plus, la substance toxique de ce sang est précipitée, en même temps que les autres matières albuminoïdes, par un excès de sulfate d'ammonium; elle ne peut pas être extraite du précipité par des lavages prolongés avec une solution saturée de ce sel.

M. Kobert a également signalé la présence de toxalbumines dans une grosse araignée de Russie (lathrodactus tredecimguttatus). Enfin M. Viron a trouvé une matière albuminoïde très toxique dans un kyste hydatique.

B. Toxalbumines végétales. — On a signalé la présence de toxalbumines dans les graines de ricin (Kobert et Stillmark). Dans les graines de l'abrus precatorius, MM. Sydney-Martin et Wolfenden ont trouvé une toxalbumose et une toxoglobuline; ces substances injectées sous la peau déterminent la mort avec des symptômes analogues à ceux que provoque le venin de serpent; elles perdent leur toxicité, quand on les chauffe à 85°.

Le tableau suivant, dressé par M. Sydney-Martin d'après les recherches de différents auteurs, indique les doses mortelles de diverses toxalbumines animales et végétales; ces doses sont rapportées à 1 kilogramme d'animal.

Toxalbumines du venin du cobra capello		0gr,000079
— — de la vipère ordinaire		0gr,0021
— — du serpent tigré d'Australie		0gr,0040
— des graines de l'abrus precatorius.	Toxoglobuline.	0gr,01
	Toxalbumose..	0gr,06

C. Toxalbumines bactériennes. — La plupart des bactéries élaborent des toxalbumines, aussi bien dans les bouillons de culture que dans l'organisme des animaux. Ainsi, MM. Roux et Yersin ont révélé dans les cultures pures du bacille de la diphtérie la présence d'une toxalbumine, que MM. Brieger et Fränkel ont plus tard isolée et nettement caractérisée; cette toxalbumine a été retrouvée dans le sérum sanguin d'un enfant mort de la diphtérie par MM. Brieger et Wassermann. Ces mêmes auteurs ont signalé également la présence de toxalbumines dans le sang et même dans l'urine d'un érysipélateux.

Les toxalbumines bactériennes sont en général des albumoses; on peut les extraire de la façon suivante des diverses cultures, qui doivent être faites autant que possible sur des milieux exempts de matières albuminoïdes. On filtre les liquides de culture sur de la porcelaine dégourdie, de manière à les débarrasser des microorganismes, et on les traite par vingt fois leur volume d'alcool fort. Le précipité obtenu est recueilli sur un filtre, lavé à l'alcool, puis dissous dans l'eau et soumis à la dialyse pour lui enlever ses sels. On filtre la solution et on reprécipite la toxalbumine par l'alcool absolu.

La toxalbumine du bacille de la diphtérie est une poudre blanche, légère. En solution dans l'eau, elle ne se coagule pas par la chaleur ; elle précipite par les réactifs généraux des substances albuminoïdes dont elle présente également les réactions de coloration. Ses réactions spéciales (non-précipitation par un excès de chlorure de sodium, par l'acide azotique) ainsi que sa composition centésimale la classent parmi les albumoses. MM. Roux et Yersin la considèrent au contraire comme une sorte de diastase (**367**). Elle est éminemment toxique : en injection souscutanée, elle provoque chez les animaux des nécroses, des productions membraneuses, des paralysies caractéristiques. Elle perd sa toxicité, quand on chauffe sa solution à 60°.

Dans les cultures du *bacillus anthracis*, M. Hankin a découvert des toxalbumines qui, d'après M. Sydney-Martin, sont deux albumoses. Ces toxalbumoses conservent leur toxicité après l'ébullition de leur solution.

On a également signalé la présence de toxalbumines dans

les cultures du *staphylococcus pyogenes aureus*, du bacille du tétanos, du choléra, de la fièvre typhoïde (1), de la tuberculose.

Enfin MM. Hugounenq et Eraud, en traitant directement par l'alcool le bouillon de culture de l'*orchiococcus urethræ*, ont obtenu un produit blanc, amorphe, soluble dans l'eau. Ce produit est azoté et phosphoré ; mais il ne contient pas de soufre. Il présente certaines réactions des peptones. Ses solutions ne sont précipitées ni par la chaleur, ni par l'acide azotique, elles précipitent lentement par le ferrocyanure de potassium et l'acide acétique ; elles donnent les réactions du biuret, de Millon et d'Adamkiewicz; elles se putréfient très rapidement à l'air. Cette substance, injectée dans le testicule, détermine une orchite suraiguë ; elle n'exerce au contraire aucune action sur la muqueuse de l'urèthre, ni sur la conjonctive.

Il est aujourd'hui démontré que dans les maladies infectieuses, les microbes pathogènes agissent surtout par les produits solubles et toxiques qu'ils fabriquent et qu'on désigne sous le nom générique de *toxines*. On peut déterminer chez un animal les mêmes accidents caractéristiques en lui inoculant tel microorganisme, ou en lui injectant les produits solubles élaborés par ce microorganisme. Les toxines s'obtiennent, mélangées à d'autres substances, en filtrant les cultures des divers microorganismes sur filtre Chamberland, pour les débarrasser des éléments organisés. Au point de vue chimique les toxines sont encore mal connues; ce sont probablement des mélanges de toxalbumines, de ptomaïnes, etc... Nous venons de voir, en effet, qu'on peut isoler des toxalbumines de certaines cultures microbiennes; nous avons vu d'autre part (**304**) qu'on a retiré aussi des ptomaïnes des cultures de certains microorganismes. De plus, dans la plupart des maladies infectieuses, l'urine, par où s'éliminent les toxines microbiennes, comme l'a démontré M. Bouchard, contient aussi des ptomaïnes.

L'action des toxines sur l'organisme et en particulier les modifications du sang qui en résultent, ont été l'objet dans ces dernières années d'un nombre considérable de recherches intéressantes. Elles ont montré que l'injection de faibles doses de toxines dans le sang d'un animal y fait généralement apparaître, au bout de quelques jours, par suite des modifications apportées à la nutrition cellulaire, des substances nouvelles,

(1) Brieger et Wassermann ont pu démontrer la présence de toxalbumines dans les organes et dans le sang des typhiques.

solubles, peu stables, altérables par la chaleur, la congélation et la dialyse. De ces substances, les unes s'opposent au développement des bactéries, on les appelle substances bactéricides ou *alexines;* les autres possèdent, outre cette propriété, celle de neutraliser les effets produits par les toxines sur l'organisme, on les désigne sous le nom d'*antitoxines*. Les méthodes nouvelles de sérothérapie sont basées sur ces faits; pour la diphtérie notamment, M. Roux inocule à des chevaux des doses progressivement croissantes de toxines diphtériques. Au bout de deux à trois mois, le sérum du sang de ces chevaux jouit de propriétés préventives et curatives vis-à-vis de la diphtérie, quand on l'injecte sous la peau.

CONGÉNÈRES DES ALBUMINOÏDES

FERMENTS SOLUBLES ou DIASTASES

367. Définition. — *a*) Les ferments solubles, qu'on désigne aussi sous les noms de *diastases*, de *zymases* et d'*enzymes*, sont des produits azotés, solubles dans l'eau, sécrétés par les cellules animales et végétales ou provenant de leur destruction. Ils jouent un rôle capital dans la nutrition des êtres vivants par les transformations qu'ils font subir à la matière alimentaire pour la rendre assimilable. Ces transformations sont simples; ce sont, dans la plupart des cas, des hydratations ou des décompositions par hydrolyse, analogues à celles qu'exerce sur les mêmes substances l'eau surchauffée, ou l'eau bouillante en présence des acides et des bases.

b) Les sucs digestifs renferment tous une ou plusieurs diastases. Chaque ferment soluble a une individualité propre; il n'agit que sur un groupe de corps déterminé, à l'exclusion de tout autre, et parfois même sur un seul corps de ce groupe. Par exemple, le ferment sécrété par la levûre de bière agit sur le saccharose ordinaire, mais non sur le maltose, qui est cependant un saccharose; il n'exerce pas non plus d'action sur les matières amylacées, les graisses, les albuminoïdes.

c) D'une manière générale, on désigne aujourd'hui les diverses diastases en ajoutant la désinence *ase* au nom de la substance ou du groupe de substances sur lequel elles agissent: Ex.: amylase, sucrase, etc. Quelques-unes ont conservé leur nom primitif: Ex.: pepsine, ptyaline, etc.

368. Division. — On range les diastases en plusieurs groupes, d'après la nature des corps qu'elles sont capables de transformer.

1. Diastases transformant les matières protéiques en peptones. — Parmi ces diastases, dites *protéolytiques*, on trouve la *pepsine* du suc gastrique, la *trypsine* du suc pancréatique, certaines diastases sécrétées par des microorganismes, certaines diastases végétales, telles que la *papaïne*, que Wurtz a extraite du suc du *carica papaya*.

2. Diastases saponifiant les graisses. — A ce groupe appartiennent la *stéaroptase* du suc pancréatique et des diastases analogues qu'on rencontre dans le règne végétal (graines de ricin, de pavot, de courge, de lin, de maïs, etc.).

3. Diastases saccharifiant les matières amylacées. — Parmi ces diastases, qui portent les noms génériques d'*amylases* et de ferments *amylolytiques*, il faut citer la *ptyaline* de la salive, les amylases du suc pancréatique et du foie, des amylases végétales, telles que la diastase de l'orge germée, et des amylases sécrétées par certains microorganismes.

4. Diastases dédoublant les saccharoses. — On les désigne sous le nom de *sucrases* ou d'*invertines*. Elles comprennent l'*invertine* du suc intestinal et de la levûre de bière, qui dédouble le sucre de canne en glucose et en fructose, la *maltase*, sécrétée par une moisissure l'aspergillus niger, qui dédouble le maltose, etc.

5. Diastases coagulant certaines matières albuminoïdes. — A ce groupe appartiennent la *chymosine* ou *labferment* qui coagule le lait, le *fibrin-ferment* qui détermine la coagulation du sang (1), le ferment encore mal connu auquel on attribue la coagulation du suc musculaire, enfin certains ferments coagulants sécrétés par les végétaux et par les bactéries.

6. Diastases transformant l'urée en carbonate d'ammonium. — Ces diastases, qu'on désigne sous le nom d'*urases*, sont sécrétées par un grand nombre de microorganismes (micrococcus ureæ, bacterium ureæ, bacillus fluorescens, etc.).

7. Diastases dédoublant les glucosides. — Ces diastases se rencontrent dans certains végétaux, généralement à côté des glucosides qu'elles sont capables de transformer, mais incluses dans des cellules spéciales (Guignard). Telles sont l'*émulsine* des

(1) La diastase qui détermine la coagulation du sang paraît agir par hydratation, comme les diastases en général. En effet, d'après M. A. Schmidt, si on divise du plasma sanguin de cheval en deux parties égales, et si on évapore jusqu'à siccité une des parties sans la laisser coaguler, l'autre au contraire après coagulation, on trouve que le poids du résidu obtenu dans le second cas est un peu plus fort (0,5 p. 100 environ).

amandes amères, qui transforme l'amygdaline en glucose, aldéhyde benzoïque et acide prussique, la *myrosine* de la graine de moutarde, qui dédouble le myronate de potassium en glucose, sulfocyanate d'allyle et sulfate acide de potassium.

369. Extraction. — Les diastases sont solubles dans l'eau et dans la glycérine, insolubles dans l'alcool fort; elles sont facilement entraînées par des précipités amorphes qui se forment au sein de leur solution. On se base sur ces faits pour extraire les diastases des organes.

1. On divise les organes, on les épuise par de l'eau aiguisée d'acide phosphorique et on neutralise cet acide par l'eau de chaux. Il se précipite du phosphate de calcium qui entraîne le ferment soluble en même temps qu'un peu de matières albuminoïdes. Le précipité recueilli sur un filtre cède le ferment à l'eau, tandis qu'il retient plus énergiquement les matières albuminoïdes. On purifie le ferment en le précipitant de sa solution aqueuse par l'alcool, et en le redissolvant dans l'eau.

2. On peut aussi extraire le ferment des organes par des lavages à l'eau et traiter la solution aqueuse par une solution éthérée de cholestérine. En agitant le mélange, la cholestérine se précipite en entraînant le ferment. On enlève la cholestérine au précipité par l'éther, qui ne dissout pas le ferment.

Le collodion versé dans la solution aqueuse d'un ferment donne aussi un précipité (fulmicoton) qui entraîne le ferment.

3. On traite les organes par l'alcool pour raffermir les tissus, puis on les épuise par la glycérine, qui dissout les ferments. On précipite le ferment de sa solution dans la glycérine par l'alcool.

Nous indiquerons, en étudiant les sucs digestifs, quels sont les procédés qui conviennent le mieux pour l'extraction des diastases qu'ils renferment.

370. Propriétés générales. — *a*) Les diastases ainsi obtenues se présentent sous forme de poudres blanches, amorphes, solubles dans l'eau et dans la glycérine, précipitables de leurs solutions par l'alcool. Elles ne sont pas dialysables.

b) Étant donnés leurs modes de préparation, il est extrêmement probable que les diastases sont très impures; aussi leur composition et leurs propriétés sont-elles très variables. Au point de vue de leur composition, quelques diastases (pepsine, papaïne, etc.) se rapprochent des matières albuminoïdes; la plupart s'en distinguent en ce qu'elles contiennent plus d'oxygène et moins de carbone et de soufre. Au point de vue de leurs réactions, les diastases se rapprochent beaucoup des matières albuminoïdes ; la plupart cependant ne précipitent pas par le sublimé, ni par le tanin, et ne sont pas colorées en jaune par l'acide azotique.

Les diastases décomposent l'eau oxygénée avec dégagement d'oxygène.

c) En solution, surtout sous l'influence de l'air et de la lumière, les diastases perdent peu à peu leur activité, même à l'abri des bactéries de la putréfaction ; à l'état sec, elles la conservent au contraire presque indéfiniment.

Les conditions dans lesquelles les diastases agissent sur les substances qu'elles sont capables de transformer, sont les unes d'ordre physique, les autres d'ordre chimique.

A. Conditions physiques de l'action des diastases. — Les diastases n'agissent qu'en présence de l'eau et entre certaines températures. Leur action est nulle à 0°, faible vers 15° ; elle augmente en général jusque vers 40°, et diminue ensuite à mesure que la température s'élève. Entre 75° et 80° les diastases en solution perdent définitivement leur action, c'est-à-dire qu'elles n'agissent plus à aucune température, même à 40°. A l'état sec, les diastases supportent mieux les températures élevées ; elles peuvent être chauffées à 100°, quelques-unes même jusqu'à 160°, sans perdre leur activité. Les températures extrêmement basses exercent sur les diastases la même action destructive que les températures élevées. D'après M. d'Arsonval, l'invertine de la levûre de bière est détruite à — 100°, tandis que la levûre elle-même n'est tuée qu'à une température encore plus basse.

B. Conditions chimiques de l'action des diastases. — *a*) Il faut citer en premier lieu la réaction du milieu dans lequel agit la diastase. La pepsine n'agit qu'en milieu acide. La plupart des diastases exercent leur action quelle que soit la réaction du milieu ; mais certaines agissent mieux en milieu acide, d'autres en milieu alcalin. Le degré d'acidité ou d'alcalinité le plus favorable varie selon les diastases, mais il est toujours très faible ; un excès d'acide ou d'alcali détruit tous les ferments solubles.

La présence de sels neutres peut accélérer ou ralentir l'action des diastases.

b) Les diastases exercent leur action même en présence d'antiseptiques à des doses suffisantes pour entraver toute fermentation par les ferments figurés. Cette particularité permet d'étudier l'action des diastases, en se mettant à l'abri de l'action simultanée des microorganismes. D'après MM. Arthus et Hubert, le fluorure de sodium à 1 p. 100 tue non seulement les microorganismes, mais aussi les cellules des tissus animaux, sans arrêter les fermentations diastasiques; il permet donc de déterminer la nature d'un phénomène ayant pour siège les tissus et de le rapporter soit à la vie des cellules, soit à une action diastasique.

c) Les produits qui prennent naissance dans les fermentations diastasiques nuisent à l'action ultérieure des diastases et finissent par l'arrêter complètement; mais si, par un procédé quelconque, on élimine les produits formés, les diastases reprennent leur activité et peuvent transformer de nouvelles quantités de substances.

Les quantités de substances que peuvent transformer les diastases, dans les conditions *optima* de leur action, sont excessivement élevées ; elles représentent plusieurs milliers de fois la quantité de diastase qui entre en jeu, et encore faut-il observer que les diastases qu'on retire des organes sont impures et ne renferment peut-être en réalité qu'une faible proportion de diastase. Un certain nombre d'auteurs admettent, pour expliquer cette activité presque indéfinie des diastases, qu'elles jouent dans l'hydration des substances un rôle analogue à celui des acides minéraux dans la formation des éthers à acides organiques.

Entre certaines limites, les quantités de substances transformées par les diastases sont, toutes choses égales d'ailleurs, proportionnelles à la quantité de la diastase agissante et à la durée de son action. S'il est impossible de déterminer la quantité absolue de diastase contenue dans un liquide, on peut du moins, en se basant sur ces faits, apprécier les quantités relatives d'une même diastase contenues dans plusieurs liquides.

PIGMENTS DE L'ORGANISME

MATIÈRE COLORANTE DU SANG.

HÉMOGLOBINE

Synonymie : Hémoglobuline, oxyhémoglobine, hématocristalline, cruorine.

371. État naturel. — L'hémoglobine est la matière colorante du sang ; elle se trouve dans les globules rouges ou hématies, dont elle constitue la majeure partie.

L'hémoglobine forme avec l'oxygène une combinaison peu stable, qu'on appelle *oxyhémoglobine*. Les mots oxyhémoglobine et hémoglobine ne sont donc pas absolument synonymes, bien qu'on les emploie souvent pour désigner la même substance, l'oxyhémoglobine, réservant alors à l'hémoglobine le nom d'hémoglobine réduite. L'oxyhémoglobine existe dans les globules du sang artériel; l'hémoglobine réduite se trouve, en même temps que de l'oxyhémoglobine, dans les globules du sang veineux.

D'après M. Kühne, les muscles complètement débarrassés de sang contiendraient un peu d'hémoglobine.

Dans certains états pathologiques, l'hémoglobine des globules passe dans le plasma sanguin et de là dans l'urine.

372. Composition. — L'hémoglobine est une matière albuminoïde contenant du fer (1). La composition de l'hémoglobine varie avec les espèces animales; voici les résultats de quelques analyses récentes :

	Hémoglobine du cheval (Zinoffsky).	Hémoglobine du chien (Jaquet).	Hémoglobine du poulet (Jaquet).
Carbone	51,15	54,57	52,47
Hydrogène	6,75	7,22	7,19
Azote	17,94	16,38	16,45
Oxygène	23,425	20,93	22,50
Soufre	0,389	0,568	0,857
Fer	0,336	0,336	0,335

On voit que la proportion du fer est remarquablement constante, que celle du soufre au contraire présente des écarts considérables.

Les formules les plus simples qu'on puisse attribuer à ces hémoglobines d'après leur composition sont :

(Cheval).. $C^{712}H^{1130}Az^{214}O^{243}S^{2}Fe$ Poids moléculaire. 16.710
(Chien)... $C^{758}H^{1203}Az^{195}O^{218}S^{3}Fe$ — 16.699

373. Extraction. — A. Oxyhémoglobine. — On peut extraire l'oxyhémoglobine amorphe du sang de tous les vertébrés. Avec le sang du chien, du chat et surtout du cochon d'Inde et du rat, on l'obtient facilement cristallisée; le sang de l'homme, du mouton, du bœuf, etc., se prête mal à la production des cristaux.

(1) Hoppe-Seyler et M. Jaquet ont aussi signalé de petites quantités de phosphore dans l'hémoglobine d'oiseaux. D'après M. Y. Inoko, cette particularité est due à la présence de nucléine dans les cristaux d'hémoglobine analysés.

Voici comment on opère, d'après Hoppe-Seyler : Au sang défibriné et battu à l'air on ajoute 10 fois son volume d'une solution de chlorure de sodium à 4 p. 100. On abandonne le mélange au repos, dans un endroit frais, pendant un ou deux jours; les globules sanguins se déposent. On décante le liquide et on verse le dépôt dans un ballon avec un peu d'eau; on ajoute un volume égal d'éther et on agite vivement. Sous l'influence de l'éther, l'oxyhémoglobine s'extravase des globules et se dissout dans l'eau. On décante l'éther, on filtre rapidement la solution aqueuse et on y ajoute peu à peu, après refroidissement à 0°, le quart de son volume d'alcool également refroidi à 0°. On abandonne le mélange à 0° pendant quelques jours; l'oxyhémoglobine cristallise.

Avec le sang de rat, de cochon d'Inde, de chien (1), le précipité cristallin d'oxyhémoglobine se forme avec tant de rapidité, après l'agitation des globules avec l'éther, qu'une partie de la substance se dépose sur le filtre si on opère à la température ordinaire; aussi faut-il employer de l'eau tiède pour dissoudre l'oxyhémoglobine des globules et filtrer la solution à une température voisine de 35°.

On purifie l'oxyhémoglobine par cristallisation. On dissout les cristaux d'oxyhémoglobine dans très peu d'eau, au bain-marie, à 35° environ; on filtre, on refroidit à 0° la liqueur filtrée, on ajoute le quart de son volume d'alcool refroidi et on abandonne à la cristallisation dans un mélange réfrigérant.

B. Hémoglobine. — Pour obtenir l'hémoglobine cristallisée, on dissout dans très peu d'eau tiède des cristaux d'oxyhémoglobine, et on abandonne la solution dans une atmosphère d'hydrogène avec une très petite quantité de sang putréfié. Au bout de quelque temps, par suite de la consommation de l'oxygène par les bactéries de la putréfaction, on obtient une solution d'hémoglobine, qu'on fait cristalliser par le refroidissement et par l'addition progressive d'alcool absolu (Nencki et Sieber).

374. Propriétés. — A. Physiques. — *a*) Les cristaux d'oxyhémoglobine sont d'un beau rouge; ils dépassent rarement quelques millimètres. La quantité d'eau de cristallisation qu'ils ren-

(1) Avec le sang de ces animaux, on peut obtenir rapidement des cristaux d'oxyhémoglobine en agitant directement 100 centimètres cubes de sang défibriné, battu à l'air et refroidi à 0° avec 10 centimètres cubes d'eau et 10 centimètres cubes d'éther. Les globules se dissolvent et l'oxyhémoglobine passe dans le sérum. On refroidit à 0°; les cristaux se forment au bout de quelques heures.

ferment varie de 3 à 10 p. 100, suivant l'espèce animale de laquelle ils proviennent. Leur forme cristalline est également différente : les cristaux d'oxyhémoglobine de l'homme, du chien, du chat et du cheval sont prismatiques, ceux du dindon

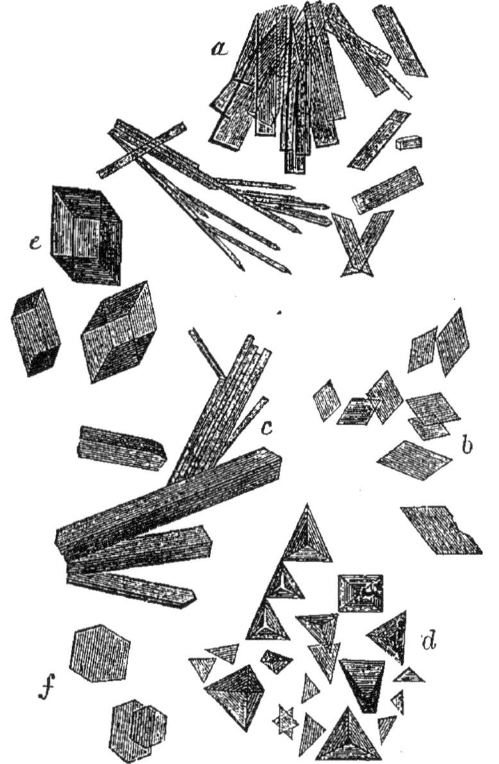

Fig. 50. — Cristaux d'oxyhémoglobine (*).

cubiques, ceux de l'écureuil hexagonaux, enfin ceux du cobaye et du rat ont la forme de tétraèdres (fig. 50).

Les cristaux d'oxyhémoglobine sont solubles dans l'eau et même déliquescents; leur solubilité varie également avec la nature du sang dont ils proviennent. L'alcool et l'éther ne dissolvent pas les cristaux d'oxyhémoglobine. Le contact de l'alcool fort les rend au bout de peu de temps insolubles dans l'eau et par suite non déliquescents, ce qui permet de les observer commodément au microscope.

b) Les solutions d'oxyhémoglobine jouissent de propriétés

(*) *a* et *b*, de l'homme ; *c*, du chat ; *d*, du cobaye ; *e*, du cheval ; *f*, de l'écureuil.

optiques importantes. Lorsqu'on reçoit sur le prisme d'un spectroscope un faisceau de lumière blanche ayant traversé une solution d'oxyhémoglobine contenue dans une cuve à faces parallèles (fig. 51), on constate que la solution absorbe avec une intensité très différente les diverses radiations qui composent la lumière blanche, et que son spectre d'absorption dépend de la concentration de la solution ou de l'épaisseur sous laquelle on l'examine. Voici ce qu'on observe dans le cas où l'épaisseur est de 1 centimètre :

Fig. 51. — Cuve de verre, à faces parallèles, contenant une solution d'hémoglobine.

Si la solution est relativement concentrée (10 p. 1000), les rayons rouges seuls la traversent. (Planche I, spectre 2.) En diluant progressivement la solution, on voit apparaître dans le spectre les rayons jaunes, bleus, verts; le spectre 3 de la planche I est celui d'une solution d'oxyhémoglobine à 7 p. 1000. En étendant encore la solution, on voit apparaître de nouveaux rayons vers le milieu de l'espace compris entre les lignes D et E de Fraunhoffer. Le spectre 4 est celui d'une solution d'oxyhémoglobine à 3 p. 1000. Il se compose de deux bandes obscures caractéristiques, situées entre les lignes D et E (1); la seconde (celle du côté de E) est un peu plus large que la première et un peu plus estompée sur les bords.

Lorsqu'on traite cette dernière solution d'oxyhémoglobine par un agent réducteur (sulfure ammonique, tartrate ferreux ammoniacal, hydrosulfite de sodium), la couleur rouge écarlate de la solution fait place à une teinte plus foncée, par suite de la formation d'hémoglobine; en même temps les deux bandes caractéristiques de l'oxyhémoglobine disparaissent et font place à une bande unique située entre les deux précédentes (spectre 5). Cette bande, qui porte le nom de *bande de Stockes*, est caractéristique de l'hémoglobine réduite; elle est très estompée sur ses bords et présente un léger renforcement d'intensité vers son milieu.

L'hémoglobine absorbe de l'oxygène lorsqu'on agite sa solution au contact de l'air; l'oxyhémoglobine se reforme. La bande de Stockes disparait et les deux bandes entre D et E reparaissent.

(1) Si le prisme du spectroscope est formé d'une substance fluorescente, on aperçoit dans le spectre une troisième bande, large, située dans l'extrême violet. Cette bande s'observe nettement sur les photographies de ce spectre (M. d'Arsonval).

B. Chimiques. — *a*) L'oxyhémoglobine résulte de la combinaison d'une molécule d'oxygène avec une molécule d'hémoglobine. Cette combinaison s'effectue avec dégagement de chaleur, ainsi que l'a montré M. Berthelot (14^{cal},77 pour la fixation d'une molécule d'oxygène, c'est-à-dire de 32^{gr}). Le volume d'oxygène qui se combine à 1 gramme d'hémoglobine à 0° varie entre 1^{cc},5 et 1^{cc},7. — L'oxyhémoglobine en solution est dissociable au-dessus de 0°; sa tension de dissociation croît avec la température; elle est de 25 millimètres de mercure à la température de 35°, d'après M. Hüfner. Supposons qu'on ait dissous de l'oxyhémoglobine dans de l'eau à 35°, privée d'air et remplissant un récipient hermétiquement clos, l'oxyhémoglobine perdra de l'oxygène qui se dissoudra dans l'eau, jusqu'à ce que la tension du gaz dissous (1) ait atteint la tension de dissociation de l'oxyhémoglobine à cette température, soit 25^{mm} de mercure. Si, par un moyen quelconque, on élimine l'oxygène dissous, l'oxyhémoglobine perdra une nouvelle quantité d'oxygène, et ainsi de suite jusqu'à sa transformation complète en hémoglobine. Ces faits expliquent pourquoi, par l'action du vide vers 40° ou par le passage d'un gaz inerte, les solutions d'oxyhémoglobine perdent tout leur oxygène faiblement combiné.

b) D'autres gaz, tels que l'oxyde de carbone et le bioxyde d'azote, se combinent aussi à l'hémoglobine pour former des combinaisons analogues à l'oxyhémoglobine, dans lesquelles l'oxygène est remplacé par un égal volume de ces gaz. On désigne ces combinaisons sous les noms d'*hémoglobine oxycarbonée* ou *carboxyhémoglobine* et d'*hémoglobine bioxyazotée* ou *azoxyhémoglobine*.

M. Berthelot a montré que l'hémoglobine dégage une plus grande quantité de chaleur en se combinant avec l'oxyde de carbone qu'en se combinant avec l'oxygène (18^{cal}, 7 au lieu de 14^{cal}, 77 pour la fixation d'une molécule d'oxyde de carbone, c'est-à-dire de 28 grammes). Aussi l'oxyde de carbone se substitue-t-il à l'oxygène de l'oxyhémoglobine, même dans des conditions où l'oxyhémoglobine n'éprouve aucune dissociation. Pour obtenir immédiatement une solution de carboxyhémoglobine, il suffit de faire passer un peu d'oxyde de carbone dans une solution d'oxyhémoglobine.

(1) Lorsqu'un gaz est dissous dans un liquide, sa tension dans la solution est égale à la pression que devrait avoir ce gaz dans une atmosphère en contact avec le liquide, pour qu'il n'y ait ni dégagement du gaz dissous, ni dissolution d'une plus grande quantité de ce gaz.

Pour obtenir l'hémoglobine bioxyazotée, on fait passer, à l'abri de l'air, un courant de bioxyde d'azote dans une solution d'hémoglobine ou de carboxyhémoglobine; dans ce dernier cas le bioxyde d'azote se substitue à l'oxyde de carbone. On ne peut pas opérer avec des solutions d'oxyhémoglobine, parce que l'oxygène déplacé par le bioxyde d'azote forme avec lui des vapeurs nitreuses qui altèrent l'hémoglobine.

Les solutions étendues d'hémoglobine oxycarbonée et d'hémoglobine bioxyazotée présentent un spectre d'absorption absolument analogue à celui de l'oxyhémoglobine; les deux bandes sont seulement un peu déplacées du côté du violet, c'est-à-dire situées plus près de E. (Planche I, spectre 6.) Les agents réducteurs n'exercent aucune action sur l'hémoglobine oxycarbonée ou bioxyazotée; aussi ne modifient-ils pas leur spectre, comme ils le font pour l'oxyhémoglobine qu'ils transforment en hémoglobine réduite (bande de Stockes).

D'après M. Cr. Bohr, l'anhydride carbonique peut former avec l'oxyhémoglobine une combinaison dissociable, présentant le même spectre qu'elle.

c) L'oxyhémoglobine se comporte comme un acide faible; en effet elle rougit faiblement le tournesol et se dissout dans les solutions très étendues d'alcalis ou de carbonates alcalins plus abondamment que dans l'eau. Les solutions ainsi obtenues sont moins altérables que les solutions dans l'eau pure.

d) Les solutions d'oxyhémoglobine ne précipitent pas par les acétates neutre ou basique de plomb, ni par le chlorure mercurique. En dissolvant du carbonate de potassium ou du chlorure de sodium dans les solutions d'oxyhémoglobine, on la précipite sans l'altérer.

e) Les acides très dilués, le ferricyanure de potassium, le permanganate de potassium transforment l'oxyhémoglobine en *méthémoglobine* (**377**). La même transformation se produit à la longue à la température ordinaire.

f) L'hémoglobine bien desséchée peut être portée à 100° sans se décomposer et sans perdre sa solubilité dans l'eau. Les solutions d'oxyhémoglobine s'altèrent, au contraire, rapidement par la chaleur; il se forme déjà à 80° de l'albumine qui se coagule et un pigment ferrugineux, l'*hématine* (**380**).

g) Les alcalis fixes (1) et les acides en solutions concentrées décomposent rapidement aussi l'oxyhémoglobine en une matière

(1) L'ammoniaque ne décompose que très lentement l'hémoglobine.

albuminoïde non ferrugineuse et en hématine. Il y a en même temps fixation d'oxygène et d'eau, et formation de petites quantités d'acides gras volatils.

MM. H. Bertin-Sans et J. Moitessier sont parvenus à régénérer de l'oxyhémoglobine en partant de l'hématine et de la matière albuminoïde provenant de la décomposition de l'oxyhémoglobine. La méthémoglobine se produit comme terme intermédiaire de cette transformation (1).

h) De même que l'oxyhémoglobine se dédouble sous l'influence des bases et des acides en composés albuminoïdes et en hématine, de même l'hémoglobine, en présence de ces réactifs, donne des composés albuminoïdes et un produit de réduction de l'hématine, l'*hémochromogène* (**383**).

375. Recherche et caractères. — Pour rechercher l'hémoglobine dans un liquide de l'organisme, on fait les essais indiqués plus loin (*a*. 1. 2. 3.). Si le liquide contient d'autres pigments, on les précipite par le sous-acétate de plomb, qui ne précipite pas l'hémoglobine. — On a souvent à déterminer, en médecine légale, si des taches trouvées sur des vêtements ou sur divers objets sont des taches de sang. La recherche de l'hémoglobine constitue dans ces cas un procédé d'investigation très précieux. On fait macérer les parties tachées dans un peu d'eau (2); on obtient ainsi un liquide rougeâtre, où l'on peut déceler la présence de l'hémoglobine. Nous examinerons plus loin le cas où la matière colorante du sang est altérée.

a) La présence de l'hémoglobine peut se reconnaître dans un liquide de la manière suivante :

1. *On examine le liquide rouge au spectroscope : on observe les deux bandes d'absorption de l'oxyhémoglobine. Le liquide traité par des agents réducteurs donne la bande de Stockes.* Agité à l'air,

(1) On fait bouillir du sang avec deux fois son volume d'une solution alcoolique d'acide tartrique à 5 p. 100 et on filtre à chaud. Le liquide brun obtenu est versé, peu à peu et en agitant, dans 10 fois son volume d'un mélange contenant 2 parties d'éther pour 1 partie d'alcool. Il se précipite des flocons blancs de matière albuminoïde, qu'on lave à l'éther et qu'on dissout dans l'eau. La solution présente une réaction franchement acide. En la neutralisant peu à peu par de la soude très étendue (2 p. 1000) contenant de l'hématine en solution, on constate au spectroscope qu'il se forme de la méthémoglobine. Par l'addition d'une trace de sulfure ammonique, la méthémoglobine se transforme en hémoglobine, qui se convertit en oxyhémoglobine par l'agitation à l'air.

(2) On peut faire avec les parties tachées un essai préliminaire basé sur ce que l'hémoglobine bleuit un mélange de teinture de gaïac et d'essence de térébenthine. On fait tomber une goutte de ce mélange sur du papier à filtre et on y appuie les parties tachées. La coloration bleue se manifeste avec des traces d'hémoglobine, mais elle se produit aussi avec d'autres substances.

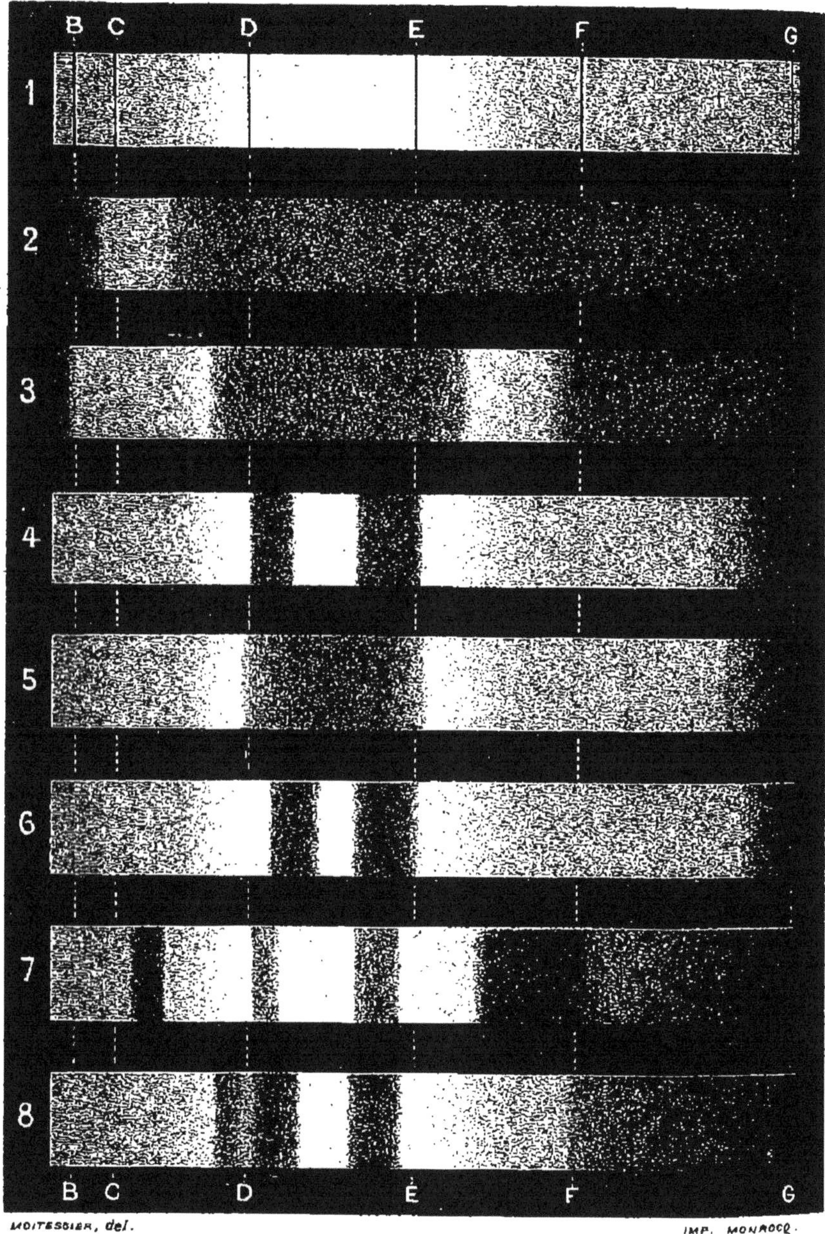

MOITESSIER, del. IMP. MONROCQ.

1 Spectre solaire
2 Oxyhémoglobine en Solution à 10 p.1000
3 d° d° à 7 p.1000
4 d° d° à 2 p.1000
(2 à 4 : *Solutions examinées sous une épaisseur de 1 centimètre.*)
5 Hémoglobine réduite
6 Hémoglobine oxycarbonée
7 Méthémoglobine en Solution acide
8 Méthémoglobine en Solution alcaline

LIBRAIRIE J.B. BAILLIÈRE ET FILS.

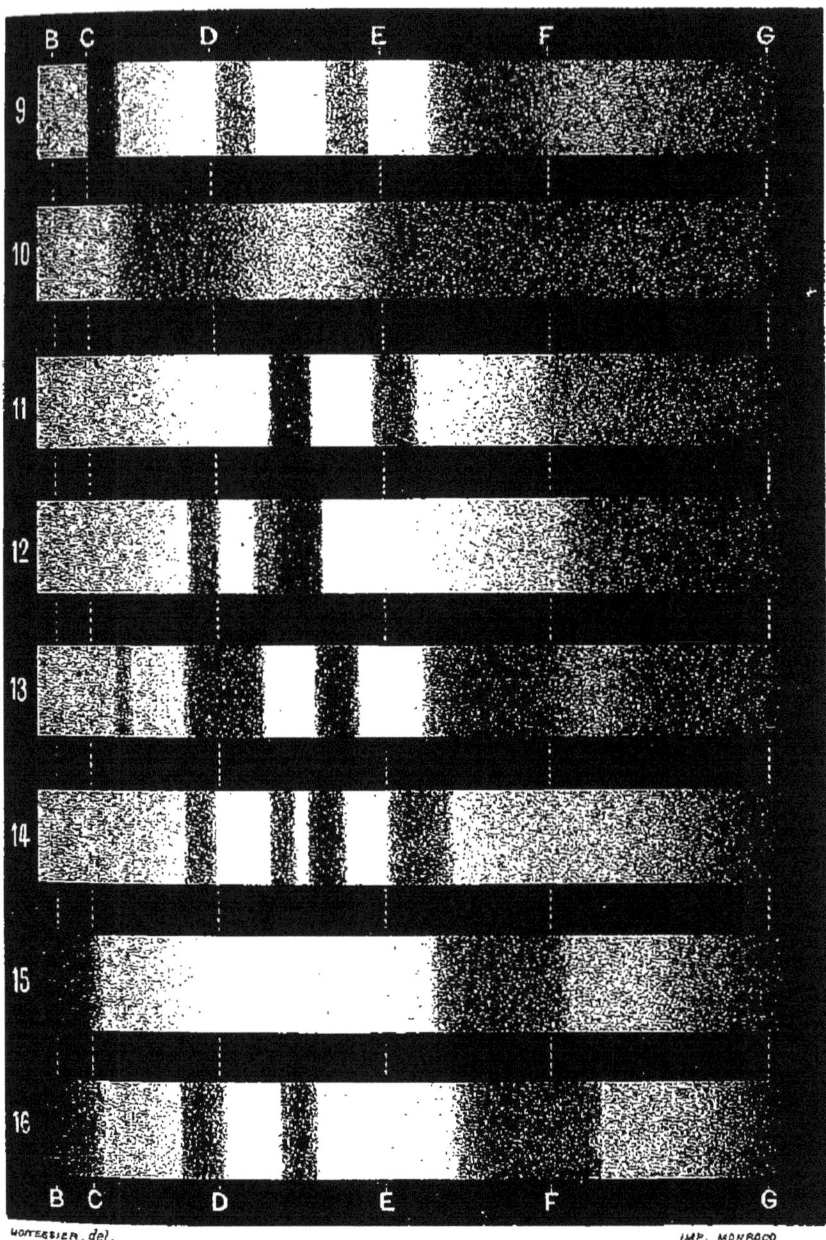

9 Hématine en Solution dans l'alcool acidulé par So^4H^2
10 Hématine en Solution alcaline
11 Hémochromogène
12 Hématoporphyrine en Solution acide
13 Hématoporphyrine en Solution alcaline
14 Myohématine
15 Urobiline normale
16 Urobiline fébrile

LIBRAIRIE J.-B. BAILLIÈRE ET FILS.

il redonne les bandes de l'oxyhémoglobine. Lorsqu'on dispose de très peu de liquide, on pratique cet examen commodément avec le microspectroscope. Cet appareil n'est autre chose qu'un microscope ordinaire portant un prisme à vision directe dans son oculaire ; il permet d'examiner quelques gouttes de liquide placées dans un verre de montre ou mieux dans une petite cuve spéciale de capacité très petite (fig. 52).

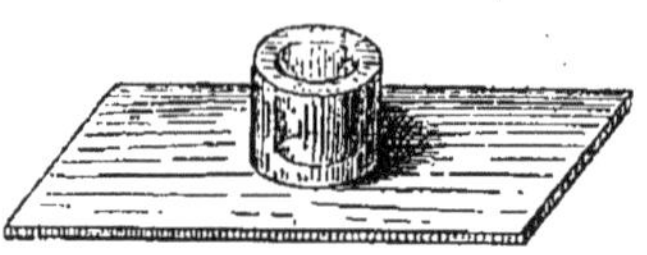

Fig. 52. — Petite cuve pour observer les liquides au microspectroscope.

2. *Le liquide rougeâtre fournit un coagulum brun lorsqu'on le porte à l'ébullition. Le coagulum renferme du fer;* on s'en assure en l'incinérant, reprenant les cendres par un peu d'acide chlorhydrique et caractérisant le fer dans la solution ainsi obtenue (**55**).

3. *On évapore une portion du liquide dans l'air sec, on y ajoute une trace de chlorure de sodium, puis quelques gouttes d'acide acétique. On porte le tout à l'ébullition et on fait évaporer l'excès d'acide dans une étuve à 100°. On examine le résidu au microscope et on constate la présence de cristaux d'hémine* (**382**. B. *d*) *facilement reconnaissables à leur forme et à leur couleur* (fig. 53).

Dans cette réaction, l'oxyhémoglobine est dédoublée par l'acide acétique en matière albuminoïde et en hématine. L'hématine formée se trouvant en présence de chlorure de sodium et d'acide acétique, une double décomposition se fait entre ces substances, par suite de laquelle de l'acide chlorhydrique prend naissance et se combine avec l'hématine, pour former de l'hémine; cette combinaison, insoluble dans l'excès d'acide acétique, se précipite à l'état cristallisé.

b) Lorsque la matière colorante de la tache de sang est altérée, deux cas peuvent se présenter:

1° L'hémoglobine s'est seulement transformée en méthémoglobine. Dans ce cas l'eau, dans laquelle on a fait macérer la tache, est brun-rouge et présente le spectre de la méthémoglobine. Par l'addition de sulfure ammonique à une partie du liquide, il se forme de l'hémoglobine réduite qui, par agitation à l'air, se transforme en oxyhémoglobine. Les essais 2 et 3 se feront sur le reste du liquide comme dans le cas précédent.

2° L'hémoglobine de la tache s'est décomposée en matière albuminoïde et en hématine. Dans ce cas, l'eau de macération de la tache reste incolore, l'hématine étant insoluble dans l'eau. On fait alors macérer la tache dans de l'eau additionnée d'un peu d'ammoniaque; l'hématine se dissout en brun et le liquide présente le spectre de l'hématine en solution alcaline. (Planche II, spectre 10.) En ajoutant à une partie du liquide un peu de sulfure ammonique, l'hématine se transforme en hémochromogène, dont le spectre est beaucoup plus net. (Planche II, spectre 11.) L'essai 3 pourra être effectué sur le reste du liquide.

376. Physiologie. — *a*) L'hémoglobine constitue environ les neuf dixièmes des globules à l'état sec; les autres substances, qui forment la trame des globules, sont : une matière albuminoïde incolore (globuline), de la lécithine, de la cholestérine, des substances minérales, etc.

L'hémoglobine n'existe probablement pas à l'état de liberté dans le globule rouge, mais à l'état de combinaison faible soit avec la globuline du stroma, soit avec la lécithine (Hoppe-Seyler), soit avec la potasse (Preyer). En effet, la matière colorante des globules ne se diffuse pas, à l'état normal dans le plasma sanguin, bien que l'hémoglobine soit soluble dans ce liquide. De plus l'hémoglobine cristallisée décompose l'eau oxygénée plus lentement que l'hémoglobine encore incluse dans les hématies, tout en s'altérant plus rapidement. Enfin les globules rouges du sang artériel perdent plus facilement leur oxygène que les solutions d'oxyhémoglobine cristallisée.

b) On ne sait rien de bien précis sur l'origine de l'hémoglobine. Il est peu probable que l'hémoglobine contenue dans les aliments des carnivores puisse servir à former celle du sang de l'animal, car l'hémoglobine ingérée se décompose dans le tube digestif en matière albuminoïde et en hématine dont on retrouve la majeure partie dans les fèces.

c) Un grand nombre de faits tendent à prouver que l'hémoglobine du sang se transforme, dans l'économie, en d'autres pigments, notamment en matières colorantes de la bile (**394**).

d) Le rôle de l'hémoglobine est de transporter l'oxygène, du poumon aux tissus; nous reviendrons sur ce point à propos des phénomènes chimiques de la respiration.

MÉTHÉMOGLOBINE

377. État naturel. — La méthémoglobine est un composé bien défini, qui a été obtenu à l'état cristallisé; elle est, par sa composition, très analogue à l'oxyhémoglobine dont elle ne paraît différer que par la structure de sa molécule. L'oxygène, qui est faiblement combiné dans l'oxyhémoglobine, est à l'état de combinaison plus stable dans la méthémoglobine. On ne peut l'en extraire ni par le vide, ni par le passage d'un courant de gaz inerte dans les solutions de méthémoglobine; on ne peut pas non plus le déplacer par l'oxyde de carbone. Mais, sous l'influence de certains réducteurs, la méthémoglobine perd de l'oxygène et se transforme en hémoglobine.

Elle apparaît dans le sang pendant la vie après l'absorption de certaines substances (chlorate de potassium, azotite de potassium, azotite d'amyle, acide pyrogallique, etc.).

On trouve de la méthémoglobine dans l'urine à l'état pathologique, lorsque le plasma sanguin contient des quantités notables de méthémoglobine ou d'hémoglobine.

378. **Modes de production.** — La méthémoglobine se forme plus ou moins rapidement aux dépens de l'oxyhémoglobine dans un grand nombre de circonstances : par altération spontanée, par l'action des acides et des bases dilués, par l'action de certains oxydants (ferricyanure, permanganate, azotite de potassium, iode, ozone, etc.) et enfin sous l'influence de certains agents tels que l'acide pyrogallique, une lame de palladium chargée d'hydrogène occlus.

On obtient rapidement de la méthémoglobine en solution en ajoutant à du sang très dilué une trace d'acide acétique et quelques gouttes d'une solution récente de ferricyanure de potassium.

379. **Propriétés.** — A. Physiques. — La méthémoglobine est soluble dans l'eau, dans les bases et les acides étendus, insoluble dans l'alcool et dans l'éther.

Les solutions neutres ou acides de méthémoglobine sont brunes et présentent un spectre d'absorption à quatre bandes (planche I, spectre 7): la première, la plus intense et la plus caractéristique, est située entre C et D, plus près de C; la 2e et la 3e sont très faibles et occupent la même place que celles de l'oxyhémoglobine (1); la 4e bande, large et estompée sur les bords, est située dans le bleu. — Les solutions alcalines de méthémoglobine sont rouges; leur spectre est constitué par trois bandes, dont la première située un peu avant D est bien moins sombre que les deux autres, situées entre D et E comme celles de l'oxyhémoglobine. (Planche I, spectre 8.)

B. Chimiques. — *a*) La méthémoglobine est décomposée en

(1) Ces deux bandes ne sont pas dues à un reste d'oxyhémoglobine non transformé; en effet, quand on fait passer un courant d'oxyde de carbone dans le liquide, leur situation reste exactement la même (H. Bertin-Sans).

hématine et en matière albuminoïde par les mêmes agents que l'oxyhémoglobine.

b) Sous l'influence des agents réducteurs tels que le sulfure ammonique, l'hydrosulfite de sodium, l'indigo blanc (M. Lambling), etc, la méthémoglobine se transforme en hémoglobine qui, en présence de l'air, se transforme à son tour en oxyhémoglobine.

c) Le bioxyde d'azote transforme la méthémoglobine en hémoglobine bioxyazotée.

d) L'oxyde de carbone n'a pas d'action sur la méthémoglobine. — Les solutions de carboxyhémoglobine se transforment en méthémoglobine, comme les solutions d'oxyhémoglobine, sous l'influence du ferricyanure de potassium, du permanganate de potassium, etc. L'oxyde de carbone est mis en liberté et reste simplement en solution; il se recombine avec l'hémoglobine qui se forme quand on traite la méthémoglobine, obtenue dans ces conditions, par le sulfure ammonique (H. Bertin-Sans et J. Moitessier).

HÉMATINE $C^{32}H^{32}Az^{4}O^{4}Fe$ (Nencki et Sieber)

380. État naturel. — L'hématine est un des produits de dédoublement de l'hémoglobine et de la méthémoglobine. On la trouve dans les épanchements sanguins anciens et dans le tube digestif, où elle se forme par l'action du suc gastrique et du suc pancréatique sur la matière colorante du sang que renferment certains aliments.

381. Préparation. — Plusieurs procédés ont été indiqués pour la préparation de l'hématine. M. Cazeneuve agite du sang défibriné avec deux fois son volume d'éther renfermant 25 p. 100 d'alcool; le sang se coagule. Au bout de vingt-quatre heures, on épuise le coagulum par de l'éther tenant en dissolution 2 p. 100 d'acide oxalique. L'hématine, formée par l'action de l'acide oxalique sur l'hémoglobine, se dissout dans l'éther à la faveur de l'acide oxalique; on la précipite en neutralisant exactement l'acide oxalique par de l'éther chargé de gaz ammoniac. Le précipité formé est recueilli sur un filtre et lavé successivement à l'eau, à l'alcool et à l'éther.

382. Propriétés. — A. Physiques. — L'hématine se présente sous forme d'une poudre amorphe, de couleur noir bleuâtre, à éclat métallique. Elle est insoluble dans l'eau, dans l'alcool et dans l'éther, légèrement soluble dans l'acide acétique cristallisable. Elle se dissout dans l'eau, en présence des alcalis ou des carbonates alcalins, ainsi que dans l'alcool et dans l'éther en présence des acides et des bases.

Les solutions acides d'hématine sont brunes ; elles présentent un spectre d'absorption absolument analogue à celui de la méthémoglobine en solution acide. (Planche II, spectre 9.) La position de la première bande, située dans le rouge, varie légèrement avec la nature de l'acide et avec celle du dissolvant. — Les solutions alcalines d'hématine sont dichroïques ; elles sont rouges sous une forte épaisseur, et vertes en couches minces. Leur spectre se compose d'une seule bande, large et très estompée sur les bords, située dans l'orangé et le jaune, de part et d'autre de la ligne D, mais surtout du côté de la ligne C. (Planche II, spectre 10.)

B. Chimiques. — *a*) L'hématine peut être chauffée à 180° sans se décomposer. Par incinération, elle laisse comme résidu 12,6 p. 100 d'oxyde de fer, qui correspondent à 8,8 de fer ; l'hématine contient en effet tout le fer de l'hémoglobine.

b) Par l'action de l'acide sulfurique concentré sur l'hématine, il se forme du sulfate de fer et de l'hématoporphyrine (**384**).

c) Sous l'influence de l'hydrogène produit par l'acide chlorhydrique et l'étain, l'hématine se transforme en hexahydrohématoporphyrine (**386**).

d) L'hématine se combine à l'acide chlorhydrique pour donner du chlorhydrate d'hématine ou *hémine* $C^{32}H^{32}Az^{4}O^{4}Fe.HCl$. Il suffit de dissoudre à chaud de l'hématine dans de l'alcool contenant de l'acide chlorhydrique, pour obtenir, par refroidissement du liquide filtré, de l'hémine cristallisée. Les cristaux, connus sous le nom de *cristaux de Teichmann*, se présentent au microscope sous forme de tables rhomboïdales allongées, brunes, souvent réunies en croix ou en étoiles (fig. 53).

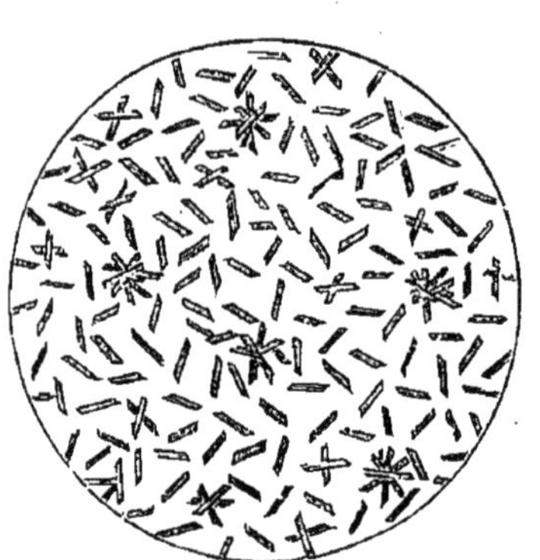

Fig. 53. — Cristaux d'hémine.

L'hémine est insoluble dans l'eau et dans l'acide acétique. Traitée par les alcalis, elle donne un chlorure alcalin et de l'hématine.

M. Cazeneuve a également obtenu le bromhydrate et l'iodhydrate d'hématine en cristaux microscopiques.

Hématine réduite; hémochromogène.

383. Modes de formation; propriétés. — *a*) Lorsqu'on traite une solution d'hématine pure dans la soude par un agent réducteur tel que le sulfure de sodium, l'hématine perd de l'oxygène comme l'oxyhémoglobine et se transforme en *hématine réduite*, substance caractérisée par une seule bande d'absorption dont le milieu coïncide avec la raie D; par agitation à l'air, l'hématine réduite se transforme de nouveau en hématine (H. Bertin-Sans et J. Moitessier).

b) Quand on traite l'hématine en solution alcaline par un agent réducteur, *en présence d'ammoniaque ou d'une matière albuminoïde*, la solution devient rouge vif, par suite de la formation d'une substance à laquelle Hoppe-Seyler a donné le nom d'*hémochromogène*. Cette substance se forme également quand on traite l'hémoglobine par les alcalis concentrés, à l'abri de l'air; on a pu l'obtenir à l'état cristallisé. L'hémochromogène présente un spectre caractéristique (planche II, spectre 11) formé de deux bandes: la première, très obscure et peu estompée sur les bords, est située entre les lignes D et E; la seconde, plus claire et plus estompée, a son milieu sensiblement sur la ligne E. Par agitation à l'air, l'hémochromogène se transforme en hématine.

L'hématine réduite et l'hémochromogène qui, de même que l'hémoglobine, fixent de l'oxygène, forment aussi des combinaisons avec l'oxyde de carbone et avec le bioxyde d'azote; mais, à l'inverse de ce qui a lieu pour l'hémoglobine, ces dernières combinaisons sont moins stables que les combinaisons oxygénées correspondantes.

HÉMATOPORPHYRINE $C^{32}H^{36}Az^4O^6$ (Nencki et Sieber)

384. État naturel. — L'hématoporphyrine est un pigment non ferrugineux, dérivé de l'hématine. On la rencontre quelquefois dans l'urine, notamment après l'usage de sulfonal ou de trional, composés employés en médecine comme médicaments hypnotiques.

385. Modes de production. — 1. On obtient l'hématoporphyrine en traitant l'hématine ou l'hémine par l'acide sulfurique concentré à froid, ou par l'acide chlorhydrique à chaud. D'après MM. Nencki et Sieber, l'hématine, dans ces conditions, fixe les éléments de deux molécules d'eau en perdant son fer.

$$\underbrace{C^{32}H^{32}Az^4O^4Fe}_{\text{Hématine.}} + 2H^2O - Fe = \underbrace{C^{32}H^{36}Az^4O^6}_{\text{Hématoporphyrine.}}$$

On obtient rapidement une solution d'hématoporphyrine, permettant d'observer ses caractères spectroscopiques, en versant 5 à 6 gouttes de sang dans quelques centimètres cubes d'acide sulfurique et agitant bien.

2. On prépare l'hématoporphyrine pure en chauffant, pendant une demi-heure, de l'hémine avec de l'acide acétique saturé d'acide bromhydrique gazeux. On verse ensuite le liquide dans un excès d'eau ; l'hématoporphyrine se précipite. Pour la purifier, on la dissout à chaud dans la soude; par refroidissement on obtient une combinaison cristallisée d'hématoporphyrine sodique. On dissout cette combinaison dans l'acide chlorhydrique; la solution, exactement neutralisée, fournit un précipité d'hématoporphyrine pure.

386. Propriétés. — L'hématoporphyrine est une poudre d'un violet presque noir, à peu près insoluble dans l'eau, peu soluble dans les acides étendus, soluble dans les acides minéraux concentrés, les alcalis, les carbonates alcalins. L'hématoporphyrine se dissout aussi dans l'alcool, l'éther, l'alcool amylique.

Les solutions acides d'hématoporphyrine présentent au spectroscope deux bandes d'absorption : la première, étroite et peu intense, est située à gauche de D dans l'orangé ; la seconde plus obscure se trouve entre D et E et présente l'aspect de deux bandes juxtaposées d'intensité différente. (Planche II, spectre 12.) — Les solutions alcalines d'hématoporphyrine ont un spectre d'absorption composé de 4 bandes. (Planche II, spectre 13.)

L'hématoporphyrine forme des combinaisons cristallisées avec la soude et avec l'acide chlorhydrique.

L'hématoporphyrine est isomère de la bilirubine (**388**). Sous l'influence de l'hydrogène produit par l'étain et l'acide chlorhydrique, elle donne de l'hexahydrohématoporphyrine, substance voisine de l'hydrobilirubine et de l'urobiline (**397**).

MATIÈRES COLORANTES DE LA BILE.

387. État naturel. — Les pigments biliaires les plus importants sont la *bilirubine* et la *biliverdine* qui dérive de la bilirubine par oxydation. Dans la bile de l'homme et des carnivores on trouve surtout de la bilirubine; dans celle des herbivores et des animaux à sang froid surtout de la biliverdine. D'autres matières colorantes accessoires ont été signalées dans la bile de certains animaux ; la *cholohématine* chez le mouton et le bœuf, la *bilicyanine* chez le chien. — Certains calculs biliaires contiennent une assez forte proportion de bilirubine ; la biliverdine n'y existe que très rarement et en quantité minime. Outre ces pigments, on y rencontre encore de petites quantités d'autres matières colorantes, telles que la *bilifuscine* et la *biliprasine*.

Dans certains états pathologiques (diarrhées), les pigments biliaires se retrouvent inaltérés dans les fèces.

Dans l'ictère, les matières colorantes de la bile passent dans le sang, et de là dans les tissus, dans les urines, le lait, la sueur, la salive, etc.

BILIRUBINE $C^{32}H^{36}Az^4O^6$

Anciennes dénominations : cholépyrrhine, biliphéine, bilifulvine.

388. Extraction. — La bilirubine s'extrait de certains calculs biliaires où elle se trouve le plus souvent à l'état de combinaison calcaire, à côté d'un peu de bilifuscine et de biliprasine. On pulvérise les calculs et on les épuise successivement par l'éther qui dissout la cholestérine, par l'eau et enfin par l'acide chlorhydrique étendu, qui s'empare du calcium et met la bilirubine en liberté. On lave de nouveau le résidu à l'eau et on le traite par du chloroforme bouillant, qui dissout la bilirubine et la bilifuscine (1). On évapore la solution chloroformique et on traite le résidu de l'évaporation par de l'alcool, qui dissout la bilifuscine et laisse la bilirubine, très peu soluble dans ce dissolvant.

389. Propriétés. — *a*) La bilirubine se présente sous forme d'une poudre rouge orangé, généralement amorphe ; mais on peut l'obtenir aussi en cristaux assez bien formés, d'un rouge foncé, à reflets pourpres. Elle est insoluble dans l'eau, très peu soluble dans l'alcool et dans l'éther, soluble dans le chloroforme surtout à chaud, dans la benzine et dans le sulfure de carbone. Ses solutions sont jaune orangé ; examinées au spectroscope, elles ne présentent pas de bandes d'absorption.

b) La bilirubine se combine avec les bases avec formation de *bilirubinates*. Les bilirubinates alcalins sont solubles dans l'eau, insolubles dans le chloroforme ; aussi la bilirubine se dissout-elle dans les solutions aqueuses d'alcalis ou de car-

(1) La partie insoluble est reprise par l'alcool, qui dissout la biliprasine et l'abandonne par évaporation.

bonates alcalins, et précipite-t-elle de sa solution dans le chloroforme, par l'agitation avec une petite quantité de potasse.

Les bilirubinates alcalino-terreux sont insolubles dans l'eau; il en résulte qu'une solution ammoniacale de bilirubine précipite par le chlorure de calcium. La composition du précipité brun obtenu est exprimée par la formule $C^{32}H^{34}Az^{4}O^{6}Ca$. C'est cette combinaison que l'on trouve dans les calculs biliaires.

Les bilirubinates sont décomposés par les acides forts avec mise en liberté de bilirubine; comme la bilirubine est insoluble dans l'eau, les acides la précipitent des solutions aqueuses de bilirubinates alcalins.

c) Sous l'influence de certains agents réducteurs (amalgame de sodium et eau, chlorure stanneux), la bilirubine fixe de l'hydrogène et de l'eau et se transforme en *hydrobilirubine*, substance très voisine de l'urobiline (**397**) (Maly). — L'hydrobilirubine est une poudre brune, peu soluble dans l'eau, soluble dans les alcalis étendus, dans l'alcool, le chloroforme, etc.; ses solutions présentent au spectroscope une bande entre E et F et deux autres plus faibles, l'une sur la ligne D, l'autre à droite de C. Traitée par le chlorure de zinc et l'ammoniaque, l'hydrobilirubine donne une belle fluorescence verte.

d) Exposée à l'air en couche mince, ou sous l'influence d'agents oxydants peu énergiques, la bilirubine en solution se transforme en biliverdine.

e) En ajoutant peu à peu à une solution de bilirubine de l'acide azotique contenant des vapeurs nitreuses, la bilirubine s'oxyde progressivement et passe successivement au vert (formation de biliverdine), au bleu par suite de la formation de *bilicyanine* (1), au rouge (formation de *bilipurpurine*) et enfin au jaune par suite de la formation de *cholétéline* (2).

L'eau de brome agit sur la bilirubine, à la manière de l'acide azotique; mais les produits colorés formés par oxydation sont bromés.

390. Caractères. — 1. *Réaction de Gmelin.* — Cette réaction est basée sur l'action qu'exerce l'acide azotique sur les solutions

(1) La bilicyanine a été isolée par M. Jaffé; c'est une poudre amorphe d'un violet foncé, insoluble dans l'eau, soluble dans le chloroforme, dans l'alcool, dans les acides et dans les alcalis. Examinées au spectroscope, ses solutions présentent trois bandes d'absorption.

(2) La composition de la cholétéline répond, d'après Maly, à la formule $C^{16}H^{18}Az^{2}O^{6}$. C'est une poudre brune, amorphe, insoluble dans l'eau, soluble dans le chloroforme, l'alcool et l'éther, ainsi que dans les alcalis d'où elle est précipitée par les acides. L'hydrogène naissant transforme la cholétéline en hydrobilirubine.

de bilirubine. Voici comment on opère : Dans un verre à expérience, on verse une certaine quantité d'acide azotique, chargé d'un peu de vapeurs rutilantes, et par-dessus, avec précaution, de manière à obtenir une surface de séparation nette, le liquide à essayer. Si ce liquide renferme de la bilirubine, on observe dans la zone de séparation des deux liquides des couches colorées en vert, bleu, violet, rouge, jaune, en allant de haut en bas; ces colorations sont dues à la formation de produits d'oxydation d'autant plus avancés que les couches sont plus voisines de l'acide azotique.

2. *Réaction d'Ehrlich.* — Lorsqu'on ajoute à une solution chloroformique de bilirubine une ou deux fois son volume d'une solution de sulfodiazobenzène (1), puis assez d'alcool pour obtenir un liquide homogène, la coloration jaune fait place à une belle coloration rouge. En ajoutant goutte à goutte de l'acide chlorhydrique étendu, la couleur rouge passe au violet, puis au bleu. Si on verse avec ménagement cette solution bleue au-dessus d'une solution de potasse de façon à ne pas mélanger les liquides, on obtient une couche inférieure alcaline verte, séparée de la couche supérieure acide bleue par une zone neutre colorée en rouge.

BILIVERDINE $C^{32}H^{36}Az^{4}O^{8}$

391. Préparation. — On obtient la biliverdine en abandonnant à l'air une solution alcaline de bilirubine. Celle-ci ne tarde pas à devenir verte, par suite de l'oxydation de la bilirubine et de sa transformation en biliverdine (2).

$$\underbrace{C^{32}H^{36}Az^{4}O^{6}}_{\text{Bilirubine,}} + O^{2} = \underbrace{C^{32}H^{36}Az^{4}O^{8}}_{\text{Biliverdine.}} \quad \text{(Maly)}$$

On précipite alors la biliverdine par l'acide chlorhydrique, on la lave à l'eau et on la dissout dans l'alcool, qui l'abandonne par évaporation.

(1) Pour obtenir cette solution, on dissout 1 gramme d'acide sulfanilique dans de l'eau chaude, on ajoute après refroidissement 15 grammes d'acide chlorhydrique concentré et 0gr,1 de nitrite de sodium, et on porte le volume de la solution à 1 litre par l'addition d'eau.

(2) D'après Stœdeler, qui assigne à la biliverdine la formule $C^{32}H^{40}Az^{4}O^{10}$, la bilirubine fixerait, en même temps qu'une molécule d'oxygène, deux molécules d'eau pour se transformer en biliverdine.

$$C^{32}H^{36}Az^{4}O^{6} + 2H^{2}O + O^{2} = C^{32}H^{40}Az^{4}O^{10}.$$

392. Propriétés. — *a*) La biliverdine est une poudre verte, insoluble dans l'eau, dans l'éther et dans le chloroforme, soluble dans l'acide acétique et surtout dans l'alcool. Son insolubilité dans le chloroforme et sa solubilité dans l'alcool permettent de la séparer d'avec la bilirubine. Les alcalis étendus dissolvent la biliverdine; les acides la précipitent de ces solutions.

Examinées au spectroscope, les solutions de biliverdine ne présentent pas de bandes d'absorption.

b) Par l'action du sulfure ammonique ou sous l'influence de certaines bactéries, la biliverdine se transforme par réduction en bilirubine. L'hydrogène naissant réduit la biliverdine à l'état d'hydrobilirubine.

c) L'acide azotique contenant des vapeurs nitreuses oxyde la biliverdine en donnant les mêmes produits colorés qu'avec la bilirubine. Aussi les solutions de biliverdine donnent-elles par la réaction de Gmelin des zones colorées en bleu, en violet, en rouge et en jaune.

BILIFUSCINE $C^{32}H^{40}Az^{4}O^{8}$; BILIPRASINE $C^{32}H^{44}Az^{4}O^{12}$

393. Propriétés. — On extrait ces pigments, en même temps que la bilirubine, des calculs biliaires (**388**).

a) La bilifuscine diffère de la bilirubine par les éléments de l'eau. Elle constitue une poudre brune, presque noire, insoluble dans l'eau, dans l'éther, soluble dans l'alcool et dans le chloroforme. Les alcalis étendus la dissolvent également, en se colorant en brun; les acides la précipitent de ces solutions. La solution ammoniacale de bilifuscine est précipitée en brun par le chlorure de calcium.

b) La biliprasine est une poudre amorphe, d'un noir verdâtre, insoluble dans l'eau, dans l'éther et dans le chloroforme, soluble dans l'alcool qu'elle colore en vert. Elle se distingue de la biliverdine, en ce que sa solution devient brune par l'ammoniaque et les alcalis; la solution redevient verte sous l'influence des acides, ce qui la distingue des solutions alcalines de bilifuscine.

394. Physiologie. — A. Origine. — *a*) Les pigments biliaires sont des produits de désassimilation de l'hémoglobine; il existe, d'après Nencki, entre l'hématine et la bilirubine, de même qu'entre l'hématine et l'hématoporphyrine, la relation très simple :

$$\underbrace{C^{32}H^{32}Az^{4}O^{4}Fe}_{\text{Hématine.}} + 2H^{2}O - Fe = \underbrace{C^{32}H^{36}Az^{4}O^{6}}_{\text{Bilirubine.}}$$

Mais on n'a pas réalisé artificiellement cette transformation. On a pu seulement transformer l'hématine en hématoporphyrine, isomère de la bilirubine, et en hydrobilirubine, substance qu'on obtient aussi par fixation d'hydrogène et d'eau sur la bilirubine.

b) Un grand nombre de faits établissent la transformation du pigment sanguin en pigments biliaires dans l'organisme (1).

1. Les pigments biliaires se forment à l'état normal dans le foie ; or le sang est animé dans cet organe d'un mouvement très lent et y subit l'action des acides biliaires, qui ont la propriété de détruire les globules sanguins. — On a aussi signalé la présence des matières colorantes de la bile dans le placenta où le sang est stagnant et où les globules rouges paraissent aussi se détruire.

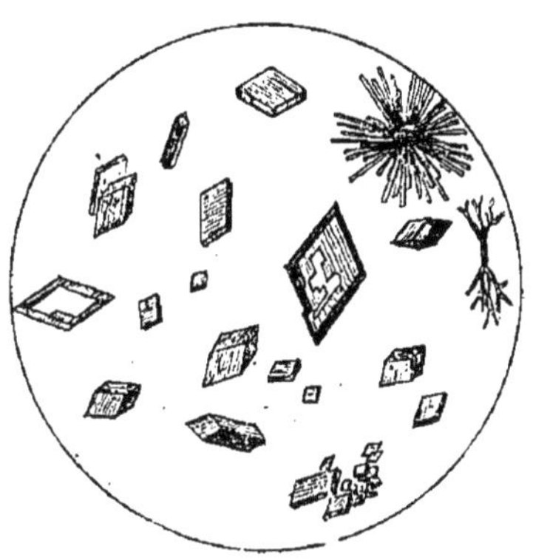

Fig. 54. — Cristaux d'hématoïdine.

2. Lorsqu'on injecte à un animal son propre sang sous la peau, ou lorsque du sang est extravasé dans les tissus, comme dans les ecchymoses sous-cutanées, l'hémoglobine disparait peu à peu et se transforme en bilirubine, biliverdine, etc. Cette transformation explique les diverses colorations que prend la peau aux endroits ecchymosés. On rencontre même quelquefois dans les anciens foyers hémorrhagiques une matière cristalline rouge (fig. 54) à laquelle on avait donné le nom d'*hématoïdine* et qui n'est autre chose que de la bilirubine.

3. A la suite d'extravasations sanguines étendues (hémorrhagie cérébrale, infarctus du poumon, hématocèle, ecchymoses sous-cutanées, hémorrhagies péritonéales dans les grossesses extra-utérines), on observe l'élimination par l'urine de grandes quantités d'urobiline, substance analogue à l'hydrobilirubine, et parfois même l'élimination de bilirubine.

4. Les causes qui déterminent le passage de l'hémoglobine des globules dans le plasma sanguin, par exemple les injections intraveineuses d'eau, d'ammoniaque, d'acides biliaires, de gly-

(1) M. Recklinghausen a également observé *in vitro* la formation de pigments biliaires dans le sang de grenouille, quand on conserve ce sang pendant quelques jours à l'abri de la putréfaction.

cérine, d'éther, de chloroforme, etc., amènent une hyperproduction de pigments biliaires, qui se traduit parfois par l'ictère et par le passage de la bilirubine dans l'urine; il en est de même après l'injection d'une solution d'hémoglobine dans le sang.

5. Enfin, il est à remarquer qu'on ne trouve de pigments biliaires que chez les animaux dont le sang renferme de l'hémoglobine. L'amphioxus, vertébré inférieur dont le sang est dépourvu d'hémoglobine, n'élabore pas de pigments biliaires.

B. État; élimination. — Les pigments biliaires sont en solution dans la bile, à l'état de combinaison avec les alcalis, et se déversent avec elle dans l'intestin. Sous l'influence réductrice des bactéries de l'intestin, les pigments biliaires sont transformés en substances voisines de l'hydrobilirubine, la *stercobiline*, qui est éliminée par les fèces et l'urobiline qui s'élimine par l'urine.

C. Lieu de formation. — *a*) Les pigments biliaires se forment, à l'état normal, dans le foie; on peut les déceler dans la cellule hépatique même. M. Stern, en opérant sur des pigeons, a montré que lorsqu'on isole le foie du reste de l'organisme par des ligatures, la production de pigments biliaires n'a pas lieu dans le reste de l'économie. Au contraire, si on empêche la bile de se déverser dans l'intestin en posant une ligature sur le canal cholédoque, les matières colorantes de la bile passent dans le sang et de là dans les tissus et dans l'urine. C'est ce qui a lieu chez l'homme, à l'état pathologique, lorsque le canal cholédoque est obstrué par un calcul biliaire ou comprimé par une tumeur voisine, ou bien encore lorsque les canaux biliaires sont le siège d'un processus inflammatoire. L'ictère qui se produit dans ces conditions est dû à la rétention des pigments biliaires élaborés par le foie; on l'a désigné sous les noms d'ictère *par rétention*, d'ictère *mécanique*, d'ictère *hépatogène*.

b) Mais l'ictère se produit aussi dans des cas pathologiques, où on ne trouve, après la mort, aucun obstacle apparent à l'écoulement de la bile, par exemple, dans les intoxications par l'hydrogène arsénié, la toluylène-diamine, l'éther ou le chloroforme, et dans certaines maladies infectieuses graves (fièvre typhoïde, malaria, pyohémie). On avait admis que dans ces cas, l'ictère était *hématogène*, c'est-à-dire que les pigments biliaires se formaient dans le sang lui-même, aux dépens de l'hémoglobine extravasée dans le plasma (1). Cette opinion était basée sur ce fait que l'injection intravasculaire d'hémoglobine, d'eau ou de tout autre agent dissolvant les globules sanguins est quelquefois suivie d'ictère. Mais l'expérience suivante, due à MM. Minkowski et Naunyn, démontre le rôle important dévolu au foie dans la transformation en bilirubine de l'hémoglobine dissoute dans le plasma. Ces auteurs ont enlevé le foie à une oie qu'ils ont ensuite intoxiquée par l'hydrogène arsénié. Au bout d'une demi-heure (2), on ne trouva plus dans l'urine que de l'hémoglobine, tandis que sur une oie saine l'intoxication par l'hydrogène arsénié provoqua l'élimination de biliverdine par l'urine pendant deux jours.

Quant à la résorption des pigments biliaires élaborés en excès par le foie aux dépens de l'hémoglobine dissoute dans le plasma, on peut l'expliquer, dans la plupart des cas d'ictère dit hématogène, par un obstacle au libre écoulement de la bile, au niveau des canalicules biliaires péri ou intralobulaires; cet obstacle étant le résultat soit de l'épaississement de la bile déterminé par la destruction globulaire exagérée, soit de la diminution de calibre des canalicules périlobulaires à la suite de processus inflammatoires.

En somme, l'ictère dit hématogène aurait pour cause première une altération du sang, et pour condition seconde la stase de la bile dans le sang, il est donc aussi hépatogène.

c) Dans certains cas d'ictère de cette nature, l'élimination de la bilirubine par l'urine est très faible ou intermittente, bien que les urines soient fortement colorées. Quand on fait avec ces urines la réaction de Gmelin, on obtient, au lieu de la succession d'anneaux diversement colorés, un seul anneau brun acajou. Cette réaction avait fait admettre autrefois par Gubler la présence dans ces urines, et par suite dans les tissus des malades, d'un pigment particulier, l'*hémaphéine*, formé *dans le sang* ou dans le foie. MM. Engel et Kiener ont démontré que l'hémaphéine n'est pas une substance chimiquement définie; ils ont pu en effet, par des précipitations fractionnées à l'aide de chlorure de zinc et d'ammoniaque, retirer de ces urines dites hémaphéiques un certain nombre de pigments (bilirubine, urobiline) et de chromogènes, donnant avec l'acide azotique des couleurs variées, mais non la coloration brune. On com-

(1) On peut, en effet, dans la plupart de ces cas, constater cette extravasation, soit par l'examen du plasma au spectroscope, soit par la présence de l'hémoglobine dans l'urine, à côté des pigments biliaires.

(2) Pendant la première demi-heure, l'urine contenait un peu de biliverdine.

prend que, par l'action de l'acide azotique sur les urines dites hémaphéiques, il se produise dans les couches en contact avec l'acide, un mélange des matières colorantes préexistantes et de celles que fait naître l'acide azotique par son action sur les pigments et sur les chromogènes, et que ce mélange se traduise à l'œil par une couleur brune. De fait, on peut obtenir une réaction hémaphéique intense avec de l'urine normale, concentrée au tiers par évaporation et additionnée d'un peu de bilirubine ou d'urine donnant la réaction de Gmelin.

MATIÈRE COLORANTE DES FÈCES.

STERCOBILINE

395. Extraction. — La stercobiline s'obtient en traitant les matières fécales normales par de l'alcool absolu additionné de 15 p. 100 d'acide sulfurique; on filtre, on ajoute au liquide obtenu du chloroforme et on verse le mélange dans un excès d'eau. Le chloroforme se sépare, retenant en solution la stercobiline, qu'il abandonne par évaporation.

396. Propriétés. — La stercobiline est une substance brune, soluble dans l'alcool et dans le chloroforme. Elle présente un spectre d'absorption à trois bandes, analogue à celui de l'hydrobilirubine (**389**, *c*). Traitée par le chlorure de zinc et l'ammoniaque, la stercobiline donne, comme l'hydrobilirubine, une belle fluorescence verte, mais il apparaît dans son spectre une quatrième bande.

La stercobiline se forme aux dépens des pigments biliaires dans l'intestin. En effet, dans les cas de fistule biliaire ou d'obstruction du canal cholédoque, les matières fécales ne présentent plus la couleur brune due à la stercobiline, et cela, même avec une alimentation carnée, ce qui indique que la stercobiline ne provient pas à l'état normal de la matière colorante du sang que peuvent contenir les aliments.

MATIÈRES COLORANTES DE L'URINE.

UROBILINE

397. Extraction. — L'urobiline se rencontre presque toujours dans l'urine, en très petite quantité à l'état normal, en quantité plus considérable dans certains états pathologiques.

On peut l'extraire de l'urine par le procédé suivant dû à Mac Munn :

On traite l'urine par l'acétate neutre, puis par l'acétate basique de plomb. Le précipité qui se forme entraîne l'urobiline; on le traite par de l'alcool acidulé d'acide sulfurique, qui ne dissout que l'urobiline. La solution alcoolique est additionnée de chloroforme, puis agitée avec de l'eau ; le chloroforme se sépare, retenant l'urobiline en dissolution. Par évaporation, la solution chloroformique abandonne le pigment.

398. Propriétés. — L'urobiline normale est une substance amorphe, d'un rouge brun, insoluble dans l'eau, soluble dans les acides et les alcalis étendus, dans l'alcool, l'éther, le chloroforme et l'alcool amylique. Ses solutions acidulées présentent une seule bande d'absorption située entre E et F (planche II, spectre 15), mais pas de bandes dans l'orangé comme l'hydrobilirubine. Traitée par l'ammoniaque et le chlorure de zinc, l'urobiline en solution alcoolique présente, comme l'hydrobilirubine, une belle fluorescence verte ; en même temps la bande s'élargit et se rapproche de la ligne E.

D'après Hoppe-Seyler, l'urobiline se forme au moins en partie dans l'urine par l'oxydation à l'air d'une substance presque incolore, qui est le chromogène de l'urobiline. Dans une urine exempte d'urobiline, on peut démontrer en effet la présence de ce chromogène par l'addition d'un peu de teinture d'iode qui, agissant comme oxydant indirect, transforme le chromogène en urobiline ; celle-ci se manifeste par la bande d'absorption caractéristique (R. Engel et Kiener).

Mac Munn a observé que, dans certains états fébriles, l'urobiline extraite de l'urine par le procédé indiqué plus haut (**397**), présente quelques différences avec l'urobiline que nous venons de décrire. En solution concentrée, elle donne au spectroscope, outre la bande située entre E et F, deux bandes étroites situées de chaque côté de la ligne D (planche II, spectre 16) qui rapprochent son spectre de celui de l'hydrobilirubine. Cette urobiline, que Mac Munn a désignée sous le nom d'*urobiline fébrile*, n'est peut-être que de l'urobiline ordinaire souillée par un autre pigment auquel seraient dues les deux nouvelles bandes.

399. Physiologie. — L'urobiline provient, mais en partie seulement, de la transformation des pigments biliaires déversés dans l'intestin. Les animaux porteurs d'une fistule biliaire continuent à éliminer de l'urobiline, bien que leur intestin ne reçoive plus de bile ; le même fait a été observé chez l'homme.

Il faut donc que l'urobiline se forme aussi aux dépens de l'hémoglobine, soit dans le foie, soit dans d'autres organes. On observe d'ailleurs qu'à la suite d'extravasations sanguines dans les tissus ou dans le péritoine, il s'élimine par l'urine des quantités parfois considérables d'urobiline.

Dans le prétendu ictère *hémaphéique*, où l'élimination de la bilirubine par l'urine est faible et même intermittente, l'urine contient au contraire d'une manière constante des quantités notables d'urobiline. Certains auteurs, surtout en Allemagne, ont admis avec Kunkel que la coloration des tissus était due, dans ce cas, à l'urobiline et que l'ictère était *urobilique*. Cette manière de voir n'est pas exacte, car en examinant au spectroscope la peau des malades, on n'observe pas la bande de l'urobiline, bien que celle-ci soit facile à voir dans la lumière réfléchie ; l'examen des tissus et des liquides de l'organisme après la mort ne révèle l'existence que de quantités d'urobiline insuffisantes pour expliquer la coloration des tissus. D'ailleurs, l'urobiline ne colore que très peu les tissus vivants ou morts ; son pouvoir tinctorial est beaucoup plus faible que celui de la bilirubine.

Au décours de l'ictère, on observe fréquemment que la bilirubine disparaît peu à peu de l'urine et qu'il s'élimine des quantités considérables d'urobiline. D'après MM. Engel et Kiener, l'urobiline se formerait dans ces cas aux dépens de la bilirubine dont les tissus sont imprégnés ; la formation d'urobiline, substance soluble et très diffusible, peut être considérée comme le procédé le plus avantageux dont dispose l'organisme pour se débarrasser de la bilirubine, substance très peu soluble et peu diffusible, qui a une tendance à se fixer dans les tissus sous forme de granulations dont l'accumulation compromet la vitalité des éléments anatomiques.

M. Hayem n'admet pas que l'urobiline se forme aux dépens de la bilirubine parce que l'urobilinurie à la période de déclin de l'ictère n'est pas constante et que les cas d'urobilinurie sans coloration ictérique des téguments sont extrêmement fréquents. Comme ces cas sont le plus souvent liés à une altération du foie, M. Hayem admet que, d'une manière générale, l'urobiline est élaborée directement par les cellules hépatiques, mais par des cellules hépatiques ayant subi une altération, notamment la dégénérescence graisseuse ; l'urobiline serait donc le pigment de l'insuffisance hépatique.

PIGMENTS URINAIRES DIVERS

400. *L'urochrome* est, d'après M. Tudichum, le pigment principal de l'urine normale. On obtient une solution de ce pigment en précipitant l'urine par de l'acétate de plomb additionné d'un peu d'ammoniaque, recueillant le précipité sur un filtre et l'épuisant par l'alcool après l'avoir traité par quelques gouttes d'acide sulfurique. On obtient ainsi une solution jaune, qui ne présente pas de bandes d'absorption.

L'uroérythrine est le pigment qui colore les sédiments uratiques de l'urine. On peut l'extraire de ces sédiments en les traitant par l'alcool bouillant. L'uroérythrine présente deux bandes avant la ligne F. Elle verdit par les alcalis.

L'urohématoporphyrine a été retirée de l'urine, dans certaines maladies (maladie d'Addison, rhumatisme articulaire aigu, etc.), par Mac Munn à l'aide du procédé indiqué à propos de l'urobiline. L'urohématoporphyrine en solution acide présente un spectre à quatre bandes, dont la troisième située entre D et E est la plus intense.

Enfin, on a pu extraire de certaines urines pathologiques, par l'action des acides minéraux, un certain nombre de pigments mal définis qui prennent naissance aux dépens des chromogènes contenus dans ces urines. Ces pigments sont désignés sous les noms d'*uroroséine*, d'*urorubine*, d'*urrhodine*, de *purpurine*, etc... L'urorubine et l'urrhodine sont probablement identiques avec l'indirubine (**210**) ; l'uroroséine s'en distingue par son insolubilité dans l'éther. — D'après Giacosa, l'urine normale contient le chromogène d'un pigment ferrugineux, qu'il aurait obtenu à l'état cristallisé.

AUTRES PIGMENTS DE L'ÉCONOMIE

LIPOCHROMES

401. État naturel. — On trouve dans le règne animal et dans le règne végétal une série de pigments jaunes, jaune-verdâtres ou rouges, qui présentent un ensemble de propriétés communes et qu'on désigne sous le nom générique de *lipochromes*. Tels sont les pigments du tissu graisseux, des corps jaunes de l'ovaire, du jaune d'œuf, du sérum sanguin, certains pigments de la rétine, etc.

402. Extraction. — Pour extraire le lipochrome de la graisse, on la saponifie en la traitant par une solution de potasse, on sature ensuite à chaud la solution de chlorure de sodium ; le savon de potasse se précipite en entraînant le pigment. On extrait le pigment en épuisant le précipité par l'éther de pétrole, et évaporant la solution ainsi obtenue.

403. Propriétés. — Les lipochromes sont des substances non azotées, insolubles dans l'eau, solubles dans l'alcool, l'éther, la benzine, l'éther de pétrole. — Les lipochromes jaunes présentent au spectroscope deux bandes d'absorption, l'une sur la ligne F, l'autre entre F et G ; les lipochromes rouges donnent seulement la première de ces bandes. — Ils se colorent en bleu ou en vert par l'iode et par l'acide sulfurique. L'acide azotique les colore en vert. — Ces pigments s'altèrent peu à peu à l'air et à la lumière et finissent par se décolorer.

MÉLANINES

404. État naturel ; propriétés. — On désigne sous ce nom les pigments noirs qu'on rencontre, sous forme de granulations, dans le corps muqueux de l'épiderme des personnes brunes, dans les cheveux noirs, dans la membrane choroïde de l'œil, dans les tumeurs mélaniques. Ces pigments sont insolubles dans l'eau, dans les acides étendus, dans l'alcool, l'éther, etc. Ils se dissolvent peu à peu dans les solutions de potasse en donnant un liquide brun que le chlore décolore. (Caractère distinctif d'avec les poussières de charbon.) Certaines mélanines paraissent contenir un peu de fer.

PHÉNOMÈNES CHIMIQUES DANS L'ORGANISME PENDANT LA VIE

405. Notions générales. — Les phénomènes chimiques qui s'accomplissent chez les êtres vivants et qui donnent naissance à ce nombre considérable de substances que nous venons d'étudier, sont de même nature que ceux qu'on observe dans les laboratoires ; ils consistent essentiellement en oxydations, réductions, dédoublements, hydratations, déshydratations et synthèses. Dans l'économie animale, les phénomènes prédominants sont les dédoublements, les hydratations et les oxydations ; ils s'effectuent avec dégagement de chaleur et sont la source de l'énergie nécessaire à la vie des animaux. Les déshydratations, les synthèses et les réductions dont l'économie est le siège, sont au contraire endothermiques et ne s'effectuent qu'en absorbant une partie de la chaleur dégagée par un phénomène exothermique concomitant. Aussi les synthèses et les réductions sont-elles toujours corrélatives de la vie des cellules et ne s'accomplissent-elles que dans les cellules elles-mêmes ; tandis que les dédoublements, les hydratations et certaines oxydations peuvent s'effectuer aussi en dehors des cellules, et même *in vitro* après la mort de cellules, sous l'influence des ferments solubles qu'elles sécrètent.

406. Phénomènes d'oxydation. — Lavoisier reconnut le premier, en 1777, que la respiration des animaux n'était autre chose qu'une combustion lente, et que la chaleur animale a pour origine la chaleur qui se dégage pendant cette combustion. Longtemps encore après Lavoisier, on considéra les oxydations comme la source de toute l'énergie chez les animaux ; on sait aujourd'hui qu'une partie de cette énergie résulte des phénomènes de dédoublement et d'hydratation.

Les oxydations dans l'organisme sont profondes, mais elles sont lentes et progressives ; elles n'ont lieu que par degrés et avec le concours des phénomènes d'hydratation. Aussi rencontre-t-on dans l'organisme un grand nombre de produits d'oxydation incomplète ; quelques-uns de ces produits sont excrétés en nature, mais en petite quantité.

A. Siège des oxydations dans l'organisme. — *a*) Lavoisier croyait à tort que les oxydations s'effectuaient exclusivement dans le poumon. En 1837, Magnus montra que, dans le poumon, l'oxygène se fixe sur le sang qui le transporte dans tout l'organisme, et que c'est au voisinage des tissus qu'il est consommé. On a discuté longuement la question de savoir si les combustions, qui ont lieu dans les différents organes, se font dans le tissu même ou dans le sang qui circule dans les capillaires de l'organe. On peut, en effet, concevoir que les matières destinées à être brûlées passent des organes dans les capillaires sanguins pour y subir la combustion, ou bien que l'oxygène sorte des capillaires par endosmose et pénètre dans l'intimité des tissus ou des organes, en même temps que l'anhydride carbonique formé passe de l'organe dans les capillaires.

b) Aujourd'hui, presque tous les physiologistes sont d'accord pour placer dans les tissus le siège principal des phéno mènes d'oxydation qui s'effectuent dans l'organisme. Voici les faits les plus importants sur lesquels est basée cette opinion :

1° La possibilité du passage de l'oxygène à travers les parois des capillaires ne laisse aucun doute. En effet, le sang du fœtus emprunte de l'oxygène au sang de la mère, bien que la circulation fœtale ne soit nulle part en communication avec celle de la mère. — D'autre part, on trouve dans la salive de l'oxygène qui a diffusé du sang au travers des capillaires. — Enfin, l'expérience suivante, due à M. Schützenberger, démontre le passage de l'oxygène à travers les membranes animales pour se porter sur des cellules vivantes. On fait circuler du sang artériel rouge dans des canaux en baudruche, plongés dans du sérum tenant en suspension des globules de levure de bière; on constate que ce sang est désoxygéné à la sortie des canaux de baudruche, qu'il est devenu noir comme le sang veineux et que, comme lui, il jouit de la propriété de redevenir rouge sous l'influence de l'oxygène. Le sang reste au contraire rouge et oxygéné, si les canaux de baudruche sont immergés dans du sérum ne renfermant pas de globules de levure de bière.

2° On sait que les cellules des organes et des tissus d'un animal survivent pendant quelque temps à l'animal. Or les divers tissus, isolés de l'organisme et débarrassés de sang, empruntent encore de l'oxygène à l'air atmosphérique et dégagent de l'anhydride carbonique. De même, si on plonge des fragments de tissus frais dans du sang oxygéné, ce sang perd rapidement son oxygène et prend la couleur sombre du sang veineux.

3° Le sang agité à l'air avec des substances oxydables, telles que les formiates, les acétates, les lactates, n'en détermine pas l'oxydation. Au contraire, ces sels, absorbés par les voies digestives ou injectés dans les veines, sont transformés en carbonates et éliminés sous cette forme par l'urine. — Si on fait circuler dans le foie d'un animal, qu'on vient de sacrifier, du sang additionné de formiate d'ammonium, ce sel se transforme en urée, par suite de la déshydratation du carbonate d'ammonium formé par l'oxydation du formiate d'ammonium.

$$\underbrace{2\,CHO^2(AzH^4)}_{\text{Formiate d'ammonium.}} + O^2 = \underbrace{CO^3(AzH^4)^2}_{\text{Carbonate d'ammonium.}} + CO^2 + H^2O$$

$$\underbrace{CO^3(AzH^4)^2}_{\text{Carbonate d'ammonium.}} = \underbrace{CO(AzH^2)^2}_{\text{Urée.}} + 2\,H^2O$$

4° MM. Pflüger et Œrtmann ont montré que des grenouilles, dont on remplace le sang par une solution de chlorure de sodium, vivent encore pendant un jour ou deux et que, si on place ces grenouilles dans une atmosphère d'oxygène pur, les échanges respiratoires et par conséquent les combustions intra-organiques restent, pendant plusieurs heures, les mêmes qu'à l'état normal. — Enfin, il convient de faire observer que l'embryon est le siège d'oxydations avant l'apparition du sang et des vaisseaux.

c) Il est probable toutefois que certaines oxydations s'effectuent aussi dans le sang. Dans les asphyxies, le sang renferme en effet des substances réductrices, qui ont passé des organes dans les capillaires et qui n'y ont pas été brûlées faute d'oxygène, car le sang asphyxique, exposé à l'air, absorbe de l'oxygène qui est rapidement transformé en anhydride carbonique. Mais il est à remarquer que les substances réductrices sont en faible quantité dans le sang des asphyxiés et qu'en réalité elles se trouvent contenues dans les globules du sang et non dans le sérum (Afanassiew).

B. Mécanisme des oxydations dans l'organisme. — Dans l'espace de quelques heures, la majeure partie de nos aliments est transformée dans l'économie en anhydride carbonique, eau et urée. De semblables oxydations exigent *in vitro* l'intervention d'agents chimiques puissants ou de températures élevées incompatibles avec la vie. Il y a donc lieu d'étudier de plus près le mécanisme des oxydations dans l'organisme et de mentionner les diverses opinions émises à ce sujet.

a) On a attribué à l'alcalinité du plasma des tissus la plus facile oxydation des composés dans l'économie. On sait en effet que beaucoup de matières organiques sont plus oxydables en présence des alcalis; l'acide pyrogallique et le glucose, par exemple, s'oxydent rapidement à l'air dans des liqueurs rendues alcalines par la potasse ou la soude caustiques, alors que leur oxydation est faible ou nulle en liqueur acide ou neutre. — Cette explication est insuffisante, car l'alcalinité des plasmas des tissus est due non à des alcalis libres mais à des carbonates et à des phosphates alcalins; or, s'il est possible de constater encore *in vitro* et à 37° l'oxydation du glucose ou de l'albumine, en présence de carbonate de sodium, cette oxydation toutefois devient insignifiante dans ces conditions.

b) Certains auteurs ont admis que l'oxygène se trouve dans le sang à l'état d'ozone et ont expliqué ainsi l'énergie des oxydations dans l'organisme. Gorup-Besanez a montré, en effet, qu'en présence des carbonates alcalins, l'ozone oxyde assez rapidement, à la température du corps, le glucose, la graisse, les acides gras, etc. D'autre part, si on dépose une goutte de sang sur du papier imprégné de teinture de gaïac, il se forme une auréole bleue; or, on sait que l'ozone bleuit la teinture de gaïac. — Malgré ce fait intéressant, la formation d'ozone dans le sang est difficile à admettre, car le sang artériel *in vitro* n'oxyde pas un grand nombre de substances qu'oxyde l'ozone; d'autre part, la coloration de la teinture de gaïac par le sang prouve simplement que cette teinture a été oxydée et non qu'elle a été oxydée par l'ozone.

On ne peut pas non plus admettre que l'oxygène au moment où il sort de sa combinaison avec l'hémoglobine soit doué de propriétés plus actives, car la dissociation de l'oxyhémoglobine est endothermique et s'opère exclusivement dans le sang, tandis que les oxydations s'effectuent principalement dans les tissus.

c) D'autres savants admettent avec Hoppe-Seyler que les dédoublements qui précèdent les oxydations donnent naissance à des substances réductrices très facilement oxydables et à d'autres plus difficilement oxydables. Les premières s'oxyderaient directement aux dépens de l'oxygène libre en dégageant une certaine quantité de chaleur qui favoriserait l'oxydation des secondes.

On connait en effet un grand nombre de cas où l'oxygène libre acquiert *in vitro* des propriétés actives pendant l'oxydation d'une substance facilement oxydable. Par exemple, l'oxydation à l'air de l'hydrogène occlus dans une lame de palladium peut déterminer l'oxydation de la benzine en phénol, de l'oxyde de carbone en anhydride carbonique, etc. — On sait d'autre part qu'il existe dans les tissus des substances réductrices, facilement oxydables. M. Ehrlich en a donné la démonstration d'une manière très élégante : on injecte dans les veines d'un animal une matière colorante, telle que le bleu d'alizarine ou le bleu de céruléine, ayant la propriété de se décolorer par réduction en présence de substances facilement oxydables; on tue l'animal après l'injection et on examine aussitôt la coloration des divers tissus ou organes. Quelques uns ont conservé leur couleur normale, par suite de la réduction et de la décoloration de la matière colorante qui les imprègne; exposés à l'air, ils se colorent peu à peu en bleu, car la matière colorante est régénérée par oxydation.

d) Des expériences récentes de M. Jaquet tendent à prouver

que les oxydations s'effectuent dans l'organisme sous l'influence d'une *diastase oxydante* (1) contenue dans les organes. En effet, certaines substances inoxydables à l'air, telles que l'alcool benzylique et l'aldéhyde salicylique, s'oxydent quand, après les avoir dissoutes dans du sang, du sérum sanguin, ou même dans une solution de chlorure de sodium, on les fait circuler dans des organes frais, tels que les poumons et les reins. On ne peut pas attribuer ces propriétés oxydantes des organes à la survie des cellules, car elles persistent après qu'on a tué les cellules par le sulfate de quinine ou le fluorure de sodium à 1 p. 100. Quand on détruit mécaniquement les cellules en broyant les organes avec de l'eau, l'extrait aqueux obtenu possède les propriétés oxydantes des organes ; le principe oxydant est donc soluble dans l'eau. D'autre part, ce principe oxydant est précipité par l'alcool et perd son activité par l'action de la chaleur, à 100° ; il présente par conséquent les caractères essentiels des diastases.

MM. Abelous et Biarnès ont confirmé les expériences de M. Jaquet. D'après ces auteurs, le pouvoir oxydant des organes, vis-à-vis de l'aldéhyde salicylique, va en décroissant pour la rate, le poumon, le foie, le corps thyroïde, le rein, le thymus, les capsules surrénales et le testicule ; il est nul pour les muscles, le cerveau, le pancréas. D'une manière générale, il est plus accentué pour les organes des animaux jeunes.

D'après ces mêmes auteurs, le sang de certaines espèces animales présente aussi, vis-à-vis de l'aldéhyde salicylique, un pouvoir oxydant très faible, qui paraît dû à la présence d'une petite quantité de diastase oxydante.

407. Phénomènes de réduction. — On observe dans l'organisme animal certains phénomènes de réduction. C'est ainsi que l'acide malique $C^4H^6O^5$ administré à un animal s'élimine partiellement à l'état d'acide succinique $C^4H^6O^4$, l'acide quinique à l'état d'acide benzoïque, les iodates et les bromates sous forme d'iodures et de bromures, l'indigo bleu à l'état d'indigo blanc. La transformation du glucose $C^6H^{12}O^6$ en graisses $C^{57}H^{110}O^6$ (**166**. A. *b*) est également le résultat de processus de réduction. D'ailleurs, les expériences de M. Ehrlich (**406**. B. *c*) mettent en évidence les réductions qui s'effectuent dans certains tissus pendant la vie. M. de Rey-Pailhade a montré d'autre

(1) M. Bertrand a également signalé récemment l'existence d'une diastase oxydante dans un grand nombre de végétaux.

part, qu'en traitant certains tissus frais par l'alcool faible et froid, on peut extraire une substance hydrogénante, le *philothion*, capable de donner de l'hydrogène sulfuré quand on la broie avec du soufre (1).

408. Phénomènes de dédoublement et d'hydratation.— Les phénomènes de dédoublement et d'hydratation sont rarement indépendants les uns des autres dans l'organisme. Les phénomènes de dédoublement avec hydratation ou phénomènes d'*hydrolyse* sont d'une importance capitale dans les processus de la vie animale.

a) La matière alimentaire devient absorbable et assimilable grâce à des phénomènes d'hydrolyse ; c'est ainsi que les matières albuminoïdes sont transformées en peptones, les matières grasses en glycérine et en acides gras, les matières amylacées et les saccharoses en glucoses.

b) Les phénomènes d'hydrolyse paraissent également jouer un rôle important dans les processus de désassimilation. En effet, un certain nombre des produits de désassimilation qui se forment dans l'organisme sont analogues ou identiques à ceux qui prennent naissance dans la décomposition des matières albuminoïdes sous l'influence des agents d'hydratation. On tend aujourd'hui à admettre avec M. A. Gautier que les phénomènes d'hydrolyse précèdent et préparent dans l'organisme les phénomènes d'oxydation.

409. Phénomènes de déshydratation et de synthèse. — *a*) Les phénomènes de déshydratation simple, c'est-à-dire de perte d'eau aux dépens d'une substance, sont peu nombreux ; rappelons cependant la transformation de la créatine en créatinine et celle du carbonate d'ammonium en urée.

b) Les phénomènes de synthèse par déshydratation, c'est-à-dire ceux dans lesquels plusieurs molécules d'une même substance ou de substances différentes s'unissent en perdant de l'eau, sont au contraire fréquents dans l'organisme. Wœhler observa, dès 1824, que l'acide benzoïque administré à des chiens s'unit au glycocolle avec perte d'eau et s'élimine sous forme d'acide hippurique.

$$\underbrace{CH^2,AzH^2-CO,OH}_{\text{Glycocolle.}} + \underbrace{C^6H^5-CO,OH}_{\text{Acide benzoïque.}} = H^2O + \underbrace{CH^2,AzH(C^6H^5CO)-CO,OH}_{\text{Acide hippurique.}}$$

(1) Les cellules de levure de bière possèdent aussi cette propriété (Dumas), ainsi que celle de donner de l'hydrogène phosphoré quand on les broie avec du phosphore blanc (J. Noé).

Depuis cette époque, on a démontré que l'organisme est le siège d'un grand nombre de synthèses analogues. C'est ainsi que les phénols, introduits ou formés dans l'organisme, s'unissent à l'acide sulfurique et s'éliminent à l'état de phénylsulfates. La formation de glucogène dans le foie aux dépens du glucose du sang, la formation de graisse dans les chylifères aux dépens de glycérine et d'acides gras administrés à des animaux, la formation d'albuminoïdes aux dépens des peptones de la digestion, sont autant de phénomènes de synthèse par déshydratation. Il en est de même de la formation des lécithines aux dépens de la choline, de l'acide phosphorique, de la glycérine et des acides gras.

c) D'autres synthèses s'effectuent par un mécanisme différent, notamment par l'union directe de deux substances. Le glycocolle, la taurine, l'acide sulfanilique et les acides amidés en général, administrés à des animaux, s'unissent dans l'organisme avec les éléments de l'acide cyanique COAzH, en donnant des combinaisons qui s'éliminent par l'urine.

La formation de graisse aux dépens des hydrates de carbone dont nous avons déjà parlé à propos des phénomènes de réduction, est aussi le résultat de phénomènes de synthèse. Enfin, la production synthétique de l'hémoglobine est indiscutable, au moins pour l'herbivore, le végétarien et le nourrisson; mais le mécanisme de cette synthèse nous est encore complètement inconnu.

DEUXIÈME PARTIE

TISSUS, ORGANES ET LIQUIDES DE L'ORGANISME

CHAPITRE I

TISSUS

LA CELLULE

410. Structure ; composition. — A l'état parfait, une cellule est constituée par une *membrane d'enveloppe* contenant une masse semi-liquide, de nature protéique, le *protoplasma ;* dans cette masse est situé un *noyau* (fig. 55).

A. Membrane. — La membrane d'enveloppe, formée de cellulose dans les cellules végétales, est de nature protéique dans les cellules animales ; elle n'est parfois constituée que par un épaississement de la couche superficielle du protoplasma, et fait souvent complètement défaut.

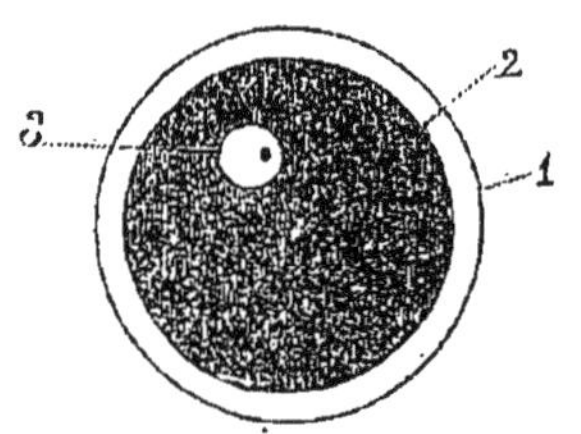

Fig. 55. — Cellule (ovule) (*).

B. Protoplasma. — Le protoplasma est une masse molle, diffluente, granuleuse, incolore, plus réfringente que l'eau, moins que l'huile, insoluble mais se gonflant dans l'eau. Sa réaction est légèrement alcaline pendant la vie de la cellule ; elle devient acide après la mort.

Le protoplasma se compose d'une substance fondamentale dans laquelle sont contenues des granulations (plastidules de

(*) 1, membrane ; 2, sa limite interne et contour externe du protoplasma cellulaire ; 3, noyau avec le nucléole.

Hæckel), animées de mouvements irréguliers et incessants (mouvements Browniens). La plupart de ces granulations et les plus importantes sont formées de matières protéiques, d'autres de corps gras, de matières amylacées, de matières minérales, etc. — La substance fondamentale du protoplasma est essentiellement formée de matières protéiques et d'eau (75 p. 100 environ). Elle est contractile ; sous l'influence de divers agents physiques ou chimiques, elle change lentement de forme. La plupart des histologistes la considèrent comme formée d'un réticulum de filaments contractiles (*protoplasma proprement dit* ou *cytoplasma*), contenant dans ses mailles un liquide (*suc intracellulaire* ou *enchylema*). Dans les cellules végétales et dans certaines cellules animales, le suc intracellulaire se collecte dans des vacuoles, creusées dans le réticulum protoplasmique (fig. 56); la forme et les dimensions de ces vacuoles varient lentement par suite des contractions du protoplasma qui en forme les parois. La composition chimique du suc des vacuoles est mal connue, surtout pour les cellules animales. Il est probable que le protoplasma y puise les matériaux qui lui sont nécessaires et y déverse ses produits de désassimilation ainsi que les substances qu'il élabore.

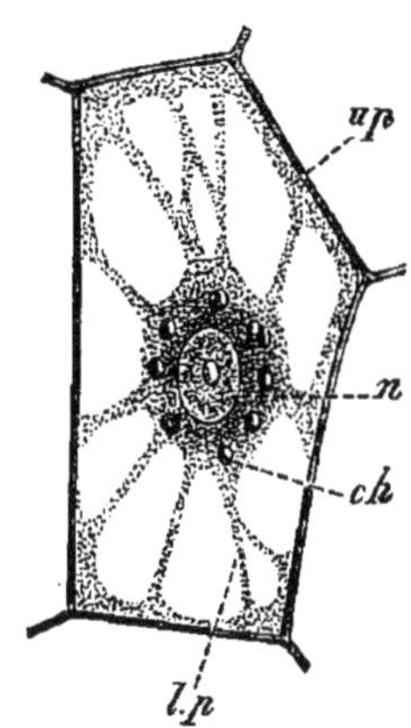

Fig. 56. — Cellule végétale.

C. Noyau. — Il peut exister dans une cellule un ou plusieurs noyaux, situés généralement à sa partie centrale. Le noyau à l'état de repos, c'est-à-dire lorsque la cellule n'est pas en voie de prolifération, se compose d'une membrane d'enveloppe et d'une substance fondamentale dans laquelle on distingue des granulations ; une ou plusieurs de ces granulations sont plus importantes et portent le nom de *nucléoles*.

La substance fondamentale du noyau est formée d'un certain nombre de filaments enchevêtrés, baignés par un liquide légèrement alcalin, transparent, le *suc nucléaire*. Les filaments sont essentiellement constitués par de la nucléine. Ils sont presque aussi transparents que le suc nucléaire, mais ils fixent énergiquement un certain nombre de colorants (1) (carmin, héma-

(1) La substance des nucléoles fixe aussi les colorants.

toxyline, safranine, etc.) ; au contraire, le suc nucléaire ne se colore pas par ces agents. Aussi a-t-on désigné en histologie sous le nom de *chromatine* la substance des filaments, qu'on a eux-mêmes appelés des *filaments chromatiques ;* le suc nucléaire a été au contraire appelé *achromatine.*

TISSUS CONJONCTIFS

411. Caractères ; division. — On réunit sous le nom générique de tissus conjonctifs un certain nombre de tissus qui, malgré leur différence d'aspect, présentent un certain nombre de caractères communs.

1. Tous ces tissus ont une même origine embryologique ; ils dérivent du feuillet moyen du blastoderme.

2. Ils jouent le même rôle anatomique ; ce sont eux qui forment la charpente et la trame de l'organisme.

3. Ils ont une constitution histologique analogue ; ils sont formés généralement de cellules et de fibres plongées dans une substance unissante ou substance fondamentale.

4. Ils présentent des points communs dans leur composition et dans leurs propriétés chimiques ; par l'ébullition avec l'eau, ils donnent de la gélatine.

On peut diviser les tissus conjonctifs en trois groupes principaux : les tissus conjonctifs proprement dits, le tissu cartilagineux et le tissu osseux.

TISSUS CONJONCTIFS PROPREMENT DITS

412. Structure. — Ce premier groupe comprend : le tissu conjonctif lâche ou tissu connectif, le tissu fibreux, le tissu élastique et le tissu muqueux.

Ces divers tissus sont tous formés des mêmes éléments histologiques, mais en proportion variable. Ces éléments sont les cellules conjonctives, les faisceaux conjonctifs, les fibres élastiques, la substance unissante.

1. *Cellules conjonctives.* — Ces cellules sont allongées, parfois ramifiées et anastomosées entre elles. Il est impossible de les isoler des tissus ; aussi leur constitution chimique n'est-elle pas connue d'une façon précise. Leur protoplasma peut être envahi de gouttelettes graisseuses dans le tissu conjonctif lâche (sous-cutané, sous-muqueux, interstitiel) et surtout dans le tissu adipeux qui en dérive et sur lequel nous allons revenir.

2. *Faisceaux conjonctifs.* — Ces faisceaux sont blancs, à contour onduleux, et sont formés par la réunion de fibrilles très fines non élastiques (fig. 57, *a*). L'acide acétique étendu les gonfle et les rend transparents; la potasse les dissout. Le picrocarmin les colore légèrement en rose. Ils sont essentiellement constitués par une matière collagène qui, par l'ébullition avec l'eau,

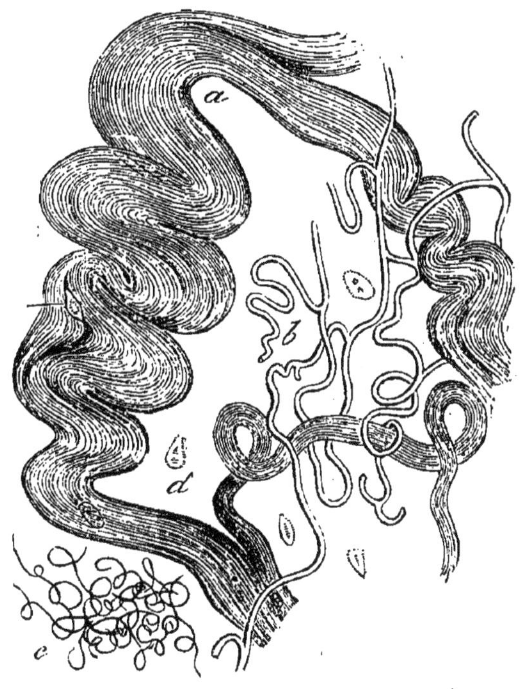

Fig. 57. — Eléments du tissu connectif; fibres conjonctives et élastiques (*).

donne de la gélatine (**344**). — Les faisceaux conjonctifs forment la partie essentielle du tissu fibreux (tendons, aponévroses, etc.).

3. *Fibres élastiques.* — Ces fibres très fines, légèrement jaunâtres, très réfringentes, ne sont jamais réunies en faisceaux; elles sont ramifiées et s'anastomosent entre elles (fig. 57, *b*). Elles sont élastiques, comme leur nom l'indique, et se recoquillent quand on les sectionne. Elles sont essentiellement formées d'élas-

(*) *a*, fibres connectives avec quelques globules embryonnaires; *b*, fibres élastiques avec leurs anastomoses et leurs divisions; *c*, fibres élastiques plus bouclées (en crin de matelas); *d*, noyaux de cellules avec nucléoles. Pris sous le muscle pectoral. (Grossiss. : 320 diamètres.)

tine (**351**), matière albumoïde inattaquable par les acides, par la potasse et par les sucs digestifs, ce qui permet de l'isoler facilement des autres éléments du tissu conjonctif. Dans une préparation microscopique de tissu conjonctif, on peut mettre les fibres élastiques bien en évidence par l'acide acétique à 1 p. 100 qui rend les fibres conjonctives transparentes et respecte les fibres élastiques. — Le tissu élastique (ligaments jaunes de la colonne vertébrale, ligament suspenseur de la tête des ruminants) est à peu près exclusivement constitué par des fibres élastiques. Ces fibres se rencontrent aussi en grande quantité dans les cloisons des alvéoles pulmonaires, dans les bronches, la trachée, les artères.

4. *Substance unissante.* — Cette substance, dans laquelle sont noyés les éléments dont nous venons de parler, est transparente, de consistance mucilagineuse; elle se colore en noir par le nitrate d'argent, ce qui permet de la déceler au microscope. Elle est essentiellement formée d'une mucine (**339**) insoluble dans l'eau, soluble dans l'eau de chaux et dans les alcalis très étendus, précipitable de ces solutions par l'acide acétique. L'extraction de la mucine des tissus conjonctifs repose sur ces propriétés. — Le tissu muqueux (humeur vitrée de l'œil, gélatine de Warton du cordon ombilical) est presque uniquement constitué par de la substance unissante et contient par conséquent beaucoup de mucine. D'une manière générale, les tissus conjonctifs renferment chez l'adulte moins de mucine et plus de collagène que chez l'enfant et surtout que chez le fœtus.

Dans le myxœdème, maladie causée par la dégénérescence ou par l'extirpation du corps thyroïde, le tissu conjonctif souscutané se développe d'une manière exagérée et présente les caractères du tissu conjonctif embryonnaire, c'est-à-dire que la substance unissante y est abondante.

Tissu adipeux.

413. Structure. — Le tissu adipeux dérive du tissu conjonctif lâche; sa formation résulte de l'envahissement par la graisse des cellules conjonctives dont le nombre augmente, tandis que celui des fibres conjonctives et élastiques diminue. Les gouttelettes graisseuses qui apparaissent dans le protoplasma des cellules conjonctives sont d'abord fines et isolées. En augmentant de volume elles se fusionnent en une seule goutte à peu près sphérique qui finit par occuper presque toute la cellule.

Le noyau est alors refoulé et aplati contre la membrane d'enveloppe; le protoplasma ne forme plus qu'une couche très mince entre la membrane de la cellule et la gouttelette de graisse dont il est séparé par une petite quantité d'un liquide séreux. — Les *cellules* ou *vésicules adipeuses* ainsi constituées sont entourées par un fin réseau de capillaires sanguins. Elles sont réunies entre elles par des faisceaux conjonctifs, et forment ainsi des *lobules graisseux*.

Le contenu des vésicules adipeuses est essentiellement constitué par un mélange de palmitine, de stéarine et d'oléine, en proportions variables selon la région et selon l'âge du sujet (**166**). Ce mélange, liquide à la température du corps, se solidifie à la température ordinaire; la température de solidification est d'autant plus basse que la proportion d'oléine est plus élevée. A côté de la palmitine, de la stéarine et de l'oléine, on rencontre dans les vésicules adipeuses de petites quantités de butyrine, de valérine, etc., de lécithine, de pigment jaune ou lipochrome (**401**), des sels minéraux et enfin des principes encore mal connus, qui donnent aux graisses leur odeur et leur saveur particulières.

Les cellules adipeuses examinées au microscope sont très réfringentes. Traitées par une solution d'acide osmique à 1 p. 100, elles se colorent en noir par suite de la réduction de l'acide osmique à l'état d'osmium métallique. L'éther dissout le contenu des vésicules adipeuses et laisse leur enveloppe flétrie. Nous avons indiqué (**165**) comment on extrait les graisses des tissus et comment on les caractérise.

TISSU CARTILAGINEUX

414. Structure. — Le tissu cartilagineux est essentiellement constitué par des cellules cartilagineuses plongées dans une substance fondamentale résistante.

Les *cellules cartilagineuses*, ovoïdes ou sphériques, sont associées par groupes de deux à quatre. La substance fondamentale est épaissie autour de chacune d'elles et leur forme une sorte d'enveloppe, appelée *capsule cartilagineuse*. Le protoplasma des cellules cartilagineuses renferme parfois des particules de graisse décelables par l'acide osmique et, dans les tissus jeunes, des dépôts de glucogène décelables par l'iode.

Les caractères de la substance fondamentale font distinguer plusieurs variétés de cartilages. Dans le cartilage proprement dit, ou *cartilage hyalin*, la substance fondamentale est homogène et translucide comme du verre finement dépoli ; elle ne contient aucune sorte de fibres. Au contraire, elle est absolument envahie de fibres conjonctives (1) dans le *fibrocartilage* et de fibres élastiques dans le *cartilage réticulé*.

La substance fondamentale du cartilage se compose essentiellement d'une substance collagène spéciale, le *chondrogène* qui, par l'ébullition avec l'eau, se transforme en chondrine, substance soluble analogue à la gélatine, se prenant en gelée par le refroidissement. Nous avons vu (**347**) que le chondrogène est constitué par de l'osséine mélangée ou combinée faiblement à une mucine spéciale, le chondromucoïde, et à des sels de l'acide chondroïtine-sulfurique. D'après M. Mörner, la substance fondamentale des cartilages, et plus particulièrement des cartilages anciens du larynx et de la trachée, contient aussi une matière albuminoïde analogue à la kératine.

415. Composition chimique. — La composition quantitative du tissu cartilagineux varie avec la nature du cartilage et avec l'âge du sujet. Ainsi, la proportion d'eau varie de 54 à 74 p. 100, celle des corps gras de 2 à 5 p. 100. La proportion des matières minérales oscille entre 0,9 et 6,5 p. 100; elle augmente avec l'âge du sujet. Les chiffres du tableau suivant sont relatifs aux cartilages de l'homme adulte.

	Cartilage costal.	Cartilage articulaire du genou.
Eau	67,67	73,59
Matières organiques	30,13	24,87
Cendres	2,2	1,54

100 parties de cendres contiennent :

Sulfate de sodium	44,81
— de potassium	26,66
Chlorure de sodium	6,11
Phosphate de sodium	8,42
— de calcium	7,88
— de magnésium	4,55

A l'état pathologique, dans la goutte, il se forme des dépôts d'urates acides de sodium et de calcium dans les cartilages articulaires. Ces dépôts apparaissent d'abord à la surface du cartilage (fig. 37, page 189), puis envahissent les membranes synoviales et les ligaments de l'articulation.

(1) Ces fibres diffèrent légèrement des fibres conjonctives ordinaires ; les acides faibles ne les gonflent pas.

TISSU OSSEUX

416. Structure. — Le tissu osseux est essentiellement constitué par des lamelles osseuses et par des cellules osseuses.

1. Les *lamelles osseuses*, qui représentent la substance unissante, sont formées d'une matière collagène, l'*osséine*, incrustée de matières minérales qui donnent à l'os sa résistance. Elles sont généralement disposées concentriquement autour des *canaux de Havers*, canaux qui sont creusés dans le sens de la longueur des os, et qui donnent passage à des vaisseaux. En certains endroits, surtout à la périphérie, les lamelles sont unies entre elles par des fibres qui les traversent. Ces fibres, *fibres perforantes de Sharpey*, paraissent être des faisceaux conjonctifs et des fibres élastiques calcifiés; elles partent à angle droit du *périoste*, membrane fibreuse qui recouvre l'os.

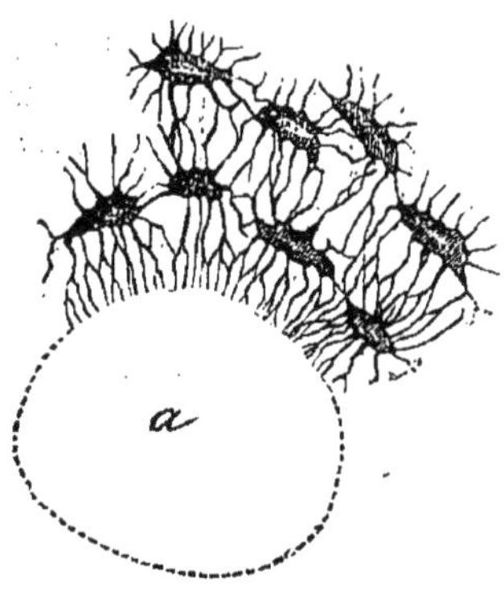

Fig. 58. — Cellules osseuses autour d'un canal de Havers.

2. Les *cellules osseuses* ou *ostéoplastes* sont logées dans des espaces compris entre les lamelles, les *lacunes osseuses*. Elles émettent dans tous les sens, mais surtout perpendiculairement aux canaux de Havers, des prolongements qui s'anastomosent entre eux (fig. 58). Ces prolongements sont logés dans de fins canaux creusés dans les lamelles osseuses, les *canalicules osseux*. Les lacunes et les canalicules osseux sont tapissés par une membrane très mince, qui résiste à l'action des acides, et qui constitue la *capsule osseuse*.

[La moelle des os est une susbtance rougeâtre formée par un tissu conjonctif délicat, très riche en graisse, contenant des cellules spéciales (cellules médullaires, myéloplaxes). Elle est traversée par des nerfs et par de nombreux vaisseaux.]

417. Composition chimique. — A. Eau. — La proportion d'eau contenue dans les os est très variable; elle est plus faible dans le tissu osseux compact que dans le tissu spongieux. On peut l'évaluer en moyenne à 47 p. 100. A l'état sec, le tissu osseux contient environ le tiers de son poids d'osséine et les deux tiers de sels minéraux.

B. Substances organiques. — L'osséine est une substance collagène (**344**) très analogue, sinon identique, à celle des tissus conjonctifs proprement dits. Quand on fait macérer un os dans de l'acide chlorhydrique dilué, les sels minéraux se dissolvent peu à peu et l'on obtient un résidu d'osséine impure, ayant conservé la forme de l'os ; par l'ébullition avec l'eau, l'osséine donne de la gélatine. Outre l'osséine, on rencontre dans les os de petites quantités de matières albuminoïdes proprement dites et de nucléine provenant des cellules osseuses, un peu d'élastine provenant des fibres de Sharpey et des membranes qui tapissent les canaux de Havers, les lacunes et les canalicules osseux. Enfin le tissu osseux, surtout le tissu spongieux, contient un peu de graisse.

C. Sels minéraux. — Les sels minéraux du tissu osseux sont surtout constitués par du phosphate tricalcique (84 p. 100 environ) et par du carbonate de calcium (13 p. 100 environ). Le reste (3 p. 100) est formé par du phosphate de magnésium, du chlorure et du fluorure de calcium, des traces de sulfates et de chlorures divers. Les quantités de phosphate et de carbonate de calcium des os sont sensiblement dans le rapport de 1 molécule de carbonate pour 3 molécules de phosphate.

Les matières minérales sont si intimement mélangées avec la matière organique dans les lamelles osseuses, qu'il est impossible au microscope d'y apercevoir le moindre dépôt minéral, pour si fort que soit le grossissement.

Parmi les nombreuses analyses d'os, nous choisissons les suivantes dues à von Bibra ; les nombres sont rapportés à 100 parties de substance sèche :

	Fémur.	
	Substance compacte.	Substance spongieuse.
Substances organiques......	31,47	35,82
Substances minérales.......	68,53	64,18

Les substances minérales sont composées de :

Phosphate de calcium..... / Fluorure de calcium......	58,23	52,82
Carbonate de calcium.....	8,35	9,37
Phosphate de magnésium.	1,03	1,00
Chlorure de sodium, etc..	0,92	0,99
	68,53	64,18

Les matières minérales de l'os sont soumises à un mouvement continuel d'assimilation et de désassimilation. Pendant l'inanition, le squelette s'appauvrit en matières minérales, les pertes dues à la désassimilation n'étant plus compensées par l'alimentation.

Roussin a montré que l'arséniate de calcium, administré pendant quelque temps à des animaux, se dépose dans le squelette où, d'après lui, il se substituerait à du phosphate de calcium, par suite de l'isomorphisme de ces deux sels. M. G. Pouchet a établi pour les animaux et pour l'homme que le dépôt arsenical se localise surtout dans le tissu spongieux, où on peut retrouver de l'arsenic alors qu'il a disparu du reste de l'économie. — La magnésie et la strontiane peuvent également se substituer en partie à la chaux dans le squelette.

418. Tissu osseux à l'état pathologique. — A. RACHITISME. — Le rachitisme est une maladie générale de l'enfance, caractérisée par un vice et un retard de l'ossification (1). Dans le rachitisme, les os contiennent plus d'eau et plus de matières organiques azotées qu'à l'état normal ; mais parfois ils ne donnent pas de gélatine par l'ébullition avec l'eau. La proportion de graisse est aussi sensiblement plus élevée. Par contre, les matières minérales sont diminuées.

Le défaut de minéralisation n'est dû ni à l'insuffisance des matières minérales dans l'alimentation, ni à un défaut de l'absorption des sels de calcium au niveau de l'intestin, mais à un vice dans l'assimilation de ces substances par le tissu osseux. L'efficacité de l'administration des sels solubles de calcium dans le rachitisme paraît donc douteuse *a priori*. Pour expliquer le défaut de minéralisation, certains auteurs admettent que de l'acide lactique formé dans l'instestin est transporté par le sang jusqu'aux os, où il empêcherait le dépôt des matières minérales, à cause de l'action dissolvante qu'il exerce sur elles. Cette hypothèse doit être rejetée, car le sang qui est toujours alcalin, ne peut servir au transport dans l'économie d'un acide libre.

B. OSTÉOMALACIE. — L'ostéomalacie est, contrairement au rachitisme, une maladie des adultes et surtout des femmes. Elle atteint les os complètement développés qu'elle rend mous et extrêmement fragiles par suite des changements qu'elle fait subir à leur composition. Ces changements sont les suivants :

Les matières minérales sont en partie résorbées. — Les matières organiques azotées augmentent, mais l'osséine diminue, au point de disparaître parfois ; l'os est envahi par une sorte de tissu muqueux. — Les graisses augmentent considérablement ; leur proportion peut s'élever jusqu'à 30 p. 100 du poids de l'os.

Les os présentent, dans certains cas d'ostéomalacie, une réaction acide due, d'après C. Schmidt, à de l'acide lactique; d'après certains auteurs, l'urine des ostéomalaciques contiendrait également de l'acide lactique. Ces faits tendraient à faire considérer l'ostéomalacie comme le résultat d'une dissolution de la matière minérale osseuse par l'acide lactique; mais ils ont été contestés. M. Lévy a montré d'ailleurs récemment que dans l'ostéomalacie le rapport normal entre le phosphate et le carbonate de calcium des os est conservé, tandis que si l'on traite *in vitro* un os sain par de l'acide lactique étendu, il perd plus de carbonate de calcium que de phosphate.

C. Carie et nécrose. — Dans la carie, les éléments minéraux diminuent peu à peu, tandis que la graisse augmente et que l'osséine s'altère. — Dans la nécrose, la matière organique s'altère et se résorbe peu à peu.

D. Cal. Exostoses. — Les fragments d'un os fracturé se réunissent par un tissu de nouvelle formation qui porte le nom de *cal*; ce tissu, d'abord fibro-cellulaire, devient fibro-cartilagineux, puis osseux. L'ossification du cal est longue à se produire, aussi y trouve-t-on généralement plus de matières organiques et plus de sels solubles que dans l'os.

Les *exostoses*, productions anormales et circonscrites de tissu osseux, saillantes à la surface de l'os, sont généralement plus pauvres en phosphate de calcium et plus riches en carbonate que le tissu osseux normal.

419. Dents. — Les dents sont formées de trois parties :

1° *L'ivoire* ou *dentine*, qui forme le corps de la dent et qui est traversé de fins canalicules, dirigés de l'axe à la périphérie. La dentine a la même composition chimique qualitative que l'os. Elle contient relativement peu d'eau (10 p. 100) et peu d'osséine (20 à 30 p. 100); l'élastine qu'on y trouve provient du revêtement des canalicules dentaires. Les matières minérales (70 à 80 p. 100) ont sensiblement la même composition centésimale que celles des os.

2° *L'émail*, qui revêt la surface externe de la partie non enchassée de la dent, est une substance très dure, formée de *fibres prismatiques* incrustées par des matières minérales, de même nature que celles du squelette. L'émail ne donne pas de gélatine par la coction; la proportion d'eau qu'il renferme est de 2 à 5 p. 100 seulement chez l'adulte, et de 16 à 23 p. 100 chez l'enfant.

3° *Le cément*, qui recouvre la partie enchâssée du corps de la dent, est constitué par du tissu osseux ordinaire.

TISSU MUSCULAIRE

420. Division. — Il existe deux sortes de muscles qui se distinguent par leurs propriétés physiologiques et par leur constitution histologique :

1° Les muscles de la vie animale, à contraction rapide et soumise à l'action de la volonté (1), constitués par des fibres striés, d'où leur nom de *muscles striés*.

2° Les muscles de la vie organique, à contraction lente et non soumise à l'action de la volonté, formés de fibres lisses, d'où leur nom de *muscles lisses*.

TISSU MUSCULAIRE STRIÉ

421. Structure. — Les muscles striés sont formés de faisceaux de *fibres musculaires* réunis entre eux par du tissu conjonctif, dans lequel cheminent des vaisseaux et des nerfs. La fibre musculaire, d'une longueur moyenne de 4 centimètres et d'un diamètre de 12 à 20 μ (2), se compose d'une membrane élastique, hyaline et peu visible, le *sarcolemme* (fig. 59), contenant la substance contractile et plusieurs noyaux accolés au sarcolemme.

La substance contractile de la fibre est formée de *fibrilles* de 1 μ d'épaisseur, disposées parallèlement dans le sens de la longueur; chaque fibrille est elle-même formée de segments alternativement clairs et foncés, situés au même niveau dans toutes les fibrilles. Aussi la fibre musculaire présente-t-elle une double striation, longitudinale et transversale.

Sous l'influence de l'acide chlorhydrique, de l'acide acétique, du carbonate de potassium, du suc gastrique, etc., la fibre musculaire se divise transversalement en tranches (*disques de Bowmann*), par suite de la dissolution des segments clairs des fibrilles.

Au contraire, sous l'influence de l'eau bouillante, par l'action

(1) Le cœur fait exception ; ce muscle, dont les contractions échappent à l'action de la volonté, est un muscle strié. Il est vrai que les fibres striées du cœur présentent certaines particularités ; elles sont courtes, anastomosées entre elles et dépourvues de sarcolemme (Cf. 421).

(2) On désigne par la lettre μ le millième de millimètre.

des acides azotique, picrique ou chromique, la fibre musculaire se dissocie dans le sens de sa longueur en fibrilles.

Les fibrilles musculaires, examinées à un grossissement suffisant, apparaissent comme formées de disques obscurs alternati-

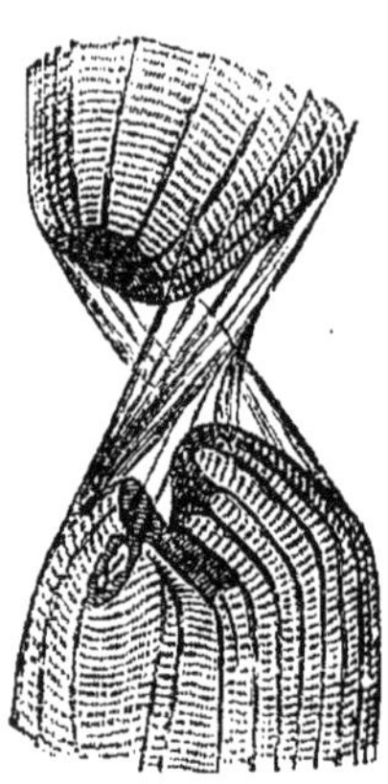

Fig. 59. — Sarcolemme rendu visible par la rupture de la substance contractile.

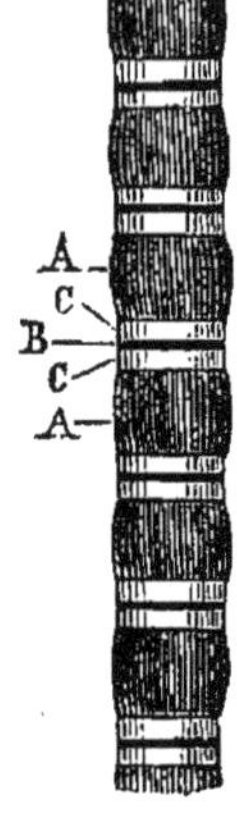

Fig. 60. — Fibrille musculaire striée d'insecte. Grossiss. 1000.

vement minces et épais, séparés par des disques de substance claire (fig. 60).

Les disques épais (fig. 60, A) sont biréfringents (1); sous l'influence des acides faibles, ils se gonflent et perdent leur contour. Le picro-carmin les colore en rose ou en rouge.

Les disques minces (B) sont aussi biréfringents ; ils résistent à l'action des acides faibles et se colorent en jaune par le picro-carmin.

La substance claire (C) est monoréfringente ; elle ne se colore pas par le picro-carmin.

D'après M. Ranvier, les disques épais sont contractiles; les disques minces, et surtout les disques de substance claire, sont simplement élastiques.

422. Composition chimique du muscle strié. — Les muscles striés, examinés dans leur ensemble et à l'état frais, forment des masses plus ou moins rouges, d'une densité de 1,055 environ. La composition chimique du muscle est très

(1) Les disques épais présentent quelquefois en leur milieu une bande claire, appelée *strie de Hensen*.

complexe ; le tableau suivant représente d'une manière simplifiée la composition des muscles des mammifères (1).

100 parties de muscle frais contiennent :

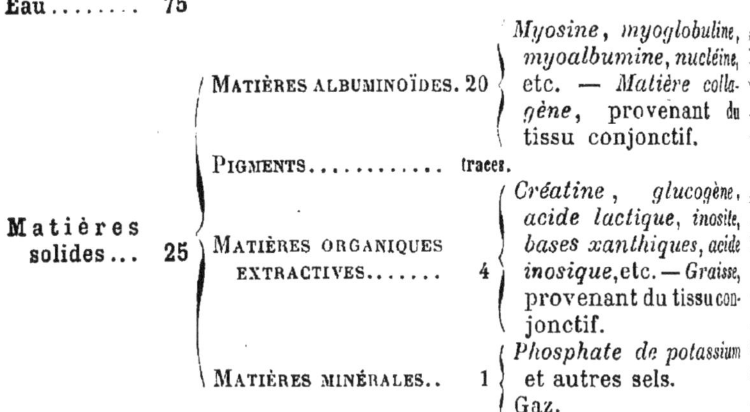

Eau	**75**			
Matières solides...	**25**	MATIÈRES ALBUMINOÏDES.	20	*Myosine*, *myoglobuline*, *myoalbumine*, *nucléine*, etc. — *Matière collagène*, provenant du tissu conjonctif.
		PIGMENTS............	traces.	
		MATIÈRES ORGANIQUES EXTRACTIVES.......	4	*Créatine*, *glucogène*, *acide lactique*, *inosite*, *bases xanthiques*, *acide inosique*, etc. — *Graisse*, provenant du tissu conjonctif.
		MATIÈRES MINÉRALES..	1	*Phosphate de potassium* et autres sels. Gaz.

La quantité d'eau varie dans les muscles des divers mammifères de 72 à 78 p. 100 et chez l'homme de 72 à 74,5 ; elle est plus élevée chez les jeunes animaux que chez les adultes.

A. MATIÈRES ALBUMINOÏDES ; PLASMA MUSCULAIRE. — La substance musculaire proprement dite est difficile à étudier au point de vue chimique, car elle subit rapidement après la mort une coagulation spontanée, cause de la rigidité cadavérique.

En refroidissant les muscles à — 10°, pour retarder la coagulation, et en les soumettant à une forte expression, Kühne a extrait des muscles d'animaux à sang froid, un liquide épais, légèrement alcalin, auquel il a donné le nom de *plasma musculaire* (2). Ce liquide contient presque toutes les substances albuminoïdes du muscle ; on peut admettre qu'elles n'ont pas subi de modifications, car les muscles, refroidis à — 10°, sont

(1) Les muscles des oiseaux et des poissons sont analogues comme composition qualitative à ceux des mammifères ; ils présentent quelques différences au point de vue quantitatif. Nous y reviendrons à propos des aliments.

(2) On tue des grenouilles par hémorragie et on fait circuler par l'aorte dans leurs vaisseaux une solution étendue et froide de chlorure de sodium à 2 p. 100, de manière à débarrasser les muscles de sang. On détache les muscles à l'aide de ciseaux refroidis et on les coupe en petits morceaux. On congèle ensuite la masse musculaire à -10° et on la broie dans un mortier refroidi à cette température. On la soumet ensuite à l'action d'une forte presse, à quelques degrés au-dessus de 0 ; le liquide épais qui s'écoule, est reçu sur des filtres préalablement mouillés avec la solution de chlorure de sodium. Le liquide filtré constitue le plasma musculaire.

encore excitables et contractiles quand on les ramène à la température ordinaire. Abandonné à la température ordinaire, le plasma musculaire ne tarde pas à se coaguler, avec production d'acide lactique. Il se forme un *caillot* légèrement rétractile, nageant dans un liquide, le *sérum musculaire*. M. Halliburton est parvenu récemment à extraire le plasma musculaire des muscles des mammifères en refroidissant les muscles et en les broyant avec une solution de sulfate de magnésium à 5 p. 100. Il a obtenu ainsi du plasma musculaire *salé* qui, ramené à la température ordinaire et additionné d'eau, donne, comme le plasma musculaire de Kühne, un caillot et un sérum.

a) *Le caillot* est essentiellement constitué par une globuline, la *myosine* (**322**). Rappelons que cette substance, insoluble dans l'eau, se dissout dans les solutions étendues de chlorure de sodium, de chlorure d'ammonium, etc., et que ces solutions se coagulent à 56°. — A côté de la myosine, on trouve dans le caillot, d'après M. Halliburton, de très petites quantités d'une autre globuline, le *paramyosinogène*, dont les solutions dans les sels neutres se coagulent à 47°.

b) Le *sérum musculaire* contient trois matières albuminoïdes : 1° la *myoglobuline*, analogue à la globuline du sérum sanguin, mais coagulable à 63° au lieu de 75° ; 2° la *myoalbumine*, identique à l'albumine du sérum sanguin, coagulable à 73° ; 3° la *myoalbumose*, incoagulable par la chaleur. — Le sérum musculaire contient en outre des sels, des matières extractives, de l'acide lactique.

La coagulation du plasma musculaire présente certaines analogies avec celle du plasma sanguin ; d'après M. Halliburton, le plasma musculaire contiendrait une substance albuminoïde le *myosinogène*, qui se transformerait en myosine sous l'influence d'un ferment soluble, le *myosine-ferment ;* mais de nouvelles recherches sont nécessaires pour confirmer cette manière de voir.

Les diverses substances albuminoïdes qui se trouvent dans le caillot et dans le sérum peuvent être extraites directement des muscles en les traitant par des solutions salines appropriées. Le résidu contient encore une substance albuminoïde insoluble dans tous les dissolvants neutres, soluble dans les alcalis étendus qui la transforment en alcali-albumine. Cette substance constitue probablement le stroma qui, dans la fibrille musculaire, est imprégné de plasma musculaire. — Les muscles contiennent encore de petites quantités de nucléine qui proviennent très probablement des noyaux accolés au sarcolemme.

On a aussi signalé dans les muscles la présence de traces de pepsine (Brücke), de diastase saccharifiante (Nasse, Piotrowski) et d'invertine (Tebb).

B. Pigments des muscles. — Les muscles doivent leur coloration en partie au sang contenu dans leurs vaisseaux, en partie aux pigments contenus dans le tissu musculaire lui-même. En effet, on peut encore déceler la présence d'hémoglobine dans un muscle débarrassé de sang par des lavages intravasculaires. D'autre part, M. Mac Munn a démontré par le spectroscope la présence dans les muscles d'un pigment spécial, la *myohématine*, qui possède quatre bandes d'absorption (Planche II, spectre 14). Ce pigment, qui est relativement abondant dans le muscle cardiaque du pigeon, se trouve non seulement dans les muscles des vertébrés mais aussi dans les muscles d'un grand nombre d'animaux dont le sang ne contient pas d'hémoglobine; ses propriétés sont encore mal connues.

C. Matières extractives organiques. — 1. *Substances azotées.* — Ces substances sont : la créatine (**266**), la xanthine et des corps de la série xanthique (**258**), la taurine (**195**), l'acide inosique, l'urée, etc. A part la créatine, dont on trouve 2 à 3 p. 1.000 dans les muscles frais, toutes les autres substances azotées ne se rencontrent qu'en quantité excessivement faible (quelques décigrammes par kilo de muscle). La taurine existe surtout dans la viande de cheval; l'urée se rencontre surtout à l'état pathologique (urémie, choléra).

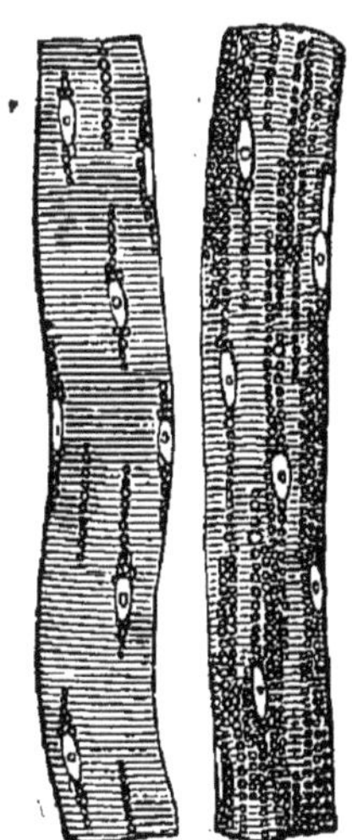

Fig. 61. — Dégénérescence graisseuse des fibres musculaires striées. Gross. 300 (Rindfleisch).

2. *Substances non azotées.* — Ces substances sont : le glucogène (**108**) (4 à 5 p. 1.000 en moyenne), qui diminue par le travail des muscles, et qui disparait peu à peu après la mort; la dextrine (**106**) (dans la viande de cheval); le glucose (**75**), en très petite quantité; l'inosite (**86**) et l'alcool (**61**) à l'état de traces; l'acide lactique (**141**), qui apparaît pendant l'activité musculaire et après la mort. Les premières portions d'acide lactique qui prennent naissance, agissent sur le phosphate dipotassique PhO^4HK^2 des muscles, d'où la formation de lactate de potassium et de phosphate monopotassique PhO^4H^2K. — Enfin les

muscles renferment de la graisse qui, dans les muscles sains, paraît provenir exclusivement du tissu conjonctif interposé entre les faisceaux de fibres musculaires; sa proportion est très variable. A l'état pathologique, dans la dégénérescence graisseuse des muscles, la graisse envahit la substance musculaire elle-même et apparaît sous forme de gouttelettes à l'intérieur du sarcolemme; la striation de la fibre devient confuse et finit par disparaître (fig. 61).

D. Substances minérales. — 1. *Sels.* — La quantité de sels du muscle oscille entre 10 et 15 p. 1.000. Le phosphate de potassium y prédomine (6 à 10 p. 1.000); à côté de lui se trouvent, en petites quantités, des phosphates de calcium et de magnésium, du chlorure et du sulfate de potassium, du chlorure de sodium. Les analyses suivantes, effectuées par M. Bunge sur la viande de bœuf, sont rapportées à 1.000 parties de muscles frais (1).

	I	II
Potasse	4,654	4,160
Soude	0,770	0,811
Chaux	0,086	0,072
Magnésie	0,412	0,381
Anhydride phosphorique	4,674	4,580
Anhydride sulfurique	0,672	0,709
Chlore	»	0,010

2. *Gaz.* — Les muscles, isolés de l'organisme, dégagent dans le vide une petite quantité de gaz (10cc à 15cc p. 100 grammes de muscle). Ces gaz sont surtout constitués par de l'anhydride carbonique; ils contiennent un peu d'azote et seulement des traces d'oxygène.

Les muscles exposés à l'air, à la température ordinaire, absorbent pendant quelque temps de l'oxygène et dégagent de l'anhydride carbonique. Dans l'économie, des échanges gazeux analogues s'effectuent avec le sang qui traverse les muscles; à l'état de repos, les muscles absorbent plus d'oxygène qu'ils n'en dégagent sous forme d'anhydride carbonique.

423. Rigidité cadavérique. — Les muscles, qui sont alcalins, élastiques et excitables par l'électricité pendant la vie, deviennent acides, rigides et inexcitables peu de temps après la mort. La rigidité cadavérique apparaît chez l'homme de 10 minutes à 7 heures après la mort et disparaît de 1 à 6 jours

(1) Les muscles avaient été débarrassés aussi soigneusement que possible du tissu conjonctif, des vaisseaux et des nerfs.

après son apparition ; elle dure d'autant plus longtemps qu'elle a apparu plus tard. Le surmenage musculaire, l'absorption de quinine, de digitaline, d'acide prussique, d'éther, de chloroforme, etc., hâtent son apparition ; le froid la retarde.

La rigidité cadavérique est due à la coagulation de la substance musculaire (**422**. A. *a*) à l'intérieur du sarcolemme ; mais la cause de cette coagulation est inconnue. On ne peut l'attribuer à la formation préalable d'acide lactique et à l'action ultérieure de cet acide sur la substance musculaire. En effet, pendant un travail musculaire considérable, les muscles deviennent acides sans jamais devenir rigides ; d'ailleurs dans la coagulation spontanée du plasma musculaire retiré du muscle, on observe parfois que l'acidité ne se manifeste qu'après la coagulation.

Les causes de la disparition de la rigidité cadavérique ne sont pas mieux connues que celles de son apparition. On admet généralement que la rigidité disparaît dès que la putréfaction commence ; mais il est des cas où elle persiste quand la putréfaction a commencé, d'autres où elle disparaît avant que la putréfaction s'établisse. D'après Mme Catherine Schipiloff, l'acide lactique en s'accumulant dans les muscles, finirait par dissoudre le coagulum de myosine. Enfin, d'après M. Halliburton, il se pourrait que les traces de pepsine contenues dans le muscle interviennent dans la dissolution du coagulum.

424. Contraction musculaire. — A. Phénomènes physiques. — Pendant la contraction, le muscle change de forme et de consistance, et s'échauffe de quelques dixièmes de degré (Becquerel et Breschet). Cette élévation de température, qu'on peut observer directement sur les muscles superficiels à l'aide d'un thermomètre très sensible, est due d'une part à la suractivité des phénomènes chimiques dont le muscle est le siège, d'autre part à l'accélération de la vitesse du sang, dont la température est supérieure à celle des muscles superficiels. D'après M. Chauveau, la série des transformations d'énergie qui se produisent dans le muscle et qui aboutissent à la production d'un travail extérieur statique (maintien d'un poids à une certaine hauteur) ou dynamique (soulèvement d'un poids), est le suivant : l'énergie qui résulte de la suractivité des combustions, se transforme en une énergie spéciale, le *travail physiologique*, qui consiste en une production de force élastique du muscle. C'est cette force élastique qui se transforme directement en travail extérieur et dont l'excès par rapport à ce travail apparait sous forme de chaleur. D'après cette conception, la chaleur n'est donc plus, comme dans la théorie qui avait cours jusqu'aux travaux de M. Chauveau, un terme intermédiaire entre l'énergie chimique et le travail extérieur, mais le résidu de l'énergie chimique non employée à la production de travail extérieur.

Quant au *rendement* du muscle considéré comme un appareil moteur, c'est-à-dire, quant au rapport entre le travail dynamique produit T et le travail physiologique E, il dépend des conditions dans lesquelles le muscle fonctionne. M. Chauveau a montré en effet par ses expériences que, pour un même travail dynamique extérieur, le travail physiologique est proportionnel à la durée et au degré du raccourcissement musculaire; le rendement $\frac{T}{E}$ sera donc inversement proportionnel à ces quantités. Ces considérations expliquent la divergence des résultats obtenus, dans la détermination de ce rapport, par les savants les plus autorisés. M. A. Gautier a trouvé $\frac{1}{3}$, Hirn $\frac{1}{4}$, Helmholtz $\frac{1}{5}$; MM. Fick et Harteneck sont arrivés à des fractions comprises entre $\frac{1}{3,75}$ et $\frac{1}{25}$.

B. Phénomènes chimiques. — Les phénomènes chimiques qui s'effectuent dans le muscle pendant la contraction ne sont que l'exagération de ceux qui s'y produisent pendant le repos. Ils déterminent des modifications dans la composition du muscle et dans celle du sang qui le traverse; ces modifications retentissent sur l'excrétion urinaire et surtout sur les échanges respiratoires pulmonaires.

a) L'analyse comparative des muscles après le repos et des muscles après la tétanisation (1) a donné les résultats suivants :

1. La réaction du muscle, légèrement alcaline ou neutre au tournesol à l'état de repos, devient légèrement acide pendant la tétanisation, par suite de la formation d'une quantité plus abondante d'acide lactique. La quantité d'acide lactique libre qu'on trouve dans le muscle est d'autant plus grande que la tétanisation a été plus énergique et que les muscles sont plus rapidement contractiles; elle est aussi plus abondante quand on interrompt la circulation sanguine dans les muscles,

(1) Une seule excitation portée sur le muscle détermine une contraction de peu de durée ou secousse musculaire. La contraction musculaire physiologique ou *tétanos physiologique* est le résultat de secousses musculaires se succédant si rapidement qu'elles se fusionnent par suite de l'élasticité du muscle. La tétanisation artificielle des muscles s'obtient en excitant leurs nerfs moteurs par l'action des courants électriques fréquemment interrompus que fournissent les appareils d'induction.

la neutralisation continuelle d'une partie de l'acide lactique par les substances alcalines du sang n'ayant plus lieu.

2. Le glucogène diminue et peut même disparaître complètement par un travail soutenu. Ce fait important, annoncé par Claude Bernard en 1859, a été contrôlé depuis par un grand nombre de savants.

3. La quantité de graisse diminue dans les muscles tétanisés (Danilewski, Ranke).

4. Quant aux matières albuminoïdes, il est bien difficile d'observer directement leurs variations dans les muscles par le fait de la tétanisation. Divers auteurs, Ranke, Navrocki, etc., prétendent cependant avoir observé que l'albumine diminue; à cette diminution correspondrait une augmentation des matières extractives azotées, notamment de la créatine. On observe en effet que la créatinine augmente dans l'urine par le travail musculaire. (P. Grocco, J. Moitessier.)

5. D'après Sarokow, la créatine se transforme en créatinine dans le muscle tétanisé. Ce fait, contesté par divers auteurs, a été vérifié récemment par M. Monari. Cette transformation peut s'expliquer par l'action de l'acide formé dans le muscle tétanisé sur la créatine (**268**. B. *c*).

6. Il se forme pendant la contraction musculaire des substances réductrices et toxiques, dont la nature est jusqu'ici inconnue; les nitrates en solution injectés dans les vaisseaux d'un muscle qui se contracte sont transformés en nitrites et l'indigo bleu en indigo blanc (Grützner, Gscheidlen).

7. Enfin, les muscles tétanisés contiendraient plus d'eau et donneraient à l'incinération un résidu un peu plus abondant. D'après MM. Weyl et Zeitler, il se formerait, pendant la contraction, de l'acide phosphorique aux dépens des nucléines et des lécithines.

b) *L'analyse comparative du sang artériel et du sang veineux des muscles pendant le repos et pendant la contraction* a donné les résultats suivants :

1. La perte de glucose que subit un volume déterminé de sang en traversant le muscle est un peu plus forte pendant la contraction. Si l'on tient compte de l'augmentation considérable de l'afflux sanguin (**424**), on trouve que, dans un temps donné, le muscle qui se contracte emprunte au sang une quantité de glucose bien plus forte qu'à l'état de repos.

2. Le sang qui traverse le muscle perd plus d'oxygène pendant la contraction que pendant le repos et s'enrichit davantage

en anhydride carbonique. Dans des expériences sur le muscle releveur de la lèvre du cheval, dont ils provoquaient la contraction en faisant manger les animaux, MM. Chauveau et Kaufmann ont trouvé, en tenant compte de l'augmentation de l'irrigation sanguine presque quintuplée pendant la contraction, que ce muscle consomme dans le même temps 20 fois plus d'oxygène pendant le travail que pendant le repos et dégage environ 100 fois plus d'anhydride carbonique. A l'état de repos, le volume d'oxygène absorbé par le muscle est supérieur au volume d'anhydride carbonique dégagé. Comme l'anhydride carbonique renferme son volume d'oxygène, il s'en suit, que pendant le repos, le muscle emprunte au sang qui le traverse plus d'oxygène qu'il ne lui en rend à l'état d'anhydride carbonique. Pendant la contraction, c'est l'inverse qui a lieu; le muscle dégage sous forme d'anhydride carbonique plus d'oxygène qu'il n'en absorbe. Les choses se passent donc comme si, à l'état de repos, de l'oxygène s'accumulait dans le muscle pour se transformer en anhydride carbonique pendant la contraction. — Nous verrons, à propos de la respiration, l'influence de ces variations sur les échanges pulmonaires.

425. Sources de l'énergie musculaire. — *a*) On avait admis pendant longtemps, avec Liebig, que le muscle tirait uniquement son énergie de la combustion des matières albuminoïdes, empruntées soit à sa substance propre, soit au sang qui le traverse.

Cette théorie a été renversée en 1865 par une expérience restée célèbre de Fick et Wislicenus. Ces savants firent en Suisse une ascension de 1950 mètres, et déterminèrent d'une part la quantité d'azote éliminée par les urines de chacun d'eux pendant la journée de l'ascension; cette quantité d'azote leur permit de calculer la quantité des matières albuminoïdes brûlées dans leur organisme, le nombre de calories dégagées par leur combustion, et par suite le nombre de kilogrammètres que ces calories représentent. Ils calculèrent d'autre part le travail que chacun d'eux avait effectué; pour cela, ils multiplièrent leur poids par la hauteur gravie et ajoutèrent un certain nombre de kilogrammètres pour tenir compte du travail du cœur et des muscles respiratoires. Le travail effectué par chacun d'eux fut trouvé bien supérieur au travail représenté par la combustion des matières albuminoïdes. Par conséquent, le travail musculaire est produit, au moins en partie, par la combustion des substances non azotées.

Cette expérience est d'autant plus probante que le travai

réellement effectué est plus considérable que ne l'ont calculé Fick et Wislicenus ; il doit être augmenté du travail qu'on effectue pendant la marche, même sur un terrain plat. En outre, une fraction seulement de l'énergie mise en liberté par les combustions dans l'organisme se convertit en travail mécanique (**424**).

Depuis cette expérience, des recherches précises sur l'homme et les animaux ont démontré que la combustion des matières albuminoïdes dans l'organisme n'intervient pas d'une façon sensible dans la production du travail musculaire chez les sujets recevant une bonne nourriture mixte. En effet, l'azote éliminé par l'urine en 24 heures n'augmente pas pendant les jours de travail musculaire ou subit une augmentation insignifiante; l'augmentation ne devient réellement importante que lorsque des animaux à jeun ou mal nourris sont soumis à un travail excessif. M. Chauveau a montré récemment que chez les animaux inanitiés, la combustion des principes albuminoïdes des tissus ne participe pas *directement* et *immédiatement* à la dépense d'énergie suscitée par la production du travail musculaire, car l'excrétion de l'azote par l'urine n'est pas accélérée pendant le travail musculaire ou immédiatement après. Les substances albuminoïdes de l'alimentation ne participent pas *directement* non plus, d'après ce savant, à la production du travail, alors même qu'elles constituent toute l'alimentation. En effet, les transformations des substances albuminoïdes, qu'on peut suivre heure par heure par l'excrétion de l'azote urinaire, s'effectuent exactement de la même manière, qu'il y ait, ou non, travail musculaire pendant la digestion. En somme, le muscle tire directement son énergie des substances non azotées, que ces substances aient éte ingérées en nature ou qu'elles se soient formées aux dépens des albuminoïdes, antérieurement à la période de travail.

b) Parmi les substances non azotées (hydrates de carbone et graisses), quelles sont celles qui alimentent la contraction musculaire de la façon la plus efficace? On doit placer en première ligne les hydrates de carbone. Nous avons vu en effet que, pendant la contraction musculaire, le muscle s'appauvrit considérablement en glucogène (**424.** B. *a*. 2) et qu'il emprunte au sang plus de glucose et plus d'oxygène (**424.** B. *b*). Par leurs expériences sur le muscle masséter du cheval, MM. Chauveau et Kaufmann ont montré que la combustion complète du glucose qui disparait dans ce muscle pendant le travail, nécessite à elle seule les deux tiers de l'oxygène consommé. On peut considérer que le reste de l'oxygène est utilisé à brûler le glucogène, les petites quantités de matières albuminoïdes dont on retrouve l'azote dans l'urine et enfin une certaine quantité de corps gras. Les corps gras en effet peuvent servir à alimenter les combustions qui s'effectuent dans les muscles en contraction, surtout pendant un travail soutenu, alors que les provisions de glucogène de l'organisme se trouvent épuisées. L'amaigrissement des animaux surmenés en est une preuve. Nous avons vu d'ailleurs que l'analyse révèle dans les muscles tétanisés une diminution de la graisse.

En résumé, on peut envisager le muscle comme un appareil moteur, fait de substances albuminoïdes, qui, dans les conditions ordinaires, consomme des matières non azotées et de préférence des hydrates de carbone (1). C'est seulement lorsque les matériaux non azotés viennent à lui manquer, que le muscle s'adresse *indirectement* aux matières albuminoïdes.

426. Fatigue musculaire. — La fatigue musculaire se révèle expérimentalement, chez les animaux ou sur les muscles isolés, par la diminution ou même la perte de l'aptitude des muscles à se contracter sous l'influence d'agents extérieurs, tels que l'électricité. Nous avons vu que le muscle qui travaille se charge d'acide lactique, d'anhydride carbonique, de phosphate monopotassique et de matières extractives azotées. On admet que la fatigue musculaire est due à l'accumulation de ces substances dans le muscle et même dans le sang, autrement dit, qu'elle est le résultat d'une sorte d'autointoxication.

Ranke a montré en effet que l'on peut artificiellement produire la fatigue dans un muscle détaché de l'animal, en injectant dans les vaisseaux de ce muscle une solution étendue d'acide lactique, de phosphate monopotassique, ou mieux encore, l'extrait aqueux d'un muscle déjà fatigué.

M. A. Mosso a observé plus récemment qu'on détermine la fatigue chez un chien, en injectant dans les vaisseaux le sang d'un autre chien fatigué par une longue tétanisation. D'après ce physiologiste, le principe toxique qui se forme pendant le travail musculaire et qui détermine la fatigue, serait de nature alcaloïdique et agirait à très faible dose.

Inversement, en faisant passer dans un muscle épuisé par la tétanisation une solution de chlorure de sodium à 1 p. 100,

(1) La destruction minime des matières albuminoïdes pendant le travail du muscle peut être comparée à l'usure d'un appareil où s'effectuent des combustions.

le muscle est débarrassé des substances accumulées par les contractions antérieures et recouvre son excitabilité.

TISSU MUSCULAIRE LISSE

427. Structure. — Le tissu musculaire lisse est constitué par des cellules fusiformes plus ou moins allongées (*fibres-cellules*), dépourvues de membrane d'enveloppe, et présentant vers leur milieu un noyau en bâtonnet, orienté dans le sens de la longueur des fibres. Le noyau devient plus apparent par l'action de l'acide acétique sur les fibres musculaires (fig. 62); il est entouré d'une petite quantité de protoplasma. La substance contractile qui occupe presque toute la cellule est formée de minces cylindres, qui vont d'un bout à l'autre de la cellule et qui lui donnent un aspect vaguement strié dans le sens de la longueur.

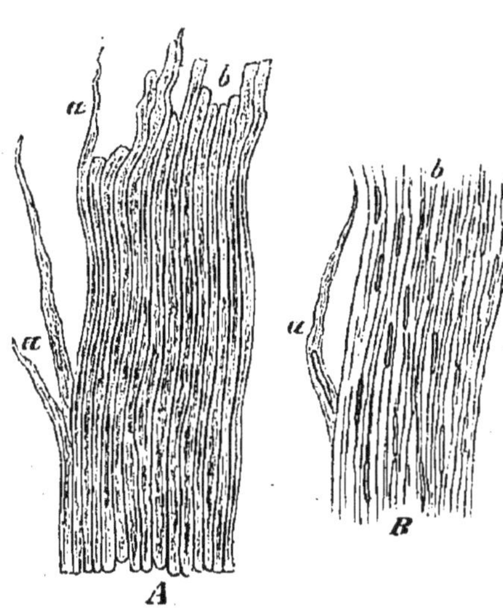

Fig. 62. — Fibres musculaires lisses. A, fibres lisses de la vessie, *a*, fibres isolées; *b*, fibres réunies. — B, les mêmes traitées par l'acide acétique.

428. Composition. — On a pu extraire des muscles lisses une globuline présentant avec la myosine les plus grandes analogies, de la créatine, de l'hypoxanthine, du glucogène, des lactates et des acides gras volatils. La composition de ces muscles est donc analogue à celles des muscles striés.

Leur réaction est alcaline, même pendant leur contraction et après la mort.

On peut observer sur certains muscles lisses (ceux de l'estomac, de l'intestin, de l'utérus, de la peau), le phénomène de la rigidité cadavérique.

Les phénomènes chimiques dont les muscles lisses sont le siège pendant leur contraction sont analogues à ceux qu'on observe dans les muscles striés, mais d'une intensité moindre; ils n'ont pas été l'objet de recherches précises.

TISSU NERVEUX

429. Structure. — Les éléments essentiels du système nerveux sont d'une part les *cellules nerveuses*, qu'on trouve dans les parties grises du cerveau et de la moelle et dans les ganglions nerveux, d'autre part les *fibres nerveuses* qui constituent les parties blanches des centres nerveux et les nerfs périphériques.

A. Cellules nerveuses. — Ces cellules (fig. 63), dépourvues de membrane d'enveloppe, sont formées d'un protoplasma granuleux, contenant un noyau N pourvu d'un seul nucléole très apparent. Les granulations protoplasmiques sont les unes solubles dans l'alcool et l'éther, les autres insolubles et de nature protéique. Les cellules nerveuses présentent des formes très variables; elles sont le plus souvent munies de plusieurs prolongements qui peuvent être de deux sortes : les uns *a* (*prolongements protoplasmiques* ou *dendrites*) se ramifient et sont en rapport avec les ramifications des cellules voisines; d'autres *c*, au nombre de un ou deux au maximum par cellule, sont presque toujours non ramifiés (*prolongements cylindre-axiles*) et se continuent avec les fibres nerveuses dont ils constituent la partie centrale, le *cylindre-axe*.

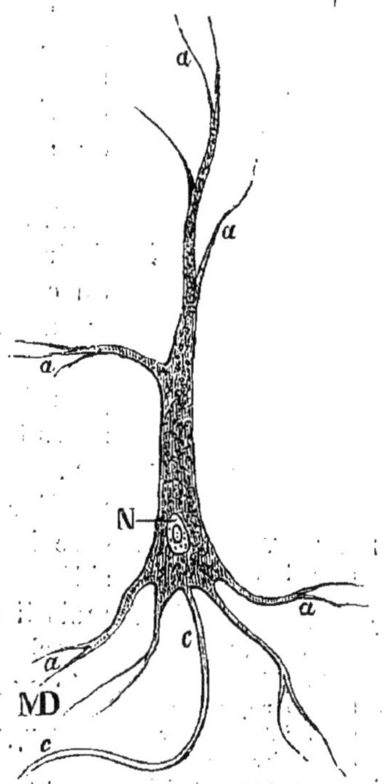

Fig. 63. — Cellule pyramidale de la substance grise corticale.

Les cellules nerveuses sont réunies entre elles dans les centres nerveux par un tissu interstitiel tout à fait spécial, la *névroglie*. Ce tissu est formé de cellules d'où partent des fibres très fines et très longues qui forment des réseaux autour des cellules nerveuses. D'après M. Ranvier, ces fibres se distinguent des fibres conjonctives par leur solubilité dans l'eau froide. D'après certains auteurs, c'est dans la névroglie que se trouverait la *neurokératine*, substance analogue à la kératine des productions cutanées, qui a été retirée des centres nerveux.

B. Fibres nerveuses. — Les fibres nerveuses se composent de trois parties (fig. 64) : une partie centrale, *le cylindre-axe*; une gaîne périphérique, *la gaîne de Schwann*, et une substance intermédiaire, *la myéline*.

1. *Le cylindre-axe* occupe toute la longueur de la fibre dont il constitue la partie essentielle, car la gaîne de Schwann et la myéline peuvent manquer. Il est essentiellement formé d'une matière protéique, soluble dans l'acide chlorhydrique au millième et dans le chlorure de sodium au dixième. L'acide acétique étendu le gonfle ; les alcalis étendus, l'eau bouillante le dissolvent peu à peu. Le cylindre-axe se colore en brun par l'iode et fixe un certain nombre de matières colorantes (carmin, hématoxiline, etc.). Il réduit le chlorure d'or en se colorant en rouge pourpre ; l'azotate d'argent y fait apparaître des stries transversales.

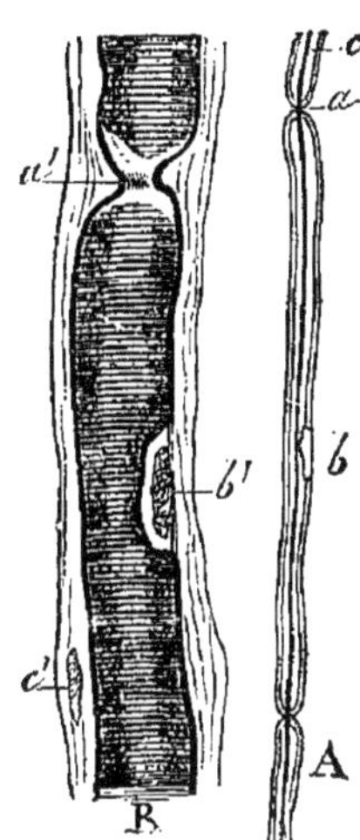

Fig. 64. — Tubes nerveux avec leurs étranglements annulaires.
A, tube nerveux vu à un faible grossissement ; *a*, étranglement annulaire ; *b*, noyau du segment interannulaire ; *c*, cylindre-axe.
B, tube nerveux très grossi et traité par l'acide osmique; *a'*, étranglement annulaire; *b'*, noyau du segment inter-annulaire; *c'*, noyau externe de la gaîne.

2. *La gaîne de Schwann* est formée d'une matière protéique dont la nature est encore inconnue. Quelques auteurs la considèrent comme formée de neurokératine; mais il est à remarquer que la substance blanche des centres nerveux, qui est constituée par des fibres dépourvues de gaîne de Schwann, contient beaucoup plus de neurokératine que les nerfs. D'après Kühne et Ewald, ce n'est pas la gaîne de Schwann, qui est constituée par de la neurokératine (1), mais une autre gaîne spéciale, appliquée sur le cylindre-axe et sur la surface interne de la gaîne de Schwann, dans laquelle se trouve la myéline.

La gaîne de Schwann présente à des distances régulières des étranglements annulaires autour du cylindre-axe, qui fragmentent la myéline. Chaque segment interannulaire de la gaîne de Schwann présente un noyau, quelquefois deux.

3. *La myéline* constitue une masse très réfringente, qui se

(1) La présence de kératine dans le tissu nerveux, effectivement constatée par l'analyse immédiate, constitue une preuve de l'origine embryologique commune (feuillet externe du blastoderme) de la substance nerveuse et des productions cutanées.

gonfle dans l'eau et qui se dissout en grande partie dans l'alcool et l'éther. C'est un mélange de lécithine, de protagon, de cholestérine, de corps gras et de matières albuminoïdes. L'acide osmique la colore en noir, par suite de sa réduction à l'état d'osmium métallique. La myéline, de consistance semi-liquide pendant la vie, durcit après la mort.

Les nerfs sont constitués par des faisceaux de fibres nerveuses, entourés d'une gaîne spéciale, la *gaîne lamelleuse* de Ranvier. Cette gaîne est formée de lamelles dérivées du tissu conjonctif.

430. Composition chimique. — Les différentes portions du système nerveux (parties blanches ou grises des centres nerveux, des ganglions et des nerfs) ont la même composition générale qualitative, mais diffèrent entre elles par leur composition quantitative.

A. Eau. — La proportion d'eau est plus élevée dans la substance grise que dans la substance blanche, dans le cerveau que dans la moelle épinière, dans la moelle que dans les nerfs. Les résultats obtenus par les divers auteurs oscillent autour des chiffres suivants :

		Quantité d'eau pour 100 parties de substance fraîche.
Cerveau	Substance grise.....	83
	— blanche..	70
Cervelet.....................		79
Moelle épinière................		71
Nerfs........................		62

B. Substances solides. — Ces substances comprennent des matières protéiques, des matières insolubles dans l'eau mais solubles dans l'alcool et l'éther, des matières extractives organiques et des sels.

1. *Matières protéiques.* — Les matières protéiques forment environ la moitié des substances solides pour la substance grise, le tiers pour les nerfs et le quart pour la substance blanche du cerveau. Elles sont constituées par des globulines, par des nucléines surtout dans la substance grise, et par de la neurokératine. M. Halliburton a démontré dans le tissu nerveux la présence de 3 globulines respectivement coagulables vers 46°, 56° et 75°. Ces globulines se rencontrent dans d'autres tissus.

2. *Matières solubles dans l'alcool et l'éther.* — Ce sont des lécithines, du protagon, de la cérébrine, de la cholestérine, des graisses. Ces substances, sauf les lécithines, sont beaucoup plus

abondantes dans la substance blanche que dans la substance grise. Les proportions de toutes ces substances sont de 15 à 20 p. 100 dans la substance blanche à l'état frais, et de 5 à 6 p. 100 dans la substance grise; ces proportions paraissent s'abaisser dans le cerveau des aliénés.

3. *Matières extractives.* — Ces substances sont à peu près les mêmes que celles qui se trouvent dans les muscles; ce sont la créatine, la xanthine, l'hypoxanthine, la leucine, l'inosite, des acides gras, de l'acide lactique (1), de l'acide urique et de l'urée. L'ensemble de toutes ces substances ne représente que quelques millièmes de la substance nerveuse fraîche.

4. *Matières minérales.* — La proportion des matières minérales dans la substance nerveuse à l'état frais n'est que de 2 à 10 p. 1000 (2). Le phosphate et le chlorure de potassium y prédominent; on y trouve aussi des carbonates, des sulfates, des traces de fluor, du sodium, du calcium, du fer.

Les analyses suivantes donnent une idée approximative de la composition centésimale de la substance nerveuse.

	CERVEAU		NERF ISCHIATIQUE (3)
	Substance grise (Petrowski).	Substance blanche (Petrowski).	(Joséphine Chevalier).
Eau	81,62	68,25	60,0
Matières protéiques	10,19	7,80	14,7
Lécithines	3,16	3,14	13,0
Cholestérine et graisse	3,44	16,64	4,9
Cérébrine	0,10	3,01	4,5
Kératine et autres matières organiques	1,23	1,07	2,8
Sels	0,26	0,18	—

Voici, d'après les analyses de Geoghegan, la composition des matières minérales dans 1.000 parties de tissu frais:

(1) L'acide lactique qu'on trouve dans le tissu nerveux est de l'acide lactique ordinaire ou de fermentation (**141**) et non de l'acide sarcolactique comme celui qu'on trouve dans le tissu musculaire. Il se forme sans doute après la mort, par suite de l'altération du tissu nerveux.

(2) Pour doser les matières minérales du tissu nerveux, il faut, avant d'incinérer, éliminer la lécithine en épuisant le tissu par l'alcool et l'éther. L'acide phosphorique produit par l'incinération de la lécithine déplacerait en effet les acides des autres sels (carbonates, chlorures) et s'ajouterait à la quantité d'acide phosphorique des phosphates minéraux.

(3) Les nombres mentionnés sont calculés sur ceux donnés par J. Chevalier pour le nerf desséché, en admettant que le nerf contienne une proportion de 60 p. 100 d'eau.

	I	II
PhO^4.........	0,95	2,00
Cl............	0,43	1,32
CO^3..........	0,25	0,55
SO^4..........	0,1	0,13
K............	0,58	1,77
Na...........	0,45	1,11
Ca...........	0,02	0,014
Mg...........	0,068	0,06
$Fe(PhO^4)$.....	0,096	0,098

431. Physiologie. — Le tissu nerveux présente après la mort une réaction acide, due à la formation d'acide lactique. Il est difficile de déterminer la réaction qu'il possède pendant la vie, car ce tissu est très altérable, et le seul fait de le débarrasser du sang et de la lymphe paraît modifier sa réaction propre; c'est sans doute ce qui explique les résultats contradictoires obtenus par les divers auteurs.

Les phénomènes chimiques dont le tissu nerveux est le siège se traduisent par l'absorption d'oxygène et le départ d'anhydride carbonique ; ce sont donc de véritables combustions.

Pendant l'activité cérébrale, ces combustions augmentent d'intensité et déterminent une légère élévation de la température du cerveau. Toute l'énergie réalisée par ces combustions apparaît sous forme de chaleur sensible. En d'autres termes, les actes psychiques, bien que résultant de phénomènes matériels accompagnés de transformation d'énergie, ne consomment aucune partie de cette énergie. C'est ce que M. A. Gautier exprime en disant que « *la pensée n'a pas d'équivalent mécanique ou chimique* ». Les produits de désassimilation de la substance nerveuse sont à peu près inconnus. La quantité d'urée et d'acide phosphorique éliminée par l'urine paraît toutefois augmenter sous l'influence d'un travail cérébral exagéré.

TISSUS ÉPITHÉLIAUX

432. Structure. — Les tissus épithéliaux ou *épithéliums* sont formés par une ou plusieurs couches de cellules soudées entre elles par une substance unissante très peu abondante, se colorant en noir par le nitrate d'argent à 1 p. 100.

Les épithéliums reposent sur des couches de tissu conjonctif vascularisées, mais ne sont pas traversés eux-mêmes par des vaisseaux sanguins. On les range en deux groupes : les *épithéliums de revêtement* et les *épithéliums glandulaires*.

A. Épithéliums de revêtement. — Ces épithéliums se différencient entre eux, au point de vue morphologique, par la forme et le nombre de couches des cellules. Certaines cellules, telles que les cellules épidermiques superficielles sont envahies par la kératine, d'autres, comme celles de l'émail des dents, s'incrustent de sels calcaires ; d'autres enfin contiennent des granulations pigmentaires.

B. Épithéliums glandulaires. — Les cellules épithéliales des glandes ne se distinguent des cellules épithéliales de revêtement que par les processus physiques et chimiques dont elles sont le siège. Elles empruntent au sang qui circule autour de la glande des substances qu'elles déversent dans le canal excréteur de cette glande, soit telles quelles, soit après leur avoir fait subir des transformations plus ou moins profondes. Ainsi, tandis que les produits de sécrétion des glandes lacrymales et sudoripares ne renferment que des substances déjà contenues dans le sang, ceux des glandes digestives, de la glande mammaire, des glandes sébacées, etc., renferment des principes nouveaux, élaborés dans ces glandes. — Dans l'épithélium des glandes qui sécrètent des ferments solubles ou zymases, on peut déceler des granulations de substances dites *zymogènes*, qui s'y accumulent pendant le repos de la glande et aux dépens desquelles se forment les zymases quand la glande fonctionne.

CHAPITRE II

ORGANES

433. Notions générales. — Les organes sont constitués par l'assemblage de plusieurs tissus. Aussi peut-on déduire leur composition chimique qualitative de leur constitution histologique.

Tous les organes dont nous allons parler contiennent de 70 à 80 p. 100 d'eau, des matières protéiques, des matières extractives azotées et non azotées et des matières minérales dans lesquelles les phosphates alcalins prédominent généralement.

Les organes ont pendant la vie une réaction alcaline et, quelque temps après la mort, une réaction acide, par suite de la formation d'acide lactique libre.

POUMON

434. Composition chimique.— Le poumon est formé par l'association de plusieurs tissus (conjonctif, élastique, cartilagineux, musculaire lisse, épithélial). Aussi y trouve-t-on des matières albuminoïdes proprement dites, une matière collagène, de la mucine, de l'élastine et des nucléines. Les matières extractives du poumon sont les suivantes : leucine, taurine, lécithine, guanine, acide urique, inosite et glucogène (en quantité élevée chez le fœtus). Les matières minérales sont essentiellement constituées par des phosphates alcalins et par du chlorure de sodium.

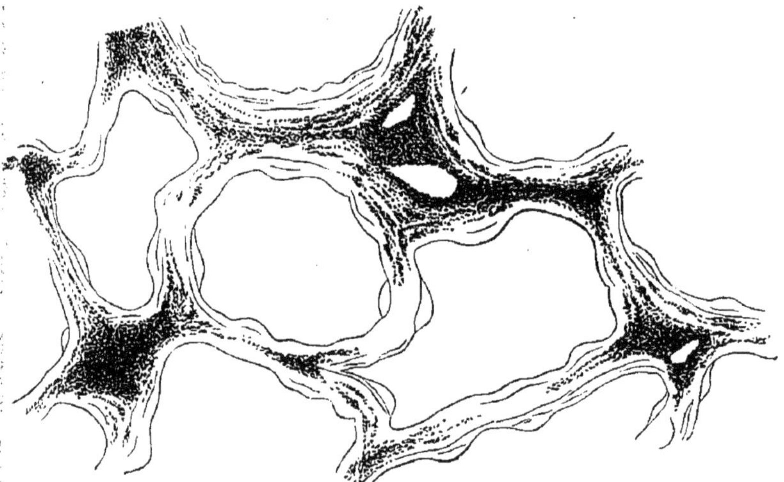

Fig. 65. — Anthracosis ; poussières charbonneuses inhalées dans les cloisons alvéolaires du poumon. — Grossissement : 300.

Le poumon est traversé par un grand nombre de vaisseaux et de capillaires sanguins, par des lymphatiques et des nerfs. Il est difficile de débarrasser complètement de sang le poumon pour en faire l'analyse ; aussi y rencontre-t-on les principes du sang, notamment l'hémoglobine dont on retrouve le fer dans les cendres de l'organe.

Dans l'état pathologique connu sous le nom d'*anthracosis*, le poumon est chargé d'une matière noire (fig. 65), constituée par des particules microscopiques de charbon et provenant des poussières de charbon respirées pendant la vie. On trouve de ces dépôts de charbon, mais en quantité beaucoup plus faible, chez tous les individus, surtout chez les vieillards.

Dans certains cas pathologiques, le poumon contient des concrétions calcaires, essentiellement constituées par du phosphate et par du carbonate de calcium.

La caséification du tissu pulmonaire dans la tuberculose paraît être un premier stade de la dégénérescence graisseuse. — La présence de cellulose a été signalée par M. E. Freund dans le poumon tuberculeux.

FOIE

435. Structure. — Le foie est formé d'un amas de cellules épithéliales situées dans les mailles d'un réseau de capillaires sanguins. Les cellules sont polyédriques, sans enveloppe, et présentent un grand nombre de granulations protéiques, graisseuses et pigmentaires, ainsi que des dépôts de glucogène décelables par l'iode (coloration rouge). Ces cellules sont groupées en amas de un millimètre de diamètre environ, constituant les *lobules hépatiques* ; ceux-ci sont réunis entre eux par du tissu conjonctif.

Les ramifications de la veine porte, situées à la périphérie des lobules, émettent des capillaires qui se dirigent entre les cellules hépatiques vers la partie centrale du lobule où ils forment par leur réunion une veine intra-lobulaire, origine des veines sus-hépatiques. Les cellules hépatiques sont creusées sur leurs faces de petites rigoles qui forment avec celles des cellules voisines de fins canalicules, racines des canaux biliaires. La cellule hépatique est donc en rapport avec des vaisseaux sanguins et avec des canalicules biliaires.

436. Composition chimique. — Le foie a une réaction alcaline pendant la vie ; il devient acide après la mort. Cent parties de tissu frais contiennent environ 75 parties d'eau, 24 parties de substances organiques (matières protéiques, glucogène, graisse, matières extractives, pigments biliaires) et 1 partie de matières minérales.

a) En fait de *matières albuminoïdes*, on peut extraire du foie, d'après les recherches de Plosz et de M. Halliburton, trois globulines respectivement coagulables à 45°, 56°, 75°, une petite quantité d'albumine coagulable vers 70-73° et des nucléoalbumines. La matière collagène et la mucine qu'on trouve dans le foie proviennent du tissu conjonctif qui sépare les lobules ; leur proportion augmente dans la cyrrhose du foie.

b) La proportion de *glucogène* du foie est en moyenne de 3 à 4 p. 100 ; elle augmente après le repas, diminue au contraire par l'inanition, l'exercice musculaire, pendant les maladies fébriles, le diabète, etc. (**108**). On trouve des traces de glucose dans le foie. On y a également signalé la présence de l'inosite et de l'acide lactique.

c) La *graisse*, dont la proportion moyenne est de 2 à 3 p. 100, subit à l'état physiologique des variations parallèles à celles du glucogène. — Dans l'atrophie jaune aiguë du foie, la proportion de graisse s'élève à 7 p. 100 environ et dans la dégénérescence graisseuse jusqu'à 19 p. 100. La dégénérescence graisseuse du foie survient au cours de certaines maladies chroniques (phtisie), et à la suite des intoxications par le phosphore, par l'arsenic, par l'antimoine et de l'intoxication lente par l'alcool. La graisse se rencontre surtout dans les cellules périphériques des lobules hépatiques, aussi bien à l'état normal qu'à l'état pathologique.

d) Les *matières extractives azotées* sont la xanthine, l'hypoxanthine, l'urée, l'acide urique (surtout chez les oiseaux), la *jécorine* (1), substance azotée et phosphorée de formule $C^{105}H^{188}Az^{5}SPh^{3}O^{46}$ (Drechsel), qui présente certaines analogies avec la lécithine, mais qui se dissout dans l'eau et réduit à chaud la liqueur de Fehling, comme le glucose. Enfin on a également signalé dans le foie, mais à l'état pathologique, de la cystine dans la cystinurie, de la leucine et de la tyrosine dans l'atrophie jaune aiguë du foie et dans les empoisonnements par le phosphore, de l'acide chondroïtine-sulfurique dans la dégénérescence amyloïde du foie.

e) Les *cendres* du foie ont, d'après Oidtmann, la composition centésimale suivante :

	Foie d'un homme.	Foie d'un enfant.
Potasse	25,23	34,72
Soude	14,51	11,27
Chaux	3,61	0,33
Magnésie	0,20	0,07
Oxyde ferrique	2,74	5,45
Autres oxydes métalliques (Cu, Pb, etc.)	0,16	
Anhydride phosphorique	50,18	42,75
Chlore	2,58	4,21
Anhydride sulfurique	0,92	0,91
Silice	0,27	0,18

Il résulte de ces analyses que le phosphate de potassium et le

(1) D'après M. Baldi, la jécorine se rencontre aussi, mais en moindre quantité, dans la rate, le cerveau et les muscles.

phosphate de sodium prédominent et que le tissu du foie est relativement riche en fer. M. Zaleski a montré que le fer se trouve dans le foie sous forme d'albuminates de fer, comparables à des sels de fer, et sous forme de nucléines ferrugineuses, dans lesquelles le fer est dissimulé. Il existe dans le foie deux sortes de nucléines ferrugineuses : les unes, analogues à l'hématogène, sont décomposées à la longue par les sulfures alcalins avec formation de sulfure de fer ; les autres au contraire ne sont pas décomposées, leur fer est par conséquent mieux dissimulé. Nous avons vu (**54.** C) que dans certaines espèces animales, le foie des nouveau-nés contient des réserves de fer importantes.

Le fer contenu dans le foie provient en grande partie de la destruction de l'hémoglobine ; il augmente considérablement dans les états pathologiques, tels que l'anémie pernicieuse, où la destruction de l'hémoglobine est exagérée. On dit alors que le foie est atteint de *sidérose* ; dans ce cas, si on imprègne une coupe de cet organe de sulfure ammonique, elle devient rapidement noire, par suite de la formation d'une quantité abondante de sulfure de fer.

RATE

437. Structure. — La rate est constituée par du tissu conjonctif réticulé, très riche en vaisseaux et contenant dans ses mailles une masse molle, rouge brun, la *pulpe splénique*. Cette pulpe contient un grand nombre de globules rouges et de leucocytes, ainsi que des granulations de pigments ferrugineux.

Le tissu de la rate est parsemé de petits corps blanchâtres, appelés *corpuscules de Malpighi*, accolés à la tunique externe des vaisseaux aux dépens de laquelle ils se sont formés. Ces corpuscules sont constitués par un réticulum de tissu conjonctif infiltré de leucocytes.

438. Composition chimique. — La rate contient 69,4 à 77,5 p. 100 d'eau, 30 à 21,6 p. 100 de matières organiques et 1 p. 100 environ de matières minérales.

Parmi les matières organiques, on trouve des matières protéiques, notamment de l'hémoglobine et des quantités relativement abondantes de nucléines, à cause de la richesse de la rate en leucocytes. On trouve aussi dans la rate un grand nombre de matières extractives : de la xanthine, de l'hypoxanthine, de la guanine et de l'adénine, qui proviennent de la décomposition des nucléines ; de la lécithine, de la cholestérine, de la jécorine, de l'acide urique, du glucogène et de l'inosite.

Les cendres de la rate, riches en phosphates alcalins et surtout en phosphate de sodium, contiennent des quantités élevées de fer (7 à 16 p. 100). Ce fer provient en grande partie de l'hémoglobine; mais la rate contient aussi des albuminates de fer et des nucléines ferrugineuses. D'après M. Lapique, la rate des jeunes animaux contient moins de fer que celle des animaux adultes; c'est l'inverse de ce qui a lieu pour le foie.

Dans la leucocythémie, la xanthine et l'hypoxanthine s'accumulent dans la rate, ainsi que dans le sang. La rate s'hypertrophie le plus souvent et parfois d'une façon considérable; on observe alors dans la pulpe splénique la présence de cristaux de phosphate de spermine ou *cristaux de Charcot* (**305.** *d*).

THYMUS

439. Composition chimique. — Cet organe qui, au moment de la puberté, subit la dégénérescence graisseuse, est essentiellement constitué par un réticulum de tissu conjonctif contenant dans ses mailles un grand nombre de leucocytes.

Les matières extractives du thymus sont : la leucine, la xanthine, l'hypoxantine, la guanine, l'adénine, etc. Le thymus est remarquable par la proportion relativement élevée d'adénine qu'il renferme. Cent parties de tissu frais contiennent d'après M. Schindler :

Hypoxanthine	0,0023
Xanthine	0,038
Guanine	0,0075
Adénine	0,179

CORPS THYROÏDE

440. Structure ; composition. — Le corps thyroïde est constitué par une trame de tissu conjonctif très riche en vaisseaux sanguins et lympathiques, dans laquelle se trouvent des petites vésicules de grosseur variable. Ces vésicules, formées d'une membrane très mince tapissée de cellules épithéliales, contiennent un liquide filant; ce liquide renferme jusqu'à 7 et 8 p. 100 de matières albuminoïdes (sérum-albumine, sérum-globuline), auxquelles s'ajoute, dans les vésicules ayant atteint leur complet développement, une substance colloïde insoluble dans l'eau, analogue à la mucine. On trouve fréquemment dans le contenu des vésicules de nombreux cristaux de cholestérine, des globules sanguins dégénérés et de la matière colorante du sang plus ou moins altérée (méthémoglobine, hématoïdine cristallisée). — M. Baumann a extrait tout récemment du corps thyroïde de l'homme, du mouton et du porc, par une longue ébullition avec de l'acide sulfurique étendu, 2 à 5 p. 1000 d'une substance organique phosphorée contenant jusqu'à 9 p. 100 d'iode, à laquelle il a donné le nom de *thyroïodine*. Cette substance, encore mal définie, est brune, amorphe, très peu soluble dans l'eau et dans l'alcool, soluble dans les solutions alcalines étendues d'où les acides la précipitent.

La dégénérescence de la glande thyroïde détermine la maladie connue sous le nom de *myxœdème*, qui est caractérisée par des troubles nerveux (moteurs et psychiques) et par l'infiltration du tissu cellulaire sous-cutané par la mucine. L'extirpation totale de la glande à des animaux sains détermine aussi les accidents du myxœdème. Ces accidents sont très atténués par l'injection hypodermique ou intraveineuse d'un extrait de glande thyroïde, ou par l'ingestion de corps thyroïdes (1). Le principe actif de la glande thyroïde n'est pas détruit par la chaleur; il est soluble dans l'eau bouillante. D'après MM. Baumann et Roos, c'est un protéide spécial, formé par la combinaison de la thyroïodine avec une matière albuminoïde.

CAPSULES SURRÉNALES

441. Structure ; composition. — Les capsules surrénales, petits organes qui coiffent la partie supérieure des reins, sont constitués par un stroma de tissu conjonctif, très riche en vaisseaux et en nerfs, contenant des cellules glandulaires.

Ces organes contiennent de nombreuses matières extractives et entre autres de la leucine, de la taurine, de l'inosite (Kulz), de la neurine, des acides phosphorés organiques, une substance soluble dans l'eau qui se colore en rouge à l'air et à la lumière (Vulpian), et en bleu sous l'influence du perchlorure de fer (Marino-Zuco) (2).

L'extrait aqueux des capsules surrénales est toxique (Foa et

(1) Le traitement du myxœdème par ces procédés est aujourd'hui devenu classique; il importe de faire observer que, à dose élevée, le corps thyroïde ingéré en nature ou injecté en extrait est toxique.

(2) Les acides biliaires, l'acide hippurique et l'acide benzoïque, signalés autrefois par divers auteurs dans l'extrait des capsules surrénales, n'ont pu être retrouvés récemment par M. Stadelmann, qui pourtant s'est servi pour leur recherche de procédés plus récents et plus sensibles.

Pellacani). L'addition d'un acide diminue considérablement sa toxicité. D'après M. Marino-Zuco, la toxicité est surtout due à des combinaisons de neurine avec des acides phosphorés organiques, tels que l'acide phosphoglycérique. Ces combinaisons sont beaucoup plus toxiques que le chlorhydrate de neurine. Quand on les traite par de l'acide chlorhydrique, il se forme du chlorhydrate de neurine; c'est ce qui explique la diminution de la toxicité de l'extrait des capsules surrénales sous l'influence des acides.

La dégénérescence des capsules surrénales détermine la *maladie bronzée d'Adison*, ainsi appelée à cause de la pigmentation particulière que prend la peau. Leur extirpation totale amène la mort à brève échéance. D'après MM. Abelous et Langlois, le sang des animaux acapsulés contient une substance toxique analogue au curare, et les capsules surrénales ont pour fonction de détruire ce poison ou d'en annuler les effets.

REIN

442. Composition chimique. — Le rein est essentiellement formé par un amas de tubes épithéliaux séparés par des vaisseaux sanguins et par un peu de tissu conjonctif. Nous reviendrons d'ailleurs, sur la constitution histologique du rein à propos de la sécrétion de l'urine.

Les matières albuminoïdes du rein ont été dosées par M. Gottwalt sur des reins de chien; six analyses lui ont donné des nombres compris entre les suivants :

Albumine.............	1,116—1,394	p. 100
Globuline.........	8,633—9,225	—
Autres mat. album....	1,436—1,598	—
Gélatine..............	0,996—1,849	—

Les matières extractives qui ont été retirées des reins sont : la xanthine, l'hypoxanthine, la leucine, la taurine, la créatine, l'urée, l'acide urique, la cystine, le glucogène, l'inosite.

A l'état pathologique, les cellules épithéliales du rein subissent dans certains cas la dégénérescence graisseuse, plus rarement la dégénérescence amyloïde (**352**). M. Lambling a trouvé dans un rein ayant subi cette dernière dégénérescence près de 1 p. 100 de substance amyloïde; la quantité de matières albuminoïdes était notablement plus faible et la quantité de gélatine plus forte que celles trouvées par M. Gottwalt dans les reins de chiens sains. — Dans la goutte, on rencontre dans les tubes épithéliaux du rein des dépôts d'urate acide de sodium.

TESTICULE

443. Structure ; composition. — *a*) Le testicule est formé d'une enveloppe fibreuse épaisse, l'*albuginée*, d'où partent vers l'intérieur des cloisons de tissu conjonctif formant des loges où sont contenus de longs tubes épithéliaux pelotonnés, les *tubes séminifères*. L'épithélium de ces tubes est formé de plusieurs couches de cellules spéciales qui représentent, en allant de la périphérie à la lumière du tube, les stades successifs de développement des *spermatozoïdes*, éléments figurés du sperme (**505**).

b) Les matières albuminoïdes du testicule sont de la sérum-albumine, des globulines, et des nucléoalbumines en proportion relativement élevée.

Les matières extractives sont les suivantes : créatine, xanthine, hypoxanthine, adénine, guanine, spermine, lécithine, acide phosphoglycérique, cholestérine et graisses.

c) L'extrait aqueux du testicule, fait à froid, contient la plupart de ces substances ; on le désigne sous les noms de *liquide testiculaire* et de *liquide orchitique*. Brown-Séquard a montré que cet extrait exerçait une action tonique remarquable sur les centres nerveux. M. A. Pœhl attribue cette action à la spermine et M. Robin aux phosphoglycérates.

Voici, d'après M. d'Arsonval (1), la formule employée au laboratoire de médecine du Collège de France pour préparer le liquide testiculaire concentré. Cette préparation peut servir de type pour l'obtention des autres extraits d'organes destinés aux injections sous-cutanées.

On enlève aseptiquement les testicules d'un animal, du taureau de préférence, on les coupe en cinq ou six tranches et on les fait macérer, dans un endroit frais, avec de la glycérine (1 litre par kilo de testicules). Après vingt-quatre heures de macération, on ajoute de l'eau salée à 5 p. 100 (la moitié du volume de glycérine employé), et, après avoir mélangé, on laisse encore macérer une demi-heure. On filtre au papier, puis à la bougie de porcelaine.

Le liquide orchitique ainsi obtenu est reçu dans des flacons qu'on a stérilisés préalablement par l'eau bouillante et qu'on bouche ensuite avec des bouchons également stérilisés. Il se conserve plusieurs mois sans altération.

(1) D'Arsonval, *Archives de physiologie*, 1893, p. 180.

OVAIRE

444. Structure. — L'ovaire est formé par un stroma de tissu conjonctif, extrêmement vascularisé, dont les parties périphériques sont creusées de petites cavités qui contiennent les éléments essentiels de l'organe, les *vésicules de Graaf*. Lorsqu'elle a atteint son complet développement, une vésicule de Graaf se compose (fig. 66) d'une membrane conjonctive AB,

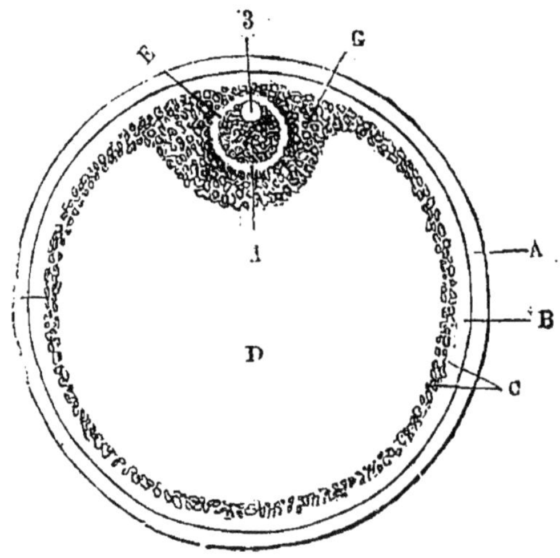

Fig. 66. — Vésicule de Graaf.

doublée intérieurement d'une couche épaisse de cellules épithéliales C, constituant la *membrane granuleuse*; la membrane granuleuse est particulièrement épaisse en un point G (*disque proligère*), qui renferme l'*œuf* ou *ovule*. La cavité D de la vésicule est remplie d'un liquide albumineux, le *liquor folliculi*.

L'ovule est le type le plus parfait de la cellule ; il est formé d'une membrane ou *chorion* (fig. 66. 1), d'une masse protoplasmique 2 (*vitellus*) et d'un noyau 3 (*vésicule germinative*) contenant un nucléole ou *tache germinative*. Dans les espèces animales où le développement de l'œuf fécondé s'effectue hors de l'organisme (oiseaux, poissons, etc.), l'œuf contient en outre des substances destinées à la nutrition de l'embryon. Nous y reviendrons quand nous parlerons de l'œuf de poule, à propos des aliments.

A la surface de l'ovaire se trouvent aussi les *corps jaunes* ou *corpora lutea*, qui représentent les cicatrices laissées à chaque menstruation par la rupture d'une vésicule de Graaf et l'expulsion d'un ovule. Ils contiennent un pigment jaune, la lutéine, qui appartient à la classe des lipochromes (**401**).

ŒIL

445. Structure. — L'œil se compose essentiellement : 1° de membranes enveloppantes, la *cornée* et la *sclérotique*, cette dernière étant tapissée intérieurement par une autre membrane pigmentée, la *choroïde* ; 2° de milieux transparents (*cristallin, humeur aqueuse, corps vitré*) ; 3° d'une membrane sensible (*rétine*), qui tapisse le fond de l'œil.

446. Cornée et sclérotique. — *a*) La cornée est la partie antérieure transparente de l'enveloppe externe de l'œil. Elle est constituée elle-même par une substance propre comprise entre deux membranes, l'une antérieure recouverte extérieurement de couches épithéliales, l'autre postérieure appelée *membrane de Descemet*.

D'après les recherches récentes de M. C. Mörner, la substance propre, soigneusement isolée des membranes, est essentiellement formée de deux matières protéiques : une matière collagène, donnant de la gélatine par l'action de l'eau bouillante, et une substance mucoïde, soluble dans les alcalis étendus et précipitable par l'acide acétique. Sous l'influence de l'ébullition avec l'acide chlorhydrique étendu, cette substance mucoïde donne naissance à un hydrate de carbone réducteur, mais elle ne donne pas d'acide sulfurique libre, ce qui la distingue du chondromucoïde du cartilage (**347**).

La membrane épithéliale antérieure est essentiellement constituée de deux globulines, dont l'une paraît être identique à la sérum-globuline et l'autre à la myosine. La membrane de Descemet a la même composition que la capsule du cristallin dont nous allons parler.

b) La sclérotique est formée de tissu conjonctif fibreux. Les fibres conjonctives s'entre-croisent à angle droit, les unes disposées dans le sens des méridiens passant par l'axe de l'œil, les autres dans des plans perpendiculaires.

447. Cristallin. — Le cristallin se compose d'une enveloppe élastique, la *capsule du cristallin*, et d'une substance propre.

a) La capsule du cristallin est, d'après M. Mörner, formée d'une matière albuminoïde qu'on ne peut ranger dans aucun des groupes connus et qu'il a appelée *membranine*. A la température ordinaire, elle est insoluble dans l'eau, dans les solutions salines, dans les alcalis et dans les acides étendus; elle se dissout à chaud dans ces liquides, mais les solutions obtenues ne se prennent pas en gelée par le refroidissement.

b) La substance propre du cristallin est formée de plusieurs couches de fibres d'origine épithéliale, plongées dans une substance interstitielle liquide et albumineuse. Sa densité et son indice de réfraction diminuent du centre à la périphérie. M. Laptschinsky a trouvé pour le cristallin de bœuf la composition suivante :

Eau..................	63,50	p. 100
Matières protéiques..	34,93	—
Cholestérine.........	0,22	—
Lécithine............	0,23	—
Graisse..............	0,29	—
Sels minéraux.......	0,82	—

Quand on traite le cristallin réduit en pulpe par de l'eau froide ou par des sels neutres, une partie des matières albuminoïdes se dissout; le résidu est constitué par une matière albuminoïde, provenant des fibres du cristallin, insoluble dans toutes les solutions de sels neutres, soluble dans les acides et dans les alcalis fixes, même très étendus. Les matières albuminoïdes solubles se composent d'une petite quantité d'albumine et de deux globulines spéciales, l'*α-cristalline* et la *β-cristalline* (1).

D'après M. Mörner, les 35 p. 100 de matières albuminoïdes contenues dans le cristallin se répartissent de la façon suivante :

Matière albumoïde..........	17
β-cristalline.................	11
α-cristalline	6,8
Albumine....................	0,2

État pathologique. — Dans la cataracte sénile ordinaire, la proportion des matières protéiques diminue et celle de la cholestérine augmente. — Les nombres suivants ont été obtenus dans l'analyse de 100 parties de substance sèche.

	Dans la cataracte.	A l'état sain.
Matières protéiques.......	85,87	95,69 p. 100
Cholestérine..............	4,55	0,60 —
Lécithine	0,80	0,63 —
Graisse...........	1,19	0,79 —
Sels......................	3,86	2,24 —

(1) Ces substances se rapprochent des globulines en ce qu'elles se précipitent quand on sature leur solution de sulfate de magnésium; elles se rapprochent en particulier des vitellines en ce qu'elles ne se précipitent pas quand on les sature de chlorure de sodium. Elles diffèrent de toutes les globulines étudiées jusqu'ici en ce que leurs solutions dans les sels neutres ne précipitent pas par la dialyse.

L'opacité du cristallin dans la cataracte parait due à un dépôt de cholestérine.

448. Humeur aqueuse et corps vitré. — *a*) L'humeur aqueuse est un liquide clair et incolore, de densité 1,003 à 1,009, qui est contenu dans l'espace compris entre la cornée et le cristallin. L'humeur aqueuse a la même composition qualitative que la lymphe (**487**) ; elle contient très peu de matières protéiques.

b) Le corps vitré, qui occupe toute la cavité de l'œil comprise entre le cristallin et la rétine est une substance gélatiniforme et filante, constituée par du tissu conjonctif muqueux (**412.4**).

Les analyses suivantes sont dues à Lohmeyer; elles sont relatives à l'humeur aqueuse et au corps vitré du veau.

	Humeur aqueuse.	Corps vitré.	
Eau....................	986,87	986,40	p. 1000
Matières protéiques....	1,22	1,57	—
— extractives...	4,21	3,21	—
Sels minéraux.........	7,70	8,77	—

Les sels minéraux sont en grande partie constitués par du chlorure de sodium.

449. Rétine. — La rétine est une membrane extrêmement complexe, qui tapisse le fond de l'œil et qui est formée par l'épanouissement des fibres du nerf optique. Elle est essentiellement constituée par plusieurs couches d'éléments épithéliaux et d'éléments nerveux. La couche la plus externe ou *membrane de Jacobi*, qui est appliquée contre la choroïde, est formée d'éléments, *cônes* et *bâtonnets*, qui représentent les terminaisons des fibres nerveuses. Les cônes et les bâtonnets sont disposés normalement à la surface de la rétine; chacun d'eux est formé par la réunion de deux segments, l'un externe, l'autre interne.

La couche des cônes et bâtonnets, est séparée de la choroïde par un épithélium pavimenteux (*tapetum nigrum*) à cellules hexagonales contenant un pigment noir, la *fuscine*. — La fuscine est un pigment mélanique (**404**) ferrugineux, qui dérive de l'hémoglobine. Elle est insoluble dans l'eau, dans l'alcool et dans l'éther, soluble dans les alcalis étendus; elle se décolore lentement à l'air. On la rencontre également dans la choroïde.

La rétine, sur le vivant, se charge dans l'obscurité d'un pigment rouge, *pourpre rétinien* ou *rhodopsine*, qui se décolore à la lumière du jour (Boll). Ce pigment est beaucoup moins sensible à l'action de la lumière jaune du sodium, ce qui a permis à Kühne d'en faire l'étude. Le pourpre rétinien se trouve dans le segment externe des bâtonnets. Pour l'extraire, on traite un certain nombre de rétines, à l'abri de la lumière, par une solution de sels d'acides biliaires, qui dissout le pigment. — Le pourpre rétinien, exposé à la lumière blanche, devient jaune (*jaune rétinien*), puis se décolore. Il ne présente pas de bandes d'absorption. Les alcalis, les acides, l'alcool et l'éther le détruisent ; il résiste au contraire à l'action d'agents oxydants, tels que l'ozone, l'eau oxygénée, le perchlorure de fer, etc... Après avoir été traité par l'alun, il devient presque insensible à l'action de la lumière, surtout à l'état sec.

Une expérience ingénieuse de Kühne permet de démontrer l'action décolorante qu'exerce la lumière sur le pourpre rétinien de l'œil pendant la vie. Un animal, ayant séjourné pendant quelque temps dans l'obscurité, est placé en face d'une croisée très éclairée, puis décapité. On peut alors observer sur la rétine de cet animal de véritables petites photographies, que Kühne appelle des *optogrammes*, dans lesquelles les parties lumineuses de la croisée sont reproduites en blanc, par suite de la décoloration du pourpre rétinien, et les parties sombres en rouge. En soumettant les rétines ainsi impressionnées à l'action de l'alun, pour les fixer, et les desséchant ensuite dans le vide, on peut conserver ces optogrammes assez longtemps.

Le rôle du pourpre rétinien dans les phénomènes de la vision est encore inconnu. Ce rôle ne doit pas être très important, car le pigment manque complètement dans certaines espèces animales; chez l'homme, la région la plus sensible de la rétine (*macula lutea*) est dépourvue de bâtonnets et, par suite, de pourpre rétinien.

Chez les oiseaux, les reptiles et les poissons, les cônes de la rétine contiennent dans leur segment interne un globule coloré (rougeâtre, jaunâtre ou verdâtre), fortement réfringent et paraissant être de nature graisseuse. Kühne et Ayres ont extrait des rétines de ces animaux les pigments qui colorent les globules; ces pigments, qui appartiennent à la classe des lipochromes, ont reçu le nom de *chromophanes* (1).

PEAU ET PRODUCTIONS CUTANÉES

450. Peau. — La peau est formée d'une partie profonde, le *derme*, et d'une partie superficielle, très mince, l'*épiderme*.

(1) Ces auteurs ont retiré trois chromophanes différents : un vert, le chlorophane, un jaune, le xanthophane et un rouge, le rhodophane.

a) Le derme, qui contient dans son épaisseur les glandes sudoripares et sébacées, ainsi que les follicules pileux, est constitué par du tissu conjonctif fibreux. Sa face superficielle, en rapport avec l'épiderme, présente de nombreuses élevures ou *papilles.* Le derme donne de la gélatine par la coction avec l'eau; il forme avec le tanin des combinaisons imputrescibles (cuir).

b) L'épiderme est formé de plusieurs couches de cellules épithéliales, provenant de la prolifération de la couche de cellules en contact avec le derme ou *couche génératrice.* Dans les couches profondes, les cellules sont molles et globuleuses et constituent le *corps muqueux de Malpighi*; dans les couches superficielles au contraire, elles sont aplaties et dures, envahies par la kératine, et forment la *couche cornée.* A la limite des deux couches, les cellules contiennent autour du noyau, des granulations d'une substance jaunâtre, l'*éléidine*, qui paraît être un produit intermédiaire de la transformation du protoplasma des cellules en kératine. Par macération de la peau dans l'eau, la couche cornée se sépare du corps muqueux.

Le pigment de la peau se rencontre dans les cellules du corps muqueux de Malpighi, sous forme de granulations foncées (mélanine). Il est très abondant chez le nègre.

A l'état pathologique, dans l'ichthyosis, l'épiderme augmente d'épaisseur et présente un aspect écailleux; on y rencontre de la cholestérine et des graisses.

451. Productions cutanées. — Les cheveux, les poils et les ongles sont, comme la couche cornée de l'épiderme, essentiellement constitués par de la kératine. La partie médullaire des cheveux et des poils est formée de cellules molles, contenant des granulations pigmentaires et des particules de graisse. — Les cendres des cheveux contiennent des proportions élevées de silice et d'oxyde de fer, en même temps que des sulfates de sodium et de potassium, du phosphate et du carbonate de calcium, etc.. La composition quantitative des cendres varie selon la couleur des cheveux.

Matière sébacée. — La surface de la peau et des productions cutanées est très légèrement lubréfiée par une substance huileuse, produit de sécrétion des glandes sébacées situées dans le derme. C'est cette substance qui forme l'enduit sébacé ou *vernix caseosa*, qui recouvre le nouveau-né; c'est elle aussi, ou ses produits de décomposition, qui forment le *smegma præputialis* et le contenu des kystes sébacés (1).

La matière sébacée contient de la caséine et des traces d'albumine, des graisses, des acides gras, de la cholestérine et des éthers de la cholestérine; on y observe au microscope la présence de débris de cellules épithéliales.

Le contenu des kystes sébacés contient, en outre, de la leucine, de la tyrosine et des acides gras volatils (butyrique, valérique, caproïque).

Le *cérumen*, enduit qu'on trouve dans le conduit auditif externe, est jaune ou jaune-brun, de saveur amère; il se distingue de la matière sébacée ordinaire par la présence d'une forte proportion de savons alcalins et d'un pigment jaune, qui n'a pas encore été étudié.

Voici quelques analyses des divers produits des glandes sébacées :

	Vernix caseosa.	Smegma præputialis.	Contenu d'un kyste sébacé.	Cérumen.	
Eau	669,8	»	317	100	p. 1000
Matières albuminoïdes	40	56	617,5	»	—
Graisse	475	528	41,6	260	—
Acides gras	»	»	12,1	»	—
Extrait alcoolique	150	74	»	380	—
Extrait aqueux	33	61	»	140	—
Cendres	»	»	11,8	»	—

CHAPITRE III

LIQUIDES DE L'ÉCONOMIE

452. Division. — Nous diviserons les liquides de l'économie de la façon suivante :

1° Sang;

2° Lymphe et chyle;

3° Sérosités et liquides analogues;

4° Sécrétions.

Nous distrairons de ce dernier groupe de liquides les sécrétions digestives (salive, suc gastrique, etc.), que nous étudierons

(1) Ces kystes se forment, par rétention du produit de sécrétion, lorsque le canal excréteur d'une glande sébacée vient à se boucher.

à propos de la digestion, et la sécrétion urinaire dont l'étude fera l'objet d'un chapitre spécial.

SANG

453. Constitution histologique. — Lorsqu'on examine le sang au microscope, on voit qu'il est constitué par un liquide incolore, le *plasma sanguin*, dans lequel nagent des globules de deux espèces (fig. 67). Les uns, *globules rouges* ou *hématies*, sont très nombreux et en forme de disques aplatis ; les autres, *globules blancs* ou *leucocytes*, sont chagrinés, irrégulièrement sphériques, un peu plus gros et beaucoup moins nombreux. On peut donc, au point de vue histologique, assimiler le sang à un tissu, dont les globules représenteraient les éléments anatomiques et le plasma la substance fondamentale.

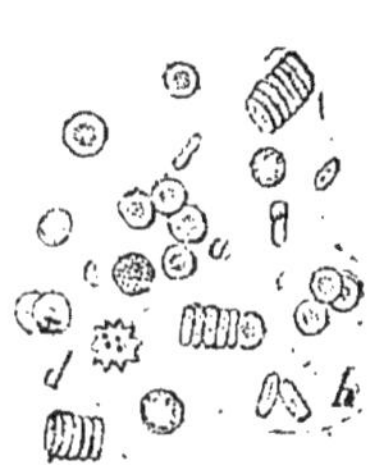

Fig. 67. — Globules sanguins de l'homme (*).

Au point de vue physiologique, on sait que le sang des artères transporte l'oxygène des poumons aux tissus et que celui des veines amène l'anhydride carbonique des tissus aux poumons. D'autre part, le sang est le véhicule des matières nutritives, de l'intestin aux tissus, et celui des substances excrémentitielles fixes, des tissus au rein. On conçoit donc que les caractères physiques et chimiques du sang varient dans les divers points de l'économie.

454. Caractères généraux. — A. Physiques. — *a*) *Couleur.* — La couleur du sang varie du rouge écarlate (sang artériel) au rouge brun foncé (sang veineux). Elle est due à ce que les hématies du sang artériel contiennent de l'oxyhémoglobine et les hématies du sang veineux un mélange d'oxyhémoglobine et d'hémoglobine. Quand on examine le sang au spectroscope, par transparence sous une très faible épaisseur, ou par réflexion, on observe les spectres d'absorption de ces pigments (**347**.A. *b*).

b) *Opacité.* — Le sang est opaque, déjà sous une épaisseur de quelques millimètres. Son opacité est due à la présence des globules qui présentent un indice de réfraction supérieur à celui du plasma, et qui ne sont pas eux-mêmes tout à fait transparents.

(*) *a*, globules rouges vus de face ; *b*, vus de profil ; *c*, globules blancs ; *d*, globule dentelé.

c) *Odeur.* — Le sang présente une odeur qui varie avec les espèces animales et qui rappelle celle de la sueur. Cette odeur s'accentue quand on ajoute au sang de l'acide sulfurique, probablement à cause de la mise en liberté d'acides gras volatils.

d) *Densité.* — La densité du sang est en moyenne de 1,058 chez l'homme; elle est légèrement plus faible chez les enfants et chez les femmes. Elle diminue après les repas, sous l'influence des boissons ingérées. La densité du sang veineux ne diffère pas sensiblement de celle du sang artériel.

A l'état pathologique, la densité du sang oscille entre 1,030 et 1,080; elle diminue considérablement dans la chlorose, dans l'anémie, surtout dans l'anémie pernicieuse, dans la cachexie cancéreuse, etc.

La densité du sang dépend surtout de la quantité d'hémoglobine contenue dans le sang. D'après M. Menicasanti, la densité serait même proportionnelle à la quantité d'hémoglobine à l'état normal et dans certaines maladies, telles que la chlorose et l'anémie.

B. Chimiques. — *a*) Le sang est alcalin au tournesol; mais pour le constater il faut, à cause de la coloration du sang, user de certains artifices. On peut, par exemple, tremper dans une solution concentrée de chlorure de sodium une bande de papier de tournesol sensible, déposer sur le papier ainsi mouillé une goutte de sang et l'enlever aussitôt avec du papier buvard. On peut aussi saturer le sang de sulfate d'ammonium et plonger dans le magma obtenu un papier de tournesol, qu'on lave ensuite dans l'eau pure.

L'alcalinité du sang correspond environ à l'alcalinité d'une solution qui renfermerait 2 grammes de soude caustique par litre; elle varie dans certains états pathologiques. Lorsque le sang est sorti des vaisseaux, son alcalinité diminue rapidement, surtout pendant le phénomène de la coagulation. Nous verrons (**476**) comment on peut la déterminer avec de très petites quantités de sang.

b) L'alcalinité du sang est due au phosphate disodique et au carbonate acide de sodium du plasma, c'est-à-dire à des sels possédant encore une fonction acide; de plus, le sang contient de l'anhydride carbonique libre. Par conséquent, le sang est en réalité, au point de vue théorique, un liquide acide; la quantité de soude qu'il peut saturer pour transformer ses sels acides et son anhydride carbonique en sels théoriquement neutres est de 1 à 2 grammes par litre.

c) Le sang se coagule rapidement après sa sortie des vaisseaux. Le *caillot* est formé d'un réticulum de fibrine qui emprisonne les globules dans ses mailles; il se contracte lentement et exprime un liquide clair qui porte le nom de *sérum*. Le sérum représente donc du plasma moins les composants de la fibrine.

Lorsqu'on agite le sang pendant sa coagulation, la fibrine formée se concrète en gros filaments faciles à isoler et les globules restent en suspension dans le sérum; ce mélange de globules et de sérum constitue le *sang défibriné*.

d) Le sang possède la propriété d'absorber certains gaz, tels que l'oxygène et l'anhydride carbonique, et de former avec eux des combinaisons dissociables à la température du corps.

455. Composition générale. — De ce qui précède, il résulte que le sang est constitué de la façon suivante :

1° Globules.....	rouges	caillot
	blancs	caillot
2° Plasma......	fibrine	caillot
	sérum.	
3° Gaz.		

Le sang renferme 39 à 47 p. 100 de globules humides et 53 à 61 p. 100 de plasma. Il donne en se coagulant 0,2 à 0,4 p. 100 de fibrine sèche. 100 volumes de sang dégagent dans le vide 50 à 60 volumes de gaz.

Nous allons étudier successivement les globules, le plasma, le phénomène de la coagulation et les gaz du sang. Nous ferons suivre cette étude de l'exposé des méthodes les plus simples pour effectuer quelques recherches quantitatives sur la composition du sang.

Globules rouges.

Découverts en 1658 par Swammerdam dans le sang de grenouille, et en 1673 dans le sang de l'homme par Leuvenhœck.

456. Propriétés physiques. — A. Forme. — Les globules rouges du sang de l'homme et de tous les mammifères, à l'exception des caméliens, ont la forme de lentilles biconcaves. Vus de face, au microscope, les globules présentent la forme de disques légèrement déprimés au centre; vus de profil, ils apparaissent sous forme de bâtonnets courts et légèrement renflés aux extrémités. On observe souvent des globules accolés, dont l'ensemble rappelle par son aspect un rouleau de pièces de monnaie (fig. 67). Certains auteurs admettent, avec Norris, que cet accolement est dû à un phénomène physique de capillarité; d'autres l'attribuent, avec Robin, à la sécrétion d'une substance visqueuse par les globules, quand le sang se concentre par évaporation. Au bout d'un certain temps, les globules rouges s'altèrent et prennent des formes crénelées. Les hématies de l'homme et des mammifères ne possèdent de noyaux que pendant la vie intra-utérine; ceux des batraciens, des reptiles et de la plupart des poissons présentent un noyau très visible.

Les globules rouges des batraciens, des poissons, des reptiles, des oiseaux et de quelques mammifères (caméliens) ont une forme elliptique.

B. Dimensions. — Le diamètre des hématies de l'homme est en moyenne de 7,6 μ et varie entre 6,5 et 8,6 μ; leur épaisseur moyenne est de 1,9 μ. Dans les diverses espèces animales où les hématies sont discoïdes, le diamètre varie de 4 à 10 μ. Les hématies elliptiques ont en général de plus grandes dimensions; elles atteignent 255 μ chez la grenouille.

Les globules rouges sont élastiques; ils peuvent donc, en vertu de cette propriété, se déformer pour traverser des orifices ou des capillaires de diamètre inférieur au leur, puis reprendre leur forme primitive une fois le passage effectué. C'est à cause de cette particularité que les filtres de papier ne permettent pas de séparer les globules sanguins du plasma, bien qu'ils puissent arrêter des particules solides de plus petites dimensions.

D'après Welcker, le volume de l'hématie de l'homme est environ de 7 dix-millioniêmes de millimètre cube; son poids est inférieur à un dix-millième de milligramme.

C. Nombre. — A l'état normal, le sang de l'homme adulte renferme environ 5 millions et demi de globules rouges par millimètre cube et celui de la femme un peu moins de 5 millions. Pour le sexe masculin, le nombre des hématies est à peu près le même dans le sang du nouveau-né et dans celui de l'adulte; mais il est plus faible dans celui des enfants et des vieillards. Pour le sexe féminin, le nombre des hématies diminue régulièrement à mesure que l'âge augmente; il présente une diminution notable, mais temporaire, pendant la grossesse. Dans certains états pathologiques (anémie pernicieuse, leucémie), le nombre des globules peut s'abaisser considérablement. D'après Sorensen, au-dessous d'un demi-million de globules rouges par millimètre cube, la vie n'est plus possible chez les mammifères.

D. Densité. — La densité des globules rouges est de 1,100 environ ; elle est donc supérieure à celle du sang et surtout à celle du plasma qui est de 1,027. Aussi les globules se déposent-ils peu à peu quand on abandonne le sang au repos, dans des conditions où il ne peut pas se coaguler. Leur séparation est plus rapide si l'on soumet le sang à l'action de la force centrifuge.

457. Influence de quelques agents sur les hématies. — Par l'action de l'eau, les hématies prennent une forme sphérique et se décolorent, par suite de l'extravasation de leur matière colorante ; les solutions étendues d'alcalis, de bile et de sels des acides biliaires les dissolvent plus ou moins rapidement. Les vapeurs d'éther, de chloroforme, de sulfure de carbone font extravaser l'hémoglobine des globules du sang dans le plasma ou dans le sérum.

Les solutions étendues de sucre, de la plupart des sels alcalins et alcalino-terreux, gonflent les hématies ; leurs solutions concentrées les ratatinent, au contraire. Il y a pour chaque substance un degré de concentration où les globules restent inaltérés ; ce degré de concentration, que Hamburger appelle le *point isotonique*, est de 5,6 p. 100 pour le sucre et de 0,7 p. 100 pour le chlorure de sodium.

458. Composition chimique. — Les globules rouges sont formés par un *stroma* incolore, essentiellement constitué de matières albuminoïdes, imprégné d'une matière colorante ferrugineuse, l'*hémoglobine*. Ils renferment en outre des quantités notables de lécithine, de graisses et de cholestérine et des matières minérales.

Rollet a montré qu'on peut débarrasser les hématies de leur hémoglobine sans leur faire perdre leur forme et leur élasticité. Il suffit pour cela de faire tomber goutte à goutte du sang défibriné dans une capsule métallique refroidie vers — 15°, qu'on chauffe ensuite rapidement à + 20°. Les globules se décolorent et l'hémoglobine se dissout dans le sérum ; on peut observer au microscope que les stromas globulaires sont insolubles dans l'eau, dans les solutions salines étendues et dans l'eau sucrée.

La composition des globules rouges est la suivante, d'après les analyses de Strecker :

1000 parties de globules rouges humides contiennent :

Eau	688		
Matières organiques.	304	Hémoglobine	280,0
		Albuminoïdes du stroma...	19,0
		Lécithine, cholestérine, etc.	2,7
		Graisse	2,3
Matières minérales..	8	Chlore	1,686
		Acide sulfurique	0,066
		— phosphorique	1,134
		Potassium	3,828
		Sodium	1,052
	1000	Phosphate de calcium	0,114
		— de magnésium..	0,073
		Oxygène (combiné à l'hémoglobine).	
		Anhydride carbonique.	

Le fer, faisant partie constituante de la molécule de l'hémoglobine, ne figure pas parmi les matières minérales. Les cendres de 1000 p. de globules rouges humides contiennent environ gramme de fer, à l'état normal.

A. Hémoglobine. — Nous avons déjà étudié (**371**) l'hémoglobine, cette matière albuminoïde rouge, cristallisable, ferrugineuse, à qui est dévolu le rôle de fixer de l'oxygène lorsque les hématies traversent les capillaires du poumon, de transporter cet oxygène et de l'abandonner aux tissus, quand le sang traverse les capillaires de la circulation générale. L'hémoglobine représente à elle seule les neuf dixièmes des substances fixes des globules rouges ; elle ne se trouve pas à l'état de liberté dans le globule, mais sous forme d'une combinaison, amorphe et peu stable, avec les principes du stroma (**376**).

B. Substances albuminoïdes du stroma. — Le stroma est essentiellement constitué par une globuline que Denis retira le premier des hématies du sang d'oiseaux par le procédé suivant. Du sang défibriné est additionné d'une solution de chlorure de sodium à 10 p. 100. Les hématies s'agglutinent entre elles ; au bout de 12 heures, on peut les recueillir sur un filtre et, par des lavages à l'eau, extraire de la masse visqueuse obtenue les substances du sérum qui les imprègne, l'hémoglobine, les sels et les autres substances solubles du stroma. Le résidu est constitué par la globuline.

La globuline ainsi obtenue est insoluble dans l'eau ; elle se gonfle et devient visqueuse dans une solution à 5 p. 100 de chlorure de sodium. Dans cet état de pseudo-solution, elle se rétracte sous l'influence des acides et des alcalis et se coagule par la chaleur.

D'après la plupart des auteurs, le stroma contient, outre cette globuline, de petites quantités de nucléine. La présence de la nucléine est surtout manifeste dans les hématies possédant un noyau. — On a aussi signalé dans les globules la présence d'un ferment soluble qui saccharifie l'amidon.

C. Autres substances organiques. — La proportion de lécithine varie entre 1,2 et 2,8 p. 1000 dans les globules humides; elle paraît être plus élevée dans le sang veineux que dans le sang artériel. La proportion de cholestérine est d'environ 1 p. 1000. On peut extraire simultanément la lécithine, la cholestérine et la graisse des globules rouges en traitant le caillot sanguin par l'éther.

D. Matières minérales. — En incinérant les globules on obtient leurs matières minérales, auxquelles vient s'ajouter de l'oxyde de fer provenant de la décomposition de l'hémoglobine. Les cendres des globules sont alcalines par suite de la présence de potasse et de soude à l'état de carbonates (1); la majeure partie des bases de ces carbonates était probablement combinée aux matières albuminoïdes dans les globules.

Un autre fait important à noter est la prédominance du potassium sur le sodium dans les hématies de l'homme. Dans certaines espèces animales (cheval, porc), le sodium peut même faire complètement défaut; par contre, dans d'autres espèces (chien, chat, mouton), le sodium prédomine sur le potassium.

Nous étudierons les gaz des globules avec les gaz du sang en général.

Globules blancs.

459. Propriétés physiques. — A. Forme. — Les globules blancs ou *leucocytes* se présentent au microscope sous forme de cellules à peu près sphériques, d'un blanc d'argent caractéristique; leur contour est irrégulier et leur surface un peu granuleuse. Ils possèdent un ou plusieurs noyaux que l'on peut mettre bien en évidence par l'action de l'eau ou de l'acide acétique étendu, qui gonflent les leucocytes.

(1) Ce fait est d'autant plus remarquable que, pendant l'incinération, de petites quantités d'acides sulfurique et phosphorique prennent naissance, l'un par l'oxydation du soufre des matières albuminoïdes, l'autre par la décomposition de la lécithine et de la nucléine.

Les globules blancs sont doués de mouvements dits *amiboïdes*, qu'on peut observer au microscope, en maintenant la lame porte-objet à une température voisine de 40°; ces mouvements sont le résultat d'une série de déformations. Grâce à ces déformations, les leucocytes peuvent passer au travers de la paroi des capillaires sanguins; ce phénomène est connu sous le nom de *diapédèse*. Enfin, les leucocytes peuvent encore, grâce à leurs déformations, englober de fines particules de corps inertes, de matières colorantes par exemple, ainsi que des micro-organismes auxquels ils font subir une sorte de digestion intracellulaire. M. Metschnikoff a donné à ce dernier phénomène le nom de *phagocytose*.

B. Dimensions. — La dimension moyenne des globules blancs est un peu plus élevée que celle des globules rouges; elle est de 9 μ environ; mais il existe des leucocytes plus petits, depuis la dimension de 5 μ, qui représentent les divers degrés de leur développement.

C. Nombre. — Le nombre des leucocytes est beaucoup plus faible que celui des hématies; on trouve en moyenne 1 globule blanc pour 500 globules rouges. Cette proportion est d'ailleurs très variable, selon les organes d'où le sang a été extrait et selon les divers états physiologiques et pathologiques; elle est plus élevée dans le sang qui sort du foie et surtout de la rate; elle augmente dans le sang pendant la digestion, après une saignée, etc.

Dans certains états pathologiques, notamment dans la leucocythémie, la proportion des leucocytes peut s'élever au point d'atténuer la couleur rouge du sang, comme le ferait l'addition de lait ou de pus.

D. Densité. — La densité des globules blancs est un peu inférieure à celle des globules rouges, mais supérieure à celle du plasma. Aussi, lorsque le sang est maintenu au repos, dans des conditions où il ne peut se coaguler, les leucocytes forment-ils au-dessus des globules rouges une mince couche blanchâtre.

460. Composition chimique. — Les globules blancs (1) ont une composition analogue à celle du stroma des globules rouges. On y trouve des matières albuminoïdes, de la nucléine provenant des noyaux, de la lécithine et de la cérébrine, de la

(1) Il n'existe pas de procédé qui permette d'isoler les globules blancs du sang en quantité suffisante pour étudier leur composition chimique. Les recherches ont porté sur les leucocytes extraits de la lymphe, des organes lymphoïdes (ganglions lymphatiques, thymus), ou du pus.

cholestérine, du glucogène, diverses matières extractives et des substances minérales.

Les matières albuminoïdes des leucocytes, sont de plusieurs sortes : la plus importante, appelée autrefois *hyaline* par Rovida, étudiée plus récemment par M. Lilienfeld sous le nom de *nucléohiston*, est une nucléo-albumine. Le nucléohiston est une substance soluble dans les alcalis étendus, d'où l'acide acétique le précipite. Chauffé avec des bases ou des acides étendus, il se dédouble en une nucléine, la *leuconucléine*, et en une substance albumosique désignée sous le nom d'*histon*. Outre le nucléohiston, on trouve dans les globules blancs, en petites quantités, une albumine et deux globulines, l'une la *lymphoglobuline* α se coagulant à 50°, l'autre la lymphoglobuline β coagulable à 73°.

Outre les globules rouges et blancs, divers auteurs ont signalé dans le sang des mammifères la présence de petits corpuscules de formes diverses, tels que les *hématoblastes* de Hayem, les corpuscules de Norris, les plaques de Bizzozero.

Ces corpuscules, formés de matières protéiques, représentent, suivant les uns, des globules sanguins en voie de formation, suivant les autres, des débris de globules. Les hématoblastes de M. Hayem sont parfaitement homogènes et à surface lisse; ils ont un aspect colloïde ou légèrement vitreux et parfois une teinte jaunâtre ou verdâtre. Leur dimension moyenne est de 3μ; ils s'altèrent très rapidement à la température ordinaire, beaucoup plus lentement à 0°.

On peut encore rencontrer en suspension dans le sang : des granulations graisseuses, notamment après une alimentation lactée; de petites plaques de pigment et parfois même de petits cristaux d'hémoglobine; enfin, des microorganismes dans certaines maladies infectieuses.

Plasma sanguin.

461. Modes de préparation. — Les procédés de préparation du plasma sont tous basés sur ce fait que les globules sont plus lourds que le plasma et gagnent peu à peu le fond des récipients quand on abandonne le sang au repos et plus rapidement lorsqu'on le soumet à l'action de la force centrifuge (fig. 68). Mais comme, dans les conditions ordinaires, le sang se coagule au bout de quelques minutes après sa sortie des vaisseaux, faut, pour laisser aux globules le temps de se séparer, employer divers artifices qui retardent ou empêchent la coagulation.

1. On retarde la coagulation en recevant le sang au sortir de la veine dans un récipient entouré de glace qui l'amène rapidement à la température de 0°. On peut aussi, pour retarder la coagulation, abandonner le sang au repos dans les vaisseaux eux-mêmes; pour cela, on intercepte une certaine quantité de sang entre deux ligatures placées sur la veine jugulaire d'un animal vivant, on détache le fragment de vaisseau lié à ses deux bouts et on le suspend verticalement dans un endroit frais. Ces

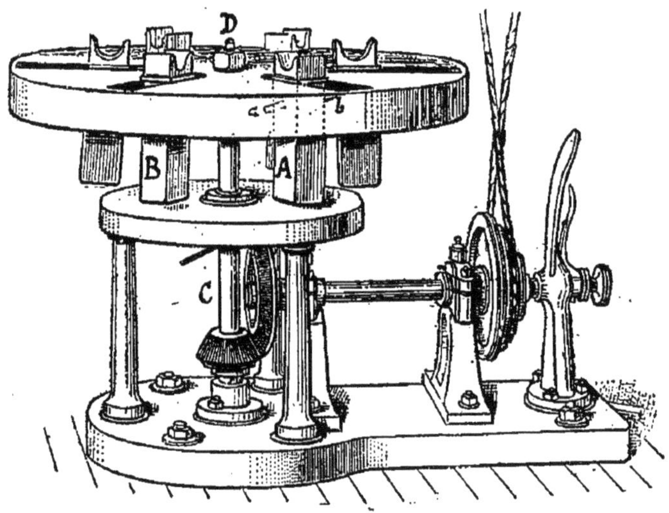

Fig. 68. — Appareil pour soumettre les liquides à l'action de la force centrifuge (*).

deux procédés permettent d'obtenir du plasma pur de sang normal; mais ils ne sont guère applicables qu'au sang de cheval dont la coagulation est particulièrement lente, et pour lequel la différence de densité entre les globules et le plasma est très accentuée.

2. Pour le sang des autres animaux, il est nécessaire d'empêcher la coagulation en recevant le sang, au sortir des vaisseaux,

(*) Les liquides sont disposés dans de petites éprouvettes, qu'on place dans les étuis A, B.... Ces étuis sont mobiles autour d'un axe, figuré en *ab*, pour l'étui A. Quand on communique au plateau supérieur un mouvement rapide de rotation autour de l'axe CD, les étuis prennent une position sensiblement horizontale. Les corpuscules en suspension dans les liquides se réunissent dans la partie la plus éloignée de l'axe de rotation s'ils sont plus lourds que les liquides, et dans la partie la plus rapprochée de l'axe, s'ils sont plus légers. En arrêtant progressivement la rotation du plateau, les étuis reprennent la position verticale; les corpuscules plus lourds sont rassemblés au fond de l'éprouvette, les corpuscules plus légers à la partie supérieure.

dans des solutions salines refroidies, par exemple, dans le quart de son volume de sulfate de magnésium à 25 p. 100, ou dans la moitié de son volume d'une solution contenant 1 p. 100 de sulfate de magnésium et 2 p. 100 de chlorure ammonique. Le plasma obtenu par ce procédé est souillé par une plus ou moins grande quantité de sel; il se coagule lorsqu'on l'étend d'eau.

3. On peut aussi recevoir le sang dans un dixième de son volume d'une solution d'oxalate de potassium à 1 p. 100; ce sel agit en précipitant les sels de calcium du sang, indispensables à la formation de la fibrine (**467**. A. 3). Le plasma ainsi obtenu est incoagulable, même après dilution.

4. Enfin, on peut retarder de plusieurs jours la coagulation du sang de certains animaux, notamment du chien, en injectant dans les veines de l'animal, dix minutes avant la saignée, 3 cc. par kilo d'animal d'une solution au dixième de propeptone dans du chlorure de sodium à 7 p. 1000.

Le retard de la coagulation est dû à la formation d'une substance anticoagulante dans le foie. M. Delezenne a montré, en effet, que si on fait circuler dans le foie d'un chien une solution de propeptone dans du chlorure de sodium, le liquide acquiert peu à peu la propriété de retarder *in vitro* la coagulation du sang de chien et même celle du sang d'animaux indifférents à l'injection intraveineuse de propeptone, comme le lapin. Cette propriété persiste après l'ébullition du liquide. D'autre part, si on isole le foie de l'organisme chez un chien par la fistule d'Eck, l'injection intravasculaire de propeptone ne détermine plus le retard de la coagulation (Hédon et Delezenne).

462. Propriétés. — Le plasma sanguin est un liquide transparent (1), ambré, d'un goût salé, d'une densité de 1,027 environ chez l'homme; sa réaction est alcaline. — Le plasma pur se coagule, comme le sang, à la température ordinaire, par suite de la formation d'une masse gélatineuse de fibrine, qui se rétracte peu à peu en expulsant du sérum. Mais le plasma donne généralement un peu moins de fibrine que le sang dont il provient.

463. Composition chimique. — La composition moyenne du plasma sanguin de l'homme adulte est la suivante :

Eau	907	p. 1000
Matières albuminoïdes	80	—
— extractives organiques	5	—
— minérales	8	—

(1) Le plasma est légèrement opalescent lorsqu'il provient du sang recueilli après un repas très riche en graisse.

A. Matières albuminoïdes. — Le plasma contient trois matières albuminoïdes ; une albumine, la *sérum-albumine*, et deux globulines, la *sérum-globuline* et le *fibrinogène*.

1. La *sérum-albumine* (**317**) est coagulable vers 75°; on la retrouve dans le sérum, d'où son nom. C'est surtout cette substance qui, dans les cas d'albuminurie, passe dans l'urine.

2. La *sérum-globuline* ou paraglobuline (**320**) se retrouve avec la sérum-albumine dans le sérum. Elle se dissout dans les solutions étendues de sel marin. Ces solutions se coagulent entre 68° et 75°; elles précipitent quand on les sature de chlorure de sodium.

3. Le *fibrinogène* (**326**), ainsi appelé parce que c'est principalement aux dépens de cette substance que se forme la fibrine pendant la coagulation du plasma, est soluble dans les solutions étendues de sel marin, précipitable de ces solutions quand on augmente leur concentration en sel marin, mais bien avant qu'on ait atteint la saturation. Rappelons encore que le fibrinogène en solution se dédouble à 56° en une substance qui se coagule et en une autre globuline qui ne se coagule qu'à 64°.

Les proportions moyennes de ces trois substances albuminoïdes dans le plasma sont les suivantes :

Sérum-albumine.....................	40	p. 1000
Sérum-globuline.....................	30	—
Fibrinogène.........................	10	—

Pour séparer les matières albuminoïdes du plasma sanguin et des liquides analogues, on ajoute un volume égal de solution de chlorure de sodium saturée, qui précipite le fibrinogène; on filtre et on sature le liquide de sulfate de magnésium, qui précipite la globuline. La sérum-albumine reste en solution.

Le plasma donne par sa coagulation 2 à 10 p. 1000 de fibrine (**329**), mais cette substance ne préexiste pas dans le plasma.

Dans certains états pathologiques (suppurations abondantes, néoplasmes), on a constaté dans le sang la présence de peptones; à l'état normal, le sang n'en contient pas, à l'exception du sang venant de l'intestin qui peut en renfermer des traces au moment de la digestion des matières albuminoïdes. Enfin, dans la leucémie, on a signalé la présence d'une matière collagène dans le plasma sanguin.

B. Matières extractives. — En fait de matières extractives le sang contient de l'urée, du glucose, des palmitates, stéarates et oléates alcalins, de la lécithine et l'un de ses produits de décomposition l'acide phosphoglycérique, de la cholestérine, de la créatine, et une foule de substances qui ne s'y trouvent qu'à l'état de traces, notamment de l'acide urique, des bases xanthiques, de l'acide hippurique, de la triméthylamine, des pigments, des ferments solubles.

a) La quantité d'*urée* contenue dans le sang humain n'est à l'état normal que de 0,2 à 0,5 p. 1000. Cette proportion diminue pendant le jeûne et augmente après les repas, ainsi que dans divers états pathologiques (fièvre, urémie).

b) La quantité moyenne de *glucose* contenue dans le sang est de 1 p. 1000. Nous avons vu (**80**. B) comment le foie, en vertu d'une fonction spéciale, maintient cette quantité sensiblement constante à l'état normal. Lorsque la proportion de glucose est inférieure à la normale on dit qu'il y a *hypoglycémie;* lorsqu'elle est supérieure, on dit qu'il y a *hyperglycémie*. Si la quantité de glucose dépasse 3 à 4 p. 1000, du glucose passe dans l'urine (diabète sucré).

c) Le *pigment* normal du plasma sanguin est un pigment lipochrome (**401**), la *sérum-lutéine*; on ne le rencontre qu'à l'état de traces. — Dans l'ictère, les matières colorantes biliaires passent dans le sang et se retrouvent dans le plasma. On peut aussi y trouver de l'urobiline (**397**) dans certains cas d'ictère et dans certaines maladies fébriles aiguës.

d) Enfin, le sang après sa sortie des vaisseaux contient plusieurs *ferments solubles*, notamment un ferment saccharifiant et le ferment glycolytique (**80**. C). Ces divers ferments proviennent très probablement des globules sanguins.

C. Matières minérales. — Voici, d'après C. Schmidt, la composition des cendres provenant de 1000 parties de plasma de sang humain.

Chlorure de sodium	5,546
— de potassium	0,259
Sulfate de potassium	0,281
Phosphate de sodium	0,271
Soude (à l'état de carbonate)	1,532
Phosphate de calcium	0,298
— de magnésium	0,218
	8,050

Le chlorure de sodium est donc le sel le plus abondant du plasma sanguin; après lui vient le bicarbonate de sodium, dont la proportion, calculée d'après le poids de soude contenu dans les cendres, s'élève environ à 3 à 4 p. 1000. L'anhydride carbonique ne figure pas dans le tableau précédent parce qu'on ne peut le doser d'une façon exacte. Le bicarbonate perd en effet de l'anhydride carbonique sous l'influence de la chaleur en donnant du carbonate neutre ; ce sel est à son tour décomposé, en plus ou moins grande quantité, par les acides sulfurique et phosphorique formés pendant l'incinération (page 366, *Note*).

Le plasma renferme aussi de petites quantités de sels ammoniacaux et de sels de magnésium, des traces de fluorures, de silice, de cuivre. — Enfin, on trouve dans le plasma des gaz dissous (anhydride carbonique, oxygène et azote) ; nous en parlerons à propos des gaz du sang.

464. Comparaison entre la composition des globules et celle du plasma. — L'examen de la composition des globules rouges et du plasma conduit aux résultats suivants :

1. La quantité d'eau est beaucoup plus grande dans le plasma (907 p. 1000) que dans les globules (688 p. 1000) ;
2. Le fer existe seulement dans les globules ;
3. Abstraction faite du fer, partie constituante de l'hémoglobine, le plasma et les globules contiennent la même proportion de matières minérales (8 p. 1000) ;
4. Le plasma renferme deux fois plus de chlorures que les globules ;
5. Le plasma du sang humain renferme environ dix fois moins de potassium et trois fois plus de sodium que les globules.

Coagulation du sang.

465. Description du phénomène. — *a*) Le sang, retiré des vaisseaux, se prend au bout de quelques minutes en une masse gélatineuse, par suite de la formation d'un réticulum de filaments microscopiques de fibrine. Cette masse se rétracte lentement, pendant vingt-quatre heures environ, en laissant exsuder un liquide clair, le *sérum*, tandis que le réticulum de fibrine enserre les globules sanguins dans ses mailles, en formant le *caillot sanguin*. La coagulation du sang est accompagnée d'un léger dégagement de chaleur.

Si l'on observe le phénomène de la coagulation sur une goutte de sang au microscope, on voit que les filaments de fibrine paraissent avoir pour point de départ de fines granulations, qui forment les nœuds du réticulum (fig. 69) et qui, d'après M. Hayem, sont des amas d'hématoblastes altérés.

b) Le temps qui s'écoule entre la sortie du sang des vaisseaux et le début de la coagulation varie selon les espèces animales, le sexe, la région vasculaire. Ce temps est généralement plus court pour le sang des oiseaux (1) que pour celui des mammifères, pour celui des mammifères que pour celui des animaux à sang froid, plus court aussi pour le sang de l'homme que pour celui de la femme et pour le sang artériel que pour le sang veineux. Pour l'homme, il varie de 2 à 5 minutes à l'état physiologique.

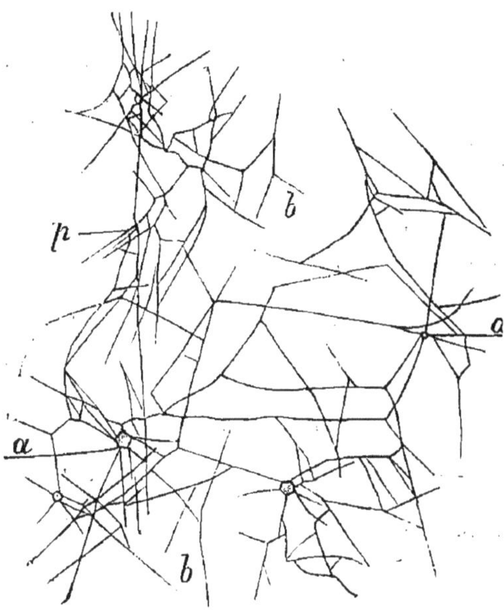

Fig. 69. — Reticulum fibrineux du sang de l'homme.

c) Le volume et la consistance du caillot sanguin varient aussi selon l'origine du sang.

Le caillot sanguin n'est pas absolument homogène ; pendant le peu de temps que le sang reste liquide après sa sortie des vaisseaux, les globules tendent à gagner le fond du récipient, les globules rouges plus rapidement que les globules blancs. Aussi observe-t-on, surtout lorsque le sang est lent à se coaguler et quand il contient beaucoup de globules blancs, qu'il existe à la partie supérieure du caillot deux couches plus ou moins distinctes : l'une, tout à fait superficielle, ne contient presque pas de globules ; l'autre, appelée autrefois *couenne inflammatoire*, ne contient que des globules blancs.

466. Influence des agents extérieurs. — *a*) Certaines conditions extérieures hâtent l'apparition du phénomène de la coagulation. Il faut citer en première ligne l'influence des corps étrangers, surtout des corps rugueux, et le contact de l'air. Ces deux conditions se trouvent réalisées quand on bat le sang, immédiatement après sa sortie des vaisseaux, avec un

(1) M. Delezenne a montré récemment que le sang des oiseaux n'est rapidement coagulable que quand il s'est écoulé par une plaie, parce qu'il emprunte aux tissus lésés environnants et notamment aux muscles un fibrine-ferment (**467**, 2) très actif. Le sang des oiseaux, lorsqu'on le fait écouler du vaisseau par une canule, met au contraire plusieurs heures à se coaguler.

faisceau de brindilles. Dans ces conditions, la fibrine se forme très rapidement et se rétracte en gros filaments blanchâtres adhérents aux brindilles, tandis que les globules restent en suspension dans le sérum ; ce mélange constitue le sang défibriné.

Au contraire, le sang ne se coagule que beaucoup plus tard si on le soustrait à l'action de l'air et au contact des corps rugueux, par exemple en le recevant dans un vase enduit de vaseline par une canule huilée et sous une couche d'huile.

b) Nous avons déjà vu (**461**) que l'on peut retarder ou empêcher la coagulation du sang de plusieurs façons, notamment par l'addition de sels neutres. On arrive au même résultat par l'emploi d'eau sucrée, de glycérine, d'acides ou d'alcalis dilués, et en saturant le sang d'anhydride carbonique.

467. Mécanisme de la coagulation. — De nombreuses expériences ont été instituées, dans les conditions les plus diverses, en vue d'éclaircir le mécanisme de la coagulation ; elles ont donné lieu à un grand nombre de théories.

A. — La plupart des auteurs considèrent aujourd'hui la coagulation du sang comme le résultat du dédoublement du fibrinogène en présence des sels de calcium solubles du sang et sous l'influence d'un ferment soluble, le *fibrine-ferment* ; l'un des produits de dédoublement du fibrinogène se combine aux sels de calcium pour former la fibrine. Cette manière de voir repose sur les faits suivants, établis par les expériences de MM. A. Schmidt, Hammarsten, Arthus et Pagès.

1. La fibrine se forme aux dépens du fibrinogène, car le plasma sanguin contient du fibrinogène, tandis que le sérum n'en contient pas. D'autre part, la transformation du fibrinogène en fibrine est un phénomène de dédoublement, car le poids de fibrine est inférieur au poids de fibrinogène contenu dans le plasma ; en outre, le sérum contient une petite quantité de globuline coagulable vers 64°, qui n'existait pas dans le plasma.

2. Le dédoublement du fibrinogène n'est pas spontané ; en effet, certains liquides pathologiques, tels que la sérosité péritonéale et le liquide de l'hydrocèle, contenant du fibrinogène et présentant la même composition qualitative que le plasma sanguin, ne sont pas spontanément coagulables. Ces liquides se coagulent quand on les additionne de sérum sanguin. L'agent de coagulation contenu dans le sérum sanguin est un ferment soluble, le *fibrine-ferment* (1) ; en effet, l'alcool le précipite du sérum, l'eau

(1) Pour extraire le fibrine-ferment, on traite le sérum sanguin par dix fois son volume d'alcool absolu et on abandonne le mélange pendant deux ou trois semaines, de

le redissout du précipité et une température de 100° lui fait perdre son activité; ce sont bien là les propriétés des ferments solubles.

Le fibrine-ferment ne préexiste pas dans le plasma sanguin, car il se trouverait alors, en même temps que tous les autres principes du plasma, dans les liquides de transsudation tels que la sérosité péritonéale et le liquide de l'hydrocèle. Ce ferment provient des globules blancs; en effet, lorsque ces liquides de transsudation, par suite de processus inflammatoires, contiennent des globules blancs, ils deviennent spontanément coagulables; nous verrons que la lymphe, qui a la même composition qualitative que le plasma sanguin et qui contient des globules blancs, se coagule spontanément. L'expérience suivante montre que, dans le sang aussi, le fibrine-ferment provient des globules blancs et non des globules rouges. On isole, entre deux ligatures, un fragment de veine jugulaire de cheval et on suspend ce fragment verticalement, de manière à laisser déposer les globules par ordre de densité. On sépare alors le contenu de la veine en trois parties par deux ligatures, l'une un peu au-dessus de la couche des globules blancs, l'autre un peu au-dessous. Puis, on fait agir sur des liquides de transsudation non spontanément coagulables le liquide de la couche inférieure, ne contenant que des globules rouges, et celui de la couche moyenne, contenant les globules blancs; le dernier liquide seul détermine la coagulation.

3. Enfin, la transformation du fibrinogène en fibrine exige la présence de sels de calcium solubles. En effet, si on ajoute à du sang au sortir des vaisseaux des substances, comme l'oxalate ou le fluorure de sodium, qui précipitent les sels de calcium, le sang perd la propriété de se coaguler. Il recouvre cette propriété par l'addition d'un sel soluble de calcium, en quantité plus que suffisante pour précipiter l'excès d'oxalate ou de fluorure. Les sels de calcium jouent un rôle double dans la coagulation du sang : ils permettent le dédoublement du fibrinogène et se combinent à l'un des produits de dédoublement pour former la fibrine. La fibrine contient toujours du calcium, tandis que le fibrinogène pur n'en contient pas.

Parmi les nombreuses théories qui ont précédé celle que nous venons d'exposer, nous ne citerons que celle de Denis (de Commercy) et celle d'A. Schmidt.

B. — Denis, en saturant de chlorure de sodium du plasma san-

manière à coaguler les matières albuminoïdes. On recueille le précipité sur un filtre et on le dessèche dans le vide; en traitant le résidu par de l'eau et filtrant, on obtient une solution de fibrine-ferment.

guin obtenu par la méthode au sulfate de sodium, précipitait une substance qu'il avait appelée *plasmine*, mais qui, d'après nos connaissances actuelles, n'est qu'un mélange de sérum-globuline et de fibrinogène. La plasmine de Denis se dissout facilement dans l'eau à la faveur du chlorure de sodium dont elle reste souillée. La solution obtenue se coagule spontanément en donnant de la fibrine insoluble (1), tandis qu'une substance albuminoïde reste en solution. Ce que Denis interprétait en disant que la coagulation du sang est due au dédoublement de la plasmine en fibrine concrète et en fibrine soluble. En réalité, la fibrine soluble de Denis est constituée par la sérum-globuline qui préexistait dans la plasmine et par l'un des produits de dédoublement du fibrinogène.

C. — D'après A. Schmidt, la fibrine se formerait aux dépens du fibrinogène et de la sérum-globuline, à laquelle il a donné le nom de substance fibrinoplastique, sous l'influence du fibrine-ferment. D'après M. Hammarsten, la sérum-globuline n'intervient pas dans la formation de la fibrine. MM. Arthus et Pagès, en montrant le rôle des sels de calcium dans la coagulation, ont expliqué la contradiction apparente des expériences sur lesquelles Schmidt et M. Hammarsten basaient chacun leur manière de voir.

Sérum sanguin.

468. Préparation. — Le sérum sanguin se prépare, ainsi que nous l'avons déjà vu, en abandonnant le sang à la coagulation et en laissant le coagulum se rétracter. Un litre de sang coagulé, abandonné à 10° ou 15°, donne au bout de 24 heures 400 centimètres cubes environ de sérum.

On peut aussi obtenir du sérum en défibrinant le sang par le battage et en soumettant à l'action de la force centrifuge le sang défibriné, de manière à en séparer les globules. Préparé par ce procédé, le sérum contient un peu d'hémoglobine en solution, qui s'est extravasée des globules pendant le battage du sang.

469. Propriétés. — *a*) La densité et l'alcalinité sont un peu plus faibles pour le sérum que pour le plasma. Au point de vue de sa composition, le sérum diffère du plasma sanguin par l'absence de fibrinogène et par la présence du fibrine-ferment et d'une petite quantité d'une globuline provenant du dédoublement du

(1) Les sels de calcium et le fibrine-ferment nécessaires à la coagulation avaient été précipités du plasma sanguin, en même temps que la plasmine.

fibrinogène. Toutes les autres substances que nous avons signalées dans le plasma sont contenues dans le sérum et c'est, en pratique, dans le sérum qu'on les a recherchées ou dosées, à cause de la facilité de sa préparation.

b) Les recherches de M. Landois ont montré que le sérum sanguin d'un animal avait la propriété de détruire *in vitro* les globules du sang d'un animal d'une autre espèce, avec plus ou moins de rapidité selon les espèces. Ce pouvoir *globulicide* du sérum est dû à la présence d'une substance de nature jusqu'ici inconnue, mais altérable par la chaleur ; le sérum perd en effet son pouvoir globulicide lorsqu'on le chauffe entre 50° et 60° pendant une demi-heure.

c) Le sérum sanguin injecté dans les veines tue les animaux. Son action est due principalement à la présence du fibrine-ferment qui détermine la formation de caillots sanguins dans les vaisseaux (M. Hayem). Le sérum sanguin perd son pouvoir coagulant quand on le chauffe pendant une heure à 55°. MM. Mairet et Bosc ont montré que le sérum, privé par ce procédé de ses propriétés coagulantes, possède encore des propriétés toxiques. Certains symptômes, observés à la suite de l'injection de sérum sanguin et attribués généralement à ses propriétés coagulantes, doivent être attribués, d'après ces savants, à ses propriétés toxiques.

Gaz du sang.

470. Composition. — Le sang dégage dans le vide (**478**) de l'oxygène, de l'anhydride carbonique et de l'azote. Le sang artériel contient plus d'oxygène et moins d'anhydride carbonique que le sang veineux, ainsi que le montrent les chiffres du tableau suivant, relatifs au sang de chien :

	Gaz, mesurés à 0° et à 760^{mm}, dégagés par 100 cc. de sang.	
	Sang artériel.	Sang veineux.
Oxygène	21 cc.	12 cc.
Anhydride carbonique	38 —	46 —
Azote	2 —	2 —

On a signalé aussi, surtout dans le sang des herbivores, des traces d'hydrogène et de méthane, provenant des gaz intestinaux absorbés par le sang.

A. Oxygène. — La quantité d'oxygène qu'on peut extraire du sang est environ 80 fois plus élevée que celle que peut dissoudre le plasma; la plus grande partie de l'oxygène se trouve dans le sang en combinaison avec l'hémoglobine des globules rouges (**374.** B). Cette combinaison est dissociable à la température du corps et même à la température ordinaire. Le sang artériel, n'est pas complètement saturé d'oxygène; il peut en fixer encore une petite quantité quand on l'agite à l'air. Le sang veineux est toujours plus pauvre en oxygène que le sang artériel, mais il en contient toujours une certaine quantité; l'oxygène n'en disparaît à peu près complètement que dans l'asphyxie.

La quantité d'oxygène qu'on peut extraire du sang artériel varie avec les espèces animales, et pour une même espèce animale, avec diverses conditions physiologiques ou pathologiques. Elle augmente avec le nombre des hématies et la quantité d'hémoglobine, avec la fréquence et l'ampleur des mouvements respiratoires, pendant l'activité musculaire et pendant la veille; elle diminue par les causes inverses. — La quantité d'oxygène du sang veineux qui sort d'un organe déterminé dépend naturellement de celle du sang artériel qui y est entré; elle varie aussi selon les organes, leur état d'activité ou de repos, la vitesse du sang dans les organes.

B. Anhydride carbonique. — La quantité d'anhydride carbonique que dégage le sang dans le vide est aussi beaucoup trop forte pour qu'on puisse admettre que ce gaz se trouve à l'état de simple solution dans le sang. En effet, la pression de l'anhydride carbonique dans le sang artériel est de 21 millimètres et dans le sang veineux de 41 millimètres de mercure. A ces pressions respectives, le sang ne peut dissoudre que 1cc,75 et 2cc,5 d'anhydride carbonique p. 100; or nous avons vu que le sang dégage dans le vide 38cc ou 46cc p. 100, selon qu'il provient des artères ou des veines. L'anhydride carbonique se trouve donc, au moins en grande partie, à l'état de combinaison dans le sang.

a) La majeure partie de l'anhydride carbonique combiné se trouve dans le plasma sanguin à l'état de carbonate acide de sodium. Quand on soumet ce liquide à l'action du vide, le carbonate acide perd la moitié de son anhydride carbonique et passe à l'état de carbonate neutre.

$$\underbrace{2CO^3NaH}_{\text{Carbonate acide de sodium.}} = \underbrace{CO^2}_{\text{Anhydride carbonique.}} + \underbrace{CO^3Na^2}_{\text{Carbonate neutre de sodium.}} + H^2O$$

b) Une partie de l'anhydride carbonique combiné, de un cinquième à un dixième selon les auteurs, est contenue dans les globules sanguins, probablement en combinaison avec l'hémoglobine (**374**. B. *b*).

Le plasma et le sérum sanguin ne perdent dans le vide, d'après ce qui a été dit plus haut, que la moitié de l'anhydride carbonique combiné à l'état de bicarbonate. L'autre moitié reste sous forme de carbonate neutre et ne se dégage que si on ajoute un acide, qui décompose ce carbonate neutre. Le sang perd au contraire dans le vide la totalité de l'anhydride carbonique combiné; si l'on ajoute de petites quantités de carbonate de sodium au sang, le carbonate ajouté est lui-même complètement décomposé. Cette différence entre le plasma et le sang ne peut être attribuée qu'aux globules sanguins, qui font défaut dans le plasma. Nous avons vu que l'hémoglobine que renferme les globules se comporte comme un acide faible (**374**. B. c). En présence des carbonates en solution, l'hémoglobine déplace une certaine dose d'anhydride carbonique dont la présence dans le liquide limite la réaction; si on élimine par le vide l'anhydride carbonique du champ de la réaction, une nouvelle quantité de carbonate sera décomposée et ainsi de suite jusqu'à la décomposition complète du carbonate.

Le sang, qu'il soit artériel ou veineux, dégage toujours de l'anhydride carbonique dans le vide. La proportion de ce gaz dans le sang artériel est même plus forte que celle de l'oxygène. L'anhydride carbonique du sang augmente considérablement dans l'asphyxie, où sa proportion peut s'élever au-dessus de 52 vol. p. 100 vol. de sang.

Azote. — L'azote que dégage le sang dans le vide ne se trouve pas à l'état de combinaison dans le sang. Cependant le sang absorbe un peu plus d'azote que le sérum; MM. Jolyet et Sigalas attribuent cette particularité à une action physique exercée par les globules.

Analyse du sang.

471. Numération des globules rouges. — Le principe de la méthode de numération des globules consiste à diluer le sang à un titre connu, à 1/248 par exemple, et à compter au microscope les globules contenus dans un volume connu de la dilution, par exemple dans un cube de 1 cinquième de millimètre de côté. En multipliant le nombre trouvé n par l'inverse du titre de la solution (248 dans le cas de l'exemple), on obtient le nombre des globules contenus dans un cube de sang de 1 cinquième de millimètre de côté. Pour avoir le nombre N de globules par millimètre cube de sang, il suffira de multiplier le nombre précédent par 125; il y a en effet 125 cubes de 1 cinquième de millimètre de côté dans 1 millimètre cube. On a donc la relation :

$$N = n \times 248 \times 125 = n \times 31.000.$$

a) Pour diluer le sang, on emploie une solution saline, par exemple du sulfate de sodium à 3 p. 100, qu'on désigne généralement sous le nom impropre de *sérum artificiel* (1); l'eau pure détruirait les globules. On mesure à l'aide d'une petite pipette graduée spéciale (fig. 71, A), un demi-centimètre cube, soit 500 millimètres cu-

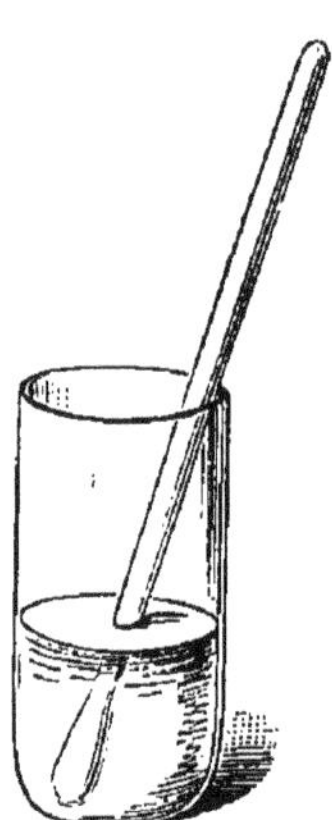

Fig. 70. — Éprouvette (grossie).

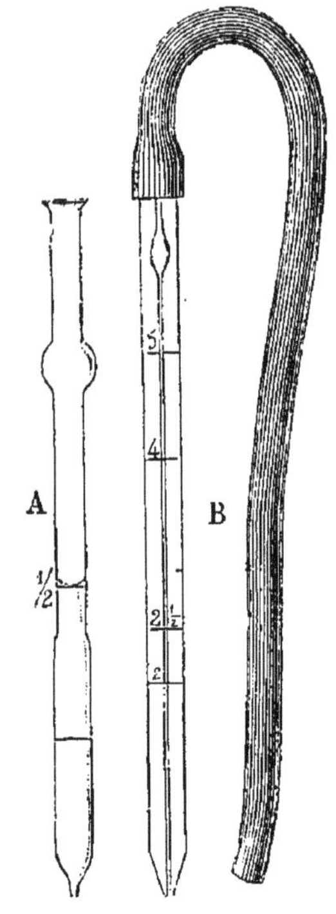

Fig. 71. — Pipettes pour diluer le sang.

bes, de sérum artificiel, qu'on verse dans une petite éprouvette (fig. 70); il ne s'écoule en réalité que 494 millimètres cubes, le reste adhérant aux parois de la pipette. Par une piqûre faite sur le doigt du sujet dont on veut examiner le sang, on fait sourdre une

(1) On peut aussi employer une solution ainsi composée :

Eau distillée	200	grammes.
Chlorure de sodium pur	1	—
Sulfate de sodium pur	1	—
Bichlorure de mercure	0,50	—

goutte de sang, dans laquelle on puise par aspiration 2 millimètres cubes, à l'aide d'une pipette spéciale à tube capillaire (fig. 71, B). On introduit cette quantité de sang dans l'éprouvette contenant les 494 millimètres de sérum, en soufflant dans la pipette ; pour faire écouler le sang qui adhère aux parois de la pipette, on aspire et on rejette à plusieurs reprises le mélange de l'éprouvette à travers la pipette. A l'aide d'un petit agitateur, on mélange bien le sérum artificiel avec le sang. Le titre du mélange est $\frac{2}{494+2}=\frac{1}{248}$.

b) Pour compter les globules dans ce mélange, on se sert d'appareils appelés *hématimètres*. L'hématimètre le plus simple se compose d'une lame de verre porte-objet, bien plane, sur laquelle est collée une lamelle de verre de 1 cinquième de millimètre d'épaisseur, perforée en son centre d'un trou de 1 centimètre de diamètre (fig. 72). Sur le fond de cette sorte de cu-

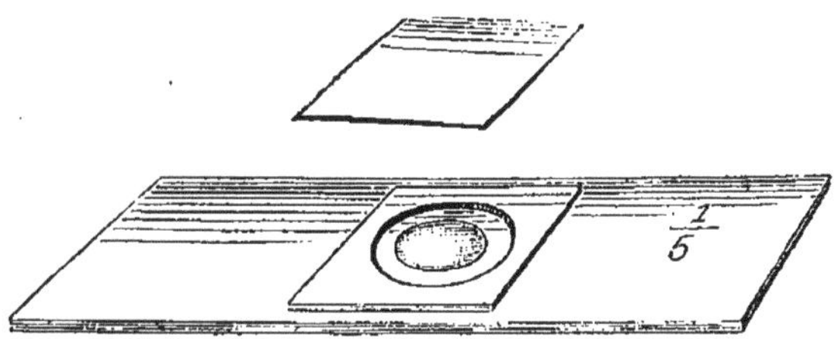

Fig. 72. — Cellule calibrée pour la numération des globules.

vette très plate formée par le système des deux lames, sont gravés des carrés de 1 cinquième de millimètre de côté (1), divisés en 16 ou 20 carrés plus petits.

L'hématimètre étant disposé sur la platine d'un microscope, on dépose au centre de la cuvette une goutte du sang dilué, et on la recouvre d'une lamelle couvre-objet, qu'on laisse tomber doucement et bien à plat. La goutte s'étale (2) et forme une couche de 1 cinquième de millimètre d'épaisseur, dont les globules se déposent au bout de peu de temps. Les globules dé-

(1) Dans l'hématimètre de MM. Hayem et Nachet, les carrés ne sont pas gravés sur le fond de la cuvette ; un seul carré de dimensions plus grandes est disposé sous l'hématimètre avec un système de lentilles qui en projette sur le fond de la cuvette une image d'un cinquième de millimètre de côté. Comme l'hématimètre est indépendant du système qui projette cette image, on peut, en déplaçant légèrement l'hématimètre, faire plusieurs numérations à divers endroits de la préparation et prendre la moyenne.

(2) La goutte ne doit pas, en s'étalant, toucher les parois latérales de la cuvette, car les globules ne seraient plus alors uniformément répartis dans la goutte qu'on examine.

posés dans un des grands carrés gravés sur le fond de la cuvette sont ceux qui étaient contenus dans un cube de 1 cinquième de millimètre de côté. On met au point et on compte les globules avec soin; la division du carré en carrés plus petits facilite cette numération (fig. 73). Pour plus de précision, on peut effectuer la numération sur plusieurs grands carrés et prendre la moyenne. Le nombre trouvé (170 environ pour le sang normal) multiplié par 31.000 représente le nombre des globules par millimètre cube de sang.

472. Numération des globules blancs. — Pour pouvoir compter les globules blancs, qui sont beaucoup moins nombreux

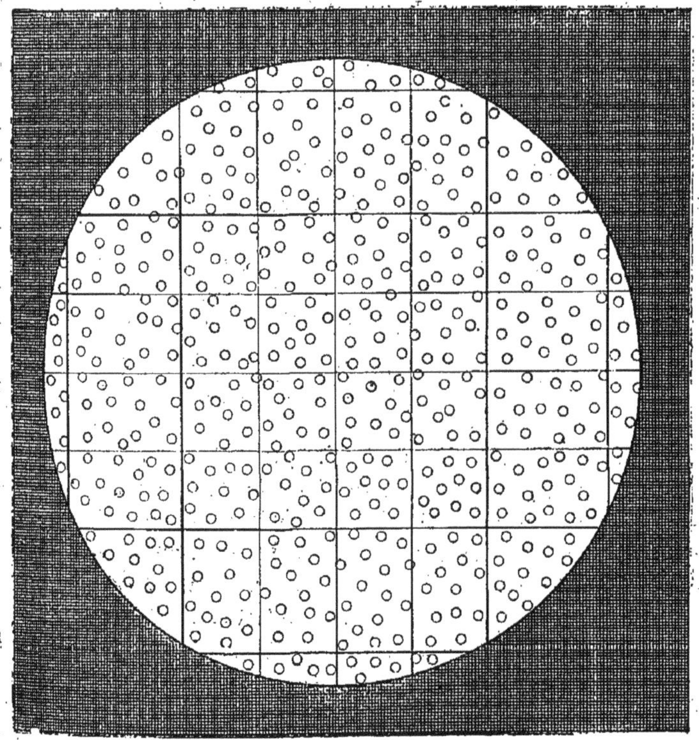

Fig. 73. — Numération des globules.

que les rouges, on opère comme précédemment, mais on a soin de compter les globules blancs contenus dans dix grands carrés et on multiplie le nombre des globules blancs trouvé par 3.100 au lieu de 31.000.

Il est parfois difficile de distinguer certains globules blancs des globules rouges, et la moindre erreur dans la numération entraîne des erreurs relatives considérables, parce que le nombre des globules blancs contenus dans dix grands carrés est peu élevé (5 à 6 pour le sang normal). Aussi vaut-il mieux opérer de la façon suivante : on dilue le sang au dixième en ajoutant à 1 partie de sang 9 parties d'acide acétique à 0,3 p. 100, qui dissout les globules rouges. On opère la numération comme celle des globules rouges, mais on multiplie le nombre trouvé par 10×125 c'est-à-dire par 1.250.

473. Détermination de la densité. — Pour déterminer rapidement la densité du sang, en n'opérant que sur de petites quantités, on prépare des mélanges de glycérine et d'eau de densités différentes et connues, et on projette une goutte de sang dans chaque mélange. La densité du sang est égale à celle du mélange dans lequel la goutte reste en équilibre, sans monter ni descendre (Roy). M. Dastre a proposé l'emploi de mélanges d'huile d'olive et de tétrachlorure de carbone, qui ont l'avantage de ne pas être miscibles avec le sang et de retarder la coagulation assez longtemps pour que la goutte puisse prendre son équilibre avant d'éprouver aucune modification.

474. Dosage de la fibrine. — On reçoit du sang dans un flacon qu'on peut boucher avec un bouchon en caoutchouc traversé par un batteur en baleines, large à sa partie inférieure. Le flacon, avec son bouchon, est pesé vide, puis avec le sang ; on a par différence le poids du sang. On bat le sang en agitant le flacon pendant dix minutes environ ; la fibrine se sépare. On remplit alors presque entièrement le flacon avec de l'eau et on laisse déposer la fibrine. On décante le liquide, on jette la fibrine sur un filtre pesé à l'avance et on ajoute les flocons qui adhèrent aux baleines; on lave d'abord avec de l'eau faiblement salée, puis avec de l'eau pure, enfin avec de l'alcool bouillant. On dessèche le filtre et son contenu à 110° et on pèse. En retranchant du poids total le poids du filtre, on obtient celui de la fibrine.

475. Dosage des globules humides. — Plusieurs méthodes ont été employées pour déterminer les quantités relatives du plasma et des globules humides. La plupart sont indirectes, à cause de la difficulté que présente la séparation des globules d'avec le plasma. Nous n'indiquerons que la méthode de M. A. Gautier qui donnera une idée des artifices auxquels il faut avoir recours. Ce procédé est basé sur ce fait qu'une solution de chlorure d'ammonium et de sulfate de magnésium n'altère pas les globules et retarde la coagulation, de telle façon que les globules peuvent être séparés par filtration, lavés avec la même solution saline et pesés à l'état humide. En dosant la quantité de chlorure d'ammonium dans les globules, on peut calculer la quantité de solution interposée ; il suffit pour cela de connaître exactement la richesse en chlorure d'ammonium de la solution employée.

Voici comment on opère : on reçoit au sortir de la veine 30 grammes environ de sang dans une éprouvette tarée et refroidie, qui contient déjà 30 grammes d'une solution renfermant exactement 16 p. 1000 de chlorure ammonique et 12 p. 1000 de sulfate de magnésium. On pèse de nouveau l'éprouvette pour avoir le poids exact du sang. On abandonne le mélange pendant quelques heures à basse température, pour laisser déposer les globules; on décante alors le liquide et on jette le dépôt sur un filtre préalablement taré, puis mouillé avec la solution saline. On laisse écouler le plasma salé et, pour enlever les dernières portions de plasma interposé entre les globules, on lave les globules sur le filtre avec la solution saline refroidie, en ayant soin de recouvrir le filtre pour éviter l'évaporation. On porte ensuite le filtre sur un lit épais de papier buvard en le recouvrant d'un vase de verre, de manière à absorber la majeure partie du liquide tout en évitant l'évaporation, et on pèse le filtre au bout d'une demi-heure. Pour obtenir le poids des globules humides, il faut retrancher du poids trouvé celui du filtre qui est connu, et celui de la solution saline qui imprègne encore les globules. — On détermine ce dernier poids en dosant le chlorure ammonique que renferme la masse. Pour cela, on fait bouillir le filtre et son contenu avec de l'eau ; lse matières albuminoïdes sont coagulées, on les sépare par filtration et on dose l'ammoniaque dans le liquide filtré. A cet effet, on le chauffe avec du carbonate de baryum fraîchemen précipité et on recueille l'ammoniaque qui se dégage dans un volume déterminé d'acide sulfurique titré. D'après la quantité d'acide qui a été neutralisée, on calcule le poids d'ammoniaque et celui du chlorure ammonique; on en déduit le poids de la solution qui imprégnait le filtre et les globules.

Connaissant le poids G de globules humides contenu dans 100 grammes de sang et le poids F de fibrine fourni par ce même poids de sang, on peut calculer facilement le poids P du plasma et le poids S du sérum ; nous savons en effet que

$$P = 100 - G$$
$$S = 100 - G - F$$

A l'aide de ces données, les diverses substances dosées dans le sérum pourront être rapportées à 100 grammes de sang total ou à 100 grammes de plasma par une simple proportion.

476. Hémoalcalimétrie. — *a*) Nous avons vu que le sang présente toujours une réaction alcaline au tournesol et que l'intensité de cette réaction diminue rapidement après sa sortie des vaisseaux. Aussi la mesure de l'alcalinité du sang ou *hémoalcalimétrie* doit-elle être effectuée en quelques secondes. Voici la méthode clinique dont s'est servi M. R. Drouin (1): Dans dix petits godets de porcelaine, on verse, à l'aide d'un compte-gouttes spécial, 1, 2, 3 ...10 gouttes d'une solution titrée d'acide oxalique à 2,1 p. 1000 et on égalise les volumes par l'addition d'un nombre convenable de gouttes de sulfate de sodium à 10 p. 100; si on a déterminé préalablement le poids d'une goutte de la solution acide, on saura la quantité d'acide oxalique contenue dans chaque godet. On fait ensuite arriver dans chaque godet un volume connu de sang, le même pour tous. Pour cela, on verse dans un tout petit verre à expérience 250 millimètres cubes de sulfate de sodium à 10 p. 100 et on y fait ensuite arriver un volume sensiblement égal de sang, obtenu par la piqûre du doigt. A l'aide d'une pipette graduée spéciale, on aspire le mélange, on lit son volume et on en verse 50 millimètres cubes dans chaque godet; il est facile de calculer, d'après le volume total, la quantité de sang que représentent ces 50 millimètres cubes de mélange. On plonge enfin dans chaque liquide une étroite bandelette de papier de tournesol très sensible, pour déterminer quel est celui qui a été exactement neutralisé. On connaîtra ainsi la quantité d'acide oxalique nécessaire pour neutraliser un volume connu de sang.

b) Pour des essais comparatifs, on peut se contenter de mesurer par le même procédé l'alcalinité du sérum, qui est plus faible que celle du sang mais qui lui est sensiblement proportionnelle.

M. Drouin s'est aussi servi du procédé suivant : on verse un demi centimètre cube de sérum dans un petit verre contenant déjà un centimètre cube d'eau, on ajoute comme réactif indicateur une goutte d'une solution alcoolique de phénolphtaléine à 1 p. 100, et on chauffe modérément au bain de sable; les matières albuminoïdes se coagulent et le liquide se colore en rouge. A l'aide d'une burette spéciale, on verse dans le liquide préalablement refroidi de l'acide sulfurique titré à 1 p. 1.000, jusqu'à décoloration.

(1) *Hémoalcalimétrie, hémoacidimétrie.* — Thèse de Paris, 1891.

M. Drouin a trouvé par ce dernier procédé que le sérum du sang humain présente une alcalinité moyenne correspondant à 0,866 gr. d'acide sulfurique pour 1 litre de sérum.

477. Hémoacidimétrie. — L'alcalinité du sang est due, ainsi que nous l'avons vu, à des sels tels que le carbonate acide de sodium CO^3NaH et le phosphate disodique PhO^4Na^2H. Ces sels, malgré leur réaction alcaline au tournesol, sont des sels à fonction acide, c'est-à-dire susceptibles de se combiner encore avec des bases pour donner des sels théoriquement neutres.

$$\underbrace{CO^3NaH}_{\text{Carbonate acide de sodium.}} + \underbrace{NaOH}_{\text{Soude.}} = \underbrace{CO^3Na^2}_{\text{Carbonate neutre de sodium.}} + \underbrace{H^2O}_{\text{Eau.}}$$

L'hémoacidimétrie consiste à doser volumétriquement la quantité de soude nécessaire pour transformer les sels acides du sérum et l'anhydride carbonique dissous en sels théoriquement neutres. Voici la méthode de M. Drouin pour mesurer le degré acidimétrique du sérum : on ajoute à un demi centimètre cube de sérum une quantité connue de soude, supérieure à celle qui est nécessaire pour former les sels neutres et on dose ensuite l'excès de soude à l'aide d'un acide titré, après avoir préalablement précipité par le chlorure de baryum les sels neutres formés. La différence entre la quantité totale de soude employée et la quantité qui n'a pas été neutralisée représente le degré hémoacidimétrique du demi centimètre cube de sérum, sur lequel a porté l'essai. — La quantité de soude neutralisée par 1 litre de sérum est, à l'état normal, de $0^{gr},6$ à $0^{gr},7$.

478. Extraction et dosage des gaz du sang. — A. EXTRACTION. — On extrait généralement les gaz du sang à l'aide de la pompe à mercure (fig. 74). Cet appareil se compose d'un tube barométrique vertical T, dont la longueur dépasse 76 centimètres. Ce tube porte à sa partie supérieure une ampoule A et se continue au delà de cette ampoule par un tube effilé, qui débouche dans une petite cuvette C remplie de mercure; entre l'ampoule et la cuvette, ce dernier tube reçoit à angle droit un autre tube *t*, qu'on met en communication avec les récipients où l'on veut faire le vide. A l'intersection des tubes horizontal et vertical se trouve un robinet à trois voies R qui permet, soit d'intercepter toutes communications (position 3), soit de faire communiquer les deux parties inférieure et supérieure du tube vertical entre elles (position 1) ou la partie inférieure du tube vertical avec le tube horizontal *t* (position 2). Le tube barométrique T communique à sa partie inférieure par un tube de caoutchouc avec un réservoir B mobile dans le sens vertical. Pour remplir l'appareil de mercure, on place le robinet dans la position 1, on élève le réservoir B à l'extrémité de sa course et on y verse du mercure

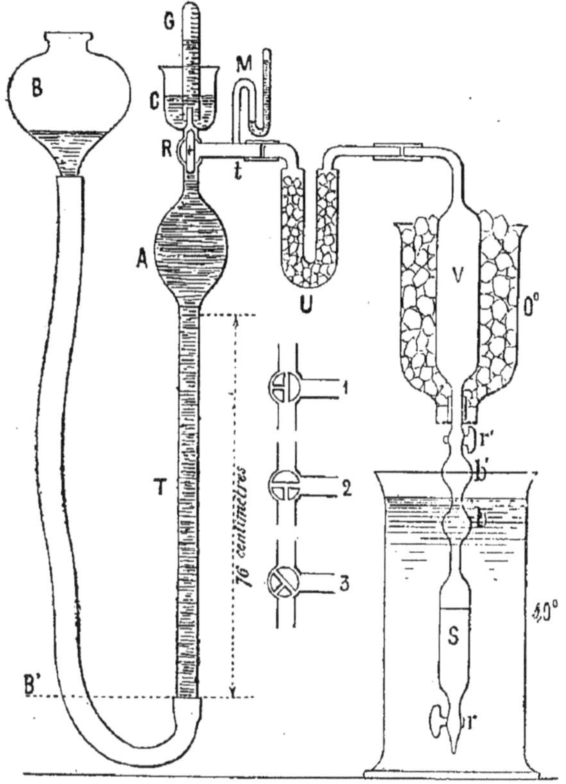

Fig. 74. — Pompe à mercure, reliée au récipient de M. A. Gautier.

jusqu'à ce que le niveau dans les deux branches ait dépassé le robinet R.

Pour faire le vide dans un récipient en communication avec le tube *t*, on ferme le robinet R en lui donnant la position 3 et on abaisse le réservoir mobile B jusqu'en B'; le vide se fait dans l'ampoule A. On met celle-ci en communication avec le récipient en tournant le robinet dans la position 2; dès lors une partie de l'air du récipient passe dans l'ampoule. Pour chasser cet air hors de l'appareil, on ferme le robinet (position 3), on élève le réservoir en B et on tourne le robinet dans la position 1. Le mercure remonte dans l'ampoule et expulse les gaz par l'extrémité effilée du tube vertical. On recommence cette série d'opérations jusqu'à ce que le vide soit fait dans le récipient, c'est-à-dire jusqu'à ce que le mercure soit sensiblement au même niveau dans les deux branches du manomètre M.

Lorsque le récipient est vide d'air, il s'agit d'y introduire à l'abri de l'air une quantité connue de sang. On se servait autrefois, comme récipients, de simples ballons résistants et on y faisait pénétrer le sang par l'extrémité effilée du tube vertical, en orientant convenablement le robinet à trois voies. On se sert presque exclusivement aujourd'hui de récipients à robinets où l'on fait pénétrer directement le sang. Plusieurs modèles de ces récipients ont été proposés; nous décrirons celui de M. A. Gautier, l'un des plus commodes. Il se compose d'une pipette S de 300 cent. cubes de capacité environ, munie de deux robinets *rr'*. Avant d'y faire le vide, on y introduit une petite quantité d'une solution d'oxalate de potassium à 1 p. 100 (1), on fait arriver dans les boules *bb'* une trace d'huile, destinée plus tard à éviter la mousse, et on pèse la pipette. On la relie à la pompe par un tube V, maintenu à 0° de manière à condenser la plus grande partie de la vapeur d'eau, et par un tube en U, de poids connu, contenant des fragments de verre imprégnés d'acide sulfurique pour arrêter les dernières traces d'eau. Une fois le vide fait dans tout le système, on adapte au robinet *r* une canule de caoutchouc, remplie de la solution d'oxalate de potassium, qu'on met en rapport avec le vaisseau d'où l'on veut extraire le sang. En ouvrant avec précaution le robinet *r*, on fait pénétrer dans la pipette S, l'oxalate de la canule, puis le sang du vaisseau. On ferme le robinet et on fait plonger la pipette dans un bain d'eau à 40°. Le sang ne tarde pas à bouillir et les gaz se dégagent; la mousse disparaît en *b* et *b'*, la vapeur d'eau est arrêtée en V et en U. On extrait alors les gaz du sang comme on a extrait au début l'air du récipient, mais on recueille les gaz en disposant au-dessus de l'extrémité effilée du tube barométrique un tube gradué G plein de mercure.

Pour déterminer la quantité de sang sur laquelle on a opéré, on pèse de nouveau la pipette et le tube en U. Leur augmentation de poids indique le poids du sang et de la solution d'oxalate que contenait la canule. Il sera facile de déterminer le poids de cette solution et de connaître par conséquent le poids du sang.

B. Analyse des gaz. — L'analyse des gaz du sang se fait en

(1) Ce sel est destiné à empêcher la coagulation du sang qui sera introduit dans la pipette (**467**, A, 3).

absorbant l'anhydride carbonique par la potasse, et l'oxygène par le pyrogallate de potassium. En lisant dans les mêmes conditions le volume gazeux primitif et les volumes qui subsistent après chacune de ces opérations, on obtient par différence l'anhydride carbonique et l'oxygène (1). Le résidu est l'azote.

479. Dosage de l'hémoglobine. — A. PROCÉDÉS PHYSIQUES. — 1. PROCÉDÉ DIAPHANOMÉTRIQUE PAR L'HÉMATOSCOPE DE M. HÉNOCQUE. — Ce procédé, approximatif mais très rapide, est basé sur ce que l'opacité du sang est plus ou moins grande selon qu'il renferme

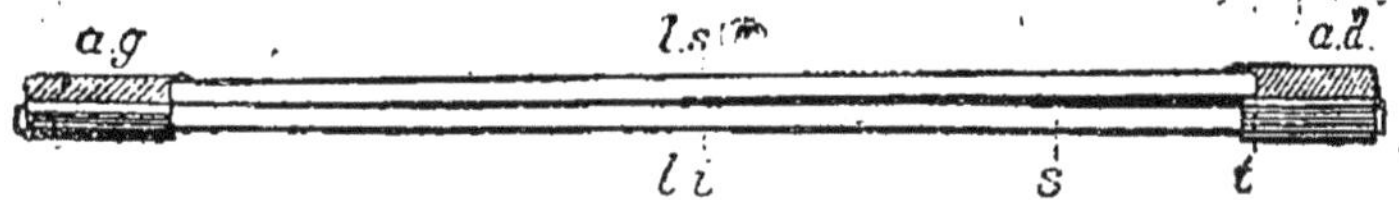

Fig. 75. — Hématoscope de M. Henocque en coupe verticale.

plus ou moins d'hémoglobine. L'hématoscope de M. Hénocque (fig. 75) se compose de deux lamelles de verre *ls* et *li*, de 7 à 8 centimètres de long, formant entre elles un angle très aigu; leur

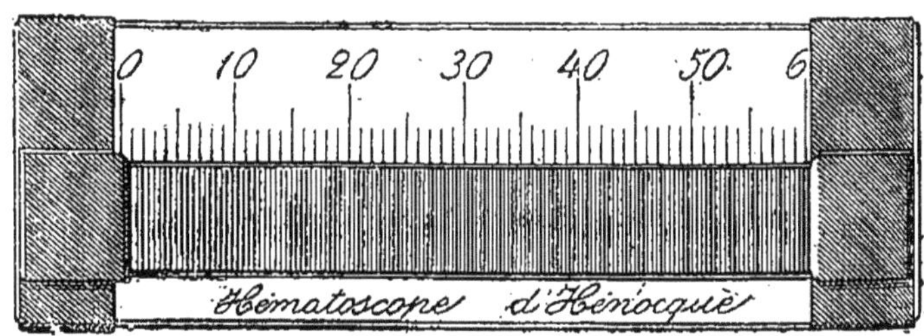

Fig. 76. — Hématoscope de M. Henocque en projection horizontale.

écartement dans les parties les plus éloignées du sommet de l'angle n'est en effet que de 0^{mm},3. La lame inférieure plus large porte une graduation qui indique en demi centièmes de millimètre la distance des deux lames (fig. 76). On remplit l'espace compris entre les deux lames avec du sang, qui forme ainsi une couche d'épaisseur croissante, et on place le tout sur une plaque d'émail qui porte deux graduations. L'une est identique à celle qui existe sur la lame inférieure de l'hématoscope ; on la fait coïncider avec elle. L'autre graduation, portant les chiffres 15, 14... 5, 4 vient alors se placer sous la couche sanguine. Le nombre le plus faible qui peut être lu à travers la couche sanguine indique la quantité d'hémoglobine contenue dans 100 gr. de sang.

(1) La quantité d'oxygène trouvée est généralement un peu trop faible parce que pendant l'extraction des gaz, un peu d'oxygène est consommé par le sang.

2. Procédé des teintes coloriées de M. Hayem. — L'appareil imaginé par M. Hayem et désigné sous le nom de *chromomètre* se compose de deux petites cuves juxtaposées, formées par deux anneaux de verre collés sur une lame de verre, et d'une série de rondelles convenablement coloriées, collées chacune sur une feuille de papier blanc. A l'aide des pipettes qui servent pour la numération des globules (**471**), on introduit d'abord dans chaque cuve un demi centimètre cube d'eau distillée, soit 500 millimètres cubes, puis dans l'une d'elles 4 millimètres cubes par exemple de sang, qu'on mélange à l'eau en agitant avec précaution à l'aide d'une petite baguette de verre. On pose successivement l'appareil ainsi garni sur les diverses feuilles à rondelles coloriées, en faisant coïncider la rondelle coloriée avec le fond de la cuve qui ne contient que de l'eau; le contenu de cette cuve paraît alors coloré. On détermine par tâtonnements, en regardant par en haut, quelle est la rondelle coloriée qui fait paraître les deux cuves de la même coloration. Un tableau, dressé empyriquement à l'aide de solutions d'hémoglobine de richesse connue, indique la richesse correspondante à chaque rondelle.

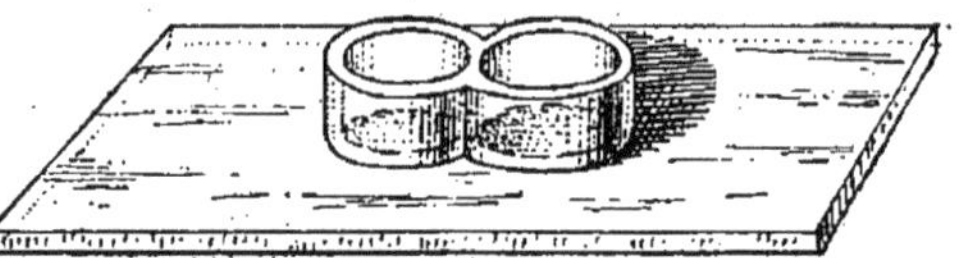

Fig. 77. — Chromomètre de M. Hayem.

3. Procédés colorimétriques. — Les procédés colorimétriques de dosage de l'hémoglobine reposent sur le fait général suivant : deux solutions d'une substance colorante, de concentrations différentes, présentent la même intensité de coloration lorsque les épaisseurs sous lesquelles on les examine sont inversement proportionnelles aux concentrations. Pour déterminer le poids x d'hémoglobine contenu dans un litre d'une solution quelconque, il suffira donc de déterminer l'épaisseur e sous laquelle elle présente la même intensité de coloration qu'une solution titrée d'hémoglobine, à 1 p. 1000 par exemple, observée sous une épaisseur connue, 0,5 centimètre par exemple. On a en effet :

$$\frac{e}{0{,}5} = \frac{1}{x} \qquad \text{d'où} \qquad x = \frac{0{,}5}{e}$$

En pratique, comme les solutions d'hémoglobine s'altèrent rapidement et qu'il faudrait préparer chaque fois la liqueur titrée d'hémoglobine, on prend comme terme de comparaison une solution de picro-carminate d'ammonium, qui présente une coloration analogue à celle de l'hémoglobine et qui se conserve beaucoup plus longtemps. On prépare, une fois pour toutes, une solution de picrocarminate présentant la même intensité de coloration qu'une solution d'hémoglobine à un titre connu.

Le dosage colorimétrique de l'hémoglobine dans le sang peut s'effectuer à l'aide des appareils décrits en physique sous le nom de *colorimètres*. M. Malassez a imaginé un colorimètre spécial, appelé *hémochromomètre*, qui permet d'opérer le dosage avec très peu de sang et d'une manière très rapide. L'hémochromomètre de M. Malassez (fig. 78) se compose d'un écran E percé de

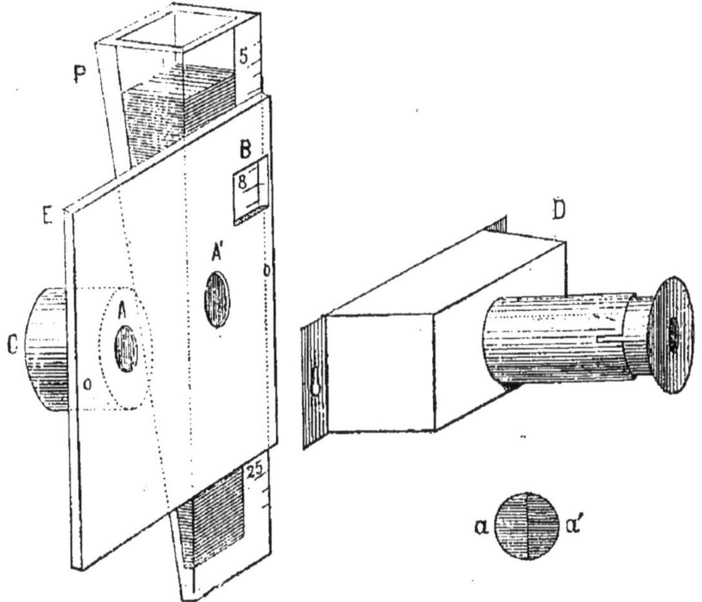

Fig. 78. — Schéma de l'hémochromomètre de M. Malassez.

deux trous circulaires AA'. Derrière l'un de ces trous, se trouve une petite cuve de verre à faces parallèles de 0,5 centimètre d'épaisseur, contenant la solution type de picrocarminate d'ammonium. Derrière l'autre trou se trouve un petit prisme creux P, que l'on peut faire mouvoir dans le sens vertical à l'aide d'une crémaillère actionnée par un bouton. Sur le bord droit de la face antérieure du prisme se trouve une graduation. L'écran présente une troisième ouverture carrée B portant un trait de repère, devant lequel viennent passer les traits de la graduation du prisme quand on le fait mouvoir. On met dans le prisme une solution aqueuse à 1/100 du sang à examiner, préparée avec les pipettes déjà décrites à propos de l'hématimètre (**471**). On place l'appareil devant une plaque de verre dépolie, uniformément éclairée; on regarde par transparence à travers les ouvertures circulaires et, par des déplacements imprimés à la cuvette prismatique, on fait varier l'épaisseur de la couche sanguine jusqu'à ce que les deux liquides présentent la même intensité de coloration. On lit alors le chiffre de la graduation qui est en face du trait de repère; ce chiffre représente le poids d'hémoglobine contenu dans 100 centimètres cubes du sang examiné (1). — Pour mieux saisir l'égalité de teinte, on fait usage de la pièce représentée en D dans la figure 78. Cette pièce, qu'on applique sur l'écran, se compose d'un système de prismes à réflexion totale et d'une lunette. En regardant dans la lunette, on voit un seul disque *a a'* divisé en deux parties dont l'une correspond à la solution type, l'autre à la solution sanguine.

B. Procédés chimiques. — Ces procédés consistent à doser, soit le fer de l'hémoglobine, soit l'oxygène combiné à l'hémoglobine.

1. Dosage du fer dans le sang. — On évapore 25 centimètres cubes de sang à siccité et on carbonise le résidu par une calcination ménagée. On traite la masse charbonneuse obtenue par de l'acide chlorhydrique étendu qui dissout les matières minérales à l'exception du peroxyde de fer (2). On recueille la partie insoluble sur un filtre et on la lave à l'eau. On dessèche le filtre et son contenu et on l'incinère dans une capsule de platine jusqu'à disparition complète du charbon. Les cendres sont alors dissoutes à chaud dans de l'acide sulfurique étendu de son volume d'eau et la solution est additionnée de 50 centimètres cubes d'eau. Le liquide obtenu contient le fer à l'état de sulfate ferrique. On réduit ce sel à l'état de sulfate ferreux par le zinc et l'acide sulfurique et on dose le fer volumétriquement par une solution titrée de permanganate de potassium (3). Comme l'hémoglobine contient 0,42 p. 100 de fer, il faudra pour avoir le poids d'hémoglobine multiplier le poids de fer trouvé par $\frac{100}{0,42}$ c'est-à-dire par 238. — Ce coefficient étant très élevé, une erreur relativement faible sur le dosage du fer entraînera une

(1) Si le sang est très riche en hémoglobine, on le dilue à 1/200 et on multiplie le nombre trouvé par 2; si au contraire le sang est pauvre en hémoglobine, on ne le dilue qu'à 1/50 et on prend la moitié du nombre trouvé.

(2) Le peroxyde de fer et divers autres oxydes subissent au rouge une modification isomérique qui les rend insolubles dans les acides dilués et froids.

(3) Voyez le *Traité élémentaire de chimie*, par M. R. Engel, § 773. — Baillière, 1896.

erreur considérable pour l'hémoglobine. Aussi cette méthode, qui est d'ailleurs assez délicate et qui nécessite une assez grande quantité de sang, ne donne-t-elle pas de résultats plus précis que le dosage de l'hémoglobine à l'aide d'un bon colorimètre; mais elle présente l'avantage d'être applicable alors même que l'hémoglobine est altérée.

2. Dosage de l'oxygène faiblement combiné a l'hémoglobine. — a) *Procédé de M. Gréhant.* — On mesure une certaine quantité de sang défibriné qu'on débarrasse d'abord d'oxygène en y faisant passer un courant d'hydrogène pur pendant deux heures. On agite ensuite ce sang dans un appareil spécial avec un volume connu d'oxygène et on mesure l'oxygène non absorbé; la différence représente le volume d'oxygène qui s'est combiné à l'hémoglobine, à condition d'en retrancher $0^{cc},03$ par centimètre cube de sang, pour tenir compte de l'oxygène simplement dissous dans le sérum. Comme 1 gramme d'hémoglobine fixe environ $1^{cc},58$ d'oxygène, il faudra multiplier le volume d'oxygène trouvé, réduit à 0° et à 760^{mm}, par $\frac{1}{1,58}$ c'est-à-dire par 0,633.

b) *Procédé de M. Schützenberger.* — La méthode repose sur les faits suivants : une solution d'indigo blanc, dans laquelle on fait arriver du sang oxygéné, s'empare de l'oxygène de l'oxyhémoglobine en donnant de l'indigo bleu. L'indigo bleu peut être retransformé en indigo blanc par l'addition d'une solution titrée d'hydrosulfite de sodium, agent réducteur qui lui enlève l'oxygène emprunté au sang. Si on a déterminé à l'avance le volume d'oxygène que peut absorber 1 centimètre cube de la solution d'hydrosulfite, on pourra calculer l'oxygène cédé par le sang, d'après le volume de la solution d'hydrosulfite employé.

L'opération s'effectue dans un flacon à trois tubulures d'un litre de capacité, dans lequel on met un quart de litre d'eau et 50 centimètres cubes d'un lait de kaolin, destiné à masquer la couleur du sang. Par l'une des tubulures on fait passer un courant d'hydrogène, de manière à chasser l'air qui oxyderait l'indigo blanc. Une autre tubulure donne passage aux tubes d'écoulement de deux burettes de Mohr, l'une contenant la solution d'hydrosulfite de sodium, l'autre une solution titrée d'indigo bleu, telle par exemple que 50 cent. cubes perdent 1 cent. cube d'oxygène pour passer à l'état d'indigo blanc. Par la troisième tubulure on peut faire arriver dans le flacon, au moment voulu, 3 à 5 cent. cubes de sang saturé d'oxygène. Après avoir chassé l air du flacon, on verse 50 cent. cubes d'indigo bleu, qu'on décolore exactement par l'hydrosulfite. Supposons qu'il ait fallu 10 cent. cubes d'hydrosulfite. Ces 10 cent. cubes ont absorbé 1 cent. cube d'oxygène; 1 cent. cube d'hydrosulfite correspond donc à 0,1 cc. d'oxygène. On fait ensuite arriver le sang; de l'indigo bleu se reforme. On décolore de nouveau par l'hydrosulfite et on lit sur la burette le volume de liqueur qui a été nécessaire pour cette dernière décoloration. On pourra calculer d'après ce volume la quantité d'oxygène du sang et, par suite, la quantité d'hémoglobine.

Le sang à l'état pathologique.

480. Anémies. — *a*) Les anémies sont essentiellement caractérisées par l'appauvrissement du sang en hémoglobine, par la diminution du nombre des globules rouges et par une perturbation dans l'évolution de ces globules; cette perturbation se révèle par des altérations de volume, de forme et de couleur que M. Hayem a observées et décrites avec grand soin (1).

Les matériaux solides du plasma sanguin et, par suite, sa densité sont le plus souvent diminués. Le nombre des globules blancs n'est généralement pas augmenté, et le sang se coagule à peu près dans le temps normal, mais le caillot est un peu décoloré à sa surface, les globules rouges s'étant déposés plus rapidement par suite de la diminution de densité du plasma.

La richesse R du sang en hémoglobine, diminue en général plus vite que le nombre N des globules. Par conséquent, la quantité d'hémoglobine dans les globules $\frac{R}{N}$ ou *valeur globulaire* G est aussi diminuée. Si on exprime la richesse du sang en hémoglobine par le nombre de globules sanguins normaux qui correspondrait à cette richesse, G sera égal à 1 à l'état normal par définition et inférieur à 1 dans la plupart des cas d'anémie.

Pour une même diminution du nombre des globules, le pouvoir globulaire peut être plus ou moins affaibli selon les cas, ainsi que le montre le tableau de la page suivante.

b) Les *anémies symptomatiques* sont celles que déterminent les longues maladies, les excès, la vie dans de mauvaises conditions hygiéniques, l'insuffisance de l'alimentation, l'intoxication par le plomb, etc.; elles revêtent des formes plus ou moins graves. M. Hayem distingue 4 degrés d'anémie, pour lesquels les variations de R, de N et de G, sont les suivantes :

(1) Hayem, *Du sang et de ses altérations anatomiques*. — Masson, 1889.

	Richesse en hémoglobine (exprimée en globules normaux).	Nombre de globules rouges.	Valeur globulaire G.
Anémie légère	4 à 3 millions.	5 à 3 millions.	1 à 0,65
— moyenne.....	3 à 2 millions.	5 à 3 millions.	0,80 à 0,30
— intense	2 mill. à 800.000	4 mill. à 800.000	1 à 0,4
— extrême......	800.000 et au-dessous.	800.000 et au-dessous.	1,70 à 0,88

La dernière colonne de ce tableau montre que la valeur globulaire ne dépasse la normale que dans l'anémie extrême; cela est dû à ce qu'un grand nombre de globules présentent alors des dimensions exagérées, pouvant atteindre le double des dimensions normales, et contiennent par suite une plus grande quantité d'hémoglobine.

c) Dans la *chlorose*, maladie qui s'observe le plus souvent chez les jeunes filles à l'époque de la puberté, on observe aussi une diminution plus ou moins considérable de l'hémoglobine, du nombre des globules et surtout de la valeur globulaire. Cette forme d'anémie est celle ou l'emploi des ferrugineux, en vue de favoriser la reformation de l'hémoglobine, donne les meilleurs résultats. On a longtemps admis que le fer médicamenteux était absorbé et participait à la formation de l'hémoglobine; mais l'absorption des sels de fer, tout au moins chez les animaux sains, a été sérieusement mise en doute dans ces dernières années par des expériences très précises. Un grand nombre d'auteurs admettent aujourd'hui que, dans la chlorose et l'anémie, les préparations ferrugineuses agissent indirectement, en favorisant l'absorption des combinaisons organiques ferrugineuses des aliments (1).

d) L'*anémie pernicieuse progressive* présente au point de vue des altérations du sang, les plus grandes analogies avec les anémies symptomatiques du quatrième degré. Elle résulte d'une destruction exagérée de l'hémoglobine, non dans le sang, car on n'observe pas d'hémoglobinurie, mais dans le foie; cet organe devient en effet très riche en fer et les cellules contiennent un excès de pigments.

(1) On sait que le fer est contenu dans les aliments sous forme de combinaisons organiques analogues à l'hématogène (336) et que cette substance en présence des sulfures alcalins donne peu à peu du sulfure de fer. Or les chlorotiques présentent le plus souvent des troubles digestifs avec fermentations intestinales exagérées et par suite formation de sulfures. D'après M. Bunge, on pourrait expliquer le mécanisme de l'action des ferrugineux par ce fait qu'ils se combinent immédiatement aux sulfures de l'intestin et préservent ainsi le fer assimilable des aliments de la transformation en sulfure non absorbable.

481. Cyanose chronique. — La cyanose chronique, appelée aussi *maladie bleue* à cause de la teinte bleuâtre que prend la peau, est une maladie dans laquelle le sang veineux ne peut pas venir s'artérialiser suffisamment dans le poumon, par suite de lésions cardiaques et vasculaires. On a constaté dans cette maladie de l'*hyperglobulie*, c'est-à-dire une augmentation du nombre des globules rouges, augmentation par laquelle l'organisme tend à remédier à l'insuffisance de l'hématose. On observe le même fait chez les animaux qu'on place artificiellement dans des conditions où l'hématose est diminuée et chez ceux qui vivent aux altitudes élevées.

482. Leucocythémie. — La leucocythémie ou leucémie est caractérisée par une augmentation considérable du rapport du nombre des globules blancs à celui des globules rouges. Ce rapport, qui est de 1/500 à l'état normal, s'élève fréquemment à 1/20 et peut même atteindre 1/6 et 1/3, auquel cas le sang semble mêlé de pus. L'augmentation de ce rapport est dû, d'une part à l'augmentation du nombre des globules blancs, d'autre part à la diminution des globules rouges; ceux-ci présentent les altérations de forme qu'on observe dans l'anémie.

Le sang des leucémiques contient beaucoup plus de xanthine et d'hypoxanthine qu'à l'état normal. Ces substances proviennent, d'après M. Kossel, de la décomposition de la nucléine des leucocytes (**336**.2). On a également signalé dans le sang leucémique la présence d'acide lactique, d'une substance analogue à la gélatine et enfin de phosphate de spermine qui se dépose après la mort à l'état cristallisé (cristaux de Charcot) (1).

483. Hémoglobinurie. — L'hémoglobinurie, c'est-à-dire le passage dans l'urine de la matière colorante des globules sans leur stroma, s'observe comme épiphénomène dans un certain nombre de maladies où la destruction des globules est exagérée et où l'hémoglobine passe dans le plasma sanguin. Mais il existe une hémoglobinurie primitive, dite *hémoglobinurie paroxystique*, se produisant par accès chez certains individus, sous l'influence du froid. Le sang puisé dans les vaisseaux pendant les accès se coagule rapidement, et donne un sérum coloré par de l'hémoglobine; le caillot est mou, friable et se redissout dans le sérum au bout d'un certain temps. D'après M. Hayem, la dissolution de l'hémoglobine qu'on observe dans

(1) La formation de ces cristaux a été aussi observée dans certains cas d'anémie.

ces conditions ne se produirait qu'après l'extravasation du sang. Dans l'organisme, la destruction des globules qui se produit pendant l'accès d'hémoglobinurie n'aurait pas lieu dans les vaisseaux, mais dans le rein.

484. Maladies inflammatoires. — Dans toutes les maladies accompagnées de processus inflammatoires, telles que la pneumonie, la pleurésie, l'érysipèle, le rhumatisme articulaire aigu, le phlegmon, etc., le nombre des globules blancs augmente et peut devenir trois à quatre fois plus grand qu'à l'état physiologique. L'augmentation est surtout considérable quand il y a rétention de pus dans les tissus. Dans le cours d'une maladie inflammatoire, l'augmentation des leucocytes suit généralement une marche parallèle à celle du processus phlegmasique. Le nombre des globules rouges présente souvent une légère diminution, surtout dans les phlegmasies accompagnées de fièvre. La coagulation du sang extrait des vaisseaux est retardée ; aussi les globules blancs ont-ils le temps de se rassembler à la surface et, comme leur nombre est augmenté, ils forment à la partie supérieure du caillot une couche blanchâtre plus ou moins épaisse, désignée autrefois sous le nom de *couenne inflammatoire*. Le sang phlegmasique donne plus de fibrine que le sang normal.

485. Maladies diverses. — Dans les maladies fébriles aiguës, on observe une diminution des globules rouges par suite d'un ralentissement dans leur formation et de leur usure plus rapide; l'alcalinité du sang est le plus souvent diminuée.

Dans la *fièvre typhoïde* sans complications, la diminution des globules rouges ne se produit qu'au bout de deux à trois semaines; il est vrai qu'elle peut être compensée dans une certaine mesure par la diminution de la masse totale du sang, par suite de l'abondance des selles. La déglobulisation s'accentue, si la fièvre se prolonge et est en rapport avec son intensité. La réparation globulaire de la convalescence coïncide généralement avec une diminution de la valeur globulaire; cette diminution est due à la présence de globules rouges de nouvelle formation, ne contenant pas encore la proportion normale d'hémoglobine.

Dans les *fièvres paludéennes*, la destruction globulaire est très active sous l'influence de microorganismes connus sous le nom d'*hématozoaires de Laveran*. Pendant les accès fébriles graves, le sang contient des granulations noirâtres, solubles dans les alcalis, ne contenant pas de fer.

Dans l'*urémie*, les produits normalement éliminés par l'urine s'accumulent dans le sang; l'urée peut s'élever jusqu'à 1,25 p. 1000, au lieu de 0,25 qui est le taux normal. L'alcalinité du sang est diminuée. On a successivement attribué à l'urée, au carbonate d'ammonium provenant de la décomposition de l'urée, à l'acide urique, à la créatine et aux sels de potassium, les phénomènes d'intoxication qu'on observe dans l'urémie; mais aux doses qu'elles atteignent dans le sang urémique, aucune de ces substances n'a, à elle seule, de propriétés suffisamment toxiques pour expliquer les accidents observés dans l'urémie. Ces accidents sont dus à l'ensemble de ces substances et aussi à d'autres substances mal connues, comme les matières colorantes et certaines matières extractives, qui sont normalement éliminées par l'urine et qui constituent un facteur important de la toxicité de ce liquide.

Dans le *choléra*, par suite de l'intensité de la diarrhée, l'eau diminue considérablement dans le sang qui finit par devenir très épais. L'alcalinité est très diminuée, surtout à la période algide; peu de temps avant la mort, le sang peut même présenter une réaction légèrement acide au tournesol.

Dans le *diabète sucré*, la proportion du glucose, égale à 1 p. 1000 environ à l'état normal, dépasse 3 p. 1000. Dans les formes graves, le sang contient de l'acétone et des acides oxybutyrique, crotonique, acétylacétique; l'alcalinité est diminuée, par suite de la présence de ces acides (**149**).

Dans l'*atrophie jaune aiguë du foie*, le sang renferme des quantités relativement élevées de leucine et de tyrosine. Les lésions du foie et des voies biliaires entraînent souvent une diminution de l'alcalinité du sang.

Dans l'*ictère*, le plasma sanguin contient en dissolution des pigments biliaires, et parfois aussi de l'urobiline et d'autres pigments bruns peu connus.

LYMPHE ET CHYLE

486. Notions générales. — La plupart des physiologistes considèrent la lymphe comme provenant de la transsudation du plasma sanguin et de la diapédèse des globules blancs au niveau des capillaires sanguins. La lymphe, qui est en contact immédiat avec les éléments anatomiques des tissus, leur fournit les matériaux nutritifs et reçoit les déchets de leur nutrition;

elle est drainée par un système de capillaires qui forment par leur réunion les vaisseaux lymphatiques. Ceux-ci, après avoir traversé des ganglions lymphatiques, se réunissent en deux troncs, le canal thoracique et la grande veine lymphatique, par où la lymphe se déverse dans le sang au niveau des veines sous-clavières.

On comprend facilement, si on considère la lymphe comme un produit de transsudation, que sa quantité augmente dans les circonstances où la pression sanguine s'élève. Mais l'injection aux animaux de certaines substances dites *lymphagogues* (extraits de têtes de sangsue, de muscles d'écrevisses et de divers organes d'animaux) produit dans la quantité et dans la composition de la lymphe des variations qui ne peuvent s'expliquer par une filtration plus abondante du plasma au niveau des capillaires, car dans ces conditions la pression sanguine est ou diminuée ou très peu augmentée. Aussi tend-on à admettre aujourd'hui, avec M. Heidenhain, que les cellules endothéliales des capillaires lymphatiques jouent un rôle de sécrétion dans la formation de la lymphe.

La lymphe qui provient de l'intestin porte le nom de *chyle* et les vaisseaux lymphatiques où elle circule sont désignés sous le nom de vaisseaux *chylifères*. Le chyle se déverse dans le canal thoracique; sa composition ne diffère de celle de la lymphe des gros canaux que pendant la digestion, par suite de l'absorption des corps gras par les chylifères.

487. Propriétés; composition chimique. — *a*) La lymphe est constituée par un liquide légèrement citrin, le *plasma* de la lymphe, contenant en suspension des leucocytes et des hématoblastes de Hayem. La densité de la lymphe oscille entre 1,015 et 1,025 ; elle est toujours plus faible que celle du sang de l'animal dont elle provient. Sa réaction est alcaline, mais moins que celle du sang.

b) La lymphe possède, comme le sang, la propriété de se coaguler spontanément après sa sortie des vaisseaux, en donnant un coagulum de fibrine, contenant dans ses mailles les globules de la lymphe, et un liquide limpide, le *sérum* de la lymphe. Mais la coagulation est plus tardive que pour le sang et la quantité de fibrine moins abondante (0,1 p. 100 en moyenne); le caillot est mou et peu rétractile. L'injection de propeptone dans le sang rend la lymphe incoagulable, comme le sang (**461.4**). La coagulation de la lymphe est due, comme celle du sang, à la transformation, en présence des sels de calcium, du fibrinogène contenu dans le plasma de la lymphe, sous l'influence du fibrine-ferment provenant des globules blancs.

c) Le sérum de la lymphe présente la même composition qualitative que le sérum sanguin; les différences quantitatives portent surtout sur les matières albuminoïdes, dont la proportion est moindre dans la lymphe; cette proportion n'est que de 10 à 45 p. 1.000. Le rapport entre la sérum-albumine et la sérum-globuline est le même que dans le sérum sanguin. La lymphe paraît contenir un peu plus de glucose et d'urée que le sang. La proportion de graisse contenue dans la lymphe du canal thoracique est variable; elle peut s'élever considérablement après un repas riche en graisse. Cela est dû à ce que la lymphe est mélangée avec le chyle dans le canal thoracique et que les corps gras absorbés passent dans les vaisseaux chylifères; leur proportion dans le chyle peut atteindre 14 p. 100. La graisse se trouve dans le chyle surtout sous forme de particules très fines, en suspension, qui lui donnent un aspect laiteux. A côté de la graisse, le chyle contient aussi de petites quantités de sels d'acides gras.

d) Les gaz que la lymphe dégage dans le vide sont presque entièrement constitués par de l'anhydride carbonique; ils contiennent un peu d'azote et seulement des traces d'oxygène. Le volume d'anhydride carbonique dégagé par 100 centimètres cubes de lymphe est de 35 à 45 centimètres cubes; il est inférieur à celui que dégage le sang veineux. La tension de l'anhydride carbonique est aussi plus faible dans la lymphe que dans le sang veineux (Strassburg).

e) Il existe un certain nombre d'analyses quantitatives de lymphe humaine, mais ces analyses ont toujours été effectuées sur des liquides provenant de fistules ou recueillis dans des cas de lymphorrhée et ne possédant pas, par suite, tous les caractères de la lymphe normale; aussi les résultats sont-ils très divergents. Citons, comme nombres moyens, ceux obtenus par MM. Munk et Rosenstein pour la lymphe qui s'écoulait d'une fistule du haut de la cuisse.

Eau............................	945	à 963	p. 1000.
Matières albuminoïdes..........	34	à	41	—
Substances solubles dans l'éther.	0,4	à	1,3	—
Glucose........................	1			—
Azote des matières extractives..	0,5	à	0,7	—
Matières minérales.............	8	à	9	—

SÉROSITÉS ET LIQUIDES ANALOGUES.

488. Sérosités en général. — *a*) Les cavités séreuses (péritoine, plèvre, péricarde, etc...) contiennent à l'état normal de petites quantités de liquides albumineux, destinés à faciliter le glissement des feuillets des séreuses l'un sur l'autre. Ces liquides, qu'on désigne sous le nom de *sérosités*, proviennent de la transsudation du plasma sanguin; ils sont clairs, incolores ou jaunâtres, un peu visqueux et légèrement alcalins. Ils se rapprochent par leur composition de la lymphe, mais leur quantité est trop minime pour qu'on puisse connaître cette composition d'une façon précise.

b) A l'état pathologique, ces liquides peuvent augmenter considérablement de volume. On les désigne généralement sous le nom de *transsudats* lorsqu'ils résultent simplement de troubles circulatoires, et sous le nom d'*exsudats* quand leur formation est liée en même temps à des processus inflammatoires. — Le liquide qui infiltre le tissu cellulaire sous-cutané dans l'œdème doit être rapproché des transsudats.

Les sérosités pathologiques présentent une composition *qualitative* analogue à celle du plasma du sang et de la lymphe, mais elles contiennent presque toujours une petite quantité de substance mucoïde; on y trouve souvent des paillettes de cholestérine et quelques cellules épithéliales. Leur réaction est alcaline, leur couleur est le plus souvent jaunâtre et due, comme celle du plasma sanguin, à un peu de sérum-lutéine. Leur densité oscille entre 1,005 et 1,022. Elles contiennent 10 à 60 p. 1000 de matières solides, dont 4 à 8 p. 1000 de substances minérales. — D'après Rüneberg, on peut calculer approximativement la proportion centésimale des matières albuminoïdes en multipliant par 0,375 le nombre formé par les 2e et 3e décimales de la densité et retranchant 2,8 du produit obtenu.

D'une manière générale, les exsudats se coagulent spontanément et non les transsudats. Cette différence tient à ce que les premiers seuls contiennent des leucocytes, qui fournissent le ferment de la coagulation; les transsudats donnent un coagulum plus ou moins abondant lorsqu'on leur ajoute une solution de fibrine-ferment ou bien un peu de sérum sanguin.

Les transsudats qui apparaissent dans des séreuses différentes, sous l'influence d'un même état pathologique, ne présentent pas la même composition quantitative, ce qui fait penser que les sérosités *normales* des diverses séreuses doivent aussi présenter certaines différences dans leur composition. Hoppe-Seyler a trouvé les nombres suivants pour les sérosités de la plèvre, du péritoine et pour le liquide de l'œdème dans un cas d'albuminurie :

	Plèvre.	Péritoine.	Œdème.	
Eau	957,6	967,7	982,2	p. 1000.
Matières albuminoïdes	27,8	16,1	3,6	—
Matières extractives et sels.	14,6	16,2	14,2	—

Les matières albuminoïdes sont principalement constituées par de la sérum-albumine et de la sérum-globuline. Le rapport de ces deux substances dans les différentes sérosités *d'un même malade* est remarquablement constant ; il est sensiblement le même que dans le sang de ce malade (Hoffmann, Pigeaud).

SÉROSITÉ PÉRITONÉALE

489. Propriétés ; composition. — La quantité de liquide épanché dans le péritoine à l'état pathologique peut atteindre 15 et 20 litres. Dans l'*ascite* ou hydropisie du péritoine, le liquide est citrin, parfois légèrement opalescent ; sa densité varie de 1,005 à 1,020. Il ne contient que très peu de fibrinogène et pas d'éléments figurés ; aussi n'est-il pas spontanément coagulable ou ne donne-t-il quelques flocons de fibrine qu'au bout de plusieurs jours. Lorsqu'il y a inflammation du péritoine, la sérosité péritonéale est plus riche en matières albuminoïdes, notamment en fibrinogène, et contient des globules blancs ; elle est alors spontanément coagulable. Voici, d'après les analyses de M. Rüneberg qui ont porté sur 121 cas, entre quelles limites varie la proportion des matières albuminoïdes de la sérosité péritonéale dans diverses maladies :

	Albuminoïdes p. 1000.
Hydrémie et néphrite	0,3 à 4,0
Obstruction de la veine porte	3,7 à 26,8
Maladies du cœur et congestion rénale.	8,4 à 23,0
Cancer du péritoine	27,1 à 35,1

La proportion des matières organiques autres que les matières albuminoïdes (glucose, cholestérine (1), graisse, urée,

(1) La cholestérine est dans certains cas assez abondante ; elle se trouve alors en suspension dans le liquide sous formes de cristaux reconnaissables au microscope.

créatine, etc.), varie entre 1 et 5 p. 1000. Les sels sont surtout composés de chlorure de sodium; leur quantité est d'environ 8 grammes par litre.

Les sérosités péritonéales retirées par des ponctions successives, chez un même malade, présentent généralement les plus grandes analogies dans leur composition quantitative.

On a signalé quelques cas d'ascite provenant de la pénétration de la lymphe et du chyle dans le péritoine à la suite d'une rupture du canal thoracique ou des vaisseaux chylifères. La caractéristique de ces liquides est leur richesse en graisse.

SÉROSITÉ PLEURALE

490. Propriétés; composition. — Les sérosités pleurales à l'état pathologique, sont des liquides citrins, qui donnent le plus souvent un coagulum fibrineux peu abondant. On y trouve parfois des cristaux de cholestérine. Le liquide de l'hydrothorax contient moins de matières albuminoïdes que ceux de la pleurésie et présente une densité plus faible. — Les analyses suivantes, dues à Méhu, sont rapportées à un litre de liquide.

	Pleurésie aiguë.	Pleurésie chronique.	Hydrothorax.
Densité	*1,020*	*1,018*	*1,010*
Fibrine	1,18	0,00	0,11
Autres matières organiques	53,84	43,40	15,56
Sels minéraux	8,15	8,70	8,9

Le liquide de la plèvre contient, dans certains états pathologiques, du sang et du pus.

SÉROSITÉ PÉRICARDIQUE

491. Propriétés; composition. — La sérosité péricardique est assez abondante à l'état normal pour qu'on ait pu en faire l'analyse immédiatement après la mort chez des animaux et chez des suppliciés; mais les résultats obtenus sont très divergents, ainsi que le montre le tableau suivant :

	Cheval (Friend).		Homme (Gorup-Besanez).	
	.	II.	III.	IV.
Eau	964,011	957,353	955,1	989,4
Fibrine	0,117	0,260	8,0	0,0
Autres matières albuminoïdes	28,641	25,846	24,7	8,8
Matières extractives	17,455	13,983	12,7	0,9
Sels	7,575	13,769	6,7	0,9

Les sérosités péricardiques pathologiques sont peu connues, car on n'opère que rarement la ponction du péricarde, à cause des dangers qu'elle présente.

SÉROSITÉ DE L'HYDROCÈLE

492. **Propriétés; composition.** — La sérosité qui s'accumule à l'état pathologique dans la tunique vaginale du testicule, est un liquide citrin, peu visqueux, neutre ou légèrement alcalin, dont la densité varie de 1,016 à 1,022. Les matières albuminoïdes peuvent y varier de 10 à 60 p. 1000. Bien que renfermant un peu de fibrinogène, le liquide de l'hydrocèle ne se coagule pas spontanément dans la majorité des cas, parce qu'il ne contient pas de fibrine-ferment; ce n'est que lorsque la séreuse est enflammée ou que le liquide contient du sang, qu'il y a coagulation spontanée.

Voici, d'après M. Hammarsten, la composition moyenne du liquide de l'hydrocèle :

	Moyennes de 17 analyses.
Eau....................	938,85 p. 1000.
Fibrinogène...........	0,59 —
Sérum-globuline... ...	13,52 —
Sérum-albumine.......	35,94 —
Matières extractives....	4,02 —
Sels..................	9,26 —

LIQUIDE DE L'ŒDÈME SOUS-CUTANÉ

493. **Propriétés; composition.** — Le liquide de l'œdème sous-cutané est particulièrement pauvre en matières protéiques (3 à 7 p. 1000); il renferme de 8 à 15 p. 1000 de matières minérales, dans lesquelles le chlorure de sodium prédomine. Voici, d'après M. Halliburton, les quantités relatives des diverses matières albuminoïdes p. 1000 parties de liquide obtenu par des incisions au niveau des articulations.

	Mal de Bright.	Maladies du cœur. I	Maladies du cœur. II
Fibrine..........	Traces.	Traces.	0,028
Sérum-globuline...	1,91	1,39	33,00 (les deux lignes)
Sérum-albumine..	4,49	4,53	

La fibrine ne se forme pas spontanément dans ces liquides, excepté dans les premières portions qui s'écoulent des incisions et qui contiennent un peu de sang. D'après Rosenbach, le liquide de l'œdème contient toujours un peu de glucose.

La *sérosité des vésicatoires* est analogue au liquide de l'œdème, mais plus riche en matières albuminoïdes; comme elle renferme quelques leucocytes, elle est spontanément coagulable. Elle contient de petites quantités de glucose dans le diabète (Wurtz) et d'urates dans la goutte (Garrod).

SYNOVIE

494. Propriétés; composition. — La synovie est un liquide visqueux et filant, qui lubréfie les surfaces articulaires. On doit la considérer comme un produit de sécrétion des membranes synoviales, plutôt que comme un liquide de transsudation. Elle est remarquable par sa richesse en matières albuminoïdes et par la présence d'une substance particulière, la *synovine*, à qui elle doit ses propriétés visqueuses et filantes. — La synovine est précipitable par l'acide acétique, comme la mucine salivaire, mais elle s'en distingue en ce qu'elle ne donne pas de sucre réducteur sous l'influence des agents d'hydratation; ce n'est n'est donc pas un glucoprotéide. Ce n'est pas non plus une nucléoalbumine, comme la mucine de la bile, car elle ne contient pas de phosphore (Salkowski).

Les analyses suivantes ont été effectuées sur des liquides pathologiques recueillis chez l'homme, à l'aide de ponctions, dans des cas de synovites.

	Genou (Hoppe-Seyler).	Hanche (Salkowski).
Eau	928,33	930,84 p. 1000.
Synovine	6,6	3,75 —
Autres matières albuminoïdes	51,3	48,24 —
Matières extractives, graisses, etc.	4,47	8,68 —
Sels minéraux	9,3	8,49 —

Le liquide qui se trouve dans les gaines tendineuses est analogue à la synovie.

LIQUIDE DE L'AMNIOS

495. Propriétés; composition. — Le liquide de l'amnios remplit la cavité dans laquelle est inclus l'embryon. C'est d'abord un produit de transsudation des tissus de l'embryon, auquel viennent s'ajouter, après la formation du placenta, du liquide de transsudation des vaisseaux maternels et, dans les derniers mois de la vie intra-utérine, les produits de l'excrétion urinaire du fœtus.

Au moment de l'accouchement, le liquide amniotique qui s'écoule lors de la rupture de la *poche des eaux*, est un liquide jaune clair, légèrement opalescent, faiblement alcalin ; sa densité moyenne est de 1,008. On y observe au microscope la présence de globules graisseux, de cellules épithéliales, de poils. Il contient de 2 à 5 p. 1000 de matières albuminoïdes, à peu près autant d'autres matières organiques (urée, créatine, allantoïne, glucose, graisse), et 6 à 8 p. 1000 de matières minérales, dans lesquelles le chlorure de sodium prédomine.

La quantité de liquide amniotique varie, à l'état normal, de 500 centimètres cubes à 1 litre. Dans certains cas pathologiques (hydramnios), elle peut s'élever jusqu'à 6 litres et au-delà. Le liquide de l'hydramnios est généralement un peu plus riche en matières albuminoïdes que le liquide amniotique normal.

LIQUIDE CÉPHALO-RACHIDIEN

496. Propriétés ; composition. — Le liquide céphalo-rachidien ou cérébro-spinal se trouve dans l'espace compris entre la pie-mère et l'arachnoïde, dans les ventricules du cerveau et dans le canal médullaire. Son volume est, à l'état normal, de 50 à 150 centimètres cubes ; il peut augmenter considérablement, à l'état pathologique, dans l'hydrocéphalie et dans l'hydrorachis (spina bifida). C'est un liquide clair, légèrement alcalin, de densité 1,008 en moyenne ; il ne contient guère à l'état normal que 1 à 2 p. 1000 de matières organiques et 8 à 10 p. 1000 de matières minérales, dans lesquelles prédominent les chlorures alcalins, surtout le chlorure de sodium. Les matières organiques sont essentiellement constituées par une globuline (1), par de petites quantités de graisse, de cholestérine et des traces de glucose, d'après Claude Bernard.

Les analyses suivantes de liquides de l'hydrocéphalie sont de C. Schmidt ; celles de l'hydrorachis sont de M. Halliburton.

(1) Cette globuline extraite du liquide céphalo-rachidien se coagule vers 75° ; mais le liquide céphalo-rachidien ne se coagule pas par la chaleur, probablement à cause de son alcalinité.

	Hydrorachis.			Hydrocéphalie.		
	I	II	III	I	II	III
	p. 1000.	p. 1000.	p. 1000.	p. 1000.	p. 1000.	p. 1000.
Eau	989,87	991,658	989,75	986,78	984,59	980,77
Mat. albuminoïdes.	1,602	0,199	0,842	3,74	6,49	11,35
Mat. extractives..	0,631	3,028	9,626			
Sels	7,890	5,115		9,48	8,92	7,88

Dans les liquides de l'hydrorachis, M. Halliburton a signalé la présence d'albumoses et d'un corps réducteur, mais non fermentescible, la *pyrocatéchine* (1). La présence de ces substances dans le liquide céphalo-rachidien normal n'est pas encore démontrée. A la suite de plusieurs ponctions successives dans l'hydrocéphalie, M. Halliburton a observé que la quantité de la substance réductrice croît notablement et que les matières albuminoïdes du plasma sanguin apparaissent ; leur proportion devient relativement élevée, s'il survient de l'inflammation.

LIQUIDE DE L'HYDRONÉPHROSE

497. Propriétés ; composition. — L'hydronéphrose a pour origine l'accumulation de l'urine dans les reins, par suite d'un obstacle à son écoulement. Peu à peu, la substance rénale se sclérose ; les principes de l'urine sont en grande partie résorbés, les matières albuminoïdes du plasma apparaissent, et le liquide, dont le volume peut devenir très considérable, prend les caractères des transsudats. Voici l'analyse d'un liquide hydronéphrotique, due à M. Oerum.

Densité	*1,009*	
Matières albuminoïdes	7,677	p. 1000.
Autres matières organiques.	4,110	—
Sels	8,654	—

Ce liquide ne contenait pas d'urée, d'acide urique et de créatinine ; mais ces substances ont pu être décelées, en quantité minime, dans d'autres cas.

LIQUIDES OVARIQUES

498. Propriétés; composition. — *a*) Le liquide contenu à l'état normal dans les follicules de Graaf est peu abondant

(1) La pyrocatéchine est un corps deux fois phénol $C^6H^4 <^{OH}_{OH}$, l'orthodiphénol.

et mal connu. C'est une simple sérosité, très pauvre en matières solides, ne contenant pas de substances mucoïdes. Dans l'hydropisie du follicule, sa quantité augmente, sans que sa composition paraisse se modifier.

b) Le liquide contenu dans les kystes de l'ovaire présente un aspect très variable. Sa coloration peut varier du jaune pâle au jaune verdâtre et au brun chocolat; elle est due, dans ce dernier cas, à des produits de décomposition de l'hémoglobine, tels que l'hématine. Le liquide peut être limpide, mais il est généralement trouble et contient des cellules épithéliales, des débris de globules sanguins, des granulations graisseuses et des cristaux de cholestérine parfois très abondants. Il est généralement colloïde, visqueux et filant, et doit ces propriétés, non à la mucine proprement dite, mais à une substance mucoïde, la pseudomucine ou métalbumine (**342**) (1). M. A. Gautier a signalé dans le contenu des kystes colloïdes une autre substance mucilagineuse, la *colloïdine*, qui n'est pas de nature albuminoïde; elle se rapproche de la tyrosine par sa composition centésimale et en ce qu'elle donne la réaction de Millon. Outre ces substances, on trouve d'une manière générale dans les kystes de l'ovaire les substances du sérum sanguin et parfois même du fibrinogène. D'après M. Oerum, qui a examiné un grand nombre de ces liquides, la densité varie entre 1,010 et 1,038; la proportion des matières albuminoïdes varie de 8,8 à 108,3 p. 1000, mais reste généralement comprise entre 20 et 50 p. 1000; la proportion des substances minérales varie entre 6 et 8,7 p. 1000.

c) Le contenu des kystes développés dans les ligaments larges ou kystes *paraovariques* est un liquide clair et limpide, de densité très faible, qui se distingue du précédent en ce qu'il est beaucoup moins riche en substances fixes et qu'il ne contient pas de substance mucoïde; dans le liquide d'un de ces kystes, M. Halliburton n'a trouvé que 1 p. 1000 de matières albuminoïdes.

LIQUIDE DES KYSTES HYDATIQUES

499. Propriétés; composition. — Les liquides contenus dans les kystes formés par le tœnia echinococcus sont généralement clairs comme de l'eau, d'où le nom de kystes hydatiques; ils sont quelquefois légèrement opalescents. Leur den-

(1) On y découvre souvent au microscope des crochets d'échinocoques.

sité varie entre 1,006 et 1,015; leur réaction est neutre. Ils ne contiennent que 12 à 14 p. 1000 de matières solides, constituées surtout par des sels et par des matières extractives, parmi lesquelles on a signalé le glucose, l'inosite, l'acide succinique, l'urée et la créatine. Les matières albuminoïdes sont très peu abondantes; leur proportion augmente à la suite de ponctions répétées, probablement par suite d'une réaction inflammatoire.

Les kystes hydatiques peuvent contenir du sang, par suite d'hémorragie à l'intérieur du kyste. Quand ils se forment dans le foie, ce qui est le cas le plus fréquent, ils renferment parfois de la bile, par suite de la rupture de conduits biliaires.

PUS

500. Propriétés; composition. — Le pus est un liquide crémeux, blanc jaunâtre, qui se trouve dans les abcès. Il résulte de la transsudation du plasma sanguin et de l'extravasation des leucocytes par le phénomène de la diapédèse. Il est constitué par un liquide ou sérum, contenant en suspension un grand nombre de globules blancs plus ou moins dégénérés (*globules du pus*), des particules de graisses, parfois même de petits cristaux d'acides gras, enfin des micro-organismes qui peuvent être de nature diverse (coccus, bacilles, etc.). La densité du pus varie entre 1,030 et 1,040; sa réaction est alcaline.

A. Globules du pus. — Les globules du pus contiennent souvent des granulations graisseuses, indice de leur dégénérescence. On peut y déceler, au microscope, du glucogène par la réaction de l'iode. On isole les globules du pus en diluant le pus avec son volume d'une solution de sulfate de sodium à 5 p. 100, filtrant et lavant les globules sur le filtre avec cette solution.

Leur composition est analogue à celle des globules blancs (**460**) ; ils renferment plus de graisse, de lécithine et de cholestérine. En outre, ils contiennent des albumoses et des peptones, en petite quantité. Hoppe-Seyler a trouvé pour 100 parties de globules de pus desséchés :

Matières albuminoïdes	13,762
Nucléines	34,257
Substances insolubles (membranes)	20,556
Lécithine et graisses	14,383
Cholestérine	7,400
Cérébrine	5,199
Matières extractives	4,433

B. Sérum. — Le sérum du pus présente une composition analogue à celle du sérum sanguin, mais il contient des quantités notables de leucine et de tyrosine, et la proportion de lécithine y est plus élevée. Il diffère des transsudats et du plasma de la lymphe et du sang en ce qu'il ne contient pas de fibrinogène (1); aussi le pus n'est-il pas spontanément coagulable, bien qu'il contienne du fibrine-ferment.

Les analyses suivantes du sérum du pus sont dues à Hoppe-Seyler :

	I	II	
Eau	913,70	905,65	p. 1000.
Matières albuminoïdes	62,23	77,21	—
Lécithine	1,50	0,56	—
Autres matières organiques	14,84	8,81	—
Sels	7,73	7,77	—

Le pus contient quelquefois des pigments provenant de micro-organismes chromogènes ; nous avons parlé (**304.** *c*) de la pyocyanine, matière colorante du pus bleu, élaborée par le *bacillus pyocyaneus*. Quand des hémorragies ont lieu dans un abcès, on y trouve la matière colorante du sang ou plutôt ses dérivés (hématine et même bilirubine).

SÉCRÉTIONS

SUEUR

501. Propriétés ; composition. — A. La sueur est le produit de sécrétion des *glandes sudoripares*, glandes en tubes situées dans la profondeur du derme. Ces glandes sont très nombreuses et réparties sur toute la surface du corps chez l'homme et chez la plupart des animaux (2) ; leur produit de sécrétion se mélange plus ou moins avec celui des glandes sébacées (**451**), à la surface de la peau.

Lorsque l'air est peu chargé de vapeur d'eau, la sueur s'évapore le plus souvent à la surface de la peau au fur et à mesure de sa production ; il n'en est pas de même si l'air est humide. La quantité

(1) Il est probable que le fibrinogène, transsudé du plasma sanguin en même temps que les autres matières albuminoïdes, se coagule sous l'influence du fibrine-ferment sécrété par les globules blancs, et se redissout ensuite sous l'influence des ferments solubles ou des micro-organismes.

(2) Chez certains animaux (chien, chat) elles ne se trouvent qu'en petit nombre et limitées à quelques régions ; chez d'autres (lapins, souris) elles font complètement défaut

moyenne de sueur sécrétée par l'homme pendant 24 heures est d'environ 200 centimètres cubes. La sécrétion est activée par le travail musculaire, par l'ingestion de boissons chaudes et par l'élévation de température de l'air ambiant. En combinant ces deux derniers moyens d'activer la sécrétion de la sueur, Favre a pu recueillir chez un homme, deux litres et demi de sueur (1) en une heure et demie, cet homme étant enfermé sauf la tête dans une enceinte chauffée. En plaçant diverses parties du corps dans des manchons chauffés, on peut recueillir séparément la sueur des diverses régions.

La sueur normale, filtrée pour la débarrasser de quelques cellules épithéliales et de quelques granulations graisseuses provenant des glandes sébacées, est un liquide incolore, d'une densité de 1,005 en moyenne. Son odeur, variable selon les régions, est due à des acides gras volatils, qui proviennent probablement des glandes sébacées. Sa réaction est acide, sauf pour la sueur de l'aine et de l'aisselle. Hoppe-Seyler attribue l'acidité de la sueur au phosphate acide de sodium ; la plupart des auteurs l'attribuent aux acides gras provenant des glandes sébacées. En effet, la sueur qu'on recueille après avoir préalablement nettoyé parfaitement la peau, est alcaline ; dans les sueurs profuses, la réaction du liquide finit aussi par devenir alcaline.

B. La sueur présente dans sa composition des variations assez étendues, selon la façon dont elle a été obtenue et selon la région dont elle provient. Voici sa composition moyenne :

Eau	988 p. 1000.
Matières organiques	7 —
Sels minéraux	5 —

a) En fait de matières organiques, on a signalé dans la sueur des traces de matières albuminoïdes (2), de l'urée (jusqu'à 1,5 p. 1.000 d'après Fünke), de la créatinine, de la cholestérine, des lactates, des acides gras volatils, des acides aromatiques et un acide azoté particulier, l'*acide sudorique*, dont l'existence est encore douteuse.

b) Les sels minéraux sont essentiellement constitués par du

(1) La sueur ainsi obtenue ne paraît pas absolument identique à la sueur sécrétée dans les conditions normales, car elle ne présente pas la même composition au commencement et à la fin de la sécrétion.

(2) Chez les chevaux, lorsque la sécrétion de la sueur est considérablement augmentée par le travail musculaire, la quantité des matières albuminoïdes dans la sueur devient notable ; on y trouve de la sérum-albumine et de la sérum-globuline.

chlorure de sodium, mélangé à du chlorure de potassium et à des traces de sulfates et de phosphates. La potasse est plus abondante dans la sueur des pieds que dans la sueur des bras, d'après Fünke.

Un grand nombre de substances médicamenteuses s'éliminent en partie par la sueur ; telles sont les iodures, le bichlorure de mercure, les acides arsénieux et arsénique, l'alcool, le camphre, les acides benzoïque, succinique et tartrique, le sulfate de quinine, les huiles essentielles.

502. Sueur dans divers états pathologiques. — Dans l'ictère, la sueur est colorée par de la biliburine et teint le linge en couleur saumon. Dans l'état désigné sous le nom de chromhydrose, la sueur est colorée en bleu, par suite de la présence d'indigotine (Hoffmann) ; on peut aussi observer des sueurs rouges, noires, etc., dont la coloration est due à des pigments d'origine microbienne, ou bien à l'hémoglobine et à ses dérivés.

On a signalé dans la sueur : du glucose et de l'acétone dans le diabète ; de l'albumine dans le rhumatisme articulaire aigu ; de l'acide urique, de l'oxalate de calcium et des sels ammoniacaux dans la goutte. Dans le choléra et dans l'urémie, où l'excrétion urinaire est considérablement diminuée, la proportion de l'urée s'élève dans la sueur ; celle-ci peut alors laisser sur la peau, par évaporation, de l'urée à l'état cristallisé (*sueurs d'urée*).

LARMES

503. Propriétés ; composition. — Les larmes constituent un liquide clair, alcalin, de saveur franchement salée. Elles ne contiennent que 18 p. 1.000 environ de substances fixes ; 13 p. 1.000 de matières minérales, presque exclusivement formées de chlorure de sodium, et 5 p. 1.000 de matières organiques constituées par une globuline, par des traces de mucine et de graisse. Versées dans l'eau, les larmes donnent un léger précipité formé probablement de globuline.

MUCUS

504. Propriétés; composition. — On désigne sous le nom de mucus le produit de sécrétion des cellules épithéliales, notamment des *cellules caliciformes*, situées à la surface des muqueuses; certaines glandes, telles que les glandes salivaires contiennent aussi des cellules à mucus. Ces cellules se gorgent d'une matière très réfringente, le *mucinogène*, puis subissent une sorte de fonte dont le produit constitue le mucus. — Le mucus se trouve mélangé à d'autres produits de sécrétion dans les fosses nasales, les voies digestives, les voies respiratoires, dans le vagin, etc... Sa réaction est alcaline, exception faite pour le mucus vaginal. Il est visqueux et filant, plus ou moins selon son origine, et communique ces propriétés aux liquides avec lesquels il se mélange. Ces propriétés sont dues à la mucine, qui constitue la substance essentielle du mucus. La mucine ne s'y trouve pas à l'état de solution proprement dite, mais à l'état de pseudo-solution, en donnant au mucus une apparence mucilagineuse. L'acide acétique précipite la mucine du mucus en la rétractant.

A côté de cette substance, on trouve des traces d'autres matières albuminoïdes, quelques millièmes de substances extractives et de sels minéraux où prédomine le chlorure de sodium. Le mucus contient aussi en suspension des cellules épithéliales, quelques leucocytes et quelques granulations graisseuses très petites. Voici quelques analyses de mucus.

	Trachée.	Fosses nasales.		
	(Wright).	(Berzélius).	(Nasse).	
Eau	956	933,7	955,6	p. 1000.
Mucine	32	53,3	23,7	—
Autres matières organiques	4	10,4	9,8	—
Graisse	»	»	2,8	—
Sels	5	5,6	8,1	—

La quantité de mucus secrété par les muqueuses est faible à l'état normal; elle augmente par l'inflammation. Si l'inflammation est intense, le mucus se charge d'une quantité considérable de globules blancs; on le désigne alors sous le nom de *muco-pus*.

Crachats. — Les crachats sont des mélanges de mucus trachéal et bronchique, de salive et parfois de mucus nasal. Leur quantité peut s'élever jusqu'à 150 grammes par jour dans la phtisie et jusqu'à 300 grammes dans la pneumonie.

Les crachats de la pneumonie, très visqueux et filants, ont une couleur de rouille due à des produits de décomposition de l'hémoglobine. Ceux de la phtisie peuvent renfermer de l'hémoglobine non altérée; ils contiennent souvent des débris du tissu pulmonaire, notamment des fibres élastiques. Dans la bronchite aiguë, les crachats sont jaunâtres par suite de la présence de pus. Voici leur composition quantitative moyenne dans ces maladies :

	Pneumonie.	Phtisie.	Bronchite.	
Eau	91,5	94,5	98,0	p. 1000.
Mucine	1,3	2,1	0,9	—
Autres matières albuminoïdes.	3,1	0,35	»	—
Matières extractives	3,4	1,8	0,08	—
Graisses	0,16	0,38	»	—
Sels	0,70	0,78	0,58	—

Dans la pneumonie, les crachats contiennent de la fibrine. Enfin, dans la gangrène pulmonaire, ils dégagent une odeur fétide et contiennent des acides gras, parfois à l'état cristallisé.

SPERME

505. Propriétés ; composition. — Le sperme est un produit de sécrétion du testicule, auquel viennent s'ajouter, pendant son émission, les produits de sécrétion des glandules du canal déférent, des vésicules séminales, des glandes prostatiques (1) et des glandules de l'urètre. C'est un liquide clair, visqueux et filant, contenant des îlots blanc opaque. Il a une saveur salée et une odeur caractéristique ; sa réaction est alcaline. Peu de temps après l'éjaculation, il se prend spontanément en une masse gélatineuse épaisse, qui redevient fluide au bout de quelque temps.

Au microscope, on constate que le sperme de l'adulte contient un nombre extrêmement considérable de *spermatozoïdes*, se mouvant dans un liquide. Les spermatozoïdes représentent la partie essentielle du sperme, l'élément fécondant; ils sont formés d'une partie renflée (tête) et d'un appendice filiforme terminée en pointe très fine (queue) (fig. 80). La queue est douée de mouvements ondulatoires qui donnent au spermatozoïde un mouvement de progression. En présence des liquides faiblement alcalins et à la température du corps, ces mouvements se con-

(1) Le liquide des glandes prostatiques est visqueux, opalescent, alcalin ou neutre; il contient d'après M. Buxmann de 0,5 à 1 p. 100 de matières albuminoïdes et 1 p. 100 de sels, parmi lesquels du chlorure de sodium en forte proportion, des sulfates et des phosphates en petite quantité. — On observe quelquefois la présence de calculs dans la prostate; les quelques calculs prostatiques qui ont été analysés étaient essentiellement constitués par du phosphate de calcium.

tinuent pendant plusieurs heures; ils sont arrêtés par les liquides acides et sous l'influence des températures basses (0°) ou élevées (53°).

De plus, on observe presque toujours, au microscope, dans le sperme refroidi des cristaux de teinte ambrée, de forme rhomboédrique très allongée, soit isolés soit réunis en croix ou en étoiles (fig. 79). Ces cristaux sont parfois d'un volume assez

Fig. 79. — Cristaux du sperme.

considérable et se brisent facilement ; ils sont constitués par du phosphate de spermine (**305.** *d*) uni à du phosphate de calcium.

Le sperme de l'homme contient environ 10 p. 100 de substances fixes. Celles-ci se décomposent en 6 parties de matières organiques et 4 parties de matières minérales formées principalement de phosphate de calcium et de chlorures alcalins.

La composition chimique du sperme, et en particulier des spermatozoïdes, est remarquable par la richesse des substances organiques phosphorées (nucléines, lécithines). Mischer a trouvé que, dans la laitance de saumon, près de la moitié des substances organiques est constituée par de la nucléine.

On trouve en solution dans la partie liquide du sperme une nucléo-albumine mucinoïde, la *spermatine*, précipitable par l'acide acétique, soluble dans un excès de cet acide.

On a souvent à déterminer, en médecine légale, si des taches trouvées sur des vêtements sont des taches de sperme. Pour cela, on découpe l'endroit suspect et on le place au-dessus de 2 ou 3 gouttes d'eau, déposées sur une lame de verre. On couvre le tout avec une cloche. Au bout de quelque temps, le sperme se ramollit et se gonfle. On racle alors la surface du linge avec un scalpel, et on examine au microscope la partie enlevée. La présence des spermatozoïdes est caractéristique.

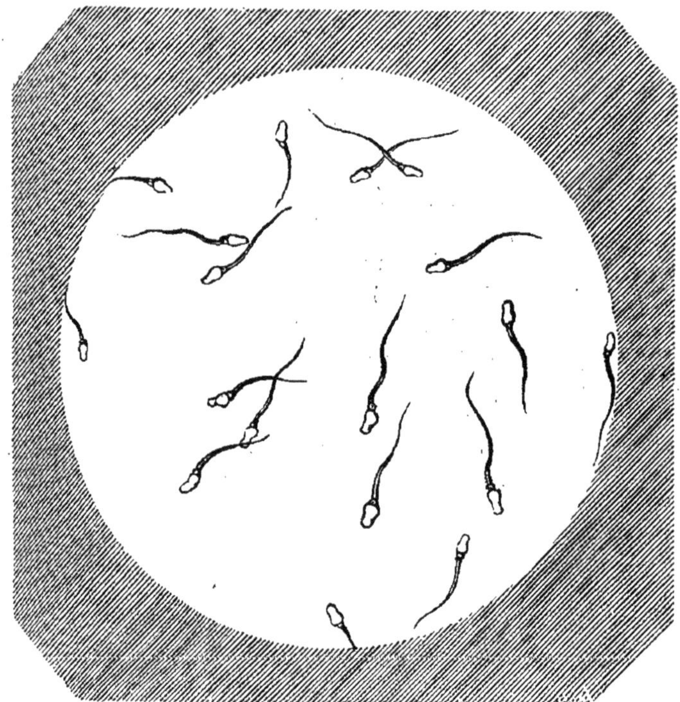

Fig. 80. — Spermatozoïdes.

LAIT

506. Sécrétion. — Le lait est un liquide sécrété par les glandes mammaires des mammifères femelles après la parturition, liquide destiné à alimenter les nouveau-nés d'une manière exclusive, pendant un temps plus ou moins long selon les espèces animales.

Les glandes mammaires sont des glandes en grappe, qui prennent plus de développement au moment de la lactation; les culs-de-sac de ces glandes ou *acini* sont tapissés de cellules épithéliales qui, pendant la sécrétion, se gonflent et deviennent plus claires en même temps que leurs noyaux se multiplient et que leur protoplasma se charge de gouttelettes de graisse. Ces gouttelettes s'accumulent dans la partie des cellules qui est dirigée vers le centre de l'acinus; c'est par une sorte de fonte du protoplasma de cette partie des cellules, avec entraînement des gouttelettes graisseuses qui y sont contenues, que se forme le lait.

La plupart des substances contenues dans le lait ne préexistent pas dans le sang et sont élaborées par les cellules glandulaires.

La quantité de lait sécrétée par la femme en 24 heures est en moyenne de 1 litre et peut s'élever jusqu'à 1 litre et demi; chez la vache, la quantité moyenne est de 8 à 10 litres par jour, et la quantité maxima de 25 litres.

La composition et les propriétés du lait présentent quelques variations chez les diverses espèces animales. Nous étudierons d'abord le lait de vache, qui est le mieux connu et qui constitue pour l'homme un aliment important; nous parlerons ensuite du lait de femme et du lait de divers animaux domestiques.

507. Caractères physiques. — Le lait est un liquide opaque, blanc-jaunâtre ou blanc-bleuâtre (1), d'une saveur légèrement sucrée, d'une odeur spéciale. Sa densité moyenne est de 1,032.

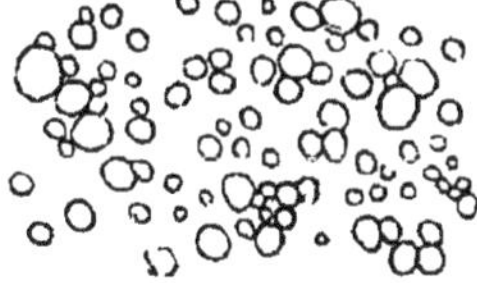

Fig. 81. — Globules du lait.

En examinant du lait au microscope, on observe qu'il est formé par un liquide contenant en suspension un très grand nombre de globules, les *globules du lait* ou *globules graisseux* (fig. 81). Ces globules, dont le diamètre varie généralement de 1 à 10μ sont très réfringents; c'est à eux qu'est due l'opacité du lait. A côté de ces globules, se trouvent des granulations plus petites, essentiellement constituées par du phosphate de calcium. Lorsqu'on abandonne le lait frais à lui-même, les globules graisseux mon-

(1) Le lait peut présenter des colorations anormales (bleu, rouge...), qui sont dues soit à des organismes inférieurs qui pullulent dans le lait (vibrio cyanogeneus, penicillium glaucum), soit à des substances colorantes provenant de certains aliments (sainfoin, garance, safran, etc...)

tent à la surface, par suite de leur faible densité, et y forment une couche qui constitue la *crème*, tandis que les granulations phosphatiques tendent à tomber au fond du récipient.

508. Caractères chimiques. — Le lait de vache est neutre au tournesol, mais il est acide à la phénolphtaléine (1), c'est-à-dire qu'il décolore une solution très étendue de ce réactif, préalablement rougie par une trace de soude.

Le lait abandonné à lui-même à l'air ou dans un vase non stérilisé, subit au bout d'un certain temps la fermentation lactique. L'acide lactique qui se forme aux dépens du sucre de lait détermine la coagulation du lait ; tous les acides, ajoutés au lait, le coagulent aussi. Le caillot est constitué par de la caséine précipitée et par les globules graisseux entraînés avec la caséine.

La présure (p. 252, *note* 2) coagule aussi le lait mais par un mécanisme différent ; la coagulation a lieu, même en milieu neutre, grâce à un ferment soluble, le *lab*, contenu dans la présure. Le liquide qui baigne le caillot est jaune-verdâtre ; il contient les autres principes du lait en dissolution. Il porte vulgairement le nom de *petit-lait*.

Le lait ne se coagule pas par l'ébullition ; mais il se recouvre d'une pellicule blanche formée probablement d'une combinaison de caséine, modifiée par la chaleur, avec des matières minérales, notamment avec les sels de calcium.

509. Composition chimique. — Le lait contient de l'eau, des matières albuminoïdes, des matières grasses, du lactose, des sels et des gaz ; les proportions moyennes de ces substances sont les suivantes :

Eau....................	86,0	p. 100.
Matières albuminoïdes..	4,9	—
Matières grasses	4,0	—
Lactose................	5,5	—
Sels	0,6	—

Outre ces substances, le lait renferme de petites quantités d'urée, des traces de créatinine, de bases xanthiques et d'alcool. On y a signalé récemment la présence constante de citrates (2) et notamment de citrate de calcium.

(1) Le lait de tous les animaux est acide à la phénolphtaléine. Le lait des carnivores est ordinairement acide au tournesol.

(2) L'acide citrique est un acide tribasique à fonction complexe $\begin{array}{l} CH^2-CO,OH \\ | \\ C\begin{cases} OH \\ CO,OH \end{cases} \\ | \\ CH^2-CO,OH \end{array}$. Cet

A. Matières albuminoïdes. — 1. *Caséine.* — La caséine (**332**) est la matière albuminoïde de beaucoup la plus importante du lait. Nous avons vu que c'est une nucléo-albumine, insoluble dans l'eau, formant avec les bases des caséinates solubles. La caséine se trouve, au moins en partie, en solution dans le lait sous forme de caséinates et notamment de caséinate de calcium; une partie paraît se trouver en suspension ou à l'état colloïdal, car, si on filtre du lait sur de la porcelaine, une partie de la caséine reste avec les globules graisseux sur le filtre.

Lorsque le lait se coagule par la fermentation lactique ou par l'addition d'un acide, la coagulation résulte de ce que l'acide décompose le caséinate de calcium, s'empare du calcium et met en liberté la caséine insoluble, qui se précipite. Au contraire, lorsque le lait se coagule sous l'influence de la présure, la caséine du caséinate se dédouble en deux autres substances albuminoïdes : l'une, la *paracaséine*, donne avec les sels de calcium du lait un coagulum de paracaséinate basique de calcium, qui entraîne les globules graisseux; l'autre, la *lactosérumprotéose*, reste en solution dans le liquide (Hammarsten). La coagulation du lait par le lab-ferment est donc analogue à la coagulation du sang par l'action du fibrine-ferment sur le fibrinogène en présence des sels de calcium (**467**). Elle s'en distingue cependant, d'après MM. Arthus et Pagès, par ce fait que le fibrine-ferment ne dédouble le fibrinogène qu'en présence des sels de calcium qui forment de la fibrine en se combinant avec l'un des produits de dédoublement du fibrinogène. Au contraire, le dédoublement de la caséine par le lab-ferment est indépendant de la précipitation du paracaséinate de calcium. Si on débarrasse le lait des sels de calcium solubles par la dialyse ou par l'addition d'oxalate de potassium, et qu'on le soumette ensuite à l'action de la présure, il ne se coagule pas, mais il n'en subit pas moins une action du lab-ferment; il se coagule en effet dès qu'on lui ajoute un sel de calcium soluble, même si on a préalablement détruit le lab-ferment par la chaleur.

Le rôle des sels solubles de calcium dans la coagulation du lait par la présure explique les faits suivants : le lait se coagule plus vite lorsqu'on y ajoute une trace d'acide ou qu'on y fait passer un courant d'anhydride carbonique, parce que le phosphate tricalcique en suspension dans le lait est en partie dissous dans ces conditions. Au contraire, le lait bouilli ou le lait

acide existe dans tous les laits; il se forme, au moins en partie, dans la glande mammaire, car sa présence dans le lait est indépendante de sa présence dans les aliments.

additionné de carbonates alcalins se coagulent moins rapidement parce que, dans ces conditions, une partie des sels solubles de calcium du lait se précipite.

Certains micro-organismes sécrètent des ferments solubles, désignés par M. Duclaux sous le nom de *caséases*, qui coagulent le lait et qui dissolvent peu à peu le coagulum formé, en peptonisant la caséine.

2. *Lactoglobuline.* — On peut précipiter complètement la caséine en saturant le lait de chlorure de sodium ; le liquide séparé du précipité contient encore de petites quantités de matières albuminoïdes, car il est coagulable par la chaleur (1). Si on sature de sulfate de magnésium ce liquide déjà saturé de chlorure de sodium, il se précipite une petite quantité d'une matière albuminoïde qui, d'après M. Sebelien, est une globuline, la lactoglobuline, très analogue à la sérum-globuline (2).

3. *Lactalbumine.* — Après avoir précipité la caséine et la lactoglobuline du lait en le saturant de sulfate de magnésium, le liquide filtré contient encore une albumine, la *lactalbumine*, précipitable par l'addition d'un peu d'acide acétique. La lactalbumine ne se différencie de la sérum-albumine que par son pouvoir rotatoire. La proportion de la lactalbumine dans le lait de vache est 7 à 8 fois moindre que celle de la caséine.

La présence dans le lait d'une autre matière albuminoïde, la lactoprotéine, et celle d'une peptone, signalées par certains auteurs, sont contestées.

B. Matières grasses. — *a*) Nous avons vu que les matières grasses sont en suspension dans le lait, sous forme de globules graisseux. On n'a pas encore résolu la question de savoir si les globules graisseux possèdent une membrane d'enveloppe qui les empêche de se fusionner entre eux, ou bien si le lait est une simple émulsion de gouttelettes graisseuses, qui doit sa stabilité aux actions moléculaires s'exerçant entre ces gouttelettes et le liquide albumineux du lait.

D'après M. Béchamp, les globules du lait, isolés et lavés avec une solution alcoolisée de carbonate d'ammonium, puis traités par l'éther, laissent un résidu d'une matière albuminoïde, qui proviendrait des membranes d'enveloppe. L'existence de ces

(1) Le petit-lait, dans lequel baigne le caillot obtenu sous l'influence des acides ou de la présure, donne également un léger coagulum par la chaleur.

(2) La présence de globuline dans une solution saturée de chlorure de sodium s'explique par le fait que les globulines ne sont pas précipitées d'une façon absolument complète par le sel marin, comme elles le sont par le sulfate de magnésium.

membranes expliquerait la nécessité du barattage pour transformer la crème en beurre; les chocs du barattage auraient pour effet de rompre ces membranes et de faire de la crème une substance homogène. D'autre part, le lait agité avec de l'éther ne lui cède que très peu de matières grasses; il les lui cède en entier, au contraire, si on ajoute un peu de soude, qui paraît agir comme dissolvant des membranes. — On a objecté à cette manière de voir que l'on peut obtenir des émulsions stables d'huile dans des solutions de matières albuminoïdes, et que ces émulsions se comportent comme le lait vis-à-vis de l'éther seul ou en présence de soude; l'action de la soude paraît donc se réduire à changer la tension superficielle du liquide et à faire disparaître la condensation de la matière albuminoïde autour des gouttelettes de corps gras.

b) Pour isoler la matière grasse du lait, on traite par l'éther du lait additionné d'un peu de soude, ou plus simplement du beurre frais (1). Par évaporation de l'éther la matière grasse reste comme résidu. C'est un mélange de corps gras neutres dans les proportions suivantes :

Stéarine et palmitine........ ...	68 p. 100
Oléine..........................	30 —
Butyrine, caproïne, caprine, etc..	2 —

Ce mélange a une densité de 0,949 à 0,996 et fond vers 35°.

A côté des graisses, on trouve dans les globules du lait de petites quantités de lécithine, de cholestérine et d'un pigment lipochrome jaune.

C. Lactose. — Le lactose ou sucre de lait (**96**) est un saccharose dextrogyre, réduisant la liqueur de Fehling et se dédoublant par hydratation en glucose et galactose. Il est en solution dans le lait et se retrouve dans le petit-lait, d'où il cristallise par évaporation.

D. Substances minérales. — Les sels minéraux sont essentiellement formés par des chlorures et des phosphates de sodium et de potassium, avec prédominance des sels de potassium, et par des phosphates de calcium et de magnésium. Une partie de la chaux trouvée dans les cendres du lait provient du citrate et du

(1) Le beurre contient, en effet, 85 à 88 p. 100 environ de matières grasses, 11 à 14 p. 100 d'eau et 1 p. 100 de lactose, de caséine et de sels. Lorsque le beurre rancit, il contient des acides gras libres et notamment de l'acide butyrique, qui lui donne une odeur particulière. Le rancissement du beurre paraît dû à des micro-organismes; il s'accélère à l'air, à la lumière et en présence de l'eau, il est au contraire retardé en présence de sel marin.

caséinate de calcium. D'après M. Söldner, un litre de lait de vache contient les proportions suivantes de ces différents sels :

Chlorure de sodium...........	0,962
— de potassium.... ...	0,830
Phosphate de potassium......	1,991
— de calcium........	1,477
— de magnésium	0,336
Citrate de potassium	0,495
— de calcium.............	2,133
— de magnésium	0,367
Chaux (combinée à la caséine)..	0,465

On trouve aussi, dans les cendres du lait, de très petites quantités de sulfates, d'oxyde de fer et des traces de silice.

E. Gaz. — Le lait de vache, recueilli à l'abri de l'air, dégage dans le vide de 5 à 9 c. c. de gaz pour 100 c. c. de liquide. Ces gaz sont formés d'anhydride carbonique, d'azote et d'oxygène dans les proportions suivantes :

	Sctschenow.	Pflüger.	
Anhydride carbonique..	$5^{cc},01$	$7^{cc},60$	p. 100^{cc} de lait.
Azote.................	1 ,34	0 ,80	—
Oxygène...	0 ,32	0 ,10	—

Le lait exposé à l'air absorbe en quelques jours plus de son volume d'oxygène.

510. Comparaison des divers laits. — Le lait de chaque espèce animale présente avec le lait de vache quelques différences de composition.

A. Lait de femme. — Voici, d'après un grand nombre d'analyses, la composition moyenne du lait de femme comparée à celle du lait de vache :

	Femme.		Vache.		
Eau................		87,41		87,17	p. 100.
Caséine............	1,03	2,29	3,02	3,55	—
Lactalbumine	1,26		0,53		
Matières grasses....		3,78		3,69	—
Lactose............		6,21		4,88	—
Cendres............		0,31		0,71	—

Le lait de femme ne se coagule pas aussi rapidement que le lait de vache sous l'influence de la fermentation lactique; il ne précipite que par l'addition d'une proportion d'acide plus élevée et ne donne que de légers flocons. Sous l'influence de la présure, il se coagule, mais le coagulum est peu abondant, peu compact et peu rétractile, et le petit-lait reste très trouble. Ces différences sont dues en grande partie à ce que le lait de femme contient moins de caséine et de sels de calcium et qu'il est moins acide. — La caséine du lait de femme n'est pas précipitée par le chlorure de sodium à saturation comme celle du lait de vache, mais elle l'est par le sulfate de magnésium. Elle diffère aussi par sa composition centésimale ; d'après M. Wroblewski, elle renferme plus de soufre et moins de phosphore. Sous l'influence de la digestion gastrique artificielle, elle donne un résidu de nucléine moins abondant et qui se dissout beaucoup plus rapidement que celui donné par la caséine du lait de vache.

Le lait de vache est employé dans l'allaitement artificiel des nouveau-nés. La plupart des médecins recommandent de l'étendre avec de l'eau, en proportion plus ou moins forte, selon l'âge du nourrisson, de manière à abaisser sa richesse en matières albuminoïdes et à éviter la formation, dans l'estomac, d'un caillot trop compact et, par suite, plus difficilement digestible. Le lait de vache étendu de la moitié de son volume d'eau contient sensiblement les mêmes proportions de matières albuminoïdes et de cendres que le lait de femme, mais il renferme 3 p. 100 de lactose et 1,32 p. 100 de graisse en moins. Il ne possède pas, par conséquent, la même valeur nutritive. C'est pour parer à cet inconvénient que M. Soxhlet conseille d'étendre le lait de vache avec une solution de lactose. Si on ajoute à du lait de vache la moitié de son volume d'une solution de lactose à 8 ou 9 p. 100, le mélange obtenu ne diffère plus du lait de femme, dans sa composition générale, que par 1,32 p. 100 de graisse en moins. Il serait difficile d'enrichir ce mélange en graisse par l'addition de crème ; il est plus pratique de remplacer la quantité de graisse qui manque par une quantité de lactose *équivalente au point de vue nutritif*, soit $3^{gr},19$ (1). Pour cela, il faut étendre le lait de vache avec la moitié de son volume d'une solution de lactose à 17 ou 18 p. 100 (2).

B. Lait d'anesse. — Le lait d'ânesse est celui qui se rapproche

(1) En effet, d'après Rübner 100 grammes de graisse équivalent, au point de vue nutritif, à 243 grammes de lactose ; par conséquent $1^{gr},32$ équivaut à $3^{gr},19$.

(2) Soxhlet avait indiqué les doses de 6 p. 100 pour compenser la pauvreté en lactose et 12,3 p. 100 pour la compensation relative au lactose et à la graisse. Ces doses ne sont pas suffisantes ; dans le premier cas, par exemple, il est évident qu'on ne peut enrichir le lait de vache en lactose par l'addition d'une solution qui ne renferme que 6 p. 100 de lactose, c'est-à-dire moins que le lait de femme.

le plus du lait de femme par la nature de ses matières albuminoïdes, par la manière dont il se coagule et par sa digestibilité ; il s'en distingue par une proportion plus faible de matières albuminoïdes et surtout de graisses. On y a signalé des quantités notables de peptones. — Le lait de jument est analogue au lait d'ânesse.

C. Laits de divers autres animaux. — Le lait de chèvre, qui est utilisé aussi dans notre alimentation, se rapproche beaucoup du lait de vache par sa composition et par ses propriétés ; il en est de même du lait de brebis. — Le lait des carnivores, notamment celui de la chienne, a une densité plus élevée. Il contient une plus forte proportion de matières albuminoïdes, constituées surtout par de la lactalbumine ; aussi se coagule-t-il par la chaleur.

511. Variations dans la composition du lait. — A. État physiologique. — La composition du lait d'animaux de même espèce est influencée par la nourriture et par le genre de vie. La quantité du lait et sa richesse en beurre augmentent par le repos et par une nourriture abondante ; l'ingestion de grandes quantités d'eau augmente la sécrétion du lait, mais le rend plus aqueux.

Pour des animaux de même espèce, vivant dans les mêmes conditions, la composition quantitative du lait varie selon les races. Ainsi pour les vaches, le résidu sec peut varier de 10,6 p. 100 à 14,7 p. 100.

Le lait d'une même traite présente des variations très notables dans sa composition aux divers moments de la traite. Celui de la fin est jusqu'à trois fois plus riche en beurre que celui du début. Les proportions de matières albuminoïdes et de lactose subissent des variations beaucoup moins importantes ; au lieu de s'élever progressivement à mesure que la traite se prolonge, elles oscillent autour du chiffre du début.

La durée de la sécrétion exerce une certaine influence sur la composition du lait. Mais les variations sont faibles, si on fait abstraction de la sécrétion des quinze premiers jours ; pendant cette période la sécrétion lactée s'établit, faisant suite à la sécrétion d'un liquide spécial, le *colostrum*, sur lequel nous reviendrons.

Chez la femme, entre vingt et trente-cinq ans, l'âge n'a pas d'influence sensible sur la composition du lait. Au-dessous de vingt ans, le lait est en général plus concentré ; au-dessus de trente-cinq ans, il est au contraire plus riche en eau. Le lait des multipares est généralement plus riche en matières grasses et en lactose que celui des primipares.

Si le retour des règles se produit pendant l'allaitement, ce qui est assez rare, on observe que, pendant la période menstruelle, le lait détermine assez fréquemment chez le nourrisson de la diarrhée ou des vomissements, mais la composition générale du lait n'est cependant pas modifiée sensiblement; seuls, la caséine et les sels augmentent légèrement.

Une nouvelle grossesse survenant pendant l'allaitement ne tarit pas nécessairement la sécrétion du lait; mais il y a souvent diminution notable de la quantité sécrétée. Sous l'influence de la grossesse, la composition du lait est peu modifiée; les matières grasses seules subissent une augmentation notable.

B. État pathologique. — Dans les maladies fébriles aiguës, la quantité du lait diminue; la caséine et les sels augmentent généralement, tandis que le lactose diminue. Dans les maladies chroniques, le beurre et les sels augmentent, tandis que la caséine diminue très peu. La diarrhée fait baisser la proportion des corps gras.

Dans certaines maladies infectieuses, notamment dans la tuberculose, le lait contient des microorganismes pathogènes.

Sous l'influence des émotions tristes, de la frayeur, de la colère, etc., le lait est peu modifié dans sa composition chimique générale, mais renferme quelquefois des substances toxiques qui peuvent déterminer chez les nourrissons des convulsions, parfois même la mort.

Un certain nombre de médicaments, notamment les iodures, les composés mercuriels et arsenicaux, ingérés par la mère se retrouvent dans le lait, à l'état de traces.

512. Altérations du lait; conservation. — Le lait est un excellent milieu de culture pour un grand nombre de microorganismes, qui y pullulent très rapidement même à la température de 15°. M. Miquel a trouvé environ 9.000 bactéries par centimètre cube dans le lait deux heures après la traite et plus d'un million vingt-quatre heures après. Parmi ces microbes, il peut s'en trouver de pathogènes, tels que le bacille de la tuberculose, qui se trouvent déjà, au moment de la sécrétion, dans le lait des animaux malades; le lait peut donc être un agent de propagation des maladies infectieuses. D'autres micro-organismes proviennent toujours de l'air. Les uns s'attaquent au lactose; tels sont le ferment lactique, qui détermine bientôt la coagulation du lait par la formation d'acide lactique, et certaines levûres analogues à la levûre de bière, qui transforment le lactose en alcool et anhydride carbonique (1). Les autres s'attaquent à la caséine; telles sont les différentes variétés de tyrothrix étudiées par M. Duclaux, qui coagulent et peptonisent la caséine par les ferments solubles qu'elles sécrètent. De ces variétés de tyrothrix, certaines sont aérobies, d'autres sont anaérobies.

Pour débarrasser le lait des microbes pathogènes et des micro-organismes qui altèrent rapidement sa composition, on le soumet à l'action de la chaleur. L'ébullition du lait *pendant quelques minutes* suffit pour tuer la plupart des micro-organismes. Le procédé de M. Soxhlet, qui consiste à chauffer le lait, en flacons bouchés, au bain-marie à 100° pendant une heure, stérilise le lait et assure sa conservation, à l'abri de l'air, pendant un jour ou deux (2). On peut conserver le lait presque indéfiniment en l'enfermant dans des bouteilles bien bouchées et en le portant *plusieurs fois* à la température de 80° environ, à quelques heures d'intervalle. Cette pratique, connue sous le nom de *pasteurisation*, est basée sur ce que les ferments sont détruits à 80° et que leurs spores, qui résistent à ces températures, se transforment entre deux chauffages en ferments, qui sont détruits à leur tour. Enfin, on prépare industriellement du lait stérilisé en le chauffant dans des appareils spéciaux vers 115°-120° et l'enfermant dans des bouteilles stérilisées.

Le lait bouilli se coagule plus lentement dans l'estomac et paraît être un peu moins rapidement digéré par le suc gastrique et par le suc pancréatique, d'après les recherches *in vitro* de M. Leeds.

On utilise l'action de certains micro-organismes sur le lait pour obtenir des boissons fermentées connues sous les noms de *kéfir* et de *koumis*. Ces boissons, qui ont été préparées depuis les temps les plus reculés par certaines peuplades de la Russie méridionale et du Caucase, sont entrées aujourd'hui dans la thérapeutique. Le kéfir est obtenu avec du lait de vache ou de chèvre, le koumis avec du lait de jument. Les agents de la fermentation, qu'on trouve aujourd'hui dans le commerce sous forme de grains, consistent en un mélange de plusieurs espèces; M. Kern y a trouvé une levûre et une bactérie, la *dispora*

(1) La levûre de bière elle-même qui, grâce à l'invertine qu'elle secrète, dédouble le saccharose ordinaire en glucoses et leur fait subir ensuite la fermentation alcoolique, n'exerce pas d'action sensible sur le lactose.

(2) Lorsqu'on chauffe du lait à 100° pendant plusieurs heures, il jaunit et finit par se coaguler; ces phénomènes sont dus à ce que, en présence des sels à réaction alcaline du lait, le lactose s'oxyde et donne, entre autres produits, de l'acide formique qui précipite la caséine (Cazeneuve et Haddon).

caucasica. Sous l'influence de ces ferments, le lactose du lait donne naissance à de l'alcool, à de l'anhydride carbonique et à de l'acide lactique; la caséine est en partie peptonisée, probablement par l'action d'une caséase sécrétée par la bactérie.

Pour obtenir le kéfir, on commence par faire subir aux grains de kéfir du commerce un traitement destiné à réveiller l'activité des ferments. On les lave dans de l'eau tiède et on les fait macérer pendant quelques jours à 20° dans 10 à 15 fois leur poids de lait qu'on renouvelle tous les jours. Quand les grains de kéfir, restés jusque là au fond du liquide, montent à la surface, on filtre sur de la gaze (1) et on ajoute 10 p. 100 de ce filtratum à du lait contenu dans des bouteilles de champagne qu'on bouche solidement. On abandonne à 10° ou 15°, en agitant de temps en temps; au bout de deux à trois jours, on a du kéfir.

Le kéfir et le koumis sont des liquides blancs comme le lait, mousseux, d'une saveur aigrelette due à l'acide lactique et à l'anhydride carbonique, ils sont légèrement alcooliques (1 à 3 p. 100) et leur degré alcoolique augmente un peu avec la durée de la fermentation; ils contiennent de petites quantités de peptone. Sous l'influence du lab-ferment, ils donnent, comme le lait de femme, un coagulum floconneux, facile à digérer. Au point de vue de l'alimentation, ces liquides diffèrent donc du lait en ce que le lactose est remplacé par des produits qui stimulent la sécrétion gastrique, et en ce que la caséine est rendue plus facilement digestible.

513. Analyse du lait. — Pour faire l'analyse complète d'un lait, on opère comme suit : on agite 20 centimètres cubes de lait alcalinisé par un peu de soude avec de l'éther, qui dissout le beurre. Par le repos, la solution éthérée vient surnager au-dessus de la partie aqueuse; on la décante, on l'évapore et on pèse le résidu de beurre.

La partie aqueuse est légèrement acidulée par l'acide acétique qui précipite la caséine; on recueille le précipité sur un filtre taré, on le lave à l'eau, on le sèche et on le pèse.

Le liquide filtré et les eaux de lavage sont portés à l'ébullition, ce qui détermine la coagulation des autres matières albuminoïdes. On les recueille sur un filtre taré et on les pèse.

Le liquide provenant de cette dernière opération est divisé en deux parties. L'une est évaporée et calcinée à l'air; le résidu donne

(1) Un grand nombre de ferments restent dans la masse retenue par le filtre de gaze et prolifèrent; en faisant macérer de nouveau la masse avec un peu de lait, on obtient indéfiniment de quoi préparer de nouvelles quantités de kéfir.

le poids des cendres. L'autre sert à doser le lactose ; le dosage se fait par la liqueur de Fehling, comme pour le glucose (**79**. 2), mais en tenant compte pour le calcul, qu'il faut 0gr,0635 de lactose pour réduire 10 centimètres cubes de liqueur de Fehling.

On peut déterminer par quelques essais rapides, à l'aide de divers appareils, si un lait a été falsifié par écrémage ou par addition d'eau.

1. *Crémomètre.* — Pour déterminer si un lait a été écrémé, on se sert du *crémomètre*, appareil constitué par une éprouvette de 25 centimètres de hauteur environ et de 3 centimètres de diamètre, divisée en 100 parties. On ajoute au lait une pincée de carbonate acide de sodium, pour faciliter la montée de la crème. Cela fait, on remplit l'appareil de lait jusqu'au trait 0 et on l'abandonne au repos pendant douze à vingt-quatre heures. La crème se réunit à la surface, on mesure sa hauteur en centièmes. Le bon lait doit fournir de 10 à 16 p. 100 de crème. — Cette méthode de détermination de la crème ne donne pas de résultats très précis, car la séparation des globules de graisse se fait plus ou moins facilement, suivant leurs dimensions et suivant que le lait a été étendu d'eau. En outre, elle n'est pas applicable aux laits qui ont été bouillis ou pasteurisés.

2. *Lactodensimètre de Quévenne et Bouchardat.* — Cet instrument est un aréomètre, dont la tige porte trois graduations juxtaposées. Les nombres marqués sur la graduation du milieu indiquent l'excès de poids du litre de lait sur le litre d'eau ; ainsi un lait qui marque 32 au lactodensimètre a une densité de 1,032. Les graduations latérales indiquent la proportion d'eau ajoutée au lait. L'une, teintée en jaune, se rapporte au lait non écrémé ; l'autre, teintée en bleu, sert pour le lait écrémé. On conçoit la nécessité de deux graduations pour déterminer le mouillage du lait, car l'écrémage augmente la densité du lait, tandis que l'addition d'eau l'abaisse. Un lait écrémé et convenablement étendu d'eau peut donc présenter la même densité que le lait primitif. L'instrument est gradué pour 15°. Si l'on n'opère pas à cette température, on a recours aux tables de Quévenne, qui donnent immédiatement la densité du lait à 15°. Pour chaque variation de 5 degrés centigrades au-dessus ou au-dessous de 15°, il faut respectivement ajouter ou retrancher 1° aux indications du lactodensimètre. Le lactodensimètre marque de 29 à 33 dans les bons laits entiers et de 32,5 à 36,5 dans les bons laits écrémés.

3. *Lactobutyromètre de Marchand.* — Cet instrument donne

des indications plus précises que le crémomètre sur la richesse en graisse d'un lait. Il se compose d'un tube fermé à un bout (fig. 82) et divisé en trois parties de 10 centimètres cubes chacune. Les trois centimètres cubes supérieurs sont divisés en dixièmes et les divisions s'élèvent un peu au-dessus du trait supérieur. On verse du lait dans ce tube jusqu'à la division 10, on y ajoute deux gouttes de soude caustique pour empêcher la coagulation des matières albuminoïdes, on verse de l'éther jusqu'à la division 20 et on agite; enfin on achève de remplir le tube avec de l'alcool à 90° et on agite encore (1). On bouche le tube et on le maintient pendant quelque temps au repos, à 40°.

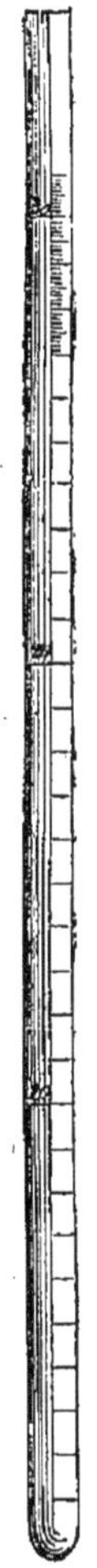

Fig. 82. — Lactobutyromètre.

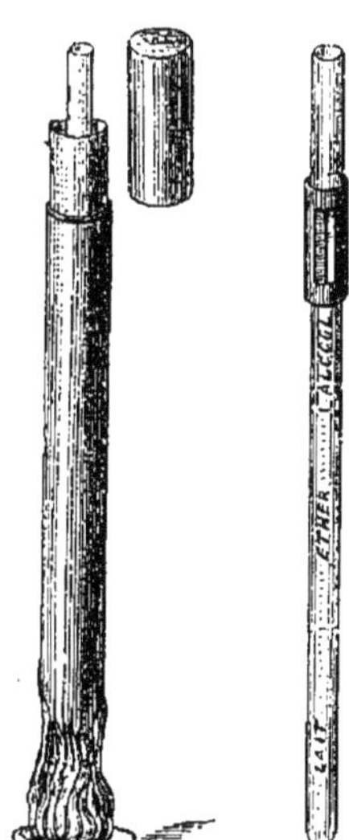

Fig. 83. — Lactobutyromètre.

Pour cela, on place l'instrument dans un manchon en fer-blanc plein d'eau servant de bain-marie et à la base duquel se trouve une cuvette, où l'on fait brûler de l'alcool (fig. 83). Au bout d'un certain temps, il se forme à la partie supérieure une

(1) On peut aussi verser du lait dans le lactobutyromètre jusqu'à la division 10, puis ajouter, jusqu'à la division 30, un mélange contenant 100 parties d'alcool, 100 parties d'éther et 1 partie d'ammoniaque.

couche oléagineuse. On note le nombre de divisions qu'occupe cette couche. Chacune correspond à 2gr,33 de beurre par litre de lait. Il faut ajouter au produit le nombre 12,6, pour tenir compte de la quantité de graisse restée en solution dans le mélange d'alcool et d'éther.

Salleron a adapté sur le tube un curseur gradué (fig. 83) dont la première division, qu'on fait affleurer à la surface du liquide, porte le chiffre de 12,6; la division qui affleure à la partie inférieure de la couche oléagineuse indique directement la quantité de matière grasse contenue dans un litre de lait. Un bon lait contient au moins 30 grammes de beurre par litre.

4. *Lactoscope de Donné*. — Le lactoscope de Donné est commode pour l'analyse du lait de femme, car il permet d'opérer sur de petites quantités seulement de liquide. Donné admet que la richesse d'un lait est proportionnelle à son opacité. Le lactoscope (fig. 84) se compose de deux tubes entrant l'un dans l'autre et fermés par deux glaces qui se rapprochent au moyen d'un pas de vis. Un petit entonnoir placé à la partie supérieure permet d'introduire le lait dans l'espace compris entre les lames; un manche sert à tenir l'instrument. Le tube intérieur qui se visse dans l'autre porte sur sa longueur 50 divisions et des chiffres qui indiquent la richesse du lait. Lorsque l'appareil est au zéro, les deux lames se touchent. On remplit alors l'entonnoir de lait, on écarte les deux verres en tournant la vis; le lait descend dans l'espace vide compris entre les deux glaces. On regarde à travers cette couche, dans une chambre obscure, la flamme d'une bougie placée à 1 mètre de distance. Lorsque la flamme cesse d'être visible, on note le nombre de tours et de fractions de tours qu'il a fallu pour arriver à ce résultat. On peut ainsi comparer différents laits au point de vue de leur opacité, qui est d'autant plus grande que le lait est plus riche.

Fig. 84. — Lactoscope de Donné.

La numération des globules graisseux au microscope par les procédés employés pour les globules sanguins, ne donne pas de renseignements précis sur la richesse du lait en beurre; celle-ci en effet n'est pas proportionnelle au nombre des globules, parce que le volume de ces derniers est très variable. — L'examen microscopique du lait permettra d'y découvrir les globules de pus, qu'on caractérisera par leur solubilité dans l'acide acétique, les globules du colostrum (**514**), enfin les substances ajoutées frauduleusement au lait pour lui conserver son opacité malgré l'addition d'eau.

Colostrum

514. Sécrétion; composition. — Quelques semaines avant l'accouchement, les glandes mammaires sécrètent un liquide qui n'a pas encore tous les caractères du lait et qu'on désigne sous le nom de *colostrum*. La sécrétion de ce liquide continue encore quelques jours après l'accouchement; mais sa composition se modifie peu à peu et, au bout de huit à quinze jours la sécrétion du lait proprement dit est établie.

Le colostrum est un liquide visqueux, jaunâtre au début de la sécrétion, mais qui devient blanc vers le quatrième jour après l'accouchement; sa densité, plus élevée que celle du lait, est en moyenne de 1,056 au lieu de 1,030. On y observe au microscope, en même temps que la présence de globules graisseux isolés, celle de leucocytes granuleux et d'éléments particuliers, les *globules du colostrum* (fig. 85). Ces globules, de 13 à 40 µ de dimension, sont formés par des amas de corpuscules de graisse à l'intérieur de la membrane d'une cellule dont le noyau est encore visible.

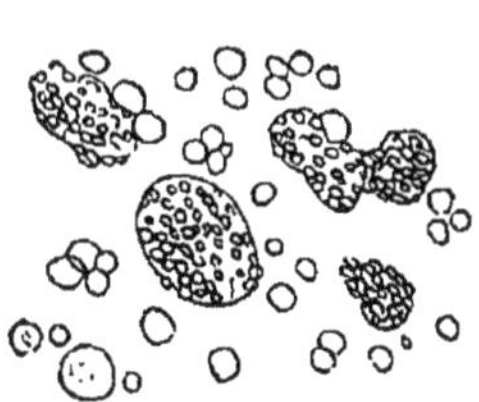

Fig. 85. — Globules de colostrum.

Au point de vue de sa composition chimique, qui varie d'ailleurs avec l'époque de la sécrétion, le colostrum se distingue essentiellement du lait par sa richesse en albumine et en globuline; aussi donne-t-il un coagulum abondant par la chaleur. Les matières minérales y sont aussi plus abondantes et les sulfates s'y trouvent en quantité notable. La proportion du lactose est à peu près moitié moindre que dans le lait. La quantité de caséine est, dans le colostrum de vache, à peu près la même que dans le lait; elle est bien moindre dans le colostrum de femme.

TROISIÈME PARTIE

RESPIRATION — ALIMENTATION ET DIGESTION EXCRÉTION URINAIRE

CHAPITRE Ier

RESPIRATION

515. Notions générales. — La respiration, dans le sens le plus général du mot, consiste en un échange gazeux entre l'air et l'organisme. Les animaux empruntent, soit à l'air libre, soit à l'air dissous dans l'eau, l'oxygène nécessaire aux combustions qui s'effectuent dans leurs tissus et rejettent l'anhydride carbonique qui résulte de ces combustions. Chez les animaux inférieurs, les échanges gazeux ont lieu directement entre l'air et les tissus, tandis que chez les animaux supérieurs, le sang sert d'intermédiaire entre l'air et les tissus. On désigne généralement sous le nom de *respiration interne* l'échange gazeux qui s'établit entre les tissus et le sang, et sous le nom de *respiration externe* celui qui s'établit entre le sang et l'air. Chez l'homme et les autres mammifères, la surface cutanée ne participe que d'une manière insignifiante à la respiration externe; les échanges entre le sang et l'air ont lieu presque exclusivement dans les poumons.

RESPIRATION PULMONAIRE

516. Notions générales. — Le poumon se compose essentiellement d'une infinité de petits culs-de-sac ou *lobules pulmonaires* (fig. 86) communiquant avec de petits canaux *a* qui, par leur réunion, forment des troncs de plus en plus gros et finalement les *bronches* et la *trachée*. La cavité des lobules pulmonaires est divisée par des cloisons en *alvéoles* ou *vésicules c;* elle est tapissée intérieurement par un épithélium très mince, sous lequel se trouve un réseau très serré de capillaires sanguins.

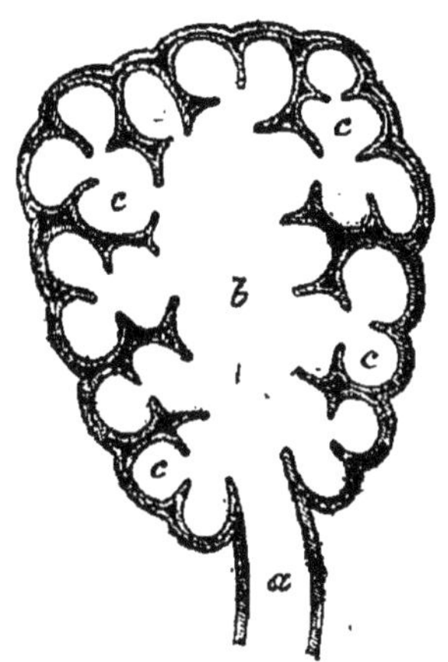

Fig. 86. — Lobule pulmonaire de l'homme (*).

L'air pénètre dans les poumons, à chaque mouvement inspiratoire, par la trachée et les bronches, pour remplacer celui qui en est expulsé à chaque mouvement expiratoire. L'air des vésicules pulmonaires se trouve ainsi renouvelé, au moins en partie. Le sang, en circulant dans les capillaires qui rampent dans la paroi des vésicules pulmonaires, vient puiser dans l'air de ces vésicules l'oxygène qu'il apportera aux tissus, et y déverser l'anhydride carbonique qu'il a ramené des tissus.

Chez l'homme, le volume du sang qui est en rapport avec l'air des vésicules est de 1 à 2 litres et sa surface de contact d'environ 150 mètres carrés. Le volume de sang qui passe à travers le poumon, peut être évalué à 20.000 litres par vingt-quatre heures.

La quantité d'air qui entre et sort des poumons à chaque mouvement respiratoire ordinaire est d'environ un demi-litre, à l'état normal; on désigne cette quantité sous le nom d'*air vital* ou *air normal*. — Si, après une expiration ordinaire, on fait une inspiration forcée, il entre environ 1600 c. c. d'air en plus de l'air normal; c'est l'*air complémentaire*. — De même si, après une inspiration ordinaire, on fait une expiration forcée, il sort du poumon environ 1600 centimètres cubes en plus de l'air normal; c'est la *réserve respiratoire*. De telle sorte que la quantité d'air que fait entrer dans le poumon une inspiration forcée succédant à une expiration forcée, est d'environ 1600 + 500 + 1600 c'est-à-dire de 3.700 centimètres cubes; c'est la *capacité vitale*, qui est, comme on voit, 7 à 8 fois plus grande que l'air normal. — Enfin, après une expiration aussi complète que possible, il reste encore dans les poumons une certaine quantité d'air, dont on a pu déterminer le volume par des procédés indirects.

(*) *a*, terminaison d'une des dernières ramifications bronchiques; *b*, cavité du lobule; *c*, *c*, *c*, *c*, vésicules.

Ce volume est d'environ 1200 centimètres cubes ; c'est l'*air résiduel*. En l'ajoutant à la capacité vitale, on obtient la capacité totale des poumons qui est de 3.700 + 1.200 = 4.900 centimètres cubes. En résumé, la capacité totale du poumon se décompose de la façon suivante :

Capacité totale : 4.900cc	Air complémentaire.	1600cc	Capacité vitale : 3.700cc.
	Air normal	500	
	Réserve respiratoire.	1600	
	Air résiduel.........	1200	

Le volume d'air inspiré à chaque mouvement inspiratoire ordinaire ne pénètre pas tout entier jusqu'aux vésicules pulmonaires. M. Gréhant a montré que le tiers de ce volume est rejeté tel quel par le mouvement expiratoire suivant ; en effet, si on aspire à un moment donné 500 centimètres cubes d'hydrogène au lieu d'air, on en retrouve 170 centimètres cubes, c'est-à-dire le tiers, dans l'air de l'expiration suivante. Par conséquent, les deux tiers seulement de l'air normal, c'est-à-dire 330 centimètres cubes, restent dans les poumons après l'expiration, pour renouveler l'air des vésicules. Comme, après une expiration ordinaire, le poumon contient encore l'air résiduel et la réserve respiratoire, soit 2.800 centimètres cubes, on voit que la quantité d'air pur par unité de volume après un mouvement respiratoire est $\frac{330}{2.800} = 0,12$, c'est-à-dire que dans 100 centimètres cubes de l'air des poumons, il y a 12 centimètres cubes d'air pur provenant du dernier mouvement respiratoire ; c'est cette quantité que M. Gréhant appelle le *coefficient de ventilation*.

M. Gréhant a étudié les variations du coefficient de ventilation avec le volume de l'air inspiré et le nombre des inspirations ; il est arrivé à ce résultat intéressant, que le poumon est mieux ventilé par des inspirations normales de 500 centimètres cubes d'air que par un nombre double d'inspirations de 300 centimètres cubes, bien que la quantité d'air qui pénètre dans les poumons soit supérieure dans ce dernier cas. Il en résulte que dans les affections thoraciques où l'amplitude des mouvements respiratoires est diminuée, l'augmentation du nombre des mouvements respiratoires ne compense généralement pas la diminution de leur amplitude.

A l'état normal, l'homme fait de 14 à 16 inspirations par minute, et par suite, aspire 7 à 8 litres d'air, ce qui fait environ 10.000 litres d'air par vingt-quatre heures.

La composition de l'air contenu dans le poumon n'est pas la

même en tous les points ; la proportion d'anhydride carbonique est d'autant plus forte et celle de l'oxygène d'autant plus faible, que l'on se rapproche davantage des vésicules pulmonaires ; c'est, en effet, en ce point qu'ont lieu les échanges gazeux, et l'air qui pénètre par la trachée et les grosses bronches, met un certain temps pour se diffuser par les petites bronches jusqu'aux vésicules.

La pression de l'air contenu dans le poumon est inférieure de 4 à 5 millimètres de mercure à la pression atmosphérique pendant l'inspiration normale, et supérieure de 3 à 4 millimètres pendant l'expiration.

517. Méthodes pour étudier les échanges respiratoires. — A. Méthode de Regnault et Reiset. — Le principe de la méthode imaginée par Regnault et Reiset, en 1843, consiste à enfermer l'animal en expérience dans une enceinte contenant un volume d'air déterminé, à absorber l'anhydride carbonique au fur et à mesure de sa formation et à remplacer l'oxygène au fur et à mesure de sa consommation, de telle façon que l'animal respire toujours de l'air normal ou à peu près. Au bout d'un certain temps, de vingt-quatre heures par exemple, on détermine les quantités d'anhydride carbonique absorbé et d'oxygène consommé.

L'appareil de Regnault et Reiset, représenté schématiquement dans la figure 87, se compose essentiellement d'une cloche de volume déterminé, la *chambre respiratoire*, dans laquelle on enferme l'animal, avec sa nourriture si l'expérience doit se prolonger. Cette cloche est entourée d'un manchon V, dans lequel on fait circuler un courant d'eau à température constante ; un manomètre M indique la différence entre la pression dans la cloche et la pression extérieure.

Le système destiné à absorber l'anhydride carbonique est représenté à droite de la figure. Il se compose de deux pipettes de verre E et F, reliées entre elles à leur partie inférieure par un tube de caoutchouc et contenant une solution de potasse dont la teneur en anhydride carbonique est connue ; ces pipettes communiquent avec la cloche par de longs tubes de caoutchouc *e* et *f*. Elles sont assujetties à un levier NG mobile autour du point N. En relevant la poignée G, la pipette F se vide ; l'air de la cloche est aspiré dans cette pipette et se débarrasse de son anhydride carbonique au contact de la solution de potasse ; au contraire, la pipette E se remplit de la solution de potasse et l'air qu'elle contient, débarrassé d'anhydride carbonique, est refoulé dans la cloche. En ramenant la poignée G à la position qu'elle occupe dans le schéma, ce qui s'est passé en F se passera en E et réciproquement. On voit donc, que par des mouvements répétés de va-et-vient des pipettes, on absorbera l'anhydride carbonique formé par l'animal aux dépens de l'oxygène qu'il consomme.

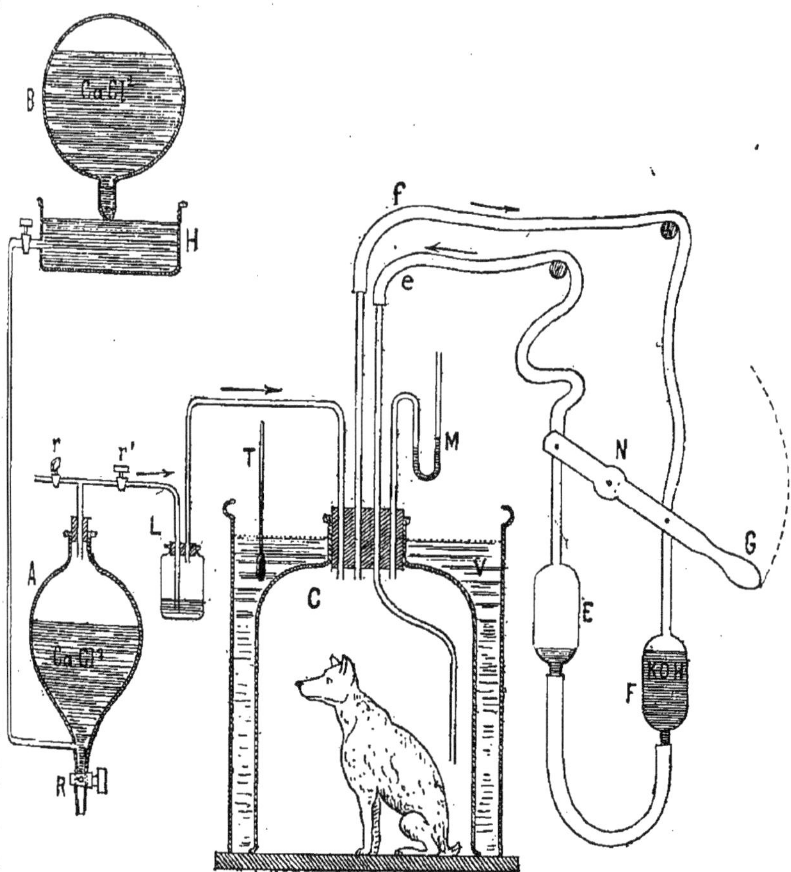

Fig. 87. — Schéma de l'appareil de Regnault et Reiset.

Le système représenté à gauche de la figure permet de remplacer l'oxygène absorbé. Il se compose d'un récipient A contenant de l'oxygène pur, relié par en bas au moyen d'un tube latéral avec un réservoir H contenant une solution de chlorure de calcium, à une concentration telle qu'elle ne dissout que très faiblement l'oxygène et qu'elle n'absorbe ni ne dégage sensiblement de vapeur d'eau. Le niveau de la solution dans le réservoir H est maintenu constant grâce au ballon renversé B, dont le liquide s'écoule lorsque le niveau du réservoir tend à baisser. Au fur et à mesure de l'absorption de l'anhydride carbonique de la cloche par le jeu des pipettes, un volume égal d'oxygène pénètre dans la cloche, en passant par le robinet *r'* (1), après avoir barboté dans l'eau du flacon L.

A la fin de l'expérience, on détermine la quantité Q d'anhydride carbonique absorbée par la potasse des pipettes. Pour cela, on en prélève une fraction déterminée, qu'on décompose dans un appareil spécial par un excès d'acide sulfurique. L'anhydride carbonique se dégage ; on en mesure le volume et on en déduit le poids, ou bien on le dessèche et on le fait absorber par des tubes à potasse tarés, dont on détermine ensuite l'augmentation de poids. On retranchera de la quantité totale d'anhydride carbonique trouvée la quantité qui était primitivement contenue dans la solution de potasse employée. — En mesurant le volume de la solution de chlorure de calcium qui a pénétré dans le récipient A, on connaîtra le volume d'oxygène qui a été consommé et il sera facile d'en calculer le poids P.

Il faut aussi tenir compte de ce que l'air de la cloche peut à la fin de l'expérience se trouver plus riche en anhydride carbonique (2) et un peu plus pauvre en oxygène que l'air atmosphérique qu'on y avait emprisonné au début. Pour cela, à l'aide d'un appareil, qui n'a pas été représenté dans le schéma, on aspire un certain volume de l'air de la cloche, à la fin de l'expérience, et on en fait l'analyse.

Supposons qu'au lieu de contenir comme au début 0,03 p. 100, en volume, d'anhydrique carbonique, et 20,88 p. 100 d'oxygène, il contienne respectivement $0{,}03 + x$ et $20{,}88 - y$ de ces gaz, le poids q d'anhydride carbonique apparu dans l'air de la cloche et le poids p d'oxygène qui en a disparu seront

(1) Le robinet *r*, qui reste fermé pendant l'expérience, sert à remplir le récipient A d'oxygène avant l'expérience ; pour cela le récipient étant rempli de la solution de chlorure de calcium, on met le robinet *r* ouvert en communication avec une source d'oxygène, on ferme *r'* et on laisse écouler le liquide en ouvrant le robinet inférieur R.

(2) Dans l'appareil de Regnault et Reiset, le jeu des pipettes à potasse ne permet pas en effet d'absorber assez rapidement l'anhydride carbonique, dont la proportion peut s'élever jusqu'à 2 p. 100 dans la cloche. Pour remédier à cet inconvénient, MM. Jolyet et Regnard ont remplacé les pipettes à potasse par des pipettes à glycérine de grandes dimensions, qui établissent une meilleure circulation de l'air vicié de la cloche ; sur le trajet des tubes qui relient ces pipettes à la cloche, ils ont intercalé des appareils à potasse, qui absorbent rapidement et presque complètement l'anhydride carbonique de l'air qui les traverse.

donnés par les formules suivantes, en admettant que la pression barométrique et la température soient les mêmes au début et à la fin de l'expérience :

$$q = x \times 1{,}9774 \times V \frac{H - f}{(1 + 0{,}00367\, t)760}$$

$$p = y \times 1{,}4298 \times V \frac{H - f}{(1 + 0{,}00367\, t)760} \quad (1)$$

Par conséquent, la quantité totale d'anhydride carbonique dégagée par l'animal sera $Q + q$, et celle d'oxygène absorbée sera $P + p$. Comme l'expérience peut être prolongée pendant plusieurs jours, les résultats obtenus sont très précis.

L'analyse de l'air contenu dans la cloche à la fin de l'expérience, permettra aussi d'apprécier les faibles variations de l'azote. Supposons que cet air au lieu de contenir en volume 79,07 p. 100 d'azote comme au début, contienne $79{,}07 + z$, le poids π de l'azote dégagé par l'animal pendant la durée de l'expérience sera donné par la formule :

$$\pi = z \times 1{,}2562 \times V \frac{H - f}{(1 + 0{,}00367\, t)760}$$

Enfin, on peut aussi rechercher et doser dans l'air de la cloche les carbures d'hydrogène.

L'avantage de la méthode de Regnault et Reiset est de permettre le dosage direct de tous les gaz de la respiration. Les méthodes suivantes ne s'appliquent guère qu'au dosage de l'anhydride carbonique expiré.

B. Méthode de Scharling. — L'homme ou l'animal en expérience est enfermé dans une caisse traversée par un courant d'air. Avant son entrée dans la caisse, l'air passe dans un récipient à potasse où il se débarrasse de son anhydride carbonique. A sa sortie de la caisse, l'air passe dans des tubes à acide sulfurique qui absorbent la vapeur d'eau, puis dans des tubes à potasse qui absorbent l'anhydride carbonique et dont on détermine l'augmentation de poids.

(1) Dans ces formules, les nombres 1,9774 et 1,4298 représentent en grammes les poids du litre d'anhydride carbonique et du litre d'oxygène à 0° et à 760mm ; V représente le volume de la cloche, déduction faite du volume de l'animal, qu'on évalue en litres d'après son poids en kilogrammes, en supposant sa densité égale à 1 ; H représente la pression atmosphérique, f la tension de la vapeur d'eau à la température t de l'expérience ; le nombre 0,00367 est le coefficient de dilatation des gaz.

C. Méthode de Pettenkofer et Voit. — La méthode imaginée, en 1867, par Pettenkofer et Voit, consiste à enfermer les animaux dans une chambre respiratoire où circule un courant d'air, comme dans la méthode précédente ; mais on ne fait passer qu'une fraction connue de l'air sortant de la chambre dans des appareils qui absorbent la vapeur d'eau et l'anhydride carbonique, et on en déduit les quantités totales de ces substances dégagées par l'animal.

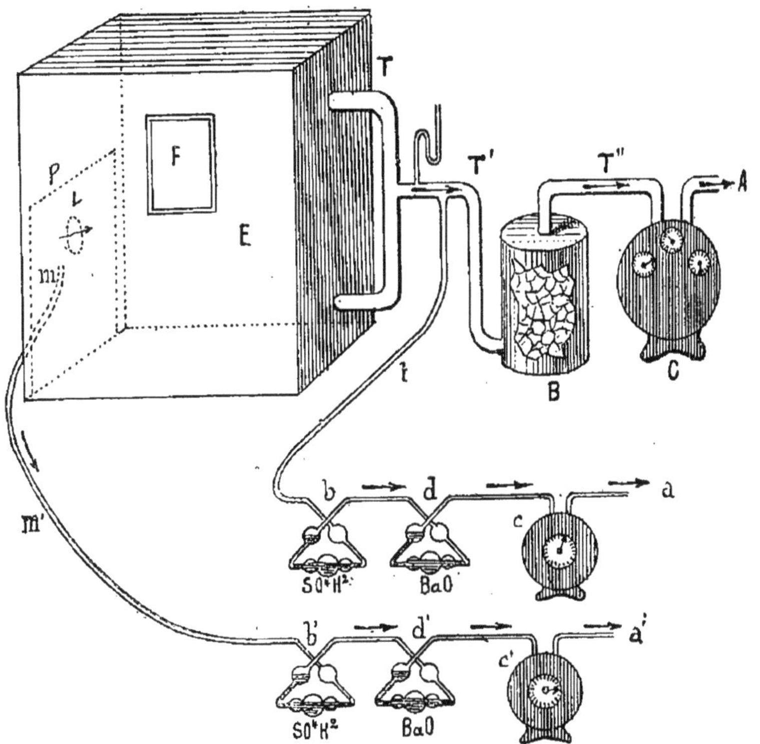

Fig. 88. — Schéma de l'appareil à respiration de Pettenkofer et Voit.

L'appareil de Pettenkofer et Voit, se compose d'une chambre respiratoire E (fig. 88), de dimensions assez vastes pour contenir un homme ou des animaux de forte taille. A l'aide d'un aspirateur placé en A, on établit une bonne circulation d'air dans la chambre. L'air extérieur entre par L et sort par T T'. Il se sature de vapeur d'eau en B sur de la pierre ponce mouillée et passe par le tube T'' dans le compteur C, qui mesure son volume. A l'aide d'un petit aspirateur placé en a, on fait passer une partie de l'air qui sort de la chambre respiratoire, d'abord dans un tube à acide sulfurique b, qui retient la vapeur d'eau, puis dans un tube d contenant une quantité connue de baryte en solution, qui absorbe l'anhydride carbonique et sature de nouveau l'air de vapeur d'eau, enfin dans un compteur c où le volume de l'air est mesuré. Un dispositif analogue $a'c'd'b'm$ permet d'analyser un égal volume d'air puisé avant son entrée dans la chambre respiratoire. La quantité de vapeur d'eau contenue dans ces deux volumes d'air se déduit, dans chaque cas, de l'augmentation de poids du tube à acide sulfurique; la quantité d'anhydride carbonique, absorbée par la baryte, s'obtient par différence en dosant, à l'aide d'une solution titrée d'acide oxalique, la quantité de baryte qui n'a pas été convertie en carbonate de baryum.

Supposons que, dans une expérience, les compteurs c et c' marquent chacun 10 litres, et le compteur C 40.000 litres, c'est-à-dire 4.000 fois plus; pour avoir les quantités de vapeur d'eau et d'anhydride carbonique exhalées par l'animal pendant l'expérience, il faudra retrancher respectivement des quantités de vapeur d'eau et d'anhydride carbonique dosées en b et d, les quantités dosés en b' et d' et multiplier chacune des différences par 4.000.

Cette méthode présente sur celle de Regnault et Reiset, l'avantage de faire respirer aux animaux en expérience de l'air de composition absolument normale, au lieu d'un air plus ou moins confiné qui peut amener un certain trouble dans les échanges respiratoires. Mais elle ne permet pas de doser directement l'oxygène consommé; de plus, on remarquera que les erreurs de dosage de l'anhydride carbonique sont multipliées par un nombre très élevé, 4.000 environ, comme nous l'avons supposé dans notre exemple. Néanmoins, Pettenkofer et Voit, dans des expériences de contrôle, ont pu retrouver, à 0,5 p. 100 près, l'anhydride carbonique produit par la combustion d'une quantité connue d'alcool dans la chambre respiratoire.

D. Méthode de MM. Richet et Hanriot. — La méthode imaginée récemment par MM. Richet et Hanriot permet de déterminer d'une manière très commode la quantité d'anhydride carbonique exhalée par les poumons. La respiration s'effectue par un masque E (fig. 89) s'appliquant exactement autour du nez et de la bouche du sujet en expérience et muni de soupapes appropriées, qui permettent d'aspirer l'air atmosphérique par un tube et de rejeter les gaz de l'expiration par un autre. L'air atmosphérique inspiré se mesure dans un compteur à eau A ; les gaz de l'expiration passent d'abord dans le compteur B qui mesure leur volume (1), puis dans une colonne D où l'anhydride carbonique est absorbé par de la potasse, enfin dans le compteur C qui mesure de nouveau le volume. La différence des volumes indiqués par les compteurs B et C, est égale au volume d'anhydrique carbonique dégagé par la respiration ; il sera facile de

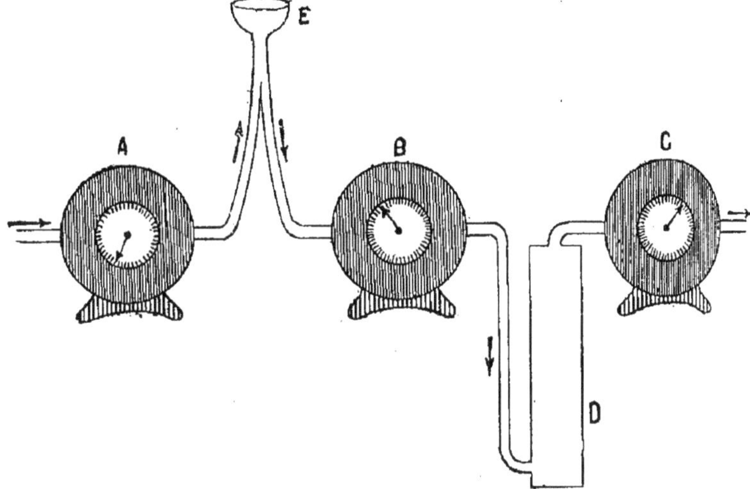

Fig. 89. — Schéma de l'appareil de MM. Richet et Hanriot.

calculer le poids de ce volume, étant données la température et la pression. La différence entre les volumes indiqués par les compteurs A et C, permet d'évaluer le volume d'oxygène consommé pendant l'expérience, si on fait abstraction de la quantité minime d'azote absorbée ou exhalée par les poumons.

518. Composition des gaz expirés. — On sait que l'air atmosphérique, c'est-à-dire l'air inspiré, contient en volume 79,07 p. 100 d'azote, 20,88 p. 100 d'oxygène et 0,03 p. 100 d'anhydride carbonique. Outre ces gaz, l'air renferme toujours une certaine quantité de vapeur d'eau, quantité qui est généralement plus forte en été qu'en hiver, car, à degré hygrométrique égal, le poids de vapeur d'eau contenue dans l'air augmente avec la température.

(1) Il faut que l'eau du compteur B contienne au début 4,5 p. 100 d'anhydride carbonique, quantité qu'elle pourrait dissoudre aux dépens de l'anhydride carbonique contenu dans les gaz expirés.

Les gaz expirés diffèrent essentiellement de l'air inspiré en ce qu'ils contiennent environ un quart d'oxygène en moins et 150 fois plus d'anhydride carbonique, ainsi que le montre le tableau suivant :

	Air atmosphérique.	Composition moyenne des gaz expirés.		Différences.
Azote	79,07	79,59	p. 100cc	+ 0,52
Oxygène	20,88	16,06	—	— 4,82
Anhydride carbonique	0,03	4,35	—	+ 4,32

Les gaz expirés sortent du poumon à une température de 36° environ et sont à peu près saturés de vapeur d'eau; aussi leur volume est-il plus considérable que celui de l'air inspiré. Mais si on mesure ces volumes gazeux à la même température et après avoir absorbé la vapeur d'eau, on trouve que le volume des gaz de l'expiration est un peu plus faible, 1 p. 100 environ, que celui de l'inspiration. Cette diminution de volume est la principale cause de la légère augmentation de la proportion d'azote dans l'air expiré. Elle est due à ce que le volume d'oxygène disparu ne reparaît pas tout entier sous forme d'anhydride carbonique (1); une petite partie est utilisée à former d'autres produits oxygénés (eau, urée, etc.). Le rapport $\frac{\text{vol. } CO^2}{\text{vol. } O^2}$, qu'on désigne sous le nom de *quotient respiratoire*, est donc plus petit que l'unité.

519. **Absorption d'oxygène.** — La quantité d'oxygène consommé en 24 heures à l'état normal par un homme adulte du poids moyen de 65 kilogrammes, est de 515 litres mesurés à 0° et à 760 millimètres, soit en poids, de 740 grammes; ce qui fait environ 31 grammes par heure et 0gr,48 par kilo et par heure. La consommation d'oxygène est influencée, ainsi que nous le verrons, par un grand nombre d'influences physiologiques et notamment par le travail musculaire, qui peut arriver à la quintupler.

Nous avons vu (**470**. A) que la plus grande partie de l'oxygène fixé sur le sang se trouve à l'état de combinaison avec l'hémoglobine des globules et que cette combinaison est dissociable. La tension de dissociation à la température du corps humain est d'environ 25 millimètres de mercure, c'est-à-dire que l'hémoglobine mise en contact avec une atmosphère contenant de

(1) On sait que l'anhydride carbonique contient son propre volume d'oxygène.

l'oxygène ne se combinera avec l'oxygène que si la tension de ce gaz dans le mélange est supérieure à 25 millimètres. On sait que la tension de l'oxygène dans l'air est de 158 mm. de mercure. Dans l'air des vésicules pulmonaires, la tension de l'oxygène est moins élevée que dans l'air atmosphérique. Bien que sa détermination précise soit impossible, on peut l'évaluer à environ 130 millimètres; elle est donc supérieure à la tension de dissociation de l'oxyhémoglobine. Par conséquent, l'oxygène contenu dans les vésicules pulmonaires, après avoir traversé par endosmose la paroi des capillaires et s'être dissous dans le plasma sanguin, entrera en combinaison avec l'hémoglobine pour former de l'oxyhémoglobine. — Au contraire, lorsque le sang, après s'être ainsi oxygéné dans les poumons, arrive aux tissus par les capillaires de la circulation générale, le phénomène inverse se produira. Comme les tissus consomment l'oxygène libre qui leur arrive, la tension de ce gaz y est toujours très faible, bien inférieure à la tension de dissociation de l'oxyhémoglobine; l'oxyhémoglobine se dissociera donc, et l'oxygène mis en liberté se dissoudra dans le plasma sanguin, puis se diffusera vers les tissus à travers la paroi des capillaires. Si, à l'état normal, toute l'oxyhémoglobine n'est pas décomposée, c'est à cause de la rapidité avec laquelle le sang circule; la décomposition est beaucoup plus complète si on force le sang à stagner dans les tissus.

520. Dégagement d'anhydride carbonique. — Pour mettre en évidence le dégagement d'anhydride carbonique, il suffit de souffler par un tube dans de l'eau de chaux; on voit le liquide se troubler par suite de la formation de carbonate de calcium. — Chaque expiration ordinaire entraîne environ 21,5 c.c. d'anhydride carbonique. Le volume d'anhydride carbonique dégagé par la respiration de l'homme adulte au repos, pendant vingt-quatre heures, est d'environ 460 litres, mesurés à 0° et à 760^{mm}; le poids de ce volume de gaz est d'un peu plus de 900 grammes, ce qui fait près de 40 grammes par heure et $0^{gr},6$ par heure et par kilo.

Le dégagement de l'anhydride carbonique du sang dans l'air des vésicules pulmonaires et la fixation de l'anhydride carbonique des tissus sur le sang sont, de même que la fixation et le dégagement de l'oxygène par le sang, soumis aux lois de la dissociation. Nous avons vu (**470.** B) que l'anhydride carbonique se trouve dans le sang non seulement à l'état de solution dans le plasma, mais encore sous forme de combinaisons dissociables avec les carbonates du plasma, et avec les principes des globules. La tension de l'anhydride carbonique dans le sang veineux qui arrive aux poumons est d'au moins 41 millimètres de mercure (1); dans l'air des vésicules pulmonaires, elle est de 30 à 37 millimètres. Par conséquent, les combinaisons formées par l'anhydride carbonique se dissocieront dans le poumon; l'anhydride carbonique mis en liberté s'ajoutera à celui qui se trouvait déjà en solution dans le plasma et se diffusera par endosmose, au travers de la paroi des capillaires, dans l'air des vésicules. La différence des tensions de l'anhydride carbonique de part et d'autre de la paroi des capillaires sanguins est faible, surtout si on adopte le chiffre minimum de 41 millimètres, qui a été obtenu par M. Strassburg pour le sang veineux du cœur droit; mais la fixation simultanée d'oxygène sur les globules sanguins détermine une augmentation considérable de la tension de l'anhydride carbonique dans le sang, comme si l'oxyhémoglobine jouait le rôle d'un acide en décomposant les carbonates (**470**. B. *b*).

Une fois le sang artérialisé dans le poumon, la tension de l'anhydride carbonique ne s'y élève plus qu'à 21 millimètres de mercure, d'après M. Strassburg. Dans les tissus, où la tension de l'anhydride carbonique est relativement élevée par suite de la formation incessante de ce gaz, l'anhydride carbonique passera, par diffusion, dans le sang pour entrer de nouveau en combinaison avec les principes du plasma et des globules. La tension de l'anhydride carbonique dans les tissus est impossible à déterminer directement, mais on peut déterminer la tension de ce gaz dans les liquides qui en proviennent. M. Strassburg a trouvé que, dans l'urine, la bile, le liquide de l'hydrocèle, etc., elle est supérieure à la tension de l'anhydride carbonique dans le sang veineux. On devrait s'attendre à ce qu'il en fût de même pour la lymphe, qui baigne tous les tissus et dont le courant est bien moins rapide que le courant sanguin. Or, M. Strassburg a toujours trouvé la tension de l'anhydride carbonique dans la lymphe du canal thoracique un peu inférieure à ce qu'elle est dans le sang veineux; ce fait est encore inexpliqué.

521. Variations de l'azote. — La question de savoir s'il y a dégagement ou absorption d'azote par les poumons n'est pas encore résolue, mais, en tout cas, les variations de ce gaz sont très faibles.

(1) D'après certains expérimentateurs, elle serait plus élevée et atteindrait 80 millimètres de mercure.

Regnault et Reiset ont trouvé, à l'aide de leur méthode, que les animaux dégagent des quantités d'azote variant selon les espèces de 0g,002 à 0g,150 par 24 heures et par kilogramme d'animal; d'après ces données, la quantité d'azote éliminée par l'homme en 24 heures, serait de 5 à 6 grammes, soit d'environ 3 à 4 litres (1). Cet azote proviendrait de la décomposition des substances azotées des tissus ou des aliments. — Un certain nombre d'auteurs ont été aussi amenés par d'autres méthodes à des résultats analogues. Boussingault notamment, ayant dosé chez des animaux maintenus en équilibre de nutrition l'azote des ingesta et l'azote des excreta, a trouvé un déficit d'azote dans les excreta et l'explique par le dégagement d'azote libre au niveau du poumon. Ce ne serait que pendant un jeûne prolongé que les animaux, au lieu de dégager de l'azote, en absorberaient.

Au contraire, d'après certains auteurs, les animaux absorberaient de petites quantités d'azote par les poumons, même à l'état normal. MM. Jolyet, Bergonié et Sigalas, à l'aide de la méthode de Regnault et Reiset, perfectionnée et modifiée de façon à ne mesurer que les échanges respiratoires pulmonaires, ont trouvé que l'homme absorbe, par kilogramme et par heure, 4 à 5 centimètres cubes d'azote; ils sont arrivés à un résultat analogue pour le chien. D'après ces savants, il est indispensable d'analyser l'oxygène destiné à remplacer celui qui est consommé pendant l'expérience, car quelque précaution que l'on prenne pour sa préparation, il contient toujours une quantité d'azote appréciable. Cet azote pénètre dans l'appareil avec l'oxygène et tend à produire une augmentation de la proportion d'azote pouvant faire conclure à une exhalation de ce gaz, alors qu'en réalité il y a eu absorption.

522. Exhalation de vapeur d'eau. — La quantité de vapeur d'eau exhalée par les poumons en 24 heures varie de 300gr à 700gr. Comme les gaz de l'expiration sont toujours à une température d'environ 36° et qu'ils sont à peu près saturés de vapeur d'eau, ils contiennent toujours sensiblement le même poids de vapeur d'eau; par conséquent, le poids d'eau éliminée du poumon sera en raison inverse de celui que contenait l'air inspiré, c'est-à-dire qu'il sera plus élevé par les temps secs que

(1) Dans ces expériences, où les animaux étaient enfermés dans la chambre respiratoire, de l'azote pouvait provenir de la respiration cutanée et de l'élimination des gaz intestinaux; les résultats relatifs aux variations de l'azote, si faibles dans la respiration pulmonaire, pouvaient donc être faussés dans ces conditions.

par les temps humides et qu'à degré hygrométrique égal, il sera plus considérable en hiver qu'en été.

523. Exhalation d'autres gaz et d'autres vapeurs. — L'air expiré contient des traces d'ammoniaque et de petites quantités de méthane. Le méthane provient surtout de l'intestin, où il se forme par fermentation, et d'où il est transporté aux poumons par le sang. L'air expiré paraît contenir en outre des traces de substances toxiques, de nature alcaloïdique d'après Brown-Séquard et M. D'Arsonval. Ces *poisons pulmonaires* seraient arrêtés quand on fait traverser à l'air expiré des tubes contenant de l'acide sulfurique ; ils ne seraient pas solubles dans l'eau, car M. R. Wurtz a montré qu'on peut impunément injecter sous la peau des animaux le liquide provenant de la condensation de l'haleine. Nous verrons que la toxicité de l'air des salles mal aérées, où se trouvent un trop grand nombre de personnes, paraît due à d'autres causes que la toxicité de l'air expiré (**529**).

524. Variations dans l'activité des échanges respiratoires. — On peut évaluer l'activité des échanges respiratoires d'après les poids d'oxygène absorbé ou d'anhydride carbonique exhalé par heure et par kilogramme. L'activité respiratoire varie considérablement suivant les espèces animales. Le rapport du volume d'anhydride carbonique dégagé au volume d'oxygène consommé, c'est-à-dire le quotient respiratoire, tout en restant généralement inférieur à l'unité, subit aussi des variations importantes.

Les nombres du tableau suivant ont été obtenus par Regnault et Reiset, à l'exception de ceux qui sont relatifs à l'homme.

ESPÈCE ANIMALE.	ANHYDRIDE CARBONIQUE exhalé par kilo et par heure.	OXYGÈNE consommé par kilo et par heure.	QUOTIENT RESPIRATOIRE $\frac{\text{vol. } CO^2}{\text{vol. } O^2}$
Homme	0,60 gr.	0,48 gr.	0,900
Brebis	0,67	0,49	0,990
Chien (nourri à la viande)	1,19	1,164	0,742
Lapin (nourri aux carottes)	1,18	0,897	0,930
Poule (nourrie à l'avoine)	1,56	1,119	1,024
La même inanitiée	0,77	0,846	0,707
Verdier	13,44	13,00	0,760
Lézard	0,200	0,192	0,752
Grenouilles	0,091	0,090	»

On voit que chez les animaux à sang chaud, les échanges respiratoires, rapportés à un même poids d'animal, augmentent d'intensité à mesure que la taille diminue. En effet, ces quantités sont à peu près proportionnelles à la quantité de chaleur dégagée par les combustions intraorganiques. Or, les petits animaux perdent relativement plus de chaleur par rayonnement que les gros animaux, car leur surface est plus grande relativement à leur poids; ils dégagent donc plus de chaleur pour maintenir leur température à 36°-40° et ont par suite une activité respiratoire plus élevée.

Les variations du quotient respiratoire dépendent surtout du genre de l'alimentation des animaux. Nous avons vu que ce rapport est généralement plus petit que 1, c'est-à-dire que tout le volume d'oxygène consommé n'apparaît pas sous forme d'anhydride carbonique, parce qu'une partie de cet oxygène sert à former d'autres produits d'excrétion oxygénés et notamment de l'eau. On peut déjà établir, en se basant sur des considérations théoriques, que le quotient respiratoire doit varier suivant que les hydrates de carbone, les graisses ou les matières albuminoïdes prédominent dans l'alimentation. En effet, dans la combustion complète des hydrates de carbone, dont la formule générale est $C^m(H^2O)^n$, l'oxygène n'est utilisé qu'à brûler le carbone en donnant un volume égal d'anhydride carbonique. Au contraire, les graisses, par exemple la stéarine, dont la formule $C^{57}H^{110}O^6$ peut s'écrire $C^{57}H^{98}(H^2O)^6$, nécessiteront pour leur combustion complète un volume d'oxygène supérieur à celui qui reparaîtra sous forme d'anhydride carbonique, car une partie de l'oxygène sera employé à faire de l'eau avec les 98 atomes d'hydrogène. Il en sera de même dans la combustion des matières albuminoïdes, dont la formule la plus simple est $C^{72}Az^{18}H^{112}S\,O^{22}$; en effet, si on suppose que l'oxygène de la molécule reste combiné à d'autres éléments sous forme d'urée, d'acide sulfurique et d'eau, on voit, d'après l'équation suivante, qu'il reste encore à brûler non seulement du carbone, mais aussi de l'hydrogène, comme dans le cas des graisses.

$$\underbrace{C^{72}Az^{18}H^{112}SO^{22}}_{\text{Albumine.}} = \underbrace{9\,COAz^2H^4}_{\text{Urée.}} + \underbrace{SO^4H^2}_{\text{Acide sulfurique.}} + \underbrace{9\,H^2O}_{\text{Eau.}} + \underbrace{63\,C}_{\text{Carbone.}} + \underbrace{56\,H}_{\text{Hydrogène.}}$$

De fait, le quotient respiratoire n'est que de 0,75 environ chez les carnivores, dont la nourriture contient très peu d'hydrates de carbone; il oscille autour de 0,90 pour les omnivores. Chez les herbivores, dont l'alimentation est riche en hydrates de carbone, le quotient respiratoire est voisin de l'unité; il peut même quelquefois dépasser l'unité (1).

Nous allons passer rapidement en revue les variations des échanges respiratoires qu'on observe chez l'homme, à l'état physiologique, à l'état pathologique et sous l'influence de quelques substances médicamenteuses ou toxiques.

A. Variations a l'état physiologique. — *a) Age.* — La quantité absolue d'anhydride carbonique dégagé augmente avec l'âge jusque vers trente ans et diminue ensuite; au contraire, relativement au poids du corps, le poids d'anhydride carbonique dégagé diminue à peu près régulièrement à mesure que l'âge augmente, sauf de 15 à 16 ans où il croît légèrement. Ces faits ressortent de l'examen des nombres du tableau suivant, dus aux recherches d'Andral et Gavarret.

(1) Ce fait, qui paraît paradoxal, peut être attribué à plusieurs causes :

1° Une partie des hydrates de carbone, sous l'influence des bactéries de l'intestin, se dédouble *sans apport d'oxygène* en donnant du protocarbure d'hydrogène et de l'anhydride carbonique qui est absorbé, puis rejeté par le poumon.

$$\underbrace{C^6H^{12}O^6}_{\text{Glucose.}} = \underbrace{3\,CO^2}_{\text{Anhydride carbonique.}} + \underbrace{3\,CH^4}_{\text{Protocarbure d'hydrogène.}}$$

2° Une partie des hydrates de carbone peut, à certains moments, se convertir en graisse, avec dégagement d'anhydride carbonique (**166.** *b*).

$$\underbrace{13\,C^6H^{12}O^6}_{\text{Glucose.}} = \underbrace{C^{55}H^{104}O^6}_{\text{Graisse.}} + \underbrace{23\,CO^2}_{\text{Anhydride carbonique.}} + \underbrace{26\,H^2O}_{\text{Eau.}}$$

3° Les aliments végétaux contiennent des acides organiques, tels que l'acide tartrique $C^4H^6O^6$, qui contiennent plus d'oxygène qu'il n'en faut pour convertir leur hydrogène en eau. Dans leur combustion complète, l'excès d'oxygène qu'ils renferment apparaîtra sous forme d'anhydride carbonique; le volume d'oxygène absorbé sera donc moindre que le volume d'anhydride carbonique dégagé.

$$\underbrace{2\,C^4H^6O^6}_{\text{Acide tartrique.}} + \underbrace{5\,O^2\,(10\text{ volumes})}_{\text{Oxygène.}} = \underbrace{8\,CO^2\,(16\text{ volumes})}_{\text{Anhydride carbonique.}} + \underbrace{6\,H^2O}_{\text{Eau.}}$$

4° Enfin, il convient de faire observer que tout l'oxygène absorbé ne se convertit pas toujours immédiatement en anhydride carbonique. Si donc la détermination du quotient respiratoire porte sur une période de courte durée, l'excès de l'anhydride carbonique dégagé sur l'oxygène absorbé peut provenir de ce qu'une partie de l'anhydride carbonique s'est formée aux dépens de l'oxygène accumulé dans l'organisme pendant une période antérieure.

Age.	Poids d'anhydride carbonique dégagé en 24 h.	Poids d'anhydride carbonique dégagé en 24 h. par kilogr.
8 ans..........	440 gr.	19,8 gr.
15 —	765	16,5
16 —	949	17,6
18 à 20 —	1002	16,5
20 à 40 —	1072	15,7
40 à 60 —	887	13,2
60 à 80 —	808	12,4

b) *Sexe.* — L'activité respiratoire est plus élevée chez l'homme que chez la femme, même relativement au poids du corps. C'est à l'âge de la puberté que la différence est le plus accentuée. Les nombres suivants indiquent les poids de carbone dégagé par heure, sous forme d'anhydride carbonique (Andral et Gavarret) :

	Hommes.	Femmes.
De 8 à 15 ans....	7,4 gr.	6,4 gr.
— 15 à 20 —	10,8	6,6
— 20 à 30 —	12,2	6,3
— 30 à 40 —	11,0	7,0
— 40 à 50 —	10,5	8,1
— 50 à 60 —	10,1	7,3
— 60 à 70 —	10.2	6,8

c) *Nombre et ampleur des mouvements respiratoires.* — Lorsqu'on augmente la ventilation du poumon, en augmentant soit le nombre, soit l'ampleur des mouvements respiratoires, la quantité absolue d'anhydride carbonique exhalé est plus élevée pendant les quinze ou vingt premières minutes et retombe ensuite à la normale. L'excès d'anhydride carbonique exhalé au début est relativement moins élevé que l'excès d'air qui traverse le poumon; aussi la proportion d'anhydride carbonique dans les gaz de l'expiration est-elle diminuée.

d) *Travail musculaire.* — Nous avons vu (**424**. B. *b*) que, sous l'influence du travail musculaire, le muscle emprunte plus d'oxygène au sang qui le traverse, qu'il lui abandonne plus d'anhydride carbonique, et que l'excès d'anhydride carbonique dégagé est plus élevé que l'excès d'oxygène absorbé. L'exagération de la respiration interne dans les muscles retentit sur la respiration pulmonaire. L'expérience démontre en effet que, pendant le travail musculaire, l'homme et les animaux absorbent par leurs poumons plus d'oxygène et dégagent plus d'anhydride carbonique; elle établit de plus que l'augmentation du volume de l'anhydride carbonique dégagé est supérieure à l'augmentation du volume de l'oxygène absorbé, c'est-à-dire que le quotient respiratoire $\frac{\text{vol. } CO^2}{\text{vol. } O^2}$ augmente.

Les nombres suivants, empruntés aux expériences de Pettenkoffer et Voit, montrent l'importance de ces variations :

	Poids de O absorbé en 24 heures.	Poids de CO^2 dégagé en 24 heures.	Quotient respiratoire.
Repos	867 gr.	930 gr.	0,78
Travail	1006	1134	0,82

Sous l'influence d'un travail musculaire excessif, l'activité respiratoire peut devenir quatre à cinq fois plus forte que pendant le repos; le quotient respiratoire peut atteindre et même dépasser l'unité.

On a pu observer aussi l'augmentation des échanges respiratoires à la suite de l'exagération des contractions des muscles lisses de l'estomac et de l'intestin, sous l'influence des purgatifs salins (Von Mehring et Zuntz, Lœvy).

e) Sommeil. — Pendant le sommeil, les échanges respiratoires diminuent de près de moitié, par rapport à ce qu'ils sont pendant la veille à l'état de repos. La diminution porte surtout sur le dégagement d'anhydride carbonique, aussi le quotient respiratoire est-il plus petit.

f) Alimentation. — L'activité respiratoire augmente après les repas, mais cette augmentation ne se manifeste qu'une demi-heure après. Nous avons vu au début de ce paragraphe l'influence du genre de l'alimentation sur le quotient respiratoire.

Pendant l'inanition, l'activité respiratoire diminue; le quotient respiratoire descend jusqu'à 0,75, comme sous l'influence de l'alimentation carnée, car l'homme vit alors aux dépens de ses tissus. Si un animal soumis à l'inanition effectue du travail musculaire, l'activité respiratoire devient aussi élevée que si l'animal recevait sa ration ordinaire; l'usure des tissus est alors plus rapide.

g) Influence de la température extérieure. — Les échanges respiratoires et par conséquent les combustions intra-organiques augmentent à mesure que la température extérieure s'abaisse, et l'excès de chaleur qui en résulte permet aux animaux à sang chaud de maintenir leur température constante. Comme la perte de chaleur qu'ils subissent n'est pas proportionnelle à l'abaissement de température (1), l'augmentation des échanges respiratoires ne doit pas non plus être proportionnelle à cet abaissement ; c'est en effet ce que l'expérience directe sur les animaux a démontré.

Si on chauffe artificiellement des mammifères à une température voisine de 45°, ils meurent par asphyxie (2) ; la tension de dissociation de l'oxyhémoglobine croît en effet avec la température et lorsqu'elle atteint la tension de l'oxygène dans les vésicules pulmonaires, la fixation de ce gaz sur l'hémoglobine n'a plus lieu. On conçoit que dans les états fébriles où la température est très élevée, l'absorption de l'oxygène puisse être troublée, car la tension de dissociation de l'oxyhémoglobine est augmentée ; d'autre part, par suite de l'irrégularité de la respiration, le poumon est mal ventilé, ce qui tend à faire baisser la tension de l'oxygène dans les vésicules pulmonaires. Il en résulte que la quantité d'oxygène transportée dans les tissus diminue, à moins que l'accélération des contractions du cœur n'arrive à produire la compensation.

h) Raréfaction de l'air. — Quand les animaux vivent dans de l'air raréfié, les phénomènes de la respiration ne changent presque pas, tant que la diminution de pression ne dépasse pas 30 ou 35 centimètres de mercure. Lorsque la diminution de pression dépasse ces limites, l'homme et les animaux éprouvent une gène croissante (mal des montagnes). On sait que dans l'ascension des montagnes très élevées, du Mont-Blanc par exemple, la fatigue musculaire et l'essoufflement sont considérables, les inspirations sont plus fréquentes, le nombre de pulsations est augmenté. Mais la vie n'est pas en danger et tous ces phénomènes disparaissent plus ou moins rapidement par le repos. Le mal des montagnes provient de ce que l'absorption d'oxygène est devenue insuffisante pour parer à la consommation d'oxygène, exagérée par le travail musculaire.

Le séjour prolongé sur les hauts lieux, surtout lorsque plusieurs générations se sont succédées, semble produire une acclimatation qui fait disparaître les effets de la dépression sur l'organisme animal. Cette acclimatation est la conséquence de l'enri-

(1) En effet, à partir d'une certaine température extérieure, la température périphérique de l'animal devient inférieure à sa température centrale, par suite de la constriction des vaisseaux périphériques. Il en résulte que la perte de chaleur par rayonnement n'est plus proportionnelle à l'abaissement de la température ambiante au-dessous de la température centrale de l'animal.

(2) Les oiseaux ne meurent que vers 50°, parce que leur poumon est mieux ventilé et que, par suite, la tension de l'oxygène dans les vésicules pulmonaires est plus forte.

chissement du sang en globules sanguins et en hémoglobine. Le sang acquiert par suite pour l'oxygène un plus grand pouvoir absorbant, pouvant compenser l'effet de la raréfaction de l'air. Ainsi l'analyse du sang de moutons, transportés sur le pic du Midi depuis six semaines et pâturant entre 2.300 et 2.700 mètres, a donné les résultats suivants, comparativement au sang des moutons de la plaine (1) :

	Matières fixes pour 100	Fer métallique pour 100	Ox. absorbé par 100 c. c. de sang
Moutons de la montagne...	18,19	60mgr,4	17cc,47
— plaine......	13,58	32 ,5	7 ,32

Au sommet du Mont-Blanc (4.800 mètres), la hauteur barométrique H est d'environ 410 millimètres de mercure et la pression partielle h de l'oxygène environ le cinquième de 410, c'est-à-dire 82 millimètres. Humboldt s'est élevé sur le Chimborazo à 5.000 mètres et Boussingault à 6.000 ($H = 358^{mm}$; $h = 71^{mm}$); Paul Bert a pu rester 20 minutes dans un appareil où la pression de l'air n'était que de 300 millimètres et par conséquent la tension de l'oxygène de 60 millimètres.

Ces limites ne peuvent guère être dépassées sans danger. Dans une ascension célèbre, Crocé-Spinelli, Sivel et M. Tissandier se sont élevés à 8.540 mètres de hauteur ($H = 264^{mm}$; $h = 55^{mm}$). Ce dernier savant survécut seul à l'ascension. A pareille hauteur, la vie est donc gravement menacée. La mort peut être déterminée par le moindre effort musculaire, parce que le travail musculaire est toujours accompagné d'une augmentation notable de la consommation d'oxygène. C'est sans doute à cette cause qu'il faut attribuer la mort de Crocé-Spinelli et de Sivel, qui l'un et l'autre, à des moments différents, jetèrent du lest à 7.000 et à 7.500 mètres de hauteur. Mais, sur les animaux, on a constaté que la vie pouvait se prolonger à des pressions plus faibles encore, en l'absence de tout mouvement musculaire.

Paul Bert a établi que la mort arrive sûrement quand la tension partielle de l'oxygène (2) s'abaisse au-dessous de 3,5 cen-

(1) Viault (*Comptes rendus de l'Académie des Sciences*, tome CXII, 295), et Müntz (*Comptes rendus de l'Académie des Sciences*, tome CXII, 299).

(2) Cette tension partielle de l'oxygène s'obtient en multipliant la proportion centésimale d'oxygène dans le mélange gazeux (21 pour l'air atmosphérique) par la pression de ce mélange, exprimée en atmosphère. Ainsi, au sommet du Mont-Blanc, la

tièmes d'atmosphère, c'est-à-dire au-dessous de 26 millimètres de mercure. Cette tension est sensiblement égale à la tension de dissociation de l'oxyhémoglobine à la température du corps; par suite, toute fixation d'oxygène sur l'hémoglobine devient impossible (1).

Comme conséquence des faits observés par P. Bert, et cette conséquence a été vérifiée directement, il résulte que si l'on augmente dans l'air la proportion d'oxygène, la diminution de pression peut être poussée plus loin que dans l'air ordinaire sans déterminer la mort. D'où le conseil qu'a donné ce savant, de respirer de l'air chargé d'oxygène dans les ascensions aérostatiques à de grandes hauteurs.

i) Compression de l'air. — Lorsqu'on soumet les animaux à l'action de l'air comprimé, on constate qu'ils sont pris de convulsions et meurent quand le produit de la pression par la proportion centésimale de l'oxygène dans le mélange gazeux atteint 350. Cela arrive dans l'air comprimé à environ 17 atmosphères et dans une atmosphère d'oxygène pur comprimé à 3,5 atmosphères. En effet, on a dans le premier cas $21 \times 17 = 357$ et dans le second $100 \times 3,5 = 350$.

Le sang des animaux qui respirent dans de l'air comprimé se charge d'une plus grande quantité de gaz qu'à l'état normal. P. Bert a trouvé que 100 centimètres cubes du sang d'un chien en expérience renfermaient à

Atmosphères	O	CO^2	Az
1...........	19,4 cc.	35,3 cc.	2,2 cc.
3...........	20,9	35,4	4,7
6...........	23,7	35,6	8,1
10...........	24,6	36,4	11,3

Les résultats de cette expérience, confirmés par plusieurs autres, montrent que :

1° Le volume de l'anhydride carbonique reste sensiblement

pression partielle de l'oxygène sera $21 \times \frac{410}{760} = 11,4$ 0/0 de la pression atmosphérique au niveau de la mer. A 8.540 mètres au-dessus du niveau de la mer (ascension Crocé-Spinelli), la pression partielle de l'oxygène est $21 \times \frac{264}{760} = 7,3$ 0/0 de la pression atmosphérique.

(1) De même, lorsque les animaux respirent dans un volume d'air limité et qu'on absorbe l'anhydride carbonique qu'ils exhalent, au fur et à mesure de son dégagement, les animaux meurent quand la proportion d'oxygène tombe au-dessous de 4 p. 100 environ, c'est-à-dire quand la pression partielle de l'oxygène n'est plus que de 4 centièmes d'atmosphère environ.

constant. Ce résultat s'explique par la faible quantité d'anhydride carbonique qui se trouve dans l'air et qui ne saurait faire obstacle à l'élimination de ce gaz pendant la respiration de l'animal.

2° Le volume de l'azote dissous augmente considérablement.

3° Le volume d'oxygène fixé augmente relativement beaucoup moins que celui de l'azote. La majeure partie de l'oxygène étant combinée avec l'hémoglobine, l'augmentation ne porte que sur la partie de l'oxygène qui, comme l'azote, est en simple solution dans le sang.

Cette expérience de P. Bert explique également le mécanisme de la mort qui survient, lorsqu'on ramène trop rapidement à la pression atmosphérique un animal qui respire dans de l'air comprimé. Les gaz simplement dissous dans le sang, conformément aux lois de la solubilité des gaz dans les liquides, reprennent l'état gazeux. Le sang devient spumeux et la circulation se trouve brusquement entravée. Les hommes qui travaillent sous l'eau, à de grandes profondeurs, et qui respirent, dans des scaphandres, de l'air comprimé, ne doivent être ramenés que lentement à la surface de l'eau.

B. Variations a l'état pathologique. — Les échanges respiratoires augmentent généralement d'intensité dans les états fébriles, notamment dans la fièvre typhoïde et dans les fièvres intermittentes. Il y a alors surproduction de chaleur qui entraine l'élévation de température et qui s'accompagne de la perte d'une plus grande quantité de chaleur par rayonnement. Toutefois, quelques auteurs ont observé que, dans certains cas de fièvre, les échanges respiratoires n'augmentent pas ou même diminuent d'intensité et que la perte de chaleur par rayonnement est diminuée; ils admettent que la fièvre peut aussi résulter de ce que la chaleur produite en quantité normale s'accumule dans l'organisme par défaut de rayonnement à l'extérieur.

Dans la chlorose et dans l'anémie, la quantité d'anhydride carbonique exhalé augmente légèrement, tandis que la quantité d'oxygène absorbé diminue un peu.

Dans les maladies pulmonaires où la ventilation du poumon est diminuée, dans le diabète, dans les diarrhées chroniques, la dysenterie, le choléra, etc., les échanges respiratoires sont sensiblement diminués. Ils sont considérablement amoindris dans l'état de léthargie hystérique et surtout dans la léthargie cataleptique. Dans ce dernier état, le volume d'air inspiré est environ 100 fois moindre qu'à l'état normal et la quantité d'anhydride carbonique exhalé devient insignifiante.

C. Variations sous l'influence d'agents toxiques ou médicamenteux. — *a*) Lorsque les animaux respirent dans des atmosphères contenant quelques centièmes d'anhydrique carbonique, le dégagement de l'anhydride carbonique par les poumons est ralenti; mais il n'est pas suspendu, alors même que la tension de l'anhydride carbonique dans l'atmosphère atteint la tension de ce gaz dans le sang à l'état normal. L'anhydride carbonique s'accumule, en effet, dans l'organisme et sa tension augmente dans le sang; d'autre part, l'accumulation de ce gaz détermine, par l'excitation du centre respiratoire, une augmentation de l'amplitude des mouvements respiratoires et de la vitesse du sang, qui compense dans une certaine mesure le ralentissement du dégagement de l'anhydride carbonique.

Si on augmente progressivement la proportion de l'anhydride carbonique dans l'atmosphère, les animaux meurent quand cette proportion atteint 20 à 30 p. 100, selon les espèces. En effet, Paul Bert ayant introduit un oiseau dans une cloche contenant un mélange de 46 volumes d'oxygène et de 53 volumes d'azote, a observé que l'animal meurt quand la proportion de l'anhydride carbonique qu'il a dégagé s'élève à 25 p. 100 environ, bien qu'à ce moment la proportion d'oxygène soit de 21 p. 100, comme dans l'air atmosphérique.

Quand les animaux sont enfermés sous une cloche contenant de l'air ordinaire, aux effets produits par l'accumulation de l'anhydride carbonique, s'ajoutent ceux qui résultent de la disparition graduelle de l'oxygène. Claude Bernard a montré que des oiseaux (moineaux, verdiers) enfermés sous des cloches de 2 à 3 litres meurent, au bout de 2 à 3 heures, quand le volume d'anhydride carbonique apparu dans l'air, qui est sensiblement égal au volume d'oxygène disparu, atteint 12 à 18 p. 100. Si, lorsque l'oiseau commence à être manifestement incommodé, on introduit un autre oiseau dans la cloche, ce second oiseau succombera plus rapidement que le premier, parce qu'il fait des mouvements pour s'échapper et, par suite, a besoin de plus d'oxygène.

b) L'hydrogène et le gaz des marais, s'ils sont mélangés à une quantité suffisante d'oxygène, n'exercent pas d'influence sensible sur les échanges respiratoires. — L'ozone, même en petite quantité dans l'air, diminue l'activité respiratoire.

c) L'oxyde de carbone est très toxique, parce qu'il se combine plus énergiquement que l'oxygène à l'hémoglobine, même lorsqu'il est en petite quantité dans l'air respiré; il empêche donc l'oxygène de se fixer sur le sang.

La proportion d'oxyde de carbone contenue dans le sang augmente avec sa proportion dans l'air inspiré; elle lui est toujours bien supérieure. Ainsi, M. Gréhant a trouvé les quantités suivantes d'oxyde de carbone et d'oxygène, dans le sang de chiens auxquels il faisait respirer pendant une demi-heure des mélanges d'air et d'oxyde de carbone :

Proportion de CO dans l'air inspiré.	Oxyde de carbone.	Oxygène.	
1 p. 4000........	1,3 cc.	21,5 cc. p.	100 cc. de sang.
1 p. 3000........	1,7	13,4	—
1 p. 2000..	2,8	15,5	—
1 p. 1000...... .	5,5	12,2	—

Une proportion de 1/275e d'oxyde de carbone dans l'air est mortelle pour un chien. — Lorsque l'intoxication n'est pas mortelle et qu'on fait respirer aux intoxiqués de l'air pur ou mieux de l'air enrichi d'oxygène, de l'oxyde de carbone s'élimine peu à peu en nature par les poumons (1). De même, l'oxyde de carbone se dégage peu à peu, *in vitro*, d'une solution de carboxyhémoglobine dans laquelle on fait passer un courant d'air.

d) L'hydrogène sulfuré est encore plus toxique que l'oxyde de carbone; une proportion de 1/800e dans l'air respiré suffit pour tuer un chien. L'hydrogène sulfuré a la propriété de transformer l'hémoglobine en une combinaison encore mal connue, le *sulfure de méthémoglobine;* mais les animaux à sang chaud meurent avant qu'on puisse déceler dans leur sang la présence de cette combinaison (2).

e) L'hydrogène arsénié, l'hydrogène phosphoré, l'acide cyanhydrique sont encore plus toxiques que l'hydrogène sulfuré.

L'hydrogène arsénié a une action spéciale sur le sang qu'il brunit et rend semblable au sang veineux. Mais le sang ainsi coloré ne reprend plus sa couleur primitive, lorsqu'on l'agite à l'air, et ne perd pas l'hydrogène arsenié qu'il a fixé. Cette fixation de l'hydrogène arsénié par le sang paraît donc être due à un phénomène chimique et non à une simple dissolution. L'hydrogène arsénié détermine de plus, en agissant sur le sang, la

(1) Une petite quantité d'oxyde de carbone est probablement brûlée dans l'économie et éliminée sous forme d'anhydride carbonique.

(2) Les animaux à sang froid résistent, au contraire, assez longtemps pour qu'on puisse déceler au spectroscope le sulfure de méthémoglobine dans le sang.

destruction du globule sanguin et le passage de l'hémoglobine du globule dans le plasma.

f) L'activité respiratoire est diminuée par l'ingestion de liquides alcooliques, de thé, de café, de morphine, de quinine, d'antipyrine, etc.

RESPIRATION CUTANÉE.

525. Notions générales. — Les échanges gazeux qui s'effectuent entre la peau et l'air ambiant sont peu importants pour l'homme et pour les animaux à sang chaud. Au contraire, pour les amphibies, la respiration cutanée a une importance égale ou supérieure à la respiration pulmonaire. Les grenouilles, par exemple, respirent plus par la peau que par les poumons ; aussi survivent-elles à l'extirpation des poumons.

La respiration cutanée s'étudie par des procédés analogues à ceux qui servent à étudier la respiration pulmonaire. L'homme ou l'animal est enfermé dans une caisse hermétiquement fermée, dont le couvercle présente une ouverture, bordée de caoutchouc, qui laisse passage à la tête en s'appliquant exactement sur le cou. On fait circuler dans la caisse un courant d'air débarrassé d'anhydride carbonique et on fait barboter l'air à la sortie dans une solution titrée de baryte, qui absorbe l'anhydride carbonique exhalé et permet de le doser. On peut aussi ne pas renouveler l'air de la caisse et déterminer sa composition avant et après que le sujet y a séjourné, pendant un temps donné. — En enfermant seulement une partie du corps on peut étudier séparément la respiration cutanée des diverses régions.

526. Dégagement d'anhydride carbonique. — Le poids d'anhydride carbonique dégagé par la peau varie considérablement avec la température extérieure ; c'est ce qui explique la divergence des résultats obtenus par les divers expérimentateurs. D'après les déterminations récentes de M. Schierbeck, les quantités d'anhydride carbonique éliminé par toute la surface du corps de l'homme pendant vingt-quatre heures seraient les suivantes :

Température	de 29° à 30°.....	8,4 gr.	par jour (1)
—	de 34°..........	16,8	—
—	de 38°,5........	28,8	—

(1) On se rappelle que la quantité d'anhydride carbonique exhalé par les poumons est d'environ 900 grammes.

La quantité d'anhydride carbonique dégagé par la peau augmente aussi sous l'influence de la lumière, pendant la digestion et surtout pendant le travail musculaire; d'après les expériences de Gerlach sur le bras et sur la jambe, le fonctionnement des muscles peut tripler le dégagement d'anhydride carbonique par la peau.

527. Absorption d'oxygène. — La quantité d'oxygène absorbé par la peau est à peine de quelques grammes en vingt-quatre heures. Elle est inférieure à la quantité d'oxygène que renferme l'anhydride carbonique éliminé; cette particularité paraît surtout due à ce qu'une partie de l'anhydride carbonique provient de la sueur et s'ajoute à celui qui se dégage directement du sang à travers la peau.

528. Dégagement de vapeur d'eau. — En vingt-quatre heures, la peau élimine en moyenne 200 grammes d'eau, c'est-à-dire le tiers environ de la quantité éliminée par le poumon. Une partie de cette eau est éliminée directement, à l'état de vapeur, par la peau; le reste provient de l'évaporation de la sueur. La quantité d'eau perdue par le corps augmente pendant l'exercice musculaire, pendant la digestion, sous l'influence de l'élévation de la température extérieure et de la sécheresse de l'air ambiant; elle diminue pendant le sommeil.

529. Dégagement d'autres vapeurs par la peau. — On sait que le séjour prolongé d'un trop grand nombre de personnes dans des salles petites ou mal aérées, rend peu à peu l'air irrespirable. D'après Pettenkoffer, lorsque la proportion de l'anhydride carbonique dans l'air de ces salles s'élève à 1 p. 1000, on commence à percevoir une mauvaise odeur; quand la proportion atteint 1 p. 100, l'air est presque irrespirable, et cependant, la respiration n'est pas gênée dans des atmosphères artificielles contenant cette dose d'anhydride carbonique pur. Par conséquent, la viciation de l'air confiné n'est pas due à l'anhydride carbonique; elle est due à d'autres substances dont l'accumulation est proportionnelle à celle de ce gaz.

On a admis pendant longtemps que ces substances toxiques étaient normalement excrétées par la peau, et que leur rétention était la cause des accidents qu'on observe chez certains animaux, notamment chez les lapins, quand on recouvre leur peau d'un vernis. Mais il est aujourd'hui démontré que les accidents déterminés par le vernissage de la peau, sont dus à la paralysie des vasomoteurs et au refroidissement exagéré qui en est la conséquence ; ces accidents ne se produisent pas d'ailleurs chez les animaux, tels que le chien, dont la peau est moins délicate, ni chez l'homme, ainsi que l'ont montré les essais hardis de M. Sénator, à Berlin.

D'autre part, les expériences de M. Hermans ont montré que si, dans les conditions ordinaires de la vie, le séjour dans une enceinte fermée devient insupportable quand la proportion d'anhydride carbonique s'élève à 1 p. 100, un individu préalablement soumis à un nettoyage minutieux et enfermé dans une caisse de tôle hermétiquement close, n'éprouve de malaise que lorsque la proportion d'anhydride carbonique s'élève à 3 p. 100. De plus, en faisant barboter l'air de la caisse dans des solutions titrées d'acide sulfurique ou de permanganate de potassium à l'ébullition, ou encore en le faisant passer sur de l'oxyde de cuivre chauffé au rouge, on ne peut y déceler aucune trace de substances organiques. L'eau condensée sur les parois de la caisse peut aussi être bouillie avec une solution titrée de permanganate de potassium, sans que le permanganate soit réduit. M. Hermans conclut de ses expériences que les substances toxiques de l'air des salles trop encombrées ne sont pas des produits normaux de la respiration cutanée, mais sont des produits de décomposition provenant de la malpropreté du corps et des vêtements. A ces produits peuvent s'ajouter des traces d'hydrogène sulfuré, de vapeurs d'indol et de scatol provenant du tube digestif.

CHAPITRE II

DIGESTION

ALIMENTS

530. Notions générales. — Les aliments sont destinés à réparer les pertes provenant de l'usure des tissus, et à fournir à l'organisme l'énergie qui lui est nécessaire pour produire de la chaleur et du travail mécanique ; ils servent également à l'accroissement de l'animal qui se développe. Les substances chimiques qui entrent dans la composition des aliments usuels sont désignées sous le nom d'*aliments simples* ou de *principes alimentaires*. On peut, au point de vue chimique, diviser les principes alimentaires les plus importants de la façon suivante :

Principes alimentaires de nature minérale. { Eau. Sels minéraux.

Principes alimentaires de nature organique.
- Azotés.
  - Matières albuminoïdes proprement dites et protéides.
  - Matières collagènes.
- Non azotés.
  - Corps gras.
  - Hydrates de carbone.
    - Matières amylacées.
    - Sucres.

Au point de vue physiologique, on peut, avec M. Bunge, diviser les principes alimentaires en trois catégories :

1° Ceux qui servent à la fois à la réparation des tissus et à la production d'énergie, comme les matières albuminoïdes ;

2° Ceux qui sont uniquement une source d'énergie, comme les matières collagènes, les graisses et les hydrates de carbone ;

3° Ceux dont l'unique fonction est de remplacer des éléments disparus, sans produire aucune énergie, comme l'eau et les sels minéraux.

Nous allons passer en revue les principes alimentaires en suivant l'ordre chimique ; nous parlerons ensuite des principaux aliments usuels et de l'alimentation de l'homme.

PRINCIPES ALIMENTAIRES

531. **Eau et sels minéraux.** — *a)* L'eau pénètre dans l'économie avec les boissons et avec les aliments qui en renferment tous plus ou moins (de 10 à 95 p. 100). La perte d'eau subie par l'organisme est environ de 2 litres et quart par jour (**7**. B); mais comme une petite partie se forme par l'oxydation des aliments organiques hydrogénés, la quantité d'eau absorbée en nature ou avec les aliments est un peu moindre. — L'eau ordinaire, de puits ou de source, contient de 0gr,3 à 0gr,5 de sels et intervient par conséquent dans l'apport des substances minérales. D'après les expériences de Chossat et Boussingault, les matières minérales des eaux potables sont, au moins en partie, directement utilisées par les animaux et contribuent à l'édification de leur squelette.

b) Les sels minéraux sont indispensables à l'animal. En effet, ces principes sont éliminés d'une façon constante, même pendant l'inanition, ce qui indique bien qu'une partie au moins de ceux qui sont éliminés à l'état normal provient des tissus. Des expériences dues à Forster ont démontré d'autre part que des animaux (chiens ou pigeons) meurent bientôt si on les nourrit avec des aliments débarrassés aussi bien que possible des matières minérales, et qu'ils meurent même plus tôt que ceux qu'on a privés de toute nourriture. Cette particularité paraît due à ce que l'oxydation du soufre des matières albuminoïdes donne naissance à de l'acide sulfurique, qui n'est plus saturé, comme cela a lieu dans l'alimentation normale, par les bases des sels à acides faibles (Bunge). En effet, M. Lunin a montré que les souris, qu'on peut nourrir indéfiniment avec du lait concentré, meurent au bout de quinze jours environ, si on les nourrit avec un mélange de caséine, de beurre et de sucre de canne, et ne meurent qu'au bout de 20 à 30 jours, si on ajoute à cette nourriture un peu de carbonate de sodium. Il est fort probable que ce sel agit bien par ses propriétés alcalines, car la même dose de sodium administrée dans les mêmes conditions sous forme de chlorure, c'est-à-dire d'un sel à acide fort, ne prolonge pas la vie des animaux.

D'après ces expériences, on devait s'attendre à ce que l'addition de tous les sels contenus dans le lait permette de nourrir indéfiniment des souris avec le mélange de caséine, de beurre et de sucre; il n'en est rien, la survie des animaux n'est pas plus longue qu'avec le carbonate de sodium. Ce fait est probablement dû à ce que les sels minéraux, ou tout au moins certains d'entre eux, tels que les phosphates, se trouvent dans le lait, et dans les aliments en général, sous forme de combinaisons avec les matières albuminoïdes, et qu'ils ne sont assimilables que sous cette forme. Rappelons aussi que le fer contenu dans les aliments est à l'état de combinaison organique.

On peut avoir une idée exacte de la nature et de la quantité des matières minérales nécessaires à l'enfant, en dosant ces substances dans les cendres du lait de femme. M. Bunge a trouvé :

Potasse................	0,78	gr. p. 1000.
Soude..................	0,23	—
Chaux..................	0,33	—
Magnésie...............	0,06	—
Oxyde de fer...........	0,004	—
Anhydride phosphorique.	0,47	—
Chlore.................	0,44	—
	2,314	gr. p. 1000.

A l'âge de six mois, le nourrisson, qui pèse 6 à 7 kilogrammes, absorbe environ un kilogramme de lait par jour, par conséquent, les quantités de matières minérales inscrites dans le tableau précédent. L'adulte, qui pèse 10 fois plus, n'a pas besoin de quantités 10 fois plus fortes, car il n'a qu'à réparer les pertes et non à édifier ses tissus.

Les aliments usuels renferment, en même temps que des principes organiques, une quantité suffisante de matières minérales pour qu'on n'ait pas à leur en ajouter. Une seule exception doit être faite pour le chlorure de sodium, dont l'homme ajoute environ 10 grammes par jour à ses aliments. M. Bunge a fait observer que le besoin d'ajouter du sel marin à sa nourriture est d'autant plus impérieux que la nourriture est plus végétale (1). Certaines peuplades qui vivent exclusivement des produits de la chasse et de la pêche, ne font aucun usage de sel. On sait aussi que les carnivores ont de la répugnance pour les aliments salés, tandis que les herbivores sont très avides de sel marin, surtout ceux qui vivent sur les hautes montagnes, loin des mers. Ces différences tiennent à ce que les aliments végétaux contiennent un peu moins de chlorure de sodium que les aliments d'origine animale et que, d'autre part, ils renferment plus de sels de potassium, notamment de phosphates et de sels à acides organiques se transformant en carbonates dans l'économie. Or l'ingestion d'un excès de sels de potassium enlève à l'organisme une certaine quantité de chlorure de sodium, car, entre le chlorure de sodium du sang et le phosphate ou le carbonate de potassium provenant des aliments, il s'établit une double décomposition, avec formation de chlorure de potassium et de phosphate ou de carbonate de sodium, qui s'éliminent par les urines. C'est ce qu'a observé M. Bunge sur lui-même en ajoutant, après quelques jours d'un régime constant, des sels de potassium à sa nourriture ; 18 grammes de potasse, ingérés en vingt-quatre heures sous forme de citrate ou de phosphate, provoquèrent l'élimination par l'urine d'un excès de chlore et de sodium correspondant à environ 6 grammes de chlorure de sodium.

Le tableau suivant donne les quantités de potasse et de soude contenues dans quelques aliments.

(1) En France, d'après les statistiques, l'habitant des campagnes, dont la nourriture est surtout végétale, consomme trois fois plus de sel marin que l'habitant des villes, dont l'alimentation est plus animale.

1000 parties de substance sèche contiennent :

	Potasse.	Soude.
Lait de femme........	5 à 6	1 à 2
Lait d'herbivores.....	9 à 17	1 à 10
Viande de bœuf.......	19	3
Sang de bœuf (1)......	2	19
Céréales..............	5 à 6	0,1 à 0,4
Pois..................	12	0,2
Fèves.................	21	0,1
Pommes de terre......	20 à 28	0,3 à 0,6

532. Principes alimentaires organiques. — Nous avons vu que tous les principes alimentaires de nature organique constituent des réserves d'énergie et que les matières albuminoïdes, sauf les collagènes, servent en outre à la réparation des tissus.

A. Potentiel alimentaire. — La réserve d'énergie, appelée aussi *potentiel alimentaire*, qui est fournie à l'organisme par un principe alimentaire, peut s'exprimer par le nombre de calories que dégagent les transformations successives subies par ce principe avant d'être éliminé.

a) On sait que les graisses et les hydrates de carbone subissent une oxydation progressive qui les transforme finalement en eau et en anhydride carbonique. D'après un des principes de thermochimie, la quantité de chaleur dégagée par une transformation quelconque est indépendante du mécanisme de cette transformation; il suffira donc de mesurer, à l'aide de la bombe calorimétrique de M. Berthelot, la chaleur dégagée par la combustion complète d'un gramme de ces substances, pour avoir la mesure de l'énergie fournie à l'animal.

Pour les matières albuminoïdes, le problème n'est pas tout à fait aussi simple, car les produits ultimes de la désassimilation de ces substances dans l'économie sont l'anhydride carbonique, l'eau, l'acide sulfurique et l'urée, tandis que, par l'oxydation complète dans la bombe calorimétrique, on obtient au lieu d'urée, de l'azote libre et un supplément d'anhydride carbonique et d'eau. La quantité de chaleur dégagée par l'oxydation complète doit donc être diminuée de celle que dégage l'urée pour se transformer en azote, anhydride carbonique et eau; or 1 gramme d'urée dégage dans cette transformation 2.690

(1) On voit que les carnivores trouvent les sels de sodium surtout dans les humeurs des animaux qui leur servent de nourriture. Les peuplades qui se nourrissent exclusivement d'animaux évitent, paraît-il, avec soin la perte de sang, quand ils tuent les animaux qu'ils doivent consommer.

calories et 1 gramme de matière albuminoïde contient une quantité d'azote correspondant à 0gr,356 d'urée. Il faudra donc retrancher 2.690 × 0,356 c'est-à-dire 957 calories du nombre de calories dégagées par la combustion complète de 1 gramme de matières albuminoïdes, pour avoir le potentiel alimentaire de ces substances.

Le tableau suivant donne les moyennes trouvées par la méthode calorimétrique pour le potentiel alimentaire des divers principes alimentaires. — Ces quantités de chaleur permettent de calculer les poids des divers principes alimentaires qui s'équivalent au point de vue de la chaleur dégagée, c'est-à-dire les *quantités isodynamiques* des principes alimentaires par rapport à l'un d'entre eux, la graisse par exemple.

	Potentiel alimentaire de 1 gr. de substance sèche.	Quantités isodynamiques rapportées à 100 gr. de graisse.
Graisses..................	9.300 calories.	100 grammes.
Hydrates de carbone.......	4.100 —	223 —
Matières albuminoïdes (1)..	4.600 —	202 —

b) M. Rübner a déterminé directement, *in vivo*, le potentiel alimentaire des divers principes et leurs quantités isodynamiques; il a obtenu des résultats absolument analogues. Sa méthode consiste à enfermer des animaux dans un calorimètre, à mesurer et à comparer les quantités de chaleur qu'ils dégagent quand on les nourrit avec des poids connus des divers aliments.

B. Ration alimentaire. — *a*) Les quantités des divers principes alimentaires que l'homme consomme en vingt-quatre heures, varient selon les climats, selon les classes de la société, et surtout selon la quantité de travail musculaire effectuée.

1. Pour l'homme au repos ou effectuant un exercice musculaire modéré, voici les moyennes des observations dues à des auteurs de tous pays et les limites des variations pour chaque groupe de principes alimentaires :

(1) On peut calculer de même la quantité de chaleur dégagée par la désassimilation de 1 gramme de matière albuminoïde, en admettant que l'azote s'élimine sous forme d'acide urique. La combustion totale de l'acide urique dégage 2.747 calories et l'azote de 1 gramme de matières albuminoïdes se retrouve dans 0gr,498 d'acide urique. Il faudra retrancher de la chaleur de combustion complète des albuminoïdes 2.747 × 0,498, c'est-à-dire 1.367 calories ; on trouve alors, pour le potentiel alimentaire des albuminoïdes désassimilés de cette façon, 4.330 au lieu de 4.600. On voit donc que chez l'homme, qui excrète la majeure partie de l'azote des matières albuminoïdes à l'état d'urée, le potentiel alimentaire de ces substances sera plus élevé que chez les oiseaux et les reptiles, qui excrètent l'azote surtout à l'état d'acide urique.

Substances sèches.	Moyennes.		Variations.
Matières albuminoïdes.	110 gr.	en 24 heures	80-137 gr.
Graisses	50	—	16-72
Hydrates de carbone..	400	—	330-552

La quantité d'énergie fournie par la désassimilation de la ration alimentaire moyenne, calculée d'après les données que nous venons d'indiquer, peut s'exprimer par 2.000.000 calories environ.

2. La ration alimentaire de l'homme doit être augmentée de moitié environ, quand il est soumis à un travail fatigant; toutefois l'augmentation des matières albuminoïdes peut être un peu plus faible que celle des autres substances. L'excès d'aliments nécessité par le travail représente donc une quantité d'énergie mesurée par 1.300.000 calories; une fraction de cette énergie seulement, variable avec les conditions du travail du muscle (**424**), se convertit en travail mécanique extérieur. M. A. Gautier a trouvé que cette fraction était d'un tiers environ pour des ouvriers du Midi de la France, employés à actionner une pompe élévatoire.

b) L'alimentation de l'homme doit toujours contenir des matières albuminoïdes, des hydrates de carbone et des graisses, mais on conçoit que les principes non azotés, qui sont uniquement destinés à fournir de l'énergie, puissent se suppléer entre eux, par *quantités isodynamiques*, dans des limites beaucoup plus étendues qu'ils ne peuvent suppléer les principes albuminoïdes; ceux-ci ne peuvent être remplacés en effet par les graisses ou les hydrates de carbone, au point de vue de la réparation des tissus. On voit d'ailleurs dans le tableau précédent que les variations des matières albuminoïdes dans les différentes alimentations sont relativement moins étendues que celles des autres principes.

Dans les conditions ordinaires de la vie, la consommation journalière des matières albuminoïdes ne peut guère s'abaisser au-dessous de 50 grammes, correspondant à 8 grammes d'azote environ. Au-dessous de cette quantité, même en forçant l'alimentation par les graisses et les hydrates de carbone, l'homme rejette par les excrétions plus d'azote qu'il n'en absorbe (1); il dépérit donc peu à peu, parce qu'il use plus qu'il ne répare.

Pendant l'inanition, la quantité d'azote éliminé en vingt-

(1) Voit a montré sur des animaux que l'addition de gélatine à une nourriture trop pauvre en matières albuminoïdes empêche la déperdition d'azote par les tissus; mais la gélatine ne peut remplacer complètement les matières albuminoïdes dans l'alimentation.

quatre heures tombe à $5^{gr},25$ environ; cette quantité d'azote correspond à la désassimilation de 32 grammes seulement de matières albuminoïdes. Il est donc probable que l'usure des tissus est ralentie pendant l'inanition.

ALIMENTS USUELS

533. Notions générales. — *a)* Les proportions des divers principes alimentaires varient considérablement dans les aliments, ainsi que le montre le tableau suivant :

Composition centésimale des aliments.

	EAU.	MATIÈRES ALBUMINOIDES.	GRAISSES.	HYDRATES de CARBONE.	CENDRES.
Aliments d'origine animale.					
Viande de bœuf grasse.....	53,05	16,75	28,61	»	0,92
— de mouton grasse..	53,35	16,62	28,61	0,54	0,93
— de veau..........	72,00	19,8	8,2	»	1,3
— de porc..........	78,3	20,0	»	»	»
Poulet..................	70,06	18,49	5,84	1,20	0,90
Chair de saumon.........	64,29	21,60	12,72	»	1,39
Extrait de viande.........	21,64	60,47	»	»	17,89
Lait de vache............	87,17	3,55	3,69	4,88	0,71
Beurre..................	11,99	0,77	85,00	0,7	1,5
Fromage de Brie.........	49,78	18,90	25,87	0,83	4,54
— de Gruyère......	34,3	29,4	29,75	1,46	4,92
Œuf de poule (sans la coque) (1)............	75,6	12,2	10,7	5,0	1,0
Cervelle................	77,0	11,6	10,3	»	1,1
Foie....................	72,0	13,0	3,5	1,8	1,4
Aliments d'origine végétale.					
Farine de froment........	13,0	13,0	1,0	61,0	1,0
Pain de froment..........	33,0	8,8	1,0	55,0	1,7
Haricots................	16,0	22,5	2,0	54,0	2,4
Lentilles................	11,5	26,5	2,5	58,0	1,6
Riz.....................	9,0	5,0	0,7	84,5	0,5
Pommes de terre.........	76,0	1,5	0,2	20,0	1,0
Choux-fleurs.............	92,0	0,5	»	2,0	7,0
Pommes.................	82,0	0,5	»	8,0	5,0
Châtaignes..............	53,7	8,31	0,87	35,6	1,52
Raisins.................	81,0	0,7	»	15,0	0,5

(1) Un œuf de poule pèse environ 27 grammes; la coquille pèse $2^{gr},83$, le blanc $16^{gr},33$ et le jaune $7^{gr},83$.

La coquille est formée de 95 p. 100 environ de matières minérales presqu'entièrement constituées par du carbonate de calcium, de 4 p. 100 d'une matière albuminoïde

On voit que, d'une manière générale, les aliments d'origine animale sont beaucoup plus riches en matières albuminoïdes et en graisse, et plus pauvres en hydrates de carbone, que les aliments d'origine végétale. Les graines de légumineuses (haricots, pois, lentilles), font exception; leur richesse en matières albuminoïdes, supérieure à celle de la viande, associée à leur richesse en hydrates de carbone, en fait, au point de vue nutritif, des aliments de premier ordre.

b) Pour déterminer la quantité des matières albuminoïdes des divers aliments, on s'est généralement contenté de doser l'azote et on a converti le poids d'azote trouvé en matières albuminoïdes, en admettant que ces matières contiennent une proportion uniforme de 16 p. 100 d'azote. Les déterminations ne sont donc qu'approximatives, car la proportion d'azote varie de 15 à 17,6 p. 100 pour les diverses matières albuminoïdes; en outre, la totalité de l'azote des aliments ne se trouve à l'état de composés albuminoïdes que dans les graines de céréales et de légumineuses. Dans la plupart des autres végétaux, une certaine quantité de l'azote total, pouvant s'élever jusqu'à 30 p. 100, se trouve à l'état d'azotates, de sels ammoniacaux et d'amides divers; de son côté, la viande contient, outre les matières albuminoïdes, des matières extractives azotées (bases xanthiques et créatiniques), qui représentent dans l'extrait de viande plus de la moitié des substances azotées. Enfin, les matières collagènes, qui forment le cinquième environ des matières albuminoïdes de la viande, ne possèdent pas la même valeur alimentaire que les matières albuminoïdes proprement dites.

c) Pour comparer les divers aliments entre eux, il faut aussi tenir compte de ce que les matières albuminoïdes sont absorbées d'une façon plus ou moins complète selon les aliments. La

analogue à la kératine et de 1 p. 100 d'eau. — Le blanc et le jaune d'œuf ont respectivement la composition suivante :

	Blanc d'œuf.	Jaune d'œuf.	
Eau	86,7	47,20	p. 100
Matières albuminoïdes. .	12,2	15,63	—
Hydrates de carbone	0,5	»	—
Graisses	Traces	22,84	—
Lécithine	»	10,72	—
Cholestérine	»	1,75	—
Matières minérales	0,6	0,96	—

Les matières albuminoïdes du blanc d'œuf sont l'ovalbumine et l'ovoglobuline, cette dernière en petite quantité; celles du jaune sont la vitelline et des nucléo-albumines, dont l'hématogène.

quantité de matière albuminoïde qui échappe à l'absorption a été déterminée sur l'homme pour les divers aliments, en dosant l'azote ingéré et l'azote rejeté par les fèces (1); d'une manière générale, les matières albuminoïdes des aliments d'origine animale sont plus complètement absorbées que celles des aliments végétaux, ainsi que le montre le tableau suivant :

Aliment.	Matières albuminoïdes rejetées par les fèces pour 100 parties de matières albuminoïdes ingérées.
Viande................	2 à 3
Lait....	3 à 12
Pain...	12 à 30
Légumes	15 à 50

d) Les hydrates de carbone contenus dans les aliments végétaux n'ont pas tous non plus la même valeur alimentaire. La cellulose, qui accompagne toujours l'amidon et le sucre, n'est assimilée que d'une façon exceptionnelle par l'homme (**116**). Sa proportion est de 3 à 5 p. 100 dans les légumes secs, dans la farine de froment, dans les châtaignes, et de 6,5 p. 100 dans les pommes de terre. Dans la farine, à part 1 p. 100 environ de cellulose, les hydrates de carbone sont à peu près exclusivement constitués par de l'amidon; dans le pain (2), un dixième environ de l'amidon s'est converti en sucre et en dextrine sous l'influence de la cuisson, le reste de l'amidon étant devenu lui-même plus facilement digestible, par suite de sa transformation en empois. — Les hydrates de carbone contenus dans les fruits sont principalement des sucres (glucose, fructose, saccharose), dont la proportion varie de 5 à 12 p. 100 dans les fraises, les prunes, les pommes, les poires et les cerises.

(1) Les résultats obtenus sont tous un peu trop forts; car une certaine quantité d'azote est éliminée par les fèces, alors même que l'homme n'absorbe aucun aliment azoté.

(2) Pour faire le pain, on additionne la farine d'eau, de sel et de levain, en malaxant bien le mélange pour obtenir une pâte homogène; au bout de quelque temps, sous l'influence du levain, la pâte subit une fermentation alcoolique avec dégagement d'anhydride carbonique, dont les bulles gonflent la pâte, la font *lever*. Cette pâte est alors chauffée vers 200-250°; mais la température intérieure du pain reste comprise entre 97 et 100°. Pendant la cuisson, l'anhydride carbonique et l'alcool se dégagent, le levain est tué. — La mie du pain contient plus d'eau que la croûte, 38 à 49 p. 100 au lieu de 16 à 25 p. 100; au point de vue alimentaire, 100 grammes de croûte équivalent à 133 grammes de mie. — Le pain blanc est fabriqué avec de la farine pure; le pain bis provient de farines incomplètement débarrassées du son, débris de l'enveloppe du grain de blé. D'après M. Aimé Girard, contrairement à un préjugé très répandu, le pain blanc est aussi nourrissant que le pain bis; il renferme cependant un peu moins d'acide phosphorique, mais les autres aliments contiennent toujours un excès d'acide phosphorique.

e) Les préparations culinaires, auxquelles l'homme soumet la plupart de ses aliments ont pour but de les rendre plus faciles à digérer et plus agréables au goût. Ces préparations, basées surtout sur l'action de l'eau et de la chaleur, présentent aussi l'avantage de tuer les parasites qui peuvent se trouver dans la viande, ainsi que les micro-organismes, surtout lorsque la viande est bouillie ou braisée; la température des parties centrales atteint en effet dans ces cas 95° à 100°, tandis que, pour les viandes grillées ou rôties, elle varie entre 50° et 70°. — Les toxines microbiennes formées avant la cuisson de la viande ne sont pas détruites.

Un grand nombre d'aliments sont sans odeur, sans saveur, et, de ce fait, peu appétissants; l'homme y remédie par l'addition de sel marin, indispensable dans certaines alimentations (**531.** *b*), d'acides organiques, comme l'acide acétique sous forme de vinaigre et l'acide citrique sous forme de jus de citron. L'emploi des épices, comme le poivre et la moutarde, à doses modérées, favorise la sécrétion des sucs digestifs.

534. Régime alimentaire. — Aucun aliment ne contient les principes alimentaires dans les proportions qu'exige la ration alimentaire. En effet, pour 100 gr. de matières albuminoïdes, l'homme consomme environ 45 gr. de graisse et 375 gr. d'hydrates de carbone. Or 100 gr. de matières albuminoïdes sont accompagnés dans les divers aliments de quantités bien différentes des autres principes alimentaires, ainsi que le montre le tableau suivant; les poids d'aliments qu'il faudrait ingérer pour trouver 100 grammes de matières albuminoïdes, sont inscrits dans la dernière colonne du tableau.

ALIMENTS.	MATIÈRES ALBUMINOÏDES.	GRAISSE.	HYDRATES de CARBONE.	POIDS D'ALIMENTS à ingérer.
	grammes.	grammes.	grammes.	grammes.
Pommes	100	—	3.300	25.000
Pommes de terre	100	8	1.090	5.000
Lait de femme	100	170	270	4.200
— de vache	100	107	140	3.000
Riz	100	30	1.300	1.250
Froment	100	14	580	800
Blanc d'œuf de poule	100	2	—	750
Viande de porc grasse	100	250	—	650
— de bœuf grasse	100	170	—	600
— de bœuf maigre	100	7	—	480
Pois	100	7	230	430

Il est donc nécessaire d'associer les divers aliments de manière à ce que leur mélange renferme, sous un volume relativement faible, les divers principes alimentaires dans les proportions voulues.

M. A. Gautier a calculé de quoi se compose l'alimentation journalière moyenne d'un habitant de Paris, en se basant d'une part sur les entrées aux octrois de la ville et autres documents précis, calculés pour toute l'année, et d'autre part, sur le nombre moyen d'habitants. Voici les résultats de ce calcul :

Nature des aliments.	Quantités.	
Pain	410	gr. par tête et par jour.
Viande de toutes sortes d'animaux	266	—
Pommes de terre	100	—
Légumes verts	100	—
Fruits	98	—
OEufs	25	—
Lait	150	—
Fromage	6	—
Beurre	25	—
Sucre	40	—
Sel	18	—
Vin 0lit,500		
	1.238	gr. par tête et par jour.

535. Aliments d'épargne. — On a donné le nom d'aliments d'épargne à des substances comme le thé, le café, le bouillon, les boissons alcooliques, etc., qui sont des stimulants du système nerveux, mais qui n'ont aucune ou à peu près aucune valeur alimentaire.

a) Le principe actif du thé, du café et de la noix de kola est la caféine ou triméthylxanthine (**258**). Une tasse de thé ou de café renferme environ 0gr,1 de caféine.

b) On trouve dans le cacao un autre dérivé de la xanthine, la théobromine ou diméthylxanthine (**258**), qui possède des propriétés physiologiques analogues à celles de la caféine. Mais, à côté de la théobromine, le cacao contient de véritables principes alimentaires (albuminoïdes, hydrates de carbone, corps gras). Aussi le chocolat, forme sous laquelle nous absorbons le cacao, est-il plus qu'un aliment d'épargne ; c'est en même temps un aliment très nourrissant, sous un faible poids.

c) Le bouillon s'obtient en faisant bouillir de la viande, pendant quelques heures, avec deux à trois fois son volume d'eau.

L'extrait de viande, qu'on trouve dans le commerce, est le résidu laissé par l'évaporation du bouillon; en le redissolvant dans de l'eau chaude, on obtient de nouveau du bouillon. Le bouillon des ménages contient environ 0,7 p. 100 de matières albuminoïdes ou de leurs dérivés (gélatine, peptone), à peu près autant de matières extractives azotées (créatine, xanthine, hypoxanthine, etc.), un peu de glucogène et d'acide lactique, enfin 0,3 p. 100 environ de sels minéraux où les sels de potassium prédominent. On ne sait pas à quelle substance doivent être attribués les bons effets du bouillon. Son action est purement stimulante; il n'a à peu près aucune valeur alimentaire, et d'après les expériences de Voit et de Bischoff, il n'agit pas comme on l'avait supposé, en favorisant l'assimilation des substances albuminoïdes végétales, ni en diminuant la désassimilation des tissus.

d) L'alcool est avant tout un stimulant du système nerveux; mais l'excitation qu'il procure n'est que temporaire et souvent suivie d'une dépression. A doses modérées, l'alcool paraît diminuer l'excrétion de l'azote par l'urine et celle de l'anhydride carbonique par les poumons. L'alcool est en partie brûlé dans l'économie, et produit donc de la chaleur, au même titre que les hydrates de carbone; mais sa valeur alimentaire est des plus médiocres, bien moindre que celle des hydrates de carbone qu'il a fallu faire fermenter pour les transformer en alcool.

L'usage de l'alcool, même à dose modérée (50 grammes par jour) et à l'état dilué, est absolument superflu, et devant les abus qui succèdent si souvent à l'usage modéré, dans toutes les classes de la société, on doit s'efforcer d'en restreindre l'usage.

Les principales boissons alcooliques sont le vin, la bière, le cidre, les liqueurs. Voici la composition moyenne de ces divers liquides :

	Vin ordinaire.	Bière.	Cidre.	
	gr.	gr.	gr	
Alcool	64,3	30	25	par litre.
Extrait sec	25	56	50	—
Crème de tartre	3,5	»	»	—
Glycérine	6	2,1	»	—
Albumine	»	4,9	»	—
Tanin	1	»	»	—
Sucre	»	8,7	16,5	—
Dextrine et gomme	»	4,4	»	—
Acides malique et acétique.	»	»	4	—
Cendres	2,3	2,23	3	—

Les liqueurs contiennent de 25 à 60 p. 100 d'alcool; certaines, comme l'absinthe, renferment des essences toxiques.

DIGESTION

536. Division du sujet. — Pendant qu'ils traversent le tube digestif, les aliments subissent l'action des sucs sécrétés par les glandes digestives : salive, suc gastrique, suc pancréatique, bile et suc intestinal. Sous l'influence des ferments solubles contenus dans ces sucs, la plupart des principes alimentaires sont transformés et rendus assimilables. Nous allons étudier successivement chaque sécrétion digestive et son action sur les aliments; pour terminer nous parlerons du résidu de la digestion des aliments, c'est-à-dire des matières fécales.

SALIVE

537. Notions générales. — A leur entrée dans le tube digestif, les aliments sont broyés par les dents, malaxés par la langue et les joues et imprégnés de salive qui rend la masse fluide et facilite la déglutition.

La salive est le mélange des sécrétions de trois paires de glandes salivaires principales, les *parotides*, les *sous-maxillaires* et les *sublinguales*, et d'un grand nombre de glandules disséminées dans toute la cavité buccale. Les liquides sécrétés par chaque glande principale diffèrent entre eux; une même glande peut sécréter des liquides de composition différente sous l'influence d'excitations différentes.

La quantité de salive sécrétée en vingt-quatre heures varie de 400 à 1300 grammes; la sécrétion en est continue, mais elle augmente au moment des repas, et par la vue ou simplement par l'idée d'aliments appétissants qui, selon l'expression vulgaire, « font venir l'eau à la bouche ».

Pour obtenir une certaine quantité de salive, après s'être soigneusement rincé la bouche, on mâche un corps inerte, du caoutchouc par exemple, ou bien on fait pénétrer dans la bouche des vapeurs d'éther, de manière à activer la sécrétion des glandes.

538. Propriétés. — La salive mixte est un liquide sans odeur et sans saveur, légèrement opalin, spumeux et filant; sa densité varie entre 1,003 et 1,008. Abandonnée au repos, elle se divise en trois couches : une supérieure spumeuse, contenant de fines bulles de gaz constitués par de l'anhydride carbonique, de l'oxygène et de l'azote, une couche moyenne limpide et une couche inférieure trouble contenant en suspension des cellules épithéliales et des micro-organismes.

La salive présente normalement une réaction très faiblement alcaline, due au carbonate monosodique et au phosphate disodique. — Elle peut devenir légèrement acide, dans la cavité buccale, quelques heures après les repas, par suite de la fermentation lactique que subissent les parcelles d'aliments restées dans la bouche, notamment entre les dents. D'après M. Magitot, l'acide lactique pourrait se former en quantité suffisante pour attaquer l'émail des dents et favoriserait ainsi la carie dentaire.

Dans certains états pathologiques, la réaction de la salive devient acide, notamment dans le muguet par suite du développement d'un champignon microscopique, l'*oïdium albicans*.

539. Composition. — La salive mixte ne contient que 5 à 10 p. 1000 de substances solides, composées de mucine précipitable par l'acide acétique, d'une matière albuminoïde coagulable par la chaleur, d'un ferment soluble, la *ptyaline*, de sulfocyanate de potassium et de sels minéraux.

1000 parties de salive humaine contiennent :

	(Frerichs).	(Schmidt et Jacubowitz).	(Herter).
Eau	994,10	995,16	994,7
Substances organiques solubles	1,42	1,34	3,2
Épithéliums	2,13	1,62	»
Sulfocyanate	0,10	0,06	»
Sels minéraux	2,19	1,82	1,03

Chez l'homme, le suc de toutes les glandes salivaires contient de la ptyaline; il n'en est pas de même chez tous les animaux. Le suc des glandes parotides est clair et fluide comme de l'eau, car il ne contient pas de mucine ; le suc des glandes sous-maxillaires et celui des sublinguales sont épais et visqueux, par suite de leur richesse en mucine.

A. Ptyaline. — La ptyaline ou diastase salivaire est un ferment soluble capable de saccharifier les matières amylacées. Elle a été découverte dans la salive par Leuchs en 1831.

I. extraction. — 1. *Procédé de Conheim.* — Ce procédé consiste à aciduler la salive par l'acide phosphorique et à précipiter cet acide par l'eau de chaux. Le phosphate tricalcique formé entraîne le ferment (**369**. 1).

2. *Procédé de M. A. Gautier*. — On précipite la salive par l'alcool; les flocons formés sont recueillis sur un filtre, puis dissous dans très peu d'eau. La solution obtenue est traitée par quelques gouttes de sublimé pour en précipiter les matières albuminoïdes ; on filtre et on élimine l'excès de sublimé par l'hydrogène sulfuré qui donne du sulfure de mercure insoluble. On filtre de nouveau et on évapore à 40° ; le résidu est épuisé par l'alcool, puis dissous dans l'eau et soumis à la dialyse pour le débarrasser de quelques sels. La solution est enfin additionnée d'alcool fort, qui précipite la ptyaline sous forme de flocons légers (1).

II. PROPRIÉTÉS. — La ptyaline présente les caractères généraux des ferments solubles. Elle ne donne pas la réaction xanthoprotéique ; ses solutions sont précipitées par les acétates neutre et basique de plomb. Elle transforme rapidement, à la température du corps, l'empois d'amidon en un sucre réducteur, le maltose, avec formation simultanée de dextrines comme termes intermédiaires et transitoires (**106**). Il suffit de garder dans la bouche, de l'empois d'amidon pendant une minute, pour que le liquide acquière la propriété de réduire abondamment la liqueur de Fehling. L'activité de la diastase salivaire est maxima vers 40° et disparaît définitivement à 60°, ce qui la distingue de la diastase de l'orge germée, dont l'activité est maxima vers 60°.

La ptyaline manifeste ses propriétés saccharifiantes en liqueur neutre ou faiblement alcaline. Son action est paralysée par les acides même très étendus et reparaît après la saturation de l'acide. Elle diminue à mesure que la quantité de sucre formée augmente dans le liquide et s'arrête quand la proportion s'élève à 2 p. 100 ; il suffit de diluer le liquide pour que la saccharification continue. Toutefois, le pouvoir saccharifiant de la ptyaline, quoique très élevé, n'est pas illimité.

B. SULFOCYANATE DE POTASSIUM. — La présence du sulfocyanate dans la salive n'est pas absolument constante. Pour déceler ce sel, on traite, dans une capsule de porcelaine, de la salive par quelques gouttes de perchlorure de fer très étendu ; il se forme une coloration rouge (**217**. *b*), qui persiste après addition d'acide chlorhydrique. On obtient la même coloration avec le liquide obtenu

(1) Cette méthode est applicable à presque tous les ferments solubles.

par la distillation de la salive avec de l'acide phosphorique.

On peut aussi rechercher le sulfocyanate par la réaction dite de Bœttger. On trempe un papier dans de la teinture de gaïac récente, puis, quand il est sec, dans du sulfate de cuivre à 1 p. 2000. Ce papier bleuit au contact de la salive qui renferme du sulfocyanate.

C. Sels minéraux. — La salive contient des chlorures de sodium et de potassium, des traces de sulfates alcalins, du carbonate et du phosphate de calcium dissous à la faveur de l'anhydride carbonique. Les sels de calcium proviennent surtout des glandes parotides; quand on abandonne la salive à l'air, ils se précipitent sous forme d'une membrane cristalline à la surface du liquide, par suite du dégagement de l'anhydride carbonique.

Les sels de calcium de la salive entrent pour la majeure partie dans la constitution du tartre dentaire et des calculs salivaires. D'après M. Galippe, la partie centrale des calculs salivaires contient des micro-organismes, qui ont été le point de départ de la précipitation des sels calcaires. — Voici la composition centésimale d'un calcul salivaire, d'après M. Hardy :

Eau	7,43		
Matières organiques	13,23		
Matières minérales et pertes	79,34	Carbonate de calcium	5,70
		Phosphate de calcium	65,40
		— ammoniaco-magnésien	5,80
		Sels solubles	0,64

Un certain nombre de sels, introduits dans l'économie par une voie quelconque, apparaissent au bout de peu de temps dans la salive; tels sont les bromures, les iodures, les sels de mercure, etc.

540. Rôle de la salive dans la digestion. — La salive n'agit que sur les matières amylacées, et seulement pendant un temps très court, car son action ne se continue pas dans l'estomac, à cause de la présence de l'acide chlorhydrique. Bien que cette action puisse se manifester de nouveau à mesure que l'acidité de la masse alimentaire diminue dans l'intestin, le rôle chimique de la salive sur les aliments est de peu d'importance. — La salive exerce surtout une action physique : l'eau qu'elle renferme ramollit les aliments et dissout les substances solubles; la mucine facilite le glissement du bol alimentaire dans l'œsophage. La salive n'est pas d'ailleurs indispensable à la digestion ; après l'extirpation des glandes salivaires, les animaux digèrent très bien, mais ils boivent en mangeant, pour humecter leurs aliments.

SUC GASTRIQUE

541. Notions générales. — *a*) Après avoir subi l'action de la salive, les aliments sont amenés par les mouvements de déglutition dans l'œsophage, pénètrent dans l'estomac par le cardia, y séjournent de deux à six heures, selon leur degré de digestibilité, et en ressortent par le pylore. L'estomac est un réservoir musculeux, tapissé intérieurement par une muqueuse d'un millimètre d'épaisseur environ. Cette muqueuse est parsemée d'une foule de petites glandes, dont les sécrétions constituent par leur mélange le suc gastrique. Ces glandes sont de trois sortes :

1. Les unes, situées dans la région de la grande courbure du grand cul de sac de l'estomac, sécrètent à la fois de l'acide chlorhydrique et un ferment soluble, la *pepsine*. Ce sont des glandes en tubes, dont les cellules sécrétantes sont de deux sortes : les unes, *cellules principales*, petites, pâles et transparentes, limitent la lumière de la glande ; les autres, *cellules de revêtement*, plus grandes, obscures et granuleuses, sont situées à la partie périphérique de la glande. Les premières paraissent présider à la sécrétion de la pepsine, les autres à celle de l'acide.

2. Les glandes de la région pylorique ne contiennent pas de cellules de revêtement. Elles secrètent de la pepsine et du *labferment*, mais pas d'acide chlorhydrique ; leur suc est alcalin.

Ces deux sortes de glandes ont une sécrétion intermittente, qui peut être provoquée soit par l'action des aliments, de l'alcool ou de l'éther sur la muqueuse, soit par de simples excitations mécaniques ; mais les sucs obtenus dans ce dernier cas sont moins riches en principes digestifs.

3. Les glandes à mucus sont situées sur toute la surface de la muqueuse stomacale. Elles sécrètent un liquide alcalin et filant ; leur sécrétion est continue.

b) Pour obtenir du suc gastrique, Spallanzani faisait avaler à des animaux une petite éponge attachée par un fil qui lui permettait de la retirer après qu'elle s'était imbibée de suc gastrique. En 1834, Beaumont eut l'occasion d'étudier le suc gastrique humain qui s'écoulait par une fistule survenue accidentellement à la suite d'un traumatisme ; on a observé depuis, d'autres cas semblables. Blondlot est parvenu le premier à établir sur des chiens des fistules gastriques artificielles; elles permettent d'obtenir un suc gastrique absolument pur, si on empêche la salive de se déverser dans l'estomac.

542. Propriétés. — Le suc gastrique est un liquide incolore, fluide, d'une saveur aigrelette, d'une odeur fade rappelant celle des vomissements. Sa densité n'est que de 1,005 environ; sa réaction est fortement acide. Le suc gastrique se conserve assez bien, à cause de son acidité. Il ne se coagule pas par la chaleur, mais perd ses propriétés digestives. Traité par un carbonate alcalin, il donne un léger précipité de phosphate et de carbonate de calcium.

Le suc gastrique contient normalement un certain nombre de micro-organismes; M. Abelous en a caractérisé 16 espèces différentes dans l'estomac à jeun.

543. Composition. — Le suc gastrique contient de 5 à 30 p. 1000 de substances solides, dont les deux tiers sont formés de matières organiques et l'autre tiers de substances minérales, principalement de chlorures alcalins, ainsi qu'il ressort des analyses suivantes :

D'APRÈS SCHMIDT POUR 1000 PARTIES.	HOMME.	CHIEN.	
	SUC GASTRIQUE avec salive.	SUC GASTRIQUE sans salive.	SUC GASTRIQUE avec salive.
Eau	994,40	973,0	971,2
Matières dissoutes	5,60	27,0	28,8
Dont :			
Matières organiques	3,19	17,1	17,3
Chlorure de sodium	1,46	2,5	3,1
— de potassium	0,55	1,1	1,1
— de calcium	0,06	0,6	1,7
Acide chlorhydrique	0,20	3,1	2,3
Phosphate de calcium	0,12	1,7	2,3
— de magnésium		0,2	0,3
— de fer		0,1	0,1

Nous allons étudier successivement les principes essentiels du suc gastrique, qui sont : les acides, la pepsine et le labferment.

A. Acides du suc gastrique. — i. nature. — On a beaucoup expérimenté et discuté pour savoir si le suc gastrique doit normalement son acidité à l'acide chlorhydrique ou à l'acide lactique. Presque tous les physiologistes admettent aujourd'hui que c'est à l'acide chlorhydrique; l'acide lactique, qu'on trouve parfois en assez grande quantité dans le suc gastrique, est considéré, non comme un produit de sécrétion, mais comme le résultat des fermentations microbiennes dont l'estomac est le siège.

a) La présence de l'acide chlorhydrique dans l'estomac est démontrée par les faits suivants :

Dès 1824, Prout a montré que, si on neutralise le suc gastrique par une base fixe avant de l'évaporer et de l'incinérer, les cendres contiennent plus de chlorures qu'après une incinération directe; il résulte de ce fait que, pendant l'évaporation ou l'incinération, le suc gastrique perd du chlore qu'une base fixe est susceptible de retenir.

C. Schmidt a établi d'autre part, que la quantité de chlore contenue dans le suc gastrique est supérieure à celle qui est nécessaire pour transformer en chlorures tous les métaux et l'ammoniaque qui s'y trouvent.

Rabuteau en traitant du suc gastrique par de la quinine fraîchement précipitée a obtenu du chlorhydrate de quinine.

M. Ch. Richet a établi la présence de l'acide chlorhydrique dans le suc gastrique en basant ses expériences sur le fait suivant, indiqué par M. Berthelot : quand on agite avec leur volume d'éther des solutions aqueuses de différents acides, de même titre acidimétrique, l'eau et l'éther se partagent l'acide en proportions variables selon les acides. L'eau garde environ 10 fois plus d'acide lactique et 500 fois plus d'acide chlorhydrique qu'il n'en cède à l'éther ; on dit que le *coefficient de partage* est 10 pour l'acide lactique et 500 pour l'acide chlorhydrique. Pour le suc gastrique, le coefficient de partage est 217 ; par conséquent, une partie au moins de l'acide est constituée par de l'acide chlorhydrique.

Enfin un certain nombre de réactions colorées, dont nous parlerons à propos de l'analyse du suc gastrique (**547**), démontrent dans le suc gastrique la présence d'un acide minéral, qui ne peut être que de l'acide chlorhydrique, d'après les faits précédents.

b) Si la présence de l'acide chlorhydrique paraît aujourd'hui indiscutable, il est à remarquer cependant que le suc gastrique ne se comporte pas absolument comme une solution aqueuse d'acide chlorhydrique de même concentration. En effet, le suc gastrique ne déplace qu'incomplètement l'acide acétique des acétates; son acide chlorhydrique se diffuse plus lentement à travers la membrane des dialyseurs (Richet). Enfin, le suc gastrique ne perd pas, par évaporation à 100°, tout le chlore qui s'y trouve sous forme de composés autres que les chlorures. M. Richet a interprété ces faits en admettant qu'une partie de l'acide chlorhydrique du suc gastrique se trouve en combinaison faible avec des substances organiques, telles que les acides amidés. M. Schiff admet que l'acide chlorhydrique est uni à la pepsine en formant un acide chlorhydro-peptique.

II. ORIGINE. — L'acide chlorhydrique est évidemment formé dans les glandes de l'estomac aux dépens des chlorures du sang ; mais il est remarquable de voir ces glandes extraire un acide minéral énergique, comme l'acide chlorhydrique, d'un liquide qui présente une réaction alcaline. Plusieurs hypothèses ont été émises pour expliquer ce phénomène.

a) Maly avait supposé que de l'acide lactique était élaboré par les glandes et que cet acide réagissait sur les chlorures pour donner de l'acide chlorhydrique. La formation d'acide lactique libre est en effet un phénomène qui a été observé dans un certain nombre de tissus, notamment dans le tissu musculaire; d'autre part, l'expérience suivante démontre que l'acide lactique déplace, au moins en partie, l'acide chlorhydrique des chlorures : on dispose au fond d'une éprouvette une solution de chlorure de sodium additionnée d'acide lactique, et par dessus, une couche d'eau ; au bout d'un certain temps, de l'acide chlorhydrique s'est diffusé dans la couche d'eau. — Mais l'hypothèse de Maly paraît contredite par une expérience de M. Kahn. Ce savant a observé que, si on appauvrit considérablement l'organisme d'un chien en chlorure de sodium, en supprimant ce sel dans les aliments et en favorisant son élimination de l'organisme par l'administration de diurétiques, le suc gastrique, au bout d'un certain temps, ne contient plus d'acide chlorhydrique, faute de chlorures (1), mais il ne contient pas non plus d'acide lactique. Le suc gastrique secrété dans ces conditions est neutre ; il est à remarquer qu'il contient tout de même de la pepsine, ce qui prouve que la sécrétion de ce principe est indépendante de celle de l'acide chlorhydrique.

b) On a attribué plus récemment la formation d'acide chlorhydrique à l'action de l'anhydride carbonique du sang sur les chlorures, d'après l'équation suivante (2) :

(1) En effet, si on donne à l'animal du chlorure de sodium, le suc gastrique contient de nouveau, au bout de peu de temps, de l'acide chlorhydrique libre.

(2) M. Liebermann a observé qu'en faisant passer un courant d'anhydride carbonique

$$\underbrace{CO^2}_{\text{Anhydride carbonique.}} + \underbrace{H^2O}_{\text{Eau.}} + \underbrace{NaCl}_{\text{Chlorure de sodium.}} = \underbrace{HCl}_{\text{Acide chlorhydrique.}} + \underbrace{CO^3NaH}_{\text{Carbonate acide de sodium.}}$$

On sait en effet que, d'une manière générale, un acide même faible réagit sur une solution d'un sel à acide fort et déplace une certaine quantité de cet acide; il s'établit un état d'équilibre entre les produits de la réaction. Dans le cas que nous considérons, la quantité d'acide chlorhydrique mis en liberté doit être des plus minimes; mais, pour si petite qu'elle soit, on comprend que, si les cellules glandulaires ont la propriété d'éliminer vers la surface de la muqueuse cette quantité d'acide chlorhydrique, l'équilibre sera rompu ; une nouvelle quantité d'acide chlorhydrique prendra naissance, et ainsi de suite. D'après cette manière de voir, la sécrétion de l'acide chlorhydrique serait accompagnée de la formation de carbonate monosodique, qui retournerait dans le sang et augmenterait son alcalinité. De fait, l'augmentation de l'alcalinité du sang pendant la digestion peut être constatée directement ; elle se traduit d'autre part, mais seulement quelques heures après le repas, par une diminution de l'acidité de l'urine et parfois même par l'alcalinité de ce liquide (1).

III. RÔLE PHYSIOLOGIQUE. — L'acide chlorhydrique du suc gastrique est l'un des facteurs de la digestion des substances albuminoïdes dans l'estomac, car la pepsine ne transforme ces substances qu'en milieu acide.

Outre ce rôle digestif, l'acide chlorhydrique paraît exercer une action antiseptique sur quelques-uns des micro-organismes qui pénètrent dans le tube digestif avec les aliments. Spallanzani avait déjà remarqué, en 1784, que le suc gastrique empêche la putréfaction de la viande et l'arrête lorsqu'elle s'est déjà établie. Mme N. Sieber et M. Miquel ont montré

dans une solution de chlorure de sodium contenant de l'oxyde de cuivre en suspension, une petite quantité de cuivre se dissout, probablement sous forme de chlorure, car la dissolution n'a pas lieu si on remplace la solution de chlorure de sodium par de l'eau pure.

(1) On avait observé depuis longtemps que l'urine ne devient moins acide, neutre ou alcaline que quelques heures après le repas. D'après des recherches récentes de M. Liebermann, ce retard serait dû à la présence, dans la muqueuse stomacale, d'une substance protéique particulière, la *lécithalbumine*. Cette substance, qu'il a retirée de l'estomac du porc, est un protéide résultant de l'union de la lécithine avec une matière albuminoïde; elle est insoluble et présente des propriétés acides. Elle formerait avec le carbonate acide de sodium une combinaison peu diffusible, qui ne céderait le carbonate acide de sodium au sang que peu à peu et au bout d'un certain temps.

qu'une solution d'acide chlorhydrique, de même acidité que le suc gastrique, exerce de même une action antiputride sur la viande et sur le bouillon. On sait d'autre part que, dans les maladies où la sécrétion de l'acide chlorhydrique est diminuée, l'estomac devient le siège de fermentations abondantes, qui se traduisent par la production d'acides lactique, butyrique et acétique et par la formation de gaz, tels que l'hydrogène, le protocarbure d'hydrogène et l'anhydride carbonique. — Mais il s'en faut que tous les micro-organismes soient atteints par le suc gastrique d'acidité moyenne. Un grand nombre de micro-organismes pathogènes, notamment le bacille de la tuberculose, résistent à son action. Le ferment lactique et le ferment butyrique ne sont pas détruits, mais la fermentation qu'ils provoquent est ralentie sous l'influence de l'acide chlorhydrique étendu. Cette particularité expliquerait, d'après MM. Brücke et Ewald, pourquoi l'acide lactique se forme surtout au début de la digestion, alors que les premières portions de l'acide chlorhydrique sécrété sont neutralisées par le carbonate de calcium et par les phosphates alcalins des aliments, ou bien entrent en combinaison avec les matières albuminoïdes.

B. Pepsine. — I. extraction. — 1. *Procédé de von Wittich.* — On détache la muqueuse de l'estomac d'un animal, on la fait macérer pendant plusieurs jours avec de la glycérine, et on précipite ensuite la pepsine de sa solution glycérinée par l'alcool. On peut redissoudre la pepsine dans l'eau et la purifier par dialyse.

2. *Procédé de M. A. Petit.* — On fait macérer, à basse température, pendant vingt-quatre heures, des raclures de muqueuse stomacale avec de l'alcool étendu à 6 ou 7 p. 100. On filtre, on évapore la solution à basse température; la pepsine reste comme résidu. Ces procédés donnent des produits impurs, mais très actifs.

3. *Procédé de M. Kühne.* — Ce procédé donne un produit très actif et plus pur. On fait digérer des raclures de muqueuse gastrique de porc avec de l'acide chlorhydrique étendu à 3 p. 1000, à la température de 40°. Au bout de quelque temps, les matières albuminoïdes sont dissoutes et transformées en peptones (1). On sature alors le liquide de sulfate d'ammonium, qui précipite la pepsine seule. On recueille le précipité et on le dissout dans

(1) Pour que la transformation soit complète, il faut, de temps en temps, séparer les peptones formées, qui entravent la peptonisation du reste des propeptones. A cet effet, on sature le liquide de sulfate d'ammonium, la pepsine et les propeptones sont seules précipitées; on recueille le précipité, on l'essore et on le fait digérer de nouveau dans de l'acide chlorhydrique étendu.

l'eau; on soumet la solution à la dialyse, pour en séparer le sulfate d'ammonium, et on en précipite la pepsine par l'alcool.

4. *Procédé de M. A. Gautier.* — Ce procédé donne, d'après son auteur, de la pepsine pure. On fait digérer des raclures de muqueuse stomacale avec cinq fois leur volume d'acide acétique étendu à 0,5 p. 100. On exprime la masse au bout de vingt-quatre heures, on neutralise presque complètement le liquide, on le filtre et on le concentre au 1/5e dans le vide, à 40°. On précipite ce liquide par l'alcool et on dissout dans l'eau le précipité de pepsine impure obtenu. La solution est traitée par un léger excès de carbonate de calcium, puis par du bichlorure de mercure; on filtre, on fait passer dans la solution de l'hydrogène sulfuré et on filtre de nouveau pour séparer le sulfure de mercure formé. Le liquide est évaporé à 40°; le résidu est épuisé par l'alcool, puis dissous dans l'eau. La solution aqueuse est soumise à la dialyse continue, pendant deux jours, puis concentrée dans le vide à 40° et traitée enfin par de l'alcool absolu, qui donne un précipité de pepsine pure. L'auteur de ce procédé recommande de faire toutes ces opérations dans un courant d'anhydride carbonique.

II. PROPRIÉTÉS. — La pepsine possède les propriétés générales des ferments solubles. Elle se rapproche par sa composition des matières albuminoïdes, mais elle ne donne pas la réaction xanthoprotéique. Elle est précipitée par le tanin et par l'acide azotique, mais non par le bichlorure de mercure.

La propriété essentielle de la pepsine est de peptoniser les matières albuminoïdes, en présence des acides étendus et à la température du corps. En solution neutre elle est inactive. Dans une solution alcalinisée par 5 p. 1000 de soude, la pepsine perd définitivement et presque instantanément toute son activité; le contact prolongé de l'alcool anéantit aussi ses propriétés digestives. La pepsine en solution perd son activité vers 60°, mais à l'état sec, elle résiste à une température de 100°.

La pepsine se forme aux dépens d'une substance zymogène, le *pepsinogène* ou *propepsine*, qui s'accumule sous forme de granulations dans les cellules principales des glandes gastriques, pendant le repos de ces glandes, et qui disparaît pendant la sécrétion. — Quand on fait digérer avec de l'eau acidulée des raclures de muqueuse gastrique, obtenues aussitôt après la mort d'un animal à jeun, le liquide contient en suspension des granulations de pepsinogène, très réfringentes, de 1 à 2 μ de dimension; ces granulations passent au travers des filtres de papier, mais peuvent être isolées par filtration sur biscuit (A. Gautier). Dans l'eau, le pepsinogène se transforme peu à peu en pepsine, surtout sous l'influence des acides étendus; dans la glycérine, en liqueur neutre, il se conserve assez bien. Aussi les macérations de muqueuse gastrique fraîche dans l'eau acidulée sont-elles plus actives que celles obtenues avec de la glycérine; ces dernières deviennent plus actives, si on les acidule une heure avant de les faire agir sur les matières albuminoïdes, au lieu de les aciduler au moment même.

Le pepsinogène est détruit par la chaleur, comme la pepsine; mais il résiste à l'action des alcalis étendus, ce qui le distingue nettement de la pepsine. M. Langley a observé, en effet, en expérimentant sur la muqueuse stomacale d'un animal à jeun et immédiatement après la mort, que la pepsine obtenue par macération de la muqueuse avec de l'acide chlorhydrique étendu, perd immédiatement et définitivement ses propriétés quand on alcalinise le liquide par 5 p. 1000 de soude; tandis que si on fait macérer immédiatement la muqueuse dans l'eau et qu'on alcalinise l'extrait aqueux par 10 p. 1000 de soude, le liquide possède, même après quelque temps, des propriétés digestives lorsqu'on l'acidule légèrement par de l'acide chlorhydrique.

M. Schiff a observé que l'ingestion de certaines substances telles que la dextrine, la gélatine et les peptones, active la sécrétion de la pepsine. Ces substances, qu'il appelle des *peptogènes*, agissent probablement en favorisant la transformation du pepsinogène en pepsine.

C. Lab-ferment. — Le suc gastrique des jeunes animaux possède, même après neutralisation, la propriété de coaguler le lait. Cette propriété n'est pas due à la pepsine, mais à un autre ferment soluble, isolé par Payen, qu'on désigne sous le nom de *lab-ferment* ou de *chymosine*. D'après M. Arthus, le suc gastrique de l'homme adulte contient aussi d'une manière constante du lab-ferment, mais en quantité beaucoup moindre (1).

1. Extraction. — On extrait le lab-ferment de la caillette, 4e estomac du veau. On fait macérer la muqueuse avec de l'eau acidulée, qui dissout à la fois la pepsine et le lab-ferment. Le liquide est neutralisé et traité par l'acétate neutre de plomb qui précipite la pepsine seule (2); on filtre et on traite le liquide

(1) Pour révéler a présence de traces de lab-ferment, il faut faire agir le suc gastrique neutralisé sur du lait préalablement additionné de 0,1 à 0,2 p. 1000 d'acide chlorhydrique; le lait est rendu ainsi plus sensible à l'action du lab-ferment.

(2) On peut aussi, pour séparer la pepsine du lab-ferment, agiter à plusieurs reprises

par du sous-acétate de plomb qui précipite le lab-ferment. Le précipité est traité par de l'acide sulfurique à 2 p. 1000 qui dissout le ferment; on filtre et on précipite le lab-ferment par l'addition d'alcool au liquide (Hammarsten).

II. PROPRIÉTÉS. — Le lab-ferment ne précipite pas par le tanin, ni par l'acétate neutre de plomb. Il agit sur le lait déjà vers 15°, mais beaucoup mieux à la température du corps; son activité est détruite quand on chauffe ses solutions vers 70°, lorsqu'on les alcalinise par 1 p. 100 de carbonate de sodium, ou quand on les soumet pendant un jour ou deux à l'action d'un mélange de pepsine et d'acide chlorhydrique étendu, vers 40°.

Le lab-ferment se forme, comme la pepsine, aux dépens d'un zymogène contenu dans les cellules glandulaires. Il existe entre ce zymogène et le lab-ferment les mêmes relations qu'entre le pepsinogène et la pepsine. L'extrait aqueux de la muqueuse stomacale de certains animaux ne coagule pas le lait, mais acquiert cette propriété si on le maintient légèrement acidulé avec de l'acide chlorhydrique pendant quelques heures et qu'on le neutralise ensuite.

544. Phénomènes de la digestion gastrique. — Le suc gastrique ne digère que les matières albuminoïdes, qu'il transforme successivement par hydratation en acidalbumines, propeptones et peptones; cette propriété est due à l'action combinée de la pepsine et de l'acide chlorhydrique. On peut l'étudier commodément *in vitro* par des digestions artificielles.

A. DIGESTIONS ARTIFICIELLES. — *a*) On prépare du suc gastrique artificiel, en dissolvant 3 à 4 grammes de pepsine du commerce dans un litre d'acide chlorhydrique à 2 p. 1000, qu'on obtient en ajoutant à un litre d'eau $6^{cc},3$ d'acide chlorhydrique ordinaire, de densité 1,16. Dans 100 centimètres cubes de ce suc gastrique artificiel, on plonge 5 à 6 grammes de fibrine humide et on abandonne le mélange à une température de 38° environ.

On voit bientôt les flocons de fibrine se gonfler, puis se dissoudre presque entièrement. La fibrine s'est transformée en acidalbumine; en effet, si on prélève une portion du liquide et qu'on la neutralise, on obtient un abondant précipité, soluble dans les acides et dans les alcalis étendus. Cette transformation est bien due à l'action simultanée de la pepsine et de l'acide,

liquide avec du carbonate de magnésium, en filtrant chaque fois; la pepsine seule se précipite. On acidule le liquide filtré par l'acide acétique et on y verse une solution de savon. Le lab-ferment est entraîné avec les acides gras qui se précipitent; on l'en débarrasse en traitant le précipité par l'éther.

car d'une part, la pepsine seule est impuissante à l'effectuer (1), d'autre part, l'acide chlorhydrique seul ne dissout que bien plus lentement la fibrine, dans les mêmes conditions.

Au bout d'une heure de digestion, on peut constater dans le liquide la présence de propeptones. Pour cela, on neutralise une partie du liquide, on filtre pour séparer le précipité d'acidalbumine et on traite le liquide filtré par quelques gouttes d'acide azotique; on obtient un précipité de propeptones, soluble à chaud, et se reformant par le refroidissement.

Après quelques heures de digestion, la proportion d'acidalbumine et de propeptones a bien diminué et on peut démontrer nettement la présence des peptones dans le liquide. Pour cela, on le sature de sulfate d'ammonium, pour précipiter complètement l'acidalbumine et les propeptones. On filtre et on recherche les peptones dans le liquide filtré, étendu de son volume d'eau, par la réaction du biuret (2) ou par précipitation par le tanin en solution acétique.

La plupart des matières albuminoïdes naturelles laissent, même après une digestion gastrique prolongée, un faible résidu insoluble, appelé autrefois *dyspeptone*; ce résidu est essentiellement constitué par des nucléines, qui préexistaient dans les matières albuminoïdes soumises à la digestion.

b) La peptonisation complète des matières albuminoïdes par le suc gastrique est toujours longue; sa durée varie selon les matières albuminoïdes. La peptonisation de l'albumine de l'œuf coagulée et surtout de l'albumine crue est plus lente que celle de la fibrine, de la myosine et du gluten.

L'élastine n'est attaquée que très lentement par le suc gastrique et ne se transforme qu'en propeptones; la kératine n'est pas attaquée du tout. Les protéides, comme la caséine, l'hémoglobine et la mucine, sont d'abord dédoublés par le suc gastrique; la matière albuminoïde plus simple qui résulte de ce dédoublement est alors peptonisée. Dans le cas de la caséine et des nucléo-albumines en général, l'autre terme de dédouble-

(1) Quand on plonge des flocons de fibrine dans une solution de pepsine, la pepsine se fixe sur la fibrine, de telle sorte qu'après avoir lavé cette fibrine à l'eau, on peut la peptoniser en la plongeant dans de l'acide chlorhydrique étendu. C'est là un moyen employé parfois pour faire des digestions artificielles avec de la pepsine pure, quand on n'a à sa disposition qu'une solution de pepsine impure.

(2) On doit se servir de soude très concentrée et en ajouter assez, pour que tout le sulfate d'ammonium soit converti en sulfate de sodium et que le liquide contienne un léger excès de soude libre. En ajoutant alors, goutte à goutte, du sulfate de cuivre à 1 p. 100, on obtient la coloration rose.

ment, la nucléine, résiste plus ou moins complètement et plus ou moins longtemps à l'action du suc gastrique. L'hémoglobine donne un résidu brun, ferrugineux, d'hématine.

c) La rapidité de l'action de la pepsine en solution acide sur une même matière albuminoïde dépend de la température, de la dose et de la nature de l'acide, de la quantité de pepsine; elle est influencée aussi par la présence de diverses substances.

1° La température optima est de 35° à 40°, mais la digestion s'opère encore d'une façon notable à partir de 15° (1) et jusqu'à 50°.

2° La dose d'acide chlorhydrique la plus avantageuse est de 2 à 3 p. 1000, mais la peptonisation est encore assez active pour des doses de 0,8 et 7 p. 1000. Dans les digestions artificielles, on peut substituer à l'acide chlorhydrique à 2 p. 1000 l'acide bromhydrique ou l'acide azotique à la même dose, et d'autres acides aux doses suivantes :

Acide sulfurique.......	5	p. 1000
— phosphorique....	5 à 10	—
— lactique.........	20	—
— citrique.........	40	—

Les acides acétique et butyrique sont très peu actifs. — A mesure que la digestion se prolonge, l'acidité diminue et il faut de temps en temps ajouter de l'acide pour remplacer celui qui a été neutralisé, si l'on veut conserver au liquide ses propriétés digestives du début.

3° La quantité de pepsine contenue dans un suc gastrique n'influe que jusqu'à une certaine limite, au delà de laquelle la puissance digestive du suc gastrique reste stationnaire.

L'activité de la pepsine est très variable selon sa provenance. La *pepsine extractive* du Codex doit peptoniser 50 fois son poids de fibrine humide (2); certaines pepsines peuvent peptoniser jusqu'à 5.000 fois leur poids de matières albuminoïdes.

4° Les peptones qui se forment peu à-peu au cours d'une digestion gastrique artificielle, entravent l'action ultérieure du suc gastrique et finissent par l'arrêter complètement. La digestion reprend son cours, si on étend le liquide avec de l'acide chlorhydrique à 2 p. 1000, ou si l'on enlève les peptones au liquide par la dialyse.

5° Certaines substances ajoutées au liquide de la digestion en-

(1) La pepsine des animaux à sang froid est encore active à 0°.

(2) La *pepsine médicinale* du Codex est un mélange de pepsine extractive et d'amidon; elle doit peptoniser vingt fois son poids de fibrine humide.

travent celle-ci, à partir de doses qui sont approximativement les suivantes (1) :

Calomel.......	1	p. 1000
Phénol........................	3	—
Iodures, bromures et chlorures alcalins.....................	2 à 10	—
Antipyrine, chloral............	5	—
Alcool..	50	—
Glycérine........	80	—
Sucre de canne...........	100	—

Les sels à acides organiques, comme le salicylate, le citrate et l'acétate de sodium, entravent la digestion chlorhydro-pepsique à des doses de 2 à 5 p. 1000; l'acide chlorhydrique du suc gastrique réagit en effet sur ces sels, en donnant du chlorure de sodium et un acide organique qui ne possède pas la même valeur au point de vue digestif. Il en est de même du phosphate disodique qui est converti par l'acide chlorhydrique en chlorure de sodium et en phosphate monosodique, sel acide presque inefficace pour assurer l'action de la pepsine.

Le vin retarde les digestions gastriques artificielles, non seulement par l'alcool qu'il contient, mais encore par la matière colorante et par la crème de tartre (Hugounenq).

Parmi les antiseptiques, il en est qui arrêtent la digestion à des doses antiseptiques, ou même à des doses inférieures; d'autres au contraire, comme le naphtol et l'acide borique, n'empêchent pas la digestion, même à des doses antiseptiques. C'est là une des raisons qui font employer le naphtol en médecine pour la désinfection du tube digestif.

B. Digestion des aliments dans l'estomac. — *a*) La digestion stomacale des matières albuminoïdes contenues dans les aliments s'opère à l'état normal dans les conditions les plus avantageuses pour que la peptonisation soit rapide. En effet, la température est de 38° environ ; la sécrétion incessante de suc gastrique, tant que les aliments séjournent dans l'estomac, assure le renouvellement de l'acide chlorhydrique et de la pepsine, dans les proportions appropriées à la nature de la matière albuminoïde à digérer et à la phase de l'acte digestif. De plus, les peptones, au fur et à mesure de leur formation, s'é-

(1) Les résultats obtenus par les divers auteurs dans la détermination de ces doses ne sont pas absolument concordants, parce que l'influence d'un agent sur la digestion a été évaluée tantôt d'après la rapidité de dissolution de la fibrine, tantôt d'après la quantité de peptones et de propeptones formées au bout d'un certain temps.

coulent dans l'intestin ou sont absorbées par la muqueuse de l'estomac et ne peuvent donc pas entraver la digestion par leur accumulation. Enfin, les mouvements de l'estomac font subir à son contenu un brassage continuel, qui favorise la digestion.

Malgré ces conditions avantageuses, la peptonisation des matières albuminoïdes n'est pas complète dans l'estomac parce que les aliments y séjournent trop peu, de deux à six heures selon les aliments. Le travail de la digestion gastrique n'est en somme qu'une sorte de préparation à la digestion intestinale (1).

La viande se gonfle, et se dissocie en fibres par suite de la dissolution du tissu conjonctif qui les unit ; le sarcolemme de ces fibres se dissout à son tour et les fibres se segmentent perpendiculairement à leur longueur. La viande crue se peptonise plus rapidement que la viande cuite. — Le lait se coagule, sous l'influence de l'acide du suc gastrique et du lab-ferment; la caséine du caillot se dissout en laissant un résidu de nucléine, et les globules graisseux sont mis en liberté.— Les os se dissolvent peu à peu : l'osséine se transforme d'abord en gélatine puis se peptonise; les matières minérales nécessitent pour se dissoudre une grande quantité de suc gastrique, car le phosphate et le carbonate de calcium ne se dissolvent qu'en neutralisant de l'acide chlorhydrique. — Les ligaments et les tendons sont à peine attaqués pendant leur séjour dans l'estomac ; les matières épidermiques et cornées ne le sont pas du tout.

La digestibilité stomacale des aliments peut être évaluée approximativement d'après la durée de leur séjour dans l'estomac. Cette durée est, en effet, variable selon les aliments et selon la manière dont ils sont apprêtés ; mais elle présente pour un même aliment des variations assez étendues d'un individu à un autre. — La digestion est accélérée sous l'influence de petites quantités de condiments, tels que la moutarde et le poivre, qui activent la sécrétion du suc gastrique. D'après M. A. Gautier, le poivre active la digestion même *in vitro*.

Certains micro-organismes contenus dans l'estomac peuvent dissoudre et peptoniser les matières albuminoïdes, mais leur rôle

(1) Ce travail de préparation peut manquer sans que la nutrition générale subisse grand dommage, à condition que le fonctionnement mécanique de l'estomac soit normal; c'est ce qu'on observe pour certains individus en parfait état de santé, dont le suc gastrique est à peu près neutre et par conséquent inactif. D'autre part, il résulte des expériences de Czerny et de M. Pachon que des animaux, auxquels on a réséqué complètement l'estomac en abouchant le cardia dans le pylore, peuvent parfaitement vivre et s'assimiler les aliments ordinaires.

est peu important à l'état normal, relativement à celui de la pepsine, car leur activité est paralysée par l'acidité du suc gastrique.

b) Les matières grasses ne sont pas transformées dans l'estomac. — Les cellules adipeuses du tissu conjonctif perdent leur membrane d'enveloppe et les gouttelettes graisseuses se réunissent pour former une couche liquide.

c) D'après certains auteurs, le suc gastrique pourrait, en vertu de son acidité, faire subir un commencement de saccharification à l'empois d'amidon et, au moins chez le chien, intervertir de petites quantités de saccharose. — Enfin, les hydrates de carbone peuvent subir dans l'estomac un commencement de fermentation lactique sous l'influence des micro-organismes, notamment au début de la digestion quand le suc est peu acide (1).

545. Gaz de l'estomac. — La digestion des matières albuminoïdes par la pepsine et l'acide chlorhydrique ne dégage aucun gaz ; ceux que l'on trouve dans l'estomac à l'état normal proviennent de l'air atmosphérique dégluti avec les aliments et de l'anhydride carbonique exhalé par la muqueuse ou formé par la fermentation lactique au début de la digestion. — Dans certains états pathologiques, notamment lorsque l'acide chlorhydrique fait défaut, les fermentations microbiennes qui s'établissent dans l'estomac, dégagent des quantités parfois considérables de gaz qui sont évacués par les éructations; ces gaz sont de l'anhydride carbonique, de l'hydrogène et du protocarbure d'hydrogène.

Voici la composition des gaz de l'estomac chez l'homme avec fermentations anormales et chez le chien à l'état normal :

	Homme.			Chien.	
	(Ewald et Rupstein). I	I	(Naught). III	Nourriture animale.	Nourriture végétale.
Anhydride carbonique	17,40	20,57	56,0	25,2	32,9
Azote	46,44	41,38	9,2 (azote et oxygène)	68,7	66,3
Oxygène	11,91	6,52		6,1	0,8
Hydrogène	21,52	20,57	28,0		
Protocarbure d'hydrogène	2,71	10,75	6,8		

Les mélanges gazeux des analyses I, II et III étaient combustibles.

(1) Il n'est pas douteux non plus que chez les herbivores une partie de la cellulose des aliments devient assimilable à l'état normal sous l'influence du bacillus amylobacter (**116**).

Analyse du contenu de l'estomac.

546. Notions générales. — Les troubles de la sécrétion gastrique jouent un rôle important dans certaines maladies de l'estomac ; leur détermination a été, dans ces dernières années, l'objet d'un grand nombre de recherches.

L'analyse du contenu de l'estomac ne suffit pas pour établir le diagnostic d'une affection gastrique, car des maladies différentes peuvent produire les mêmes variations et une même maladie peut parfois déterminer des variations différentes ; mais les résultats qu'elle fournit, rapprochés des autres symptômes, donnent des indications précieuses pour établir le diagnostic et instituer le traitement.

Le suc gastrique n'est sécrété à l'état normal et dans la plupart des états pathologiques que d'une manière intermittente, sous l'influence des aliments ; de plus sa composition présente certaines variations selon la nature des aliments. Il faut donc, pour l'étudier, provoquer d'abord sa sécrétion par des repas spéciaux, dits *repas d'épreuve*. Au bout d'un temps déterminé, variable selon les repas d'épreuve, on extrait de l'estomac, à l'aide d'une sonde, le mélange du suc gastrique et du repas d'épreuve et on le soumet à l'analyse. Les résultats trouvés chez les malades doivent être comparés à ceux que fournit l'analyse du contenu de l'estomac obtenu *dans les mêmes conditions* chez l'homme sain.

A. Repas d'épreuve. — 1. Le repas d'épreuve employé par Ewald se compose de 60 grammes de pain rassis et d'un quart de litre de thé léger sans sucre. On extrait le contenu de l'estomac au bout d'une heure.

2. Le repas d'épreuve adopté par Germain Sée se compose de 100 à 150 grammes de pain, de 60 à 80 grammes de viande maigre finement hâchée et d'un grand verre d'eau. L'extraction du contenu de l'estomac se fait au bout d'une heure et demie. Ce repas présente l'avantage de permettre d'observer les modifications que le suc gastrique fait subir à la viande.

B. Extraction du contenu de l'estomac. — Pour extraire le contenu de l'estomac, on se sert d'une sonde gastrique formée d'un long tube de caoutchouc d'un centimètre de diamètre fermé à une extrémité et présentant près de cette extrémité deux trous latéraux ; on introduit ce bout de la sonde dans l'estomac, par l'œsophage. Pour cela, le malade étant assis et la tête renversée en arrière, on mouille la sonde pour la rendre plus glissante, on en place l'extrémité sur la langue du sujet et on pousse doucement en recommandant au sujet de faire des mouvements de déglutition. L'introduction de la sonde est difficile au début, mais les malades s'y habituent bientôt et finissent par « avaler leur sonde » tout seuls, sans aucune peine. Quand l'extrémité de la sonde est arrivée dans l'estomac, ce dont on peut facilement s'assurer en traçant à l'avance un point de repère sur la sonde, on fait tousser le malade; le plus souvent le contenu de l'estomac reflue dans la sonde et s'écoule au dehors. Si cela n'arrive pas, on met la sonde en communication avec un flacon à deux tubulures et, par la tubulure restée libre, on raréfie l'air du flacon, avec précaution, à l'aide d'un aspirateur de Potain; le contenu de l'estomac est peu à peu aspiré et s'écoule dans le flacon.

Les repas d'épreuve se prennent le matin à jeun. L'estomac doit en effet être vide; on s'assure qu'il en est ainsi, à l'aide de la sonde, une heure avant d'administrer le repas d'épreuve. Dans le cas de sécrétion continue de l'estomac, on obtient un liquide qu'on recueille à part pour en faire l'analyse; puis on opère le lavage de l'estomac, à plusieurs reprises, en y versant de l'eau par la sonde et la retirant pas le procédé indiqué, jusqu'à ce qu'elle ressorte parfaitement claire.

Le contenu de l'estomac extrait après le repas d'épreuve constitue une bouillie plus ou moins épaisse, dont le volume s'élève à environ 50 centimètres cubes (1). Son odeur seule indique parfois la présence de l'acide acétique ou de l'acide butyrique; elle est nauséeuse et même fétide dans le cas d'un cancer ulcéré. On filtre le liquide; la filtration est lente si le contenu de l'estomac contient beaucoup de mucus ou de peptones. Le liquide filtré est le plus souvent limpide, parfois légèrement opalescent; c'est sur ce liquide qu'on effectue les analyses qualitative et quantitative.

547. Analyse qualitative. — A. RECHERCHE DES ACIDES. — Les acides qu'on a à rechercher dans un liquide stomacal, dont on a préalablement vérifié l'acidité au tournesol, sont l'acide chlorhydrique libre et l'acide chlorhydrique faiblement combiné aux matières organiques, l'acide lactique et les acides gras volatils (acétique, butyrique).

(1) D'après M. Boas, si ce volume est notablement dépassé, cela indique que la motilité et l'absorption sont diminuées; au-dessus de 300 centimètres cubes, il est probable qu'il existe au pylore un obstacle à l'écoulement du chyme stomacal dans l'intestin.

I. ACIDE CHLORHYDRIQUE. — *a*) L'acide chlorhydrique libre peut être décelé à l'aide de deux réactifs, le réactif *de Günzburg* et celui de *M. Boas.* Voici la composition de ces réactifs :

Réactif de Günzburg.		*Réactif de M. Boas.*	
Vanilline...... ...	1 gr.	Résorcine.......	1 gr.
Phloroglucine....	2 —	Sucre de canne..	3 —
Alcool absolu (1).	30 —	Alcool à 50°.....	100 —

On mélange quelques gouttes de liquide gastrique avec quelques gouttes de l'un de ces réactifs, dans une capsule de porcelaine, et on évapore à feu nu, avec précaution ; le résidu présente une coloration rouge lorsque le liquide contient de l'acide chlorhydrique *libre*, même à l'état de traces. Le réactif de Günzburg est un peu plus sensible que celui de M. Boas, mais il est plus coûteux et se conserve moins bien.

b) Les réactifs suivants révèlent la présence de l'acide chlorhydrique libre ou faiblement combiné aux matières organiques, mais sont surtout sensibles à l'acide chlorhydrique libre :

1° Le *violet de méthyle* en solution aqueuse vire au bleu en présence de l'acide chlorhydrique. — Dans deux tubes à essai contenant, l'un 3 centimètres cubes de liquide stomacal, l'autre une même quantité d'eau, on verse un même nombre de gouttes d'une solution fortement colorée de violet de méthyle et on compare les colorations des deux tubes.

2° La *tropæoline* 00, en solution à 0,25 p. 1000 dans l'alcool méthylique, donne un liquide jaune qui vire au lilas et au violet en présence de l'acide chlorhydrique, sous l'influence de la chaleur. — Dans une capsule de porcelaine, on verse trois à quatre gouttes de réactif, qu'on étale sur les parois en inclinant la capsule, puis dix gouttes de liquide à analyser, qu'on étale de la même façon. En chauffant ensuite modérément vers 40°, on fait apparaître des stries lilas ou violettes.

3° Le *vert brillant* en solution à 2 p. 100 fournit un liquide bleu ; 10 à 15 gouttes ajoutées à 3 centimètres cubes de liquide gastrique donnent une coloration jaune d'or, vert-jaune ou vert-pré, selon que le liquide renferme plus ou moins d'acide chlorhydrique. Les acides organiques agissent aussi sur le vert brillant, mais à doses plus élevées, et ne donnent jamais la couleur jaune.

II. ACIDE LACTIQUE. — Le *réactif d'Uffelmann* permet de dé-

(1) On peut remplacer les 30 grammes d'alcool absolu par 100 gr. d'alcool à 80°.

celer l'acide lactique, même en présence d'acide chlorhydrique libre. Ce réactif, qu'on prépare extemporanément en ajoutant une goutte de perchlorure de fer à 20 centimètres cubes d'une solution de phénol à 2 p. 100, est d'une couleur bleue qui vire au jaune citron par l'acide lactique, même à 0,1 p. 1000 (1). Le réactif est simplement décoloré, si le liquide gastrique ne contient que de l'acide chlorhydrique.

Dans les cas douteux, par exemple lorsque le liquide gastrique est coloré, on extrait l'acide lactique par l'éther. On agite plusieurs fois le liquide avec son volume d'éther, en séparant chaque fois la couche éthérée qui surnage. On évapore l'éther; l'acide lactique reste comme résidu. On le dissout dans l'eau et on le caractérise par le réactif d'Uffelmann.

III. Acides gras volatils. — Ces acides ne se rencontrent qu'à l'état pathologique, et se reconnaissent déjà à l'odeur qu'ils communiquent au liquide. Pour les caractériser, on distille une portion du liquide et on vérifie si le distillatum est acide. Une portion est additionnée de quelques fragments du chlorure de calcium ; l'acide butyrique se sépare sous forme de gouttelettes qui surnagent et qui dégagent une odeur de beurre rance. Une autre portion est agitée avec de l'éther, qui dissout l'acide acétique. Le résidu laissé par l'évaporation de l'éther est dissous dans l'eau et neutralisé par de la soude; on caractérise l'acétate de sodium formé à l'aide du perchlorure de fer étendu, qui donne une coloration rouge.

B. Propeptones. — On ajoute à du liquide gastrique son volume de réactif picro-citrique qui précipite les propeptones et les matières albuminoïdes ; on fait bouillir le mélange pour redissoudre les propeptones et on filtre à chaud. Le liquide filtré précipite par le refroidissement, s'il contient des propeptones.

C. Pepsine. — On acidule légèrement le liquide gastrique avec de l'acide chlorhydrique, s'il n'en contient pas une quantité suffisante ; on ajoute un flocon de fibrine et on abandonne le mélange vers 40°. En présence de pepsine, la fibrine se dissout et se transforme au bout de quelque temps en propeptones et en peptone (**544**. A).

(1) On peut aussi opérer simplement avec une solution très étendue de perchlorure de fer (1 goutte pour 10 centim. cubes d'eau), qui est jaunie par l'acide lactique. — On prend deux tubes à essai; dans l'un, on met 3 centimètres cubes du liquide à essayer; dans l'autre, 3 centimètres cubes d'eau. On verse dans chaque tube une dizaine de gouttes de réactif et on compare les colorations.

548. Analyse quantitative. — A. Détermination de l'acidité totale. — Dans 10 centimètres cubes de liquide gastrique, additionnés de quelques gouttes d'une solution alcoolique de phénol-phtaléine comme réactif indicateur, on verse, à l'aide d'une burette graduée, une solution déci-normale de potasse pure, jusqu'à coloration rouge persistante du liquide. Tous les acides libres et l'acide chlorhydrique faiblement combiné sont transformés en sels de potassium. Comme un centimètre cube de la solution de potasse contient 5^{mg},6 de potasse et neutralise 3^{mg},65 d'acide chlorhydrique, il faudra multiplier par 0,365 le nombre de centimètres cubes de potasse employés, pour avoir l'acidité totale A, *exprimée en acide chlorhydrique*, correspondant à 1 litre de liquide gastrique (1).

B. Dosage de l'acide chlorhydrique. — *1re Méthode.* — *a*) Pour doser ensemble l'acide chlorhydrique libre et l'acide faiblement combiné, on évapore le liquide neutralisé obtenu précédemment et on incinère le résidu : la potasse qui s'est combinée aux acides organiques pendant la neutralisation se transforme en carbonate de potassium, tandis que celle qui a été convertie en chlorure reste sous cette forme. On dissout les cendres dans l'eau distillée et on ajoute à la solution un volume de solution déci-normale d'acide chlorhydrique égal au volume de la solution de potasse qui a été employé pour la neutralisation (2). Une partie de l'acide ajouté est saturée par le carbonate de potassium ; elle correspond à l'acidité due aux acides organiques. La quantité d'acide restée à l'état de liberté correspond à l'acide chlorhydrique libre et à l'acide chlorhydrique faiblement combiné, qui ont été transformés en chlorure de sodium pendant la neutralisation des 10 cc. du liquide gastrique primitif par la potasse ; on la détermine par le procédé indiqué pour l'acidité totale (Hehner et Seemann).

b) L'acidité due à l'acide chlorhydrique libre peut être déterminée assez exactement et assez rapidement par le procédé de M. Mintz. Ce procédé est basé sur les faits suivants : le réactif de Günzburg ne décèle que l'acide chlorhydrique libre ; l'acide chlorhydrique libre est saturé le premier, lorsqu'on ajoute peu à peu de la potasse dans le liquide gastrique. — On prend 10 cen-

(1) Dans la pratique courante, la détermination de l'acidité totale, jointe à la recherche qualitative des divers acides par les réactions colorées, donnera bien souvent des indications suffisantes sur la composition d'un liquide gastrique.

(2) Les solutions déci-normales d'acide chlorhydrique et de potasse se neutralisent volume à volume.

timètres cubes de liquide gastrique et on y fait tomber lentement, goutte à goutte, de la solution déci-normale de potasse, jusqu'à ce que le liquide ne donne plus la réaction de Günzburg. Pour s'en assurer, on prélève de temps en temps une goutte de liquide qu'on mélange avec une goutte de réactif de Günzburg, dans une petite capsule de porcelaine, et on évapore le mélange par la chaleur.

La différence entre l'acide chlorhydrique déterminé en B. *a* et l'acide chlorhydrique libre représente l'acide chlorhydrique faiblement combiné.

2e *Méthode.* — La méthode suivante, adoptée par MM. Hayem et Winter, permet de déterminer, outre l'acide chlorhydrique libre H et l'acide chlorhydrique faiblement combiné C, l'acide chlorhydrique des chlorures minéraux F. Voici comment on opère :

On prend trois petites capsules *a*, *b*, *c* et on verse dans chacune 5 centimètres cubes de liquide stomacal. On ajoute un excès de carbonate de sodium au contenu de la capsule *a*, pour transformer tout l'acide chlorhydrique en chlorure, et on évapore les trois capsules au bain-marie, jusqu'à dessiccation.

Le contenu de la capsule *a* est incinéré avec précaution au rouge sombre. Le résidu est repris par de l'eau légèrement acidulée d'acide azotique. La solution ainsi obtenue est neutralisée par du carbonate de calcium pur. On y dose volumétriquement les chlorures à l'aide d'une solution déci-normale d'azotate d'argent, en présence de quelques gouttes de chromate de potassium comme réactif indicateur (**572**). Le nombre de centimètres cubes d'azotate d'argent employés, multiplié par 0,73, donne l'acide chlorhydrique total T par litre, c'est-à-dire H + C + F.

La capsule *b* est laissée sur le bain-marie pendant une heure, après la disparition de tout liquide ; l'acide chlorhydrique libre se dégage. On y verse ensuite un excès de carbonate de sodium, on évapore à nouveau, on incinère et on dose le chlore comme ci-dessus ; la quantité trouvée représente C + F ; il suffit de la retrancher du chlore total pour avoir l'acide chlorhydrique libre H.

Le contenu de la capsule *c* est incinéré avec ménagement, sans aucune addition ; l'acide chlorhydrique libre et l'acide faiblement combiné se dégagent. Le résidu permet donc de doser le chlore des chlorures, c'est-à-dire F ; en retranchant F de la quantité C + F dosée dans l'opération précédente, on obtient C.

Les résultats donnés par cette méthode ne sont qu'approchés.

L'acide chlorhydrique libre H est trop faible, car lorsqu'on chauffe pendant une heure, au bain-marie à 100°, l'extrait contenu dans la capsule *b*, une partie de l'acide chlorhydrique libre entre en combinaison avec les matières organiques, à cette température. L'acide chlorhydrique faiblement combiné C est également trop faible, car lorsqu'on calcine le contenu de la capsule *c*, une partie du chlore des chlorures fixes, en présence des matières organiques azotées, est volatilisée sous forme de chlorure ammonique, ainsi que l'a montré M. Lescœur.

C. Dosage des acides organiques.—*a*) On peut évaluer en acide chlorhydrique l'acidité des acides organiques, en retranchant de l'acidité totale A l'acidité H + C, due à l'acide chlorhydrique libre et à l'acide faiblement combiné; l'acidité due aux sels acides est en effet négligeable pour le suc gastrique de l'homme.

MM. Hayem et Winter attachent une grande importance au rapport $\frac{A-H}{C}$ qu'ils désignent par la lettre α. Ce quotient de l'acidité due à l'acide chlorhydrique faiblement combiné et aux acides organiques, par l'acidité due à l'acide chlorhydrique faiblement combiné, augmente en même temps que la richesse en acides organiques, mais sans lui être proportionnel; il ne varie que de 0,80 à 0,92 à l'état physiologique, tandis qu'il subit au contraire des variations importantes dans certains états pathologiques.

b) Pour doser séparément l'acide lactique, on évapore au bain-marie 15 ou 20 c.c. de liquide gastrique jusqu'à consistance sirupeuse; on ramène au volume primitif par l'addition d'eau et on évapore de nouveau, de manière à chasser complètement les acides organiques volatils. On traite le résidu, à plusieurs reprises, par l'éther qui dissout l'acide lactique; on sépare la solution éthérée et on l'évapore. L'acide lactique reste comme résidu; on le dissout dans l'eau et on le dose volumétriquement avec une liqueur déci-normale de potasse. 1 c.c. de cette solution neutralise $0^{gr},009$ d'acide lactique.

549. Variations dans la composition du contenu de l'estomac. — A. État physiologique. — Nous avons vu que la composition du liquide retiré de l'estomac varie avec la nature du repas d'épreuve et avec la durée de la digestion. Voici les nombres obtenus, à l'aide de leur méthode d'analyse, par MM. Hayem et Winter pour l'homme sain, à divers moments de la digestion du repas d'Ewald, et les variations qui peuvent s'observer à l'état normal après une heure de digestion; les poids sont exprimés en milligrammes et rapportés à 100 centimètres cubes de liquide.

	UNE DEMI-HEURE.	UNE HEURE.		UNE HEURE ET DEMIE.
	Moyennes.	Moyennes.	Variations.	Moyennes.
Acidité totale A (en HCl)....	75 mg.	189 mg.	180-200	126 mg.
Acide chlorhydrique libre H..	0 —	44 —	25-50	14 —
— chlorhydrique faiblement combiné C...........	73 —	168 —	155-180	106 —
— chlorhydrique des chlorures fixes F.........	182 —	109 —	»	164 —
— chlorhydrique total T...	255 —	321 —	300-340	284 —
Valeurs de $\alpha = \frac{A - H}{C}$	1,02	0,86	0,80-0,92	1,05

On voit d'après ce tableau que, pour le repas d'Ewald, l'acidité totale et tous les éléments chlorés du suc gastrique augmentent pendant la première heure pour diminuer après. L'acidité totale du suc gastrique, qui est de 1,8 à 2 p. 1000 au bout d'une heure, est dans les trois cas principalement due à l'acide chlorhydrique faiblement combiné. La quantité d'acide chlorhydrique libre est nulle dans la première phase de la digestion. — Lorsque le repas d'épreuve contient de la viande, l'acide chlorhydrique libre peut faire complètement défaut pendant tout le temps de la digestion.

L'ingestion de bicarbonate de soude une demi-heure ou une heure avant les repas provoque une hypersécrétion d'acide chlorhydrique, quelle que soit la dose de bicarbonate ingérée; mais les premières portions d'acide sécrétées sont neutralisées au fur et à mesure par le bicarbonate. Si la dose ingérée n'est pas trop forte, l'acidité du suc gastrique atteint la normale; elle peut même la dépasser, lorsque la dose de bicarbonate est inférieure à 1 gramme.

B. État pathologique. — La proportion d'acide chlorhydrique libre ou faiblement combiné est diminuée dans les maladies fébriles (1), dans l'anémie pernicieuse, dans la maladie d'Addison, dans la dégénérescence amyloïde de la muqueuse gastrique (surtout chez les tuberculeux), dans le catarrhe gastrique avec hypersécrétion de mucus alcalin et dans les dyspepsies neurasthéniques. Il en est de même dans le cancer de l'estomac, où

(1) L'acide chlorhydrique peut même disparaître complètement si la température reste élevée pendant un certain temps.

l'acide chlorhydrique disparaît souvent complètement. Cette disparition, dont on avait voulu faire le signe pathognomonique du cancer de l'estomac, paraît surtout due à ce que le cancer se développe sur des estomacs dont la muqueuse est dégénérée sous l'influence d'une gastrite chronique ancienne.

Au contraire, l'acide chlorhydrique augmente dans l'ulcère rond de l'estomac, où sa proportion peut s'élever jusqu'à 4 p. 1000. L'*hyperacidité chlorhydrique*, accompagnée de sécrétion exagérée de suc gastrique et surtout de sécrétion continue, caractérise la maladie connue sous le nom de *gastro-succorrhée* ou de *maladie de Reichmann*.

La formation des acides organiques dans le contenu de l'estomac est due à des fermentations microbiennes ; elle peut devenir très abondante lorsque les aliments stagnent dans l'estomac, à la suite de troubles de la motilité de cet organe, ou lorsque l'acide chlorhydrique et par suite le pouvoir antiseptique du suc gastrique est diminué.

L'acide lactique, dont on observe déjà de petites quantités à l'état normal dans le suc peu acide du début de la sécrétion, se rencontre surtout dans les affections où l'acide chlorhydrique est diminué et notamment dans le cancer de l'estomac. D'après M. Boas, la présence de l'acide lactique dans le suc gastrique, après un repas d'épreuve composé de soupe de farine d'avoine, d'eau et de sel, permettrait de distinguer le cancer d'avec la gastrite chronique et la dilatation de l'estomac.

SUC PANCRÉATIQUE

550. Notions générales. — Après avoir subi l'action de la salive et celle du suc gastrique, la masse alimentaire forme une pâte plus ou moins liquide, à réaction acide, qui se déverse dans l'intestin par le pylore. Les transformations subies à ce moment par les aliments se résument à ceci : les matières amylacées ont subi un commencement de saccharification sous l'influence de la salive, dont l'action a été arrêtée par l'acidité du suc gastrique; la plupart des matières albuminoïdes ont été dissoutes et peptonisées d'une manière incomplète.

Dans l'intestin, le suc pancréatique, la bile et le suc intestinal se mêlent au chyme stomacal, le neutralisent peu à peu et arrêtent par conséquent l'action de la pepsine. Mais ces sucs agissent à leur tour sur les matières alimentaires, continuent à transformer celles qui ont été déjà attaquées par la salive et par le suc gastrique et font subir aux autres (graisses et saccharoses) les modifications nécessaires à leur absorption.

Le suc pancréatique est sécrété par une glande en grappe, le *pancréas* (1), de forme allongée, située horizontalement au-dessous et en arrière de l'estomac. La sécrétion de cette glande est intermittente ; elle n'a lieu qu'après les repas et atteint son maximum au bout de deux à trois heures. Le liquide de sécrétion se déverse dans le duodénum par deux canaux, dont le plus important, le *canal de Wirsung*, débouche à côté du canal cholédoque, dans l'ampoule de Vater. Les acini de la glande pancréatique sont tapissés de cellules épithéliales polyédriques, dont la partie dirigée vers le centre de l'acinus se charge de granulations zymogènes pendant le repos de la glande. Ces granulations disparaissent au moment de la sécrétion pour former les principes essentiels du suc pancréatique, les zymases ou ferments solubles.

Pour obtenir le suc pancréatique chez le chien, on introduit une fine canule dans le canal de Wirsung. Le liquide qui s'écoule pendant les premières heures est épais et peu abondant (4 à 5 centimètres cubes au plus par heure) ; il présente des propriétés diastasiques très actives et peut être considéré comme du suc normal. Au bout de quelques heures, et quelquefois même, dès les premières heures, il s'écoule abondamment, mais il est alors très fluide ; ces changements sont dus à l'inflammation de la glande. — M. Zawadski a pu recueillir, chez une jeune femme, du liquide pancréatique qui s'écoulait par une fistule ayant succédé à l'ablation d'une tumeur pancréatique ; ce suc était épais et paraissait normal. La quantité de suc pancréatique peut être évaluée chez l'homme à 200 grammes environ en vingt-quatre heures.

551. Propriétés ; composition — Le suc pancréatique normal est un liquide épais, filant et visqueux, moussant par l'agitation ; il est incolore, sans odeur, d'une saveur salée. Il possède une réaction alcaline, due à du carbonate et à du phosphate de sodium ; son alcalinité correspond à celle d'une solution de soude de 2 à 4 p. 1000. Il se coagule par la chaleur, par les acides minéraux et par l'alcool ; il donne un précipité par le sulfate

(1) Le pancréas contient des matières albuminoïdes, des matières extractives organiques et des sels ; on y a signalé la présence d'un protéide spécial qui se dédouble, par l'ébullition avec les acides étendus, en acidalbumine, en nucléine et en une matière sucrée $C^5H^{10}O^5$. En fait de matières extractives, on trouve dans le pancréas une quantité relativement élevée de leucine et de tyrosine, et de petites quantités de xanthine, d'hypoxanthine, de guanine et d'inosite.

de magnésium et par le chlorure de sodium. Abandonné à l'air, il se putréfie très rapidement.

Le suc pancréatique normal contient en moyenne, du moins chez le chien, 10 p. 100 de matières solides, dont 1 p. 100 environ de matières minérales. En voici quelques analyses :

	Chien.		Homme.	
	Suc recueilli à l'ouverture du canal (C. Schmidt).	Suc d'une fistule permanente (Kröger).	Suc épais s'écoulant d'une fistule (Zawadski).	Suc non filant provenant d'une dilatation du canal de Wirsung (Herter).
Eau....................	900,8	980,44	864,5	976
Albuminoïdes, peptones et ferments solubles..	60,2	12,73	92,0	18
Autres matières organiques	30,4		40,1	
Matières minérales.....	8,6	6,83	3,4	6

Les matières organiques sont les suivantes : des matières albuminoïdes proprement dites, coagulables par la chaleur, un peu de mucine et de peptones; des ferments solubles, qui constituent les principes actifs du suc pancréatique et sur lesquels nous allons revenir; de petites quantités de leucine, de tyrosine, de graisse et de savons.

Ferments pancréatiques; suc pancréatique artificiel. — Le suc pancréatique exerce une action diastasique sur trois espèces de principes alimentaires : il peptonise les matières albuminoïdes, il saccharifie les matières amylacées et saponifie les graisses. On attribue généralement cette triple action à trois ferments solubles distincts : la *trypsine* ou *myopsine*, qui agit sur les matières albuminoïdes ; l'*amylopsine* ou *amylase pancréatique*, qui agit sur les matières amylacées ; la *stéapsine* ou *saponase*, qui dédouble les graisses. Toutefois, l'amylopsine et la stéapsine n'ont pas encore été isolées à l'état de pureté.

Pour étudier l'action du suc pancréatique sur les aliments, on a le plus souvent recours à des liquides obtenus par macération du pancréas et désignés sous le nom de sucs pancréatiques artificiels. Le pancréas est broyé avec du verre pilé ; la pulpe est abandonnée quelques heures à l'air ou additionnée de son volume d'acide acétique au centième, de manière à transformer les zymogènes, peu solubles dans l'eau et inactifs, en ferments solubles(1). On laisse digérer ensuite pendant vingt-quatre heures

(1) Liversidge a montré, en effet, que si on épuise un pancréas frais à plusieurs

avec 4 fois son volume d'eau, de glycérine étendue au dixième, ou encore de carbonate de sodium à 1 p. 100; on ajoute un peu de thymol en solution alcoolique ou de chloroforme pour empêcher la putréfaction.

Les liquides de macération sont ensuite passés à travers un linge, puis filtrés sur papier. Ils contiennent généralement les trois ferments, mais la stéapsine, plus altérable que les deux autres, y fait parfois défaut; ils contiennent aussi des matières albuminoïdes et leurs produits de peptonisation. Toutes ces substances se précipitent quand on ajoute un excès d'alcool; le précipité, séparé et séché, constitue une poudre, appelée autrefois *pancréatine*, qui conserve longtemps ses propriétés diastasiques et qui, dissoute dans l'eau, donne immédiatement du suc pancréatique artificiel. — M. Kühne se sert aussi, pour remplacer la pancréatine, de poudre de pancréas desséché. Le pancréas frais, après avoir été abandonné quelques heures à l'air, est épuisé successivement par l'alcool absolu et par l'éther qui lui enlèvent son eau et ses matières grasses; le résidu est pulvérisé et tamisé. La poudre obtenue se conserve bien; il suffit de la faire macérer dans de l'eau additionnée de 1 p. 1000 d'acide salicylique, pour obtenir un suc pancréatique très actif et peu altérable.

Tous ces sucs pancréatiques artificiels renferment, en même temps que la trypsine, les produits de son action sur les matières albuminoïdes du pancréas.

TRYPSINE. — Pour étudier d'une façon précise les tranformations successives d'une matière albuminoïde par la trypsine, il importe de mettre en œuvre une trypsine aussi pure que possible. On la prépare par le procédé suivant, dû à M. Kühne :

Le pancréas d'un animal tué six à sept heures après le repas, est broyé et mis à digérer pendant quatre heures avec de l'acide salicylique au millième, puis pendant douze heures avec du carbonate de sodium au millième, additionné de thymol. On mélange les deux liquides de macération, on ajoute 0,2 p. 100 de soude et 0,5 p. 100 de thymol et on laisse digérer, pendant près d'une semaine, jusqu'à peptonisation complète. Au bout de ce temps, on filtre pour séparer la tyrosine qui s'est dé-

reprises par de l'eau glycérinée, tant qu'il cède de l'amylopsine, et qu'on l'abandonne ensuite quelque temps à l'air, il cède à l'eau glycérinée de nouvelles quantités d'amylopsine. — MM. Heidenhain et Podolenski démontrèrent plus tard que le pancréas ne cède pas immédiatement de trypsine à l'eau ou à la glycérine étendue, mais seulement lorsqu'il a été abandonné quelque temps à l'air ou en présence d'un acide étendu; toutefois, l'action prolongée des acides étendus, et surtout de l'acide chlorhydrique, finit par détruire la trypsine.

posée, on acidule légèrement le liquide par l'acide acétique et on le sature de sulfate d'ammonium; la trypsine se précipite et non les peptones. On la recueille sur un filtre et on la lave avec une solution saturée de sulfate d'ammonium. On la dissout sur le filtre même dans une solution de soude à 2,5 p. 1000. Le suc pancréatique artificiel ainsi obtenu est très actif sur les matières albuminoïdes; la trypsine ne s'y trouve mélangée qu'avec un peu de sulfate d'ammonium et des traces de matières organiques. Si on veut isoler la trypsine, on dissout le précipité dans de l'eau pure, au lieu de soude, on soumet la solution à la dialyse pour séparer le sulfate d'ammonium et on précipite la trypsine par l'alcool.

La trypsine est une poudre blanche, soluble dans l'eau et dans la glycérine étendue, insoluble dans l'alcool et dans l'éther; ses solutions se coagulent par la chaleur et donnent la plupart des réactions colorées des matières albuminoïdes. L'action digestive de la trypsine sur les matières albuminoïdes s'exerce non seulement en milieu très légèrement acide ou neutre, mais aussi et surtout en milieu alcalin, en présence de 2 à 10 p. 1000 de carbonate de sodium, ce qui la différencie nettement de la pepsine. La température la plus favorable à son action est de 40 à 50°. La trypsine, comme la pepsine, perd son activité lorsqu'on la chauffe en solution vers 70°; mais à l'état sec, elle supporte la température de 160° sans s'altérer. Son action ne paraît pas influencée par la présence des peptones formées; elle s'exerce aussi en présence de substances antiseptiques, à des doses suffisantes pour empêcher toute action concomitante des ferments organisés.

552. **Phénomènes de la digestion pancréatique.** — A. Action sur les matières albuminoïdes. — L'action du suc pancréatique sur les matières albuminoïdes a été nettement établie en 1857 par Corvisart et Claude Bernard; elle a été plus tard, de la part de M. Kühne, l'objet de savantes recherches. Les matières albuminoïdes solides, naturelles ou coagulées, sont rapidement émiettées et dissoutes par le suc pancréatique naturel ou artificiel, sans s'être gonflées comme avec le suc gastrique. Il se forme une alcalialbumine, précipitable par neutralisation du liquide. Peu de temps après, on peut déceler la présence de propeptones ou albumoses (**544.** A. *a*); il est à remarquer que le suc pancréatique paraît donner directement naissance à des albumoses secondaires, sans albumoses primaires comme termes de transition. Bientôt se forment des peptones qu'on peut caractériser, comme nous l'avons dit (**544**). Mais, à

l'inverse de ce qui a lieu pour le suc gastrique, l'action du suc pancréatique ne s'arrête pas là ; au bout de quelques heures, il se forme, aux dépens des peptones, de la tyrosine qui se précipite à l'état cristallisé (**192**), de la leucine (1), de petites quantités d'ammoniaque, d'acides aspartique et glutamique et une substance chromogène, le *tryptophane*. Le tryptophane ou *protéine-chromogène*, possède la propriété de donner une coloration violette avec l'eau de chlore ou l'eau de brome (2).

Toutefois une partie seulement des peptones, même après une digestion pancréatique prolongée pendant plusieurs jours, se convertit en ces nouveaux produits. M. Kühne admet que les peptones formées au début de la digestion pancréatique sont des *amphopeptones*, c'est-à-dire qu'elles sont formées d'un mélange ou d'une combinaison de deux peptones distinctes : l'une, l'*hémipeptone* se dédouble en tyrosine, leucine, etc.. par l'action prolongée du suc pancréatique ; l'autre, l'*antipeptone* résiste à cette action. — Les peptones obtenues comme termes ultimes de l'action du suc gastrique sur les matières albuminoïdes sont aussi des amphopeptones, car elles se dédoublent sous l'influence du suc pancréatique en acides amidés et en antipeptone.

En résumé, on peut schématiser de la façon suivante les transformations des matières albuminoïdes sous l'influence des sucs gastrique et pancréatique :

Digestion gastrique.	**Digestion pancréatique.**
Matière albuminoïde.	Matière albuminoïde.
|	|
Acidalbumine.	Alcalialbumine.
|	|
Albumoses primaires.	|
|	|
Albumoses secondaires.	Albumoses secondaires.
|	|
Amphopeptone.	Amphopeptone.
	/ \
	Hémipeptone. Antipeptone.
	|
	Leucine, tyrosine, etc. (3).

(1) M. Kühne, en laissant digérer pendant quelques heures 380 grammes de fibrine avec 15 grammes environ de pancréas frais, a obtenu environ 211 grammes de peptone, 31 grammes de leucine et 13 grammes de tyrosine. — La tyrosine forme un dépôt cristallin d'aiguilles microscopiques réunis en touffes; la leucine cristallise par concentration du liquide de digestion (**187**).

(2) Comme le tryptophane se forme en même temps que la tyrosine et la leucine, sa présence, facile à constater, dans le liquide de digestion pancréatique, permet de conclure à celle de ces substances, sans avoir à les rechercher directement.

(3) Dans les digestions pancréatiques artificielles prolongées, il finit généralement par

La peptonisation des matières albuminoïdes est plus rapide avec le suc pancréatique qu'avec le suc gastrique ; la durée relative de peptonisation des diverses matières albuminoïdes est à peu près la même qu'avec le suc gastrique. — Il est à remarquer que, d'après MM. Kühne et Ewald, les substances collagènes ne sont peptonisées par le suc pancréatique que lorsqu'elles ont été préalablement transformées en gélatine par la coction avec l'eau ou par l'action du suc gastrique.

B. Action sur les matières amylacées. — L'amylopsine du suc pancréatique agit sur les matières amylacées à la façon de la ptyaline (**106**) ; elle les transforme en maltose (1) avec formation transitoire de dextrine, mais d'une façon plus rapide et plus énergique. Il suffit de verser dans de l'empois d'amidon une goutte de suc pancréatique naturel pour obtenir presque instantanément un liquide réduisant la liqueur de Fehling. Un centimètre cube de suc pancréatique normal de chien saccharifie en moins d'une demi-heure plus de 4 grammes d'amidon ; les sucs pancréatiques artificiels ne sont pas aussi actifs. L'amylopsine saccharifie également le glucogène, quoique moins rapidement ; elle agit même sur l'amidon cru, ce que ne fait pas la ptyaline. Elle n'exerce aucune action sur le sucre de canne. — La présence de la bile favorise l'action saccharifiante du suc pancréatique.

C. Action sur les matières grasses. — Le suc pancréatique exerce une double action sur les matières grasses : il les saponifie en partie (action chimique) et les émulsionne (action physique).

a) La saponification des graisses par le suc pancréatique, c'est-à-dire leur dédoublement en glycérine et acides gras, a été découverte par Claude Bernard et par M. Berthelot. Pour la démontrer, on met à digérer du lait alcalinisé par très peu de soude avec du suc pancréatique, à 40° ; au bout d'une demi-heure, le liquide devient acide au tournesol, par suite de la mise en liberté d'acides gras et notamment d'acide butyrique qui, étant soluble, peut agir sur le tournesol. Cette action saponifiante est due à un ferment soluble, car elle s'exerce en présence de substances antiseptiques et disparaît par l'ébullition. Toutefois ce ferment n'a pas été isolé ; on sait seulement qu'il

s'établir des fermentations bactériennes qui donnent naissance, aux dépens des peptones et des acides amidés, à de l'indol, à du scatol, à de la collidine, à des acides gras volatils et à des gaz (hydrogène, azote, anhydride carbonique, hydrogène sulfuré, méthane). Ces substances prennent également naissance dans l'intestin sous l'influence des bactéries.

(1) On observe également la formation de petites quantités de glucose ordinaire, surtout lorsque l'action du suc pancréatique est prolongée ; cette action secondaire est due probablement à des bactéries.

est très altérable, qu'il est détruit par l'alcool et qu'il ne se dissout pas dans la glycérine. Une partie seulement des graisses est saponifiée par le suc pancréatique. — Ce suc saponifie aussi d'autres éthers que les graisses, notamment l'acétate d'éthyle, les lécithines et le salol.

b) Pour démontrer les propriétés émulsionnantes du suc pancréatique, il suffit d'agiter un corps gras parfaitement neutre, de l'huile par exemple, avec du suc pancréatique ; on obtient une émulsion persistante, c'est-à-dire la division du corps gras en gouttelettes très fines, qui ne se rassemblent plus en une couche huileuse à la surface, comme cela a lieu quand on agite de l'huile avec de l'eau ou avec une solution de carbonate de sodium. — Si on agite le corps gras avec une solution de soude caustique, on obtient une émulsion persistante, car il y a saponification partielle et les savons alcalins formés ont la propriété d'émulsionner les graisses. Il en est de même lorsqu'on agite avec du carbonate de sodium seulement une huile un peu rance, c'est-à-dire qui a déjà subi un commencement de saponification sous l'influence des micro-organismes, car alors il se forme aussi des savons. — Les solutions de matières albuminoïdes possèdent, comme les solutions de savon, la propriété d'émulsionner les graisses.

Les propriétés émulsionnantes du suc pancréatique sont dues à la présence de matières albuminoïdes en solution, notamment de mucine, et à la formation de savons alcalins, par suite de la combinaison des alcalis du suc pancréatique avec les acides gras résultant d'une saponification partielle des corps gras par la saponase.

Les corps gras, une fois émulsionnés dans le tube digestif, sont absorbés en nature par les vaisseaux chylifères, dont le contenu devient lactescent. Le fait suivant démontre nettement le rôle important du suc pancréatique dans l'émulsion et dans l'absorption des graisses : chez le lapin, dont le suc pancréatique ne se déverse dans l'intestin qu'assez loin du pylore et du canal cholédoque, les chylifères ne deviennent lactescents, après l'ingestion de graisses, qu'à partir du point où débouche le canal de Wirsung.

553. Importance de la digestion pancréatique. — Nous avons vu que, chez les animaux, l'on peut supprimer impunément, au point de vue de la nutrition, la digestion gastrique des aliments, en extirpant l'estomac ; il n'en est pas de même pour la digestion pancréatique. Après la destruction du pancréas par injection de graisse dans les canaux excréteurs (Cl. Bernard), ou après l'extirpation même incomplète de cette glande (Minkowski, Hédon), la moitié environ des substances albuminoïdes ingérées et le tiers des matières amylacées sont rejetés par les fèces (1). Les graisses sont encore plus incomplètement absorbées, même si elles ont été administrées déjà émulsionnées. (Les matières grasses du lait font exception ; la moitié environ en est absorbée). Cependant les graisses sont encore en partie saponifiées, car on trouve des acides gras dans les fèces; cette saponification est l'œuvre des micro-organismes de l'intestin (2).

BILE

554. Notions générales. — *a*) La bile, sécrétée par les cellules hépatiques, suit les canalicules et les canaux hépatiques et s'écoule dans le duodénum par le canal cholédoque, soit directement, soit après s'être préalablement emmagasinée dans la vésicule biliaire en suivant le canal cystique. Pendant son séjour dans la vésicule biliaire, la bile se concentre et se charge d'une mucine spéciale.

b) On peut extraire de la bile sensiblement normale de la vésicule biliaire, immédiatement après la mort, chez les animaux et chez les suppliciés. — On peut aussi recueillir de la bile pendant la vie des animaux en pratiquant une fistule sur le fond de la vésicule biliaire préalablement fixé à la paroi abdominale; des fistules biliaires survenues accidentellement ont permis d'étudier aussi chez l'homme la sécrétion biliaire pendant la vie. — Pour obtenir la bile telle qu'elle est sécrétée par le foie, sans qu'elle ait traversé la vésicule, on introduit une canule dans le canal hépatique des animaux.

c) La quantité de bile sécrétée en vingt-quatre heures peut être évaluée approximativement chez l'homme à 800 centimètres cubes. La sécrétion est continue, mais devient plus abon-

(1) L'absorption des matières albuminoïdes est augmentée par l'addition de tissu pancréatique frais aux aliments, mais non par l'addition de pancréatine.

(2) MM. von Mering et Minkowski ont montré que, bientôt après l'extirpation *complète* du pancréas, éclatent tous les symptômes du diabète sucré (glucosurie, acétonurie, azoturie, polyurie, polyphagie, polydypsie, etc...) ; les animaux maigrissent rapidement et ne survivent pas plus d'un mois. Mais ces accidents ne sont pas dus à la suppression de la digestion pancréatique, car ils n'apparaissent pas si on laisse à l'animal un morceau de pancréas, sans rapport avec l'intestin, ou bien si, avant d'extirper le pancréas de l'abdomen, on a préalablement greffé sous la peau du ventre un fragment de cette glande (Minkowski, Hédon). Il semble donc que le pancréas sécrète et déverse dans le sang une substance nécessaire pour assurer le bon fonctionnement de la nutrition générale. Un certain nombre de cas de diabète observés chez l'homme sont liés à des altérations du pancréas.

dante après les repas ; elle n'est pas influencée par la nature des aliments.

Un certain nombre de médicaments, tels que le podophyllin, la rhubarbe, le jalap, la pilocarpine, le calomel, le phosphate, le benzoate, le carbonate acide de sodium, etc., étaient considérés autrefois comme des *cholalogues*, c'est-à-dire comme des substances augmentant la sécrétion biliaire. D'après des expériences récentes sur des animaux porteurs de fistule biliaire et même sur l'homme, expériences dues à des expérimentateurs différents et très concordantes, ces substances ne provoquent aucune augmentation de la sécrétion biliaire ; quelques unes même la diminueraient. Seule, la bile elle-même agirait comme cholalogue.

555. Propriétés. — La bile est un liquide limpide fortement coloré en jaune ou en jaune-rougeâtre chez l'homme et les carnivores, en jaune-verdâtre chez les herbivores ; sa saveur est amère avec un arrière-goût nauséeux.

La bile retirée de la vésicule biliaire après la mort est visqueuse et filante, sa densité varie entre 1,026 et 1,032 ; la proportion des substances dissoutes est en moyenne de 100 p. 1000 et peut dépasser 170 p. 1000. Quand la bile a séjourné pendant quelque temps dans la vésicule, elle contient en suspension des cellules épithéliales et quelques granulations de matières grasses et de phosphate de calcium. — La bile qui s'écoule par une fistule biliaire est plus fluide ; sa densité n'est en moyenne que de 1,012 et la quantité de substances dissoutes n'est que de 10 à 30 p. 1000.

La bile se dissout en toute proportion dans l'eau et ne donne pas de coagulum par la chaleur. Abandonnée à l'air, elle devient franchement verte, par suite de l'oxydation de sa matière colorante ; elle s'acidifie d'abord en laissant déposer des acides gras et de la cholestérine, puis devient alcaline, dégage par sa putréfaction une odeur nauséabonde et laisse déposer du phosphate ammoniaco-magnésien.

556. Composition. — *a*) La bile, au point de vue de sa composition, est caractérisée par la présence : 1° des acides glycocholique et taurocholique à l'état de sels de sodium ; 2° de la cholestérine ; 3° de la bilirubine, et parfois d'un peu de biliverdine formée aux dépens de la bilirubine.

Outre ces substances, la bile renferme de la lécithine, des matières grasses, des savons, des traces d'urée et une substance désignée sous le nom de *mucine* (**341**. 3), mais qui est en réalité une nucléo-albumine. Elle contient enfin des sels minéraux où prédomine le chlorure de sodium, et des gaz essentiellement constitués par de l'anhydride carbonique, avec des traces d'azote et d'oxygène.

b) Rappelons que les acides glycocholique et taurocholique se dédoublent par les agents d'hydratation en acide cholalique et respectivement en glycocolle et en taurine. On les caractérise par la réaction de Pettenkofer (**153**); la bile même très étendue donne très nettement cette réaction. La bile, traitée par des acides minéraux, donne un précipité d'acides biliaires. La proportion de ces acides dans la bile varie généralement entre 50 et 100 p. 1000; l'acide glycocholique est en général trois à quatre fois plus abondant que l'acide taurocholique dans la bile humaine. L'acide taurocholique est le seul composé sulfuré de la bile; on peut donc doser indirectement cet acide, en incinérant la bile avec de l'azotate de potassium et dosant l'acide sulfurique formé.

c) La cholestérine est dissoute dans la bile à la faveur des sels des acides biliaires; elle se précipite dans certains états pathologiques et forme des concrétions dans la vésicule. Sa proportion dans la bile est généralement comprise entre 1 et 2 p. 1000.

d) La bilirubine, insoluble dans l'eau, se trouve en solution dans la bile à l'état de bilirubinate alcalin. Rappelons qu'elle donne, sous l'influence de l'acide azotique nitreux, des produits d'oxydation diversement colorés et que la réaction de Gmelin (**390**), qui permet de caractériser la bilirubine, est basée sur cette propriété. La bile, même étendue de 5 à 6 fois son volume d'eau donne la réaction de Gmelin (1).

e) La bile donne un précipité de mucine par l'addition d'alcool ou d'une trace d'acide acétique; en se précipitant, la mucine entraîne une certaine quantité de pigment.

f) Les diverses analyses qui ont été effectuées sur la bile humaine sont consignées dans le tableau ci-contre; les trois premières analyses ont porté sur de la bile retirée de la vésicule biliaire après mort accidentelle, les deux dernières ont porté sur de la bile écoulée de fistules biliaires. Il y a lieu de remarquer que dans la bile provenant de fistules, le poids du résidu fixe est considérablement diminué et que cette diminution provient surtout de la moindre quantité d'acides biliaires éliminés. Nous en verrons l'explication plus loin (**557**. *e*).

(1) A la surface de séparation de l'acide azotique et de la bile, il se fait un précipité (mucine, acides biliaires) qui ne gêne pas pour observer la succession des zones colorées.

	I HOPPE-SEYLER (moy. de 2 analyses).	II RITTER (moy. de 15 analyses).	III GORUP-BESANEZ.	IV JACOBSEN.	V COPEMAN et WINSTON.
Eau	907,0	871,0	822,7	977,4	985,67
Résidu fixe	83,3	129,0	177,3	22,6	14,33
Comprenant :					
Glycocholate de sodium	30,3	48,58	107,0	10,1	6,28
Taurocholate de sodium	8,7	25,13		»	
Cholestérine	3,5	1,7		0,56	
Graisses	7,3	»	47,5	»	0,99
Lécithine	5,3	»		»	
Savons	13,9	»	»	»	»
Mucine	12,9	»			1,72
Pigments et autres matières organiques insolubles dans l'alcool	1,4	»	22,1	2,3	»
Sels minéraux	»	7,40	10,8	8,5	4,51

Les cendres de la bile analysée par Jacobsen avaient la composition centésimale suivante :

Chlorure de sodium	65,16	p. 100.
— de potassium	3,39	—
Carbonate de sodium	11,11	—
Phosphate de sodium	15,91	—
— de calcium	4,44	—

Traces de fer, de manganèse et de cuivre.

La quantité de fer est, d'après les analyses de Young et de Hoppe-Seyler de 0,04 à 0,10 p. 1000 parties de bile. Tout le fer qui résulte de la décomposition de l'hémoglobine en pigments biliaires dans le foie n'est pas éliminé par la bile ; la majeure partie est retenue dans le foie.

557. Rôle de la bile dans la digestion. — *a*) La bile n'exerce pas d'action digestive sur les matières albuminoïdes, mais en présence du chyme stomacal acide, il y a mise en liberté d'une petite quantité d'acides biliaires, qui précipite les matières albuminoïdes et leurs produits de peptonisation incomplète.

b) La bile n'exerce pas non plus d'action sur les matières amylacées ni sur aucune sorte d'hydrates de carbone (1). Mais elle favorise par son mélange avec le suc pancréatique l'action

(1) Certains auteurs attribuent cependant à la bile des herbivores un pouvoir saccharifiant très faible sur les matières amylacées.

saccharifiante de ce suc ; cette action adjuvante est encore inexpliquée.

c) La bile joue un rôle important dans la digestion des graisses qu'elle émulsionne, grâce à la mucine, aux savons et aux sels d'acides biliaires qu'elle renferme ; mais, l'émulsion est beaucoup moins stable que celle produite par le suc pancréatique.

La bile, outre ses propriétés émulsionnantes, paraît favoriser l'absorption des corps gras émulsionnés, en imprégnant la muqueuse intestinale ; cette action est due à l'action des sels biliaires sur l'épithélium intestinal.

Nous avons vu (**552**, C. *b*) que l'action de la bile seule sur les corps gras était insuffisante pour assurer leur absorption ; le suc pancréatique seul ne suffit pas non plus, ainsi que le démontrent les faits suivants :

1. M. Dastre a montré, en abouchant artificiellement le canal cholédoque dans l'intestin grêle bien au-dessous du canal de Wirsung, que la lactescence des vaisseaux chylifères, indice de l'absorption des graisses, ne se manifeste qu'à partir du point où les aliments gras ont subi l'action de la bile et celle du suc pancréatique.

2. En détournant la bile de l'intestin et la faisant s'écouler au dehors par une fistule biliaire, Voit a observé que la digestion des matières albuminoïdes et celle des hydrates de carbone n'est pas troublée ; on peut maintenir l'animal en équilibre de nutrition en le nourrissant à peu près exclusivement de matières albuminoïdes et d'hydrates de carbones, par exemple avec du pain et de la viande Par contre, l'absorption des graisses est fortement diminuée ; tandis qu'un chien à qui l'on a fait ingérer 200 grammes de graisse en absorbe environ 99 p. 100 à l'état normal, un chien porteur d'une fistule biliaire, à qui l'on fait ingérer 100 à 150 grammes de graisse seulement, n'en absorbe plus que 40 p. 100 environ ; le reste est excrété en nature par les excréments, auxquels elle communique une couleur grisâtre.

De plus, si la nourriture des animaux porteurs d'une fistule biliaire est maintenue riche en graisses, il survient de la diarrhée, les fèces et l'haleine prennent une odeur infecte, l'animal maigrit rapidement et meurt au bout de quelque temps. Ces phénomènes paraissent dus à ce que les matières grasses non absorbées par l'intestin enrobent les autres substances alimentaires et les soustraient à l'action des sucs digestifs dans l'intestin. Tous ces aliments incomplètement digérés subissent alors des décompositions bactériennes dans l'intestin avec formation de substances toxiques. Ces putréfactions intestinales sont d'autant plus abondantes que le cours des matières se trouve ralenti en l'absence de bile; la bile paraît, en effet, exciter les mouvements péristaltiques de l'intestin par les sels biliaires qu'elle renferme.

d) On a aussi attribué à la bile des propriétés antiseptiques; il est en effet démontré que les acides biliaires, et particulièrement l'acide taurocholique à la dose de 2 à 5 p. 1000, sont antiseptiques (1), mais les sels de ces acides sont loin d'être aussi actifs et nous avons vu que la bile elle-même est putrescible; d'ailleurs les putréfactions anormales ne s'établissent dans l'intestin en l'absence de bile que lorsque l'alimentation est riche en matières grasses.

e) Outre son rôle dans la digestion, la bile joue aussi un rôle dans l'excrétion. La cholestérine et les pigments biliaires sont des déchets de l'organisme destinés à être rejetés par les fèces, après avoir été respectivement transformés en stercorine et en stercobiline.

Il n'en est pas de même pour la totalité des acides biliaires; les acides sont dédoublés dans l'intestin en acide cholalique et en taurine ou en glycocolle. Ces produits de décomposition passent en grande partie dans le sang qui les ramène dans le foie, où ils sont de nouveau transformés en acides biliaires et éliminés par la bile. Cette sorte de circulation à laquelle sont soumis les produits de décomposition des acides biliaires explique la diminution de ces acides dans la bile, lorsque celle-ci se déverse au dehors par une fistule biliaire.

558. Bile à l'état pathologique. — La composition de la bile subit des modifications importantes dans certains états pathologiques.

Les acides biliaires peuvent manquer presque complètement dans la dégénérescence amyloïde du foie. Dans la fièvre typhoïde, les acides biliaires sont diminués, ainsi que les pigments, tandis que la proportion des graisses est augmentée; parfois la bile présente une réaction acide et contient de la leucine et de la tyrosine. Ces substances sont aussi contenues dans la bile dans l'atrophie jaune aiguë du foie.

Dans certains états pathologiques liés à la dégénérescence

(1) L'acide taurocholique à la dose de 2 à 5 p. 1000 entrave aussi l'action des ferments solubles de la digestion.

graisseuse des cellules hépatiques, la bile ne renferme pas de pigments; mais cette bile incolore contient tous les autres principes de la bile normale.

Il y a au contraire augmentation des pigments dans certains cas d'ictère. Dans d'autres cas, notamment lorsque la bile stagne longtemps dans les canaux biliaires ou dans la vésicule par suite de l'oblitération d'un conduit biliaire ou du canal cystique, les composés normaux de la bile sont peu à peu résorbés et remplacés par d'autres composés, notamment par les matières albuminoïdes du sérum et par une substance mucinoïde appartenant au groupe des glucoprotéides.

On observe aussi l'apparition d'albumine dans la bile après l'injection d'eau dans le sang (Mosler) et dans le mal de Bright.

Dans l'urémie et dans le choléra, la proportion d'urée dans la bile devient notable ; il en est de même pour le glucose dans le diabète sucré.

Un grand nombre de poisons et surtout de poisons minéraux (arsenic, antimoine, plomb, cuivre, mercure), sont éliminés en partie par la bile. Quelques substances, injectées dans le sang, passent aussi dans la bile ; telles sont le sucre de canne, les iodures, l'essence de térébenthine, l'indigo.

559. Calculs biliaires. — Dans certaines conditions pathologiques, notamment lorsque le foie est atteint de cyrrhose, lorsque la bile stagne dans les voies biliaires, ou même lorsque la nutrition générale est simplement ralentie, les principes de la bile peuvent se précipiter et former dans la vésicule et dans les conduits biliaires, soit des sédiments, soit des calculs biliaires.

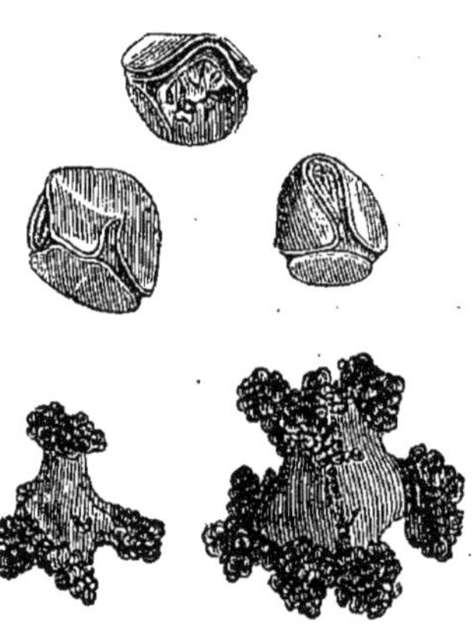
Fig. 90. — Calculs biliaires.

L'aspect des calculs est très variable et dépend de leur nombre et de leur composition. Lorsqu'il n'existe qu'un seul calcul, sa forme est généralement ovoïde et ses dimensions peuvent atteindre celles d'un œuf de pigeon. Lorsque la vésicule contient plusieurs calculs, ce qui est le cas le plus fréquent, ils ont des formes polyédriques (fig. 90); ils sont généralement plus petits, mais parfois extrêmement nombreux. On peut distinguer trois sortes de calculs suivant que la cholestérine, les pigments biliaires ou les matières minérales y prédominent (1).

a) Les calculs essentiellement composés de cholestérine sont de beaucoup les plus fréquents dans l'espèce humaine et s'observent surtout chez les vieillards et chez les femmes. Ils sont de couleur claire, quelquefois translucides, et deviennent peu à peu blancs et opaques à l'air. Ils sont tendres, fusibles et combustibles quand on les chauffe à l'air. Ils flottent à la surface de l'eau, bien que la cholestérine soit plus dense que ce liquide, parce qu'ils sont difficilement mouillés par l'eau et parce qu'ils sont poreux, surtout quand ils sont secs. — A la section, on voit que ces calculs ont généralement une structure radiée et qu'ils contiennent au centre un noyau; ce noyau est formé de pigments, de mucus, de cellules épithéliales ou de sels minéraux.

On démontre facilement la présence de la cholestérine dans un calcul, en épuisant celui-ci par un mélange d'alcool et d'éther, évaporant la solution éthéro-alcoolique et caractérisant le dépôt cristallin obtenu (**67**).

b) Les calculs riches en pigments biliaires sont rares chez l'homme, plus fréquents chez les herbivores; leur couleur varie de l'orangé au brun-rouge et au brun. Ils sont friables, plus lourds que l'eau; quand on les chauffe, ils se décomposent sans fondre et sans s'enflammer. Ils sont principalement formés de bilirubinate de calcium, associé souvent à du bilivordinate et à d'autres produits d'altération de ces pigments, tels que la bilifuscine, la biliprasine et la bilihumine.

Fig. 91. — Calculs de cholestérine.

c) Les calculs biliaires où prédominent les sels minéraux sont très rares. Ces sels sont alors presque exclusivement constitués par du carbonate de calcium, mêlé de phosphate de calcium et de phosphate ammoniaco-magnésien.

Voici la composition d'un calcul de chacune de ces trois catégories; inutile de dire que l'on rencontre souvent des calculs de composition intermédiaire.

(1) On a signalé, dans divers calculs biliaires, de petites quantités de cuivre, de zinc, d'arsenic, d'antimoine, etc. (provenant des aliments ou des médicaments), du fer, de l'acide silicique, de l'acide urique, des graisses, etc.

	I	II	III (1)
Cholestérine.......	90,82	1,35 (Cholestérine et Graisse)	»
Graisse...........	2,02		
Sels biliaires..... ..	»	2,75	»
Pigments biliaires.	0,20	61,36	14,2 (Pigments biliaires et Mucus)
Mucus............	»	»	
Eau..............	4,80	8,00	»
Matières minérales.	0,28	13,14	80,3

Matières minérales (III) :
- Carbonate de calcium. 64,6
- Phosphate de calcium. 12,3
- — ammoniaco-magnésien. 3,4

On ne connaît pas encore exactement les causes qui déterminent la formation des calculs biliaires. Plusieurs hypothèses ont été émises : hyperproduction de cholestérine ; diminution des sels biliaires à la faveur desquels la cholestérine est dissoute ; dans le catarrhe des voies biliaires, sécrétion excessive de sels de calcium dans la vésicule et dans les conduits biliaires, sels de calcium qui peuvent alors précipiter les sels biliaires et les savons maintenant la cholestérine en solution, et précipiter les pigments à l'état de combinaison calcique. — Les micro-organismes paraissent jouer un rôle important dans la production des calculs biliaires. MM. Gilbert et Dominici, ayant examiné un grand nombre de calculs, ont observé que les calculs récents donnent des cultures, et que dans un certain nombre de calculs de date ancienne, on peut révéler des formes microbiennes par l'emploi des colorants. Les calculs de cholestérine se laissent, il est vrai, pénétrer par les micro-organismes, mais non les calculs de pigments; il est donc probable que, tout au moins pour ces derniers, les micro-organismes qu'on trouve au centre des calculs, datent du début de leur formation.

SUC INTESTINAL

560. Notions générales. — *a*) Le suc intestinal ou *suc entérique* est sécrété par les *glandes de Lieberkühn*, petites glandes en tubes réparties sur toute la surface de l'intestin, sauf à la partie supérieure du duodenum, dans la portion voisine du pylore, où elles sont remplacées par des glandes en grappes, les *glandes de Brünner*. Chez l'homme, le suc des glandes de Brünner est très analogue à celui des glandes de la portion pylorique de l'estomac; Grützner a pu, en effet, extraire de la pepsine en faisant macérer la partie supérieure du duodénum avec de la glycérine.

(1) I. Calcul de cholestérine ; II. Calcul pigmentaire ; III. Calcul minéral.

b) Pour obtenir le suc intestinal, on a généralement recours au procédé de Thiry. Ce procédé consiste à isoler par deux sections un morceau d'intestin de 30 centimètres environ, sans le séparer du mésentère; on lie une des extrémités de ce segment et on fixe à la paroi abdominale l'autre extrémité, par où s'écoulera le suc sécrété par le segment, sous l'influence d'excitations mécaniques, électriques ou chimiques. On raccorde les deux extrémités de l'intestin, de manière à rétablir le cours des matières. — M. Demant a observé chez l'homme un cas de fistule double de l'intestin ayant succédé à l'opération d'une hernie; le chyme intestinal s'écoulait par une de ces fistules, tandis que par l'autre s'écoulait, au moment des repas, le suc intestinal sécrété par la partie inférieure de l'intestin. Ce suc, qui paraît avoir été sécrété dans des conditions aussi normales que possible, présentait les plus grandes analogies avec celui obtenu sur les animaux par le procédé de Thiry.

On peut aussi obtenir du suc intestinal par le procédé de Colin : sur un cheval en pleine digestion, on attire au dehors par une incision abdominale deux mètres environ d'intestin grêle ; on pose une première ligature à la partie supérieure et, après avoir chassé le contenu de l'anse intestinale en la lissant entre les doigts, on pose une autre ligature à la partie inférieure de l'anse ; on refoule l'intestin dans l'abdomen, on tue l'animal une demi-heure après et on recueille le suc qui s'est accumulé dans l'anse liée à ses deux bouts.

561. Propriétés. — Le suc intestinal est un liquide jaunâtre, non filant, d'une densité voisine de 1,010. Il contient généralement 20 à 30 p. 1000 de substances dissoutes, dont 5 p. 1000 environ de chlorure de sodium et à peu près autant de carbonate monosodique; aussi présente-t-il une réaction alcaline et fait-il effervescence par les acides. Il contient un peu de mucine et un peu d'albumine, qui se coagule quand on chauffe le suc intestinal, après l'avoir légèrement acidulé. Claude Bernard y a découvert la présence d'un ferment soluble, le *ferment inversif*, qui dédouble les saccharoses.

562. Rôle du suc intestinal. — *a*) Le suc intestinal contribue à neutraliser l'acide chlorhydrique du chyme stomacal à mesure qu'il progresse dans l'intestin, et à saturer les acides organiques formés par les micro-organismes de l'intestin, notamment les acides lactique, acétique et butyrique (1). Le chyme

(1) Dans le contenu des dernières portions de l'intestin grêle, 60 à 80 p. 100 des bases sont combinés à des acides organiques.

acquiert bientôt une réaction alcaline qu'il conserve jusqu'au bout de l'intestin grêle. Dans le gros intestin, bien que le suc secrété soit encore alcalin, les matières ont une réaction acide, parce que les alcalis du suc intestinal sont insuffisants pour saturer tous les produits acides qui se forment; mais à la fin du gros intestin, les matières sont généralement neutres.

b) Le suc intestinal, par le ferment inversif qu'il contient, agit sur les saccharoses. Il transforme le saccharose ordinaire ou sucre de canne en un mélange de glucose et de fructose, le lactose ou sucre de lait en un mélange de glucose et de galactose; enfin, il convertit en glucose le maltose formé aux dépens des matières amylacées sous l'influence de la ptyaline de la salive et de l'amylopsine du suc pancréatique. Le suc secrété par le gros intestin ne contient pas de ferment inversif.

c) Le suc intestinal paraît exercer sur les matières amylacées une très faible action diastasique saccharifiante.

On lui a aussi attribué la propriété de dissoudre *in vitro* la fibrine et même d'autres matières albuminoïdes insolubles; mais cette propriété paraît due à des micro-organismes, ou à un peu de suc pancréatique lorsque le suc intestinal a été obtenu par la méthode de Colin.

On a observé aussi, dans des cas de fistule intestinale, que si l'on introduit des aliments dans des portions d'intestin ne recevant ni suc pancréatique ni bile, ces aliments sont en partie digérés et absorbés; mais cette digestion est imputable aux micro-organismes qui pullulent dans l'intestin, ainsi que nous allons le voir. Dans tous les cas, les transformations digestives des aliments opérées par le suc intestinal ou par les micro-organismes de l'intestin ne peuvent suppléer la digestion pancréatique; nous avons vu, en effet (**553**), que la nutrition des animaux est gravement menacée par la suppression du suc pancréatique.

563. Fermentations intestinales. — Le contenu du tube digestif est très riche en micro-organismes, même à l'état normal. MM. Gilbert et Dominici ont calculé que l'homme en rejette 17.725 millions par les fèces en vingt-quatre heures avec un régime mixte et environ 7 fois moins pendant le régime lacté. Ces micro-organismes proviennent de la multiplication de ceux qui sont apportés de l'extérieur dans le tube digestif par les aliments; les fèces du nouveau-né, qu'on désigne sous le nom de *méconium*, n'en contiennent pas.

Nous avons vu que les fermentations étaient peu abondantes dans l'estomac à l'état normal, grâce à l'acide chlorhydrique du suc gastrique; il n'en est pas de même dans l'intestin, où l'acide du chyme est peu à peu neutralisé. Les aliments subissent de la part des bactéries des transformations analogues à celles que produisent les sucs digestifs et des transformations spéciales, dont voici quelques exemples :

a) Le glucose peut subir dans l'intestin la fermentation alcoolique (**63** et **77**. B. *g*).

b) Le glucose, les saccharoses, l'amidon subissent dans l'intestin la fermentation lactique puis, en l'absence d'oxygène, la fermentation butyrique avec dégagement d'anhydride carbonique et d'hydrogène (**121**. *Note*).

$$\underbrace{C^6H^{12}O^6}_{\text{Glucose.}} = \underbrace{2\,C^3H^6O^3}_{\text{Acide lactique.}} = \underbrace{C^4H^8O^2}_{\text{Acide butyrique.}} + 2\,CO^2 + 2\,H^2$$

c) La cellulose, qui résiste à l'action des sucs digestifs et à celle des ferments lactique et butyrique, se transforme au moins en partie, sous l'influence du *bacillus amylobacter*, en acides acétique et butyrique, anhydride carbonique, hydrogène et méthane.

d) Les fermentations subies par les matières albuminoïdes dans l'intestin donnent naissance à un grand nombre de produits spéciaux, dont les plus importants sont le phénol, l'indol et le scatol; des acides gras volatils, des traces de méthylmercaptan; des ptomaïnes; enfin, des gaz.

GAZ INTESTINAUX; EXCRÉMENTS

564. Gaz intestinaux. — *a*) Les gaz de l'intestin sont l'azote, l'oxygène, l'anhydride carbonique, l'hydrogène, le méthane et des traces d'hydrogène sulfuré.

L'oxygène provient exclusivement de l'air dégluti avec les aliments; on ne le trouve qu'en petite quantité et seulement dans les parties supérieures de l'intestin, car il est absorbé peu à peu par le sang des capillaires de l'intestin ou consommé par les micro-organismes.

L'azote provient en grande partie de l'air dégluti; une partie peut aussi se former par fermentation des matières albuminoïdes (**11**. B). Enfin, de l'azote peut se dégager du sang de la paroi intestinale, car la tension partielle de l'azote dans le mélange des gaz de l'intestin est considérablement diminuée dans les parties inférieures du tube digestif, par suite de la formation d'autres gaz.

L'anhydride carbonique provient des fermentations intestinales et de la décomposition des carbonates alcalins contenus dans les sucs intestinaux par les acides du chyme stomacal. Une partie de l'anhydride carbonique formé dans l'intestin est absorbée par le sang.

L'hydrogène et le méthane proviennent exclusivement des fermentations. Leur coefficient d'absorption par le sang est très faible ; aussi sont-ils surtout éliminés par l'anus.

La rareté de l'hydrogène sulfuré dans les gaz intestinaux provient de ce que d'une part, les fermentations microbiennes en produisent peu et que d'autre part, le coefficient d'absorption de ce gaz par le sang est très élevé.

b) La composition quantitative des gaz intestinaux dépend de l'endroit où ces gaz ont été puisés et du genre de l'alimentation. Voici l'analyse des gaz des diverses parties du tube digestif d'un guillotiné, gaz recueillis une demi-heure après la mort (Tappeiner).

	Estomac.	Intestin grêle.	Gros intestin.	Rectum.	
Oxygène	9,19	67,71 (Oxygène et Azote)	»	»	p. 100.
Azote	74,26		7,46	62,76	—
Anhydride carbonique	16,31	28,40	91,92	36,40	—
Hydrogène	0,08	3,89	0,46	»	—
Méthane	0,16	»	0,06	0,90	—

Voici, d'après Ruge, la composition des gaz du rectum d'un même individu soumis à divers régimes alimentaires :

	Après régime lacté.	Après 4 j. d'alimentation par des légumineuses.	Après 3 j. d'alimentation par de la viande.	
Azote	36,71	18,96	64,41	p. 100.
Anhydride carbonique	9,06	21,05	8,45	—
Hydrogène	54,23	4.03	0,69	—
Méthane	»	55,94	26,45	—
Hydrogène sulfuré	»	Traces.	»	—

565. Excréments. — A. Fèces a l'état normal chez l'adulte. — *a*) A mesure que la masse intestinale progresse dans l'intestin, elle diminue de volume, par suite de l'absorption des aliments digérés, et elle devient de plus en plus consistante. De couleur jaune au début par suite de la présence de la bilirubine, elle devient verte dans la partie inférieure de l'intestin grêle par suite de la formation de biliverdine aux dépens de la bilirubine, puis brune dans le gros intestin. L'odeur de la masse intestinale s'accentue surtout au niveau du gros intestin. Arrivée dans le rectum, la masse constitue les excréments ou fèces, qui sont rejetés pendant la défécation. Le poids des excréments rejetés en vingt-quatre heures est d'environ 150 grammes; il est plus élevé par l'alimentation végétale que par une alimentation carnée ou lactée. L'odeur repoussante des fèces est due surtout à l'indol, au scatol et à des traces d'hydrogène sulfuré, de sulfure ammonique et de méthylmercaptan. Leur couleur est due en partie à la stercobiline, en partie au sulfure de fer formé dans l'intestin et aux matières colorantes contenues dans les aliments (hématine formée aux dépens des pigments contenus dans la viande, chlorophylle des végétaux, etc.) ; aussi cette couleur varie-t-elle suivant la nature de l'alimentation.

b) Les excréments contiennent environ 74 p. 100 d'eau, 24 p. 100 de matières organiques et 2 p. 100 de matières minérales.

Les substances organiques sont :

1° des principes alimentaires ayant échappé à la digestion, tels que des graisses, des matières amylacées et parfois même de petites quantités de matières albuminoïdes proprement dites, lorsqu'elles sont en excès dans l'alimentation ;

2° des produits alimentaires difficilement digestibles, tels que l'amidon cru, l'élastine et les nucléines, ou non digestibles, comme la cellulose, les matières pectiques, la kératine et les pigments;

3° des produits de décomposition des matières alimentaires, dus surtout à l'action des micro-organismes : phénol, indol et scatol; acides gras, acide succinique, acide lactique, etc., en partie à l'état de liberté, en partie combinés à l'ammoniaque et à d'autres bases (chaux, magnésie) ; leucine et tyrosine; excrétine, ptomaïnes, etc. ;

4° des substances provenant des sécrétions digestives et notamment de la bile, comme la dyslysine, l'acide cholalique, la stercorine et la stercobiline; enfin, du mucus et des épithéliums provenant de la desquamation de la muqueuse intestinale.

Les sels minéraux contenus dans les fèces sont essentiellement formés de phosphates de potassium, de magnésium et surtout de calcium. Les fèces contiennent aussi de petites quantités de chlorures et de sulfates, de sels de fer et de silicates. Les trois quarts environ des bases contenues dans les fèces sont combinés à des acides organiques.

B. Méconium ; fèces des nourrissons. — *a*) Le méconium est une masse visqueuse, de couleur brun-verdâtre, qui s'accumule dans l'intestin du fœtus et qui en est rejetée à la naissance. On y observe au microscope la présence de leucocytes, de cellules épithéliales, de granulations graisseuses et de cristaux de cholestérine.

Le méconium est essentiellement constitué par des principes biliaires à peu près inaltérés : acides biliaires, cholestérine, bilirubine et biliverdine. On n'y trouve pas de stercobiline, mais une petite quantité d'un pigment pourpre présentant deux bandes d'absorption, l'une avant D, l'autre entre D et E.

b) Les fèces des nourrissons ont une composition plus simple que celle des adultes, parce que le lait ne contient que des substances facilement assimilables et que les fermentations microbiennes sont moins abondantes dans l'intestin. Leur couleur, qui est jaunâtre, est surtout due à la bilirubine ; sous l'influence des moindres troubles digestifs, elle devient verte par suite de la transformation de la bilirubine en biliverdine. Toutefois, dans certains cas de *diarrhée verte*, la couleur des fèces est en partie due à un pigment d'origine microbienne.

C. Fèces a l'état pathologique ; calculs intestinaux. — *a*) Dans les diarrhées, les fèces contiennent beaucoup d'eau et de sels, notamment de chlorures alcalins ; on y trouve une certaine quantité d'albumine en solution, coagulable par la chaleur, un peu d'urée et d'alloxane. L'urée est plus abondante dans l'urémie et est accompagnée de son produit de décomposition, le carbonate d'ammonium.

Les selles riziformes des cholériques contiennent, abstraction faite des débris épithéliaux, peu de matières fixes; en fait de matières organiques, elles renferment un peu d'albumine, de la tyrosine, de la leucine et probablement des traces de putrescine et de cadavérine.

Dans la dyssenterie et dans les hémorragies intestinales, on trouve du sang et du pus dans les fèces. Quand l'hémorragie a lieu dans les parties supérieures du tube digestif, la matière colorante du sang est décomposée et communique une couleur noire aux fèces (*melæna*).

Dans l'ictère par rétention, les matières fécales sont grisâtres, par suite de la présence d'un excès de graisse et de l'absence de stercobiline.

Après l'ingestion de médicaments ferrugineux ou de sous-nitrate de bismuth, les fèces sont colorées en noir par les sulfures métalliques correspondants.

b) Enfin, on peut rencontrer dans les fèces des calculs biliaires et des calculs formés dans l'intestin. Ces derniers sont essentiellement constitués par des phosphates et des carbonates alcalino-terreux et par du phosphate ammoniaco-magnésien; ces sels sont associés à une plus ou moins grande quantité de mucus et d'une matière stercorale brunâtre, en grande partie soluble dans l'éther. La consistance des calculs intestinaux est plus ou moins dure selon qu'ils renferment plus ou moins de matières minérales. Ces calculs peuvent se former dans l'appendice iléo-cæcal et déterminer une *appendicite calculeuse.*

ABSORPTION

566. Voies et modes d'absorption. — *a*) Nous venons de voir que, sous l'influence des sucs digestifs, les matières albuminoïdes sont transformées en produits solubles, acidalbumines, propeptones et finalement en peptones; que les hydrates de carbones sont tous convertis en glucoses, également solubles; que les graisses sont en partie saponifiées et transformées en produits solubles, en partie émulsionnées.

L'absorption des produits de la digestion par la muqueuse du tube digestif, et leur passage dans les liquides de l'économie commencent déjà dans l'estomac pour les substances solubles, organiques ou minérales; mais elle s'effectue d'une façon beaucoup plus active, et pour toutes les substances, dans l'intestin, surtout dans l'intestin grêle dont la muqueuse est hérissée d'un nombre considérable de petites élevures de $0^{mm},6$ environ, désignées sous le nom de *villosités*. Ces villosités sont constituées par une saillie du derme de la muqueuse, recouverte par une couche épithéliale. Au centre de chaque villosité se trouve un tube fermé du côté de la surface de la muqueuse; ce tube constitue l'origine des vaisseaux chylifères. Autour de ce tube cheminent des capillaires sanguins, qui proviennent des artères mésentériques et qui forment les racines des veines mésaraïques, branches de la veine porte.

b) Les produits de la digestion des matières albuminoïdes et des hydrates de carbone sont absorbés à peu près exclusivement par le sang. En effet, pendant leur absorption la composition du chyle n'est pas modifiée, bien que son cours soit très lent; d'autre part, l'absorption de ces principes n'est pas troublée par la ligature du canal thoracique. On observe par contre, dans le sang de la veine-porte, une augmentation notable de glucose, malgré la rapidité de la circulation sanguine; quant aux propeptones et aux peptones, on n'en trouve que des traces dans le sang de la veine porte; nous verrons tout à l'heure pourquoi. — Les graisses en nature sont absorbées par les chylifères; il paraît en être de même de leurs produits de saponification, ainsi que nous le verrons plus loin.

c) Les phénomènes d'osmose ne jouent qu'un rôle accessoire dans l'absorption. En effet, d'une part les graisses sont absorbées à l'état insoluble; d'autre part, l'absorption de toutes les substances solubles n'obéit pas aux lois de la diffusion. L'albumine, par exemple, et les acidalbumines de la plupart des matières albuminoïdes, quoique non diffusibles, peuvent être absorbées par l'intestin grêle et par le gros intestin (Voit et Bauer, Czerny et Latschenberger). La rapidité d'absorption des substances diffusibles par l'intestin n'est pas non plus toujours en rapport avec leur diffusibilité, ainsi que l'ont montré les expériences de Gumilewski et de Röhmann sur des anses intestinales préparées par la méthode de Thiry; le sulfate de sodium, qui se diffuse 15 fois plus vite environ que le sucre de canne, est absorbé 10 fois moins vite que lui par l'intestin.

567. Premières transformations des principes absorbés. — A. Matières albuminoïdes. — Bien que certaines matières albuminoïdes puissent être absorbées en nature et que leur peptonisation soit assez lente dans le tube digestif, il est reconnu aujourd'hui que les matières albuminoïdes sont principalement absorbées sous forme de propeptones et de peptones; Schmidt-Mühlheim, après avoir donné de la viande à six chiens qu'il tua 1, 2, 4, 6, 9 et 12 heures après le repas, a observé que la proportion des produits de peptonisation était toujours supérieure à celle de l'albumine en solution, aussi bien dans l'estomac que dans l'intestin, et cependant ces produits sont plus rapidement absorbés que les matières albuminoïdes.

Certains physiologistes avaient émis l'hypothèse que les matières albuminoïdes absorbées en nature servaient seules à la réparation des tissus, tandis que les peptones, produits de décomposition des matières albuminoïdes, continuaient à se décomposer dans l'économie et servaient uniquement de sources d'énergie. Cette hypothèse n'est pas fondée; car des animaux, ne recevant que des peptones comme aliments azotés, pendant des semaines, peuvent se maintenir en équilibre de nutrition et même augmenter de poids. Il paraît démontré aujourd'hui que les peptones peuvent régénérer, par un processus de synthèse, des matières albuminoïdes ; cette transformation s'effectue immédiatement après l'absorption des peptones en donnant naissance, non à la matière albuminoïde originelle, mais aux matières albuminoïdes du sang, essentiellement assimilables. En effet, la présence des peptones dans le sang de la veine-porte pendant la digestion n'est pas absolument constante, et leur quantité est en tout cas des plus minimes. D'autre part les faits suivants montrent que la transformation des peptones a lieu dans la paroi même du tube digestif. M. Hofmeister a trouvé d'une manière constante des peptones dans la muqueuse du tube digestif de chiens en pleine digestion ; ces peptones sont transformées si on abandonne la muqueuse isolée de l'organisme, à une température de 40°, pendant quelques heures. Cette transformation est un phénomène dû à la survie et à l'activité des cellules de la muqueuse et non à l'action de ferments solubles, car elle ne s'effectue plus si on plonge préalablement la muqueuse dans de l'eau à 60°; or cette température, mortelle pour les cellules, n'est pas suffisante pour arrêter l'action des ferments solubles. M. Salvioli a observé, d'autre part, la transformation des peptones par la paroi intestinale dans des conditions un peu différentes. Immédiatement après avoir tué un chien, il isola une anse intestinale avec son mésentère, la lia aux deux bouts, et y injecta un gramme de peptone en solution. Ayant pratiqué par l'artère mésentérique une circulation artificielle avec du sang défribriné chauffé à 40°, il observa au bout de quelque temps que le contenu de l'intestin ne contenait plus que des traces de peptones, et que le sang n'en renfermait pas.

A l'état physiologique, la transformation des peptones, avant leur pénétration dans le sang, est d'ailleurs nécessaire pour qu'elles puissent être utilisées par l'économie, car les peptones injectées artificiellement dans le sang, même dans le sang de la veine-porte, ne sont pas assimilées; elles se comportent comme des substances toxiques et sont bientôt en grande partie éliminées par l'urine. La peptonurie s'observe aussi à l'état pathologique quand des peptones sont déversées dans le sang autrement que par l'intermédiaire du tube digestif, comme les peptones formées par les micro-organismes dans les cas de suppurations, ou bien lorsque les peptones de la digestion sont insuffisamment transformées avant de pénétrer dans le sang, comme dans certaines maladies du tube digestif.

B. Glucoses. — Les glucoses ingérés en nature ou provenant de la transformation des autres hydrates de carbone de l'alimentation passent dans le sang de la veine-porte qui leur fait traverser le foie; nous avons vu (**113**. A. *a*) qu'ils s'y emmagasinent au moment de la digestion, sous forme de glucogène. Ce glucogène se convertit en glucose ordinaire, qui passe dans le sang, au fur et à mesure des besoins de l'organisme.

C. Corps gras. — *a*) Les corps gras émulsionnés par l'action du suc pancréatique et de la bile sont absorbés en nature par les villosités intestinales et passent dans les chylifères.

La muqueuse intestinale d'un animal sacrifié pendant la digestion de corps gras, est blanche; au microscope on voit des gouttelettes de graisses dans les cellules épithéliales et dans le corps de la villosité. Pour expliquer le passage des gouttelettes graisseuses dans les cellules épithéliales, on admet généralement que ces cellules émettent, à la façon des amibes, des prolongements protoplasmiques qui englobent les granulations graisseuses et les incorporent dans les cellules.

La graisse absorbée par les chylifères se déverse directement avec le chyle dans le sang qui va au cœur et aux poumons; ses particules sont tellement fines, qu'elles peuvent traverser les capillaires sanguins sans les oblitérer (1).

b) Les produits de saponification des graisses passent aussi, en grande partie, dans les chylifères, où ils sont de nouveau transformés en corps gras. En effet, après l'ingestion d'acides gras ou de savons, mélangés ou non à de la glycérine, le chyle, au lieu de contenir une quantité de savons plus considérable qu'à l'état normal, contient des graisses.

Cette régénération des graisses, comme la regénération des matières albuminoïdes aux dépens des peptones, paraît se faire en grande partie au niveau de la muqueuse intestinale. En effet, si on donne à un chien à jeun des acides gras et de la glycérine, on peut observer au microscope la présence de gouttelettes graisseuses dans la muqueuse intestinale, comme après un repas de graisse (Perewoznikoff). D'autre part, si on fait digérer *in vitro* un fragment d'intestin frais avec un mélange de glycérine et d'acides gras, il se forme des graisses.

(1) Il n'en est pas de même lorsque de la graisse des tissus se déverse accidentellement dans le sang, par exemple à la suite d'un traumatisme; la graisse peut alors passer dans la lymphe et de là dans le sang, qui la charrie dans le cœur, puis dans les capillaires du poumon. Si cette graisse non émulsionnée est en quantité suffisante dans le sang, elle peut obstruer les capillaires et déterminer un œdème pulmonaire parfois très grave.

CHAPITRE III

SÉCRÉTION URINAIRE

REIN

568. Structure. — L'urine est secrétée par deux glandes, les *reins*, situées dans la cavité abdominale, de chaque côté de la colonne vertébrale, au niveau des premières vertèbres lombaires. A la section, on voit à l'œil nu que le rein présente une partie corticale épaisse, brunâtre et une partie médullaire, plus pâle, à aspect légèrement strié. Au point de vue histologique, le rein est essentiellement formé par un amas de tubes épithéliaux, reliés entre eux par un peu de tissu conjonctif et par des vaisseaux sanguins ; la disposition spéciale de ces vaisseaux par rapport aux tubes épithéliaux joue un rôle important dans la sécrétion de l'urine.

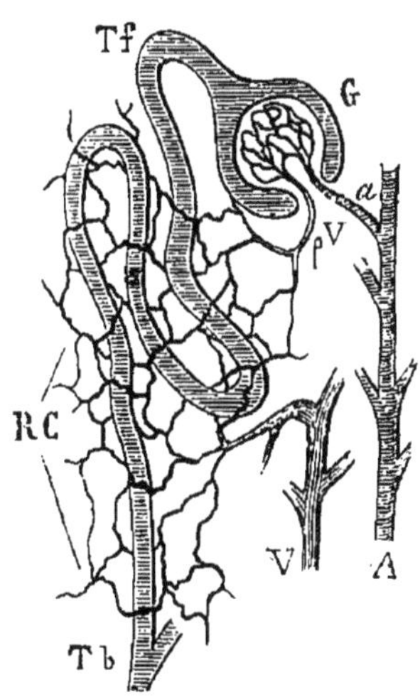

Fig. 92. — Schéma du rein et de sa circulation (*).

a) Les tubes épithéliaux du rein ou *tubes urinifères*, commencent dans la substance corticale par une ampoule, l'*ampoule de Bowmann*, à laquelle fait suite un *tube contourné* (fig. 92, T*f*), et un tube en U ou *anse de Henle*, qui pénètre dans la partie médullaire ; la branche de cette anse qui remonte dans la partie corticale, se raccorde par un tube flexueux, le *canal d'union*, avec un tube droit ou *tube de Bellini* T*b*, qui traverse la substance médullaire et déverse l'urine dans les voies urinaires. Les cellules épithéliales qui tapissent les divers segments d'un tube urinifère, présentent des différences très tranchées. Elles sont plates dans

(*) T*f*, tube contourné ou de Ferrein (on n'a pas représenté les canaux à anse de Henle) ; — T*b*, tube droit ou de Bellini ; — G, glomérule avec son peloton vasculaire ; — *a*, artériole afférente aux capillaires du glomérule ; — *p*V, vaisseau efférent qui se capillarise de nouveau au milieu des tubes rénaux (en RC) avant d'aboutir dans le véritable vaisseau veineux (V). — Mathias Duval, *Cours de Physiologie*.

l'ampoule de Bowmann et dans la branche descendante de l'anse de Henle; elles sont cylindriques, volumineuses, granuleuses, c'est-à-dire présentent les caractères de cellules glandulaires, dans les tubes contournés et dans la branche ascendante de Henle.

b) Les vaisseaux du rein présentent la disposition suivante : Les artérioles *a* (fig. 92) provenant de l'artère rénale A pénètrent dans l'ampoule de Bowmann, s'y capillarisent en formant un peloton vasculaire, le *glomérule de Malpighi*, et se réunissent en formant une petite artériole *p*V qui sort de l'ampoule. Ce vaisseau efférent a un calibre inférieur à celui du vaisseau afférent; il va former autour des tubes urinifères les capillaires généraux du rein RC, qui se réunissent à leur tour pour constituer les veines V. Il résulte de cette disposition *que la pression sanguine est plus élevée dans les glomérules que dans les capillaires de la circulation générale.*

569. Mécanisme de la sécrétion rénale. — Plusieurs théories ont été proposées pour expliquer le mécanisme de la sécrétion urinaire. La plupart des physiologistes admettent aujourd'hui celle de Bowmann et de M. Heidenhain. D'après cette théorie, l'eau et peut-être une partie des sels facilement dialysables filtreraient au niveau des glomérules de Malpighi, par suite de l'excès de pression du sang en ces points; les autres substances de l'urine seraient éliminées par les cellules granuleuses des tubes contournés et de la branche montante de l'anse de Henle, puis seraient dissoutes et entraînées par l'eau provenant du glomérule. Voici les principaux faits sur lesquels repose cette manière de voir.

Toutes les causes qui élèvent la pression sanguine activent la sécrétion urinaire et surtout l'excrétion de l'eau ; au contraire, lorsque la pression sanguine s'abaisse, l'urine est plus concentrée. En abaissant suffisamment la pression sanguine par la section de la moelle, on peut arrêter la filtration de l'eau; M. Heidenhain a montré que, dans ces conditions, l'excrétion des substances solides par les tubes urinifères persiste. En effet, si on injecte dans le sang d'un animal un sulfindigotate alcalin bleu ou de l'urate de sodium, et si on sacrifie l'animal au bout d'un certain temps, on observe, au microscope, la présence de matière colorante bleue ou de cristaux d'urate dans les tubes contournés et dans la branche montante des anses de Henle, c'est-à-dire dans les parties du tube urinifère où les cellules épithéliales présentent les caractères morphologiques des épithéliums glandulaires. Dans le rein des oiseaux, qui sécrète une urine semi-solide, on peut trouver aussi, à l'état normal, des cristaux d'acide urique et d'urates dans les cellules épithéliales de l'anse de Henle.

Chez les batraciens, où la circulation autour des tubes urinifères est indépendante de celle des glomérules, Nussbaum a montré que l'urée continue à être sécrétée, si on intercepte la circulation dans les glomérules. La filtration de l'eau n'est pas complètement arrêtée, preuve qu'elle n'a pas lieu exclusivement au niveau du glomérule, du moins chez ces animaux.

Le rôle des cellules épithéliales des tubes urinifères consiste surtout à extraire du sang des principes tout formés et non à élaborer ces principes, ainsi que nous l'avons vu à propos de l'urée (**224.** B). Le rein maintient la composition du sang constante. Dès qu'une substance normalement contenue dans le plasma dépasse une certaine proportion, que cette substance provienne de la désassimilation des tissus comme l'urée, ou de l'alimentation comme les sels, l'excès de cette substance est en grande partie éliminé par l'urine. Le rein élimine aussi du sang les substances étrangères à sa composition normale, que ces substances aient été introduites artificiellement dans le sang, ou qu'elles s'y soient déversées au sein même de l'économie par suite d'un processus pathologique.

URINE

570. Caractères généraux. — L'urine est, à l'état normal, un liquide jaune ambré, limpide, d'une odeur particulière, d'une saveur salée et amère; sa densité est d'environ 1,020 et sa réaction est acide.

A. Couleur. — La coloration de l'urine varie du jaune clair au jaune brun; elle est d'autant plus foncée que l'urine est plus concentrée. L'urine est plus pâle chez les femmes et chez les enfants; celle du nouveau-né est à peu près incolore. Les urines claires présentent une légère fluorescence blanchâtre, les urines foncées une fluorescence verdâtre. A l'état pathologique, l'urine des adultes peut être très claire, comme dans certains états nerveux et dans le diabète insipide, ou très foncée, comme dans les maladies fébriles aiguës. Les urines sont colorées en brun-verdâtre dans l'ictère par les pigments biliaires, en rouge ou en jaune-rougeâtre dans l'hémoglobinurie par l'hémoglobine ou par la méthémoglobine. Enfin, certains médicaments communiquent à l'urine des colorations particulières : la santonine la colore en orangé; l'acide chrysophanique contenu dans le sené et la rhubarbe la colore en jaune-brun ou en jaune-verdâtre, virant au rouge par les alcalis; le phénol donne à l'urine une coloration verdâtre parfois extrêmement foncée.

B. Limpidité. — L'urine normale est limpide au moment de l'émission. Au bout de quelques heures, il se forme le plus souvent un léger trouble constitué par un peu de mucus; puis ce mucus forme des flocons qui se déposent en entraînant quelques cellules épithéliales provenant des voies urinaires. Une urine dense et très acide peut se troubler par le refroidissement, en donnant un précipité d'urate acide de sodium, soluble à chaud. Les urines alcalines sont toujours troubles et contiennent des phosphates terreux précipités, qui se dissolvent par l'addition d'acide acétique. — L'urine normale mousse par l'agitation, mais la mousse n'est pas persistante; une urine pathologique qui contient des matières albuminoïdes donne, au contraire, une mousse assez persistante.

C. Odeur. — L'odeur de l'urine normale, fraîchement émise, est légèrement aromatique et non désagréable; peu à peu, elle devient fade et désagréable. L'urine prend une odeur infecte lorsqu'elle a subi la fermentation ammoniacale (**570.** G). Dans les formes graves du diabète, l'urine présente une odeur spéciale due à la présence de l'acétone.

Certaines substances communiquent à l'urine une odeur particulière: l'essence de térébenthine absorbée par ingestion ou par inhalation lui donne l'odeur de violette; beaucoup de baumes lui communiquent leur odeur; les asperges la rendent fétide.

D. Quantité. — La quantité d'urine éliminée en vingt-quatre heures par un adulte de complexion ordinaire, est en moyenne de 1200 à 1400 centimètres cubes (1) ; mais cette quantité peut varier, même à l'état normal, de 800 centimètres cubes à 3.000 centimètres cubes, suivant la quantité d'eau éliminée par la peau et les poumons et suivant la quantité des boissons ingérées. Un adulte élimine environ 20 cent. cubes d'urine par kilogramme en vingt-quatre heures; l'enfant en élimine près de deux fois plus pour un même poids. La sécrétion urinaire augmente après les repas et diminue pendant le sommeil.

(1) Les chiffres donnés par les auteurs allemands sont plus élevés (1 500 cent. cubes à 1 600 cent. cubes); cela provient de ce qu'en Allemagne le poids du corps est généralement plus élevé qu'en France, et que la quantité de boissons absorbées est plus considérable.

A l'état pathologique la quantité de l'urine émise en vingt-quatre heures diminue dans les maladies fébriles aiguës, dans les diarrhées abondantes, dans l'hydropisie. Elle augmente dans le diabète sucré ou insipide et dans certains cas d'albuminurie.

Certaines substances, dites *diurétiques*, activent la sécrétion urinaire ; telles sont l'azotate de potassium, l'alcool, la caféine et la digitale qui agit en élevant la pression sanguine.

E. Densité. — La densité de l'urine oscille en général entre 1,018 et 1,022 ; mais elle peut présenter, même à l'état normal, des variations très considérables, de 1,004 (après ingestion d'une grande quantité de boissons) à 1,040 (après une transpiration abondante et après des marches forcées). La densité de l'urine est, à l'état normal, sensiblement proportionnelle à la quantité de substances dissoutes dans l'urine. En général, elle varie en raison inverse de la quantité d'urine sécrétée ; toutefois dans le diabète, l'urine quoique très abondante a une densité élevée, pouvant atteindre 1,050, par suite de la présence du glucose.

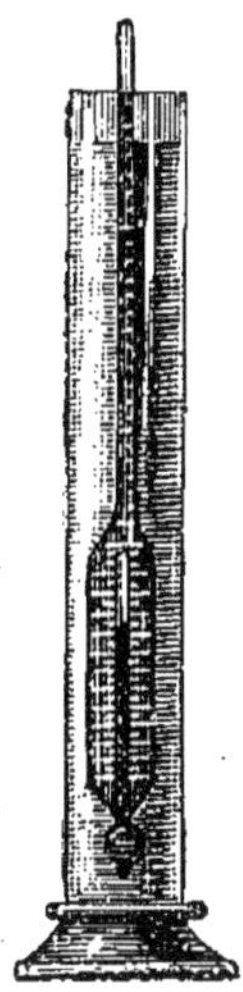

Fig. 93. — Urinomètre.

Détermination de la densité. — La densité de l'urine se détermine à l'aide d'un aréomètre. On construit des aréomètres spéciaux (urinomètres), assez petits pour qu'il soit possible d'opérer sur une petite quantité d'urine, et permettant de déterminer les densités comprises entre 1,000 et 1,040. Pour des déterminations précises, on se sert de deux urinomètres de mêmes dimensions que les précédents, mais dont la tige, plus mince, porte des divisions plus espacées ; l'un donne les densités entre 1,000 et 1,020, l'autre celles entre 1,020 et 1,040. — Les urinomètres sont gradués à 15° ; si l'urine n'est pas à cette température, on ajoute à la densité indiquée par l'urinomètre 1 millième par 3 degrés au-dessus de 15° et on retranche 1 millième par 3 degrés au-dessous. Les urinomètres perfectionnés portent dans la partie immergée un petit thermomètre et donnent ainsi la température de l'urine où on les plonge (Fig. 93).

F. Réaction. — L'urine normale est acide au tournesol, mais elle ne contient pas d'acide libre. Son acidité est due à des sels acides ; on constate en effet que les bases minérales et organiques contenues dans l'urine sont insuffisantes pour convertir tous les acides en sels neutres. Les facteurs les plus importants de l'acidité urinaire sont des phosphates monométalliques, tels que le phosphate monosodique PhO^4H^2Na; le mécanisme de leur formation dans le rein aux dépens des phosphates bimétalliques du sang n'est pas encore élucidé (1).

L'acidité de l'urine varie aux divers moments de la journée; elle diminue après le repas, c'est-à-dire au moment où le sang s'enrichit en carbonate monosodique au niveau de la muqueuse gastrique, par le fait de la sécrétion d'acide chlorhydrique (**543**. A. II. *b*). L'urine devient alcaline après l'absorption de carbonates alcalins ou lorsqu'il entre dans l'alimentation beaucoup d'aliments végétaux, riches en sels à acides organiques (malates, tartrates, citrates), comme les légumes verts et surtout les fruits; les sels organiques se convertissent en effet en carbonates dans l'économie (2). Au contraire, par une alimentation exclusivement composée de pain et d'eau, l'urine reste acide, comme par l'alimentation carnée exclusive (Bunge). Cela provient de ce que les céréales contiennent peu de sels organiques et par contre une quantité assez élevée de matières protéiques, dont le soufre se convertit en acide sulfurique dans l'économie.

Détermination de l'acidité. — Pour déterminer l'acidité réelle d'une urine, c'est-à-dire la quantité de soude nécessaire pour transformer les sels acides en sels théoriquement neutres, on mesure 50 cc. d'urine, qu'on alcalinise en ajoutant 25 cc. d'une liqueur déci-normale de soude; on ajoute ensuite 25 cc. d'une solution de chlorure de baryum au dixième pour précipiter les phosphates neutres et les carbonates neutres formés (3). On filtre; on prélève 50 cc. du liquide filtré (correspondant à 25 cc. d'urine et à $12^{cc},5$ de liqueur titrée de soude), dans lesquels on dose l'exès de soude avec une solution déci-normale

(1) Il se peut que, par l'action de l'anhydride carbonique sur le phosphate disodique du plasma, il se forme, dans les cellules épithéliales glandulaires du rein, du carbonate acide de sodium qui est rejeté dans le torrent sanguin, et du phosphate monosodique qui est déversé dans les tubes urinifères.

$$\underbrace{PhO^4Na^2H}_{\text{Phosphate disodique.}} + \underbrace{CO^2}_{\text{Anhydride carbonique.}} + H^2O = \underbrace{CO^3NaH}_{\text{Carbonate acide de sodium.}} + \underbrace{PhO^4H^2Na}_{\text{Phosphate monosodique.}}$$

(2) L'urine des herbivores est normalement alcaline, parce que la nourriture de ces animaux contient beaucoup de sels organiques; mais elle devient acide, comme celle des carnivores, quand on nourrit les herbivores avec de la viande ou quand on les soumet à l'inanition.

(3) On ne peut pas déterminer l'acidité réelle de l'urine en ajoutant simplement une solution titrée de soude dans un volume connu d'urine jusqu'à ce que le liquide soit neutre au tournesol, car ce point est atteint avant que les phosphates acides de l'urine soient convertis en phosphates trimétalliques.

d'acide chlorhydrique, solution qui neutralise son volume de liqueur déci-normale de soude. On verse la solution acide à l'aide d'une burette graduée jusqu'à ce qu'une goutte du mélange rougisse très légèrement un papier bleu de tournesol. — Si l'urine analysée était neutre, il faudrait 12^{cc},5 de la solution acide; si N cc. < 12,5 suffisent, c'est que l'acidité de 25 cc. d'urine correspond à (12,5 — N) cc. d'acide chlorhydrique déci-normal. Pour calculer cette acidité en poids d'acide oxalique, comme on le fait généralement, il suffit de multiplier (12,5 — N) par 0,0045.

L'acidité de l'urine émise en vingt-quatre heures à l'état normal correspond à environ 2 grammes d'acide oxalique.

G. Altération ; conservation. — *a*) L'urine abandonnée à elle-même s'altère peu à peu sous l'influence des micro-organismes apportés par l'air. Quelques jours après son émission, parfois même le lendemain quand il fait chaud, l'urine devient alcaline (1), par suite de la conversion de l'urée en carbonate d'ammonium, sous l'influence du *micrococcus ureæ* (**222**. B. *b*).

L'urine dégage alors de l'ammoniaque et contient des cristaux de phosphate ammoniaco-magnésien. Le dégagement d'ammoniaque se reconnaît facilement à l'odeur, surtout si la fermentation est avancée ; on peut aussi disposer l'urine dans un matras, en le remplissant à moitié, et faire arriver au-dessus de la surface du liquide un papier de tournesol rouge, préalablement mouillé, qui bleuit (2), ou bien une baguette de verre trempée dans de l'acide chlorhydrique, qui donne des fumées blanches de chlorure ammonique. — Dans certains états pathologiques, notamment dans les cystites, l'urine subit la fermentation ammoniacale dans la vessie elle-même.

b) On peut conserver l'urine, sans qu'elle subisse d'altération, par l'addition de substances antiseptiques. Un excellent procédé consiste à ajouter 2 cc. d'une solution de cyanure de mercure au dixième, par litre d'urine (Huguet). Ce procédé de conservation ne présente pas d'inconvénients pour l'analyse ultérieure de l'urine ; il est applicable à la plupart des liquides de l'organisme.

H. Toxicité. — Les urines normales et pathologiques sont toxiques. M. Ch. Bouchard, dans ses remarquables études sur la toxicité urinaire, a procédé par la méthode des injections

(1) La fermentation ammoniacale est quelquefois précédée d'une fermentation acide, pendant laquelle on constate une augmentation de l'acidité de l'urine et la séparation d'un sédiment d'acide urique et d'urates acides.

(2) On peut aussi tremper dans l'urine un papier rouge de tournesol et laisser sécher à l'air ce papier devenu bleu ; la coloration bleue disparaît si l'alcalinité est due au carbonate d'ammonium ; elle persiste dans le cas contraire.

intra-veineuses. Quand on injecte lentement de l'urine humaine normale dans la veine marginale de l'oreille d'un lapin, il se produit de la contraction des pupilles, de l'accélération des mouvements respiratoires, de la somnolence, de l'hypothermie, de la polyurie, des convulsions et la mort. M. Bouchard a désigné sous le nom d'*urotoxie* la quantité d'urine nécessaire pour tuer un kilogramme d'animal. Pour l'urine normale de l'homme injectée au lapin, l'urotoxie est d'environ 45 cc.. Comme la quantité d'urine émise en vingt-quatre heures est d'environ 30 fois 45 cc., l'homme élimine donc 30 urotoxies par jour. En admettant que l'urine humaine soit aussi toxique pour l'homme que pour le lapin, on voit qu'un homme de 65 kilogrammes mettrait deux jours et quatre heures pour sécréter 65 urotoxies, c'est-à-dire pour éliminer la quantité de poisons urinaires nécessaire pour l'intoxiquer lui-même.

On a appelé *coefficient urotoxique* la quantité d'urotoxies fabriquées par kilogramme en vingt-quatre heures; pour un homme adulte du poids de 65 kilogrammes, sécrétant 30 urotoxies par jour, le coefficient urotoxique est 30 : 65 = 0,46.

Un grand nombre de substances contribuent à la toxicité de l'urine. Les sels de potassium, les matières extractives, surtout celles qui sont incristallisables et non dialysables, les matières colorantes (Mairet et Bosc) paraissent jouer un rôle important; l'eau, l'urée, l'acide urique au contraire jouent un rôle tout à fait secondaire.

Les urines émises à des moments différents n'ont pas la même toxicité. Les urines sécrétées pendant la veille sont narcotiques et environ trois fois plus toxiques que celles du sommeil, qui sont convulsivantes. Les urines du matin sont plus toxiques que celles du soir. Le régime lacté, le travail musculaire diminuent la toxicité de l'urine.

La toxicité urinaire augmente dans les maladies du tube digestif, par suite de l'absorption et de l'élimination des toxines formées dans les voies digestives; elle augmente aussi dans la plupart des affections hépatiques graves, car le foie, à l'état normal, transforme ou détruit un certain nombre de substances toxiques venant de l'intestin. Il y a également augmentation de la toxicité urinaire dans toutes les maladies mentales, sauf la démence sénile, et dans la plupart des maladies fébriles, surtout pendant la période de défervescence des maladies fébriles aiguës.

Dans certains états pathologiques, les urines sont bien moins toxiques qu'à l'état normal; les poisons fabriqués par l'organisme ne sont plus éliminés par les reins et leur accumulation dans le sang détermine les accidents de l'urémie, accidents analogues à ceux que provoque l'injection d'urine dans les veines d'un animal.

571. Composition chimique. — *a*) Le mélange des urines émises en vingt-quatre heures, par un adulte à l'état normal, contient en moyenne 54 grammes de substances fixes, dont 33,7 de substances organiques et 20,3 de sels minéraux. En admettant pour le volume de l'urine éliminée en vingt-quatre heures la moyenne 1,3 litre, il suffit de multiplier ces quantités par 1 : 1,3 = 0,769 pour obtenir le poids de substances par litre ; ce qui donne 41,5 de substances fixes, dont 2,95 de substances organiques et 15,6 de sels minéraux.

b) Les substances organiques sont : l'urée, l'acide urique, l'acide hippurique, la créatinine, des bases xanthiques, les acides oxalique, lactique, indoxyl-sulfurique, scatoxyl-sulfurique à l'état de sels, des pigments, des traces de ferments solubles (pepsine, ptyaline, lab-ferment). — Quant aux sels minéraux, ils résultent de la combinaison des acides chlorhydrique, sulfurique, phosphorique, carbonique avec les bases suivantes : soude, potasse, chaux, magnésie, ammoniaque. Une partie de ces bases est combinée aux acides organiques. L'urine contient enfin des traces de silice et de fer, ainsi que des gaz ; un litre d'urine dégage dans le vide environ 100 centimètres cubes de gaz constitués par de l'anhydride carbonique, par un peu d'azote et des traces d'oxygène.

Le tableau suivant indique les quantités moyennes des principales substances contenues dans l'urine normale (1).

	Par litre.	Dans les urines des 24 heures.
Urée	20,7 gr.	27,00 gr.
Acide urique	0,4 »	0,52 »
— hippurique	0,5 »	0,65 »
Créatinine	0,8 »	1,03 »
Autres matières organiques.	3,5 »	4,50 »
Chlorures alcalins	9,0 »	11,7 »
Sulfates alcalins	3,0 »	3,9 »
Phosphates alcalins	2,0 »	2,6 »
— terreux	1,0 »	1,3 »
Sels ammoniacaux	0,6 »	0,8 »
	41,5 gr.	54,00 gr.

(1) Ces nombres représentent les moyennes obtenues en France. En Allemagne, où le poids du corps est généralement plus élevé et la nourriture plus abondante, les moyennes indiquées par les auteurs sont un peu plus fortes, de même que celles relatives au volume des urines des 24 heures.

c) A l'état pathologique, l'urine peut renfermer les substances suivantes : albumine, mucine, propeptones, peptones, hémoglobine, pigments biliaires, glucose, acides succinique et benzoïque, leucine, tyrosine, taurine, cystine, allantoïne, carbonate d'ammonium. — La plupart des médicaments sont éliminés par l'urine soit en nature, soit après avoir subi des transformations plus ou moins profondes.

Enfin les urines pathologiques peuvent renfermer des corps en suspension qui, en se déposant de l'urine après son émission, forment les *sédiments* et dont certains peuvent, en s'agglomérant dans les voies urinaires, former les *calculs urinaires*. Ces corps sont : l'acide urique et les urates, les phosphates de calcium et de magnésium, le phosphate ammoniaco-magnésien, l'oxalate de calcium, la cystine, la tyrosine, etc. On trouve aussi dans certaines urines pathologiques des éléments organisés : cylindres urinaires, cellules épithéliales, globules de pus, globules rouges, spermatozoïdes, bactéries, etc.

d) L'analyse de l'urine est une source de renseignements précieux pour le médecin. Comme la composition des urines émises aux divers moments de la journée est très variable, il faut toujours pour le dosage des substances normales ou anormales faire porter l'analyse sur le mélange des urines émises pendant les vingt-quatre heures. En outre, comme le volume et, par suite, la concentration de l'urine est très variable (**570.** D), on doit toujours calculer le poids de la substance contenue dans l'urine des vingt-quatre heures ; il suffit pour cela de multiplier le poids trouvé par litre par le volume de l'urine des vingt-quatre heures, exprimé en litres.

Nous étudierons successivement les principales substances normales de l'urine, les substances anormales, les sédiments et calculs urinaires. Avant de commencer cette étude, nous allons indiquer comment on évalue la totalité des substances dissoutes et celle des sels fixes.

A. Dosage des substances dissoutes. — On peut apprécier approximativement la quantité de substances dissoutes dans l'urine d'après sa densité ; il suffit pour cela de multiplier par 2,3 le nombre formé par la deuxième et la troisième décimale. Ainsi, une urine de densité 1,016 contient environ $16 \times 2{,}3 = 36^{gr},8$ de substances dissoutes par litre. Ce procédé n'est pas applicable quand l'urine contient de fortes proportions de glucose ou d'albumine.

Pour doser les substances dissoutes, on évapore 5 centimètres cubes d'urine, au bain-marie, dans une capsule de platine tarée; on dessèche le résidu à l'étuve vers 103°, pendant une heure ou deux, et on détermine l'augmentation de poids de la capsule. Mais ce procédé donne toujours des résultats trop faibles, parce que, à la température du bain-marie, lorsque l'urine est concentrée, le phosphate acide de sodium décompose une partie de l'urée en anhydride carbonique et ammoniaque qui se dégagent.

Pour obtenir des résultats plus exacts, il faut évaporer à la température ordinaire 2 centimètres cubes d'urine dans le vide, en présence d'acide sulfurique, pendant quarante-huit heures environ.

On peut aussi tenir compte des produits volatils qui se dégagent pendant l'évaporation à 100°, en opérant de la façon suivante : on met 2 cc. d'urine dans une petite nacelle de porcelaine, de poids connu, placée elle-même dans un tube métallique disposé horizontalement dans un bain-marie. On fait circuler dans le tube un courant d'air sec, qui vient ensuite barboter dans une solution titrée d'acide sulfurique. Au bout de deux ou trois heures, on détermine l'augmentation de poids de la nacelle; le titrage de l'acide sulfurique permet de déduire la quantité d'ammoniaque dégagée et, par suite de calculer le poids d'urée qu'on doit ajouter au poids du résidu contenu dans la nacelle.

B. Dosage des sels fixes. — Dans une capsule de platine, on verse 10 centimètres cubes d'urine et on évapore au bain-marie. Puis on chauffe sur un feu aussi doux que possible, jusqu'à ce que les substances organiques soient transformées en un résidu charbonneux. La combustion de ce charbon demanderait beaucoup de temps, car les chlorures, facilement fusibles, forment un enduit sur le charbon. De plus, certains sels sont réduits par le charbon.

Pour éviter ces inconvénients, on reprend la masse par l'eau, qui dissout les sels, on filtre et on lave le résidu à l'eau bouillante. Le liquide filtré est desséché et incinéré d'une part; d'autre part, on incinère le filtre qui contient le charbon. On ajoute le poids des cendres que laisse le liquide à celui que laisse le charbon, et on obtient ainsi la proportion totale des sels fixes contenus dans 10 centimètres cubes d'urine. (On se sert, dans cette opération, d'un filtre ne laissant, par incinération, qu'une quantité de cendres assez faible pour qu'on puisse en négliger le poids.)

SUBSTANCES NORMALES DE L'URINE

CHLORURES

572. Dosage. — Le dosage du chlore, qui s'élimine presque totalement à l'état de chlorure de sodium, se fait en général par méthode volumétrique ; deux procédés sont employés :

I. Procédé Gay-Lussac — Mohr. — A. Théorie. — *a*) On sait qu'une solution d'azotate d'argent précipite le chlore des chlorures métalliques à l'état de chlorure d'argent.

$$ClNa + AzO^3Ag = ClAg + AzO^3Na$$

L'équation ci-dessus montre que chaque molécule d'azotate d'argent précipite une molécule, soit 58,5 grammes de chlorure de sodium. Si donc on fait une liqueur titrée normale d'azotate d'argent, en dissolvant dans de l'eau le poids moléculaire de ce sel, soit 170 grammes, et en étendant la solution à un litre, chaque centimètre cube de cette solution précipitera le poids moléculaire du chlorure de sodium, exprimé en milligrammes, soit 0,0585 gramme. Si dans une analyse, on prélève 10 centimètres cubes d'urine, et qu'il faille pour arriver à la fin de la réaction N centimètres cubes de la solution normale d'azotate d'argent, ces 10 c. c. d'urine renfermeront N fois $0^{gr},0585$ de chlorure de sodium et un litre d'urine en contiendra 100 fois plus. Le poids p de chlorure de sodium dans un litre d'urine sera donc donné par la formule $p = N \times 5,85$. Si, au lieu d'une solution normale, on se sert d'une solution déci-normale, on aura $p = N' \times 0,585$.

b) Dans tout procédé volumétrique, il faut saisir nettement la fin de la réaction. Ici l'indicateur final est le chromate de potassium. Une solution de ce sel donne avec l'azotate d'argent un précipité rouge brique de chromate d'argent, que le chlorure de sodium décompose en chlorure d'argent, comme il décompose l'azotate d'argent. La coloration rouge brique ne persistera donc dans la liqueur d'épreuve que lorsque tout le chlorure de sodium aura été précipité à l'état de chlorure d'argent; elle marquera ainsi la fin de la réaction.

c) Le dosage volumétrique des chlorures par l'azotate d'argent ne pourra évidemment être effectué en présence des bases ou des carbonates solubles qui, comme les chlorures, précipiteraient l'azotate d'argent. Il ne peut être non plus effectué en liqueur acide, surtout en présence d'un acide minéral fort, car les acides dissolvent le chromate d'argent et empêchent par suite la réaction finale de se manifester, ou tout au moins en retardent considérablement l'apparition. Enfin, on ne peut opérer ce dosage en présence des substances organiques, qui précipitent ou réduisent l'azotate d'argent. L'application aux urines du procédé de dosage des chlorures par l'azotate d'argent titré exige donc une série d'opérations ayant pour but l'obtention d'une liqueur neutre et exempte de matières organiques.

B. Préparation des liqueurs. — 1° On se sert en général d'une liqueur déci-normale d'azotate d'argent, qu'on prépare en dissolvant 17 grammes d'azotate d'argent pur et sec dans l'eau et en étendant exactement la liqueur à un litre dans une fiole jaugée.

Quelques auteurs emploient une solution renfermant 29,06 grammes (1) d'azotate d'argent par litre ; chaque centimètre cube de cette solution précipite un centigramme de chlorure de sodium. En opérant sur 10 centimètres cubes d'urine, le nombre de centimètres cubes d'azotate d'argent employés donne, dans ce cas, en grammes le poids de chlorure de sodium par litre d'urine.

2° La solution de chromate de potassium se prépare en dissolvant 10 grammes de ce sel dans 100 grammes d'eau.

C. Pratique. — L'opération se conduit de la manière suivante :

On prélève, à l'aide d'une pipette graduée, 10 centimètres cubes d'urine et on les laisse écouler dans une petite capsule de porcelaine contenant 3 grammes d'azotate de potassium pur.

On évapore au bain-marie, puis on chauffe la capsule à l'aide d'un bec Bunsen, modérément d'abord, puis progressivement jusqu'au rouge. Dans cette opération, l'azotate de potassium cède de l'oxygène aux substances organiques et les brûle ; il se forme des carbonates alcalins. L'opération est terminée quand la masse est en fusion tranquille ; après refroidissement le résidu doit être parfaitement blanc. Si ce résultat n'était pas atteint il faudrait ajouter encore un peu d'azotate de potassium et fondre à nouveau.

Après refroidissement, on dissout dans l'eau le contenu de la capsule, on verse la dissolution dans une fiole tronc-conique et

(1) 29,06 est la quantité qu'il faut employer si l'on adopte pour le chlore, pour le sodium et pour l'argent les poids atomiques usuels : 35,5, 23 et 108.

on lave avec soin la capsule, en ajoutant les eaux de lavage à la solution première.

On acidule maintenant le liquide, dont le volume doit être d'environ 50 centimètres cubes, par quelques gouttes d'acide azotique, dans le but de détruire les carbonates alcalins.

On neutralise la liqueur par du carbonate de calcium précipité et bien exempt de chlorures. Le carbonate de calcium étant insoluble, un excès de ce sel est sans aucun inconvénient.

Enfin, on ajoute à la liqueur ainsi préparée 2 ou 3 gouttes de chromate de potassium et, à l'aide d'une burette graduée, on laisse couler goutte à goutte l'azotate d'argent, en remuant, jusqu'à apparition d'une teinte rose persistante.

La lecture de la burette avant et après l'opération donne le nombre de centimètres cubes d'azotate d'argent qui ont été nécessaires pour précipiter le chlore des 10 centimètres cubes d'urine; on calculera aisément d'après les indications données plus haut, le poids de chlorure de sodium dans un litre d'urine.

II. Procédé Charpentier (1). — A. Théorie. — Dans ce procédé, on précipite le chlore du chlorure de sodium par l'azotate d'argent, *en présence d'acide azotique*. Cet acide empêche les matières organiques de l'urine d'agir sur l'azotate d'argent; on peut donc opérer directement sur l'urine et éviter l'incinération préalable, nécessaire dans le procédé précédent.

On effectue la précipitation par un excès d'azotate d'argent titré et on détermine ensuite l'excès d'azotate d'argent ajouté, à l'aide d'une solution titrée de sulfocyanate d'ammonium et d'un sel ferrique comme indicateur. Le sulfocyanate d'ammonium, même en présence d'acide azotique, réagit, en effet, sur l'azotate d'argent en donnant un précipité blanc, caillebotté, de sulfocyanate d'argent et colore en rouge sang une dissolution d'un sel ferrique. Lorsque l'azotate d'argent et le sel ferrique se trouvent mélangés dans une solution, la coloration rouge n'apparaît qu'après la précipitation totale de l'argent et indique donc la fin de l'opération. La réaction du sulfocyanate d'ammonium sur l'azotate d'argent est exprimée par l'équation :

$$\underbrace{CyS(AzH^4)}_{\text{Sulfocyanate d'ammonium.}} + \underbrace{AzO^3Ag}_{\text{Azotate d'argent.}} = \underbrace{AzO^3(AzH^4)}_{\text{Azotate d'ammonium.}} + \underbrace{CySAg}_{\text{Sulfocyanate d'argent.}}$$

(1) Ce procédé est souvent attribué à tort, même dans des ouvrages français, à M. Volhard. — M. Salkowski a précisé le mode d'opérer dans le cas particulier des urines.

B. Préparation des liqueurs. — 1° On se sert comme dans le procédé précédent d'une liqueur déci-normale d'azotate d'argent ou d'une solution contenant 29,06 grammes de ce sel par litre de solution.

2° La solution de sulfocyanate d'ammonium doit être telle qu'elle précipite intégralement la solution titrée d'azotate d'argent, volume à volume. Comme le sulfocyanate d'ammonium est très hygrométrique, on ne cherche pas à atteindre ce résultat par la pesée exacte du sel. On fait une dissolution plus concentrée qu'il ne faut et on *ajuste* ensuite la liqueur. Soit à préparer une solution déci-normale ; il faudrait dissoudre exactement 7,6 grammes de sulfocyanate et étendre la solution à un litre. On dissout 10 grammes de ce sel, c'est-à-dire une quantité notablement plus forte que celle indiquée par la théorie, dans environ 1 100 centimètres cubes d'eau. On prélève d'autre part 10 centimètres cubes de la solution déci-normale d'azotate d'argent, on ajoute à ce volume environ 200 centimètres cubes d'eau, 5 centimètres cubes de la solution ferrique dont il sera parlé plus bas, puis, goutte à goutte et en agitant, de l'acide azotique jusqu'à décoloration du liquide. Dans la liqueur ainsi préparée, on verse avec précaution, à l'aide d'une burette graduée, la dissolution de sulfocyanate d'ammonium jusqu'à ce que le liquide prenne une teinte rose persistante; soit N le volume de la dissolution de sulfocyanate employé. Cette dissolution étant plus concentrée qu'elle ne doit être, N sera plus petit que 10. Il faudra donc ajouter à N centimètres cubes de la solution de sulfocyanate un volume a d'eau tel que $N + a = 10$ centimètres cubes. Pour 1 centimètre cube de solution il faudra $\frac{a}{N}$ d'eau et pour 1 litre $\frac{a \times 1\,000}{N}$. Il suffira donc d'ajouter à 1 litre de la solution empirique de sulfocyanate le volume ainsi calculé d'eau pour obtenir une solution précipitant, volume à volume, l'azotate d'argent titré.

3° Le réactif indicateur s'obtient en faisant une solution saturée à froid d'alun de fer ammoniacal.

C. Pratique. — Pour effectuer un dosage, on opère de la façon suivante :

On prélève 10 centimètres cubes d'urine, on les laisse écouler de la pipette dans une fiole jaugée de 100 centimètres cubes, on ajoute 4 centimètres cubes d'acide azotique de densité 1,2, environ 50 centimètres cubes d'eau distillée et 25 centimètres cubes exactement mesurés d'azotate d'argent déci-normal, quantité plus que suffisante pour précipiter tout le chlore. On agite le mélange et on complète à 100 cent. cubes avec de l'eau distillée. On bouche le flacon, on le retourne plusieurs fois pour rendre la solution bien homogène, puis on abandonne au repos. Lorsque le précipité s'est rassemblé, on filtre sur un filtre sec, en y versant d'abord le liquide clair.

On prélève 50 centimètres cubes du liquide filtré, on ajoute environ 150 cent. cubes d'eau distillée, 5 cent. cubes de la solution ferrique comme indicateur et, goutte à goutte, de l'acide azotique jusqu'à décoloration ; on titre avec la solution de sulfocyanate d'ammonium.

Si l'urine ne renfermait pas de chlorures, il faudrait 12,5 centimètres cubes de sulfocyanate, puisque l'on a opéré sur la moitié des 100 centimètres cubes renfermant 25 centimètres cubes de liqueur d'argent. Mais une partie de l'azotate d'argent ayant été précipitée par le chlorure de sodium, on aura un nombre de centimètres cubes de sulfocyanate $N < 12{,}5$. La différence $12{,}5 - N$ donne le nombre de centimètres cubes d'azotate d'argent précipités par le chlorure de sodium de 5 cc. d'urine. Le poids de ce chlorure sera donc $(12{,}5 - N) \times 0{,}00585$ et pour un litre $(12{,}5 - N) \times 0{,}00585 \times 200 = (12{,}5 - N) \times 1{,}17$.

Si au lieu d'une liqueur déci-normale, on emploie la liqueur renfermant 29,06 grammes d'azotate d'argent et une liqueur titrée de sulfocyanate correspondante, il suffit d'ajouter 15 centimètres cubes de liqueur d'argent pour 10 centimètres cubes d'urine. Le poids des chlorures par litre d'urine sera alors exprimé par $(7{,}5 - N') \times 2$.

573. Variations. — A. État physiologique. — La majeure partie de l'acide chlorhydrique de l'urine est à l'état de chlorure de sodium ; une petite partie seulement est à l'état de chlorure de potassium.

La quantité de chlorures éliminée en 24 heures varie, à l'état normal, entre 6 et 15 grammes et dépend de la quantité des chlorures ingérés avec les aliments et déversés dans le sang. L'élimination est d'autant plus rapide que le sang est plus riche en chlorures et que le volume des urines est plus considérable; aussi la quantité de chlorures éliminés est-elle plus abondante pendant le jour que pendant la nuit et augmente-t-elle, d'une façon passagère, après l'ingestion de beaucoup d'eau.

Pendant le jeûne, l'élimination des chlorures est considérablement diminuée, car l'organisme retient énergiquement les chlorures qui font partie intégrante de tous les tissus et de tous les liquides de l'économie. Mais en provoquant une augmentation considérable du volume de l'urine émise, par l'administration de beaucoup d'eau et de substances diurétiques, comme le nitrate de potassium, on arrive à amener chez les animaux une déperdition de chlorures assez rapide.

Après une saignée, les chlorures diminuent dans l'urine pendant un certain temps, les chlorures des aliments étant en partie utilisés à la réparation sanguine.

B. État pathologique. — Il est évident que les chlorures de l'urine diminuent dans toutes les maladies où la quantité de chlorures ingérés est elle-même diminuée, par suite de l'insuffisance de l'alimentation ou par suite du régime lacté.

L'élimination des chlorures par l'urine est diminuée, par rapport à l'ingestion, dans les maladies s'accompagnant de diarrhées abondantes ou de la formation rapide d'épanchements ; les chlorures ingérés s'éliminent en partie par l'intestin dans le premier cas, et participent à la formation des liquides pathologiques dans le second cas. Si un épanchement se résorbe, on observe au contraire que les chlorures augmentent dans l'urine pendant que se fait la résorption.

L'élimination des chlorures par l'urine est aussi très diminuée dans la période d'état de toutes les maladies fébriles aiguës, à l'exception des fièvres intermittentes. Dans la pneumonie notamment, il n'est pas rare de voir s'abaisser la quantité des chlorures éliminés en 24 heures au-dessous d'un gramme ; le chlorure de sodium administré par les voies digestives ou injecté dans les veines, ne passe qu'en très petite partie dans l'urine. Il y a donc une sorte de rétention de ce sel dans le sang. Au contraire, à la période de défervescence, la proportion des chlorures de l'urine remonte peu à peu et, pendant la convalescence, il se produit une véritable décharge de chlorure de sodium. M. A. Gautier explique ces phénomènes en admettant que les matières extractives azotées qui s'accumulent dans le sang pendant les pyrexies, forment avec le chlorure de sodium des combinaisons assez stables, et empêchent ainsi la dialyse du chlorure de sodium à travers les reins.

PHOSPHATES

574. Dosage. — Procédé a l'azotate d'uranyle. — A. Théorie. — Les phosphates bi et trimétalliques sont insolubles dans l'eau, excepté les phosphates alcalins ; mais la plupart des phosphates insolubles se dissolvent dans les acides, même dans les acides faibles comme l'acide acétique, en passant à l'état de phosphates acides solubles. Le phosphate d'uranyle fait exception ; il est insoluble dans l'acide acétique. On peut donc précipiter l'acide phosphorique d'une solution renfermant de l'acide acétique libre, à l'aide d'un sel soluble d'uranyle. — L'uranyle est un radical $(UO^2)''$ bivalent, susceptible de se substituer à l'hydrogène des acides à la manière des métaux, pour former des sels ; le phosphate d'uranyle a une composition répondant à la formule $PhO^4H(UO^2)$.

Si on dispose d'une dissolution d'un sel d'uranyle dont un centimètre cube précipite un poids p d'anhydride phosphorique (1), la quantité x d'anhydride phosphorique contenue dans un liquide pourra se déduire du nombre N de centimètres cubes de sel d'uranyle nécessaire pour en précipiter totalement l'acide phosphorique. On aura en effet $x = N \times p$.

Pour reconnaître la fin de l'opération, on se sert du ferrocyanure de potassium, qui donne avec les sels solubles d'uranyle un précipité brun. On ne peut pas mettre ce réactif indicateur dans la liqueur à titrer, car le phosphate d'uranyle ne se précipite pas avant le ferrocyanure d'uranyle et la teinte brune apparaîtrait dès le début du titrage. L'indication finale s'obtient, *par voie externe*, en portant une goutte de l'essai sur une soucoupe de porcelaine et en touchant cette goutte avec une baguette mouillée de ferrocyanure. Tant qu'il n'y a dans le liquide que du phosphate d'uranyle insoluble, aucune coloration ne se manifeste au contact ; mais dès qu'on a ajouté un faible excès de sel d'uranium, il se produit une coloration brune caractéristique.

Il est essentiel dans cette méthode volumétrique, d'opérer toujours sur un même volume de liquide pour les divers essais, car l'insolubilité du ferrocyanure d'uranyle n'est pas absolue et par suite la coloration brune exigera, pour se manifester, un excès de sel d'uranyle d'autant plus grand que la liqueur d'épreuve sera plus diluée.

B. Préparation des liqueurs. — L'azotate d'uranyle cristallisé n'a pas une composition assez constante pour qu'on puisse préparer une liqueur titrée de ce sel par pesée directe.

1° On prépare donc une liqueur renfermant dans un litre un

(1) Il est d'usage d'évaluer l'acide phosphorique à l'état d'anhydride Ph^2O^5.

poids exactement connu d'anhydride phosphorique et on se sert de cette liqueur pour ajuster la solution d'azotate d'uranyle. En général, on dissout 3gr,24 de phosphate acide d'ammonium sec dans de l'eau et on étend la solution à 1 litre; la liqueur ainsi préparée renferme 2 gr. d'anhydride phosphorique par litre.

2° La dissolution titrée uranique s'obtient en dissolvant 40 grammes d'azotate d'uranyle dans environ 400 centimètres cubes d'eau. Quand la dissolution, qui s'opère assez rapidement, est complète, on verse un peu d'ammoniaque, jusqu'à formation de flocons jaunes qui ne se redissolvent plus par l'agitation. On ajoute alors assez d'acide acétique pour redissoudre le précipité et on étend à 1 litre avec de l'eau distillée. Un centimètre cube de cette solution précipite un peu plus de 0gr,005 d'anhydride phosphorique. On l'ajuste à l'aide de la solution de phosphate, de manière à ce que 1 centimètre cube précipite exactement 0gr,005 d'anhydride phosphorique.

Pour cela, on prélève exactement 50 centimètres cubes de la solution de phosphate, on les laisse écouler dans un vase de Bohême ou dans une capsule de porcelaine, on ajoute 5 cc. de la solution acétique d'acétate de sodium dont il est parlé plus bas. (On opère donc au total sur 55 centimètres cubes de liquide ; c'est avec un volume égal de liquide qu'on opèrera le dosage de l'acide phosphorique dans l'urine.) On chauffe le tout au voisinage du point d'ébullition et on ajoute, à l'aide d'une burette graduée, goutte à goutte et en remuant, la solution d'azotate d'uranyle jusqu'à ce qu'une goutte du liquide donne avec le ferrocyanure une coloration brune. Les 50 centimètres cubes de solution de phosphate contiennent 0gr,100 d'anhydride phosphorique. Si 1 centimètre cube de solution d'urane précipitait exactement 0gr,005 d'anhydride phosphorique, il en faudrait 20 centimètres cubes pour précipiter tout l'acide phosphorique. Mais cette liqueur a été faite un peu plus concentrée; il en faudra donc un volume $N < 20$. Pour l'ajuster, il faudra ajouter à N centimètres cubes un volume a d'eau, tel que $N + a = 20$ centimètres cubes, et par suite, à un volume V quelconque de la liqueur un volume $\frac{a}{N} \times V$ d'eau.

3° On prépare une solution acétique d'acétate de sodium en dissolvant 100 grammes d'acétate de sodium dans l'eau; on ajoute 50 centimètres cubes d'acide acétique cristallisable et on étend à 1 litre.

4° La solution de ferrocyanure de potassium s'obtient en

dissolvant environ 10 grammes du sel cristallisé dans 100 centimètres cubes d'eau.

C. Pratique. — *a*) On prélève 50 centimètres cubes d'urine filtrée (1), on les laisse écouler dans un vase de Bohème, on ajoute 5 centimètres cubes de liqueur acétique, on chauffe et on titre avec la solution uranique, en opérant comme pour l'ajustage de la liqueur. Soit N le nombre de centimètres cubes nécessaires pour arriver à la fin de la réaction ; 50 centimètres cubes d'urine renfermeront $N \times 0{,}005$ d'anhydride phosphorique et un litre en renfermera $N \times 0{,}005 \times 20 = N \times 0{,}1$. N indique donc, en décigrammes, la quantité d'anhydride phosphorique par litre.

b) Dans l'opération qui précède, on obtient l'acide phosphorique total, c'est-à-dire aussi bien l'acide phosphorique qui se trouve dans l'urine à l'état de phosphates alcalins, que l'acide phosphorique qui se trouve à l'état de phosphates de calcium ou de magnésium. Il y a souvent intérêt à connaître la quantité d'acide phosphorique qui se trouve dans l'urine à l'un ou à l'autre de ces états de combinaison.

Pour cela on prélève, dans une deuxième opération, 60 centimètres cubes environ d'urine, on les alcalinise par quelques gouttes d'ammoniaque, de manière à précipiter le phosphate de calcium et le phosphate de magnésium qui se trouvaient en solution dans l'urine à l'état de phosphates acides. On laisse le dépôt se rassembler, on filtre et on recueille 50 centimètres cubes du liquide filtré, qu'on acidule très légèrement par un peu d'acide acétique. On ajoute ensuite 5 centimètres cubes de liqueur acétique et on titre comme précédemment.

Le résultat du dosage donne l'anhydride phosphorique à l'état de phosphates alcalins ; en retranchant le nombre obtenu du poids de l'anhydride phosphorique total, on a l'anhydride phosphorique à l'état de phosphates de calcium et de magnésium (2).

(1) Si l'urine était neutre ou alcaline, on ajouterait préalablement à la totalité de l'urine quelques gouttes d'acide acétique, pour redissoudre les phosphates terreux précipités.

(2) Cette manière d'opérer, qui est classique, n'est pas exacte. Une partie seulement de l'acide phosphorique du phosphate monocalcique et du phosphate monomagnésien se précipite par l'addition d'ammoniaque ; une autre partie se combine à l'ammoniaque.

$$\underbrace{3\,[(PhO^4H^2)^2Ca]}_{\text{Phosphate monocalcique.}} + \underbrace{12\,AzH^3}_{\text{Ammoniaque.}} = \underbrace{(PhO^4)^2Ca^3}_{\text{Phosphate tricalcique.}} + \underbrace{4\,PhO^4(AzH^4)^3}_{\text{Phosphate d'ammonium.}}$$

$$\underbrace{(PhO^4H^2)^2Mg}_{\text{Phosphate monomagnésien.}} + \underbrace{4\,AzH^3}_{\text{Ammoniaque.}} = \underbrace{PhO^4MgAzH^4}_{\text{Phosphate ammoniaco-magnésien.}} + \underbrace{PhO^4(AzH^4)^3}_{\text{Phosphate d'ammonium.}}$$

575. Variations. — A. ÉTAT PHYSIOLOGIQUE. — L'homme élimine par l'urine en 24 heures de 1gr,5 à 3gr,5 d'anhydride phosphorique, en moyenne 2gr,5. Les deux tiers environ de cette quantité sont combinés aux alcalis, surtout à la soude, sous forme de phosphates mono et biacides. Un tiers est combiné à la chaux et à la magnésie; la quantité de phosphate de magnésium est à peu près deux fois celle du phosphate de calcium. Le rapport de l'acide phosphorique à l'urée est d'environ 10 p. 100.

L'acide phosphorique de l'urine provient en grande partie des phosphates de l'alimentation; une minime partie se forme par l'oxydation des substances organiques phosphorées. Les trois quarts environ de l'acide phosphorique excrété s'éliminent par l'urine, le reste par les fèces. L'élimination par l'urine varie aux divers moments de la journée; elle passe par un maximum dans l'après-midi, diminue dans la nuit et atteint son minimum dans la matinée. Le travail musculaire, l'ingestion d'eau, de phosphates solubles, l'alimentation carnée augmentent la quantité d'acide phosphorique éliminé en 24 heures. D'après M. Mairet, le travail cérébral augmente la proportion de l'acide phosphorique uni aux terres et diminue celle de l'acide phosphorique uni aux alcalis; il diminue généralement la quantité totale d'acide phosphorique, par suite d'un ralentissement de la nutrition générale. Dans l'inanition, l'élimination de l'acide phosphorique est diminuée, mais relativement moins que celle des chlorures et de l'urée; elle est aussi diminuée pendant la grossesse.

B. ÉTAT PATHOLOGIQUE. — Les variations de l'acide phosphorique urinaire à l'état pathologique, sont généralement assez faibles.

a) L'élimination est diminuée dans la goutte, dans les néphrites, dans le rhumatisme articulaire aigu et dans la plupart des maladies fébriles aiguës, dans la chlorose et dans l'hystérie. MM. Gilles de la Tourette et Cathelineau ont montré que dans cette dernière maladie, le rapport des phosphates terreux aux phosphates alcalins, qui est de un demi environ à l'état normal, oscille autour de 1. Ces auteurs avaient pensé que ce changement de rapport, qu'on désigne sous le nom impropre d'inversion des phosphates, était caractéristique de l'hystérie; mais il est aujourd'hui démontré par les analyses de MM. Voisin, Mairet, Bosc que l'inversion des phosphates peut s'observer dans d'autres maladies nerveuses, notamment dans la lypémamie et dans l'épilepsie, immédiatement après les attaques, et que d'autre part, elle n'est pas absolument constante dans l'hystérie.

b) L'élimination de l'acide phosphorique augmente dans la méningite aiguë, dans le rhumatisme chronique, dans le diabète sucré ou insipide, dans la leucémie, dans l'atrophie aiguë du foie (1) et dans la plupart des cas d'épilepsie, mais seulement les jours d'attaques. On observe aussi une élimination abondante de phosphates et surtout de phosphates terreux pendant la période d'invasion de la tuberculose pulmonaire; plus tard l'élimination tombe au-dessous de la normale, par suite de la cachexie et peut-être aussi à cause de l'élimination de quantités notables de phosphates terreux par les crachats. Enfin, il est des cas pathologiques, étudiés par M. Tessier sous le nom de *diabète phosphatique* ou de *phosphaturie essentielle*, dans lesquels les principaux symptômes, du côté de l'urine, sont constitués par de la polyurie et par une déperdition exagérée d'acide phosphorique, soit en quantité absolue (10 grammes et au delà par 24 heures), soit par rapport à l'urée éliminée.

Phosphore incomplètement oxydé.

576. Recherche; dosage; variations. — Outre les phosphates, l'urine renferme des composés phosphorés organiques, notamment des glycéro-phosphates. Le phosphore de ces composés, qu'on désigne sous le nom de phosphore incomplètement oxydé, représente à l'état normal 1,4 p. 100 environ du phosphore total de l'urine; sa proportion augmente sous l'influence de l'anesthésie chloroformique (Zülzer) et de la morphine, dans l'apoplexie (Lépine, Eymonnet et Aubert), après les attaques d'épilepsie, dans la dégénérescence graisseuse du foie, dans la phtisie. — Pour déceler et doser approximativement le phosphore incomplètement oxydé, on précipite d'abord les phosphates de 200 cent. cubes d'urine par 50 cent. cubes de mixture magnésienne (2). On filtre au bout de 24 heures et on évapore le filtratum. En calcinant le résidu avec du nitrate de potassium, on transforme le phosphore incomplètement oxydé en phosphates. Le résidu est repris par de l'eau acidulée avec

(1) Dans l'atrophie aiguë du foie, M. Bouchard a constaté jusqu'à 11 grammes d'acide phosphorique dans l'urine des 24 heures.

(2) Ce réactif s'obtient en dissolvant 30 grammes de sulfate de magnésium et autant de chlorure ammonique dans 130 grammes d'eau distillée. On ajoute à la solution 130 grammes d'ammoniaque concentrée et on filtre.

de l'acide azotique; la solution obtenue est traitée, vers 40°, par un excès de molybdate d'ammonium en solution azotique, qui précipite les phosphates (**30.** 5). Au bout de quelques heures, on recueille le précipité sur un filtre taré, on le lave avec de l'acide azotique au dixième et on le sèche à 100°. Le poids du précipité multiplié par 0,0557 donne, exprimé en acide phophoglycérique, le poids de phosphore incomplètement oxydé.

SULFATES

577. Dosage. — A. Théorie. — L'acide sulfurique se dose de préférence par pesée, à l'état de sulfate de baryum, sel insoluble dans l'eau et dans l'acide chlorhydrique dilué.

L'acide sulfurique existe dans l'urine sous forme de sulfates métalliques neutres et sous forme de sulfates conjugués, composés à fonction éther dans lesquels l'un des atomes d'hydrogène de l'acide sulfurique est remplacé par un métal, et l'autre par un radical aromatique; tels sont les phényl-sulfates, indoxyl-sulfates, scatoxyl-sulfates.

L'acide sulfurique qui est sous forme de sulfates métalliques dans l'urine, est précipité directement par le chlorure de baryum à l'état de sulfate de baryum; au contraire, l'acide sulfurique des sulfates conjugués ne l'est pas. Mais lorsqu'on fait bouillir l'urine avec un acide fort comme l'acide chlorhydrique, ces sulfates conjugués subissent une décomposition hydrolytique, c'est-à-dire se dédoublent en phénol et en sulfate métallique acide (**168**), maintenant précipitable par le chlorure de baryum. — Le poids d'acide sulfurique s'exprime ordinairement en anhydride SO^3.

B. Pratique. — *a*) Pour doser l'acide sulfurique total, on prélève 100 c.c. d'urine préalablement filtrée, on les laisse écouler dans un vase de Bohême d'un quart de litre environ, on ajoute 10 c.c. d'acide chlorhydrique pur des laboratoires et on fait bouillir pendant environ 10 minutes. On décompose ainsi les éthers de l'acide sulfurique.

On ajoute alors au liquide encore chaud du chlorure de baryum, en ayant soin de remuer. Pour s'assurer qu'on a ajouté assez de chlorure de baryum, on laisse le précipité se déposer et on ajoute de nouveau quelques gouttes de chlorure de baryum qui ne doivent plus déterminer de précipité.

On décante le liquide clair sur un petit filtre. On verse de l'eau bouillante sur le précipité, on agite, on laisse de nouveau déposer et on décante à nouveau le liquide clair sur le filtre. Ces précautions sont nécessaires, parce que le sulfate de baryum a une grande tendance à passer au travers des filtres. On porte enfin le précipité sur le filtre et on lave à l'eau bouillante, jusqu'à ce que le liquide filtré ne précipite plus l'azotate d'argent. On le lave ensuite à l'alcool absolu, puis à l'éther, pour lui enlever les pigments dont il est souillé.

Cela fait, on dessèche rapidement le précipité à l'étuve. On déplie alors le filtre, on fait tomber le sulfate de baryum sur un morceau de papier noir glacé et on le recouvre avec l'entonnoir. On incinère le filtre dans un creuset de poids connu. Pendant l'incinération, une partie du sulfate de baryum est réduite à l'état de sulfure par le charbon du filtre. Pour corriger cette cause d'erreur, on mouille les cendres avec une goutte d'acide chlorhydrique, puis on ajoute une goutte d'acide sulfurique; on retransforme ainsi le sulfure de baryum en sulfate. Enfin, on calcine à nouveau, pour chasser les acides ajoutés. On ajoute alors le précipité aux cendres, en s'aidant d'un pinceau pour détacher les dernières traces du précipité. On couvre le creuset et on chauffe fortement. On pèse, après refroidissement du creuset dans l'air sec. Le poids de sulfate de baryum multiplié par 0,3433 donne le poids d'anhydride sulfurique.

b) Pour doser l'acide sulfurique qui se trouve dans l'urine à l'état d'éthers, on ajoute à 110 centimètres cubes d'urine, 110 centimètres cubes d'une solution obtenue en mélangeant 2 parties d'eau de baryte et 1 partie d'une solution saturée de chlorure de baryum. On détermine ainsi la précipitation des sulfates ordinaires. On attend que le liquide soit bien éclairci, on verse le liquide clair sur un petit filtre sec et on prélève 200 c.c. du liquide filtré ; ce volume correspond à 100 c. c. d'urine. On ajoute 20 c.c. d'acide chlorhydrique pur et on fait bouillir pendant 10 à 15 minutes. Les sulfates conjugués sont décomposés et il se précipite du sulfate de baryum, la liqueur contenant un excès de chlorure de baryum. On recueille et on pèse le sulfate de baryum comme précédemment ; on en déduit, par le calcul, le poids d'anhydride sulfurique formé aux dépens des éthers de l'acide sulfurique. — En retranchant ce poids de celui de l'anhydride sulfurique total, on obtient le poids d'anhydride sulfurique contenu dans l'urine à l'état de sulfates métalliques.

578. Variations. — A. ÉTAT PHYSIOLOGIQUE. — La quantité d'acide sulfurique éliminé en 24 heures varie, à l'état normal, entre 1,5 et 2,5 gr. Elle est en moyenne de 2 grammes; le dixième seulement de cette quantité est à l'état de sulfates conjugués. L'élimination est maxima dans l'après-midi, minima dans la matinée. L'acide sulfurique urinaire provient presque exclusivement de l'oxydation du soufre des matières albuminoïdes ; aussi ses variations journalières sont elles parallèles à celles de l'azote urinaire. Le rapport de l'acide sulfurique à l'urée est d'environ 1 à 14.

La quantité d'acide sulfurique éliminé par l'urine diminue par une alimentation végétale et par le jeûne. Elle augmente par une alimentation animale, après l'ingestion de soufre, d'acide sulfurique, de sulfates ; l'augmentation est plus ou moins longue à se produire selon les sujets.

B. État pathologique. — Dans les diverses maladies, la courbe des sulfates urinaires est sensiblement parallèle à celle de l'urée, sauf dans les cas d'ingestion de sulfates ou d'autres médicaments pouvant se transformer en sulfates.

La quantité d'acide sulfurique à l'état de sulfates conjugués, qui est à l'état normal de 0gr,2 en 24 heures, augmente aux dépens de l'acide sulfurique des sulfates ordinaires dans toutes les affections où il y a exagération des fermentations microbiennes intestinales et, par suite, formation exagérée de produits à fonction phénol, tels que l'indol, le scatol et le phénol; toutefois s'il y a diarrhée abondante, ces produits sont en grande partie rejetés directement par les fèces, au lieu d'être éliminés par l'urine à l'état de sulfates conjugués. Ceux-ci augmentent aussi dans l'urine quand l'organisme est le siège de suppurations abondantes, et après l'ingestion d'un grand nombre de médicaments à fonction phénol, tels que le phénol, le naphtol, la résorcine et l'acide salicylique.

Soufre incomplètement oxydé.

579. Recherche ; dosage ; variations. — *a*) Outre les sulfates minéraux et les sulfates conjugués, l'urine contient des composés sulfurés organiques (1) dans lesquels le soufre n'est pas encore uni à 4 atomes d'oxygène comme dans l'acide sulfurique et dans les sulfates métalliques ou conjugués. Le soufre ainsi éliminé porte le nom de *soufre incomplètement oxydé* ou

(1) L'urine de l'homme peut renfermer aussi, dans des cas pathologiques très rares, de l'hydrogène sulfuré (**25**). — L'urine de certains animaux contient des hyposulfites.

soufre neutre, par opposition au *soufre acide*, nom sous lequel on désigne, en urologie, le soufre à l'état de sulfates.

Le soufre neutre est constitué par des sulfocyanates, par des dérivés de la taurine, de la cystine et de la cystéine, et par d'autres composés dont la nature est encore inconnue.

On peut démontrer facilement l'existence du soufre neutre dans l'urine par le procédé suivant : on met dans un ballon 50 à 100 c.c. d'urine et un morceau de zinc bien décapé, on ajoute de l'acide chlorhydrique jusqu'à ce que de l'hydrogène se dégage et on suspend dans le col du ballon un papier imprégné d'acétate de plomb. Sous l'influence de l'hydrogène naissant, le soufre incomplètement oxydé donne de l'hydrogène sulfuré, qui noircit le papier plombique.

On peut aussi déceler le soufre neutre en le transformant par oxydation en acide sulfurique. Pour cela, on précipite les sulfates neutres et les sulfates conjugués par le chlorure de baryum, après avoir préalablement soumis l'urine à l'ébullition avec de l'acide chlorhydrique (**577**. B. *a*) ; on précipite l'excès de chlorure de baryum en neutralisant le liquide par un excès de carbonate de sodium pur et on filtre. On évapore le liquide et on calcine le résidu avec de l'azotate de potassium ; on peut alors constater la formation d'une nouvelle quantité d'acide sulfurique. M. Lépine a montré que si on chauffe simplement le liquide avec du brome, une partie seulement du soufre neutre, qu'il a appelée *soufre facilement oxydable*, est transformée en acide sulfurique. Le reste du soufre neutre est désigné sous le nom de *soufre difficilement oxydable* ; il paraît avoir le foie pour origine.

Pour déterminer le soufre neutre, on évapore 50 c.c. d'urine avec 2 à 3 gr. de carbonate de sodium et 5 à 6 gr. d'azotate de potassium ; on incinère, on reprend le résidu par de l'eau acidulée d'acide chlorhydrique et on y dose l'acide sulfurique à l'état de sulfate de baryum. On obtient le soufre neutre, exprimé en acide sulfurique, en retranchant de la quantité trouvée la quantité d'acide sulfurique provenant des sulfates neutres et des sulfates conjugués, déterminée sur une autre prise d'urine (**577**.B.*a*).

b) La quantité de soufre neutre, exprimée en acide sulfurique, contenue dans l'urine des vingt-quatre heures, est d'environ 0gr,50, dont 0gr,05 environ de soufre difficilement oxydable. Le soufre neutre de l'urine représente chez l'homme 15 à 20 p. 100 du soufre total (1). Sa proportion augmente dans

(1) La proportion atteint 30 et 35 p. 100 dans l'urine du chien à l'état normal.

l'inanition et par une alimentation exclusivement composée de pain. Elle augmente également dans l'ictère, où il peut atteindre 62 p. 100 d'après M. Lépine, dans la pneumonie et dans la cystinurie. L'augmentation porte sur le soufre difficilement oxydable dans l'ictère et sur le soufre facilement oxydable dans la pneumonie.

CHAUX ET MAGNÉSIE

580. Variations. — Les urines des vingt-quatre heures contiennent de 0gr,2 à 0gr,3 de chaux et environ une fois et demie plus de magnésie ; le rapport de ces deux bases est renversé pendant l'inanition. — La quantité de chaux éliminée par l'urine diminue sous l'influence du travail musculaire. Elle diminue aussi, à l'état pathologique, dans les maladies fébriles, dans les diarrhées abondantes, dans les maladies nerveuses, dans l'atrophie aiguë du foie, dans la myosite ossifiante, dans l'athérome ; elle augmente au contraire au début de la phtisie, dans le diabète. Ses variations dans le rachitisme et dans l'ostéomalacie sont peu importantes ; les auteurs sont partagés sur le sens de ces variations. Le rapport de la chaux à la magnésie est généralement augmenté dans l'ostéomalacie.

POTASSE ET SOUDE ; AMMONIAQUE

581. Variations. — *a*) L'homme soumis à un régime mixte élimine par l'urine en vingt-quatre heures environ 6 grammes de soude et 3 grammes de potasse. Le rapport de ces bases et leur quantité absolue peuvent d'ailleurs varier beaucoup suivant la nature des sels contenus dans l'alimentation ; la potasse augmente quand la viande, les pommes de terres prédominent dans l'alimentation. Pendant l'inanition, la soude diminue beaucoup plus que la potasse, car le chlorure de sodium est énergiquement retenu par l'organisme, tandis que la potasse mise en liberté par la désassimilation des tissus est au contraire éliminée au fur et à mesure. Il en est de même dans les maladies fébriles aiguës, où la soude éliminée peut devenir dix et vingt fois plus faible que la potasse ; l'inverse a lieu pendant la convalescence.

b) L'ammoniaque contenue à l'état de sels dans l'urine normale, fraîchement émise, peut y être décelée en traitant l'urine à froid par de la chaux éteinte (**44**. B. 3). — La quantité d'ammoniaque éliminée en vingt-quatre heures s'élève à environ $0^{gr},6$. Elle augmente après l'ingestion d'acides libres, parce qu'il se forme dans l'économie un excès d'ammoniaque pour saturer les acides ingérés ; elle est aussi augmentée par une nourriture animale, parce que la viande ne contient pas assez de carbonates ou de sels organiques pour saturer tout l'acide sulfurique formé par l'oxydation du soufre des matières albuminoïdes. Inversement, la quantité d'ammoniaque est diminuée dans l'urine par l'ingestion de bicarbonate de soude ou par une nourriture végétale, qui contient beaucoup de sels organiques se transformant en carbonates dans l'économie ; les herbivores n'éliminent que très peu d'ammoniaque par l'urine.

A l'état pathologique (1), l'ammoniaque de l'urine augmente dans la pneumonie, dans le typhus, dans la phtisie avec fièvre et, en général, dans toutes les maladies fébriles, probablement à cause de la formation exagérée d'acide sulfurique résultant de la désassimilation plus active des tissus. Il y a aussi augmentation de l'ammoniaque éliminée dans le diabète (jusqu'à 6 grammes en vingt-quatre heures), en même temps qu'apparaissent des acides acétylacétique et β-oxybutyrique ; enfin dans certaines maladies du foie, une partie de l'urée peut être remplacée dans l'urine par de l'ammoniaque (**224**. B).

L'ammoniaque paraît diminuer au contraire dans la leucémie, dans certaines néphrites et dans les maladies nerveuses.

SUBSTANCES AZOTÉES EN GÉNÉRAL

582. Dosage de l'azote total. — PROCÉDÉ KJELDAHL. — A. THÉORIE. — Lorsqu'on chauffe une matière organique azotée avec de l'acide sulfurique concentré, le carbone de la matière organique s'oxyde, en même temps que l'acide sulfurique se réduit partiellement en acide sulfureux ; l'azote se transforme en ammoniaque qui se combine avec l'excès d'acide sulfurique, pour former du sulfate d'ammonium.

a) Le poids de l'azote peut donc se déduire de la quantité d'ammoniaque formée. On peut doser l'ammoniaque par le procédé classique, qui consiste à distiller le sulfate ammonique avec un excès de potasse ou de soude, à recevoir l'ammoniaque dans un excès d'une solution demi-normale d'acide sulfurique et à titrer l'excès d'acide à l'aide d'une solution normale de potasse, qui

(1) Il n'est pas question ici de l'ammoniaque qui peut se former dans la vessie par fermentation de l'urée (**570**. G).

neutralise la solution d'acide précédente volume à volume.

b) On peut aussi décomposer l'ammoniaque par un hypobromite alcalin, comme nous le verrons pour l'urée, recueillir et mesurer l'azote qui se dégage. Cette modification au procédé primitif de Kjeldahl est d'exécution beaucoup plus rapide; elle est connue sous le nom de *méthode Kjeldahl-Henninger*. Elle a été étudiée récemment avec soin par M. Denigès et par M. Moreigne.

B. Solutions. — 1. On prépare l'hypobromite de sodium, en vue du dosage de l'azote des sels ammoniacaux, de la manière suivante :

Solution de soude à 36° Baumé..	100	cent. cubes.
Eau distillée......................	80	—
Brome..............................	10	—

2. On prépare de plus une solution titrée d'un sel ammoniacal, pour opérer *par comparaison* et éviter ainsi, comme on le verra à propos de l'urée, les corrections de température et de pression. On fait un litre de solution avec 7gr,621 de chlorure ammonique ; 10 c. c. de cette solution contiennent 2 centigrammes d'azote et dégagent de 16 à 17 c. c. de gaz, suivant la température et la pression. Ce volume est voisin du volume d'azote total que dégage 1 c. c. d'urine normale.

C. Pratique. — Dans un ballon à long col de 200 c. c. environ de capacité, on introduit 10 c. c. d'urine et, avec précaution, 5 c. c. d'acide sulfurique concentré. On chauffe doucement, en tenant le ballon incliné. Il s'évapore de l'eau, puis la masse devient noire et mousse beaucoup; on peut faire tomber la mousse, en ajoutant goutte à goutte 1 à 2 c. c. d'alcool. Cette partie de l'opération dure environ 10 minutes.

On redresse alors le ballon et on élève progressivement la température jusqu'au voisinage du point d'ébullition de l'acide sulfurique. Les vapeurs d'acide sulfurique ne doivent pas, dans cette partie de l'opération, sortir du vase; elles se condensent dans le col et retombent dans la masse liquide. Il est bon de placer sur le goulot du ballon un petit entonnoir ou une boule de verre pédiculée pour achever la condensation des vapeurs d'acide sulfurique. On laisse l'opération se continuer jusqu'à ce que le liquide soit absolument limpide et ne présente plus de particules solides en suspension.

On verse le liquide, après refroidissement, dans une fiole jaugée de 100 c. c.; on lave le ballon à plusieurs reprises avec quelques centimètres cubes d'eau distillée, que l'on ajoute au liquide de la fiole jaugée. On sature alors l'excès d'acide au moyen d'une solution de soude à 36° Baumé, en s'aidant de phénolphtaléine comme indicateur, puis on ajoute une ou deux gouttes d'acide sulfurique pour faire disparaître la couleur rouge produite par l'excès de soude sur la phénolphtaléine. Pendant qu'on effectue cette saturation, il faut avoir soin de refroidir la fiole jaugée et d'agiter constamment pour éviter toute perte d'ammoniaque; c'est dans le même but qu'on rend à la fin la liqueur très légèrement acide. On achève de remplir la fiole avec de l'eau jusqu'au trait de jauge (1).

Reste à dégager et à mesurer l'azote. Pour cela, on introduit dans un uréomètre 10 c. c. de la solution d'hypobromite, puis 10 c. c. de la solution ammoniacale obtenue comme il vient d'être dit; ces 10 c. c. correspondent à 1 c. c. d'urine. L'azote se dégage, on le mesure, soit N le volume obtenu.

On fait un second titrage sur 10 c. c. de la solution titrée de chlorure ammonique, ces 10 c. c. renfermant 0,02 gr. d'azote; soit N' le volume d'azote dégagé. On aura pour le poids x d'azote dans 1 centimètre cube d'urine :

$$\frac{N}{x} = \frac{N'}{0{,}02} \quad \text{d'où} \quad x = \frac{N}{N'} \times 0{,}02$$

Un litre d'urine contiendra donc $1.000 \times x$ d'azote.

Remarque. — Le tube d'Esbach dont on se sert pour le dosage de l'urée, est trop petit pour le dosage de l'azote total, à cause du volume relativement considérable de liquides sur lequel on opère et aussi à cause du volume de gaz plus grand qui se dégage. Il faut employer un uréomètre de capacité plus grande (**584**. C).

583. Variations. — La quantité d'azote éliminée en 24 heures est en moyenne de 14 grammes. La plus grande partie de l'azote est éliminée sous forme d'urée aussi les variations de l'azote total sont-elles à peu près parallèles à celles de l'urée (**585**).

On a appelé *coefficient d'oxydation* le rapport de l'azote de l'urée (2) à l'azote total de l'urine. Ce coefficient varie à l'état

(1) Quelques auteurs neutralisent le liquide provenant de l'attaque de l'urine par l'acide sulfurique dans une fiole jaugée de 50 centimètres cubes et étendent après neutralisation à ce volume. Cette pratique présente plusieurs inconvénients, dont le plus important est que, avec si peu d'eau, le sulfate de sodium formé peut cristalliser dans le ballon dès que la température devient inférieure à 18 ou 20°; il n'est plus possible alors de faire une prise d'essai exacte.

(2) Pour avoir le poids d'azote contenu dans un poids donné d'urée, il faut multiplier ce poids par $\frac{28}{60}$, soit par 0,466; 60 gr. d'urée contiennent en effet 28 gr. d'azote.

normal de 0,80 à 0,95 ; il est en moyenne de 0,87. Il est d'autant plus bas que la nourriture est plus copieuse ; pour les soldats, dont l'alimentation est juste suffisante, le coefficient est en moyenne de 0,90. Le coefficient d'oxydation augmente sous l'influence de l'exercice musculaire, à moins que l'exercice ne soit poussé jusqu'à la fatigue. — A l'état pathologique, les variations du coefficient d'oxydation restent généralement dans les mêmes limites qu'à l'état physiologique. D'après M. Lépine, il serait un peu supérieur à la moyenne dans les états fébriles, soit que l'énergie des oxydations augmente, soit qu'il y ait rétention temporaire de matières extractives azotées.

URÉE.

584. Dosage. — Un très grand nombre de procédés ont été proposés pour le dosage de l'urée. Nous ne parlerons que du procédé de Lecomte-Yvon, à l'hypobromite, qu'on emploie presque exclusivement aujourd'hui dans les essais cliniques, et du procédé imaginé plus récemment par MM. Mörner et Sjöqwist.

I. Procédé Lecomte-Yvon. — A. Théorie. — Ce procédé est basé sur ce fait que les hypochlorites et les hypobromites alcalins décomposent l'urée en anhydride carbonique et en azote (**222**.B.*d*). Lorsque le réactif est suffisamment alcalin, l'azote seul se dégage ; on mesure le volume de l'azote et on en déduit l'urée.

On préfère employer l'hypobromite qui réagit plus rapidement sur l'urée ; avec l'hypochlorite il faudrait chauffer légèrement à la fin de la réaction. Ce procédé, simple en théorie et dans l'application, nécessite toutefois quelques précautions et présente plusieurs causes d'erreur.

a) Le volume du gaz recueilli varie avec la température et la pression ; il faut donc le ramener, par le calcul, à 0° et à 760 millimètres. — On peut éviter ces corrections assez longues de deux manières :

1° On peut opérer *par comparaison*. On effectue, dans les mêmes conditions deux dosages, l'un sur l'urine à analyser, l'autre sur une solution titrée d'urée pure, renfermant exactement 20 grammes d'urée par litre, soit 2 centigrammes par centimètre cube, quantité voisine de celle qui existe dans l'urine normale.

Supposons que 1 c. c. de la solution titrée donne, après traitement par l'hypobromite, 8,1 c. c. d'azote, et que d'autre part

1 c. c. d'urine fournisse 8,6 c. c. d'azote; on aura le poids de l'urée dans 1 c. c. d'urine par la proportion :

$$\frac{8,1}{0^{gr},02} = \frac{8,6}{x} \quad \text{d'où} \quad x = \frac{8,6 \times 0,02}{8,1} = 0^{gr},0211$$

soit $21^{gr},1$ dans 1 litre.

2° On peut consulter les indications d'un instrument nommé *baroscope* (fig. 94). Cet appareil se compose d'une ampoule de verre terminée par un tube recourbé renfermant du mercure. L'ampoule contient de l'air et une goutte d'eau qui maintient l'air saturé de vapeur d'eau. L'air emprisonné dans l'ampoule se trouve à la température actuelle de l'expérience et subit en même temps l'influence des variations de la pression atmosphérique qui s'exerce par la branche ouverte de l'appareil. Le mercure s'élèvera donc à des hauteurs variables dans la branche ouverte du tube ; celle-ci porte une graduation. M. Esbach, à qui est dû le baroscope, a construit des tables qui donnent immédiatement le nombre de grammes d'urée par litre d'après le volume gazeux obtenu dans l'analyse et l'indication baroscopique. Ces tables se lisent comme une table de multiplication; la première rangée porte les *nombres baroscopiques* et la première colonne de gauche porte les *volumes gazeux*. Ex. : l'analyse donne 4,1 centimètres cubes d'azote, le baroscope marque 730. On descend la colonne 730 jusqu'à la rangée horizontale 41 et on trouve 10,3, c'est-à-dire que l'urine analysée renferme 10,3 grammes d'urée par litre.

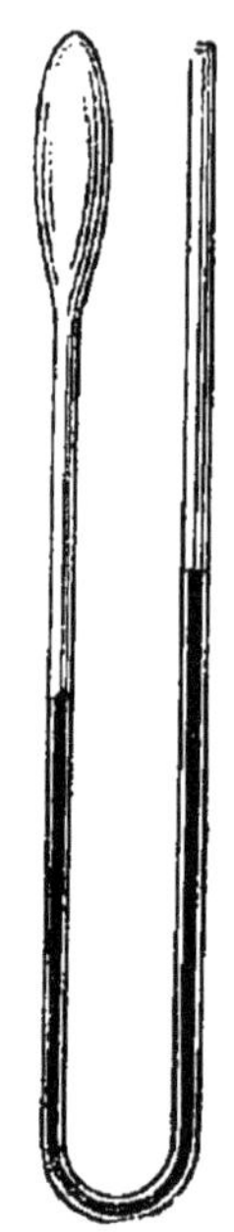

Fig. 94. Baroscope.

b) Même en opérant sur une solution d'urée pure, l'hypobromite ne dégage que 90 à 92 p. 100 de l'azote qui devrait se dégager théoriquement. Ce fait serait dû, d'après certains auteurs, à une décomposition incomplète de l'urée, d'après d'autres à la formation d'un peu d'azotate ou de cyanate alcalin. — Quoi qu'il en soit, cette erreur en moins peut être évitée par addition à l'urine d'un peu de glucose ou de sucre de canne, environ 10 fois le poids probable de l'urée. Elle disparaît également si l'on calcule l'urée dans l'urine, par comparaison avec une solution titrée d'urée pure.

c) Les composés azotés de l'urine autres que l'urée, notamment l'acide urique et la créatinine, dégagent de notables proportions d'azote sous l'influence de l'hypobromite. C'est là une cause d'erreur en plus qui compense, dans une certaine mesure, l'erreur en moins signalée plus haut. — On peut diminuer cette cause d'erreur, en traitant au préalable l'urine par le sous-acétate de plomb ou, de préférence, par l'acide phosphotungstique, réactifs qui précipitent la plupart des composés azotés de l'urine autres que l'urée.

d) Il y a lieu de noter enfin que la décomposition de l'urée est plus complète avec un réactif riche en alcali et avec une solution d'urée très étendue.

Il résulte de ce qui vient d'être dit que, pour obtenir un dosage exact d'urée dans l'urine par le procédé à l'hypobromite, il faut se servir d'un réactif convenablement préparé et opérer sur de l'urine préalablement diluée ; précipiter les matières azotées autres que l'urée par l'acide phosphotungstique, *déféquer* l'urine comme on dit ; ajouter à l'urine déféquée un peu de glucose ; enfin opérer par comparaison.

Dans la pratique courante, on néglige ces dernières précautions. La quantité d'urée émise dans les vingt-quatre heures peut en effet varier dans des limites fort étendues, de 6 à 80 grammes, suivant l'état physiologique ou pathologique du sujet. Une erreur même de un dixième dans la quantité absolue d'urée est donc le plus ordinairement sans importance. Qu'une urine renferme 20 ou 22 grammes d'urée, le clinicien ne pourra tirer d'une pareille différence absolue, aucune conséquence. Au contraire les différences relatives, celles qui se manifestent de jour en jour, sous l'influence d'un traitement par exemple, sont très importantes ; le procédé à l'hypobromite les révèle très nettement.

B. Préparation de l'hypobromite. — D'après M. Yvon, les proportions les plus convenables pour la préparation de l'hypobromite de sodium sont les suivantes :

Lessive de soude à 36° Baumé..	50 grammes.
Eau distillée........................	100 —
Brome	5 cent. cubes.

On mélange l'eau et la lessive de soude, puis on ajoute peu à peu le brome, et on agite bien. — Le réactif récemment préparé est jaune ; au bout de quelques semaines, il s'altère en perdant sa couleur et doit être remplacé.

C. Pratique. — Pour opérer le dosage, on se sert d'un appareil nommé *uréomètre*. Le nombre des uréomètres qui ont été proposés est immense. Ils se composent, en général, de deux réservoirs pouvant être mis en communication, l'un pour l'hypobromite, l'autre pour l'urine, et d'un tube mesureur pour l'azote; les uns exigent l'emploi d'une cuve à mercure, les autres sont des uréomètres à eau. L'uréomètre qui nous paraît remplir le mieux toutes les conditions de précision est l'uréomètre de M. Moreigne (1); le plus simple, celui dont on se sert généralement pour les besoins de la clinique est l'uréomètre d'Esbach.

L'uréomètre d'Esbach est un simple tube de verre fermé par un bout, d'environ 30 centimètres de long et 30 c.c. de capacité, divisé en dixièmes de centimètre cube. On verse dans le tube environ 7 c. c. de réactif, soit jusqu'à la division 70, puis de l'eau jusqu'à la division 140 à peu près. L'eau sert ici à séparer le réactif de l'urine qu'on versera dans le tube; au lieu d'eau, on peut employer une dissolution de glucose à 40 gr. de glucose par litre. Après l'addition d'eau, on lit exactement la division à laquelle s'élève le mélange; on note le nombre lu en y ajoutant 10, car on va opérer sur 1 c. c. d'urine.

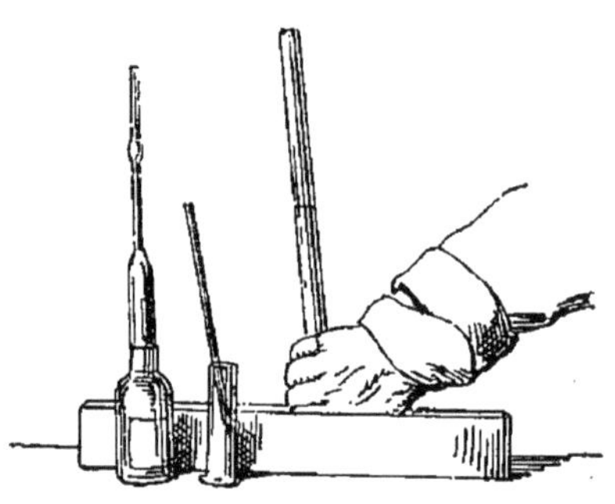

Fig. 95. — Uréomètre.

A l'aide d'une pipette graduée de 1 centimètre cube, on introduit l'urine, on bouche aussitôt hermétiquement avec le pouce, on agite (2), on retourne le tube sur la cuve à eau (fig. 95) et on débouche. L'azote qui s'est dégagé chasse du tube une certaine quantité de liquide. On incline l'uréomètre de manière à faire coïncider les niveaux liquides en dedans et en dehors du tube. — Lorsque le liquide mousse fortement, ce qui a lieu notamment avec les urines albumineuses, on fait passer dans le tube un très petit fragment de suif.

On bouche à nouveau l'uréomètre avec le pouce et on le redresse, le pouce en haut. On lit alors la division à laquelle s'élève le liquide et on retranche le nombre lu du nombre noté

(1) Moreigne, Thèse, École de pharmacie de Paris, 1894.

(2) Le liquide doit rester légèrement coloré en jaune par un excès de réactif; lorsqu'il est décoloré, cela indique que l'urine est très riche en urée, et que les 7 centimètres cubes de réactif employés n'ont pas suffi pour mettre en liberté l'azote de toute l'urée. On recommence alors l'opération avec de l'urine étendue de son volume d'eau et on double le résultat trouvé.

dans la première lecture; la différence donne le volume de l'azote dégagé. — On consulte le baroscope, et à l'aide des tables, on cherche le poids d'urée par litre correspondant au volume d'azote trouvé.

II. PROCÉDÉ DE MM. MÖRNER ET SJÖQWIST. — Le procédé de MM. Mörner et Sjöqwist est plus exact que le précédent, mais il est beaucoup plus long et n'est employé que pour les recherches scientifiques. On verse dans un petit ballon 5 c.c. d'urine, 5 c. c. d'une solution saturée de chlorure de baryum, contenant 5 p. 100 de baryte caustique, puis 100 c. c. d'un mélange de 2 parties d'alcool et d'une partie d'éther. On bouche le ballon, on l'agite et on l'abandonne pendant 24 heures. Au bout de ce temps, toutes les substances azotées de l'urine sont précipitées, à l'exception de l'urée et des sels ammoniacaux. On filtre, on lave le précipité sur le filtre avec 50 c. c. environ du mélange d'alcool et d'éther. On réduit par évaporation entre 50° et 60° dans une capsule les 150 c. c. de liquide filtré à 20 c. c. environ, après avoir ajouté 0gr,5 environ de magnésie. L'ammoniaque des sels ammoniacaux se dégage pendant cette opération. Le liquide est alors versé dans un ballon, acidulé par l'acide sulfurique et réduit par évaporation au bain-marie jusqu'à 5 centimètres cubes environ. Dans le liquide, ne contenant plus que de l'urée en fait de substances azotées, on dose l'azote par le procédé de Kjeldahl (**582**. A. *a*). La quantité d'azote trouvée multipliée par 2,14 donne le poids d'urée contenu dans 5 c. c. d'urine; il suffit de multiplier ce nombre par 200 pour avoir la quantité d'urée par litre d'urine.

585. Variations. — A. ÉTAT PHYSIOLOGIQUE. — La quantité d'urée éliminée en 24 heures par un homme sain, du poids moyen de 65 kilogr., soumis à un régime mixte, peut varier de 20 à 40 grammes; elle est en moyenne d'environ 27 grammes. Les femmes éliminent moins d'urée que les hommes, 22 grammes en moyenne par 24 heures. La quantité d'urée éliminée en 24 heures par kilogramme du poids du corps est d'environ 0gr,4 chez l'adulte; elle est plus faible chez le vieillard. Chez les enfants, elle est d'environ 0gr,25 dans les premiers mois, elle augmente ensuite et atteint 1 gramme de 3 à 6 ans, pour diminuer ensuite jusqu'à l'âge adulte.

L'alimentation exerce une influence prépondérante sur l'élimination de l'urée, car 75 p. 100 environ de l'azote contenu dans les aliments s'élimine par l'urine sous forme d'urée. Aussi, avec une nourriture animale abondante, la quantité d'urée éliminée en 24 heures peut atteindre 80 gr.; elle est au contraire inférieure à la moyenne avec une nourriture végétale.

L'élimination de l'urée est variable aux divers moments de la journée; elle passe par deux maxima quelques heures après les repas. Pendant l'inanition, la quantité d'urée éliminée baisse en l'espace de quelques jours jusque vers 12 grammes et diminue beaucoup plus lentement pendant les jours suivants pour atteindre 6 gr. environ au bout d'un mois, ainsi qu'on l'a observé chez des aliénés refusant à peu près toute nourriture. Des expériences sur les animaux ont montré que l'urée ne disparaît pas de l'urine même par un jeûne prolongé jusqu'à la mort.

L'ingestion de beaucoup d'eau ou de diurétiques augmente l'élimination de l'urée. L'augmentation ne persiste pas si l'ingestion d'eau est continuée pendant plusieurs jours; elle est donc le résultat d'une sorte de lavage de l'économie et non d'une production plus abondante d'urée.

Le travail musculaire n'augmente pas sensiblement l'urée, à moins qu'il ne soit poussé jusqu'à la fatigue. L'augmentation de l'urée sous l'influence de l'activité cérébrale, admise par plusieurs auteurs, a été niée par Speck et par M. Mairet; ce dernier auteur conclut au contraire de ses expériences à une diminution, liée au ralentissement de la nutrition générale.

B. État pathologique. — *a*) La quantité d'urée éliminée en 24 heures augmente dans tous les états fébriles, bien que l'alimentation soit considérablement réduite; elle s'élève fréquemment à 40 et 50 grammes et peut atteindre 80 grammes. L'augmentation est en général d'autant plus grande que la température est plus élevée; elle peut persister quelques jours après la chute de la température, comme s'il y avait eu rétention d'une partie de l'urée formée en excès pendant les jours de fièvre, puis elle fait place à une diminution. Dans les fièvres intermittentes, l'augmentation de l'urée précède les accès.

L'urée augmente aussi dans des maladies évoluant sans fièvre, notamment dans le diabète sucré et dans le diabète insipide. La suralimentation des malades ne suffit pas pour expliquer l'excès d'urée; on sait d'ailleurs que ces malades maigrissent peu à peu. A la période de consomption, l'urée diminue considérablement; elle peut tomber au-dessous de 6 grammes dans le coma diabétique. On observe encore une légère augmentation de l'urée éliminée en 24 heures, en tenant compte de l'alimentation, dans les maladies du foie avec hypérémie (Brouardel), dans l'anémie pernicieuse progressive (Eichorst), dans l'épilepsie, mais seulement sous l'influence des attaques (Mairet).

Après les grandes opérations chirurgicales, il se produit une décharge d'urée, qui atteint son maximum au bout de deux ou trois jours, et qui ne peut être attribuée à l'alimentation; elle paraît résulter surtout de la destruction d'un grand nombre d'éléments anatomiques compromis par le traumatisme (Lucas-Championnière).

Un certain nombre de médicaments augmentent l'urée; tels sont le salicylate de sodium, la quinine, la caféine, la morphine, le protoxyde d'azote, les composés de l'arsenic et de l'antimoine. — Les bains chauds, l'action de l'air comprimé, les inhalations d'oxygène exerceraient la même influence, d'après certains auteurs.

b) L'élimination de l'urée diminue dans la cirrhose atrophique et dans l'atrophie jaune aiguë du foie, bien que cette dernière maladie évolue avec fièvre. Elle diminue aussi dans la plupart des maladies chroniques apyrétiques, par suite de l'insuffisance de l'alimentation et du ralentissement des échanges intraorganiques. La diminution est très notable dans l'hystérie après les attaques, dans toutes les affections cancéreuses à la période de cachexie, et vers la fin de toutes les maladies qui se terminent par la mort.

Dans les néphrites, l'élimination de l'urée et des autres substances de l'urine par les reins est entravée et parfois même presque complètement arrêtée. Cet arrêt a pour conséquence l'apparition des accidents dits urémiques; l'urée s'élimine alors en partie par la peau et par l'intestin (fèces, vomissements).

Après l'ingestion de glycérine, d'acétate de sodium, de phosphate de sodium, de bromates alcalins, de saccharine, l'élimination de l'urée est diminuée. Il en est de même dans les intoxications par les acides minéraux, où, par contre, l'élimination d'ammoniaque est plus abondante.

ACIDE URIQUE

586. Dosage. — I. Procédé de Heintz. — A. Théorie. — Le dosage pondéral de l'acide urique est basé sur la faible solubilité de cet acide dans l'eau et sur la décomposition des urates solubles par l'acide chlorhydrique.

B. Pratique. — On prélève 300 c. c. d'urine filtrée, qu'on réduit par évaporation à 100 c. c. environ, on ajoute 3 cent.

cubes d'acide chlorhydrique fumant, on mélange et on abandonne pendant 24 heures dans un endroit frais ; l'acide urique se précipite sous forme d'une poudre cristallisée, généralement assez fortement colorée.

On recueille le précipité sur un petit filtre préalablement desséché et taré ; on lave avec le moins d'eau possible jusqu'à ce que les eaux de lavage ne soient plus acides ; on lave ensuite avec de l'alcool, qui enlève au précipité la matière colorante et un peu d'acide hippurique qui peut se précipiter en même temps que l'acide urique.

On dessèche le filtre et on pèse. On ajoute au poids trouvé 0gr,0045 par 100 centimètres cubes de la totalité des liquides filtrés, urine et eau de lavage ; on corrige ainsi l'erreur qui résulterait de la légère solubilité de l'acide urique dans l'eau.

Remarques. — 1. Si l'urine est albumineuse, il faut séparer l'albumine, qui serait précipitée par l'acide chlorhydrique en même temps que l'acide urique. Pour cela, on ajoute à 350 c. c. d'urine 2 à 3 goutes d'acide acétique et on porte à l'ébullition dans un ballon ; l'albumine se coagule. On laisse le dépôt s'effectuer. On filtre alors le liquide clair et on en prélève 300 c. c. qu'on soumet au traitement indiqué plus haut (1).

2. Souvent l'urine renferme un dépôt d'urates ou d'acide urique ; il faut dans ce cas, avant de prélever les 300 centimètres cubes, chauffer la totalité de l'urine avec le dépôt, de manière à le redissoudre ; au besoin, on ajoute à l'urine quelques gouttes de soude caustique, pour dissoudre l'acide urique. L'addition de soude caustique ou même simplement l'élévation de la température provoque la précipitation de phosphates terreux ; ce précipité blanc et très ténu est facile à distinguer du dépôt d'acide urique grenu et fortement coloré en rouge brique. Lorsque tout le dépôt urique est entré en solution, on acidule très légèrement avec de l'acide acétique ; les phosphates se redissolvent. — Si l'urine est en même temps albumineuse, on porte à l'ébullition après l'addition d'acide acétique, de manière à coaguler l'albumine, et on filtre.

Pour éviter une concentration par évaporation de l'urine pendant ces traitements préliminaires, on peut avantageusement faire les opérations dans un ballon à long col, dans lequel la vapeur d'eau se condense, pour retomber dans l'urine.

(1) On peut aussi précipiter directement l'acide urique d'une urine albumineuse en remplaçant l'acide chlorhydrique par une dose deux fois plus forte d'acide phosphorique ordinaire, qui ne précipite pas l'albumine.

II. Procédé Haycraft-Denigès. — A. Théorie. — Dans le procédé d'Haycraft-Denigès, on dose simultanément l'acide urique et les composés xanthiques de l'urine. Ce procédé repose sur les faits suivants : l'azotate d'argent ammoniacal précipite l'acide urique et les composés xanthiques de l'urine, sans précipiter les chlorures, le chlorure d'argent étant soluble dans l'ammoniaque. En ajoutant à l'azotate d'argent ammoniacal un sel de magnésium, les phosphates de l'urine seront aussi précipités, à l'état de phosphate tricalcique et de phosphate ammoniaco-magnésien. Si donc on traite un certain volume d'urine par un volume connu d'une solution ammoniacale d'azotate d'argent titrée, en présence d'un sel de magnésium, il suffira de déterminer la quantité d'argent non précipitée dans une portion aliquote du liquide filtré, pour connaître la quantité d'argent précipitée par les composés xantho-uriques et, par suite, le poids de ces composés.

Cette détermination ne peut se faire par le procédé Charpentier (**572.** II) qui s'opère en liqueur acide, car les chlorures de l'urine précipiteraient l'azotate d'argent. On l'effectue à l'aide d'une solution titrée de cyanure de potassium, avec l'iodure de potassium comme indicateur. Les sels d'argent donnent avec le cyanure de potassium un précipité de cyanure d'argent, soluble dans un excès de cyanure alcalin avec formation d'un cyanure double de formule CyAg,CyK. Si donc on verse de l'azotate d'argent dans du cyanure de potassium, en l'absence d'ammoniaque, il ne se formera de précipité permanent de cyanure d'argent, indiquant la fin de la réaction, que lorsque tout le cyanogène se trouvera sous forme de cyanure double d'après l'équation :

$$\underbrace{AzO^3Ag}_{\text{Azotate d'argent.}} + \underbrace{2CyK}_{\text{Cyanure de potassium.}} = \underbrace{CyAg,CyK}_{\text{Cyanure d'argent et de potassium.}} + \underbrace{AzO^3K}_{\text{Azotate de potassium.}}$$

En liqueur ammoniacale cette indication finale ne se manifeste pas, le cyanure d'argent étant soluble dans l'ammoniaque. Mais si l'on ajoute au cyanure un peu d'iodure de potassium, il se formera à la fin de la réaction formulée ci-dessus un précipité d'iodure d'argent, insoluble dans l'ammoniaque.

B. Préparation des solutions. — Pour être mise en pratique, la méthode nécessite les solutions suivantes :

1° *Une solution demi déci-normale d'argent, magnésienne et ammoniacale.* — On met dans un ballon jaugé de 1 litre, 150 gr.

de chlorure ammonique, 100 gr. de chlorure de magnésium, et on remplit aux trois-quarts avec de l'ammoniaque; on chauffe légèrement au bain d'eau, en agitant, jusqu'à dissolution, on achève de remplir jusqu'au trait de jauge avec de l'ammoniaque, on agite encore et on filtre. Après refroidissement, on mélange 500 c. c. de ce liquide avec 500 c. c. d'une solution déci-normale d'azotate d'argent.

2° *Une solution déci-normale de cyanure.* — On dissout 10 gr. de cyanure de potassium dans environ 1 litre d'eau, on ajoute 10 c. c. d'ammoniaque et on filtre. La solution ainsi obtenue est plus concentrée qu'il ne faut; on l'ajuste à l'aide d'une solution déci-normale d'azotate d'argent, de façon à ce que 10 centimètres cubes de cette solution réagissent exactement sur 20 c. c. de cyanure, puisque, d'après l'équation ci-dessus, 2 molécules de cyanure réagissent sur 1 molécule d'azotate d'argent (1). La solution de cyanure de potassium ainsi ajustée, réagira, volume à volume, sur la solution demi déci-normale d'azotate d'argent préparée comme on l'a dit en B. 1°.

3° *Une solution d'iodure de potassium.* — On la prépare en dissolvant 20 grammes d'iodure de potassium dans 100 c. c. d'eau et ajoutant à la solution 2 c. c. d'ammoniaque.

4° *Une solution déci-normale d'azotate d'argent* (**572**. B).

C. Pratique. — On prélève 100 c. c. d'urine et on y ajoute 25 c. c. de la solution demi déci-normale d'argent, magnésienne et ammoniacale. On agite, on filtre.

On prend 100 c. c. du liquide filtré, qui correspondent à un mélange de 80 c. c. d'urine et de 20 c. c. de la solution argentique demi déci-normale, on y ajoute 20 c. c. de la solution de cyanure. Ce volume de cyanure est tel qu'il réagirait exactement sur les 20 centimètres cubes d'azotate d'argent, si une partie de l'argent n'avait pas été précipitée par les composés xanthouriques. Mais la quantité d'argent en solution étant moindre, il reste un excès de cyanure.

On dose cet excès en ajoutant au liquide quelques gouttes d'iodure comme indicateur, puis, à l'aide d'une burette graduée, de la solution déci-normale d'azotate d'argent, jusqu'à formation d'un louche persistant. La quantité d'azotate d'argent

(1) Pour ajuster la solution, on en met 20 centimètres cubes dans un vase de Bohême, on ajoute 100 c. c. d'eau, 10 c. c. d'ammoniaque et quelques gouttes d'iodure de potassium; puis on verse de l'azotate d'argent déci-normal, en agitant, jusqu'à formation d'un louche faible mais persistant. Supposons qu'il ait fallu $10 + n$ centimètres cubes d'azotate d'argent, il faudra, pour ajuster la solution de cyanure, lui ajouter $2n$ centimètres cubes d'eau par 20 centimètres cubes.

ainsi ajoutée est nécessairement égale à celle qui a été précipitée par les composés xantho-uriques.

Soit N le volume de la solution déci-normale d'azotate d'argent qu'il a fallu ajouter pour arriver à la fin de la réaction. Un centimètre cube de cette solution correspond à 0gr,0168 d'acide urique. Les 80 c. c. d'urine renfermeront donc $0{,}0168 \times N$, et 1 litre contiendra $\frac{0{,}0168 \times N \times 1000}{80} = 0^{gr}{,}21 \times N$ d'acide urique et de composés xanthiques exprimés en acide urique.

Le procédé d'Haycraft-Denigès, malgré sa complication apparente, est très rapide; une fois les solutions préparées, un dosage ne nécessite pas plus d'un quart d'heure.

587. Variations. — A. État physiologique. — La quantité d'acide urique éliminée en 24 heures à l'état normal avec une nourriture mixte est d'environ 0gr,6. Elle peut s'élever jusqu'à 1gr,4 avec une nourriture exclusivement carnée et baisser jusqu'à 0gr,2 avec une nourriture végétale ou pendant le jeûne.

Le rapport de l'acide urique à l'urée est en moyenne de 1 à 45. L'acide urique contient exactement le tiers de son poids d'azote; la quantité d'azote éliminée sous forme d'acide urique représente environ 1,4 p. 100 de l'azote total éliminé par l'urine.

L'élimination de l'acide urique varie aux divers moments de la journée; elle augmente quelques heures après les repas, comme celle de presque toutes les autres substances de l'urine. D'après M. Haig, l'augmentation de l'acide urique ne serait pas due à un excès de production; elle proviendrait de ce que le sang, plus alcalin, dissout une plus grande quantité d'acide urique qui est alors éliminée par le rein.

Un travail musculaire considérable augmente la quantité d'acide urique éliminé, surtout chez les individus non entraînés; au contraire cette quantité est légèrement diminuée par un exercice modéré.

B. État pathologique. — La quantité d'acide urique éliminé augmente dans toutes les maladies fébriles, mais sensiblement dans le même rapport que l'urée. L'augmentation ne provient donc pas d'un changement apporté par la maladie au mode de désassimilation des substances azotées; elle doit être attribuée à la dénutrition exagérée, car le fébricitant à jeun, qui brûle ses tissus, peut être assimilé à l'homme sain qui se nourrit de viande et, par suite, élimine beaucoup d'acide urique. Cependant, dans la pneumonie et dans d'autres états accompagnés de troubles respiratoires, l'augmentation de l'acide urique est relativement plus élevée que celle de l'urée. On avait autrefois attribué ce fait à un ralentissement des oxydations sous l'influence du trouble respiratoire ; mais Sénator a montré que des animaux, dont on trouble artificiellement les échanges respiratoires, n'éliminent pas plus d'acide urique.

Dans la leucémie, l'acide urique éliminé en vingt-quatre heures est parfois considérablement augmenté et peut s'élever jusqu'à 5 grammes; le rapport de l'acide urique à l'urée augmente aussi et peut atteindre $\frac{1}{12}$, au lieu de $\frac{1}{45}$. L'excès d'acide urique diminue dans cette maladie par l'usage des sels de quinine. Nous avons vu (**248**) comment on peut expliquer l'influence de l'augmentation des leucocytes dans la leucémie sur l'élimination de l'acide urique et l'action des sels de quinine.

On a observé aussi une augmentation de l'acide urique, mais moins accentuée, dans certains cas d'anémie, dans certaines dyspepsies, dans la cyrrhose du foie.

Dans la goutte, bien que la production de l'acide urique paraisse augmentée, son élimination reste sensiblement la même qu'à l'état normal, sauf au moment des accès francs, sous l'influence de la fièvre qui les accompagne (1).

L'élimination de l'acide urique est légèrement diminuée dans l'atrophie aiguë du foie et dans un grand nombre de maladies chroniques, telles que l'anémie, la chlorose, le diabète sucré. Dans cette dernière maladie, il y a surtout diminution du rapport de l'acide urique à l'urée : dans certaines formes de diabète cependant, il y a élimination exagérée d'acide urique, jusqu'à 3 grammes par jour.

AUTRES COMPOSÉS ORGANIQUES AZOTÉS

588. Créatinine. — Nous avons déjà dit, en étudiant la créatinine, comment on peut la déceler dans l'urine et l'en extraire. Pour doser la créatinine, on la précipite à l'état de chlorure de zinc et de créatinine, comme pour son extraction par le procédé de Neubauer; on dessèche le précipité, on le pèse et on multiplie le poids trouvé par 0,6244.

La quantité de créatinine éliminée en vingt-quatre heures à

(1) On a longtemps admis avec Garrod que l'élimination de l'acide urique diminuait avant les accès, et que l'accumulation de l'acide urique dans le sang était la cause des accès. Mais la présence d'un excès d'acide urique dans le sang chez les goutteux (*uricémie*), n'est pas constante. D'autre part, il peut y avoir uricémie dans d'autres états pathologiques que la goutte.

l'état normal oscille entre 0gr,6 et 1gr,4 ; elle est en moyenne de 1 gramme. Elle augmente par une nourriture animale et sous l'influence du travail musculaire; elle diminue au contraire par un régime végétal et pendant l'inanition. L'élimination est plus abondante de midi à minuit que de minuit à midi, à cause de l'influence des repas.

A l'état pathologique, la créatinine augmente dans tous les états fébriles aigus, dans le tétanos; elle diminue dans l'anémie, dans les maladies nerveuses avec dépression, dans l'atrophie musculaire progressive et dans la dégénérescence graisseuse des reins. Dans le diabète, la créatinine est tantôt diminuée, tantôt augmentée.

589. Bases xanthiques. — Les bases xanthiques qu'on trouve dans l'urine normale sont : la xanthine, l'hypoxanthine et la paraxanthine. Les quantités de ces bases éliminées par jour ne s'élèvent en tout qu'à 0gr,1. Elles augmentent dans la leucémie, en même temps qu'apparaît de l'adénine.

590. Allantoïne ; acide oxalurique. — *a*) L'allantoïne existe normalement, en quantité notable, dans l'urine du nouveau-né pendant la première semaine et dans l'urine des femmes enceintes ; elle paraît exister aussi, mais à l'état de traces, dans l'urine normale des adultes. M. G. Pouchet en a trouvé des quantités notables dans un cas de diabète insipide et dans un cas d'hystérie convulsive.

La proportion d'allantoïne augmente dans l'urine après l'ingestion d'acide urique et dans l'empoisonnement par l'hydrazine.

b) L'acide oxalurique ne se trouve qu'à l'état de traces dans l'urine normale.

L'urine contient encore des composés azotés aromatiques, dont nous parlerons plus loin.

SUBSTANCES ORGANIQUES NON AZOTÉES

591. Acide oxalique. — L'acide oxalique existe dans l'urine normale, d'une manière presque constante; il s'y trouve à l'état d'oxalate de calcium dissous à la faveur du phosphate acide de sodium. La quantité éliminée en vingt-quatre heures n'est que de 0gr,02 en moyenne avec une nourriture mixte ordinaire; elle augmente après ingestion d'aliments végétaux riches en oxalates ou de boissons riches en anhydride carbonique, et dans certains états pathologiques, notamment dans le diabète, dans la spermatorrhée, dans les maladies par ralentissement de la nutrition.

L'oxalate de calcium se dépose parfois de l'urine à l'état cristallisé(**621.** *f*). Cette précipitation n'indique pas nécessairement un excès d'élimination ; elle dépend aussi des variations de l'acidité de l'urine.

592. Autres acides. — L'acide lactique a été signalé dans l'urine normale, mais seulement après un travail musculaire considérable. A l'état pathologique, l'urine en renferme dans la cyrrhose et dans l'atrophie du foie, dans le diabète, dans le rachitisme, dans l'ostéomalacie, dans la leucémie et dans l'empoisonnement par le phosphore ou par l'arsenic.

L'urine normale ne renferme que des traces d'acides gras volatils et d'acide glycuronique.

SUBSTANCES DE LA SÉRIE AROMATIQUE

593. Acide hippurique. — L'acide hippurique est excrété par l'urine normale à la dose de 0gr,65 par jour en moyenne. Sa quantité augmente après l'ingestion d'une grande quantité de fruits et après celle d'acide benzoïque (1); elle diminue par le régime animal et par l'inanition. A l'état pathologique, l'acide hippurique augmente dans les urines des fébricitants, des diabétiques et des individus atteints de maladies du foie. Lorsque la proportion d'acide hippurique dans une urine acide est très augmentée, il arrive parfois que cet acide se dépose à l'état cristallisé sous forme de prismes rhombiques (2).

594. Acides aromatiques non azotés. — L'urine normale contient des traces d'acide benzoïque, et quelques centigrammes par litre d'acide para-oxyphénylacétique (**194**) et d'acide para-oxyphénylpropionique ou hydroparacoumarique (**194**).

595. Phénols. — L'urine normale contient, à l'état d'éthers sulfuriques, du paracrésol ou para-méthylphénol (**168**), des traces de phénol ordinaire, de pyrocatéchine ou ortho-diphénol et d'hydroquinone ou para-diphénol. Quand on distille aux trois quarts de l'urine avec un dixième de son volume d'acide chlorhydrique, ces phénols sont mis en liberté; le paracrésol et le

(1) L'administration d'acide benzoïque dans les cas de diathèse urique, proposée par certains auteurs, pour favoriser l'élimination de l'acide urique, n'exerce pas d'action sensible.

(2) Ces cristaux sont insolubles dans l'acide chlorhydrique, ce qui les distingue des cristaux de phosphates, et ne donnent pas la réaction de la murexide, ce qui les distingue de l'acide urique.

phénol ordinaire passent seuls dans le distillatum (1). On peut les y déceler en ajoutant à ce liquide de l'eau de brome, qui donne un précipité de bromophénol, ou en le chauffant avec du réactif de Millon, qui donne une coloration rouge.

La quantité de phénols excrétés en vingt-quatre heures, avec une nourriture mixte, est d'environ 0gr,03.

596. Substance indigogène. — *a*) Nous avons vu (**212.** B) que la substance indigogène de l'urine, appelée indican par certains auteurs, est de l'indoxyl-sulfate de potassium. La quantité d'indigogène éliminée en vingt-quatre heures est assez variable à l'état normal; elle correspond en moyenne à 6 ou 7 milligrammes d'indigotine par litre. Elle augmente à l'état pathologique, lorsque les putréfactions intestinales sont accrues ou lorsque l'organisme est le siège de suppurations étendues; elle augmente aussi dans le cancer du foie ou de l'estomac, dans la péritonite et dans un certain nombre de maladies fébriles aiguës.

b) Pour déceler l'indican, on ajoute à 20 centimètres cubes d'urine un égal volume d'acide chlorhydrique concentré, puis comme agent d'oxydation, quelques gouttes d'une solution récente de chlorure de chaux, qu'on ajoute l'une après l'autre en agitant chaque fois; l'indigo formé colore le liquide en vert ou en bleu. On agite le liquide avec 1 ou 2 centimètres cubes de chloroforme, qui dissout l'indigo formé et qui, par le repos, se sépare au fond du tube, coloré en bleu. Avec l'urine normale, peu riche en indigogène, la coloration bleue est à peine sensible; tandis que les urines pathologiques, riches en indigogène, donnent une coloration plus ou moins foncée selon leur richesse (2). Il faut éviter d'ajouter trop de chlorure de chaux, car un excès décolore l'indigo formé par les premières gouttes. — Obermayer a proposé d'employer comme agent d'oxydation, au lieu du

(1) Le résidu de la distillation contient la pyrocatéchine et l'hydroquinone en même temps que les acides para-oxyphénylacétique et para-oxyphénylpropionique. Pour séparer les phénols des acides, on évapore le liquide aux deux tiers et on l'agite avec de l'éther qui dissout toutes ces substances. La solution éthérée est agitée avec un peu de soude en solution très étendue qui lui enlève les acides; par évaporation, elle laisse un résidu de pyrocatéchine et d'hydroquinone qui, dissous dans un peu d'eau, réduit la liqueur de Fehling et se colore en vert par quelques gouttes d'une solution étendue de perchlorure de fer. — Quant à la solution aqueuse alcaline renfermant les acides oxyphénylacétique et propionique, on l'acidule légèrement par l'acide sulfurique et on l'agite avec un peu d'éther, qui dissout ces acides. Le résidu de l'évaporation de la solution éthérée, repris par un peu d'eau, donne la réaction de Millon.

(2) Si l'urine renferme de l'albumine, on l'en débarrasse par la chaleur. Si elle contient des pigments biliaires ou si elle est très foncée, on la clarifie en la précipitant par un peu de sous-acétate de plomb.

chlorure de chaux, le perchlorure de fer dont un excès n'est pas nuisible à la réaction. Pour cela, on précipite l'urine par de l'acétate de plomb (sans en mettre un excès); on filtre, on ajoute au liquide son volume d'acide chlorhydrique contenant 3 p. 1000 de perchlorure de fer et on agite avec du chloroforme.

Certaines urines pathologiques, riches en indigogène, se colorent en bleu en se putréfiant à l'air ; quelquefois même elles se recouvrent d'une pellicule irisée, dans laquelle on peut voir au microscope des cristaux en aiguilles. On peut aussi observer des dépôts d'indigotine (**208**).

c) A côté de l'indoxyl-sulfate de potassium, l'urine normale contient des traces de scatoxyl-sulfate, dérivé du scatol, homologue supérieure de l'indol, qui se forme aussi dans les fermentations microbiennes de l'intestin. A l'état pathologique, le scatoxyl-sulfate augmente surtout dans les maladies du gros intestin ; il augmente chez le chien après l'administration de scatol.

Quand une urine est relativement riche en scatoxyl-sulfate, elle se colore peu à peu en rouge violacé au contact de l'air ; la coloration se produit immédiatement par l'addition d'un peu d'acide azotique et plus lentement par l'addition d'un volume égal d'acide chlorhydrique concentré. Dans ce dernier cas, il est inutile d'ajouter un agent d'oxydation, comme le chlorure de chaux ou le perchlorure de fer ; l'indigo qui se formerait masquerait au contraire la coloration due au scatoxyl-sulfate. La matière colorante formée ne peut être extraite comme l'indigo par le chloroforme.

SUBSTANCES ANORMALES DE L'URINE

MATIÈRES ALBUMINOIDES

597. Généralités. — Les matières albuminoïdes qu'on peut rencontrer en solution dans l'urine sont :

La sérum-albumine et la sérum-globuline, qu'on confond généralement sous le nom d'albumine, et dont la présence constitue l'albuminurie proprement dite ;

Le fibrinogène, qui est associé aux matières albuminoïdes précédentes et rend l'urine spontanément coagulable, dans la chylurie, maladie extrêmement rare dans nos pays ;

L'hémoglobine et son produit de transformation la méthémoglobine, dont nous parlerons à propos des pigments ;

Une nucléo-albumine mucinoïde, analogue à celle de la bile, qu'on a longtemps confondue avec la mucine proprement dite qui ne se trouve dans l'urine qu'à l'état de traces.

Enfin, l'urine peut contenir des propeptones et des peptones.

Albumine.

598. Recherche. — On sait que l'albumine se coagule par la chaleur, que les acides forts et divers réactifs, notamment le réactif picro-citrique, la précipitent. Pour rechercher l'albumine dans une urine, on en détermine la coagulation ou la précipitation.

1° *Coagulation par la chaleur.* — Lorsque l'urine est alcaline, l'albumine peut ne pas se coaguler. Lorsqu'elle est peu acide ou neutre, l'albumine se coagule, mais on peut alors obtenir un précipité de phosphates, par suite du départ, sous l'influence de la chaleur, de l'anhydride carbonique qui maintenait les phosphates en solution. Les phosphates se redissolvent dans l'acide acétique, tandis que l'albumine coagulée ne s'y dissout pas. — De ces faits découlent les règles pratiques suivantes pour la recherche de l'albumine dans l'urine.

Si l'urine est alcaline, on l'acidule très légèrement d'acide acétique; si elle est acide, on la chauffe directement. Pour cela, on remplit à moitié d'urine un tube à essai un peu long et on en chauffe la moitié supérieure seulement. S'il se fait un trouble, on ajoute une ou deux gouttes d'acide acétique en agitant légèrement la moitié supérieure du liquide à l'aide d'une baguette de verre; si le trouble persiste, l'urine renferme de l'albumine. La moitié inférieure de l'urine qui n'a pas été chauffée reste limpide et permet, par comparaison, de saisir la formation du moindre trouble dans la moitié supérieure. C'est là le meilleur procédé pour déceler l'albumine, même à l'état de traces, dans l'urine.

Au lieu d'acide acétique qui peut dissoudre des traces d'albumine, on peut employer avantageusement une solution d'acide trichloracétique, qu'on ajoute à l'urine, jusqu'à réaction nettement acide.

2° *Coagulation par l'acide azotique.* — Dans un verre à pied, on verse quelques centimètres cubes d'acide azotique, puis, à l'aide d'une pipette, on fait couler quelques centimètres cubes d'urine le long des parois du verre de manière à former deux couches, dont l'inférieure est constituée par l'acide azotique plus dense. Si l'urine est albumineuse, il se forme au-dessus de la surface de séparation des liquides, un trouble dû à l'albumine précipitée (Réaction de Heller).

Ce procédé peut donner lieu à plusieurs causes d'erreur. Lorsque l'urine est riche en urée, il se forme à la surface de séparation un précipité d'azotate d'urée ; ce précipité se distingue du précipité dû à l'albumine par son aspect nettement cristallin. — Lorsque l'urine est riche en urates, il se forme un louche dû à la mise en liberté de l'acide urique par l'acide azotique. Ce précipité ressemble assez au précipité d'albumine, mais il se forme sensiblement au-dessus de la surface de séparation des liquides; il n'apparaît pas si on chauffe préalablement l'urine vers 60° ou si on l'étend de son volume d'eau. — Enfin, lorsque l'urine renferme une quantité notable de nucléo-albumine, il y a aussi formation d'un anneau à la surface de séparation des liquides. Il est à remarquer que l'anneau se forme mieux si on dilue l'urine, tandis que, dans le cas de l'albumine, l'anneau est au contraire mieux formé si on dissout du chlorure de sodium dans l'urine.

3° *Précipitation par le réactif picro-citrique d'Esbach.* — On prépare le réactif en dissolvant à chaud dans de l'eau 10 grammes d'acide picrique et 20 grammes d'acide citrique. On effectue la dissolution dans une fiole jaugée de 1 litre; après refroidissement on complète avec de l'eau froide jusqu'au trait de jauge.

Pour rechercher l'albumine, on verse dans un petit verre à pied 1 centimètre cube de réactif et 2 centimètres cubes d'urine filtrée. Si l'urine est albumineuse, il se forme un précipité. Dans les cas douteux, on compare, au point de vue de la limpidité, l'urine primitive à celle qui a été traitée par le réactif.

599. Dosage. — A. Par pesée. — On ajoute à l'urine quelques gouttes d'acide acétique étendu jusqu'à réaction franchement acide, on filtre. On prélève 25 à 100 cent. cubes du liquide filtré, suivant la richesse probable de l'urine en albumine d'après l'essai qualitatif. Il est bon, en effet, d'avoir à peser 2 à 3 décigrammes seulement d'albumine ; si la quantité était plus forte, le lavage serait très long à effectuer ou resterait incomplet.

On place l'urine dans un verre de Bohême et on chauffe lentement, en agitant, de manière à ce que le coagulum n'adhère pas au vase (1). On fait bouillir pendant quelques minutes. On verse d'abord le liquide clair, puis le précipité, sur un filtre taré après dessiccation vers 105°. On lave à l'eau bouillante, puis à

(1) Si l'urine est très riche en albumine, il est bon de la diluer avant de la chauffer pour faciliter la coagulation.

l'alcool bouillant, jusqu'à ce que le précipité soit bien blanc; on dessèche le filtre et son contenu vers 105° et on pèse. — Souvent on ajoute à l'urine un peu de sulfate de sodium avant de faire la précipitation par la chaleur.

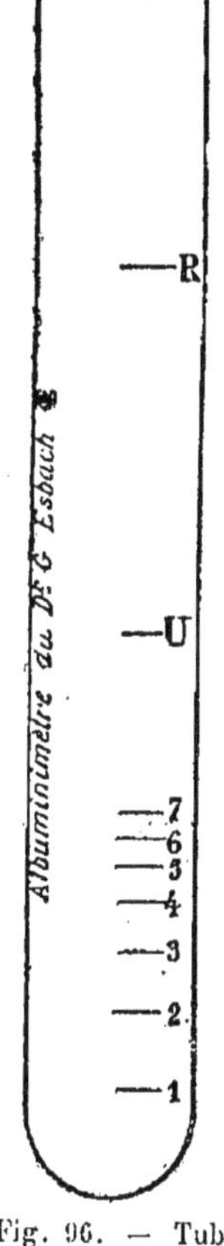

Fig. 96. — Tube d'Esbach pour le dosage chimique des urines.

B. Par l'albuminimètre d'Esbach. — On verse de l'urine dans un tube spécial, appelé *albuminimètre* (fig. 96), jusqu'à un trait marqué U, puis du réactif picro-citrique jusqu'à un autre trait R. On bouche le tube et on le retourne dix à douze fois, puis on l'abandonne au repos pendant vingt-quatre heures. Au bout de ce temps le précipité s'est réuni au fond du tube. On lit la hauteur à laquelle s'élève le dépôt; la graduation donne, en grammes, la quantité d'albumine par litre d'urine. Ce procédé, très usité en clinique, n'est qu'approximatif (1).

Lorsque la quantité d'albumine présumée dépasse 4 grammes par litre, on étend l'urine de 1 ou 2 volumes d'eau; on tient compte de la quantité d'eau ajoutée en doublant ou en triplant le nombre lu sur l'albuminimètre (2).

Le réactif picro-citrique précipite aussi les alcaloïdes. Dans certaines circonstances, à la suite de l'administration de fortes doses de sulfate de quinine par exemple, ce réactif peut donc induire en erreur, soit qu'on s'en serve pour rechercher qualitativement l'albumine, soit qu'on l'emploie pour le dosage; nous verrons plus loin comment on caractérise la quinine dans l'urine.

(1) Le tube d'Esbach permet aussi d'évaluer approximativement la richesse en albumine des diverses sérosités (liquide ascitique, pleurétique, liquide de l'hydrocèle). On opère sur le liquide filtré et étendu de 10 à 15 fois son volume d'eau ou mieux d'une solution à 2 p. 100 de chlorure de sodium, de manière à ne pas trop diminuer la densité du liquide.

(2) Il arrive quelquefois que le précipité ou une partie seulement du précipité reste en suspension, même au bout de plusieurs jours; on dit alors que l'urine contient de l'albumine *non rétractile*. Dans ce cas, le dosage approximatif de l'albumine se fait par le procédé de Heller-Brandberg. Ce procédé est basé sur ce que, dans la réaction de Heller, l'anneau apparaît au bout de 3 minutes environ quand l'urine contient 0gr,03 d'albumine par litre. On fait plusieurs essais avec des dilutions d'urine à des titres connus, jusqu'à ce que l'anneau se forme dans le temps voulu. S'il a fallu diluer l'urine au vingtième, c'est-à-dire ajouter 19 centimètres cubes d'eau à 1 centimètre cube d'urine, la quantité d'albumine contenue dans l'urine est de $0,03 \times 20 = 0^{gr},60$.

600. Dosage de la sérum-globuline et de la sérum-albumine. — Pour doser séparément la sérum-albumine et la sérum-globuline, on alcalinise très légèrement l'urine par de l'ammoniaque et on filtre. On sature 100 centimètres cubes de liquide filtré avec du sulfate de magnésium, pour précipiter la sérum-globuline. Au bout de vingt-quatre heures, on recueille le précipité sur un filtre, on le lave avec une solution saturée de sulfate de magnésium et on le dissout dans une solution très étendue de ce sel. On dose la sérum-globuline dans cette solution par la méthode pondérale (1). En retranchant le poids de sérum-globuline du poids total des matières albuminoïdes, on obtient le poids de la sérum-albumine.

601. Pathologie. — A l'état normal, l'urine paraît contenir des traces d'albumine qu'on ne peut pas déceler directement et qui par conséquent n'ont aucun intérêt pour le médecin. Dans les urines de certains individus, sains en apparence, on peut parfois déceler directement de très petites quantités d'albumine, qui apparaissent d'une façon transitoire dans un certain nombre de circonstances, notamment après un exercice musculaire fatigant et à la suite de bains froids. La fréquence de ces cas d'albuminurie, dite physiologique, a été cependant exagérée, car on s'est souvent contenté de rechercher l'albumine par l'acide azotique, qui précipite aussi la mucine et la nucléo-albumine. — L'albuminurie proprement dite est caractérisée par la présence constante dans l'urine de quantités notables d'albumine ; elle est toujours l'indice d'un état pathologique.

L'albuminurie s'observe dans toutes les lésions du parenchyme rénal (rein brightique, rein amyloïde, rein scléreux) et dans un grand nombre de maladies où, sans être directement atteint dans sa structure, l'épithélium rénal est atteint dans ses fonctions, soit par suite de troubles circulatoires, soit par suite de l'état du sang. L'albuminurie due à des troubles circulatoires s'observe dans les maladies du cœur, dans certaines maladies du poumon, dans les cas de compression de la veine cave inférieure et des veines rénales par une tumeur ou par l'utérus gravide, enfin sous l'influence de substances toxiques, comme la cantharidine, qui déterminent une hypérémie artérielle du rein. Les albuminuries qui sont sous la dépendance de l'état du sang, sont dues soit à la présence de substances toxiques,

(1) On peut aussi ajouter à l'urine son volume d'une solution saturée de sulfate d'ammonium. Le précipité de sérum-globuline obtenu sera alors lavé avec un mélange de solution saturée de sulfate d'ammonium et d'eau par parties égales.

comme dans un grand nombre d'empoisonnements, dans toutes les maladies accompagnées de fièvre intense et prolongée, et dans certains cas de diabète, soit à l'apport insuffisant d'oxygène au rein par le sang, comme dans l'anémie, dans le choléra, dans certaines maladies du poumon, dans l'empoisonnement par l'oxyde de carbone, etc... Enfin, on observe de l'albuminurie dans quelques maladies nerveuses, par exemple après les attaques d'épilepsie.

La quantité d'albumine éliminée en vingt-quatre heures reste généralement au-dessous de 10 grammes, mais elle peut s'élever jusqu'à 30 grammes.

L'urine des albuminuriques contient presque toujours plus de sérum-albumine que de sérum-globuline, en général cinq à dix fois plus.

L'existence dans l'urine d'albumine non rétractile est encore inexpliquée. On l'observe surtout dans les cas où l'albuminurie est peu intense et passagère ; d'après certains auteurs, elle serait l'indice d'un trouble dans les fonctions des reins, sans lésion anatomique de ces organes comme dans les néphrites.

Nucléo-albumine.

602. Recherche. — Lorsque l'urine contient une quantité élevée, anormale de nucléo-albumine, elle donne à froid, par la seule addition de quelques gouttes d'acide acétique étendu, un trouble insoluble dans un excès d'acide acétique, soluble dans l'acide chlorhydrique ; elle donne la réaction de Heller par l'acide azotique, mais ne se coagule pas par la chaleur. — La nucléo-albumine de l'urine provient des voies urinaires ou des reins, mais non du sang. Elle est abondante dans le catarrhe de la vessie ou des bassinets.

Propeptones ; peptones.

603. Recherche. — *a*) Pour rechercher les propeptones ou albumoses, on débarrasse d'abord l'urine des matières albuminoïdes, si elle en renferme. Pour cela, on la chauffe après l'avoir acidulée très légèrement (1) par l'acide acétique et on filtre. Après refroidissement, on ajoute au liquide de l'acide acétique jusqu'à réaction franchement acide, puis un égal volume de

(1) Un excès d'acide déterminerait la formation d'acidalbumine incoagulable par la chaleur.

solution saturée de chlorure de sodium. Si l'urine contient des propeptones, il se forme un trouble, qui disparaît à chaud pour se reformer par le refroidissement.

b) Pour rechercher les peptones, on sature l'urine, préalablement neutralisée, de sulfate d'ammonium, de manière à précipiter les matières albuminoïdes et les propeptones et on filtre au bout de quelques heures. On prélève une petite quantité du liquide qu'on étend de son volume d'eau et qu'on traite par quelques gouttes d'une solution récente de tanin. L'absence de précipité indique l'absence de peptones.

S'il se forme un précipité, il faut laisser opérer la précipitation de l'urine saturée de sulfate d'ammonium, en milieu alcalin puis en milieu acide, en filtrant chaque fois s'il y a lieu, de manière à précipiter complètement les albumoses (**364**). Le liquide est alors étendu de son volume d'eau et traité par le tanin. Au bout de vingt-quatre heures, on recueille le précipité sur un filtre, on le sèche et on chauffe filtre et précipité au bain-marie pendant quelques minutes avec un peu d'eau de baryte. Au bout de quelques temps, on filtre et on ajoute au liquide un peu d'acétate neutre de plomb, pour précipiter le tanin; on filtre et on obtient ainsi un liquide incolore sur lequel on fait la réaction du biuret (coloration rose par l'addition de soude, puis de quelques gouttes de sulfate de cuivre à 1 p. 100).

604. Pathologie. — L'élimination de propeptone et de peptone par l'urine s'observe quand ces substances passent dans le sang, soit au niveau du tube digestif malade, soit au voisinage de foyers de suppuration (**567**).

D'après des travaux récents, la peptonurie est relativement rare; bien des cas de prétendue peptonurie sont en réalité des cas de propeptonurie. La présence de propeptones ou de peptones dans l'urine s'observe dans un grand nombre de maladies: ulcère de l'estomac, cancer de l'estomac ou de l'intestin, atrophie jaune aiguë du foie, empoisonnement par le phosphore, leucémie, ostéomalacie, rhumatisme articulaire aigu, pleurésie purulente, pneumonie croupale, suppurations d'origine tuberculeuse ou autre, etc...

GLUCOSE

605. Recherche. — A. Réaction de Moore (**78**.2). — On ajoute à l'urine la moitié de son volume d'une solution de potasse au tiers, on agite et on filtre pour séparer les phosphates dont la potasse détermine la précipitation. On transvase une partie du liquide filtré dans un tube à essai et on chauffe la moitié supérieure du liquide jusqu'à l'ébullition. S'il y a du glucose, la partie du liquide qui a été chauffée se colore en brun plus ou moins foncé; la partie inférieure du liquide, qui n'a pas été chauffée, permet d'apprécier, par comparaison, le moindre changement de coloration.

Certaines urines qui ne renferment pas de sucre peuvent pourtant brunir, sous l'influence combinée de la potasse et de la chaleur. Pour éviter cette cause d'erreur, on opère comme plus haut, en remplaçant la potasse par de la chaux éteinte qu'on ajoute à l'urine à la dose de 1 gramme pour 10 centimètres cubes d'urine.

B. Réaction de Fehling. — *a*) Nous avons vu (**78**.4) qu'un des moyens les plus sensibles de reconnaître du glucose en solution consiste à chauffer cette solution avec de la liqueur de Fehling : formation d'un précipité jaune d'hydrate cuivreux, puis rouge d'oxyde cuivreux. Dans le cas spécial de la recherche du glucose dans l'urine, diverses circonstances peuvent entraver la réaction ou induire en erreur.

1° La présence d'albumine empêche la précipitation de l'oxyde cuivreux dans la réaction de Fehling. Il faut donc, si l'urine est albumineuse, la débarrasser de l'albumine avant de procéder à la recherche du glucose. Pour cela, on acidifie légèrement l'urine par addition de quelques gouttes d'acide acétique, on porte à l'ébullition, on filtre et on recherche le glucose dans l'urine filtrée.

2° Certaines substances normales de l'urine, notamment les urates, réduisent la liqueur de Fehling, bien que faiblement; la réduction devient surtout sensible si l'on fait bouillir.

Il peut donc arriver qu'une urine ne renfermant pas de glucose, mais riche en acide urique donne une coloration jaune et même à la longue un précipité avec la liqueur de Fehling. Dans ces cas douteux, on traite l'urine par le réactif de Fehling et on abandonne le mélange pendant vingt-quatre heures sans le chauffer; seul, le glucose réduit la solution cuivrique à froid. On peut aussi déféquer l'urique par une solution de sous-acétate de plomb, qu'on ajoute à l'urine tant que le précipité augmente; on sépare ainsi non seulement l'acide urique, mais encore l'albumine, si l'urine en renferme, et diverses substances réductrices. On filtre, on précipite l'excès de plomb par le carbonate de sodium, dont un excès ne gêne pas; on filtre de nouveau et on recherche le glucose dans le liquide filtré.

3° Enfin l'ammoniaque, et par suite les corps qui, sous l'influence de la potasse à chaud, donnent facilement de l'ammoniaque, dissolvent l'oxyde cuivreux. Si donc on fait la recherche du glucose par la liqueur de Fehling dans une urine qui a subi la fermentation ammoniacale, circonstance qui se présente fréquemment, la liqueur de Fehling pourra se décolorer sous l'influence réductrice du glucose, sans qu'il se forme le précipité jaune ou rouge caractéristique. — Il faut dans ce cas éliminer préalablement l'ammoniaque, et pour cela, chauffer l'urine au bain-marie, dans une capsule à large surface, avec de la magnésie pendant une demi-heure environ.

b) On effectue la recherche du glucose de la manière suivante : on verse dans un tube à essai environ 1 centimètre cube de réactif de Fehling et 5 centimètres cubes d'eau, et on fait bouillir. On s'assure ainsi que le réactif, ne se réduit pas spontanément ; l'addition d'eau a pour but de diminuer l'intensité de la coloration bleue du réactif, qui masquerait la coloration jaune ou rouge du précipité, surtout lorsque la réduction est faible. On fait alors couler le long des parois dans le réactif bouillant 3 à 4 centimètres cubes d'urine telle qu'elle a été émise ou, selon les cas, d'urine préalablement dépouillée d'albumine, déféquée par le sous-acétate de plomb ou débarrassée d'ammoniaque. Si l'urine renferme des quantités notables de glucose, on observe à la surface de contact du réactif et de l'urine la formation d'un précipité jaune d'hydrate cuivreux qui ne tarde pas à devenir rouge, par suite de sa transformation en oxyde cuivreux. Si l'apparition du précipité n'est pas manifeste, ce qui prouve que l'urine renferme peu de glucose, on mélange le réactif et l'urine et on porte de nouveau à l'ébullition. — Le réactif de Fehling permet de déceler de 0,5 à 1 p. 1000 de glucose dans les urines de faible densité, peu chargées en matières extractives ou déféquées par le sous-acétate de plomb.

Après l'absorption de certains médicaments et notamment de chloral et de chloroforme, l'urine réduit la liqueur de Fehling, sans renfermer de glucose. Il faudra donc supprimer l'emploi de ces médicaments un jour au moins avant l'examen chimique de l'urine.

C. Réaction de Böttger. — On peut aussi rechercher le glucose dans l'urine par la réaction de Böttger, à l'aide du réactif d'Almen (**78**. 5), solution alcaline de sous-nitrate de bismuth qui est réduite par le glucose avec formation d'un précipité noir d'oxyde bismutheux.

On verse dans un tube à essai un peu long environ 5 c. c. d'urine, préalablement débarrassée d'albumine s'il y a lieu, et un demi-centimètre cube de réactif d'Almen ; on porte à l'ébullition pendant deux ou trois minutes, avec précaution, de manière à éviter la projection du liquide hors du tube.

On obtient déjà un précipité noir pour une richesse en glucose de 1 p. 1000 et un précipité gris pour 0,5 p. 1000. Les autres substances normales de l'urine et l'ammoniaque ne gênent pas la réaction ; c'est là l'avantage de ce procédé. En revanche, un assez grand nombre de médicaments communiquent à l'urine la propriété de réduire le réactif d'Almen, notamment la rhubarbe, le sené, la quinine, l'antipyrine, le salol, le tanin, les benzoates et les salicylates.

Le dosage du glucose s'effectue par les procédés déjà indiqués (**79**). Quand on fait le dosage à l'aide de la liqueur de Fehling ou à l'aide du polarimètre, l'urine doit être débarrassée d'albumine par l'ébullition, puis ramenée au volume initial en ajoutant de l'eau pour remplacer celle qui s'est évaporée. Dans le cas de la liqueur de Fehling, si l'urine est riche en glucose, elle doit être préalablement diluée d'eau à un titre connu, de manière à ce qu'elle renferme moins de 1 p. 100 de glucose. Si elle contient peu de glucose et beaucoup de matières extractives, il faut la déféquer en ajoutant à l'urine exactement 25 p. 100 d'une solution de sous-acétate de plomb au dixième, filtrant, ajoutant à une portion aliquote du filtratum un volume connu de carbonate de sodium, etc.... On tiendra compte de la dilution subie par l'urine, en multipliant le chiffre trouvé pour l'urine diluée par la fraction $\frac{n+N}{n}$ dans laquelle N représente le volume d'eau ou d'acétate de plomb et de carbonate de sodium qu'on a ajouté à un volume n d'urine.

606. Physiologie et pathologie. — *a*) L'urine normale contient toujours du glucose à l'état de traces, qu'on ne peut y déceler directement par les réactions dont nous avons parlé, mais qu'on peut caractériser nettement en l'extrayant de 5 à 6 litres d'urine.

Après un repas copieux riche en hydrates de carbone, l'urine renferme, chez les individus sains, du glucose en quantité notable, directement décelable. La facilité avec laquelle se produit cette *glucosurie alimentaire* à l'état de santé varie beaucoup d'un individu à un autre.

b) A l'état pathologique, dans le diabète sucré, l'urine contient du glucose, d'une manière continue ou à peu près, en quantité parfois très considérable pouvant dépasser 300 grammes dans les vingt-quatre heures. La densité des urines des vingt-quatre heures peut s'élever jusqu'à 1,050 et leur volume jusqu'à 18 litres. Les urines sucrées laissent quelquefois déposer des cristaux formés d'une combinaison de glucose et de chlorure de sodium. Par évaporation, elles laissent des croûtes blanchâtres qui attirent souvent l'attention des malades. Elles répandent parfois une odeur particulière, due à la présence d'acétone.

Dans les formes graves du diabète, la glucosurie est absolument continue et indépendante de l'alimentation; dans les formes légères, elle disparaît souvent entre les repas et disparaît même d'une façon à peu près complète, si les matières sucrées ou amylacées sont rigoureusement exclues de l'alimentation.

La glucosurie apparaît aussi dans un grand nombre d'états pathologiques autres que le diabète; mais elle est alors relativement peu intense et de peu de durée. Cette *glucosurie transitoire* ou *accidentelle* s'observe dans un grand nombre de maladies portant sur le système nerveux (hémorragie cérébrale, méningite, sciatique), après des excès de travail cérébral ou de coït, dans certaines maladies du foie, probablement en rapport avec une altération de la fonction glucogénique, et dans un grand nombre d'intoxications (oxyde de carbone, phosphore, arsenic, nitrite d'amyle, morphine, curare, phloridzine, etc.).

Autres sucres; matières amylacées. — *a*) Le lactose se rencontre en petite quantité (1 p. 100 au maximum) dans l'urine des femmes en couches, et quelquefois dans celle des nourrices, surtout au moment du sevrage. Les urines contenant du lactose réduisent les liqueurs de Fehling et d'Almen, comme les urines glucosiques; elles s'en distinguent en ce que, à partir de 1 p. 1000, le sucre qu'elles renferment ne disparaît pas comme le glucose ordinaire, quand on abandonne l'urine pendant un jour ou deux avec de la levûre de bière.

b) On a signalé dans des cas extrêmement rares, la présence dans des urines diabétiques d'un sucre réducteur, lévogyre, présentant les plus grandes analogies avec le fructose, mais s'en distinguant en ce qu'il est précipité par l'acétate basique de plomb (Külz).

c) L'inosite a été signalée dans l'urine dans un grand nombre de cas pathologiques (**86**). Nous avons indiqué (**87**) comment on l'extrait de l'urine et comment on la caractérise (**89**).

d) L'urine peut renfermer dans certaines circonstances de petites quantités de sucres à 5 atomes de carbone $C^5H^{10}O^5$, qu'on désigne sous le nom générique de *pentaglucoses* ou de *pentoses*. Ces sucres ont une double origine; ils peuvent d'une part, provenir de l'alimentation, car on trouve dans la bière et dans un certain nombre de fruits (cerises, pruneaux, etc.) des substances qui leur donnent naissance dans l'économie, et comme ces sucres sont peu assimilables, ils passent facilement dans l'urine. D'autre part, les pentoses peuvent se former dans l'organisme, car on trouve dans le pancréas un protéide spécial, qui se dédouble par l'ébullition avec l'acide chlorhydrique étendu en acidalbumine, en nucléine proprement dite et en pentose; on peut expliquer ainsi certains cas de pentosurie, qui ne peuvent être attribués à la nature de l'alimentation.

e) Après l'ingestion de certaines substances, telles que le camphre, le chloral, le phénol, l'urine contient des combinaisons de l'acide glycuronique $C^6H^{10}O^7$ (produit d'oxydation du glucose) avec ces substances ou avec leurs dérivés. L'urine possède alors la propriété de réduire les réactifs de Fehling et d'Almen, comme si elle renfermait du glucose.

f) L'urine renferme, même à l'état normal une petite quantité d'une substance analogue à la dextrine et qui a été reconnue identique à la gomme animale (**341**). La transformation de cette substance en sucre réducteur, sous l'influence de l'ébullition de l'urine avec des acides minéraux étendus, augmente très sensiblement le pouvoir réducteur de l'urine normale sur la liqueur de Fehling.

SUBSTANCES DIVERSES

607. Acétone; acides β-oxybutyrique et acétylacétique. — Nous avons vu (**148** et **158**) les conditions d'apparition dans l'urine et les modes de recherche de l'acétone et de l'acide β-oxybutyrique. — L'acide acétylacétique, qui accompagne fréquemment ces substances, se recherche en ajoutant à l'urine quelques gouttes de perchlorure de fer, qui doivent donner une coloration rouge. Mais, comme l'urine peut aussi donner cette coloration après l'ingestion de certains médicaments (antipyrine, kaïrine, etc.), il vaut mieux isoler préalablement l'acide acétylacétique en agitant 25 à 30 centimètres cubes d'urine acidulée par l'acide sulfurique avec son volume d'éther. On sépare ensuite l'éther et on l'agite avec un peu de solution aqueuse très étendue de perchlorure de fer ; celle-ci se colore en rouge violacé. — La recherche de l'acide acétylacétique doit être faite sur l'urine fraîche, car cet acide se détruit très rapidement.

608. Acides biliaires. — Les acides biliaires apparaissent en quantité notable dans l'urine dans certains cas d'ictère et dans le choléra (G. Pouchet). — On ne peut pas les déceler directement dans l'urine par la réaction de Pettenkofer, parce que l'urine normale donne une réaction analogue à celle que donnent les acides biliaires, bien qu'elle ne renferme que des traces infinitésimales de ces acides. Il faut donc isoler préalablement les acides biliaires.

Pour cela, on évapore environ 1 litre d'urine, débarassée d'albumine, et on épuise le résidu par de l'alcool qui dissout les sels biliaires. On évapore la solution alcoolique, on dissout le résidu dans l'eau et on traite par le sous-acétate de plomb et l'ammoniaque. Il se forme un précipité contenant les acides biliaires à l'état de sels de plomb ; on isole ces sels en traitant le précipité par l'alcool bouillant, qui les dissout, puis on les transforme en sels de sodium en traitant la solution alcoolique étendue d'eau par du carbonate de sodium. On évapore à siccité, on reprend le résidu par l'eau et on caractérise les acides biliaires dans la solution, par la réaction de Pettenkofer.

609. Acide dioxyphénylacétique. — L'acide dioxyphénylacétique ou acide *homogentisinique*, dont la formule de constitution est $C^6H^3(OH)^2 - CH^2 - CO,OH$, a été retiré de certaines urines dites *alcaptonuriques*. Ces urines possèdent, en liqueur alcaline, la propriété de noircir à l'air en absorbant de l'oxygène ; elles réduisent la liqueur de Fehling, mais non celle d'Almen, et sont inactives sur la lumière polarisée.

On peut extraire l'acide dioxyphénylacétique de l'urine en l'agitant, après l'avoir acidulée, avec de l'éther. La solution éthérée est évaporée et le résidu dissous dans l'eau ; on précipite par l'acétate de plomb et on décompose le précipité par l'hydrogène sulfuré.

L'acide dioxyphénylacétique est soluble dans l'eau, dans l'alcool et dans l'éther ; il fond à 147°. C'est très probablement un produit de transformation de la tyrosine dans l'intestin, sous l'influence de micro-organismes spéciaux. M. Baumann a dosé dans l'urine des vingt-quatre heures d'un alcaptonurique 4^{gr},6 d'acide homogentisinique, et jusqu'à 14 grammes après ingestion de tyrosine.

610. Graisse. — On a observé la présence de graisse dans l'urine, ou *lipurie*, dans la dégénérescence graisseuse des reins provoquée par l'empoisonnement par le phosphore ou par le mal de Bright, dans les suppurations étendues, dans les cachexies tuberculeuses, cancéreuses ou autres. Dans la maladie des pays chauds connue sous le nom de *chylurie*, maladie provoquée par la présence d'un ver (*filaria sanguinis*) dans les vaisseaux sanguins et lymphatiques, la proportion des graisses dans l'urine est telle à certains moments, que le liquide prend un aspect laiteux, comme le chyle; l'urine renferme en même temps de l'albumine et parfois même du fibrinogène, qui la fait prendre en gelée après son émission.

Pour rechercher la graisse, on agite l'urine avec de l'éther pur, qui dissout la graisse; après avoir laissé reposer, on sépare la couche éthérée par décantation, on l'évapore et on caractérise la graisse qui reste comme résidu (**165**).

Enfin, on peut trouver dans l'urine à l'état pathologique de petites quantités de cholestérine, de ptomaïnes (**304**. *e*), de cystine.

MATIÈRES COLORANTES

611. Hémoglobine. — On recherche l'hémoglobine ou son produit de transformation, la méthémoglobine, dans l'urine par les procédés suivants:

1. On examine l'urine au spectroscope, sous une épaisseur convenable; on aperçoit les bandes d'absorption de l'oxyhémoglobine ou de la méthémoglobine (Planche I, spectre 4 et 7). Dans ce dernier cas, on alcalinise légèrement l'urine, on ajoute quelques gouttes de sulfure ammonique et on agite à l'air; les bandes de la méthémoglobine font place à celles de l'oxyhémoglobine.

2. On alcalinise fortement l'urine par de la soude et on fait bouillir. Le précipité de phosphate terreux qui, par le repos, se rassemble au fond du tube est coloré en brun-rouge par de l'hématine (Réaction de Heller) (1).

3. On ajoute à l'urine un peu d'albumine, si elle n'en contient pas, et on porte à l'ébullition. Le coagulum entraîne l'hématine qui se forme; on le recueille, on le chauffe au bain-marie avec de l'alcool absolu, acidulé par quelques gouttes d'acide sulfu-

(1) Si l'urine est trop colorée, par des pigments biliaires par exemple, pour que l'on puisse juger de la couleur du précipité, on recueille celui-ci sur un filtre, on le lave et on le dissout dans l'acide acétique; la solution est colorée en brun par l'hématine.

rique, et on filtre. Le filtratum, alcalinisé par de la soude et traité par un peu de sulfure ammonique, donne le spectre de l'hémochromogène (Planche II, spectre 11).

4. Enfin, on peut ajouter à l'urine un mélange d'une solution alcoolique récente de résine de gaïac et d'essence de térébenthine ; on obtient une coloration bleue (Réaction d'Almen).

612. Hématoporphyrine. — L'hématoporphyrine donne à l'urine une coloration foncée, presque noire, en couche épaisse, et une coloration jaune-rougeâtre en couche mince. Pour rechercher l'hématoporphyrine dans une urine, on ajoute à 50 centimètres cubes environ d'urine une solution contenant 2 p. 100 de baryte et 5 p. 100 de chlorure de baryum, jusqu'à ce que le précipité n'augmente plus. Le précipité est recueilli sur un filtre, lavé à l'eau et à l'alcool, puis mis à digérer avec 7 ou 8 gouttes d'acide chlorhydrique et 7 à 8 centimètres cubes d'alcool. On filtre au bout de quelque temps et on obtient un liquide rouge-violet. Ce liquide présente les bandes d'absorption de l'hématoporphyrine en solution acide (Planche II, spectre 12) et, après avoir été alcalinisé par de l'ammoniaque, celles de l'hématoporphyrine en solution alcaline (Pl. II, sp. 13) (Salkowski).

L'apparition de l'hématoporphyrine a été surtout observée après l'usage prolongé de sulfonal ou de trional. L'hématoporphyrine qu'on rencontre dans l'urine n'est pas toujours absolument identique avec celle que nous avons décrite (**386**) ; elle présente quelques différences au point de vue de la position de ses bandes d'absorption et de sa solubilité dans divers dissolvants.

613. Pigments biliaires. — Nous avons vu (**394**. C) quelles sont les conditions où les pigments biliaires apparaissent dans l'urine. L'urine qui contient de ces pigments est d'un jaune-brun avec des reflets verdâtres et donne par l'agitation une mousse colorée en jaune ; elle tache le linge en couleur saumon. Après quelque temps d'exposition à l'air, surtout lorsque sa réaction est acide, l'urine devient de plus en plus verte.

Lorsque l'urine subit la fermentation ammoniacale, les pigments biliaires disparaissent peu à peu ; il importe donc de rechercher ces pigments avant que la putréfaction ne s'établisse. On a recours aux procédés suivants :

1. On fait avec l'urine la réaction de Gmelin (**390**).

2. On ajoute à l'urine un peu de carbonate de sodium, puis goutte à goutte et en agitant, du chlorure de calcium. Les pigments biliaires se précipitent à l'état de combinaisons calciques, en même temps que du carbonate de calcium. On recueille le

précipité sur un filtre, on le lave et on le fait bouillir avec de l'alcool contenant un peu d'acide chlorhydrique ; le liquide se colore en vert-bleuâtre. — On peut aussi extraire la bilirubine du précipité calcique en l'agitant avec du chloroforme et un peu d'acide acétique. Le chloroforme prend une coloration jaune et laisse par évaporation un résidu, qui se colore en vert par un peu d'acide azotique nitreux.

Cette réaction, dont le principe est dû à Huppert, est plus sensible que la réaction de Gmelin ; elle est de plus applicable à des urines renfermant, outre les pigments biliaires, d'autres pigments qui masquent les colorations caractéristiques la réaction de Gmelin.

614. Urobiline. — L'urine normale contient souvent des traces d'urobiline ou de son chromogène. Quand on l'examine au spectroscope sous une épaisseur de quelques centimètres, elle présente alors la bande caractéristique de l'urobiline dans le bleu (Planche II, spectre 15), soit directement, soit après avoir été traitée par un peu d'eau iodée qui convertit le chromogène de l'urobiline en urobiline.

A l'état pathologique, l'urine peut contenir des quantités relativement considérables d'urobiline, qui lui communiquent une teinte brune. Elle présente alors le spectre de cette substance sous une épaisseur très faible. — Une urine très riche en urobiline donne directement une fluorescence verte, quand on l'additionne de quelques gouttes d'ammoniaque, puis d'un peu de chlorure de zinc. Quand la quantité d'urobiline contenue dans l'urine est moins élevée, mais qu'elle est cependant supérieure à la normale, on peut obtenir la réaction de la fluorescence par les procédés suivants :

1. On sature 30 à 40 cent. cubes d'urine de sulfate d'ammonium ; l'urobiline se précipite. On la recueille sur un filtre ; on laisse sécher le filtre et on y fait passer à plusieurs reprises quelques centimètres cubes d'alcool, qui dissout l'urobiline en se colorant en brun. Cette solution, additionnée d'une goutte d'ammoniaque et d'une goutte de chlorure de zinc en solution alcoolique étendue, donne une fluorescence verte très nette : vue par transparence, elle paraît rosée et limpide, tandis que, vue par réflexion sur un fond noir, elle paraît verte et trouble.

2. On acidule 25 c. c. d'urine avec quelques gouttes d'acide chlorhydrique et on agite dans un tube à essai avec 3 à 4 c. c. d'alcool amylique pur. Par le repos, l'alcool amylique se sépare et forme à la partie supérieure une couche un peu trouble

colorée en brun; on la rend limpide en l'agitant très doucement avec une baguette de verre. On la décante, on étend le liquide de son volume d'alcool à 95° et on traite comme précédemment par l'ammoniaque et le chlorure de zinc.

RECHERCHE DE QUELQUES MÉDICAMENTS

615. Bromures et iodures. — Dans un tube à essai un peu grand, on verse 20 à 30 c. c. d'urine, 2 à 3 c. c. de chloroforme et quelques gouttes d'eau de chlore; on agite. Le chloroforme dissout le métalloïde mis en liberté par le chlore, en se colorant en brun avec le brome, en violet avec l'iode.

Dans le cas de l'iode, on peut encore ajouter à l'urine un peu d'empois d'amidon, puis un peu d'eau de chlore; l'empois se colore en bleu, si l'urine renferme un iodure.

616. Composés mercuriels. — On acidule 500 centimètres cubes d'urine par 20 centimètres cubes d'acide chlorhydrique pur et on plonge dans le mélange quelques fils de cuivre ou un morceau de toile métallique de cuivre enroulée, de 7 à 8 centimètres de long; ou chauffe au bain-marie vers 80°, pendant une heure, et on abandonne le mélange pendant vingt-quatre heures à la température ordinaire, en agitant de temps en temps. Le mercure se dépose en totalité sur les fils de cuivre.

On lave ces fils dans une solution très étendue de soude, pour dissoudre l'acide urique qui s'y est déposé, puis à l'eau, à l'alcool et à l'éther; on les dessèche à basse température et on les introduit dans un tube de verre fermé par un bout, dont on effile ensuite l'extrémité ouverte et qu'on ferme à la lampe. On chauffe alors le tube de manière à volatiliser le mercure et à le condenser dans la partie effilée; le mercure se dépose en gouttelettes faciles à reconnaître à la loupe.

Pour plus de certitude, on transforme le mercure en iodure de mercure. Pour cela, on coupe le tube par un trait de lime dans sa partie large et on casse l'extrémité effilée; on enlève les fils de cuivre et on fait circuler dans la partie effilée du tube quelques vapeurs d'iode, qui forment avec le mercure des cristaux rouges d'iodure de mercure. On reconnait facilement ces cristaux à la loupe, ou au microscope avec un faible grossissement, après avoir préalablement enlevé l'excès d'iode en faisant passer dans le tube un peu de chloroforme.

617. Acide salicylique. — On ajoute à 100 c. c. d'urine 1 c. c. d'acide chlorhydrique et 30 c. c. d'éther; on agite vigoureusement le tout dans un petit ballon. L'acide salicylique, mis en liberté par l'acide chlorhydrique, se dissout dans l'éther.

On sépare la couche éthérée, à l'aide d'un entonnoir à robinet, on l'évapore dans une petite capsule. On reprend le résidu par 2 centimètres cubes d'eau environ et on ajoute une ou deux gouttes d'une solution étendue de perchlorure de fer, qui donne une belle coloration violette en présence d'acide salicylique ; la réaction est très sensible.

618. Santonine ; acide chrysophanique. — Après l'ingestion de santonine ou de rhubarbe, l'urine émise possède une couleur jaune-rougeâtre, souvent assez intense. Cette coloration devient franchement rouge sous l'influence de la soude caustique ou de l'ammoniaque.

On peut distinguer la coloration due à la santonine de celle que donne l'acide chrysophanique, principe constituant de la matière colorante jaune de la rhubarbe, de la manière suivante : On précipite l'urine par l'eau de baryte et on filtre. Si l'urine renferme de la santonine, le précipité formé par la baryte est blanc et le liquide filtré est rouge ; si l'urine contient de l'acide chrysophanique, le précipité est rouge et l'urine filtrée est faiblement colorée en jaune, comme une urine normale.

619. Antipyrine. — L'urine émise après l'ingestion d'antipyrine se colore en rouge foncé par l'addition d'une ou de deux gouttes de perchlorure de fer.

On obtient aussi une coloration rouge en faisant bouillir l'urine avec de l'acide azotique fumant, qu'on ajoute goutte à goutte à l'urine bouillante jusqu'à obtention de la coloration.

620. Sels de quinine. — On traite un volume assez considérable d'urine, 500 c. c. par exemple, par de la potasse caustique jusqu'à réaction franchement alcaline. On agite pendant 2 ou 3 minutes avec 50 c. c. d'éther ; la quinine mise en liberté par la potasse se dissout dans l'éther. On décante la couche éthérée, à l'aide d'un entonnoir à robinet, et on l'évapore. On reprend le résidu par 4 ou 5 c. c. d'eau et une ou deux gouttes d'acide chlorhydrique, on ajoute de l'eau de chlore et quelques gouttes d'ammoniaque ; la liqueur prend une coloration verte caractéristique.

SÉDIMENTS ET CALCULS URINAIRES

621. Sédiments. — Les sédiments urinaires sont les uns inorganisés (cristallins ou amorphes), les autres organisés, tels que les cellules épithéliales, les globules sanguins, etc.

Pour recueillir les sédiments urinaires, on abandonne l'urine dans un verre conique très allongé, comme une flûte à champagne; au bout de quelques heures, les sédiments sont tombés au fond du verre. On les puise à l'aide d'un tube de verre effilé à une de ses extrémités, dont on introduit la pointe jusqu'au fond du vase, l'autre extrémité étant bouchée avec le doigt. En enlevant le doigt, la couche inférieure du liquide monte dans le tube en entraînant les sédiments; on bouche de nouveau avec le doigt et on retire le tube. On laisse alors tomber une goutte du liquide sur une lame porte-objet, on la recouvre d'une lamelle et on l'examine au microscope à un grossissement de 200 à 300 diamètres.

A. Sédiments inorganisés. — *a*) *L'acide urique* apparaît sous forme de cristaux colorés en jaune, de formes assez diverses, dont la plus fréquente est celle de pierres à aiguiser, isolées ou groupées en rosace (**244**). Ces cristaux se dissolvent, au moins en partie, quand on fait arriver sous la lamelle une goutte de potasse.

b) *L'urate acide de sodium* est rarement cristallisé ; le plus souvent il est sous forme de petits grains amorphes (**246**). Ce sédiment se forme très souvent par refroidissement dans les urines très concentrées et fortement acides et forme parfois un dépôt rougeâtre très abondant; il disparait généralement si, après avoir agité l'urine, on en chauffe une portion dans un tube à essai.

c) *L'urate acide d'ammonium* s'observe quelquefois dans les urines ayant subi la fermentation ammoniacale, sous forme de petites masses arrondies, hérissées de petites épines.

d) *Le phosphate ammoniaco-magnésien* forme de beaux cristaux incolores, affectant une forme caractéristique de pierres tombales (**51**), solubles dans l'acide acétique. La présence de ce sédiment indique que l'urine a subi la fermentation ammoniacale. Le phosphate ammoniaco-magnésien est toujours accompagné de phosphate de calcium en grains amorphes.

Lorsque l'urine est alcaline sans être ammoniacale, elle contient des grains amorphes de phosphate tricalcique et de phosphate trimagnésien, solubles dans l'acide acétique, sans cristaux de phosphate ammoniaco-magnésien.

e) *Le phosphate bicalcique* se trouve quelquefois dans les sédiments des urines neutres ou faiblement acides, sous forme de cristaux en aiguilles souvent groupés en étoiles ; ces cristaux sont solubles dans l'acide acétique.

f) *L'oxalate de calcium* est en cristaux octaédriques aplatis, affectant la forme caractéristique d'enveloppes de lettre (**133**); ces cristaux, beaucoup plus petits que les cristaux de phosphate ammoniaco-magnésien, sont insolubles dans l'acide acétique, lentement solubles dans l'acide chlorhydrique. Parfois, l'oxalate de calcium se trouve dans les sédiments urinaires sous forme de sphérules accouplées, en forme de sablier ou d'haltères.

g) D'autres sédiments peuvent se renconter, mais très rarement, dans l'urine; ce sont : les *carbonates de calcium et de magnésium*, trouvés dans les urines alcalines, solubles dans l'acide acétique avec effervescence; le *sulfate de calcium*, en aiguilles prismatiques aplaties réunies en étoiles, insolubles dans l'acide acétique; la *cystine*, en tables hexagonales (**202**) solubles dans l'ammoniaque, dans la soude et dans l'acide chlorhydrique; la *tyrosine* en fines aiguilles réunies en touffes ressemblant à des pinceaux (**192**), solubles dans l'acide chlorhydrique; l'*indigotine*, sous forme de petites masses colorées en bleu (**208**); la *cholestérine* en petites lamelles rhomboïdales (**66**).

B. Sédiments organisés. — Les sédiments organisés, dont on a le plus souvent à rechercher la présence dans l'urine, sont des cellules épithéliales, des cylindres urinaires, des globules rouges, des leucocytes, des spermatozoïdes (fig. 80, p. 417).

Fig. 97. — Cellules épithéliales.

Pour rechercher les cellules épithéliales et les cylindres urinaires, il est commode d'ajouter au dépôt de l'urine un peu de solution de fuchsine ou d'iodure de potassium iodé, de manière à colorer ces sédiments et à les rendre plus visibles dans le champ du microscope.

a) Les *cellules épithéliales* provenant de la desquamation des voies urinaires, présentent les formes de la figure 97. On en trouve toujours quelques-unes dans le dépôt d'une urine normale; elles sont en beaucoup plus grand nombre dans les inflammations des voies urinaires. Chez la femme, elles peuvent provenir aussi du vagin.

b) Les *cylindres urinaires* ou *tubes urinaires* sont d'origine rénale; leur présence, qui s'accompagne toujours d'albuminurie, indique une lésion rénale. Les cylindres urinaires sont de plusieurs sortes.

1. Les *cylindres muqueux* (fig. 98), les plus fréquents, proviennent de la transsudation, dans les tubes urinifères, d'un produit albumineux qui se coagule et se moule dans ces tubes. Ces cylindres se dissolvent très rapidement dans l'acide acétique. Les uns, *cylindres hyalins*, sont très transparents, à bords indécis, et sont difficilement visibles au microscope sans l'emploi des colorants; l'iode les colore en jaune. Les autres, *cylindres granuleux*, sont parsemés de petits grains plus ou moins opaques.

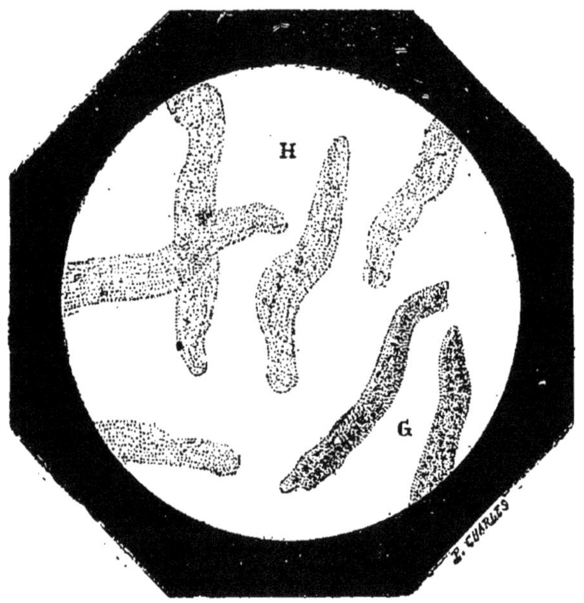

Fig. 98. — Cylindres urinaires. H, Cylindres hyalins ; G, Cylindres granuleux.

Les cylindres hyalins et granuleux contiennent souvent des globules rouges, des leucocytes, des cellules épithéliales ou des particules de graisse.

2. Les *cylindres cireux* ou *colloïdes* sont jaunâtres, brillants, à bords très nets; ils sont tantôt à peu près droits et entaillés sur leurs bords (fig. 99, C), tantôt enroulés sur eux-mêmes en forme de vrille. L'iode les colore en rouge ou en brun qui passe au violet sale sous l'influence de l'acide sulfurique, comme s'ils étaient

formés de matière amyloïde; l'acide acétique ne les dissout pas. Ces cylindres contiennent rarement des éléments cellulaires.

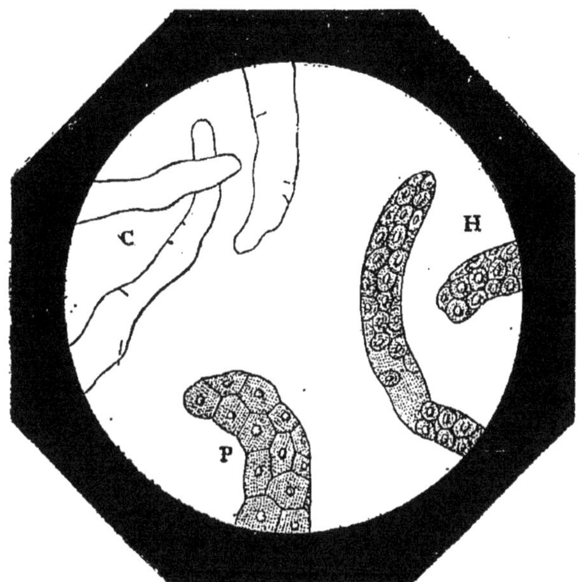

Fig. 99. — Cylindres urinaires.

3. Les *cylindres épithéliaux* (fig. 99, P) sont formés par la desquamation de la paroi épithéliale des tubes urinifères et notamment des tubes de Bellini.

4. On peut aussi rencontrer des cylindres formés par du sang coagulé; ces cylindres sont opaques et sombres et il est quelquefois difficile d'y distinguer les globules sanguins (1).

Il est facile au contraire de reconnaître dans le dépôt d'une urine les globules rouges isolés; on dit alors qu'il y a hématurie. On peut contrôler la recherche microscopique des globules par les réactions de l'hémoglobine.

c) Les *leucocytes*, plus ou moins dégénérés, se rencontrent en grand nombre quand l'urine contient du pus; ils présentent les caractères des globules du pus (**500**). Ils se gonflent, sous l'influence de l'acide acétique étendu, en perdant leur aspect

(1) On trouve parfois dans l'urine des *cylindroïdes* qu'il ne faut pas confondre avec les véritables cylindres, parce qu'ils n'ont pas de signification pathologique. Les cylindroïdes sont des filaments rubanés, beaucoup plus longs que les cylindres, à diamètre inégal, à stries longitudinales.

granulé et en montrant leurs noyaux ; ils sont rapidement détruits, sans se dissoudre complètement, sous l'influence des alcalis. Quand l'urine purulente a subi la fermentation ammoniacale, ce qui a lieu fréquemment dès son émission, il se dépose une masse mucilagineuse, adhérente aux parois du vase, dans laquelle le microscope ne révèle plus aucun globule de pus.

622. Calculs urinaires. — Les calculs urinaires renferment souvent plusieurs composés distincts ; mais ordinairement l'un des composés prédomine et donne son nom au calcul.

Les calculs sont formés de couches concentriques, qu'on aperçoit facilement en usant la surface par le frottement ou en sciant le calcul (fig. 100 et 101). Ces couches sont souvent de couleur, de densité et de composition différentes. Pour l'analyse

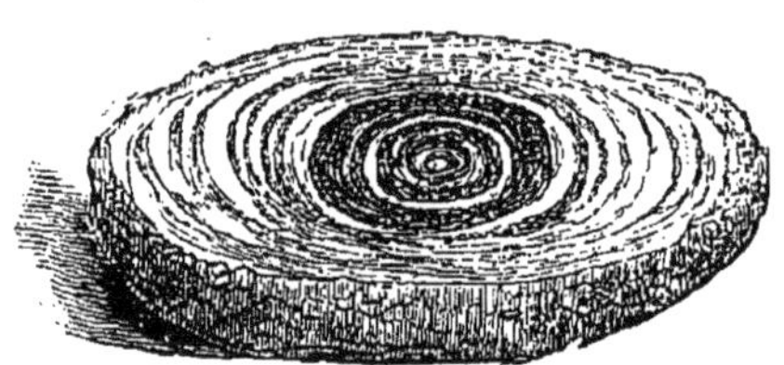

Fig. 100. — Calcul d'acide urique à noyau d'oxalate de calcium.

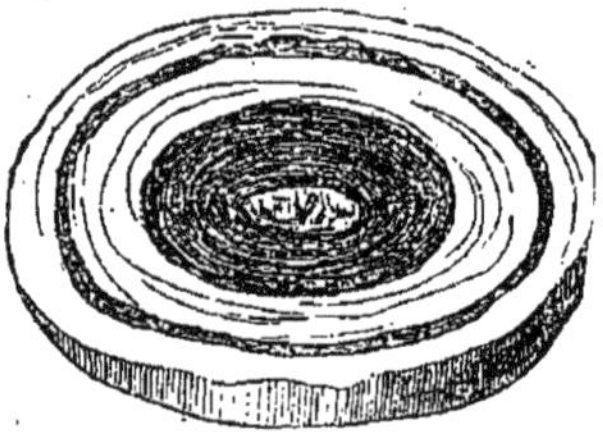

Fig. 101. — Calcul de phosphate de calcium à noyau d'acide urique.

complète d'un calcul, il est nécessaire d'analyser séparément une portion de chacune de ces couches qui, ordinairement, s'isolent facilement.

On a divisé les calculs en deux groupes : Les uns sont combustibles et ne laissent qu'un faible résidu quand on les calcine au rouge sur une lame de platine (acide urique, urates, xanthine, cystine). Les autres ne sont pas combustibles et laissent un abondant résidu lorsqu'on les calcine (oxalate de calcium, phosphate de calcium, phosphate ammoniaco-magnésien, carbonate de calcium). On détermine rapidement la nature de la substance composante d'un calcul ou d'une couche de calcul, de la manière suivante.

A. Calculs laissant un faible résidu après calcination. — *a) Acide urique.* — Les calculs d'acide urique ont généralement une forme ovoïde. Ils sont lisses ou légèrement mamelonnés, le plus souvent assez durs ; rarement on peut les écraser entre les doigts. Ils sont presque toujours colorés (teinte bistrée pâle jusqu'au brun foncé). — Ils laissent un résidu très faible après la calcination, donnent la réaction de la murexide (**247.** 2) et ne dégagent pas d'ammoniaque lorsqu'on les fait bouillir avec de la potasse étendue.

b) *Urate d'ammonium.* — Les calculs formés d'urate d'ammonium ou d'autres urates ressemblent aux calculs d'acide urique. Ils sont presque toujours solubles dans l'eau, au moins partiellement. — Les calculs d'urate d'ammonium se distinguent des calculs d'acide urique en ce qu'ils dégagent de l'ammoniaque quand on les fait bouillir avec de la potasse étendue.

c) *Urate de sodium.* — Lorsqu'on chauffe ces calculs, ils entrent en fusion et colorent la flamme en jaune. Ils donnent la réaction de la murexide et laissent, après calcination, un résidu de carbonate de sodium.

d) *Urates de calcium et de magnésium.* — Ces calculs sont infusibles, donnent la réaction de la murexide et, par la calcination, laissent, suivant le cas, un résidu de carbonate de calcium ou de carbonate de magnésium. On s'assure par les moyens ordinaires de la nature du résidu (**49** et **52**).

e) *Xanthine.* — Les calculs de xanthine ne donnent pas la

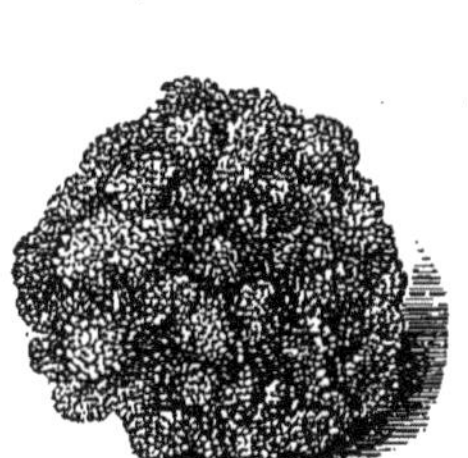

Fig. 102. — Calculs mûraux.

réaction de la murexide; ils se dissolvent dans l'acide chlorhydrique. Leurs caractères chimiques sont les mêmes que ceux de la xanthine.

f) *Cystine.* — Les calculs de cystine, comme ceux de xanthine, sont très rares. Ceux qu'on a trouvés jusqu'à présent ne présentaient pas de couches concentriques. Ils étaient mous, légers, d'un vert pâle ou fauve. Ces calculs, comme la cystine elle-même, sont solubles dans l'ammoniaque et dans le carbonate d'ammonium. Quand on les pulvérise, on observe que la poudre est formée de cristaux en lames hexagonales (**201**).

Les calculs de cystine, comme ceux de xanthine, se dissolvent dans l'acide chlorhydrique.

B. Calculs laissant un résidu abondant après calcination. — *a) Phosphate ammoniaco-magnésien.* — Les calculs de phosphate ammoniaco-magnésien sont fusibles dans la flamme du chalumeau. Ils dégagent de l'ammoniaque quand on en chauffe une portion avec une solution de potasse. Ils sont solubles dans l'acide acétique ; l'ammoniaque reprécipite le phosphate ammoniaco-magnésien de la solution. On démontre la présence de l'acide phosphorique dans la solution acétique par l'azotate d'urane.

b) Phosphate de calcium. — Ces calculs ne fondent pas dans la flamme du chalumeau. Ils ne dégagent pas d'ammoniaque sous l'influence de la potasse et se dissolvent dans l'acide acétique et dans l'acide chlorhydrique. Dans la solution acétique, il est facile de démontrer la présence de l'acide phosphorique comme précédemment et celle du calcium par l'oxalate d'ammonium.

c) Oxalate de calcium. — Les calculs d'oxalate de calcium sont durs, d'une couleur foncée. Leur surface est irrégulière, comme celle d'une mûre (fig. 102), d'où leur nom de *calculs mûraux*. — Ces calculs laissent, par incinération, un résidu de carbonate de calcium. Ils sont solubles dans les acides minéraux, sans effervescence. L'ammoniaque précipite de l'oxalate de calcium de leur solution chlorhydrique. Le précipité formé est insoluble dans l'acide acétique (**134**. 2).

d) Carbonate de calcium. — Ces calculs sont solubles, avec effervescence, dans les acides. Dans la solution, on recherche, par les procédés ordinaires, la présence du calcium.

FIN.

TABLE DES MATIÈRES

DEUXIÈME PARTIE

TROISIÈME PARTIE

RESPIRATION. — DIGESTION. — EXCRÉTION URINAIRE.

FIN DE LA TABLE DES MATIÈRES.

TABLE ALPHABÉTIQUE

D

N

O

P

Q

R

S

T

FIN DE LA TABLE ALPHABÉTIQUE

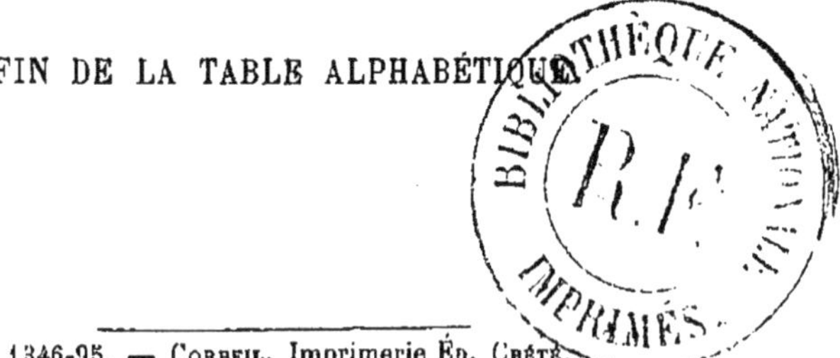

1346-95. — CORBEIL. Imprimerie ÉD. CRÉTÉ.

Traité élémentaire de chimie, par R. Engel. 1 vol. in-8, 691 p. avec 165 fig. . . . . 8 fr.
Séparément.
Métalloïdes. 1 vol. in-8 de 336 p., avec 120 fig. . . . . 4 fr.
Métaux, Chimie organique et Manipulations d'analyses. 1 vol. in-8 de 355 p., avec 45 fig. . . . . 4 fr.

Traité élémentaire de chimie biologique, pathologique et clinique, par R. Engel et Moitessier, professeur agrégé de chimie à la Faculté de médecine de Montpellier. 1 vol. in-8 de 616 p., avec 102 fig. et 2 pl. col.

BEAUVISAGE. **Les matières grasses**, caractères, essais et falsifications. 1892, 1 vol. in-16, 324 p., avec 90 fig. cart. . . . . 4 fr.

BOUANT (E.). **Nouveau dictionnaire de chimie**, *à l'usage des chimistes, des industriels, des fabricants de produits chimiques, des agriculteurs, des médecins, des pharmaciens*. Introduction par M. Troost. 1 vol. gr. in-8 de 1 200 p., avec 400 fig. . . . . 25 fr.

CHAPUIS (A.). **Précis de toxicologie**, par le Dr A. Chapuis, professeur agrégé de chimie à la Faculté de médecine de Lyon. 3e *édit.* 1897, 1 vol. in-8, 750 p., avec 70 fig. . . . . 9 fr.

DEBIONNE. **Précis de chimie atomique**, en tableaux schématiques coloriés. 1896, 1 vol. in-16, avec 43 pl. color., cart. . . . . . . 5 fr.

DUCLAUX (E.). **Le lait**, études chimiques et microbiologiques, par E. Duclaux, membre de l'Institut, professeur à la Faculté des sciences. 2e *édition*. 1894, 1 vol. in-16, 376 p. et fig. . . . . 3 fr. 50

ÉTAIX. **Manipulations de chimie**, par L. Étaix, chef de travaux pratiques de chimie à la Faculté des sciences de Paris. 1896, 1 vol. in-8 de 300 p., avec 102 fig. . . . . 5 fr.

GAIN. **Précis de chimie agricole**, 1894, 1 vol. in-18 jésus, avec 120 fig. cart. . . . . 5 fr.

GARNIER (L.). **Ferments et fermentations**, 1 vol. in-16, avec fig. 3 fr. 50

GUICHARD. **Précis de chimie industrielle** (*Notation atomique*). 1 vol. in-18 jésus de 422 p., avec 64 fig., cart. . . . . 5 fr.
— **L'eau dans l'industrie**, 1894, 1 vol. in-18 jés., avec 80 fig. cart. 5 fr.
— **Traité de distillerie**, 1895-96, 3 vol. in-18 jés., avec fig. cart. 15 fr.
I. *Chimie du distillateur : matières premières et produits de fabrication* . . . . 5 fr.
II. *Microbiologie du distillateur : ferments et fermentations*. 5 fr.
III. *Industrie de la distillation : levures et alcools* . . . . 5 fr.

HALPHEN. **La pratique des essais commerciaux et industriels**. *Matières minérales*, 1 vol. — *Matières organiques*, 1 vol. 1892. Ens. 2 vol. in-18 jés., avec fig. Chaque volume . . . . 4 fr.

JAMMES. **Aide-mémoire d'analyse chimique et de toxicologie**. 1 vol. in-18 de 282 p., avec 74 fig., cart. . . . . 3 fr.

JUNGFLEISCH (E.). **Manipulations de chimie**. Guide pour les travaux pratiques de chimie, par E. Jungfleisch, professeur à l'École de pharmacie. 2e *édition*, 1892, 1 vol. gr. in-8, avec 400 fig. cart. 25 fr.

LEFERT (Paul). **Aide-mémoire de chimie médicale et biologique**. 1 vol. in-18, cart. . . . . 3 fr.

MACÉ (E.). **Traité pratique de bactériologie**, par E. Macé, professeur à la Faculté de médecine de Nancy. 2e *édition*, 1892, 1 vol. in-8, de 744 p., avec 201 fig. . . . . 10 fr.

SAPORTA (A. de). **Les théories et les notations de la chimie moderne**. Préface par M. Friedel, 1 vol. in-16, 320 p., fig. . 3 fr. 50

VILLE (J.). **Manipulations de chimie médicale**. 1893, 1 vol. in-18 jés. de 184 p., avec fig., cart . . . . 4 fr.

5051-96. — Corbeil. Imprimerie Ed. Crété.

www.ingramcontent.com/pod-product-compliance
Ingram Content Group UK Ltd.
Pitfield, Milton Keynes, MK11 3LW, UK
UKHW020611230726
13926UKWH00005B/2325